Experimental Design & Analysis

개정판

최신 실험설계와 분석

이우선·정형철·박만식

민영사

머리말

이 교재는 1998년 처음 출판되었던 "최신실험설계(이우선)"를 근간으로 내용을 추가하고 보완하여 2014년 새롭게 탄생되었다. 그 후 여러 학기동안 강의와 독자들의 의견을 통하여 발견된 오자들과 내용의 미진함을 수정, 보완하여 서둘러 개정판을 출간하게 되었다. 이 교재는 전통적인 실험설계 전공서들의 보편적 편제를 따르면서도 실험설계의 원리를 이해하는데 꼭 필요한 다양한 내용들을 추가하였다. 아울러, 현장의 실험자료 분석능력을 키우기 위해 많은 예제들을 인용하여 실험설계부터 통계분석방법까지 심도있게 해설하였다. 통계패키지는 주로 SAS를 사용하였으며 프로그램코드와 결과분석에 대한 설명도 보강하였다. 통계학과 학부수준의 실험설계 교과과정수준과 학습량을 고려하여 집필하였다. 그러나 심화전공 상급학년 혹은 실험설계분야 전문가들에게 필요한 수준 높은 내용들은 "▶ [참고]" 라는 항목에 별도로 다루었다. 수강자에 따라 적절한 선택과 활용이 가능하다. 이 교재를 집필하면서 저자는 실험설계를 처음으로 접하는 수강자들의 눈높이에서 실험설계의 원리와 방법을 설명하려고 노력하였다.

실험을 통한 통계자료는 과학적 방법에 의해 수집되어야 한다. 최적의 실험설계를 개발하여 왜곡이 없는 통계자료를 얻기 위한 필사의 노력은 18C 근대 농업분야에서 시작되어 20C 피셔(R. A. Fisher)시대를 거쳐 오늘에 이르고 있다. 이러한 과정에서 우리는 올바른 실험이 과학과 인류사회 발전에 얼마나 중요한 역할을 해 왔는지 역사적 경험에서 잘 알 수 있다. 이러한 이유로, 수 세기 동안 많은 학자들이 다양한 실험설계와 통계적 방법들을 연구해 왔음에도 아직도 실험의 왜곡을 100% 통제하고 실험오차가 없는 완벽한 실험은 불가하다. 따라서 주어진 상황에서 실험비용과 통계분석의 정밀도등을 고려하여 최적의 실험설계를 찾는 노하우를 찾아야한다. 이 교재는 이러한 목적으로 집필되었다.

이 교재는 12장과 부록으로 구성되어 있다. 1장은 실험설계의 기본개념, 2장은 기초통계이론, 3장은 완전랜덤화설계, 4장-5장은 블록요인을 이용한 블록실험설계, 6장-9장은 요인실험과 활용방법, 10장은 실험의 수월성을 위한 랜덤화의 제한방법, 11장은 반응표면설계 그리고 12장은 다구치 품질공학에서 응용되는 실험설계방법들을 다루고 있다. 각 장마다 학부수준을 벗어난 내용은 해당 소절에 “ ”표시해 두어 독자들에 따라 적절히 참고할 수 있도록 하였다. 최근 출간되는 실험설계 전공서에 비하여 이 교재는 내용이 방대한 편이다. 학부 수준의 강의에는 다소 부담이 되지만 실험설계이론과 방법을 이해하는데 필수의 내용이라 판단하였다. 이 교재의 내용과 수준은 독자들에게 좋은 지침서가 될 것으로 기대된다.

그 동안 교재의 내용을 보강하는데 도움이 되는 귀중한 의견을 주신 여러 교수님들 그리고 독자들에게 깊은 감사를 드린다. 끝으로 교재의 재고에도 불구하고 선뜻 개정판 출간을 결정해 준 민영사에 존경과 감사를 드린다. 특히 성심성의껏 편집과 수정작업을 해 주신 출판사 편집진에게 각별한 미안함과 고마움을 전하고 싶다.

2016년 5월

저자 일동

차례

제4장 랜덤화완비블록설계와 라틴방격설계

제5장 불완비블록설계

제6장 요인실험설계

제7장 2^k - 요인실험

제8장 2^k - 요인실험에 대한 불완비블록설계

제9장 p^k - 요인실험

제10장 랜덤화를 제한하는 실험설계들

제11장 반응표면설계

제12장 다구치 실험설계

서론 1

1.1 경험과학과 통계

1.2 통계적 추론과정

1.3 실험설계

1.4 실험설계의 기본원리

1.5 분산분석법

1.1 경험과학과 통계

경험적 사실들로부터 어떻게 일반적 진리를 추론할 것인가? 라는 문제를 생각해 보자. 경우에 따라서 아주 자명한 때도 있지만 쉽지 않은 경우가 많다. 예를 들어 비타민C가 감기를 예방하는 효과가 있는지 알아보기 위한 실험을 생각하여 보자. 이 경우 흔히 위약(僞藥)효과(placebo effect)를 제거하기 위해 일정기간 비타민C를 투여한 집단(처리군, treatment group)과 가짜 비타민C를 투여한 집단(대조군, control group)의 감기환자 발생비율을 비교하는 방법을 이용한다. 만일 처리군과 대조군의 감기 환자 발생비율이 각각 30%와 80%로 크게 차이를 보였다면 그 결론은 명백하다고 하겠다. 그러나 그것이 각각 30%와 40%처럼 차이가 크지 않을 경우 일반적 진리로 "비타민C가 감기를 예방하는데 효과가 있다"라고 주장한다면 이를 선뜻 받아들이기 어렵다. 이러한 경우, 경험적 사실인 실험자료를 통하여 일반적 진리를 추론하는 데는 객관적이고 체계적인 논리방법이 필요하다. 이때 주로 통계적 추론(statistical inference)이 사용된다. 통계적 추론을 이용한 결론 유도과정은 수학의 논리체계와 다른 점이 많다. 수학에서는 주어진 전제(premises)로부터 어떤 개별적 사실들을 증명하는 방법을 쓴다. 전제란 어떤 명제를 근거로 다른 명제를 도출할 경우 그 근거가 되는 명제를 말한다. 그러나 통계적 추론은 이와 반대로 관측된 개별적 사실로부터 일반적 진리를 추론하는 방법을 사용한다. 이 일반적 진리를 흔히 가설이라고 한다.

예를 들어 "비타민C가 감기예방에 좋다"라는 가설이 참이라면, 비타민C를 투여한 처리군이 대조군에 비하여 감기 발병률이 낮아야 할 것이다. 만일 가설과 다른 실험결과가 나왔다면 이것은 실험의 오류에서 비롯된 것이다. 따라서 이 사실을 확인하기 위하여 실험을 하는 일은 큰 의미가 없다. 이것은 증명된 전제를 먼저 설정하고 그 전제로 부터 특수하고 개별적인 사실을 규명하는 것으로 이러한 논리체계를 연역적 논리(deductive reasoning)라 한다. 즉 일반적 원리로부터 개개의 특수사실에 그 원리를 적용시키는 논리로서 전제가 참이면 100% 결론도 참이다. 따라서 전제와 결론 사이에는 필연성(certainty)이 있다.

만일 처리군의 감기 발병률이 오히려 높은 결과가 나왔다면 전제는 이미 참으로 증명되었으므로 전제가 거짓이 아니라 실험의 오류이다.

반대로, 전제로부터의 출발이 아닌 경험적 사실, 즉 실험의 결과로부터 비타민C가 감기 예방에 효과가 있다고 주장할 수 있다. 이것은 경험적 사실들로부터 어떤 결론을 이끌어 내는 것으로 이러한 논리체계를 귀납적 논리(inductive reasoning)라 한다. 즉 개개의 특수한 사실들을 토대로 일반적인 진리를 이끌어 내는 논리방법으로, 이 경우 경험적 사실과 결론(conclusion)사이에는 개연성(plausibility)이 있다. 따라서 경험적 사실이 참이더라도 결론이 참일 확률은 100%가 되지 못한다. 통계적 추론의 대부분의 절차는 이 귀납적 논리에 바탕을 두고 있다.

예 1.1 연역적 논리와 귀납적 논리

연역적 논리

전제 : 모든 포유동물은 심장이 있다.
모든 개는 포유동물이다.
결론 : 모든 개는 심장이 있다.

전제가 참이면 결론은 반드시 참이다.
전제와 결론 사이에 필연성이 있다.

귀납적 논리

전제 : 지금까지 관찰된 모든 개는 심장이 있었다.
결론 : 모든 개는 심장이 있다.

전제가 참이더라도 결론이 반드시 참은 아니다.
전제와 결론 사이엔 개연성이 있다.

1.2 통계적 추론과정

통계적 추론은 주로 자료의 분석을 통한 결론의 유도라는 귀납적 논리체계에 주로 의존하고 있다. 그러나 의사결정 과정에서 통계적 방법에 대하여 좀 더 넓게 살펴보면 연역적 논리 체계와 귀납적 논리체계를 같이 사용하고 있다고 할 수 있다. 통계적 가설검정의 예를 생각하여 보자. 모집단에 대한 가설이 참이라고 가정하고 자료로부터 추출한 통계량의 분포를 생각하는 것은 연역적 논리이며 검정 통계량의 유의수준을 고려하여 가설을 바꾸는 행위는 귀납적 논리이다. 따라서 통계적 추론이란 연역적 논리와 귀납적 논리를 통하여 가설의 수정이 자료의 분석을 통하여 계속적으로 이루어지는 과정을 말한다. 이러한 과정은 결국 참 가설(true hypothesis)을 향한 행진이며 진리를 향한 끝없는 수정작업이라 할 수 있다.

그림 1.1 통계적 추론과정

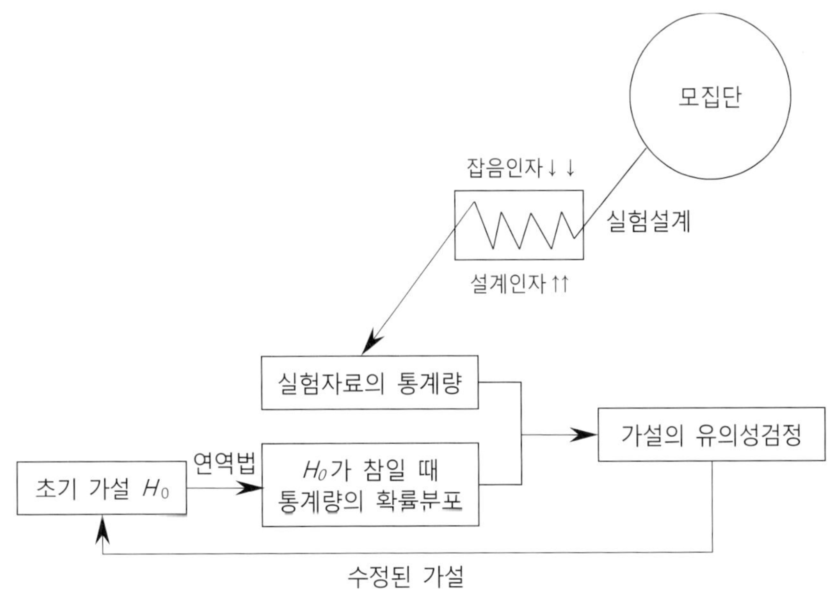

1.3 실험설계

성공적인 통계추론을 이루기 위해서는 자료의 수집단계 이전의 최초단계부터 실험설계가 이루어져야 한다. 왜냐하면 이 실험설계의 결과에 따라 제공되는 정보의 양, 질 그리고 종류가 달라지기 때문이다. 예를 들어 앞의 비타민C의 감기 예방 효과를 분석하는 실험의 경우를 보자. 이 실험의 경우 실제로 대다수 환자들에게 발생하는 어떤 처방에도 긍정적 반응을 보이는 이른바 '위약효과(placebo effect)'로 인한 잘못된 판단을 방지하기 위하여 비타민C를 복용한 집단(처리군 혹은 실험군)과 맛과 모양 등에서 비타민C와 똑같아 식별이 불가능한 가짜 비타민C를 투여한 집단(대조군)을 비교하되, 피실험자 혹은 효과의 결과를 측정하는 의사도 피실험자가 어떤 처리를 받았는지 모르는 이른바 이중눈가림실험(double blind experiments)을 실시하여 비타민C 효과 이외의 심리적 요인들을 철저히 통제하여야 한다. 그러나 많은 과학자들은 대조군과의 비교가 없이도 실험군의 분석만으로 비타민C의 효과를 알 수 있다고 생각한다. 많은 실험에서 표준화된 통계적 절차보다는 과학자의 판단과 요령이 더 효과적이라고 믿는 경우가 많다. 그러나 이러한 과신은 오히려 실험의 왜곡으로 인한 잘못된 결론을 가져왔으며 그 교훈적 사례(김우철 외(2004)의 p.12에서 인용)는 아주 흔하다.

예 1.2 위 냉동법(gastric freezing)치료

위궤양치료의 전통적 방법으로 위 냉동법이 애용되어 왔다. 이 방법은 위궤양환자에게 풍선달린 튜브를 이용해 차가운 용액을 주입하여 통증감소와 치료효과를 얻는 치료법으로 소화기내과학에서 한동안 널리 애용되는 방법이었다. 그러나 이 실험은 대조군이 없는 실험으로 대다수의 환자가 어떠한 처방에도 긍정적으로 반응하는 위약효과를 고려하지 못한 실험이었다. 그 후 위궤양 환자를 두 그룹으로 나누어 한 그룹은 차가운 용액을 다른 그룹에게는 체온과 비슷한 용액을 주입하여 환자로부터 통증의 개선여부를 조사하였다. 그 결과 위 냉동 처리군에서는 82명 중 28명(34%)이 호전되었고, 대조군에서는 78명

중 29명(38%)이 호전되었다고 한다. 이 실험의 결과로부터'위 냉동요법이 위궤양치료에 효과적'이라는 내과 치료지침은 더 이상 사실이 아님을 알 수 있다. 대조군이 없는 실험오류의 좋은 예이다.

물론 이 실험의 경우 환자나 환자 상태를 확인하는 의사 모두 어떤 환자가 어떤 종류의 처리를 받았는지 모르는 이중눈가림실험을 해야 함은 당연하다.

예 1.3 러브운하 지역 염색체손상

1980년경 미국 환경청이 수년전 러브운하 지역에 사고로 방류된 독성 화학물질의 여파로 이 지역 주민들 중 일부가 염색체변형이 생기기 시작했다고 발표하였고 이 소식은 한때 미국여론의 논란과 더불어 이 지역 주민들의 보상문제와 이주 문제로 아주 시끄러웠다.

이 사건을 심의한 통계전문가들은 이 연구를 진행한 연구자가 이 지역 주민들의 염색체 변이를 자신이 가지고 있던 어떤 집단의 염색체 수와 비교하여 러브운하 지역 주민들의 염색체 변이에 통계적 의미가 있다고 발표했던 것이다. 그러나 사람은 누구나 자연스럽게 염색체 손상이 있을 수 있고, 나이, 성, 지역, 인종 등의 인자에 따라 영향을 받으므로 러브운하 주민과 비슷한 특성을 가진 집단을 대조군으로 선택하였어야 함은 당연하다. 엉뚱한 집단을 대조군으로 선택하여 외부인자들의 통제가 없었던 초기의 연구는 문제가 있다고 할 수 있다. 더욱이 손상된 염색체를 세는 작업은 지극히 주관적인 일로서 연구자가 세고 있는 손상된 염색체의 대상이 어떤 그룹인지 몰라야 함은 당연하다. 따라서 이러한 원칙이 무시된 위 조사결과는 신뢰하기 어렵다.

그렇다면 실험요인(혹은 실험인자) 이외의 잡음요인(혹은 잡음인자)들을 효과적으로 통제하기 위하여 처리군 이외에 대조군을 어떻게 만들 것인가? 처리군과 대조군의 선정에 잡음인자들의 효과를 최소화하기 위한 실험설계를 염두에 두지 않고 아무렇게나 뽑아 실험하였다면 주요 관심인자인 비타민C의 투여여부 뿐만 아니라 개개인의 건강 조건 등의 체질적 요인이 실험결과에 함께 영향을 미치게 된다. 결국 이 실험결과는 비타민C의 예방효과를 검정하는 데 부적절한 것으로 잘못된 실험인 것이다. 이 경우는 체질이 비슷한 사람끼리 그룹을 만들고 각 그룹 내에서 비타민C와 가짜 비타민C를 투여 하였다면 잡음요인들의 효과를 최소화 할 수 있다. 이처럼 잡음인자에 의한 실험의 왜곡을 통제하기 위해서는 실험 이전에 실험방법이 충분히 검토되어야 한다. 뿐만 아니라 실험자가 원하는 정보의 내용과 분석요령 그리고 실험비용까지 고려하여 적절한 방법이 선택되어야 한다. 즉, 실험을 실시하기 이전에 실험에 대한 충분한 계획을 수립하는 것이 실험설계(experimental design)인 것이다. 실험설계를 통해 원하는 실험의 목적을 달성하기 위해서는 보통 다음과 같은 단계로 거치게 된다.

(1) 연구 대상에 대한 파악(모집단 및 추정해야 할 모수들에 관한 가정 및 내용 파악)
(2) 반응변수, 요인 및 수준 선택
(3) 실험설계
(4) 실험수행
(5) 데이터 분석

이 중 실험설계전문가의 주 영역은 (3) 실험설계와 (5) 데이터 분석이다. 그러나 실제 실험연구를 통해 원하는 실험 목적을 얻고자 하는 연구자들이 꼭 알아야 할 사실은 '통계적 데이터 분석' 방법만이 아닌 '데이터 획득 이전의 과정'을 알아야 한다는 점이다. 왜곡이 없는 실험자료를 얻기 위해서는 데이터 수집과정과 실험설계가 적절한지 살펴보고, 아울러 그 실험에 개입될 수 있는 잡음요인을 파악하여 통제하여야 한다. 이러한 잡음요인들을 효과적으로 통제할 수 있는 적절한 실험설계를 찾는 것이 중요하다. 실험요인과 교락될 수 있는 잡음요인들을 통제하여 잡음요인의 영향력을 최소로 하는 실험설계를 얻기 위하여 대체로 다음과 같은 기본원리를 이용한다.

1.4 실험설계의 기본 원리

피셔(R. A. Fisher)가 1919년부터 14년 동안 영국의 농업실험연구소에서 근무하는 동안 고안된 실험설계의 기본원리는 지금까지 비교실험을 위한 실험설계의 기본원칙으로 지켜지고 있다. 그 주요 내용은 세 가지로 요약할 수 있다.

1) 랜덤화(randomization)

실험에서 하나의 처리군만으로 이루어진 단순한 실험은 잘못된 결론을 얻기 쉽다. 앞의 위 냉동법은 좋은 예이다. 따라서 대부분의 경우 처리군과 대조군을 만들어 실험함으로써 이러한 오류의 위험을 줄이고 있다. 그러나 1920년대 처음으로 이 주장이 제기되었을 때 많은 과학자들은 부정적 반응을 보였다. 왜냐하면 대조군의 비교 없이도 실험인자의 효과를 분석할 수 있을 뿐만 아니라 설령 대조군을 만든다고 하여도 랜덤화보다는 과학자의 경험으로 실험단위들을 공정히 나누어 두 개의 집단을 만들 수 있다고 생각하였다. 오히려 랜덤으로 집단을 나누는 것은 과학자의 통제를 벗어나 우연에 의해 실험결과가 결정된다고 우려하였다. 그런데 많은 실험에서 과학자들이 그들의 경험으로 처리군과 대조군을 나누었을 경우, 예기치 못한 여러 원인들로 실험의 오류가 발생함을 보여 주었다. 랜덤화 때문에 생기는 우연의 크기는 실험오차(experimental error)의 계산을 통하여 설명이 가능하고 분산분석의 통계적 검정의 근거를 제공하고 있다. 우연(random)은 우발적(haphazard)과 구별되어야 한다. 과학자가 자기의 경험으로 20마리의 생쥐를 10마리씩 두 그룹으로 나눈다면 이것은 우연이라기보다는 우발적 분류에 가깝다. 쥐들 중 활동이 느리고 건강하지 않은 쥐들이 어느 집단에 우발적으로 배정될 가능성이 크다. 랜덤화란 실험단위에 처리들을 배치하는 방법과 실험순서를 확률도구로 결정하는 방법이다. 이것을 실시하는 이유는 비교분석하고자 하는 처리효과가 다른 잡음요인들의 효과에 고루 영향을 받게 함으로써 실제로 처리간의 비교에는 잡음요인들의 효과들이 상쇄되도록 하기 위해서이다. 이것이 바로 랜덤화를 이용한 평준화 원리이다. 예를 들어 비타민C의 감기예방의 효과를 분석하는 실험의 경우 실험군과 대조군의 구분을 난수표 등을 사용하여 실시하면 두 집단이 비타민C 복용 여부 이외의 다른 요인(체력의 차이 등)에 대하여 평준화되는 효과를 기대할 수 있다. 아울러 랜덤화는 통계적 분석을 용이하게 하여 준다. 실험자료에 대한 분산분석을 실시할 경우 여기에서 주로 사용된 F-검정은 정규분포로부터 뽑은 랜덤표본을 가정한 것에서부터 시작된 것이다. 랜덤화 방법이 이러한 가정의 타당성을 제공하는 것이다.

2) 블록화(blocking)

그러나 실험요인이 아닌 특정 잡음요인의 수준에 따라 실험단위들의 차이가 심할 경우 단순한 랜덤화는 실험의 왜곡을 막는데 한계가 있다. 실험단위들의 차이를 단순한 랜덤화에 의하여 잡음요인을 포함한 기타요인들의 효과를 평준화시켰을 경우 처리효과가 실험단위의 차이로 왜곡되거나 오차제곱합이 커져 분석력이 떨어질 수 있다. 따라서 잡음요인의 수준에 따른 동질의 실험단위들을 모아 블록을 만들어 각각의 블록에 모든 처리들을 실험하는 것이 합리적이라 하겠다. 즉, 특정 잡음요인을 알 수 있고 통제가 가능할 경우 특정 잡음요인 수준별로 블록을 만들어 실험하는 것이다. 특정 잡음요인이 블록요인인 것이다. 이 블록화 방법은 처리효과에 대한 왜곡을 막을 수 있을 뿐 아니라 오차제곱합을 크게 줄여 실험의 정도(precision)를 높일 수 있다. 블록화 하였을 경우 블록 내에서의 처리의 배치는 보통 랜덤화 원리를 따른다. 예를 들어 "정교한 작업을 요하는 작업장의 온도는 섭씨 15도와 섭씨 20도 중 어떤 온도가 좋을까?" 이 경우 30명의 작업자를 임의로 두 그룹으로 나눈 후, 가는 구멍에 작은 핀을 10분 동안 몇 개나 꼽는지를 조사하여 이를 근거로 집중도가 높은 작업장의 온도를 선택하기로 하였다. 그러나 이 실험은 작업자의 손재주의 개인차가 심하여 온도 차이에 따른 작업능률이 아주 크지 않으면 온도의 효과를 인정하기 힘들게 된다. 이러한 문제점을 해소하는 방법으로 블록화를 생각할 수 있다. 모든 작업자들에게 섭씨 15도와 섭씨 20도 두 처리에 대하여 실험하게 한다. 이때 실험의 학습효과 혹은 지루함 등이 실험결과에 영향을 줄 수 있기 때문에 랜덤으로 두 처리의 실험순서를 정하기로 한다. 이렇게 하면 실험오차가 줄어 두 온도차에 따른 작업효과가 있을 때 이 사실이 인정받게 될 가능성이 커지는 것이다.

3) 반복화(replication)

실험횟수가 적으면 실험결과가 우연에 좌우될 가능성이 커져 이를 근거로 어떤 결론을 내리기 어렵다. 예를 들어 자극에 따른 강낭콩의 성장속도의 차이를 알아보기 위하여 서로 다른 자극 A, B, C를 주었다고 하자. 이때 단 한 번의 실험으로는 성장속도의 차이를 규명하기 어렵다. 그러나 여러 번 같은 자극을 반복하였을 경우 자극 A, B, C에 따른 성장속도의 차이가 평균으로 비교되므로 신뢰도가 증가하게 된다. 그러나 너무 많은 반복수는 통계적 신뢰도는 증가하지만 비실험오차 등이 증가하고 실험비용이 증가하는 부정적인 면도 고려해야 한다. 따라서 주어진 유의수준 하에서 대립가설이 참일 때 이를 받아들이는 확률의 크기가 만족스러울 정도의 적절한 크기의 반복수를 선택하면 된다. 아울러 반복실험을 통하여 처리제곱합 이외에 실험오차제곱합을 얻을 수 있고 이들을 이용한 분산분석을 통하여 통계적 분석이 용이하게 된다. 반복화가 이루어지지 않은 실험의 경우 실험오차에 대한 추정이 불가능하여 정상적인 분산분석이 어렵게 되는데 이러한 경우를 흔히 포화모형(saturated model)이라 한다. 이 경우에 대한 분석요령은 별도로 다루기로 한다.

1.5 분산분석법

실험계획법에서 가장 많이 사용되는 분석방법은 분산분석법으로, 이는 1923년 피셔에 의하여 처음 소개된 것으로 알려져 있으나 실은 1885년 에지워스(Edgeworth)가 분산분석표와 비슷한 형태의 계산을 했다는 사실이 스네데커(Snedecor)에 의하여 밝혀진 바 있다. 피셔는 처음 멘델의 유전(genetics)을 상관관계의 일종으로 설명하면서 이것을 유전될 수 있는 부분과 유전될 수 없는 부분으로 분할하여 설명하였다. 또 유전될 수 있는 부분을 가법적(additive)요인, 우성적(dominance)요인 그리고 유전인자 사이의 교호작용(interaction)으로 분할하여 설명하였다. 이것이 분산분석의 시초인 것이다. 이러한 개념의 분산분석은 처음에는 농업실험에 주로 사용되었으나 오늘날에는 아주 다양한 분야에서 널리 이용되고 있다. 분산분석은 실험이나 표본조사를 통하여 수집된 값에 대하여 총평균을 중심으로 한 자료들의 총변동(total variation)을 계산하고, 이 총변동을 다시 각 변인(source)들의 변동으로 분류한 후 그 변인이 반응변수에 영향을 주고 있는지를 분석하는 방법이다. 따라서 분산분석은 반응변수에 영향을 주는 변동의 원인이 무엇인지를 밝히는 것이 목적이라 하겠다. 다음과 같은 선형회귀모형과 일원배치모형의 분산분석표를 보면 이해할 수 있다.

표 1.5-1 선형회귀모형 $y_i = \beta_0 + \beta_1 x_i + e_i$의 분산분석표

변인	자유도	평균제곱합(MS)	기대평균제곱합(EMS)	F-값
회귀	1	$MS_R = SS_R$	$\sigma^2 + \beta_1^2 \sum (x_i - \overline{x})^2$	$\frac{MS_R}{MS_E}$
오차	$n-2$	$MS_E = SS_E / n-2$	σ^2	
전체	$n-1$	SST		

표 1.5-2 일원배치모형 $y_{ij} = \mu + \tau_i + e_{ij}$의 분산분석표

변인	자유도	평균제곱합(MS)	기대평균제곱합(EMS)	F-값
처리	$a-1$	$MS_{TR} = SS_{TR} / a-1$	$\sigma^2 + \frac{n}{a-1} \sum \tau_i^2$	$\frac{MS_{TR}}{MS_E}$
오차	$a(n-1)$	$MS_E = SS_E / a(n-1)$	σ^2	
전체	$an-1$	SST		

[표 1.5-1]과 [표 1.5-2]를 보면 회귀와 처리의 효과가 통계적으로 유의할 경우 평균제곱합은 모분산 σ^2의 불편추정량이 될 수 없다. 그러나 여기에서는 모분산 σ^2을 구하는 것이 목적이 아니고 회귀 혹은 처리라는 변인이 반응변수의 총변동에 어느 정도 비중을 차지하고 있는가에 관심이 있다고 볼 수 있다. 때문에 이 분산분석표를 통하여 각 변인의 통계적 유의성을 검정함으로써 반응변수의 변동원인이 어디에 있는지 분석하는 것이 목적이라 하겠다. 여기서 발견

할 수 있는 사실은 분산분석에서 제곱합(sum of squares)이 자주 등장한다는 점이다. 분산분석에서는 어떤 변인의 변동의 크기인 산포를 제곱합으로 나타내고 자유도로 나누어 이를 각 변인의 평균제곱합이라고 한다. 그리고 각 변인의 평균제곱합의 비율 값인 $F = MS/MS_E$가 크면, "통계적으로 유의하다"고 말한다. F-통계량을 이용하여 회귀 혹은 처리효과를 검정하는 절차는 뒤에 자세히 설명하기로 한다. 결론적으로 이 분산분석표는 각 변인의 통계적 유의성을 검정함으로써 자료의 변동원인이 어디에 있는지를 분석하는 것이 목적이라 하겠다.

기초 통계이론 2

2.1 확률변수의 분포

2.2 통계적 추정

2.3 통계적 가설검정

2.4 두 집단의 비교

2.5 분산의 동일성검정

2.6 실험설계의 선택

2.7 실험횟수의 결정

2.1 확률변수의 분포

2.1.1 정규분포

정규분포(normal distribution)는 연속형 확률분포 중에서 가장 널리 사용되는 분포로 가우스(Gauss) 분포라고도 한다. 정규확률변수 X의 확률밀도함수(probability density function)는 다음과 같다.

$$f(x) = \frac{1}{\sqrt{2\pi\sigma^2}} e^{-\frac{1}{2}\left(\frac{x-\mu}{\sigma}\right)^2}, \quad -\infty < x < \infty$$

여기서, 확률변수 X의 기대값을 $E(X)$라 쓰고, 분산을 $Var(X)$라 하면 $E(X) = \mu$, $Var(X) = \sigma^2$이다. 이와 같은 정규분포를 $X \sim N(\mu, \sigma^2)$으로 표기하며, 그 분포모양은 [그림 2.1-1]처럼 평균 μ를 중심으로 하는 종모양을 이룬다.

그림 2.1-1 평균 μ이고 분산 σ^2인 정규분포곡선

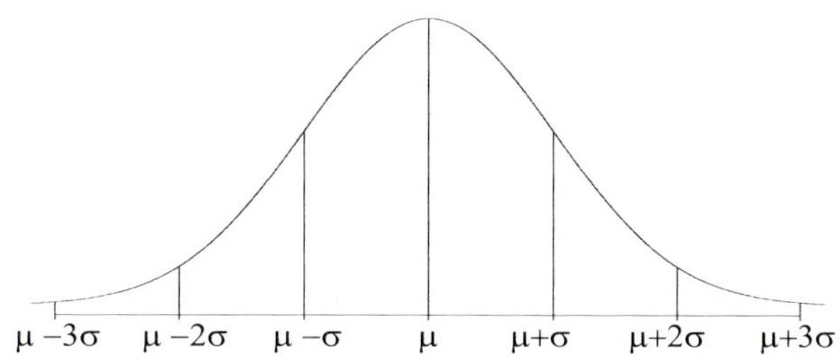

정규확률변수 X가 각 구간에 속할 확률은 다음과 같다.

$$P(\mu - \sigma < X < \mu + \sigma) = 0.683$$
$$P(\mu - 2\sigma < X < \mu + 2\sigma) = 0.954$$
$$P(\mu - 3\sigma < X < \mu + 3\sigma) = 0.997$$

정규분포가 중요한 이유는 실험 혹은 추출된 통계자료의 원천인 모집단의 분포가 정규분포를 따른다는 가정 하에 많은 통계이론이 만들어졌을 뿐더러 설령 정규분포를 따르지 않는 경우에도 통계자료의 합의 형태로 이루어진 통계량은 그 합의 수가 어느 정도 크기만 하면 정규분포를 따르는 것으로 알려져 있기 때문이다. 따라서 어떤 모수에 대한 추정량이 합의 형태일 경우는 모수를 추정할 때 통계량(추정량)의 근사적 분포를 이용하여 해결하는 경우가 흔하다.

모집단의 분포가 정규분포 $N(\mu, \sigma^2)$인 경우, 확률변수 $X_1, X_2, \cdots, X_n$의 표본평균 $\overline{X}$ 는 정규분포, $N(\mu, \sigma^2/n)$를 따르게 된다. 아울러, 모집단이 정규분포가 아니더라도 표본의 크기 n이 적당히 클 경우, $\overline{X}$의 분포는 정규분포에 근사한다. 확률변수 합의 형태인 통계량의 이러한 성질을 중심극한정리(Central Limit Theorem : CLT)라 한다.

중심극한정리

평균이 μ이고 분산이 σ^2인 모집단으로부터 크기 n인 확률표본 X_1, X_2, $\cdots$, X_n으로부터 얻어진 통계량 $\sum X_i$는 n이 충분히 크면 근사적으로 정규분포 $N(n\mu,\ n\sigma^2)$를 따른다. 따라서 n이 충분히 클 때, $\dfrac{\overline{X}-\mu}{\sigma/\sqrt{n}} \to N(0,\ 1)$이다.

2.1.2 카이제곱분포

카이제곱분포는 $N(0,\ 1)$으로부터 독립적으로 뽑은 k개의 독립 확률변수들의 제곱합의 분포이다. 이 제곱합을 X라 하면 자유도 k인 카이제곱분포에 따른다. $X \sim \chi^2(k)$로 표시된다. 모수 k는 자유도이다. 카이제곱의 평균과 분산은 $E(X)=k$, $Var(X)=2k$이다. 여기서, 자유도 k가 매우 큰 값일 때 카이제곱분포는 역시 중심극한정리에 의하여 정규분포에 근사한다.

카이제곱분포의 정의

확률변수 $Z_1, \cdots, Z_k$가 각각 표준정규분포 $N(0,\ 1)$을 따르고 서로 독립일 때 그들의 제곱합 $X = Z_1^2 + \cdots + Z_k^2$의 분포는 자유도(degrees of freedom) k인 카이제곱분포에 따르며 흔히 $\chi^2(k)$라 표시한다.

[그림 2.1-2]는 여러 자유도에서 카이제곱분포를 보여주고 있다.

그림 2.1-2 자유도에 따른 카이제곱분포의 확률밀도함수와 누적확률밀도함수

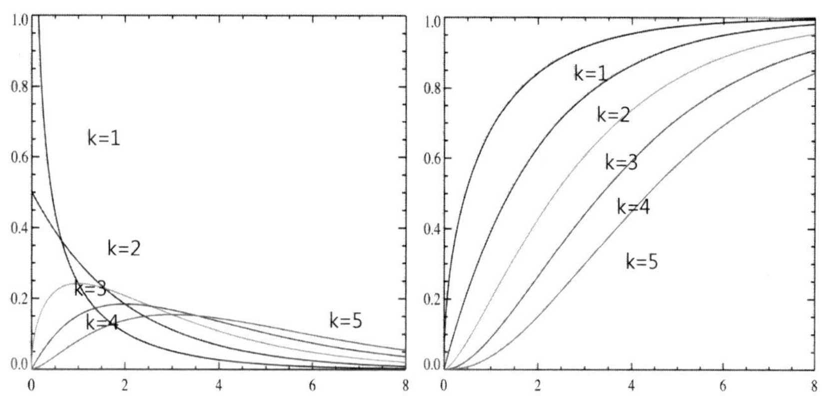

다음으로 감마분포(gamma distribution)를 설명하고자 한다. 이를 위하여 다음과 같은 감마함수, $\Gamma(k)$의 정의가 필요하다.

$$\Gamma(k) = \int_0^\infty x^{k-1} e^{-x}\ dx\,, \quad k > 0$$

여기서, $k > 1$일 때 $\Gamma(k) = (k-1)\Gamma(k-1)$이고 k가 자연수일 때 $\Gamma(k) = (k-1)!$이며 $\Gamma(1/2) = \sqrt{\pi}$와 같은 성질을 가지고 있다. 이 감마함수의 성질루부터 유래된 감마확률변수 X의 확률밀도함수는

$$f(x) = \frac{1}{\Gamma(k)\mu^k} x^{k-1} e^{-x/\mu}, \quad x \geq 0$$

$$E(X) = k\mu, \quad Var(X) = k\mu^2$$

이 확률밀도함수는 $G(\mu, k)$로 표기한다.

감마분포의 모양은 μ, k의 값에 따라 다양하게 결정된다. 감마확률밀도함수에서 특별히 $k=1$인 경우, 모수가 μ인 지수분포가 된다. 또, $\mu=2$, $k=\frac{r}{2}$(r은 양의 정수)인 경우 이를 자유도 k인 카이제곱 확률밀도함수라 하며 분포함수는 다음과 같다.

$$f(x; k) = \frac{1}{2^{\frac{k}{2}}\Gamma\left(\frac{k}{2}\right)} x^{(k-2)/2} e^{-x/2}, \qquad x > 0$$

모분산 σ^2의 추정량으로 흔히 사용되는 표본분산 $S^2 = \sum_{i=1}^{n}(X_i - \overline{X})^2/(n-1)$의 경우, $(n-1)S^2/\sigma^2$의 분포는 자유도 $(n-1)$인 카이제곱분포를 따른다.

카이제곱분포의 응용 1

서로 독립인 확률변수 $X_1, X_2, \ldots X_n$이 각각 평균이 μ_i이고 분산이 σ_i^2인 정규분포를 따를 경우, 통계량 $V = \sum_{i=1}^{n}\left(\frac{X_i - \mu_i}{\sigma_i}\right)^2$은 자유도 n인 카이제곱분포, $\chi^2(n)$을 따른다.

카이제곱분포의 응용 2

$X_1, X_2, \ldots X_n$이 평균이 μ이고 분산이 σ^2인 정규분포에서 뽑은 랜덤표본일 경우 표본평균 $\overline{X}_n$ 그리고 표본분산 $S^2 = \sum_{i=1}^{n}(X_i - \overline{X})^2/(n-1)$에 대해

(1) $\overline{X}_n$와 $S^2 = \sum_{i=1}^{n}(X_i - \overline{X})^2/(n-1)$은 서로 독립이다.

(2) $\sum_{i=1}^{n}\left(\frac{X_i - \overline{X}}{\sigma}\right)^2 = \frac{(n-1)S^2}{\sigma^2}$은 자유도 $n-1$인 $\chi^2(n-1)$이다.

2.1.3 t-분포

t-분포는 W. S. Gosset(1876~1937)이 Student라는 가명으로 발표한 논문에 처음 등장하였으며 통계적 추론에 매우 중요한 분포로서 표본의 크기가 작을 때 특히 유용하게 사용되는 분포이다. t-분포는 표준정규분포와 모양이 비슷하며, 0 을 중심으로 좌우대칭이지만 표준정규분포에 비하여 양쪽 꼬리가 두터운 것이 특징이다. 그러나 표본수가 커져 자유도가 증가하면 표준정규분포에 가까워진다.

그림 2.1-3 표준정규분포와 t-분포

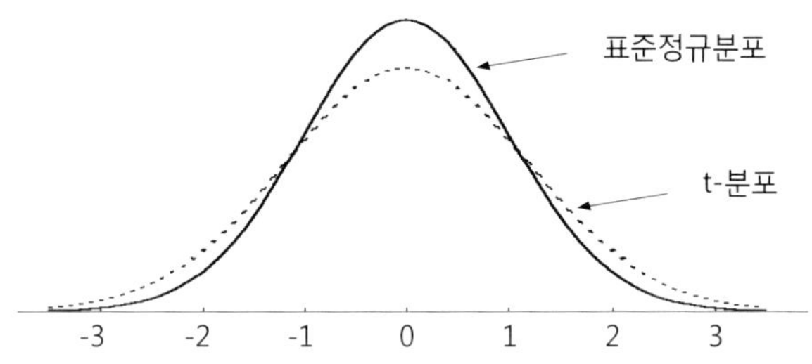

t-분포의 확률밀도함수는 다음과 같다.

$$f(x) = \frac{\Gamma\left(\frac{k+1}{2}\right)}{\sqrt{k\pi}\,\Gamma\left(\frac{k}{2}\right)}\left(1+\frac{x^2}{k}\right)^{-(k+1)/2}, \qquad -\infty < x < \infty$$

t-분포는 정규분포와 카이제곱분포의 비의 함수로 정의된다.

t-분포의 정의

표준정규분포 $N(0, 1)$을 따르는 확률변수를 Z라 하고, 확률변수 Z 와 독립이며 자유도 k인 카이제곱분포를 따르는 확률변수를 V라 하여 확률변수 T를 다음과 같이 정의하자. 그러면 확률변수 T는 자유도 k인 t-분포임을 알 수 있다.

즉, $T = \dfrac{Z}{\sqrt{\dfrac{V}{k}}} \sim t(k)$이다.

이제, $X_1, \cdots, X_n$이 정규분포 $N(\mu, \sigma^2)$에서 뽑은 랜덤표본일 경우, 모분산 σ^2의 추정량, $S^2 = \sum_{i=1}^{n}(X_i - \overline{X})^2/(n-1)$를 이용한 통계량 T의 분포를 생각하자.

$$T = \frac{\overline{X} - \mu}{S/\sqrt{n}} = \frac{(\overline{X} - \mu)/\left(\dfrac{\sigma}{\sqrt{n}}\right)}{\sqrt{\dfrac{(n-1)S^2}{\sigma^2}/(n-1)}} = \frac{N(0,1)}{\sqrt{\chi^2(n-1)/(n-1)}}$$

이는 $T = \dfrac{Z}{\sqrt{\dfrac{V}{n-1}}} \sim t(n-1)$형태이므로 자유도 $n-1$인 t-분포를 따른다.

2.1.4 F-분포

F - 분포의 정의

확률변수 V_1과 V_2가 각각 독립이며 자유도가 k_1, k_2인 카이제곱분포를 따를 때

$$F = \frac{V_1/k_1}{V_2/k_2}$$

라 정의하면 확률변수 F의 분포는 자유도(k_1, k_2)인 F-분포에 따른다.

F-분포 역시 자유도 $k_{1,}\ k_2$에 따라 분포함수의 모양이 결정된다. F-분포의 확률밀도함수는 다음과 같다.

$$f(x) = \frac{\Gamma\left(\frac{k_1+k_2}{2}\right)k_1^{\frac{k_1}{2}}k_2^{\frac{k_2}{2}}}{\Gamma\left(\frac{k_1}{2}\right)\Gamma\left(\frac{k_2}{2}\right)} \frac{x^{\frac{1}{2}(k_1-2)}}{(k_2+k_1x)^{\frac{1}{2}(k1+k2)}} \quad , \quad x > 0$$

그림 2.1-4 자유도에 따른 F-분포의 확률밀도함수(p.d.f)와 누적확률밀도함수(c.d.f)

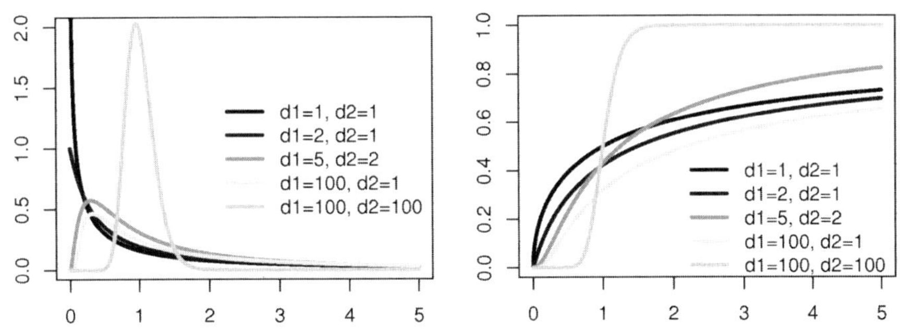

두 표본분산의 비율에 관한 분포는 통계적 방법론에서 널리 이용된다. 예를 들어, $X_1, \cdots, X_{n_1}$이 각각 정규분포 $N(\mu_1, \sigma_1^2)$을 따르는 확률표본이고, $Y_1, \cdots, Y_{n_2}$이 각각 정규분포 $N(\mu_2, \sigma_2^2)$을 따르며 서로 독립일 경우

$$\frac{(n_1-1)S_1^2}{\sigma_1^2} \sim \chi^2(n_1-1) \ , \quad \frac{(n_2-1)S_2^2}{\sigma_2^2} \sim \chi^2(n_2-1)$$

이므로

$$F = \frac{\frac{(n_1-1)S_1^2}{\sigma_1^2}/(n_1-1)}{\frac{(n_2-1)S_2^2}{\sigma_2^2}/(n_2-1)} = \frac{\sigma_2^2}{\sigma_1^2} \cdot \frac{S_1^2}{S_2^2} \sim F(n_1-1, n_2-1)$$

위에서 두 집단의 모분산이 같다고 가정하면, 위 F-통계량은 S_1^2/S_2^2, 즉 표본분산의 비로 단순화된다.

F-분포의 응용

정규분포 $N(\mu_1, \sigma_1^2)$를 따르는 확률표본 $X_1, \cdots, X_{n_1}$의 표본분산 S_1^2과 정규분포 $N(\mu_2, \sigma_2^2)$을 따르는 확률표본 $Y_1, \cdots, Y_{n_2}$의 표본분산 S_2^2 대하여 다음이 성립한다.

$$\frac{\sigma_2^2}{\sigma_1^2} \cdot \frac{S_1^2}{S_2^2} \sim F(n_1 - 1,\ n_2 - 1)$$

예제 2.1

평균적으로 $12mm$ 두께의 강판을 생산한다고 알려진 두 개의 기계로부터 10개의 강판을 생산한 후 두께를 측정하였다. 그런데 각 기계의 표본분산은 차이가 있어 분산비가 2로 계산되었다. 이 두 기계가 완전히 같은 성능을 가진 기계로 모분산이 같을 경우, 이와 같이 두 기계의 표본분산비가 2배 이상 나올 확률은 얼마인가?

$$\Pr\left(\frac{S_1^2}{S_2^2} \geq 2.0\right) = \Pr(F(9,9) \geq 2.0) = 0.158.$$

부록의 F-분포표를 사용해서는 확률 0.158을 정확히 계산할 수 없다. 부록표에서는 $F(9,9;0.1) = 2.44$라는 값을 알 수 있기 때문이다. 다만, 표를 사용하여서는 두 기계의 분산비가 2.44일 때 확률이 0.1인 사실을 이용하여, 2일 때 확률이 0.1보다 크다는 것을 짐작할 수 있을 뿐이다. 정확한 확률은 SAS나 SPSS 또는 R 등 통계소프트웨어를 사용하여야 한다. SAS를 사용한 결과 두 기계의 표본분산비가 2배 이상 차이 날 확률은 0.158이었다.

확률변수 X가 자유도(k_1, k_2)인 F-분포를 따르면 확률변수 X의 역수인 $1/X$는 자유도(k_2, k_1)인 F-분포를 따른다.

F- 분포의 성질

확률변수 F가 자유도 (k_1, k_2)인 F-분포를 따를 때 다음이 성립한다.

$$\frac{1}{F} \sim F(k_2, k_1)$$

그러므로 $F_\alpha(k_1, k_2)$를 $F(k_1, k_2)$분포의 α-백분위수라고 하면,

$$\begin{aligned} \alpha &= p[X \geq F_\alpha(k_1, k_2)] \\ &= p[1/X \leq 1/F_\alpha(k_1, k_2)] \\ &= 1 - p[1/X \geq 1/F_\alpha(k_1, k_2)] \end{aligned}$$

이로부터 다음과 같은 사실을 알 수 있다.

$$\frac{1}{F_\alpha(k_1, k_2)} = F_{1-\alpha}(k_2, k_1)$$

따라서 자유도 (k_2, k_1)인 F-분포를 따르는 확률변수의 확률을 계산하는데 분포표의 윗부분 혹은 아랫부분만 있어도 확률변수의 역수를 이용하여 확률값을 구할 수 있다. 예를 들어, $F_{0.05}(5, 7)=3.97$이므로 $F_{0.95}(7, 5)=1/3.97 \fallingdotseq 0.25$이다.

F-분포는 t-분포와 밀접한 관련이 있다. t-분포를 따르는 확률변수 T는

$$T = \frac{Z}{\sqrt{V/k}}$$

로 표현되는데, 이를 제곱하면 다음과 같다.

$$T^2 = \frac{Z^2/1}{V/k}$$

그런데 Z^2은 자유도가 1인 χ^2 분포를 따르므로 F-분포의 정의에 의해 T^2은 자유도가$(1, k)$인 F-분포를 따르게 된다.

F-분포와 t-분포의 관계

확률변수 T가 자유도 k인 t-분포를 따를 때 다음이 성립한다.

$$T^2 \sim F(1,\ k)$$

2.2 통계적 추정

2.2.1 점추정

모집단으로부터 표본을 추출하고 추출된 자료로부터 모수를 추측하는 과정을 통계적 추정이라고 한다. 모집단의 확률밀도함수를 $f(x\,;\theta)$라 가정하고, 모수 θ를 자료 $X_1, X_2, \cdots, X_n$으로부터 추정하는 과정을 생각해보자. 모수를 추정하기 위해서는 여러 가지 방법이 있을 수 있다. 그런데 우리가 원하는 좋은 방법의 추정은 모수 θ에 가까운 추정결과를 얻는 것이다. 그런네 모수 θ에 가깝다는 것은 각 기준에 따라 다르게 평가된다. 모수 θ에 대한 추정량 $\hat{\theta}$에 대하여 절대오차$=|\theta-\hat{\theta}|$, 제곱오차$=(\theta-\hat{\theta})^2$ 등의 기준을 손실함수(loss function)라 한다. 이 손실함수는 확률변수이므로 이 손실함수의 기댓값을 계산하여 가까운 정도를 평가할 수 있다. 여기에서 모수의 추정에 사용되는 통계량을 추정량(estimator)이라 하며, 실제로 실현된 표본의 결과로부터 얻은 추정량의 값을 추정값(estimate)이라고 한다. 보통, 추정량과 추정값을 혼용하기도 하나, 엄밀하게 다른 의미를 가짐을 유의해야 한다. 이를 구별하기 위하여 추정량은 보통 대문자로 표시하며, 추정값은 소문자로 표시한다. 또한 추정량은 통계량으로서 확률변수이나 추정값은 숫자로 나타나는 자료의 구체적 결과이다. 따라서 추정량은 모수를 추정하기 위해 사용된 추정방법이며 추정값은 이 방법에 의해 얻은 결과를 의미한다. 좋은 추정량이 되기 위해서는 다음의 몇 가지 조건이 필요하다.

불편성(unbiasedness)

모수 θ를 추정하는 추정량을 $\hat{\theta}$라고 하자. 이때, $E(\hat{\theta})-\theta$의 크기를 편의(bias)이라 하며, 이 편의값이 0이 되면 $\hat{\theta}$을 θ의 불편추정량(unbiased estimator)이라 한다. 불편추정량이란 반복적으로 표본을 뽑아 추정값들을 구했을 때 추정값들의 평균이 모수값에 일치하게 되는 추정량의 성질을 의미한다. 즉, $E(\hat{\theta})=\theta$를 만족하는 추정량 $\hat{\theta}$은 불편성을 만족한다.

유효성(efficiency)

불편성은 추정량의 분포에서 중심위치에 대한 성질로서는 바람직하지만 추정량의 분포에 대한 변이(variability)의 정도를 나타내지는 못한다. 그러므로 변이의 정도까지 고려하여야 하는데, 이 변이를 재는 척도로 주로 추정량의 표준편차를 사용하며 이를 추정량의 표준오차(standard error)라 한다. 따라서 많은 불편추정량 중에서도 표준오차가 작은 추정량을 다른 추정량에 비하여 유효성(efficiency)이 '크다' 혹은 '좋다'라고 한다. 즉, θ에 대한 여러 종류의 불편추정량 $\hat{\theta}_1, \hat{\theta}_2, \cdots, \hat{\theta}_k$ 중 어느 특정 불편추정량이 다른 추정량들에 비해 표준오차가 가장 작으면, 그 추정량이 다른 추정량에 비해 유효성이 가장 좋은 성질을 가졌다고 한다. 유효성은 추정량이 모수에 가까운 정도를 평가하는 기준이 된다.

불편성을 만족하면서 상대적으로 가장 큰 유효성을 갖는 추정량을 최소분산불편추정량(Minimum Variance Unbiased Estimator; MVUE)이라 한다.

일치성(consistency)

앞의 불편성과 유효성은 고정된 표본의 크기(n)에 대하여 정의된 성질들이다. 여기서는 표본의 크기가 점점 커짐에 따라 모수에 가까워지는 추정량의 점근적(asymptotic) 성질에 대하여 살펴보자. 이 중에서도 표본의 크기가 점점 커짐에 따라 추정량이 모수에 거의 가깝게 분포될 확률이 커지는 성질을 일치성이라 한다. 또 이와 같은 성질을 만족하는 추정량을 일치추정량(consistent estimator)이라 한다. 일치추정량은 표본이 충분히 크면 모수에 가까운 추정량임을 담보하는 성질을 의미한다.

즉, $\lim_{n\to\infty} P\{|\hat{\theta}-\theta| \geq \epsilon\} = 0, \qquad \epsilon > 0$

▶ [참고 1] 추정량의 선택과 평가(p.59)

2.2.2 구간추정

점추정에서는 추정량의 정확성에 대한 확률적 서술이 없으므로 추정결과에 대한 신뢰도를 말할 수 없다. 그런데 어떤 구간 내에 모수가 포함될 확률을 결정함으로써 추정결과에 대한 신뢰도를 말할 수 있다. 즉 모수를 한 점으로 추정하는 것보다 대략 추정한 값 근처에 있으리라고 추정하는 것이 현명한 추정이라 하겠다. 이처럼 모수를 어떤 구간으로 추정하는 것을 **구간추정**(interval estimation)이라 하며, 추정된 구간을 **신뢰구간**(confidence interval)이라 한다. 또한 신뢰구간에 부여되는 확률을 **신뢰수준**(confidence level)이라 한다.

정규모집단 $N(\mu, \sigma^2)$에서 모평균의 신뢰구간 추정에 대해 생각해보자. 크기 n인 확률표본 $X_1, X_2, \cdots, X_n$의 표본평균 $\overline{X}$에 대하여 $\overline{X} \sim N(\mu, \sigma^2/n)$ 또는 $\frac{\overline{X}-\mu}{\sigma/\sqrt{n}} \sim N(0,1)$이므로, 표준정규분포의 성질로부터

$$P\left\{-z_{\alpha/2} \leq \frac{\overline{X}-\mu}{\sigma/\sqrt{n}} \leq z_{\alpha/2}\right\} = 1-\alpha$$

즉,

$$P\left\{\overline{X}-z_{\alpha/2}\frac{\sigma}{\sqrt{n}} \leq \mu \leq \overline{X}+z_{\alpha/2}\frac{\sigma}{\sqrt{n}}\right\} = 1-\alpha$$

를 얻는다. 그러므로 모평균 μ의 $100(1-\alpha)\%$의 신뢰구간은 $\left(\overline{X} \pm z_{\alpha/2}\frac{\sigma}{\sqrt{n}}\right)$이다. 일반적으로 모수 θ의 불편추정량을 $\hat{\theta}$라 했을 때, 중심극한정리를 사용하여 모수 θ의 신뢰구간을 유도한다. 즉, 중심극한정리에 의해 $\hat{\theta}$의 분포가 $N(\theta, Var(\hat{\theta}))$에 가깝다면, 모수 θ의 신뢰구간은 $\hat{\theta} \pm Z_{\alpha/2}\sqrt{Var(\hat{\theta})}$로 얻어진다.

실제로 모분산 σ^2이 알려지지 않은 경우가 대부분이므로 위에서 구한 신뢰구간을 사용할 수 없을 때가 많다. 이 경우 σ^2를 표본분산 S^2으로 추정하면, $\frac{\overline{X}-\mu}{S/\sqrt{n}} \sim t(n-1)$이 성립하므로, t-분포의 성질로부터

$$P\left\{-t_{\alpha/2}(n-1) \le \frac{\overline{X}-\mu}{S/\sqrt{n}} \le t_{\alpha/2}(n-1)\right\}=1-\alpha$$

이 되고, 결국 모평균 μ의 $100(1-\alpha)\%$의 신뢰구간은 $\left(\overline{X}\pm t_{\alpha/2}(n-1)\frac{S}{\sqrt{n}}\right)$이다.

다음으로 정규모집단 $N(\mu, \sigma^2)$에서 모분산의 신뢰구간 추정에 대해 생각해 보자. 정규모집단 $N(\mu, \sigma^2)$에서 모분산 σ^2의 불편추정량, $S^2=\sum_{i=1}^{n}(X_i-\overline{X})^2/(n-1)$에 대하여 $\frac{(n-1)S^2}{\sigma^2} \sim \chi^2(n-1)$이 성립한다. 따라서 카이제곱분포를 이용하여 다음 식이 성립한다.

$$P\left\{\chi^2_{1-\alpha/2}(n-1) \le \frac{(n-1)S^2}{\sigma^2} \le \chi^2_{\alpha/2}(n-1)\right\}=1-\alpha$$

위의 식을 σ^2에 대하여 정리하면

$$P\left\{\frac{(n-1)S^2}{\chi^2_{\alpha/2}(n-1)} \le \sigma^2 \le \frac{(n-1)S^2}{\chi^2_{1-\alpha/2}(n-1)}\right\}=1-\alpha$$

따라서 모분산 σ^2에 대한 $100(1-\alpha)\%$ 신뢰구간은

$$\left(\frac{(n-1)S^2}{\chi^2_{\alpha/2}(n-1)}, \frac{(n-1)S^2}{\chi^2_{1-\alpha/2}(n-1)}\right)$$

모분산의 신뢰구간은 비대칭형인 카이제곱분포를 사용한 관계로 좌우 대칭이 아닌 것을 알 수 있다.

2.3 통계적 가설검정

모집단의 모수값이나 확률분포에 대하여 어떤 가설을 설정하고 가설의 성립 여부를 자료를 통하여 검정하여 결과를 도출하는 과정을 통계적 가설검정이라 한다. 통계적 가설검정에서 기존에 존재하는 사실이면서 새로운 가설에 의해서

반증하고자 하는 가설을 귀무가설(null hypothesis)라 하며, H_0로 표시한다. 그리고 기존의 가설에 반대하면서 새로운 주장을 펴는 가설을 대립가설(alternative hypothesis)라 하며 H_1로 나타낸다. 한편, 통계적 가설검정은 귀무가설을 중심으로 전개한다는 사실도 유의하여야 한다. 가설검정에서 귀무가설에 대한 반박, 즉 대립가설을 채택하려면 표본으로부터 매우 강력한 귀무가설에 대한 반증이 있어야 한다. 해당 가설을 기각할 것인가 채택할 것인가를 결정하는 도구(통계량)를 검정통계량(test statistics)이라고 한다. 검정통계량도 확률분포를 따르기 때문에 검정통계량의 분포로부터 귀무가설을 채택 혹은 기각하는 기준이 되는 값 c를 결정해야 한다. 이 분기점 c를 임계값(critical value)라 하며, 귀무가설을 기각하게 하는 영역을 **기각역**(rejection region)이라 부른다. 그리고 기각역이 아닌 영역을 **채택역**(acceptance region)이라 한다. **통계적 가설검정**의 결과는 H_0를 채택하거나 H_0를 기각하거나 둘 중 하나이다. 따라서 이러한 결정에는 두 가지 오류의 가능성이 있다. 즉 귀무가설 H_0가 참일 때 대립가설 H_1을 채택함으로 생기는 **제1종 오류**(Type Ⅰ Error)와 대립가설 H_1이 참일 때 귀무가설 H_0를 채택함으로 생기는 **제2종 오류**(Type Ⅱ Error)이다.

표 2.3-1 가설검정 결과

검정결과 \ 실제현상	H_0가 참	H_1가 참
H_0를 채택	옳은 결정	제 2종 오류
H_1을 채택	제 1종 오류	옳은 결정

그림 2.3-1 통계적 가설검정

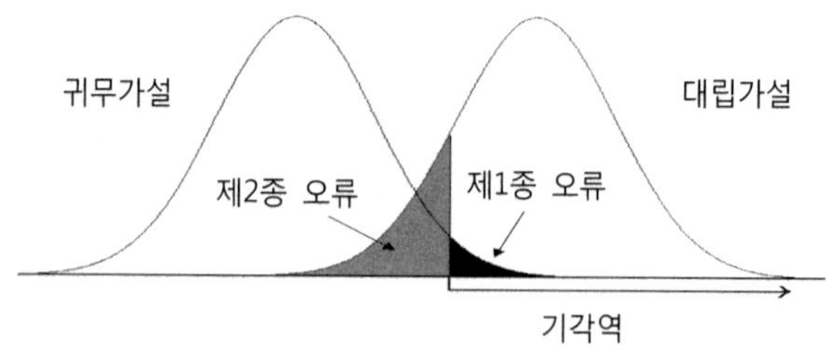

그런데 가설검정에서 제1종 오류와 제2종 오류를 동시에 줄이는 것은 불가하다. [그림 2.3-1]을 통해서 살펴보자. [그림 2.3-1]에서 두 정규분포에 대한 귀무가설과 대립가설이 주어지고 기각역이 결정되면 동시에 제1종 오류와 제2종 오류가 결정된다. 만일 기각역을 오른쪽으로 이동하여, 제1종 오류를 줄이면 제2종 오류가 커지게 된다. 그리고 제2종 오류를 줄이려고 기각역을 다시 왼쪽으로 이동하면 제1종 오류가 커지게 되어있다. 직관적으로는 두 오류를 동시에 줄일 수 있는 기각역을 선택하여야 하나 불가함을 알 수 있다. 그러므로 기존의 주장 H_0을 우선적으로 고려하기 위해 제1종 오류만을 관리하는데 제1종 오류를 범할 확률을 미리 지정된 확률 이하로 사전에 정하고, 이것을 만족하는 임계치를 결정한다. 제1종 오류를 범할 확률의 최대 허용한계를 **유의수준**(significance level)이라 하며, 흔히 유의수준으로 α=0.01, α=0.05와 같이 나타낸다. 따라서 **유의수준 α 검정법**이란 제1종 오류를 범할 확률이 α이하인 검정을 뜻한다.

또한, 검정통계량을 사용하여 실제 데이터로부터 관측값을 얻게 되고, 그 관측값이 기각역에 포함되어 있어, 귀무가설을 기각하면서 얻게 되는 최소의 유의수준을 **유의확률**(significance probability)라 하며, **p-값**(p-value)이라 한다. p-값의 일반적인 의미는 귀무가설에 반(反)하는 경험적 증거의 강도의 크기를 나타낸다. p-값이 작다는 것은 귀무가설이 사실일 때, 이런 관측결과가 나올 가능성이 희박하다는 것을 의미한다. 따라서 p-값이 작을 경우 귀납법 원리에 의해 귀무가설을 강하게 의심하게 된다. 이처럼 귀무가설에 대한 반증의 강도를 p-값을 통하여 제공하는 과정을 **유의성검정**(significance testing)이라고 한다. 실제 분석에서는 p-값과 정해진 유의수준 α와 비교하여 p-값이 유의수준 α보다 작으면 귀무가설을 기각하게 되는데 이를 통계적 **가설검정**(hypothesis testing)이라 한다. 그러나 이러한 통계적 가설검정 절차는 유의수준 선택에 따른 분별성과 적절성의 논란을 일으키고 있다. 따라서 유의수준을 선택하여 귀무가설을 채택 혹은 기각하는 대신 p-값을 제시하여 귀무가설에 반하는 강도의 크기만을 세시하여 사용자가 현실적으로 의미 있는 실제적 유의성을 판단하는 것을 권장하고 있다. 유의확률의 의미를 좀 더 자세히 살펴보자. 제1종 오류와 제2종 오류를 보통 다음과 같은 식으로 표현할 수 있다.

- 제1종 오류의 확률: $\alpha = P(H_0$ 기각$|H_0)$
- 제2종 오류의 확률: $\beta = P(H_0$ 채택$|H_1)$
- p-값$=P(H_0$로부터 떨어진 방향으로 자료의 백분위수$|H_0)$

가설검정에 대해서는 보통 다음과 같은 5단계 절차를 밟아야 한다.

☑

1. 통계적 가설을 설정한다. 즉 귀무가설 H_0와 대립가설 H_1을 설정한다.
2. 유의수준 α를 정한다. 보통 유의수준으로 α=0.01, α=0.05, α=0.1을 택한다.
3. 검정에 사용되는 통계량을 결정한다. 보통 모평균 μ의 검정통계량은 $\overline{X}$, 모비율 π의 검정통계량은 $\hat{\pi}$을 사용하지만, 표준화하여 쓰기도 한다.
4. 유의수준 α에 의해 기각역을 구한다.
5. 주어진 데이터로부터 검정통계량 값 혹은 p-값을 계산하여, 기각역에 포함되었는지 유의수준 α보다 p-값이 작은지를 판단하여 유의성을 판정한다.

2.3.1 검정의 종류

가설검정은 가설의 설정에 따라 양측검정과 단측검정으로 구분된다. 대립가설에서 기각역이 한쪽 방향에만 존재하는 경우를 **단측검정**(one-sided test)이라 하며, 기각역이 양쪽으로 나누어져 있는 경우를 **양측검정**(two-sided test)이라 한다. 예를 들어 모수 θ에 관한 귀무가설과 대립가설이 각각

$$H_0 : \theta = \theta_0 \ , \quad H_1 : \theta \neq \theta_0$$

로 주어지면, 기각역과 채택역은 [그림 2.3-2]와 같다. 이러한 가설에 대한 검정을 양측검정이라 한다. 단측검정은 **우측검정**(right-sided test)과 **좌측검정**(left-sided test)으로 구분된다. 우측검정은 기각역이 우측에 있는 단측검정이다. 예를 들어

모수 θ에 관한 귀무가설과 대립가설이 각각

$$H_0 : \theta = \theta_0 , \quad H_1 : \theta > \theta_0$$

일 경우, 기각역과 채택역은 [그림 2.3-3]과 같고 이러한 검정을 우측검정이라 한다. 좌측검정은 기각역이 좌측에 있는 단측검정이다. 예를 들어 모수 θ에 관한 귀무가설과 대립가설이 각각

$$H_0 : \theta = \theta_0 , \quad H_1 : \theta < \theta_0$$

으로 주어지면, 기각역과 채택역은 [그림 2.3-3]과 같다. 이러한 검정을 좌측검정이라 한다.

그림 2.3-2 양측검정의 기각역과 채택역

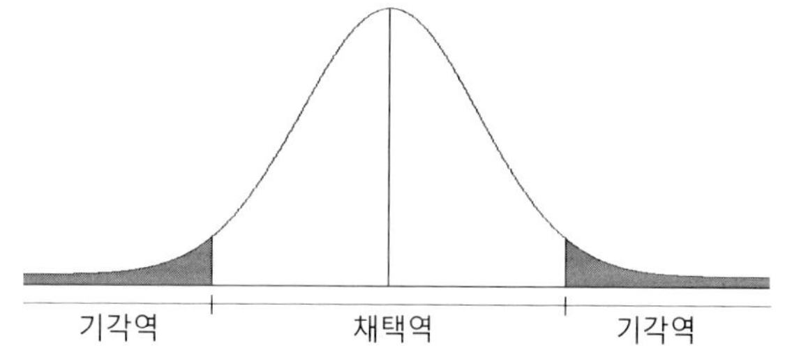

그림 2.3-3 우측검정과 좌측검정

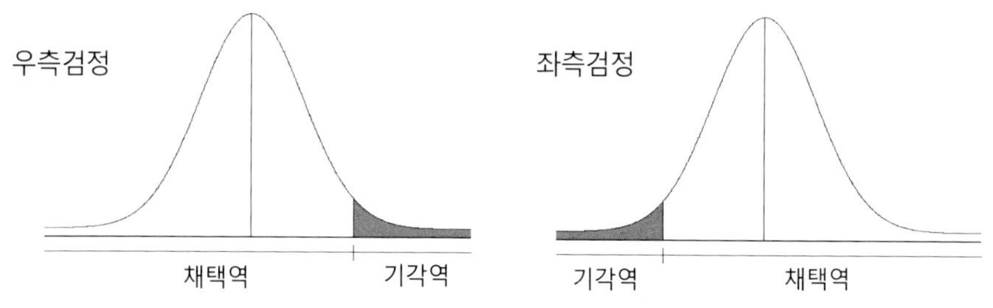

위의 그림을 보면, 양측검정과 단측검정(우측검정, 좌측검정)을 결정하는 것

은 대립가설의 형태임을 알 수 있다. 그러므로 대립가설을 정할 때 요구되는 문제를 정확히 아는 것이 중요하다.

2.3.2 모평균의 검정

정규모집단 $N(\mu,\ \sigma^2)$에서 모평균 μ에 대한 가설검정을 생각해보자. 이때 검정통계량, $\overline{X}$는 $N\left(\mu,\ \dfrac{\sigma^2}{n}\right)$의 분포를 따르므로 $Z=\dfrac{\overline{X}-\mu}{\sigma/\sqrt{n}}$은 표준정규분포 $N(0,\ 1)$를 따른다. 따라서 모평균 μ에 대한 가설검정으로 Z통계량을 이용하는데 이를 Z-검정이라 한다. Z-검정 절차는 다음과 같다.

☑

1. 가설을 세운다.
   (1) $H_0 : \mu=\mu_0,\quad H_1 : \mu \neq \mu_0$ (양측검정)
   (2) $H_0 : \mu=\mu_0,\quad H_1 : \mu > \mu_0$ (우측검정)
   (3) $H_0 : \mu=\mu_0,\quad H_1 : \mu < \mu_0$ (좌측검정)
2. 유의수준 α를 정한다.
3. 검정통계량 $Z=\dfrac{\overline{X}-\mu}{\sigma/\sqrt{n}}$를 선정하고 계산한다.
4. 기각역(혹은 임계값)을 정한다.
   기각역 (1) $H_0 : \mu=\mu_0,\quad H_1 : \mu\neq\mu_0$ 일 때 $|Z| > z_{\alpha/2}$
   (2) $H_0 : \mu=\mu_0,\quad H_1 : \mu > \mu_0$ 일 때 $Z > z_\alpha$
   (3) $H_0 : \mu=\mu_0,\quad H_1 : \mu < \mu_0$ 일 때 $Z < -z_\alpha$
5. 유의확률을 계산하거나 검정통계값이 기각역에 포함되는지를 판단하여 기각여부를 결정한다.

Z-검정은 모분산 σ^2을 알아야 한다는 단점이 있기 때문에 실제 문제 적용에는 어려움이 있다. 일반적으로 모분산 σ^2이 알려져 있지 않을 때 σ^2을 표본분산 S^2으로 추정한

$$T = \frac{\overline{X} - \mu}{S/\sqrt{n}}$$

는 자유도 $(n-1)$인 t-분포를 따름을 앞 절에서 다루었다. 따라서 분산이 알려져 있지 않은 경우, 모평균 μ에 대한 가설검정으로 t-통계량을 사용하였다 하여 이를 t-검정이라고 부르며, 앞의 [단계 3]-[단계 5]의 과정에서 정규분포가 아닌 T-통계량을 사용하는 절차를 따르면 된다.

2.3.3 모분산의 검정

정규모집단 $N(\mu, \sigma^2)$에서 모분산 σ^2에 관한 가설검정을 살펴보자. 크기 n인 확률표본 $X_1, X_2, \cdots, X_n$에서 $S^2 = \sum_{i=1}^{n}(X_i - \overline{X})^2/(n-1)$를 표본분산이라 정의하면 $\chi^2 = \frac{(n-1)S^2}{\sigma^2}$은 자유도 $(n-1)$인 카이제곱분포를 따름을 다룬 바 있다. 그러므로 모분산 σ^2에 대한 추론은 표본분산 S^2을 이용하며 카이제곱분포를 사용한다. 실제 검정에 있어서는 미지의 모분산 σ^2을 귀무가설에서 가정한 $\sigma^2 = \sigma_0^2$로 대치하며, 다음과 같은 절차를 따라 검정을 실시한다.

☑

1. 가설을 세운다.
   (1) $H_0 : \sigma^2 = \sigma_0^2$, $H_1 : \sigma^2 \neq \sigma_0^2$ (양측검정)
   (2) $H_0 : \sigma^2 = \sigma_0^2$, $H_1 : \sigma^2 > \sigma_0^2$ (우측검정)
   (3) $H_0 : \sigma^2 = \sigma_0^2$, $H_1 : \sigma^2 < \sigma_0^2$ (좌측검정)
2. 유의수준 α를 정한다.
3. 검정통계량 $\chi^2 = \dfrac{(n-1)S^2}{\sigma^2}$ 를 선정하고 계산한다.
4. 기각역(혹은 임계값)을 정한다.
   기각역 (1) $H_0 : \sigma^2 = \sigma_0^2$, $H_1 : \sigma^2 \neq \sigma_0^2$ 일 때 $\chi^2 < \chi^2_{1-\alpha/2}(n-1)$
   또는 $\chi^2 > \chi^2_{\alpha/2}(n-1)$
   (2) $H_0 : \sigma^2 = \sigma_0^2$, $H_1 : \sigma^2 > \sigma_0^2$ 일 때 $\chi^2 > \chi^2_{\alpha}(n-1)$

(3) $H_0 : \sigma^2 = \sigma_0^2$, $H_1 : \sigma^2 < \sigma_0^2$ 일 때 $\chi^2 < \chi^2_{1-\alpha}(n-1)$

5. 유의확률을 계산하거나 검정통계값이 기각역에 포함되는지를 판단하여 기각여부를 결정한다.

▶ [참고 2] 구간추정과 가설검정 (p.60)

2.4 두 집단의 비교

분산분석의 기본은 두 모집단의 평균비교에서 출발한다. 본 절에서는 두 모집단의 모수들을 비교하는 방법을 소개함으로 분산분석에 대한 기본적 동기를 부여하고자 한다. 우선, 두 집단의 평균 비교에 있어 두 독립 모집단 비교와 대응비교를 다루고자 한다.

2.4.1 두 독립표본의 비교

두 모집단이 각각 정규모집단 $N(\mu_1, \sigma_1^2)$과 $N(\mu_2, \sigma_2^2)$를 따르고, 각 모집단으로부터 크기가 각각 n_1, n_2인 독립표본을 다음과 같이 얻었다고 하자.

모집단 1에서의 표본 : $X_1, X_2, \cdots, X_{n_1}$

모집단 2에서의 표본 : $Y_1, Y_2, \cdots, Y_{n_2}$

이 때 모평균 $\mu_1 - \mu_2$에 대한 통계적 검정은 두 모분산 σ_1^2과 σ_2^2을 알고 있는지의 여부에 따라 서로 다르다. 만일 두 모분산을 알고 있다면 2.3.2절에서 다룬 바와 같이 정규분포를 이용한 Z-검정을 사용한다. 반면에 두 모분산을 모른다면 t-분포를 이용하는 t-검정을 사용한다. 그런데 t-검정에서도 두 모집단의 분산이 서로 동일한가에 따라 수정된 t-검정을 이용하게 된다.

1) 등분산인 경우

두 모평균의 차인 $\mu_1 - \mu_2$에 관한 추론에 사용될 통계량은 $\overline{X} - \overline{Y}$임을 직관적으로 생각할 수 있다. 또한 $\overline{X}$, $\overline{Y}$의 분포는 각각 $\overline{X} \sim N(\mu_1, \sigma_1^2/n_1)$, $\overline{Y} \sim N(\mu_2, \sigma_2^2/n_2)$이고, $\overline{X}$, $\overline{Y}$는 서로 독립이며 $\overline{X} - \overline{Y}$가 정규분포를 따르므로 $\overline{X} - \overline{Y}$의 평균과 분산은 각각

$$E(\overline{X} - \overline{Y}) = E(\overline{X}) - E(\overline{Y}) = \mu_1 - \mu_2$$
$$Var(\overline{X} - \overline{Y}) = Var(\overline{X}) + Var(\overline{Y}) = \sigma_1^2/n_1 + \sigma_2^2/n_2$$

따라서

$$Z = \frac{(\overline{X} - \overline{Y}) - (\mu_1 - \mu_2)}{\sqrt{\sigma_1^2/n_1 + \sigma_2^2/n_2}} \sim N(0,1)$$

대부분의 경우 모분산을 모르는 경우가 많으므로 이때의 검정방법에 대하여 살펴보자. 우선 두 모집단의 분산이 서로 같다($\sigma_1^2 = \sigma_2^2 = \sigma^2$)고 가정하자.

공통분산 σ^2에 대한 추정량으로 **합동추정량**(pooled estimator)을 이용한다.

$$S_p^2 = \frac{(n_1 - 1)S_1^2 + (n_2 - 1)S_2^2}{n_1 + n_2 - 2}$$

이 추정량은 각 집단의 자유도를 가중치로 주어 표본분산들을 가중평균한 것이다. 전체의 자유도는 각각의 자유도의 합인 $(n_1 - 1) + (n_2 - 1) = n_1 + n_2 - 2$.

이제, $\overline{X} - \overline{Y}$의 표준화된 통계량의 분포는 $N(0, 1)$이며, $(n_1 + n_2 - 2)S_p^2/\sigma^2$의 분포는 자유도가 $n_1 + n_2 - 2$인 χ^2분포를 따른다. 따라서 t-분포의 정의로부터 다음의 T-통계량은 자유도가 $n_1 + n_2 - 2$인 t-분포를 따르게 된다.

$$T = \frac{(\overline{X} - \overline{Y}) - (\mu_1 - \mu_2)}{S_p\sqrt{\frac{1}{n_1} + \frac{1}{n_2}}} \sim t(n_1 + n_2 - 2)$$

T-통계량을 이용하여 $\mu_1 - \mu_2$에 대한 신뢰구간을 구하면 다음과 같다.

$$(\overline{X}-\overline{Y}) \pm t_{\alpha/2}(n_1+n_2-2)S_p\sqrt{\frac{1}{n_1}+\frac{1}{n_2}}$$

이때, 기각역은 다음과 같이 결정된다.

기각역 (1) $H_1 : \mu_1 > \mu_2$ 일 때 $T \geq t_{\alpha}(n_1+n_2-2)$

(2) $H_1 : \mu_1 < \mu_2$ 일 때 $T \leq -t_{\alpha}(n_1+n_2-2)$

(3) $H_1 : \mu_1 \neq \mu_2$ 일 때 $|T| \geq t_{\alpha/2}(n_1+n_2-2)$

2) 이분산인 경우

이분산인 경우 일반적으로 이용되는 근사적인 방법으로 Satterhwaite방법을 소개하기로 한다. 검정통계량으로는 다음의 통계량 T^*를 사용한다.

$$T^* = \frac{(\overline{X}_1 - \overline{X}_2) - (\mu_1 - \mu_2)}{\sqrt{S_1^2/n_1 + S_2^2/n_2}}$$

만일 $|T^*| > t(\phi\,;\alpha/2)$이면 유의수준 α에서 대립가설 $H_1 : \mu_1 \neq \mu_2$에 대해 귀무가설 H_0를 기각하게 된다. 여기서 자유도 ϕ는 다음과 같이 계산된다.

$$\phi = \frac{\left(S_1^2/n_1 + S_2^2/n_2\right)^2}{\left(S_1^2/n_1\right)^2/(n_1-1) + \left(S_2^2/n_2\right)^2/(n_2-1)}$$

일반적으로 등분산에 대한 확신이 없을 때에는 $\sigma_1^2 = \sigma_2^2$를 검정하는 F-검정을 수행하여 그 결과에 따라 모평균에 대한 검정을 행하는 것이 일반적인 순서이다.

▶ [참고 3] 근사 t-분포의 자유도 (p.63)

2.4.2 짝표본

두 모평균의 차에 관한 추론에서 앞에서는 두 표본이 서로 독립적으로 추출된 경우를 언급하였다. 그러나 어느 실험에서 두 실험을 비교하고자 할 때에는 동질적인 실험단위를 얻기가 어려운 경우가 많다. 예를 들어, 어느 제약회사에서 비만증 환자를 위한 약을 개발하였다고 하자. 이 약이 체중감소에 도움이 되는지 알아보기 위하여 40명에게 임상실험을 하였다. 비만증 환자에 대한 약의 효과는 초기체중에 크게 영향을 받으므로 40명을 체중 순으로 나열하여 이웃한 2명을 한 쌍으로 하여 한 명은 개발된 약을, 다른 한 명은 위약을 투여하였다. 즉, 실험단위를 동질적으로 쌍으로 묶은 다음 각 쌍의 실험단위를 랜덤하게 선택하여 두 처리를 각각 적용하고, 각 쌍에서 관측값의 차를 이용하여 두 모평균의 차를 검정할 수 있다.

짝을 지워 실험하게 되면 초기체중의 개입을 통제하여 실험의 왜곡과 오차를 크게 줄일 수 있다. 본질적으로 쌍을 만드는 것은 이른바 블록화를 의미한다. 이에 대해서는 4장에서 자세히 언급하기로 한다.

표 2.4-1 짝표본의 자료구조

쌍	1	2		n
처리 1(X)	X_1	X_2	······	X_n
처리 2(Y)	Y_1	Y_2	······	Y_n
차이($D=X-Y$)	D_1	D_2	······	D_n

앞의 자료구조에서 X_i와 Y_i는 서로 독립이 아니다. 특히, 동질적인 쌍끼리 묶은 것이므로 X_i와 Y_i는 강한 양의 상관관계를 갖는 것이 보통이다. 이와 같이 추출된 X_i와 Y_i의 차로 만들어진 D_i들은 X와 Y가 정규분포를 따를 때, $H_0: \mu_1 = \mu_2$ 하에서 0을 중심으로 대칭인 정규분포를 따른다.

$D_i \sim N(\mu_D, \sigma_D^2)$라 표시하면 $H_0: \mu_1 = \mu_2$는 두 처리의 평균차가 없다는 가설 $H_0: \mu_D = 0$과 동일하다. D_1, D_2, $\cdots$, D_n의 표본평균과 표본분산은

$$\overline{D} = \frac{\sum_{i=1}^{n} D_i}{n}, \quad S_D^2 = \frac{\sum_{i=1}^{n} (D_i - \overline{D})^2}{n-1}$$

따라서, $\overline{D}$는 평균이 $\mu_1 - \mu_2$인 정규분포를 따른다. 특히 $\mu_1 = \mu_2$일 때,

$$T = \frac{\overline{D}}{S_D / \sqrt{n}} \sim t(n-1)$$

위의 T-통계량을 이용하여 단일 모집단에서와 같이 두 모평균의 차 $\mu_D = \mu_1 - \mu_2$에 대한 신뢰구간을 구하면 다음과 같다.

$$\overline{D} \pm t_{\alpha/2}(n-1)\frac{S_D}{\sqrt{n}}$$

이때, 기각역은 다음과 같이 결정된다.

기각역 (1) $H_1 : \mu_1 > \mu_2$ 일 때 $T \geq t_\alpha(n-1)$

(2) $H_1 : \mu_1 < \mu_2$ 일 때 $T \leq -t_\alpha(n-1)$

(3) $H_1 : \mu_1 \neq \mu_2$ 일 때 $|T| \geq t_{\alpha/2}(n-1)$

▶ [참고 4] 두 독립표본과 짝표본의 비교 (p.63)

2.5 분산의 동일성 검정

두 집단의 산포의 크기가 같은지 확인하고자 하는 경우에는 두 모집단의 분산의 크기에 대한 비교가 필요할 것이다. 또한 앞에서 살펴본 바와 같이 두 모평균의 차에 대한 추론문제에서도 등분산인지의 여부가 매우 중요하다. 왜냐하면 등분산인 경우 T-통계량은 t-분포에 따르지만 분산이 다를 경우 t-분포에 따르지 않기 때문이다. 두 모분산의 비교에 필요한 통계적 방법을 유도하기 위하여 다음과 같은 가정이 필요하다.

두 모분산의 비교를 위한 가정

(1) $X_1, X_2, \cdots, X_{n_1} : N(\mu_1, \sigma_1^2)$인 확률표본

(2) $Y_1, Y_2, \cdots, Y_{n_2} : N(\mu_2, \sigma_2^2)$인 확률표본

(3) 두 확률표본은 서로 독립이다.

두 모분산이 같은가($\sigma_1^2 = \sigma_2^2$)에 대한 검정은 귀무가설 $H_0 : \sigma_1^2/\sigma_2^2 = 1$로 나타낼 수 있으며 이를 검정하기 위한 통계량으로 S_1^2/S_2^2을 생각할 수 있다.

$$F = \frac{S_1^2/\sigma_1^2}{S_2^2/\sigma_2^2} \sim F(n_1 - 1, n_2 - 1)$$

이 사실에 근거하여 귀무가설 $H_0 : \sigma_1^2/\sigma_2^2 = 1$에 대한 검정을 생각해 보자. 검정통계량은 $F = S_1^2/S_2^2$이 되며, 이 F-값은 귀무가설 하에서 자유도가 $(n_1 - 1, n_2 - 1)$인 F-분포를 따른다. 다음과 같은 절차를 따라 검정할 수 있다.

☑ 1. 가설을 세운다.

(1) $H_0 : \sigma_1^2/\sigma_2^2 = 1$, $H_1 : \sigma_1^2/\sigma_2^2 > 1$

(2) $H_0 : \sigma_1^2/\sigma_2^2 = 1$, $H_1 : \sigma_1^2/\sigma_2^2 < 1$

(3) $H_0 : \sigma_1^2/\sigma_2^2 = 1$, $H_1 : \sigma_1^2/\sigma_2^2 \neq 1$

2. 유의수준 α를 정한다.

3. 검정통계량 $F = \dfrac{S_1^2}{S_2^2}$를 선정하고 계산한다.

4. 기각역(혹은 임계값)을 정한다.

기각역 (1) $H_1 : \sigma_1^2/\sigma_2^2 > 1$ 일 때 $F \geqq F_{\alpha}(n_1 - 1, n_2 - 1)$

(2) $H_1 : \sigma_1^2/\sigma_2^2 < 1$ 일 때 $F \leqq F_{1-\alpha}(n_1 - 1, n_2 - 1)$

(3) $H_1 : \sigma_1^2/\sigma_2^2 \neq 1$ 일 때 $F \geqq F_{\alpha/2}(n_1 - 1, n_2 - 1)$,

또는 $F \leqq F_{1-\alpha/2}(n_1 - 1, n_2 - 1)$

5. 유의확률(p-값)을 계산하거나 검정통계량 값이 기각역에 포함되는지를 판단하여, 기각여부를 결정한다.

아울러, σ_1^2/σ_2^2에 대한 신뢰구간은 다음 식에서 유도될 수 있다.

$$P\left\{F_{1-\alpha/2}(n_2 - 1, n_1 - 1) \leqq \frac{\sigma_1^2}{\sigma_2^2} \cdot \frac{S_2^2}{S_1^2} \leqq F_{\alpha/2}(n_2 - 1, n_1 - 1)\right\} = 1 - \alpha$$

2.5.1 SAS 분석 예

1) 두 독립표본 t-검정

예제 2.1

다음은 새로운 수면제 A와 B를 복용한 후 환자들이 수면에 드는 시간을 측정한 실험이다. 실험을 위해 18명의 환자들을 9명씩 랜덤으로 두 집단으로 나누고 한 집단에는 A라는 약을, 다른 한 집단에는 B라는 약을 복용하게 한 후 수면까지 걸리는 시간을 측정하였다. 이제, 수면제 A와 B에 대한 수면까지 걸리는 평균시간의 차이를 검정하여라.

표 2.5-1 실험자료

	1	2	3	4	5	6	7	8	9	평균	표준편차
A	37	25	32	18	29	34	23	28	36	29.11	6.33
B	31	19	26	12	27	28	19	21	30	23.67	6.28

독립 t-검정을 위한 SAS TTEST 프로시저와 결과

```
DATA ex2_1;
   INPUT group time @@;
CARDS;
1 37 1 25 1 32 1 18 1 29 1 34 1 23 1 28 1 36
2 31 2 19 2 26 2 12 2 27 2 28 2 19 2 21 2 30
;
RUN;
PROC TTEST DATA=ex2_1;
   CLASS group;
   VAR time;
RUN;
```

```
                          The TTEST Procedure
                              Statistics

                 Lower CL         Upper CL Lower CL          Upper CL
```

Variable	group	N	Mean	Mean	Mean	Std Dev	Std Dev	Std Dev	Std Err
time	1	9	24.243	29.111	33.979	4.2779	6.3333	12.133	2.1111
time	2	9	18.836	23.667	28.498	4.2452	6.2849	12.04	2.0950
time	Diff (1-2)		-0.861	5.4444	11.749	4.6989	6.3092	9.6021	2.9742

T-Tests

Variable	Method	Variances	DF	t Value	Pr > |t|
time	Pooled	Equal	16	1.83	0.0859
time	Satterthwaite	Unequal	16	1.83	0.0859

Equality of Variances

Variable	Method	Num DF	Den DF	F Value	Pr > F
time	Folded F	8	8	1.02	0.9832

SAS의 TTEST 프로시저를 사용하여 두 모평균의 차이에 대한 검정을 실시할 수 있다. 특히, TTEST 프로시저를 사용하면 모평균 μ와 모분산 σ^2, 그리고 두 집단 모평균의 차이 및 분산비에 대한 신뢰구간과 검정 결과 등 다양한 것을 볼 수 있다.

먼저, 일변량 모수에 대한 신뢰구간을 간략히 살펴보자. SAS output의 Statistics에서 모평균 μ와 모분산 σ^2에 대한 신뢰구간 결과를 볼 수 있다. $t_{0.025}(8)$이므로 집단 1의 모평균 μ_1의 신뢰구간은 다음과 같다.

$$\left\{\overline{X} \pm t_{\alpha/2}(n-1)\frac{S}{\sqrt{n}}\right\} = \{29.111 \pm 2.306 \times 2.111\}$$
$$= \{24.243,\ 33.979\}$$

SAS 결과에서 Std Err은 $S/\sqrt{n}$으로 모평균 μ의 표준오차이다. 다음으로, 모분산 σ_1^2의 신뢰구간은 $\chi^2_{0.025}(8)$=17.53, $\chi^2_{0.975}(8)$=2.18을 이용하여

$$\left\{\frac{(n-1)S^2}{\chi^2_{\alpha/2}(n-1)},\ \frac{(n-1)S^2}{\chi^2_{1-\alpha/2}(n-1)}\right\} = \left\{\frac{8\times 6.333^2}{17.53,}\ \frac{8\times 6.333^2}{2.18}\right\}$$
$$= \{18.305,\ 147.195\}$$

로 얻어진다. 그러므로 모표준편차 σ_1의 신뢰구간은 (4.2779, 12.133)이다.

두 집단의 모평균의 차이에 대한 검정 결과를 살펴보자. 두 집단의 등분산 가정에 따라 t-검정 방법이 달리 적용되기에, SAS output의 분산의 동질성(Equality of Variance) 결과를 먼저 살펴봐야 한다. 분산비의 검정은 앞에서 설

명한 다음의 식을 사용한다.

$$P\left\{F_{1-\alpha/2}(n_2-1,n_1-1) \le \frac{\sigma_1^2}{\sigma_2^2}\times\frac{S_2^2}{S_1^2} \le F_{\alpha/2}(n_2-1,n_1-1)\right\}=1-\alpha$$

두 집단의 분산비 값은 $S_1^2/S_2^2=1.02$로, 유의수준 0.05 하에서의 임계값인 $F_{0.025}(8,\ 8)$=4.43에 비해 작은 값임을 알 수 있다. SAS output에는 분산비에 대한 유의확률(p-value)이 제공되며 이 값이 0.983으로 매우 크므로 두 집단의 모분산이 동일하다고 할 수 있다. 즉, t-검정의 결과 중 분산이 동일한 경우를 기초로 검정을 수행하면 된다.

최종적으로 SAS output의 T-Tests에서 t-검정 결과가 출력되는데, 여기에서 분산이 동질하다는 가정을 기각할 수 없으므로 Pooled에 해당하는 결과를 기초로 t-검정을 실시하여야 한다. SAS 프로시저에서 Cochran 옵션을 사용하면, Satterthwaite 결과 이외에 두 집단의 분산이 동일하지 않은 경우의 Cochran & Cox의 t-검정 결과를 추가로 얻을 수 있다.

이 예에서 t-값이 1.83이고 이에 대응되는 p-값이 0.0859이므로, 유의수준 0.05 하에서 귀무가설 $H_0:\mu_1=\mu_2$를 기각할 수 없다. 또한, 두 모평균의 차이에 대한 신뢰구간이 {-0.861, 11.749}로 두 집단의 모평균이 서로 같나는 가정인 $\mu_1-\mu_2=0$을 포함하고 있다. 결국, 유의확률과 신뢰구간으로부터 수면제 A와 B의 수면효과가 통계적으로 유의하지 않다고 할 수 있다.

2) 대응비교 t-검정

[예제 2.1]에서는 총 18명에게 수면제 A와 B를 나누어 각각 9명씩 A 수면제나 B 수면제를 복용하게 하고, 수면제를 복용한 두 집단이 서로 독립이라고 가정한 것에 대한 t-검정을 하였다. 이제, [예제 2.1]을 18명을 생리적 조건이 비슷한 사람끼리 묶어 9쌍을 만든 후 각 쌍에 랜덤으로 수면제 A와 B를 복용케 한 후 수면까지의 시간을 측정한 대응비교자료로 가정하고 대응 t-검정을 실시하여 보자. 대응 t-검정에 해당하는 SAS 프로그램과 결과는 다음과 같다. 쌍체비교를 위해서는 PAIRED 명령문에 비교하고자 하는 두 변수를 지정하면 된다.

대응비교 t-검정을 위한 TTEST 프로시저와 결과

```
DATA ex2_2;
   INPUT id a b @@;
CARDS;
1 37 31   2 25 19   3 32 26
4 18 12   5 29 27   6 34 28
7 23 19   8 28 21   9 36 30
;
RUN;

PROC TTEST DATA=ex2_2;
   PAIRED a*b;
RUN;
```

```
                              The TTEST Procedure
                                  Statistics

                   Lower CL            Upper CL   Lower CL            Upper CL
Difference    N    Mean        Mean    Mean       Std Dev   Std Dev   Std Dev    Std Err
a - b         9    4.2843      5.4444  6.6045     1.0194    1.5092    2.8913     0.5031

                                   T-Tests

                  Difference        DF      t Value     Pr > |t|
                  pa - pb            8        10.82       <.0001
```

대응비교에서는 T-값이 10.82이고 이에 대응되는 p-값이 0.001보다 작으므로 귀무가설 $H_0 : \mu_d = 0$을 기각할 수 있다. 이 결과를 독립 t-검정과 비교하여 보자. 우선 두 표본평균의 차이 5.444로 두 방법 모두 같다. 하지만 대응비교의 표준오차는 0.5031로 독립 t-검정의 2.9742와 큰 차이가 있다. 여기서 대응비교의 표준오차가 독립 t-검정의 표준오차에 비해 크게 작음을 볼 수 있는데, 이는 수면제 A와 수면제 B간의 공분산이 상당히 크기 때문이다.

$Corr(X, Y) = Cov(X, Y) / \sqrt{Var(X)\,Var(Y)}$ 이므로, 공분산 정도는 두 변수의 상관계수를 측정함으로 관측할 수 있다. 여기서, 수면세 A와 수면제 B의 상관계수는 0.97로 상당히 큰 양의 상관이 존재한다. 그러므로 대응비교가 효율적이려면 두 처리 간의 양의 상관관계가 존재하여야 하며, 대응비교 실험을 수행함으로 생리조건이라는 블록화 효과를 통제할 수 있다.

2.6 실험설계의 선택

어떤 베어링 공장에서 베어링의 품질과 내구성을 조사하는 검사를 실시한다고 한다. 검사방법은 A, B, C, D 4종류가 있는데, 검사방법마다 임의로 4개의 베어링을 선택하여 총 16회 실험을 실시하였다. 또 검사원은 4명에게 한 방법씩 배당하여 [표 2.6-1]과 같이 실험을 마쳤다고 하자. 실험결과는 검사원의 검사능력에 따라 영향을 받는다고 하자.

표 2.6-1 방법 1

검사원			
1	2	3	4
A	B	C	D
A	B	C	D
A	B	C	D
A	B	C	D

이 실험에서 검사방법의 차이 $\mu_A - \mu_B$를 검정할 경우를 생각해 보사.

$$H_0 : \mu_A - \mu_B = 0 \ , \quad H_1 : \mu_A - \mu_B \neq 0$$

여기에서, H_0가 기각되었을 경우 그 원인이 검사방법의 차이라고 말하기는 곤란하다. 왜냐하면 이것은 검사원의 검사능력과 검사방법 효과가 교락되어 있어 검사방법의 차이를 독립적으로 추정할 수 없기 때문이다. 따라서 위의 실험설계는 적절한 방법이 되지 못한다.

이러한 문제점을 해결하기 위하여 검사원 개개인이 4종류의 검사방법을 고루 실시해보는 방법을 사용한다. 이것은 검사원의 개인차이가 모든 검사방법에 고루 영향을 주어 결국 검사방법의 차이에는 검사원의 검사능력의 차이가 서로 상쇄되는 효과를 얻을 수 있다. 이 방법을 이용하면 검사원 능력효과와의 교락을 제거할 수 있다. 이것이 바로 블록화를 사용하는 난괴법인 것이다.

표 2.6-2 방법 2 : 난괴법

검사원			
1	2	3	4
B	C	A	A
D	A	D	D
A	D	B	C
C	B	C	B

[표 2.6-2]와 같은 난괴법의 실험에서 만일 H_0가 기각되었다면 이것은 검사방법 A와 B의 차이 때문에 기인된 것으로 판단할 수 있다. 방법 1의 문제점을 개선한 실험설계인 것이다.

그러나 검사원이 4종류의 검사방법을 수행할 경우 하루에 하나의 검사만 가능하여 4일이 소요된다고 한다. 더욱이 검사날짜에 따라 검사결과가 영향을 받을 경우 문제는 심각하다. 예를 들어 검사원들이 검사날짜에 따라 [표 2.6-3]과 같은 실험을 마쳤다고 가정해 보자.

표 2.6-3 방법 3

날짜	검사원			
	1	2	3	4
1	B	C	A	A
2	D	A	D	D
3	A	D	B	C
4	C	B	C	B

그런데, 검사날짜 1에는 A가 2회, 검사날짜 2에는 D가 3회, 검사날짜 4에는 B와 C가 2회씩 실험이 편중되어 검사날짜에 따른 차이가 실험결과에 영향을 주었을 것으로 판단된다. 즉 검사방법과 검사날짜가 교락되어 있다. 따라서 이 방법은 적절한 실험설계라 할 수 없다. 실험결과에 영향을 주는 잡음요인 즉 검사원과 검사날짜에 따라 고르게 검사방법이 실험되어야 잡음요인의 효과를 상쇄할 수 있다. 따라서 검사원과 날짜에 따른 2원 블록화(2-way blocking)를 고려해야 한다. 이러한 실험설계가 바로 라틴방격설계이다.([표 2.6-4] 참조) 라틴방격법에 대해서도 4장에서 자세히 다루기로 하자.

표 2.6-4 방법 3: 라틴방격법

날짜	검사원			
	1	2	3	4
1	B	C	A	D
2	D	A	B	C
3	C	B	D	A
4	A	D	C	B

결론적으로 실험환경과 목적에 따라 가장 적절한 실험설계를 찾는 것이 검정력을 높이는 중요한 방법이라 하겠다.

2.7 실험횟수의 결정

실험횟수의 결정은 검사특성함수(operating characteristics function), 허용오차(tolerance error), 혹은 오차의 자유도를 고려한 적절한 선택 등의 방법으로 이루어진다. 여기서는 허용오차와 검사특성함수를 이용하여 실험횟수를 결정하는 문제를 살펴보자.

2.7.1 허용오차에 의한 실험횟수 결정

모평균 μ를 추정하는 문제를 생각하여 보자. μ를 추정하는 점추정량으로 표본평균 $\overline{X}$를 이용한다고 하자. 그러면 약 95% 신뢰수준을 갖는 μ에 대한 추정량의 오차한계, 즉 최대 허용오차 A는 다음과 같다.

$$A = \frac{2\sigma}{\sqrt{n}}$$

이 식을 n에 대하여 풀면 다음과 같은 식이 얻어진다.

$$n = \frac{4\sigma^2}{A^2}$$

이것이 약 95% 신뢰수준 하에서 최대허용오차 A인 μ를 추정하기 위해 요구되는 표본크기이다.

두 집단의 비교 경우를 생각하여 보자. 두 모집단의 평균차, $\mu_1 - \mu_2$의 점추정량으로서 $\overline{X} - \overline{Y}$를 생각하자. $\overline{X} - \overline{Y}$는 평균이 $\mu_1 - \mu_2$, 분산이 $\sigma_1^2/n + \sigma_2^2/n$인 정규 분포에 따르므로 $\mu_1 - \mu_2$에 대한 추정량의 허용오차 A는

$$A = 2\sqrt{\frac{\sigma_1^2}{n} + \frac{\sigma_2^2}{n}}$$

이다. 이 식을 이용하여 필요한 실험횟수 n을 구하면 다음과 같다.

$$n = \frac{4(\sigma_1^2 + \sigma_2^2)}{A^2}$$

예제 2.2

어떤 화학자가 두 종류 금속의 용해점의 차이를 허용 오차 50℃내에서 추정하고자 한다. 그런데 과거의 경험으로 두 금속의 용해점은 다 같이 범위(range)가 약 400이라 한다. 이 수준의 정도를 갖는 추정을 위한 실험횟수를 구하여라.

두 종류 금속의 용해점에 대해 $\sigma_1^2 = \sigma_2^2 = \sigma^2$을 가정하면, 먼저 분산을 추정하여야한다. 금속의 용해점이 정규분포라고 하면, $P[-2\sigma < X - \mu < 2\sigma] \simeq 0.95$이므로 범위(range)는 대략 4σ가 된다. 그러므로 $\sigma \simeq range/4$이다.

정규분포가 아니면, 체비셰프(Chebyshev) 부등식 $P(|X - \mu| < k\sigma) \geq 1 - 1/k^2)$을 사용하면 된다. $k = 3$이면, $P(-3\sigma < X - \mu < 3\sigma) \geq 1 - 1/9 = 0.89$이므로 범위는 대략 6σ가 된다. 여기에서는 정규분포를 가정하여 실험횟수를 결정하여 보자.

$$\hat{\sigma} = \frac{range}{4} = \frac{400}{4} = 100 \ ,$$

$$n = \frac{4(\sigma_1^2 + \sigma_2^2)}{A^2} = \frac{4(100^2 + 100^2)}{50^2} = 32$$

표 2.7-1 μ, $\mu_1-\mu_2$에 대한 신뢰구간 및 표본의 수

모수(θ)	추정량($\hat{\theta}$)	신뢰구간	필요한 표본크기(실험횟수)
μ	$\bar{y}$	$\bar{y} \pm z_{\alpha/2}\dfrac{\sigma}{\sqrt{n}}$	$n=\dfrac{(z_{\alpha/2})^2\sigma^2}{A^2}$
$\mu_1-\mu_2$	$\bar{y}_1-\bar{y}_2$	$\bar{y}_1-\bar{y}_2 \pm z_{\alpha/2}\sqrt{\dfrac{\sigma_1^2}{n}+\dfrac{\sigma_2^2}{n}}$	$n=\dfrac{(z_{\alpha/2})^2(\sigma_1^2+\sigma_2^2)}{A^2}$

▶ [참고 5] 검사특성함수(OC function)에 의한 실험횟수 결정 (p.66)

참고 1 추정량의 선택과 평가(p.36)

추정량을 얻기 위한 통계적 방법들은 무엇이며, 그 결과로 얻은 추정량들의 품질은 어떠한가? 우선, 추정량을 얻기 위한 통계적 방법으로는 최대우도추정법(maximum likelihood method), 적률추정법(moment estimation method), 최소제곱법(least squares method) 등이 있다. 이러한 방법으로 얻어진 추정량의 품질 평가는 위의 3가지 평가기준을 통하여 이루어진다.

우선, 모평균 μ에 대한 추정량을 살펴보자. 일반적으로 모평균 μ에 대한 추정량으로 표본평균,

$$\overline{X}=\frac{X_1+X_2+\cdots+X_n}{n}=\sum_{i=1}^{n}X_i/n$$

이 사용된다. 특히 $\overline{X}$는 모평균 μ에 대한 불편추정량이며, 분산은 $Var(\overline{X})=\sigma^2/n$이다. 따라서 $\overline{X}$의 표준편차는 $\sigma/\sqrt{n}$이며, 이는 표본평균의 표준오차이다. 모표준편차 σ를 통상적으로 알지 못하므로 표본평균의 표준오차 $\sigma/\sqrt{n}$는 알 수 없다. 그러므로 $\overline{X}$의 표준오차를 추정하기 위해서는 모표준편차 σ 대신에 표본표준편차

$$S=\sqrt{\frac{1}{n-1}\sum_{i=1}^{n}(X_i-\overline{X})^2}$$

를 사용한다. 따라서 표준오차의 추정량은 $S/\sqrt{n}$이다.

또한, 모분산 σ^2의 추정을 살펴보자. 모분산의 추정량으로 다음과 같은 여러 추정량을 생각할 수 있다.

$$\hat{\sigma}_1^2=\frac{1}{n-1}\sum_{i=1}^{n}(X_i-\overline{X})^2\ , \qquad \hat{\sigma}_2^2=\frac{1}{n}\sum_{i=1}^{n}(X_i-\overline{X})^2$$

위의 추정량 중에 어떤 추정량이 모분산 σ^2을 잘 추정할 수 있을까? 불편성 관점에서 모분산 σ^2에 대해서는 $\hat{\sigma}_1^2$이 좋은 추정량으로 알려져 있다. 그리고 $\hat{\sigma}_1^2$을 S^2로 표기하는데 S^2는 모분산에 대한 불편추정량이나, $\hat{\sigma}_2^2$는 불편추정량이 아니다. 즉 $E(S^2) = \sigma^2$이 성립한다. 이와 같은 관계로 모분산을 추정하는 추정량으로 S^2을 사용하며, 모표준편차 σ에 대한 추정량으로 다음의 표본표준편차 S를 사용한다.

$$S = \sqrt{S^2} = \sqrt{\sum_{i=1}^{n}(X_i - \overline{X})^2/(n-1)}$$

하지만, $Var(\hat{\sigma}_1) < Var(\hat{\sigma}_2)$로 알려져 있으므로 유효성 관점에서는 모분산 σ^2에 대해서는 $\hat{\sigma}_2^2$가 더 좋은 추정량이 된다. 따라서 어느 하나의 추정량을 선택하기 위해서는 주어진 기준의 적용순서를 정할 필요가 있다.

일반적으로 통계적 추정에서는 불편성 조건을 우선으로 한 후 유효성을 따진다. 그러므로 모분산 σ^2의 추정에 대해서는 $\hat{\sigma}_1^2$이 선호된다. 불편추정량 중에서 최소분산을 갖는 추정량을 최소분산불편추정량(MVUE)이라한다. 만일 모수의 모든 영역($\theta \in \Omega$)에 대하여 최소분산불편추정량이 존재할 경우 이와 같은 최소분산불편추정량을 균일최소분산불편추정량(Uniformly Minimum Variance Unbiased Estimator, **UMVUE**)이라 한다. 특히 이 추정량이 오로지 하나 존재하여 유일할 경우 이 추정량을 유일(Unique)한 균일최소분산불편추정량(UMVUE) 혹은 유일한 Best Estimator라 한다. 자세한 내용은 수리통계 전문서적을 참고 바란다.

참고 2 구간추정과 가설검정(p.44)

구간추정과 검정은 서로 밀접한 관계가 있다. 사례를 중심으로 구간추정과 검정과의 관계를 살펴보자. [표 1]의 15개 데이터에 대해 모평균의 90%와 95% 신뢰구간을 계산해 보자. 이때 $\sigma^2 = 1$이라고 가정하자.

표 1 임의의 15개의 데이터

-0.43	0.51	1.10	0.75	-0.62
0.87	1.29	-0.67	1.51	0.87
0.19	0.18	0.62	0.72	-0.25

α=0.1일 때 $z_{\alpha/2}=z_{0.05}$=1.645, 모분산을 알고 있으므로 90% 신뢰구간은

$$\bar{x} \pm z_{\alpha/2}\frac{\sigma}{\sqrt{n}} = 0.443 \pm 1.645\frac{1}{\sqrt{15}} = (0.018, 0.867)$$

그리고, α=0.05일 때 $z_{\alpha/2}=z_{0.025}$=1.96이므로 95% 신뢰구간은 다음과 같다.

$$\bar{x} \pm z_{\alpha/2}\frac{\sigma}{\sqrt{n}} = 0.443 \pm 1.96\frac{1}{\sqrt{15}} = (-0.063, 0.949)$$

이제, 다음의 가설에 대해 유의수준 0.1에서 검정을 하여보자.

$$H_0 : \mu = 0 \qquad H_1 : \mu \neq 0$$

검정통계량 Z를 사용하면

$$|Z| = \left|\frac{\overline{X} - \mu}{\sigma/\sqrt{n}}\right| = \left|\frac{0.443 - 0}{1/\sqrt{15}}\right| = 1.7144$$

을 얻게 된다. 검정결과 유의수준 0.1에서는 1.645보다 크므로 가설을 기각하나 유의수준 0.05에서는 1.96보다 작으므로 귀무가설을 채택하게 된다. 신뢰구간과 비교하여 보면 90% 신뢰구간은 귀무가설의 $\mu=0$를 포함하고 있지 않음을 알 수 있고, 95% 신뢰구간은 귀무가설의 $\mu=0$를 포함하고 있음을 알 수 있다.

또한 다음의 가설에 대해 유의수준 0.1과 0.05에서 검정을 하여보자.

$$H_0 : \mu = 0.5 \qquad H_1 : \mu \neq 0.5$$

검성통계량 Z를 사용하여

$$|Z| = \left|\frac{\overline{X} - \mu}{\sigma/\sqrt{n}}\right| = \left|\frac{0.443 - 0.5}{1/\sqrt{15}}\right| = 0.2208$$

을 얻게 되는데 이는 유의수준 0.1이나 유의수준 0.05에서 귀무가설을 채택하게 된다. 이때 각각의 신뢰구간은 귀무가설의 모평균 μ=0.5를 포함하고 있음을 알 수 있다.

마지막으로 다음의 가설에 대해 α= 0.1과 0.05일 때 검정을 하여보자.

$$H_0 : \mu = 0.9 \qquad H_1 : \mu \neq 0.9$$

검정통계량 Z를 사용하여

$$|Z| = \left| \frac{\overline{X} - \mu}{\sigma / \sqrt{n}} \right| = \left| \frac{0.443 - 0.9}{1/\sqrt{15}} \right| = 1.7712$$

를 얻게 되는데 이는 유의수준 0.1에서 1.645보다 크므로 가설을 기각하게 되나, 유의수준 0.05에서는 1.96보다 작으므로 귀무가설을 채택하게 된다. 이때 90% 신뢰구간은 귀무가설의 모평균 μ=0.9를 포함하지 않으나, 95%신뢰구간은 귀무가설의 모평균 μ=0.9를 포함하고 있다.

구간추정과 검정과의 관계

유의수준 α에서 귀무가설을 기각하면 $100(1-\alpha)\%$ 신뢰구간은 귀무가설의 모수를 포함하지 않으며, 유의수준 α에서 귀무가설을 채택하면 $100(1-\alpha)\%$ 신뢰구간은 귀무가설의 모수를 포함하게 된다.

결론적으로 유의수준 α 하에서 귀무가설을 기각하게 되면 $100(1-\alpha)\%$ 신뢰구간은 귀무가설의 모평균을 포함하지 않으며, 귀무가설을 채택하면 신뢰구간은 귀무가설의 모평균을 포함하고 있다는 점이다. 그러므로 우리는 유의수준 0.1에서 가설검정을 할 때, 90% 신뢰구간 내(0.018, 0.867)에서 귀무가설의 모수값을 선택하면 귀무가설을 채택하게 되며, 유의수준 0.05에서 가설검정을 할 때 역시 95% 신뢰구간 내(-0.063, 0.949)에서 귀무가설의 모수값을 선택하면 귀무가설을 채택한다는 점을 알 수 있다. 즉, 검정이란 신뢰구간을 계산하여 귀무가설이 포함되는지 여부를 판단하는 것과 같다는 점이다. 실제 문제 적용에 있어서도 가설검정보다 신뢰구간이 주는 정보의 양이 더 많음을 알 수 있다.

참고 3 근사 t-분포의 자유도(p.46)

두 집단의 분산이 동일하지 않은 경우에 대한 추정과 검정문제를 해결하는 데에는 서로 다른 이론에 입각한 두 가지 방법이 이용된다. Behrens (1929), Fisher and Yates (1957)방법과 Aspin (1949)방법이 있다. 그러나 이들 방법의 사용에는 특별한 분포표가 필요하므로 기존의 t-분포표를 사용할 수 있는 Satterthwaite (1946)방법과 Cochran (1964)방법이 있다.

참고 4 두 독립표본과 짝표본의 비교(p.48)

두 모집단의 평균 비교에 있어 두 독립표본 t-검정과 짝표본 t-검정 중 어떤 방법이 좋을지 실험설계 관점에서 살펴보기로 하자.

예를 들어 수면제 A와 B의 수면효과를 살펴본다고 하자. 수면효과는 약을 복용 후 수면까지의 시간으로 결정한다고 하자. 어떤 방법으로 실험을 할 것인가를 결정하여야 하는데, 첫 번째 실험 방법으로는 각각 30명의 환자로 구성된 두 집단을 선택하여 첫 번째 집단에는 수면제 A를 두 번째 집단에는 수면제 B를 복용시키는 실험을 생각할 수 있다. 이를 두 독립표본에 의한 실험이라 한다.

두 번째 실험방법으로는 생리적 속성이 비슷한 두 환자를 한 쌍으로 묶어 30쌍을 실험대상으로 하거나 혹은 30명의 환자를 임의로 선택한 후 각 환자들이 A와 B의 수면제를 복용할 순서를 임의로 정한 후, A 수면제를 복용했을 때의 효과와 B 수면제를 복용했을 때의 수면효과를 측정하는 실험을 생각할 수 있다. 실험단위인 환자의 개인차를 줄이고자 하는 실험으로 짝표본에 의한 실험이라 한다. 같은 환자가 두 종류의 수면제를 복용할 경우 약의 잔류효과와 심리적 특성을 고려하여 세심한 주의가 필요하다.

실험설계 관점에서 첫 번째 실험은 3장에서 언급한 완전랜덤화설계(CRD)의 간단한 형태이며, 두 번째 실험은 랜덤화완비블록설계(RCBD)의 간단한 형태이다. 첫 번째 실험은 환자들 전체에게 수면제 배치를 확률화하였다는 의미이고 두 번째 실험은 2명씩 30쌍의 환자들을 각각 블록으로 간주하여(30개의 블록)

블록 내에서 수면제 A와 B를 확률화하였다는 의미이다.

이 실험에서 수면제 효과의 차이 $\mu_A - \mu_B$를 검정할 경우 두 방법의 차이를 생각해 보자. 일반적으로 통계량의 효과는 분산의 크기와 자유도를 비교함으로 따질 수 있다.

이때 사용하는 통계량은 $\overline{X} - \overline{Y}$이므로, 두 집단 독립 t-검정에서 $\overline{X} - \overline{Y}$의 분산은

$$Var(\overline{X} - \overline{Y}) = Var(\overline{X}) + Var(\overline{Y})$$

이며, 대응비교에서 $\overline{X} - \overline{Y}$의 분산은

$$Var(\overline{X} - \overline{Y}) = Var(\overline{X}) + Var(\overline{Y}) - 2Cov(\overline{X}, \overline{Y})$$

이다.

두 집단 t-검정에서는 한 명의 환자가 하나의 수면제만을 복용하기 때문에 수면제 복용 후 그 잔류효과가 다른 수면제 효과에 영향을 주지 못한다. 이를 수면효과에 대해 두 집단이 독립(independent)이라고 한다. 대응비교에서는 속성이 비슷한 사람끼리 짝을 이루거나 동일한 사람이 수면제 A와 B를 시차를 두고 복용하기 때문에 환자 개개인의 특성에 따라 수면제 A와 B에 따른 효과가 서로 영향을 미친다고 생각할 수 있다. 즉, 수면제 A, B가 같은 속성의 환자에게 투여됨으로서 그 효과가 환자 개별속성에 종속되어 있기에 공분산(상관관계)이 존재하게 된다.

두 방법의 신뢰구간은 다음과 같다.

두 독립 t-검정 신뢰구간 : $(\overline{X} - \overline{Y}) \pm t_{\alpha/2}(n_1 + n_2 - 2)SE(\overline{X} - \overline{Y})$

짝표본 t-검정 신뢰구간 : $(\overline{X} - \overline{Y}) \pm t_{\alpha/2}(n-1)SE(\overline{X} - \overline{Y})$

여기에서, 신뢰구간의 길이를 결정하는 인자는 T-통계량의 자유도에 따른 t-값과 각각의 표준오차의 크기임을 볼 수 있다. 두 신뢰구간의 길이는 t-분포의 자유도와 추정량의 표준오차의 크기로 달라지므로 독립표본은 자유도 그리고 짝표본은 표준오차가 비교 우위라 할 수 있다.

두 집단의 크기가 $n_1 = n_2 = n$으로 같을 때, 먼저, 자유도 크기에 의한 t-값의 크기를 살펴보자. [그림 1]에서 보듯 두 집단 t-검정에서 사용되는 표본의 크기가 짝표본에서 사용되는 표본의 크기보다 크기 때문에 두 집단 t-검정의 자유도가 짝표본에서 사용되는 자유도보다 커서 두 집단 독립 t-검정에서 사용되는 분포가 보다 더 정규분포에 수렴함을 볼 수 있다. 그러므로 유의수준 $\alpha/2$에 해당하는 t-값은 $t_{\alpha/2}(2n-2) < t_{\alpha/2}(n-1)$으로, 두 집단 t-검정을 사용했을 때가 짝표본보다 자유도 측면에서는 더 유리한 방법임을 볼 수 있다.

그림 1 자유도 $(2n-2)$와 $(n-1)$ t-분포의 유의수준 $\alpha/2$에 해당하는 t-값의 위치

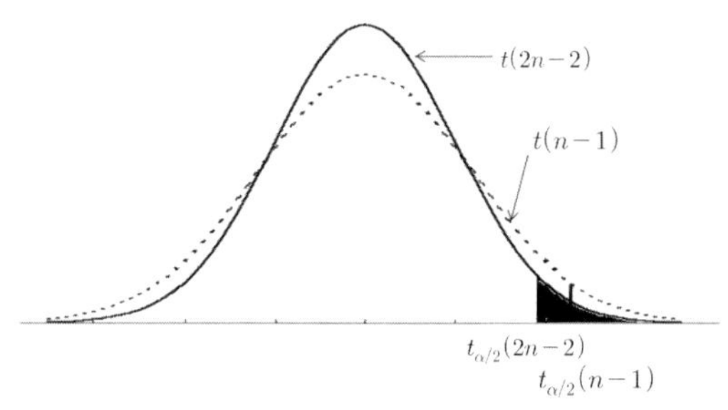

이제, 두 방법의 표준오차의 크기를 살펴보자. 만일, $Cov(\overline{X}, \overline{Y}) > 0$이면, Var(짝표본 t-검정) < Var(두 집단 독립 t-검정) 임을 쉽게 알 수 있다. 이는 짝표본 t-검정을 사용하려면, 처리 A와 처리 B의 결과가 서로 양의 상관관계를 가지고 있어야 함을 의미한다.

이 두 결과를 종합하면, 자유도 측면에서는 두 집단 독립 t-검정이 유리하고, 표준오차 측면에서는 양의 상관관계를 지닌다면, 짝표본 t-검정이 유리함을 알 수 있다. 궁극적으로 표본의 크기가 크다면 $t_{\alpha/2}(2n-2) \simeq t_{\alpha/2}(n-1)$이 되므로 두 방법 간에서는 t-값에 의한 차이가 미비해진다. 결국, 블록 내에서 처리 간의 상관관계를 크게 할 수 있는 실험을 실시할 수 있다면, 대응비교 t 검정이 두 독립 t-검정보다 검정력(power)를 높일 수 있는 유리한 실험이 된다.

이와 같이 두 집단의 모평균 비교에서 어떤 실험을 실시해야 하는가는 실험계획에서 매우 중요한 부분이다.

참고 5 검사특성함수(OC function)에 의한 실험횟수 결정(p.58)

먼저, 단일집단에서 검사특성함수의 성질을 사용하여 실험횟수를 결정하는 문제를 살펴보자. 어떤 확률변수 X의 모평균에 대해 다음과 같은 가설

$$H_0 : \mu = \mu_0$$

$$H_1 : \mu = \mu_1 = \mu_0 + \delta \quad (\delta > 0)$$

이 주어져 있을 때, 검정통계량

$$Z = \frac{\bar{x} - \mu}{\sigma / \sqrt{n}}$$

은 근사적으로 표준정규분포를 따르게 된다. 제1종 오류의 확률을 α, 제2종 오류의 확률을 β라고 놓고, H_0가 참이면, 단측검정인 경우, 다음이 성립한다.

$$P\left\{\frac{\sqrt{n}\,(\bar{x} - \mu_0)}{\sigma} > z_\alpha\right\} = \alpha$$

만일 H_1이 참이면,

$$P\left\{\frac{\sqrt{n}\,(\bar{x} - \mu_0)}{\sigma} > z_\alpha\right\} = 1 - \beta$$

이다. 이는 H_1이 참일 때 모평균 μ_1의 관점에서

$$P\left\{\frac{\sqrt{n}\,(\bar{x} - \mu_1)}{\sigma} > -z_\beta\right\} = P\left\{\frac{\sqrt{n}\,(\bar{x} - \mu_0)}{\sigma} - \frac{\sqrt{n}\,\delta}{\sigma} > -z_\beta\right\}$$

$$P\left\{\frac{\sqrt{n}\,(\bar{x} - \mu_0)}{\sigma} > -z_\beta + \frac{\sqrt{n}\,\delta}{\sigma}\right\} = 1 - \beta \text{ (검정력)}$$

이로부터

$$z_\alpha = -z_\beta + \frac{\sqrt{n}\,\delta}{\sigma}, \qquad n = \left(\frac{(z_\alpha + z_\beta)\sigma}{\delta}\right)^2$$

만일 단측검정이 아닌 양측검정 시 z_α는 $z_{\alpha/2}$로 대치하여 계산하면 된다. 두 집단의 경우 가설과 검정통계량은 다음과 같다.

$$H_0 : \delta = \mu_1 - \mu_2 = 0$$
$$H_1 : \delta = \mu_1 - \mu_2 \neq 0$$
$$Z = \frac{(\overline{X} - \overline{Y}) - (\mu_1 - \mu_2)}{\sqrt{\sigma_1^2/n_1 + \sigma_2^2/n_2}} \sim N(0,1)$$

두 집단에 동일한 수의 표본을 할당한다고 할 때(즉, $n = n_1 = n_2$), 단일 집단의 경우와 동일하게 유의수준 α와 검정력 $1-\beta$를 만족하는 n은 다음과 같다.

$$n = 2\left(\frac{(z_\alpha + z_\beta)\sigma}{\delta}\right)^2$$

단측검정이 아닌 양측검정의 경우는 z_α대신 $z_{\alpha/2}$로 대치하여 계산하면 된다. 위의 계산식에서 보듯이, 평균차이 δ가 작아지거나 분산 σ^2이 증가하면 필요한 표본의 크기가 증가한다. 또한, 유의수준 α가 작거나 검정력 $1-\beta$가 클수록 표본의 크기가 증가한다. 아래 표는 자주 쓰이는 z_α와 z_β값을 정리한 것이다.

Z_α 값

유의수준(α)	단측검정(Z_α)	양측검정($z_{\alpha/2}$)
0.10	1.282	1.645
0.05	1.645	1.960
0.025	1.960	2.240
0.01	2.326	2.576

Z_β 값

검정력($1-\beta$)	Z_β
0.50	0.00
0.60	0.25
0.70	0.53
0.80	0.84
0.85	1.03
0.90	1.282
0.95	1.645
0.975	1.960
0.99	2.326

예제 1

어떤 화학자가 두 종류 금속의 용해점의 차이가 50℃ 만큼 차이가 있음을 보이고자 한다. 선행연구로부터 두 종류 금속의 용해점의 분산이 100^2으로 추정되었다고 하자. 두 금속의 용해점의 차이를 밝히기 위한 실험횟수를 구하여라.

두 집단에 동일한 수의 표본을 할당한다고 하자. 또한, 5% 유의수준과 80% 검정력을 가지고 양측검정을 한다고 하면,

$$n = 2\left(\frac{(z_\alpha + z_\beta)\sigma}{\delta}\right)^2 = 2\left(\frac{(1.96 + 0.84)100}{50}\right)^2 = 62.7$$

로 계산되어, 각 그룹 당 63개의 표본이 할당되어야 한다.

특성(OC)함수를 이용한 표본크기 결정에 대한 자세한 내용은 Pearson and Hartley(1966, 1972)를 참고하길 바란다.

1. 다음은 새로운 제조공법에 의해 만든 건전지의 수명이다. 과거 공법에 의하면 평균 수명은 25일로 알려져 있다. 그러므로 평균이 25일보다 심각하게 작지 않으면 새 공법을 채택할 예정이다.

20 42 18 21 22 35 19 18 32 22 20 25

1) 문제에 알맞은 가설을 수립하라.

2) 새로운 제조공법을 채택할 것인가에 대한 통계적 검정을 실시하라.

2. 다음은 두 학습방법 A와 B에 의해 교양국어를 수강하는 학생들 성적을 기록한 것이다. 이 자료로부터 학습방법에 차이가 있는지 독립 t-검정을 하여라.

A	66	68	73	68	56	75	80	95	79	89	54	96
B	69	67	68	73	77	68	68	79	67	64		

3. 송아지에게 주는 사료에 따라 소의 몸무게가 영향을 받는다고 하자. 사료 A와 사료 B를 투여한 후 10개월 후에 측정한 몸무게가 25kg 정도 영향을 받는다면 두 사료 간에는 심각한 차이가 있다고 할 수 있다. 그런데, 두 사료 간에 소의 몸무게의 분산은 거의 동일하다고 하자.

1) 과거의 경험에 의해 A사료를 먹은 소들의 몸무게의 범위가 20kg이라 하자. 이를 기초로 몸무게의 분산을 추정하라.

2) 제1종 오류와 제2종 오류를 각각 5%로 제한하고자 할 때, 실험에 필요한 송아지는 몇 마리인가?

3) 추정량의 허용오차를 5%로 제한하고자 할 때, 실험에 필요한 송아지는 몇 마리인가?

3 완전랜덤화설계

본 장에서는 3개 이상의 독립표본에 의한 모평균을 비교하는 방법으로 완전랜덤화설계에 의한 분석을 소개한다. 특히, 완전랜덤화설계 중 가장 단순한 형태인 일원배치(one-way layout)에 의한 실험설계를 주로 다루기로 한다.

3.1 완전랜덤화설계

3.1.1 일원배치법

일원배치(one-way layout)는 어떤 반응값에 대하여 하나의 요인(혹은 인자)의 영향만을 살피고자 할 때 사용하는 실험설계로 가장 단순한 실험계획법이라 할 수 있다. 선택된 요인 이외의 잡음요인(noise factor)들의 영향을 통제하기 위하여 실험단위에 대한 처리의 배치와 실험의 순서를 철저히 랜덤화 원리에 따라 결정하는 실험방법이다.

예를 들어 어떤 종류의 가스(gas)의 추출량에 온도의 변화가 미치는 영향을 연구하는 문제를 생각해 보자. 온도의 변화 이외의 기타 요인들의 영향은 통제 대상이며, 통제수단으로 랜덤화(randomization)원리를 사용하게 된다. 이 랜덤화는 잡음요인들의 영향을 상쇄시키는 효과가 있기 때문이다. 실험자는 다양한 온도의 변화에 따라 가스의 추출량이 어떻게 변하는지 실험·관찰하게 된다. 이 다양한 온도의 변화들을 온도의 수준이라 하며 이를 처리(treatment)라 부른다. 여러 수준의 온도 변화에 따른 가스의 추출량을 여러 번 반복 실험하게 된다. 일반적으로 a종류의 처리를 각각 n번씩 실험하려 한다면 an회 실험을 실시하여야 한다. 그렇다면 an회 실험을 어떻게 실시할 것인가?

실험을 실시하는 순서는 a종류의 카드를 n장씩 만든 다음 잘 섞어 뽑히는 순서대로 실험을 하였다면 이 실험은 랜덤화 원리를 충실하게 따른 셈이고 이러한 실험의 방법을 완전랜덤화설계(completely randomized design ; CRD)라 한다. 랜덤화를 통하여 실험에서 고려하지 못한 많은 기타 요인들의 실험결과에 대한 영향을 고르게 함으로써 잡음요인들의 효과를 통제하고자 함이다. 이때 실험의 순서를 결정하는데 종종 난수표를 사용하기도 한다.

위 예는 실험의 결과에 영향을 주는 주요인이 온도이므로 온도의 수준에 따른 가스 생산량의 변화를 살펴보고자 하는 경우이다.

$$y = f(f_1) + e \text{ , } y\text{=반응 값, } f_1\text{=요인, } e\text{=오차 항} \tag{3.1-1}$$

이처럼 어떤 반응값에 대하여 하나의 요인의 영향만을 살피고자 할 때 이를 일요인 분산분석(single-factor analysis of variance) 혹은 일원배치(one-way layout)라 하며, 처리들을 실험단위에 배치하는 방법이 완전랜덤화 원리에 따를 때 이를 완전랜덤화설계라 한다.

3.1.2 이원배치법

이원배치(two-way layout)란 어떤 반응값에 대하여 두 개의 요인(요인 1, 요인 2)에 대한 영향을 살피고자 할 때 사용하는 실험설계이다. 이 경우 측정치를 분류하는 기준은 요인 1과 요인 2의 두 가지로 된다.

앞의 예에서처럼 가스 추출량에 영향을 미치는 요인이 온도 하나인 경우는 일원배치법이다. 하지만, 실제 가스 생산량에 영향을 미치는 요인으로서 온도 이외에 촉매의 양도 생산량에 크게 영향을 미친다고 하자. 그런데, 실험자가 이를 무시하고 온도만을 요인으로 하여 일원배치설계를 실시하게 되면 가스 추출량의 변동을 충분히 설명할 수 없어 올바른 실험결과와 분석을 기대할 수 없다.

따라서 가스 추출량에 영향을 주는 요인으로 온도와 촉매를 선택하여 모형에 포함시키는 것이 바람직하다. 이처럼 모형에 독립변수 요인이 둘인 경우를 이원배치라 한다. 이원배치법은 다음 식처럼 표현한다.

$$y = f(f_1,\ f_2) + e \text{ , } y\text{=반응 값, } f_1,\ f_2\text{=요인, } e\text{=오차 항}$$

▶ [참고 1] 이원배치법의 이해 (p.143)

3.2 일원배치 분산분석

3.2.1 자료의 구조

요인 A의 수준이 a이고 반복수가 n인 일원배치 자료구조는 다음과 같다.

표 3.2-1 일원배치 자료구조

	요인 수준(처리)					
	1	2	3	⋯	a	
반복	y_{11}	y_{21}	y_{31}	⋯	y_{a1}	
	y_{12}	y_{22}	y_{32}	⋯	y_{a2}	
	⋯	⋯	⋯	⋯	⋯	
	y_{1n}	y_{2n}	y_{3n}	⋯	y_{an}	
합계	$y_{1\cdot}$	$y_{2\cdot}$	$y_{3\cdot}$	⋯	$y_{a\cdot}$	$y_{..}$
평균	$\bar{y}_{1\cdot}$	$\bar{y}_{2\cdot}$	$\bar{y}_{3\cdot}$	⋯	$\bar{y}_{a\cdot}$	$\bar{y}_{..}$

여기서 y_{ij}는 i번째 처리의 j번째 관측값을 나타내고, $y_{i.}$와 $\bar{y}_{i.}$은 i번째 처리의 n번 반복실험의 합과 평균이다. 그리고 $y_{..}$과 $\bar{y}_{..}$는 전체 an개 관측값의 합과 평균이다.

$$\bar{y}_{i.} = \sum_{j=1}^{n} y_{ij}/n = y_{i.}/n$$

$$\bar{y}_{..} = \sum_{i=1}^{a}\sum_{j=1}^{n} y_{ij}/an = y_{..}/an$$

3.2.2 제곱합의 계산

a종류의 처리를 비교 분석하기 위하여 제곱합의 분할이 필요하다. 제곱합을 분할하기 위하여 다음과 같은 두 종류의 자료를 생각해 보자.

표 3.2-2 원래 자료(자료1)와 변형된 자료(자료2)

자료 1				자료 2			
y_{11}	y_{21}	$\cdots$	y_{a1}	$\bar{y}_{1\cdot}$	$\bar{y}_{2\cdot}$	$\cdots$	$\bar{y}_{a\cdot}$
y_{12}	y_{22}	$\cdots$	y_{a2}	$\bar{y}_{1\cdot}$	$\bar{y}_{2\cdot}$	$\cdots$	$\bar{y}_{a\cdot}$
$\vdots$	$\vdots$		$\vdots$	$\vdots$	$\vdots$		$\vdots$
y_{1n}	y_{2n}	$\cdots$	y_{an}	$\bar{y}_{1\cdot}$	$\bar{y}_{2\cdot}$	$\cdots$	$\bar{y}_{a\cdot}$

자료 1은 처리효과와 실험오차(experimental error)가 포함된 원래 관측자료이고 자료 2는 모든 관측값을 각 처리의 평균값들로 바꾸어 실험오차가 없다고 가정한 변형된 자료이다. 자료 1로부터 얻은 제곱합은 실험자료의 전체제곱합(total sum of square : SST)이고 자료 2로부터의 제곱합은 실험자료의 처리제곱합(treatment sum of square : SS_{TR})이 된다.

$$SST = \sum_{i}^{a}\sum_{j}^{n}(y_{ij} - \bar{y}_{..})^2$$

$$SS_{TR} = \sum_{i}^{a}\sum_{j}^{n}(\bar{y}_{i.} - \bar{y}_{..})^2 = n\sum_{i}^{a}(\bar{y}_{i.} - \bar{y}_{..})^2$$

$$SS_E = SST - SS_{TR}$$

다른 한편으로, 관측값 y_{ij}와 총평균 $\bar{y}_{..}$의 편차를 처리효과와 실험오차의 두 성분으로 분해하는 방법을 사용할 수 있다.

$$(y_{ij} - \bar{y}_{..}) = (y_{ij} - \bar{y}_{i.}) + (\bar{y}_{i.} - \bar{y}_{..})$$

위 식의 양변을 제곱하고 모든 데이터의 합을 구해보자.

$$\sum_{i}\sum_{j}(y_{ij} - \bar{y}_{..})^2 = \sum\sum(y_{ij} - \bar{y}_{i.})^2 + \sum_{i}\sum_{j}(\bar{y}_{i.} - \bar{y}_{..})^2 + 2\sum_{i}\sum_{j}(y_{ij} - \bar{y}_{i.})(\bar{y}_{i.} - \bar{y}_{..})$$

여기에서

$$\sum_{i}\sum_{j}(y_{ij} - \bar{y}_{i.})(\bar{y}_{i.} - \bar{y}_{..}) = \sum_{i}(\bar{y}_{i.} - \bar{y}_{..})\sum_{j}(y_{ij} - \bar{y}_{i.}) = 0$$

이므로

$$\sum_i\sum_j(y_{ij}-\bar{y}_{..})^2 = \sum_i\sum_j(y_{ij}-\bar{y}_{i.})^2 + \sum_i\sum_j(\bar{y}_{i.}-\bar{y}_{..})^2$$

이 결과로부터 전체제곱합(SST)은 처리효과의 크기에 해당하는 처리제곱합(SS_{TR})과 오차제곱합(SS_E)로 나누어짐을 알 수 있다. 결국 전체제곱합을 전체평균에 대한 자료의 총 변동으로 생각하면 총 변동은 처리 간의 차이로 인한 변동과 실험의 반복에서 생기는 본질적인 불확실성을 나타내는 오차의 변동으로 나누어진다. 따라서 처리제곱합(SS due to treatment, SS_{TR})과 오차제곱합(SS due to error, SS_E)를 합하면 전체제곱합(SS due to total, SST)과 일치하며 이를 SS_{TR}과 SS_E가 직교하고 있다고 한다. 즉, $SST = SS_{TR} + SS_E$이다.

실제 실험자료로부터 SST, SS_{TR}, SS_E를 계산할 때는 다음과 같은 간편한 식을 사용한다.

$$SST = \sum_i\sum_j(y_{ij}-\bar{y}_{..})^2 = \sum_i\sum_j y_{ij}^2 - \frac{y_{..}^2}{N} = \sum_i\sum_j y_{ij}^2 - CF,$$

$$N = an,\ \ df = an-1$$

$$SS_{TR} = \sum_i\sum_j(\bar{y}_{i.}-\bar{y}_{..})^2 = n\sum_i(\bar{y}_{i.}-\bar{y}_{..})^2 = \sum_i\frac{y_{i.}^2}{n} - \frac{y_{..}^2}{N}$$

$$= \sum_i\frac{y_{i.}^2}{n} - CF,\quad df = a-1$$

$$SS_E = \sum_i\sum_j(y_{ij}-\bar{y}_{i.})^2$$

$$= \sum_j(y_{1j}-\bar{y}_{1.})^2 + \sum_j(y_{2j}-\bar{y}_{2.})^2 + \cdots + \sum_j(y_{aj}-\bar{y}_{a.})^2$$

$$= \sum_i\sum_j y_{ij} - n\sum_i\bar{y}_{i.}^2 = \left(\sum_i\sum_j y_{ij}^2 - \frac{y_{..}^2}{N}\right) - \left(\sum_i\frac{y_{i.}^2}{n} - \frac{y_{..}^2}{N}\right)$$

$$= SST - SS_{TR}$$

위의 식에서 $y_{..}^2/N$ 을 보정계수(correction factor)이라 하여 CF라 표기한다.

3.2.3 통계모형

a종류 처리를 n회 반복한 완전랜덤화설계의 경우 $y_{i1}, y_{i2}, \cdots, y_{in}$은 평균이 μ_i이고 분산이 σ^2인 무한모집단에서 단순임의추출한 결과로 생각할 수 있으므로 다음과 같은 통계모형(statistical model)을 생각할 수 있다.

$$y_{ij} = \mu_i + e_{ij} \ , \ i = 1,2 \cdots a \ , \ j = 1,2 \ \cdots n \tag{3.2-1}$$

여기에서 μ_i는 i처리의 모평균, e_{ij}는 오차항으로서 평균이 0이고 분산이 i, j에 관계없이 σ^2이라고 하자. 즉, 모든 i, j에 대하여

$$E(e_{ij}) = 0, \ Var(e_{ij}) = \sigma^2 \quad \text{또는} \ E(y_{ij}) = \mu_i, \ Var(y_{ij}) = \sigma^2$$

아울러 식 (3.2-1)에서 $\mu = \frac{1}{a}(\mu_1 + \mu_2 + \cdots + \mu_a)$이고 $\tau_i = \mu_i - \mu$라고 정의하자. 그러면 μ는 a종류의 모평균들의 평균, 즉 모집단을 하나로 생각하였을 때 통합모집단의 모평균(overall mean)이다. 따라서 식 (3.2-1)의 모형은 다음과 같이 변형하여 사용하게 된다.

$$y_{ij} = \mu + \tau_i + e_{ij} \ , \ i = 1,2 \cdots a \ , \ j = 1,2 \ \cdots n \tag{3.2-2}$$

이때 τ_i는 i처리의 모평균과 μ와의 차를 나타내고 이를 처리효과(treatment effect)라고 한다. 여기서, τ_i는 i처리의 모평균과 μ의 편차이므로 $\tau_1 + \tau_2 + \cdots + \tau_a = 0$임을 알 수 있다. 이 모형을 일원배치모형(one-way layout model) 또는 일요인 분산분석모형(single-factor ANOVA model)이라 한다.

3.2.4 통계분석(statistical analysis)

a종류의 처리효과가 같은지의 여부를 검정하는 문제를 생각해 보자.

$H_0 : \mu_1 = \mu_2 = \cdots = \mu_a = \mu$ 혹은 $H : \tau_1 = \tau_2 = \cdots = \tau_a = 0$를 검정하는 문제이다. 이를 위하여 흔히 통계모형 $y_{ij} = \mu + \tau_i + e_{ij}$에서 $e_{ij} \sim N(0, \sigma^2)$을 가정한다. 그러면

y_{ij}는 $y_{ij} \sim N(\mu+\tau_i, \sigma^2)$이다. 따라서 만일 H_0 : $\tau_1=\tau_2=\cdots=\tau_a=0$가 사실이면 SST는 정규분포를 하는 y_{ij}의 제곱합이므로 SST/σ^2은 자유도 $N-1$인 카이제곱분포를 따르며 SS_{TR}/σ^2과 SS_E/σ^2 역시 각각 자유도 $a-1$과 $N-a$인 카이제곱분포를 따른다.

☑

1. $y_{ij} \sim N(\mu+\tau_i, \sigma^2)$이므로 $s_1^2 = \frac{1}{N-1}\sum_i\sum_j (y_{ij}-\bar{y}_{..})^2$이라 하면, $E(s_1^2)=\sigma^2$이다.

   따라서, $\frac{(N-1)s_1^2}{\sigma^2} = \frac{\sum_i\sum_j (y_{ij}-\bar{y}_{..})^2}{\sigma^2} \sim \chi^2(N-1)$

2. $y_{ij} \sim N(\mu+\tau_i, \sigma^2)$이므로 $\bar{y}_{i.} \sim N\left(\mu+\tau_i, \frac{\sigma^2}{n}\right)$이다.

   또한, $s_2^2 = \sum_i (\bar{y}_{i.}-\bar{y}_{..})^2/(a-1)$이라 하면 $H_{0:}\ \tau_1=\tau_2=\cdots=\tau_a=0$이 참일 때 $E(s_2^2)=\frac{\sigma^2}{n}$이고 $E(ns_2^2)=\sigma^2$이다.

   따라서, $\frac{(a-1)ns_2^2}{\sigma^2} = \frac{n\sum_i (\bar{y}_{i.}-\bar{y}_{..})^2}{\sigma^2} \sim \chi^2(a-1)$

정리 3.2-1 코크란(Cochran) 정리

확률변수 $Z_1, Z_2, \cdots, Z_N$이 서로 독립이며 각각 $N(0,1)$의 분포를 따를 때 $Q=\sum_i^N Z_i^2$는 자유도 N인 카이제곱분포를 따른다. 또 $\sum_i^N Z_i^2 = Q_1+Q_2+\cdots+Q_s$ $(s \leq N)$이고 $N=N_1+N_2+\cdots+N_s$를 만족하면 $Q_1, Q_2, \cdots, Q_s$는 서로 독립이고 각각 자유도가 $N_1, N_2, \cdots, N_s$인 카이제곱분포를 따른다.

코크란 정리를 이용하면 SST의 자유도 $N-1$은 SS_{TR}의 자유도 $a-1$과 SS_E의 자유도 $N-a$의 합이므로 SS_{TR}/σ^2과 SS_E/σ^2은 각각 자유도 $a-1$과 $N-a$인 카이제곱분포를 하며 서로 독립임을 알 수 있다.

3.2.5 기대평균제곱합(expected value of MS ; EMS)

일원배치모형 $y_{ij}=\mu+\tau_i+e_{ij}$, $i=1,2\cdots a$, $j=1,2\ \cdots n$에서 처리효과 τ_i를 상수로 취급하는 모형을 모수모형(fixed effect model)이라고 한다. 이때 τ_i는 편차이므로 항상 다음 성질이 성립한다.

$$\sum_i \tau_i = 0 \tag{3.2-3}$$

앞 절 **3.2.2**에서 전체제곱합 SST는 SS_{TR}와 SS_E로 분할(decomposition of SST)되었고 이를 다시 표현하면 다음과 같다.

$$SST = n\sum_i(\bar{y}_{i.}-\bar{y}_{..})^2+\sum_i\sum_j(y_{ij}-\bar{y}_{i.})^2 \tag{3.2-4}$$

즉, $SST=SS_{TR}+SS_E$ 이다.

여기에서, 오차제곱합(SS_E)은 다음과 같이 표현할 수 있다.

$$SS_E=\sum_i\sum_j(y_{ij}-\bar{y}_{i.})^2=\sum_i\left\{\sum_j(y_{ij}-\bar{y}_{i.})^2\right\} \tag{3.2-5}$$

한편, $\sum_j(y_{ij}-\overline{y_{i.}})^2/n-1$은 i처리의 표본분산(s_i^2)임을 알 수 있다.

$$s_i^2=\frac{\sum_j(y_{ij}-\bar{y}_{i.})^2}{n-1},\quad i=1,2,\cdots,a \tag{3.2-6}$$

각 처리의 표본분산을 이용하여 전체 처리에 대한 공통분산을 구해 보자.

$$\begin{aligned} s^2 &= \frac{(n-1)s_1^2+(n-1)s_2^2+\cdots+(n-1)s_a^2}{(n-1)+(n-1)+\cdots+(n-1)} \\ &= \frac{\sum_i\sum_j(y_{ij}-\bar{y}_{i.})^2}{a(n-1)}=\frac{SS_E}{N-a} \end{aligned} \tag{3.2-7}$$

결국 통계량, $\frac{SS_E}{N-a}$는 공통분산 σ^2에 대한 불편추정량이 된다.

한편 σ^2에 대한 또 다른 추정량으로서 평균처리제곱합이 사용될 수 있다.

만일 처리효과가 없다($H_0 : \tau_1 = \tau_2 = \cdots = \tau_a = 0$)라는 귀무가설이 참일 경우, σ^2의 추정량으로서 $\frac{SS_{TR}}{a-1}$가 사용될 수 있다. 왜냐하면 처리효과에 차이가 없을 경우 a종류의 처리그룹을 같은 모집단으로 생각할 수 있다. 그리고 $\bar{y}_{i.}$의 분산이 $\frac{\sigma^2}{n}$이므로 $\frac{\sum_i (\bar{y}_{i.} - \bar{y}_{..})^2}{a-1}$은 $\frac{\sigma^2}{n}$의 추정량이 되며, $\frac{n\sum(\bar{y}_{i.} - \bar{y}_{..})^2}{a-1}$은 σ^2에 대한 불편추정량이다. 즉, H_0가 참일 때 $E\left(\frac{SS_{TR}}{a-1}\right) = \sigma^2$ 이다.

이러한 사실을 좀 더 명확히 이해하기 위하여 $SS_E/N-a$와 $SS_{TR}/a-1$에 대한 기댓값을 구해보자. $MS_{TR} = \frac{SS_{TR}}{a-1}$, $MS_E = \frac{SS_E}{N-a}$ 라 놓으면,

$$E(MS_E) = \sigma^2 \tag{3.2-8}$$

$$E(MS_{TR}) = \sigma^2 + \frac{n}{a-1}\sum_i \tau_i^2 \tag{3.2-9}$$

그러므로 $H_{0:}\ \tau_1 = \tau_2 = \cdots = \tau_a = 0$이 참이면 $\sum_i \tau_i^2 = 0$ 이므로,

$$E(MS_{TR}) = \sigma^2$$

이다. 즉, $H_0 : \tau_1 = \tau_2 = \cdots = \tau_a = 0$일 때, MS_{TR}은 σ^2의 불편추정량이 된다.

▶ [참고 2] 제곱합의 분할과 기댓값 (p.144)

표 3.2-3 일원배치법의 분산분석표

변인	자유도	제곱합(SS)	평균제곱합(MS)	기대평균제곱합(EMS)
처리	a-1	SS_{TR}	$\frac{SS_{TR}}{a-1} = MS_{TR}$	$\sigma^2 + \frac{n}{a-1}\sum \tau_i^2$
오차	N-a	SS_E	$\frac{SS_E}{N-a} = MS_E$	σ^2
전체	N-1	SST		

귀무가설 $H_0 : \tau_1 = \tau_2 = \cdots = \tau_a = 0$이 참일 때 MS_{TR}과 MS_E는 모두 σ^2에 대한 불편추정량이다.

한편 $\frac{SS_{TR}}{\sigma^2}$과 $\frac{SS_E}{\sigma^2}$는 서로 독립이고 각각 자유도 $a-1$, $N-a$인 카이제곱분포를 하며 H_0가 참이면, $F=\frac{SS_{TR}/a-1}{SS_E/N-a}=\frac{MS_{TR}}{MS_E}$는 자유도 $(a-1,\ N-a)$인 F-분포를 따른다. 따라서, $F=\frac{MS_{TR}}{MS_E}>F_\alpha(a-1, N-a)$이면 유의수준 α에서 H_0를 기각하게 된다.

예제 3.1

건축자재인 실리콘의 접착력이 초산의 양에 따라 어떻게 영향을 받는지를 알아보고자 5종류의 초산의 양에 따른 실리콘의 접착력을 5회 반복측정하려 한다. 완전랜덤화 실험설계과정을 단계별로 정리하고 그 실험결과를 분석해 보자.

1단계

각 실험단위에 대하여 대응번호를 부여한다.

표 3.2-4 처리에 대한 대응번호 부여

초산의 양(mg/tab)	대응번호				
10	1	2	3	4	5
15	6	7	8	9	10
20	11	12	13	14	15
25	16	17	18	19	20
30	21	22	23	24	25

2단계

실험의 순서를 결정하기 위하여 1부터 25까지의 수를 임의추출법에 의하여 뽑는다. 이러한 랜덤화법칙을 따르기 위하여 보통 난수표를 사용한다. [표 3.2-5]는 SAS PLAN 프로시저를 사용하여 1부터 25까지의 수를 뽑은 결과이다(대응번호). 대응번호에 따라 초산의 양에 대한 실험순서를 결정한다. 이러한 추출법은 5종류의 처리에 A, B, C, D, E를 각각 5장씩을 대응시킨 25장의 카드를 잘 섞어 뽑히는 순서대로 실험의 순서를 결정하는 것과 같은 이치이다.

표 3.2-5 난수표에 의한 실험순서 결정

실험의 순서	대응번호	대응번호순서 초산의 양
1	10	**15**
2	19	**25**
3	22	**30**
⋮	⋮	⋮
23	13	**20**
24	25	**30**
25	23	**30**

3단계

2단계의 실험 순서에 의하여 총 25번의 실험을 수행하고 그 실험결과를 다시 각 처리별 반복 순서대로 정리하면 다음과 같다.

표 3.2-6 실험결과 정리

초산의 양 (처리)	관측값					합계($y_{i.}$)	평균($\bar{y}_{i.}$)
	1	2	3	4	5		
10	2	2	9	6	4	23	4.6
15	7	12	7	13	13	52	10.4
20	9	13	13	14	14	63	12.6
25	13	19	17	14	17	80	16.0
30	3	5	6	10	6	30	6.0

4단계

각 처리효과의 차이가 있는지를 검정하기 위하여($H_0 : \mu_1 = \mu_2 = \mu_3 = \mu_4 = \mu_5 = \mu$ 혹은 $H_0 : \tau_1 = \tau_2 = \tau_3 = \tau_4 = \tau_5 = 0$) 아래의 식에 의하여 제곱합을 구하여 분산분석표를 구성한다.

$$SST = \sum_i \sum_j y_{ij}^2 - \frac{y_{..}^2}{N}$$

$$SS_{TR} = \sum_i \frac{y_{i.}^2}{n} - \frac{y_{..}^2}{N}$$

$$SS_E = SST - SS_{TR}$$

표 3.2-7 분산분석표

변인	제곱합	자유도	평균제곱합	F-값	p-값
처리(초산의 양)	440.24	4	110.06	15.55	<0.0001
오차	141.60	20	7.08		
전체	581.84	24			

따라서 처리효과가 모두 같다는 가설은 매우 유의하다.

한편 SAS에서는 PLAN 프로시저를 이용하여 다양한 형태의 실험설계를 위한 난수를 발생시킬 수 있다. 다음 프로그램은 2단계의 일원배치 실험을 위한 난수발생의 방법을 소개한다.

난수발생 프로그램

```
PROC PLAN; /*①*/
     FACTORS run=25;
     OUTPUT OUT=runs;
RUN;
PROC PLAN; /*②*/
     FACTORS rep=5 ORDERED trt=5;
     OUTPUT OUT=trts;
RUN;
DATA design; /*③*/
     MERGE runs trts;
     LABEL unit='Runs' trt='Treatment';
PROC SORT DATA=design;
     by run;
PROC PRINT DATA=design;
     VAR run trt;
RUN;
```

```
                              ① The PLAN Procedure
---------------------------------run---------------------------------
9 23  6 13 20 10  2  5 24 17  3 18 19 22  1 21  8  4  7 12 14 11 25 15 16
```

```
                    ② The PLAN Procedure
-----------------------------------------------------------------------------
rep ---trt---   rep ---trt---   rep ---trt---   rep ---trt---   rep ---trt---
1  4 5 1 3 2    2  3 4 1 2 5    3  1 2 4 3 5    4  5 4 1 3 2    5  2 3 1 5 4

                    ③ The PLAN Procedure
--------------------------------------------------------------------------------
run  1 2 3 4 5 6 7 8 9 10 11 12 13 14 15 16 17 18 19 20 21 22 23 24 25
Trt  5 4 1 1 1 1 3 4 4  3  3  2  3  2  5  4  5  2  4  2  5  3  5  2  1
```

위의 PLAN 프로시저는 1부터 5가 각각 5장씩 들어있는 25장의 카드를 임의로 섞은 후 추출하여 뽑히는 순서대로 실험하고자 함이다. 이를 위하여 우선 25개의 실험단위를 랜덤으로 뽑아 나열하고(결과 ①), 다음으로 5종류의 처리를 랜덤으로 5회 반복하여 뽑아 나열한다(결과 ②). 마지막으로 이 두 결과를 병렬로 묶어 다시 순서화하여 정리하면 ③의 결과를 얻을 수 있다. 이 결과는 [표 3.2-5]의 결과와 다르다. 그 이유는 랜덤화 방법으로 난수를 발생할 때마다 결과가 다르므로 당연하다. 연구자는 필요시 이 방법을 이용하여 쉽게 랜덤으로 처리를 실험단위에 배치할 수 있다.

3.3 모수추정

3.3.1 최소제곱법

완전랜덤화설계의 통계모형 $y_{ij}=\mu+\tau_i+e_{ij}$에서 모수 $\mu,\ \tau_1,\ \tau_2,\ \ldots,\ \tau_a$를 추정하는 문제를 생각하여 보자. 일반적으로 선형모형에서 자주 사용하는 최소제곱법(least square method)을 사용하기로 한다. 이를 위하여 오차제곱합을 구하면 다음과 같다.

$$L(\mu,\tau_i)=\sum_i\sum_j e_{ij}^2=\sum_i\sum_j(y_{ij}-\mu-\tau_i)^2 \qquad (3.3\text{-}1)$$

$L(\mu,\ \tau_i)$를 최소로 하는 $\hat{\mu}$와 $\hat{\tau}_i$를 구하기 위한 정규방정식은 다음과 같다.

$$\frac{\partial L(\mu,\tau_i)}{\partial \mu} = -2\sum_i\sum_j (y_{ij} - \mu - \tau_i) = 0$$
$$\frac{\partial L(\mu,\tau_i)}{\partial \tau_1} = -2\sum_j (y_{1j} - \mu - \tau_i) = 0$$
$$\vdots$$
$$\frac{\partial L(\mu,\tau_i)}{\partial \tau_a} = -2\sum_j (y_{aj} - \mu - \tau_a) = 0 \qquad (3.3\text{-}2)$$

이 결과를 정리하면 다음과 같다.

$$\left.\begin{array}{ll} N\hat{\mu} + n\hat{\tau}_1 + n\hat{\tau}_2 + \cdots + n\hat{\tau}_a = y_{..} & \cdots① \\ \left.\begin{array}{l} n\hat{\mu} + n\hat{\tau}_1 \qquad\qquad = y_{1.} \\ \vdots \qquad\qquad\qquad \vdots \\ n\hat{\mu} + \qquad\qquad n\hat{\tau}_a = y_{a.} \end{array}\right\} & \cdots② \end{array}\right\} \qquad (3.3\text{-}3)$$

식 (3.3-3)에서 ②부분의 a개의 방정식을 모두 합하면 ①의 식이 됨을 알 수 있다. 따라서 $(a+1)$개의 모수를 구하는데 서로 선형적으로 독립인 방정식이 a개뿐이기 때문에 유일해를 구할 수 없다. 여기시 $\sum_i \tau_i = 0$이므로 우리는 흔히 다음과 같은 제약식(constraint equation)을 사용해 해를 구한다.

$$\sum_i \hat{\tau}_i = 0 \qquad (3.3\text{-}4)$$

그러면 식 (3.3-3)로부터 다음과 같은 해를 얻을 수 있다.

$$\hat{\mu} = \frac{y_{..}}{N} = \bar{y}_{..} \qquad (3.3\text{-}5)$$

$$\hat{\tau}_i = \bar{y}_i - \bar{y}_{..},\ i = 1,2 \cdots a \qquad (3.3\text{-}6)$$

결국 어떤 제약식을 사용하는가에 따라서 각 모수에 대한 해가 달라지기 때문에 유일해를 얻을 수 없다. 그러나 처리들의 비교를 나타내는 대비들에 대한 추정량은 제약식에 관계없이 유일해를 갖는다는 사실에 유의할 필요가 있다.

예를 들면 $\tau_i - \tau_j$의 추정량은 $\hat{\tau}_i - \hat{\tau}_j = \bar{y}_{i.} - \bar{y}_{j.}$이고 이것은 $\sum \hat{\tau}_i = 0$ 혹은 $\hat{\mu} = 0$ 중 어떤 제약식을 사용하여도 같은 결과이다. 또, μ_i의 추정량 역시 $\hat{\mu}_i = \hat{\mu} + \hat{\tau}_i = \bar{y}_{i.}$

로서 제약식에 관계없이 같은 결과를 갖는다는 사실을 알 수 있다.

비교실험의 경우 개별 모수에 대한 추정문제보다는 모수간의 비교(혹은 대비)에 대하여 관심이 많기 때문에 이에 대한 유일한 추정량을 얻을 수 있다는 점에 큰 의미가 있다.

3.3.2 대비와 구간추정

모수들에 대한 선형결합식 $\theta=\sum_i l_i\mu_i$을 생각하여 보자. 이때 이 선형결합식의 추정량은 $\hat{\theta}=\sum_i l_i\hat{\mu_i}$ 이다. 특히 $\sum_i l_i=0$인 경우, θ을 대비(contrast) 혹은 비교(comparison)라 한다.

정의 3.3-1 대비에 대한 정의

a종류의 모수 μ_i에 대한 선형결합식 $\theta=\sum_i l_i\mu_i$에 대해 $\sum l_i=0$인 경우 이를 대비(contrast)라 한다.

여러 처리효과를 비교하는 대비에 대한 추정량을 구할 경우, 처리별 평균 대신 합계를 사용하여 대비의 추정량을 다음과 같이 정의하기도 한다.

$$\hat{\theta}=\sum_i l_i y_{i.} \tag{3.3-7}$$

평균을 이용한 대비의 경우, $\hat{\theta}\sim N\left(\sum_i l_i\mu_i,\ \frac{\sigma^2}{n}\sum_i l_i^2\right)$이므로 θ의 신뢰구간은

$$\sum_i l_i\bar{y}_{i.}\pm t_{\frac{\alpha}{2}}(N-a)\sqrt{\frac{MS_E}{n}\sum_i l_i^2} \tag{3.3-8}$$

따라서, 두 모집단의 평균차, $\theta=\mu_i-\mu_j$에 대한 신뢰구간은

$$\bar{y}_{i.}-\bar{y}_{j.}\pm t_{\alpha/2}(N-a)\sqrt{\frac{2MS_E}{n}}$$

다음으로 대비에 대한 제곱합을 구하는 문제를 생각해보자.

정의 3.3-2 대비의 제곱합

$y_{ij} \sim N(\mu_i, \sigma^2)$일 때 모수들에 대한 대비, θ의 추정량 $\hat{\theta} = \sum_i l_i y_{i.}$의 제곱합을 다음과 같이 정의한다.

$$SS_{\hat{\theta}} = \frac{(\hat{\theta})^2 \sigma^2}{Var(\hat{\theta})}$$

▶ [참고 3] 대비의 제곱합 (p.145)

완전랜덤화설계의 경우 대비의 추정량을 $\hat{\theta} = \sum_i l_i y_{i.}$라 하면 $l_i y_{i.} \sim N(nl_i \mu + nl_i \tau_i,\ l_i^2 n \sigma^2)$이므로, 제곱합은 다음과 같다.

$$SS_{\hat{\theta}} = \frac{\hat{\theta^2} \sigma^2}{n\sigma^2 \sum_i l_i^2} = \frac{(\sum_i l_i y_{i.})^2}{n \sum_i l_i^2} \tag{3.3-9}$$

한편 θ에 대한 추정량으로 $\hat{\theta}' = \sum_i l_i \bar{y}_{i.}$을 이용하면 제곱합은 다음과 같다.

$$SS_{\hat{\theta}'} = \frac{(\hat{\theta}')^2 \sigma^2}{\frac{\sigma^2}{n} \sum_i l_i^2} = \frac{n(\sum_i l_i \bar{y}_{i.})^2}{\sum_i l_i^2} = \frac{(\sum_i l_i y_{i.})^2}{n \sum_i l_i^2} \tag{3.3-10}$$

결국 추정량을 이렇게 정의하여도 대비에 대한 제곱합이, $SS_{\hat{\theta}} = SS_{\hat{\theta}'}$이므로 추정량을 정의할 때 처리별 합계나 평균, 어느 것을 사용하여도 추정된 제곱합의 크기는 같다는 사실을 알 수 있다. 다음으로 $E(SS_{\hat{\theta}})$을 구해보자.

$$y_{i.} \sim N(n\mu + n\tau_i,\ n\sigma^2),$$
$$l_i y_{i.} \sim N(nl_i \mu + nl_i \tau_i,\ l_i^2 n\sigma^2),$$
$$\sum_i l_i y_{i.} \sim N(n \sum_i l_i \tau_i,\ n\sigma^2 \sum_i l_i^2)$$

이므로 다음이 성립한다.

$$E(SS_{\hat{\theta}}) = \frac{n\sigma^2 \sum_i l_i^2 + n^2 (\sum_i l_i \tau_i)^2}{n \sum_i l_i^2} \tag{3.3-11}$$

만일 $\sum_i l_i\tau_i = 0$이면 $E(SS_{\hat{\theta}}) = \sigma^2$이 되어 $SS_{\hat{\theta}}$는 σ^2에 대한 또 다른 불편추정량이 된다. 이를 이용하면 모수 간에 비교 $H_0 : \sum_i l_i\mu_i = 0$ 혹은 $\sum_i l_i\tau_i = 0$를 검정할 수 있다. 즉,

$$F = \frac{SS_{\hat{\theta}}}{MS_E} \;>\; F_\alpha(1, N-a)\text{이면 } H_0\text{를 기각한다.} \tag{3.3-12}$$

정의 3.3-3 대비의 직교

다음과 같은 두 종류의 대비 $\hat{\theta}_1$과 $\hat{\theta}_2$를 생각하여 보자.

$$\hat{\theta}_1 = \sum_i l_i y_{i.},\ \hat{\theta}_2 = \sum_i m_i y_{i.}$$

이때 아래의 조건을 만족하면 대비 $\hat{\theta}_1$과 $\hat{\theta}_2$은 서로 직교(orthogonal)한다.

$$l_1 m_1 + l_2 m_2 + \cdots + l_a m_a = 0$$

따라서 a종류의 처리를 비교하는 실험에서 서로 직교하는 대비(orthogonal contrasts)는 a차원의 공간에서 직교하는 벡터의 개수와 같다고 할 수 있다. 이 경우 벡터의 합이 0, 즉 $\sum l_i = 0$라는 특성 때문에 서로 직교하는 대비는 $a-1$ 종류가 있다고 할 수 있다. 즉 대비벡터 $(l_1, l_2, \cdots, l_a)'$은 벡터 $(1, 1, \cdots, 1)'$에 직교하므로 벡터$(1, 1, \cdots, 1)'$을 포함하여 a개의 직교벡터가 존재하는데 벡터 $(1, 1, \cdots, 1)'$은 대비의 조건을 만족하지 못하므로 서로 직교하는 대비는 $a-1$개가 존재함을 알 수 있다.

이처럼 대비들이 서로 직교할 경우 처리제곱합은 서로 직교하는 대비들의 제곱합으로 분할되고, 거꾸로 이 대비들의 제곱합의 합은 처리제곱합과 일치한다. 즉 처리제곱합을 $a-1$개의 부분으로 직교분할(orthogonal partitioning)되며 각 부분의 제곱합의 자유도는 1이다.

$a-1$개의 대비에 대한 식을 $C_1, C_2 \cdots, C_{a-1}$라 하면 치리제곱합은 나음과 같이 분해될 수 있다.

$$SS_{TR} = SS_{C_1} + SS_{C_2} + \cdots + SS_{C_{a-1}} \tag{3.3-13}$$

따라서 분산분석표 역시 필요에 따라 다음과 같이 표현할 수 있다.

표 3.3-1 대비들에 대한 분산분석표

변인	제곱합	자유도
처리	SS_{TR}	$a-1$
	SS_{C_1}	(1)
	SS_{C_2}	(1)
	$\vdots$	$\vdots$
	$SS_{C_{a-1}}$	(1)
오차	SS_E	$N-a$
전체	SST	$N-1$

다음으로 대비식 C_i에 대한 제곱합과 기댓값은 다음과 같다.

$$SS_{C_i} = \frac{(C_i)^2\sigma^2}{Var(C_i)} = \frac{(\sum_k l_{ik} y_{k.})^2}{n\sum_k l_{ik}^2} \quad (3.3\text{-}14)$$

$$E(SS_{C_i}) = \sigma^2 + \frac{n^2(\sum_k l_{ik}\mu_k)^2}{\sum_k l_{ik}^2} \quad (3.3\text{-}15)$$

따라서 평균값들 간의 비교를 나타내는 대비 C_i를 검정하기 위한 가설 H_0 : $l_{i1}\mu_1 + l_{i2}\mu_2 + \cdots + l_{ia}\mu_a = 0$에 대하여

$F = \frac{SS_{c_i}}{MSE} > F_\alpha(1, N-a)$이면 유의수준 α에서 가설 H_0가 기각된다.

3.4 처리평균들 간의 비교

실험의 결과를 분산분석한 결과 전반적인 F-검정이 유의하여 처리의 효과

가 전부 같다($H_0 : \mu_1 = \mu_2 = \cdots = \mu_a$ 혹은 $H_0 : \tau_1 = \tau_2 = \cdots = \tau_a = 0$)라는 귀무가설이 기각되었을 경우 사후분석으로써 여러 처리들의 대비 혹은 두 처리의 차에 대한 검정에 관심을 갖게 된다.

3.4.1 모든 처리들에 대한 다중비교(multiple comparisons)

3.3.2절에서 설명한 것과 같이 모수의 관계식 $\theta = \sum_i l_i \mu_i$에 대한 $(1-\alpha) \times 100\%$ 신뢰구간은 다음과 같다.

$$\sum_i l_i \bar{y}_{i.} \pm t_{\frac{\alpha}{2}}(N-a)\sqrt{\frac{MSE}{n}\sum_i l_i^2} \tag{3.4-1}$$

그런데 어느 특정한 한 대비에 대한 관심뿐만 아니라 모든 대비들의 검정에 관심이 있는 경우를 생각해 보자. 이때는 서로 독립인 $a-1$개의 대비 중 어느 하나라도 유의하면 귀무가설이 기각된다. 만일 H_0가 참이라고 할 때(즉 모든 처리 효과가 전부 같은 경우) 유의수준이 α이어야 하는데 처리에 대한 여러 대비들을 검정하는 경우 유의수준 값이 α보다 훨씬 커지게 됨을 알 수 있다.

예를 들어 제1종의 개별오류율(Type I individual error rate), $\alpha = 0.05$, $a = 5$인 경우를 생각하여 보자. 이해를 쉽게 하기 위하여 서로 직교하는 4종의 대비들의 검정이 서로 독립이라 하면 4종의 대비를 검정하는 경우 범하는 제1종의 집단오류율(Type I family error rate)은 다음과 같이 계산된다.

$$\begin{aligned} P(H_0 \text{ 기각} \mid H_0 \text{ 참}) &= P(4\text{개의 대비 중 하나 이상 기각} \mid H_0 \text{ 참}) \\ &= {}_4C_1(0.05)^1(0.95)^3 + {}_4C_2(0.05)^2(0.95)^2 \\ &\quad + {}_4C_3(0.05)^1(0.95)^3 + {}_4C_4(0.05)^4(0.95)^0 \\ &= 0.1855 = 1-(0.95)^4 \end{aligned}$$

이 값은 제1종의 개별오류율($\alpha = 0.05$)보다 훨씬 큰 것을 알 수 있다. 이것을 신뢰구간 관점에서 생각하면 $a-1$개의 대비에 대한 동시신뢰구간(simultaneous confidence interval)을 구했을 때 신뢰도가 $1-\alpha$보다 훨씬 작게 된다는 뜻이다.

이러한 문제점을 보완하기 위한 다양한 방법들이 논의되어 왔다.

처리들에 대한 여러 개의 대비를 동시에 검정하기 위한 동시신뢰구간을 구하는 다양한 방법 중 쉐페와 본페로니 방법은 다음과 같다.

(1) 쉐페(Scheffe) 방법

정의 3.4-1 대비에 대한 쉐페(Scheffe)검정

여러 개의 대비들에 대한 동시유의성 검정을 실시할 때 그 기각점은 다음과 같다. 이때 유의수준은 α를 넘지 않는다($\le \alpha$).

$$S_{\alpha\hat{\theta}_i} = \sqrt{(a-1)F_\alpha(a-1, N-a)}\sqrt{\frac{MS_E}{n}\sum_{k=1} l_{ik}^2}$$

정의 3.4-2 대비에 대한 쉐페(Scheffe)의 동시구간추정

여러 개의 대비들에 대한 동시구간 추정은 다음과 같이 얻을 수 있다.

이때 신뢰계수는 최소한 $1-\alpha$이다($\ge 1-\alpha$). 즉 $\theta_i = \sum_{k=1} l_{ik}\mu_k$, $i=1,2\cdots,m$에 대한 구간추정은 다음과 같다.

$$\sum_{k=1} l_{ik}\bar{y}_{k.} \pm \sqrt{(a-1)F_\alpha(a-1, N-a)}\sqrt{\frac{MS_E}{n}\sum_{k=1} l_{ik}^2}$$

▶ [참고 4] 쉐페(Scheffe) 방법 (p.146)

예제 3.2

[예제 3.1]의 자료에 대해 다음의 대비들을 검정해보자.

$$H_0 \ : \ \theta_1 = \mu_1 + \mu_3 - \mu_4 - \mu_5 = 0$$
$$H_0 \ : \ \theta_2 = \mu_1 - \mu_3 = 0$$

[예제 3.1]에 의하면 $\overline{y_{1.}}=4.6$, $\overline{y_{2.}}=10.4$, $\overline{y_{3.}}=12.6$, $\overline{y_{4.}}=16.0$, $\overline{y_{5.}}=6.0$, $a=5$, $n=5$, $MSE=7.08$이므로 θ_1과 θ_2에 대한 추정값 및 검정결과는 다음과 같다.

$$\hat{\theta}_1 = \overline{y}_1. + \overline{y}_3. - \overline{y}_4. - \overline{y}_5. = -4.8$$
$$\hat{\theta}_2 = \overline{y}_1. - \overline{y}_3. = -8$$

표 3.4-1 분산분석표

변인	제곱합	자유도	평균제곱합	F-값	p-값
처리	440.24	4	110.06	15.55	0.0001
대비θ_1	(28.80)	(1)	(28.80)	4.07	0.0573
대비θ_2	(160.00)	(1)	(160.00)	22.60	0.0001
나머지	(251.44)	(2)			
오차	141.60	20	7.08		

그런데 이것을 쉐페 방법에 의하여 검정하고 그 결과를 비교하여 보자.

1) θ_1의 경우

$$S_{\hat{\theta}_1} = \sqrt{\frac{MSE}{5} \times 4} = 2.38, \ MSE = 7.08$$
$$S_{\alpha\hat{\theta}_1} = S_{\hat{\theta}_1} \times \sqrt{(5-1)F_\alpha(5-1, 20)}$$

$\alpha = 0.05, \alpha = 0.01$인 경우

$$S_{\alpha=0.05, \hat{\theta}_1} = 2.38\sqrt{4 \times 2.87} = 8.06$$
$$S_{\alpha=0.01, \hat{\theta}_1} = 2.38\sqrt{4 \times 4.43} = 10.02$$

$\hat{\theta}_1 = -4.8$이므로 $\alpha = 0.05, \quad \alpha = 0.01$인 경우

$$|\hat{\theta}_1| = -4.8 < S_{\alpha=0.01, \hat{\theta}_1} = 8.06,$$
$$|\hat{\theta}_1| - \ 4.8 < S_{\alpha=0.05, \hat{\theta}_1} = 10.02$$

따라서 어떠한 경우에도 H_0를 기각하지 못한다.

2) θ_2의 경우

$S_{\hat{\theta}_2} = \sqrt{\frac{MSE}{5} \times 2} = 1.68$ 이므로 $\alpha = 0.05$, $\alpha = 0.01$인 경우

$$S_{\alpha} = 0.05,\quad \hat{\theta}_2 = 1.68\sqrt{4 \times 2.87} = 5.69$$

$$S_{\alpha} = 0.01,\quad \hat{\theta}_2 = 1.68\sqrt{4 \times 4.33} = 6.99$$

따라서

$$|\hat{\theta}_2| = 8.0 > S_{0.05,\hat{\theta}_2}$$
$$|\hat{\theta}_2| = 8.0 > S_{0.01,\hat{\theta}_2}$$

$\alpha = 0.05$ 혹은 $\alpha = 0.01$에서 H_0를 기각할 수 있다.

이 두 경우를 살펴볼 때 기각점을 수정하지 않은 방법을 쓸 경우 둘 다 기각되었는데 반하여, 수정된 쉐페 방법을 썼을 때는 θ_1을 기각하지 못한다.

(2) 본페로니(Bonferroni) 방법

정의 3.4-3 본페로니(Bonferroni) 부등식

m개의 독립사건 $A_1, A_2, \cdots, A_m$에 대해 이들의 여사건을 각각 $A_1^c, A_2^c, \cdots, A_m^c$이라 하면 다음과 같은 부등식이 성립한다.

$$p(A_1 \cap A_2 \cap \cdots \cap A_m) = p(A_1^c \cup A_2^c \cup \cdots \cup A_m^c)^c \geq 1 - \sum_i p(A_i^c)$$

하나의 대비에 대한 구간추정의 신뢰도를 $1-a$라 할 때 m개 대비에 대한 동시구간추정의 신뢰도는 본페로니 부등식에 의하여 다음과 같다.

$$\text{동시구간 추정의 신뢰도} \geq 1 - \sum_i \alpha = 1 - m\alpha \qquad (3.4\text{-}2)$$

따라서 전체의 신뢰도를 $1-a$ 수준으로 유지하려면, 각 대비의 신뢰도를 $(1-\alpha)/m$로 조정하여야 한다.

정의 3.4-4　본페로니(Bonferroni) 부등식

m개의 대비에 대한 신뢰계수 $1-\alpha$를 만족하는 동시구간추정은 다음과 같다.

$$\sum_{k=1} l_{ik}\bar{y}_{k.} \pm t_{\frac{\alpha}{2m}}(N-a)\sqrt{\frac{MSE}{n}\sum_{k=1} l_{ik}^2}$$

또 유의수준 α에서 기각점은 다음과 같다.

$$t_{\alpha/2m}(N-a)\sqrt{\frac{MSE}{n}\sum_{k=1} l_{ik}^2}$$

3.4.2　두 처리효과에 대한 비교

a종류의 처리에서 모든 가능한 임의의 두 처리에 대한 효과차에 대한 검정을 생각해보자. 즉 $H_0: \mu_i = \mu_j$(단 $i \neq j$)를 검정하는 문제이다. 이 경우 총 $t = {}_aC_2$ 종류의 비교가 가능하고, 이를 동시에 실시하였을 경우 제1종의 집단오류율이 크게 증가하는 문제가 발생한다. 예를 들어, 비교 수 t가 증가함에 따라 한 쌍의 비교의 제1종의 개별오류율이 α_0일 때, 제1종의 집단오류율 α는 다음과 같이 증가하는 것으로 알려져 있다.

$$\alpha = 1-(1-\alpha_0)^t,\ t\ :\ \text{비교 수}$$

예를 들어 a=10이고 α_0=0.05인 경우 제1종의 집단오류율 α=1-(1-0.05)^{45} =0.90이 되어 오류의 확률이 1에 근접하게 된다. 따라서 제1종의 집단오류율을 0.05로 조정하기 위하여 1-(1-α_0)^{45}=0.05를 만족하는 제1종의 개별오류율 α_0를 선택하여야 한다. 여기에서 α_0를 쉽게 구하기 위하여 t가 크면 근사적으로 $\alpha \approx t \times \alpha_0$임을 이용하여 다음과 같이 구한다.

$$\alpha_0 \approx \alpha/t$$

예를 들어 $a=10$인 경우 45개의 가설에 대한 동시 유의성검정에서 제1종의 집단오류율을 α=0.05수준으로 유지하기 위하여 제1종의 개별오류율 α_0는 다음과 같은 근사식을 이용하여 조정한다.

$$\alpha_0 \approx \frac{0.05}{45} = 0.0011$$

두 처리 효과차에 대한 검정법은 여러 학자에 의하여 연구되어왔는데, 그 내용은 크게 집단오류율 증가에도 불구하고 개별오류율을 조정하지 않는 최소유의차(least significance difference; LSD) 방법과 집단오류율 유지를 위해 개별오류율을 조정하여 주는 수정된 최소유의차(protected LSD)방법으로 구분할 수 있다. 수정된 최소유의차 방법으로는 던컨(Duncan) 방법, 뉴먼-쿨스(Neuman-keuls) 방법 그리고 튜키(Tukey) 방법 등이 있다. 아울러 비교그룹(control group)과 다른 처리들을 비교하는 방법으로 더넷(Dunnett)방법이 널리 쓰이고 있다.

(1) 최소유의차(least significance difference : LSD) 방법

a종류의 처리에서 임의의 두 처리에 대한 비교를 생각하여 보자.

$H_0 : \mu_i - \mu_j = 0, \quad i \neq j \quad H_1 : H_0$가 아님

이에 대한 검정통계량은 다음과 같은 분포에 따른다.

$$t = \frac{\bar{y}_{i.} - \bar{y}_{j.}}{\sqrt{\frac{2MS_E}{n}}} \sim t(N-a) \tag{3.4-3}$$

따라서 만일

$$|\bar{y}_{1.} - \bar{y}_{j.}| \geq t_{\alpha/2}(N-a)\sqrt{\frac{2MS_E}{n}} \tag{3.4-4}$$

이면 H_0는 기각(유의수준α)된다. 여기에서 LSD를 다음과 같이 정의한다.

$$\text{LSD} = t_{\alpha/2}(N-a)\sqrt{\frac{2MS_E}{n}} \tag{3.4-5}$$

이러한 방법에 의하여 여러 가능한 두 처리의 효과차를 검정하였을 경우 유의수준 α가 증가하는 문제점을 가지고 있다. 예를 들어 5종류의 처리의 평균

을 비교하고자 할 때 모든 가능한 두 처리의 짝은 ${}_5C_2 = 10$종류이다. 지금 5종류의 처리효과가 전부 같다(즉, $H_0 : \mu_1 = \mu_2 = \mu_3 = \mu_4 = \mu_5 = \mu$)고 할 때 10 종류의 평균 차이들 중 하나라도 LSD 값보다 크면 H_0가 기각되기 때문에 실제 유의수준은 약 0.40이 된다.

예제 3.3

[예제 3.1]의 경우, $\bar{y}_{1.} = 4.6$, $\bar{y}_{2.} = 10.4$, $\bar{y}_{3.} = 12.6$, $\bar{y}_{4.} = 16.0$, $\bar{y}_{5.} = 6.0$이고 $MSE = 7.08$이므로 $\alpha = 0.05$라 하면 $\text{LSD} = t_{0.025}(20)\sqrt{\dfrac{2 \times MSE}{5}} = 3.51$이다.

한편 평균들 간의 차를 구해보면 다음과 같다.

$$
\begin{array}{ll}
\bar{y}_{1.} - \bar{y}_{2.} = -5.8 & \bar{y}_{2.} - \bar{y}_{4.} = -5.6 \\
\bar{y}_{1.} - \bar{y}_{3.} = -8.0 & \bar{y}_{2.} - \bar{y}_{5.} = 4.4 \\
\bar{y}_{1.} - \bar{y}_{4.} = -11.4 & \bar{y}_{3.} - \bar{y}_{4.} = -3.4 \\
\bar{y}_{1.} - \bar{y}_{5.} = -1.4 & \bar{y}_{3.} - \bar{y}_{5.} = 6.0 \\
\bar{y}_{2.} - \bar{y}_{3.} = -2.2 & \bar{y}_{4.} - \bar{y}_{5.} = 10.0
\end{array}
$$

$|\bar{y}_{i.} - \bar{y}_{j.}| < \text{LSD}$인 유의하지 않은 것끼리 묶어 아래와 같이 나타낸다. 이러한 방법을 LSD 그룹핑(grouping)이라 한다.

$$\underline{\bar{y}_{1.} \quad \bar{y}_{5.}} \quad \bar{y}_{2.} \quad \underline{\bar{y}_{3.} \quad \bar{y}_{4.}}$$

$$\qquad\qquad \underline{\qquad \bar{y}_{2.} \quad \bar{y}_{3.}}$$

(2) 본페로니(Bonferroni) t-검정법

앞에서 설명한 최소유의차 방법은 전체 유의수준(α)이 커지는 문제점을 가지고 있다. 전체 유의수준을 유지하기 위하여 개별 유의수준을 α보다 훨씬 작게 하는 방법을 생각할 수 있다. 이러한 방법으로 가장 간단한 것은 개별 검정 $H_0 : \mu_i = \mu_j \ (i \neq j)$에 대한 개별 유의수준을 $\alpha / {}_kC_2$로 하는 것이다. 예를 들어 처리수가 4일 경우, 전체 유의수준(α)를 0.05로 유지하기 위해선 개별 검정의 유의수준을 $0.05/{}_4C_2 = 0.0083$을 만족하는 임계값을 선택하여 검정하면 된다.

[예제 3.3]의 경우 개별 유의수준은 $0.05/{}_5C_2 = 0.005$이므로 새로운 LSD는,

$\text{LSD} = t_{0.005}(20)\sqrt{\dfrac{2\times MSE}{5}} = 3.850\times\sqrt{\dfrac{2\times 7.08}{5}} = 6.48$ 이다. 이 값은 앞의 최소유의차 방법보다 훨씬 큰 임계값을 사용하여 전체 유의수준은 잘 유지하지만 개별 유의수준이 지나치게 작게 되어 검정력이 크게 떨어지는 단점이 있다. 따라서 전체 유의수준을 유지하면서도 검정력이 어느 정도 유지되는 다양한 방법들이 수정된 LSD방법으로 제시되고 있다.

(3) 던컨(Duncan) 방법

수정된 LSD 방법의 하나로서 Duncan의 다중비교(multiple range test)라고 한다. 이 방법은 몇 단계로 나누어 다중비교를 하는데 첫 단계로 평균들을 크기 순으로 나열하여 가장 큰 것과 가장 작은 것의 비교부터 시작한다. 즉 $\bar{y}_{(1)} < \bar{y}_{(2)} < \cdots < \bar{y}_{(a)}$와 같이 나열하고 (1)처리와 (a)처리의 차를 검정한다. 그 결과가 유의하면 다음 단계로 넘어간다. 만일 유의하지 않으면 다중비교 절차는 더 이상 진행하지 않는다.

만일 유의할 경우 두 번째 단계로 $y_{(1)} < y_{(2)} < \cdots < y_{(a-1)}$과 $y_{(2)} < y_{(3)} < \cdots < y_{(a)}$로 나누어 첫 번째 진행절차를 그대로 따른다. 던컨은 LSD 방법에서 썼던 임계값을 수정하여 새로운 임계값 R_p를 제시하고 있다.

$$R_p = r_\alpha(p, f) S_{\bar{y}_{i.}}, \quad S_{\bar{y}_{i.}} = \sqrt{\frac{MS_E}{n}} \tag{3.4-6}$$

여기에서 p는 분류된 그룹 내에 포함된 처리수, f는 MS_E의 자유도 그리고 $r_\alpha(p, f)$는 던컨이 제시한 수표값에 주어진 값이다.

예제 3.4

앞 절의 예제에서 각각의 처리평균을 크기가 작은 것으로 차례대로 나열하면 $\bar{y}_{1.} = 4.6$, $\bar{y}_{5.} = 6.0$, $\bar{y}_{2.} = 10.4$, $\bar{y}_{3.} = 12.6$, $\bar{y}_{4.} = 16.0$이다.

$$\bar{y}_{1.} < \bar{y}_{5.} < \bar{y}_{2.} < \bar{y}_{3.} < \bar{y}_{4.}$$

먼저 $H_0 : \mu_1 - \mu_4 = 0$를 검정한다.

$$|\bar{y}_{1.} - \bar{y}_{4.}| = |4.6 - 21.6| = 11.4 > R_5 = 3.87$$

$$단\ R_5 = r_{0.05}(5,20)S_{\bar{y}_{i.}} = 3.25 \times \sqrt{\frac{7.08}{5}}$$

위의 결과 처리 1과 처리 4의 효과차가 유의하므로 다음 단계로서 아래의 두 그룹을 생각한다.

$$\bar{y}_{1.} < \bar{y}_{5.} < \bar{y}_{2.} < \bar{y}_{3.} \quad , \quad \bar{y}_{5.} < \bar{y}_{2.} < \bar{y}_{3.} < \bar{y}_{4.}$$

1) 첫 번째 그룹에서 $H_0 : \mu_1 - \mu_3 = 0$를 검정하여보자

$$|\bar{y}_{1.} - \bar{y}_{3.}| = |4.6 - 12.6| = 8.0 > R_4 = 4.40$$

$$단\ R_4 = r_{0.05}(4,20)S_{\bar{y}_{i.}} = 3.18 \times \sqrt{\frac{7.08}{5}} = 3.78$$

이 결과로부터 처리 1과 처리 3의 효과차가 유의하므로 다음과 같이 $\bar{y}_{1.} < \bar{y}_{5.} < \bar{y}_{2.}$, $\bar{y}_{5.} < \bar{y}_{2.} < \bar{y}_{3.}$ 두 그룹으로 나누어 계속 진행한다.

(i) $\bar{y}_{1.} < \bar{y}_{5.} < \bar{y}_{2.}$의 경우 $H_0 : \mu_1 - \mu_2 = 0$를 검정한다.

$$|\bar{y}_{1.} - \bar{y}_{2.}| = |4.6 - 10.4| = 5.8 > R_3 = 3.68$$

이므로 처리 1과 2는 효과차가 유의하다. 따라서 $\bar{y}_{1.} < \bar{y}_{5.}$, $\bar{y}_{5.} < \bar{y}_{2.}$로 나누어 검정 한다.

$$H_0 : \mu_1 - \mu_5 = 0 : |\bar{y}_{1.} - \bar{y}_{5.}| = |4.6 - 6.0| = 1.4 < R_2 = 3.51$$

$$H_0 : \mu_2 - \mu_5 = 0 : |\bar{y}_{2.} - \bar{y}_{5.}| = |10.4 - 6.0| = 4.4 > R_2 = 3.5$$

따라서 처리 1과 처리 5는 유의하지 않고 처리 2와 처리 5는 유의하다.

(ii) $\bar{y}_{5.} < \bar{y}_{2.} < \bar{y}_{3.}$의 경우 $H_0 : \mu_3 - \mu_5 = 0$를 검정한다.

$$|\overline{y_{3.}} - \overline{y_{5.}}| = |12.6 - 6.0| = 6.6 > R_3 = 3.68$$

처리 3과 처리 5의 효과차가 유의하므로 $\bar{y}_{5.} < \bar{y}_{2.}$, $\bar{y}_{2.} < \bar{y}_{3.}$로 나누어 검정을 계속한다.

$H_0 : \mu_2 - \mu_5 = 0$: (i)에서 검정했으므로 수행하지 않는다.

$H_0 : \mu_2 - \mu_3 = 0$: $|\bar{y}_{2.} - \bar{y}_{3.}| = 2.2 < R_2 = 3.51$

이 결과로부터 처리 2와 처리 3은 유의하지 않다는 결론을 얻는다.

2) 두 번째 그룹에서 $H_0 : \mu_4 - \mu_5 = 0$을 검정하여 보자.

$$|\bar{y}_{4.} - \bar{y}_{5.}| = |16.0 - 6.0| = 10.0 > R_4 = 3.78$$

따라서 처리 4와 처리 5는 유의하므로 다음으로 $\bar{y}_{5.} < \bar{y}_{2.} < \bar{y}_{3.}$, $\bar{y}_{2.} < \bar{y}_{3.} < \bar{y}_{4.}$로 나누어 계속 진행한다. $\bar{y}_{5.} < \bar{y}_{2.} < \bar{y}_{3.}$그룹은 (i), (ii)에서 검정했으므로 $\bar{y}_{2.} < \bar{y}_{3.} < \bar{y}_{4.}$ 이 경우만 생각하면 된다.

$$H_0 : \mu_2 = \mu_4 = 0 : |\bar{y}_{2.} - \bar{y}_{4.}| = 5.6 > R_3 = 3.68$$

이 경우도 처리 2와 처리 4는 유의하므로 $\bar{y}_{2.} < \bar{y}_{3.}$, $\bar{y}_{3.} < \bar{y}_{4.}$로 나누어 검정을 계속한다. 그러나 $\bar{y}_{2.} < \bar{y}_{3.}$경우는 (i), (ii)에서 이미 수행했으므로 다시 반복하지 않는다. 단지 $\bar{y}_{3.} < \bar{y}_{4.}$의 경우만 검정한다. 즉

$$H_0 : \mu_3 - \mu_4 = 0 : |\bar{y}_{3.} - \bar{y}_{4.}| = 3.4 > R_2 = 3.51$$

처리 3과 4는 유의하지 않다는 결론을 내릴 수 있다.

위의 결과를 종합하면 다음과 같다.

$$\underline{\bar{y}_{1.} \quad \bar{y}_{5.}} \quad \underline{\bar{y}_{2.} \quad \bar{y}_{3.}} \quad \bar{y}_{4.}$$

(밑줄: $\bar{y}_{1.}$–$\bar{y}_{5.}$, $\bar{y}_{2.}$–$\bar{y}_{3.}$, $\bar{y}_{3.}$–$\bar{y}_{4.}$)

(4) 스튜던트-뉴먼-쿨스(Student-Neuman-Keuls ; SNK) 방법

이 방법은 뉴먼(1939)에 의하여 처음 고안되었으며 쿨스(1952)에 의하여 일반화된 방법이다. 이 방법 역시 던컨 방법과 비슷하나 던컨 방법보다 좀 더 큰 기각점을 요구한다. 던컨의 수표값(부록5)과 비교해보면 주어진 p와 f에서 항

상 $r_\alpha(p,f)$보다 큰 값을 사용하기 때문에 기각점이 약간 커짐을 알 수 있다.

앞의 예처럼 $a=5$이고 평균의 크기가 $\bar{y}_{1.}$, $\bar{y}_{5.}$, $\bar{y}_{2.}$, $\bar{y}_{3.}$, $\bar{y}_{4.}$로 나열되었을 경우 우선 가장 큰 값 $\bar{y}_{4.}$와 가장 작은 값 $\bar{y}_{1.}$의 차이를 계산한 다음, 두 평균 차를 검정하여 유의하면 이를 다시 두 그룹 ($\bar{y}_{1.}$, $\bar{y}_{5.}$, $\bar{y}_{2.}$, $\bar{y}_{3.}$), ($\bar{y}_{5.}$, $\bar{y}_{2.}$, $\bar{y}_{3.}$, $\bar{y}_{4.}$)으로 나눈다. 이때 검정통계량은 범위(최대값-최소값)를 표준편차로 나눈 스튜던트화한 범위(studentized range)이다.

$$Q=\left(\overline{Y}_{\max}-\overline{Y}_{\min}\right)/\sqrt{\frac{MSE}{n}}$$

이 두 그룹을 각각 $p=4$인 Q-방법으로 계속 진행한다. 단, 어떤 단계에서 양 극값의 차에 대한 검정의 결과가 유의하지 않으면 앞의 던컨의 경우처럼 다음 단계의 검정을 진행하지 않는다. 이 Q-방법은 기각점이 던컨 방법보다 커서 귀무가설($H_0:\mu_i-\mu_j=0$)이 기각되기가 상대적으로 어렵기 때문에 보수적(conservative)인 방법으로 평가된다. 이 방법의 기각점 K_p는 다음과 같다.

$$K_p=q_\alpha(p,f)S_{\bar{y}_{i.}}\ ,\ S_{\bar{y}_{i.}}=\sqrt{\frac{MS_E}{n}} \tag{3.4-7}$$

여기에서 p는 두 처리 내에 포함된 처리 수 즉, 집합에 포함된 처리 수를 나타낸다. 또 f는 MS_E의 자유도이고 $q_\alpha(p,f)$는 뉴먼-쿨스 방법을 위한 수표값(부록6)에 주어진 값이다. 일반적으로 $K_p>R_p$이다.

예제 3.5

앞 예제의 경우, 즉 각 처리평균과 평균제곱합은 다음과 같다.

$$\bar{y}_{1.}=4.6,\quad \bar{y}_{5.}=6.0,\quad \bar{y}_{2.}=10.4,\quad \bar{y}_{3.}=12.6,\quad \bar{y}_{4.}=16.0$$

$$MSE=7.08(df=20)$$

1) 먼저 $H_0:\mu_1-\mu_4=0$을 검정한다.

$$K_5 = q_{\alpha=0.05}(5,20)\sqrt{\frac{MS_E}{5}}, \quad q_{\alpha=0.05}(5,20) = 4.24$$이므로

$$K_5 = 4.24 \times \sqrt{\frac{7.08}{5}} = 5.04$$ 이다.

그런데 $|\bar{y}_{1.} - \bar{y}_{4.}| = 11.4 > K_5 = 5.04$이므로 H_0가 기각된다.

2) 이를 두 그룹으로 나눈다.

$(\bar{y}_{1.}, \bar{y}_{5.}, \bar{y}_{2.}, \bar{y}_{3.})$, $(\bar{y}_{5.}, \bar{y}_{2.}, \bar{y}_{3.}, \bar{y}_{4.})$

(i) 첫 번째 그룹에서 H_0 : $\mu_1 - \mu_3 = 0$을 검정하면

$|\bar{y}_{1.} - \bar{y}_{3.}| = 8.0 > K_4 = 4.71$ 따라서 H_0기각된다.

(ii) 두 번째 집합에서 H_0 : $\mu_4 - \mu_5 = 0$을 검정하면

$|\bar{y}_{4.} - \bar{y}_{5.}| = 10.0 < K_4 = 4.71$ 따라서 H_0를 기각한다.

이 경우 첫 번째 그룹 $(\bar{y}_{1.}, \bar{y}_{5.}, \bar{y}_{2.}, \bar{y}_{3.})$은 $(\bar{y}_{1.}, \bar{y}_{5.}, \bar{y}_{2.})$와 $(\bar{y}_{5.}, \bar{y}_{2.}, \bar{y}_{3.})$로 나누어 검정을 진행하고 두 번째 그룹 $(\bar{y}_{5.}, \bar{y}_{2.}, \bar{y}_{3.}, \bar{y}_{4.})$에 대한 검정은 역시 $(\bar{y}_{5.}, \bar{y}_{2.}, \bar{y}_{3.})$와$(\bar{y}_{2.}, \bar{y}_{3.}, \bar{y}_{4.})$로 나누어 검정을 진행한다. 진행방법은 앞의 던컨의 방법과 같다.

3) 이 결과를 정리하여 보면 다음과 같음을 알 수 있다.

$\bar{y}_{1.} \quad \bar{y}_{5.} \quad \bar{y}_{2.} \quad \bar{y}_{3.} \quad \bar{y}_{4.}$

(5) 튜키 (Tukey) 방법

이 방법은 SNK 방법을 약간 변형한 것으로 SNK 방법이 그룹 내에 포함된 처리수를 고려하는 반면 튜키 방법은 항상 p-값 대신 전체 처리 수 a를 사용한다. SNK 수표값을 그대로 사용하지만 p대신 a를 사용하므로 임계값이 더욱 커져 SNK 방법보다 더 보수적인 방법이라 할 수 있다. 두 방법의 차이는 임계값의 선택이 다를 뿐이다. 튜키가 제시한 임계값 T_α는 다음과 같다.

$T_\alpha = q_\alpha(a, f) S_{\bar{y}_{i.}}$, a는 처리수, f는 MSE의 자유도$(N-a)$,
$q_\alpha(a, f)$는 SNK 수표값이다. (3.4-8)

예제 3.6

앞의 [예제 3.5]를 튜키 방법으로 검증하면 어떤 집합 내의 처리수에 관계없이 항상 K_5를 사용한다. 즉 K_2, K_3 ,K_4 대신 K_5를 사용하여 임의의 두 처리 평균차와 K_5를 비교하면 된다. 앞의 예에서와 같이 튜키 방법에 의한 검정을 시행하였을 경우 역시 다음과 같은 결과를 얻는다. 이것으로부터 앞의 방법들에 대한 결과보다 평균의 차가 인정되지 않아 훨씬 보수적인 결과를 보여줌을 알 수 있다.

$\bar{y}_{1.}$ $\bar{y}_{5.}$ $\bar{y}_{2.}$ $\bar{y}_{3.}$ $\bar{y}_{4.}$

Ryan-Einot-Gabriel-Welsch(REGWQ) 방법은 Tukey의 다중비교를 개선하기 위하여 제1종의 집단오류율을 유지하며 검정력(power)을 개선한 방법이다. SAS/STAT User's Guide는 균형자료의 경우 Ryan-Einot-Gabriel-Welsch 다중비교를, 불균형자료의 경우 Tukey의 다중비교를 권하고 있다.

(6) 더넷(Dunnett) 방법

위약효과 등을 통제하기 위하여 대조그룹을 만들어 실험할 경우 대조그룹과 처리그룹 간의 비교를 수행하게 된다. a종류의 처리 중 처리 1, 2, ⋯, a-1를 처리그룹, a처리를 대조그룹이라 하면 가설은 다음과 같다.

$H_0 : \mu_i - \mu_a = 0,\ i = 1,\ 2\ \cdots a-1$
H_1 : H_0가 아님

이때, 더넷검정의 기각짐은 다음과 같다.

$|\bar{y}_{i.} - \bar{y}_{a.}| > d_\alpha(a-1, f)\sqrt{\dfrac{2MSE}{n}}$, f는 MSE의 자유도,
$d_\alpha(a-1, f)$는 더넷이 제시한 수표값이다. (3.4-9)

더넷방법은 대조그룹과 다른 처리들과의 비교를 목적으로 사용되는 특별한 형태의 다중비교 방법이다. 그러므로 앞의 다른 다중비교처럼 그림으로 표현할 수는 없다. Dunnet 방법을 SAS에서 사용할 때는 대조그룹을 정하여야 하며, 가설의 형태에 따라 다른 옵션을 사용한다.[참조 : 3.5절]

(7) 쉐페(Scheffe) 방법

쉐페는 여러 대비를 동시에 검정하는 방법을 사용한다. $H_0 : \sum_{i=1}^{a} c_i \mu_i = 0$을 검정하는 검정통계량을 S라 하여 기각점을 다음과 같이 제시하였다.

$$S = \frac{\left| \sum c_i \overline{Y}_i \right|}{\sqrt{MSE \sum_{i=1}^{a} \frac{c_i^2}{Y_i}}} \geq \sqrt{(a-1)F_{a-1, N-a}}$$

이 검정방법은 쌍별 비교가 아닌 여러 평균들 간의 대비들을 동시에 검정할 경우 유용한 방법이지만 쌍별 비교인 경우에는 튜키나 SNK 검정에 비하여 열등한 것으로 평가되고 있다.

다중비교 검정방법은 아주 많으나 어느 것이 가장 적절한지를 판단하기는 매우 어렵다. 그러나 제1종의 집단오류율 유지라는 관점에서 볼 때 Tukey방법과 SNK 방법이 가장 많이 사용되고 있으며 최소유의차방법과 Duncan방법은 귀무가설이 지나치게 쉽게 기각되어 집단오류율이 커지는 관계로 잘못된 결론을 내릴 수 있다. 따라서 종합적인 주의가 필요하다.

3.5 SAS를 이용한 분산분석법

제 3장에서 설명하고 있는 일원배치법의 경우 SAS를 이용하여 분산분석표를 얻는 방법은 PROC ANOVA 와 PROC GLM 두 방법이 있다. 두 방법의 차이는 PROC ANOVA가 분산분석표를 구성하는 데에서 주로 **3.3절**에 설명된

개념에 의한 것인 데 반하여 PROC GLM은 정규방정식의 해를 이용하는 방법에 따르는 점이라 할 수 있다. 또 PROC ANOVA는 주로 처리별 반복수가 같은 경우(balanced data) 처리속도가 빠른 장점을 가지고 있다. 그러나 평균들 간의 비교(contrast)에 대한 검정이나 뒤에 설명하게 될 불완비블록설계(incomplete block design)에서는 PROC GLM에 의해서만 유용한 분산분석표를 얻을 수 있다.

3.5.1 PROC ANOVA

PROC ANOVA의 절차는 다음과 같다.

```
PROC ANOVA options;            ①
Class variables;               ②
Model dependents=effects;      ③
Means effects/options;         ④
```

① 분석에 사용할 SAS data set을 지정하여 준다.
만일 options를 쓰지 않으면 회로에 작성된 SAS data set을 사용한다.

② 처리변수를 지정한다.
예를 들어 처리변수가 TRT 하나인 경우는 Class TRT; 이다.

③ dependents는 반응변수를, effects는 독립변수 즉 처리변수를 적어준다.
처리변수가 TRT하나인 일원배치의 경우는 Model y=TRT; 이다.

④ 다중비교에 관한 제약식으로서 effects는 처리변수가, options에는 비교식들이 나열된다. options에는 LSD, Duncan, SNK, Tukey, BON, Scheffe, Dunnett(단측검정시 DunnettU, DunnettL), Alpha(α) 등이 있다.

☑ 일원배치설계의 SAS분산분석을 위한 절차

```
DATA name;
   DO rep=1 to n;
      DO TRT=1 to a;
         INPUT Y @; OUTPUT;
      END;
   END;
CARDS;
data 입력
;
PROC ANOVA DATA=name;
   CLASS TRT;
   MODEL Y= TRT;
   MEANS TRT / LSD DUNCAN SNK TUKEY BON
DUNNETTU('대조그룹');
RUN;
```

3.5.2 PROC GLM

일원배치모형 $y_{ij} = \mu + \tau_i + e_{ij}$, $i = 1,2 \cdots a$, $j = 1,2\ \cdots n$을 행렬로 표시해 보자.

$$\begin{pmatrix} y_{11} \\ y_{12} \\ \vdots \\ y_{1n} \\ \vdots \\ y_{a1} \\ y_{a2} \\ \vdots \\ y_{an} \end{pmatrix} = \begin{pmatrix} 1 & 1 & 0 & 0 & \cdots & 0 \\ 1 & 1 & 0 & 0 & \cdots & 0 \\ & & & \vdots & & \vdots \\ 1 & 1 & 0 & 0 & \cdots & 0 \\ & & & \vdots & & \vdots \\ 1 & 0 & 0 & 0 & \cdots & 1 \\ 1 & 0 & 0 & 0 & \cdots & 1 \\ & & & \vdots & & \vdots \\ 1 & 0 & 0 & 0 & \cdots & 1 \end{pmatrix} \begin{pmatrix} \mu \\ \tau_1 \\ \tau_2 \\ \vdots \\ \vdots \\ \vdots \\ \vdots \\ \vdots \\ \tau_a \end{pmatrix} + \begin{pmatrix} e_{11} \\ e_{12} \\ \vdots \\ e_{1n} \\ \vdots \\ e_{a1} \\ e_{a2} \\ \vdots \\ e_{an} \end{pmatrix} \tag{3.5-1}$$

$$\boldsymbol{y} = \boldsymbol{X} \qquad \boldsymbol{\beta} + \boldsymbol{e}$$

최소제곱법(least square method)에 의하여 정규방정식을 구하면 다음과 같다.

$$X'X\hat{\beta} = X'y \tag{3.5-2}$$

여기에서 $X'X$는 다음과 같다.

$$X'X = \begin{bmatrix} N & n & n & n & \cdots & n \\ n & n & 0 & 0 & \cdots & n \\ n & 0 & n & 0 & \cdots & 0 \\ \vdots & \vdots & \vdots & \vdots & \cdots & \vdots \\ n & 0 & 0 & 0 & \cdots & n \end{bmatrix}, \quad N = an \tag{3.5-3}$$

한편 $X'X$는 최대계수(full rank)가 아니므로 $\hat{\beta}$의 유일해는 존재하지 않는다. 일반적으로 회귀모형 $y = X\beta + e$에서 $SS_R = \hat{\beta}'X'y - CF$이고 $SS_e = y'y - \hat{\beta}'X'y$이다. 그런데 식 (3.5-1)과 같은 실험설계모형에서는 SST와 SS_{TR}이 각각 $SST = y'y - CF$와 $SS_{TR} = \hat{\beta}'X'y - CF$임을 알 수 있다. 한편 $\hat{\beta}$이 유일하지 않으므로 제약식을 흔히 사용한다. 여기서 중요한 사실은 어떠한 제약식을 사용해도(이 경우 조건식에 따라 서로 다른 해 $\hat{\beta}$를 얻을지라도) SS_{TR}의 값은 불변이다.

이처럼 행렬을 이용하여 정규방정식을 구하고 제약식(예를 들어 $\mu = 0$ 혹은 $\sum_i \tau_i = 0$)을 사용하여 치리효과를 구한 후 SS_{TR}를 구할 수 있다. 각 처리효과를 계산한다는 점은 PROC ANOVA 와 다르지만 분산분석표는 차이가 없다.

다른 방법으로, 식 (3.5-1)의 선형모형에 직접 제약식을 적용하여 미지 모수를 하나 줄여서 정리한 다음 $X'X$를 구할 수 있다. 이 $X'X$는 최대계수가 되어 유일해 $\hat{\beta}$를 갖게 된다. 이 경우 처리제곱합은 역시 $SS_{TR} = \hat{\beta}'X'y - CF$와 같은 방법으로 구해진다. 이러한 방법으로 제곱합을 구하여 분산분석표를 구성할 수 있다. 이것은 제약식을 이용, 모형식의 표현을 바꾸어 정규방정식을 구하는 방법이다. 그러나 일원배치법의 경우 두 방법이 차이가 없기 때문에 특별한 주의가 요구되지 않는다.

PROC GLM의 절차는 다음과 같다.

```
PROC GLM options;              ①
variables;                     ②
Model dependents=effects;      ③
```

Means effects/options;　　　　④

① 분석에 사용할 SAS data set을 지정하여 준다.
만일 options를 쓰지 않으면 회로에 작성된 SAS data set을 사용한다.
② 처리변수를 지정한다.
예를 들어 처리변수가 TRT 하나인 경우는 Class TRT; 이다.
③ dependents는 반응변수를, effects는 독립변수 즉 처리변수를 적어준다. 처리변수가 TRT하나인 일원배치의 경우는 Model y=TRT ; 이다.
④ 다중비교에 관한 제약식으로서 effects는 처리변수가, options에는 비교식들이 나열된다. options에는 LSD, Tukey, Duncan, Scheffe, Dunnett(단측검정시 DunnettU, DunnettL), Alpha(α) 등이 있다.

☑ 일원배치설계의 SAS분산분석을 위한 절차

```
DATA name;
   DO rep=1 to n ;
      DO TRT=1 to a ;
         INPUT Y @@; OUTPUT;
      END;
   END;
CARDS ;
   data 입력
;
PROC GLM DATA=name;
   CLASS TRT;
   MODEL Y=TRT;
   MEANS TRT/LSD TUKEY SNK DUNCAN DUNNETTU('대조그룹명');
 RUN;
```

예제 3.7

[예제 3.1]의 실험자료를 이용하여 두 방법을 비교해보자.

표 3.5-1 실리콘 접착력의 예

처리 (초산의 양)	관측값 합계 ($y_{i.}$)	평균 ($\bar{y}_{i.}$)
10	23	4.6
15	52	10.4
20	63	12.6
25	80	16.0
30	30	6.0

$y_{..} = 248$, $\bar{y}_{..} = 9.92$

1) 정규 방정식에 조건식을 쓸 경우

$X'y = (248\ \ 23\ \ 52\ \ 63\ \ 80\ \ 30)'$, $CF = \dfrac{(248)^2}{25}$

제약식 $\hat{\mu}=0$를 사용하면 $\hat{\tau}_i = \bar{y}_{i.}$이므로

$$\hat{\tau}_1 = 4.6\ ,\ \hat{\tau}_2 = 10.4\ ,\ \hat{\tau}_3 = 12.6\ ,\ \hat{\tau}_4 = 16.0\ ,\ \hat{\tau}_5 = 6.0$$

따라서 처리제곱합은

$$\begin{aligned} SS_{TR} &= (0)(248)+(4.6)(23)+(10.4)(52)+(12.6)(63)+(16.0)(80) \\ &\quad +(6.0)(30)-CF \\ &= 440.24 \end{aligned}$$

다른 제약식 $\sum_i \hat{\tau}_i = 0$ 를 사용하여 보자.
추정량이 $\hat{\mu} = \bar{y}_{..}$, $\hat{\tau}_i = \bar{y}_{i.} - \bar{y}_{..}$이므로 $\hat{\mu}=9.92$, $\hat{\tau}_1=-5.32$, $\hat{\tau}_2=0.48$, $\hat{\tau}_3=-2.68$, $\hat{\tau}_4=6.08$, $\hat{\tau}_5=-3.92$를 얻는다. 따라서 처리제곱합은 다음과 같다.

$$\begin{aligned} SS_{TR} &= (9.92)(248)+(-5.32)(23)+(10.4)(52)+(12.6)(63) \\ &\quad +(16.0)(80)+(6.0)(30)-CF = 440.24 \end{aligned}$$

이와 같이 제약식에 따라서 서로 다른 해를 얻게 되지만 처리제곱합은 제약식에 관계없이 같은 값을 갖는다는 사실을 알 수 있다.

2) 선형모형에 직접 제약식을 쓸 경우

일원배치모형 $y_{ij}=\mu+\tau_i+e_{ij}$, $i=1,2\cdots 5$, $j=1,2\cdots 5$에 직접 제약식($\mu=0$)을 적용해보자. 그러면 모형이 변형되어 $y_{ij}=\tau_i+e_{ij}$로 바뀐다. 변형된 모형에 대한 정규방정식은 유일해(unique solution)을 갖는다. 따라서 처리제곱합은 다음과 같이 행렬식을 이용하여 쉽게 구할 수 있다.

$$\begin{pmatrix} y_{11} \\ y_{12} \\ \vdots \\ y_{15} \\ \vdots \\ y_{51} \\ \vdots \\ y_{55} \end{pmatrix} = \begin{pmatrix} 1 & 0 & \cdots & 0 \\ 1 & 0 & \cdots & 0 \\ & & \vdots & \\ 1 & 0 & \cdots & 0 \\ & & \vdots & \\ 0 & 0 & \cdots & 1 \\ & & \vdots & \\ 0 & 0 & \cdots & 1 \end{pmatrix} \begin{pmatrix} \tau_1 \\ \tau_2 \\ \vdots \\ \tau_5 \end{pmatrix} + \begin{pmatrix} e_{11} \\ \vdots \\ e_{55} \end{pmatrix} \tag{3.5-4}$$

즉

$$\boldsymbol{y} = \boldsymbol{X\beta} + \boldsymbol{e}.$$

여기에서 $X'X$와 $X'y$는 각각 다음과 같다.

$$\boldsymbol{X'X} = \begin{pmatrix} 5 & 0 & 0 & 0 & 0 \\ 0 & 5 & 0 & 0 & 0 \\ 0 & 0 & 5 & 0 & 0 \\ 0 & 0 & 0 & 5 & 0 \\ 0 & 0 & 0 & 0 & 5 \end{pmatrix}, \qquad \boldsymbol{X'y} = \begin{pmatrix} y_1. \\ y_2. \\ y_3. \end{pmatrix} \tag{3.5-5}$$

$r(\boldsymbol{X'X})=5$이므로 $\hat{\beta}$는 유일해가 존재하여 $\hat{\tau_i}=\bar{y}_{i.}$이다. 따라서 처리제곱합은 다음과 같다.

$$SS_{TR}=(4.6)(23)+(10.4)(52)+(12.6)(63)+(16.0)(80)+(6.0)(30)-CF$$
$$=440.24$$

위 사실로부터 일원배치모형의 경우,

방법 1) 과 2) 모두 차이가 없이 같은 처리제곱합을 가짐을 알 수 있다.

예제 3.8 [예제 3.1]에 대한 SAS 분석 예

PROC ANOVA를 이용한 분석(SAS program 1)

```
DATA ex3_1;
   DO trt=10, 15, 20, 25, 30;
      DO rep=1 to 5;
         INPUT y @@;output;
      END;
   END;
CARDS;
   2  2  9  6  4
   7 12  7 13 13
   9 13 13 14 14
  13 19 17 14 17
   3  5  6 10  6
;
PROC ANOVA DATA=ex3_1;
   CLASS trt;
   MODEL y=trt;
   MEANS trt/lsd duncan snk tukey bon scheffe;
   MEANS trt/HOVTEST=BARTLETT; /* 분산의 동일성에 대한 검정 */
RUN;
```

```
                          Analysis of Variance Procedure
Dependent Variable: Y
Source            DF   Sum of Squares   Mean Square    F Value    Pr > F
Model              4     440.24000000  110.06000000      15.55    0.0001
Error             20     141.60000000    7.08000000
Corrected Total   24     581.84000000

         R-Square              C.V.      Root MSE            Y Mean
         0.756634          26.82285    2.66082694        9.92000000

Source            DF         Anova SS   Mean Square    F Value    Pr > F
TRT                4     440.24000000  110.06000000      15.55    0.0001
```

Output(LSD와 Duncan의 다중비교 결과)

```
                          T tests (LSD) for variable: Y
```

```
                     Alpha= 0.05  df= 20  MSE= 7.08
                     Critical Value of T= 2.09
                     Least Significant Difference= 3.5104
          Means with the same letter are not significantly different.

                T Grouping              Mean      N  TRT
                         A            16.000      5  25
                         A
                B        A            12.600      5  20
                B
                B                     10.400      5  15

                         C             6.000      5  30
                         C
                         C             4.600      5  10

              Duncan's Multiple Range Test for variable: Y

   NOTE: This test controls the type I comparisonwise error rate, not the
                       experimentwise error rate

                Alpha= 0.05  df= 20  MSE= 7.08
                Number of Means     2     3     4     5
                Critical Range  3.510 3.685 3.796 3.873

              Duncan Grouping             Mean      N  TRT

                          A             16.000      5  25
                          A
                   B      A             12.600      5  20
                   B
                   B                    10.400      5  15

                          C              6.000      5  30
                          C
                          C              4.600      5  10
```

Output(SNK와 Tukey의 다중비교 결과)

```
              Student-Newman-Keuls test for variable: Y

   NOTE: This test controls the type I experimentwise error rate under the
       complete null hypothesis but not under partial null hypotheses.

            Alpha= 0.05  df= 20  MSE= 7.08
            Number of Means          2         3         4         5
            Critical Range   3.5103756 4.2575926 4.7102046 5.0357338

          Means with the same letter are not significantly different.

             SNK Grouping             Mean      N  TRT

                        A           16.000      5  25
                        A
                B       A           12.600      5  20
                B
                B                   10.400      5  15

                        C            6.000      5  30
                        C
                        C            4.600      5  10

            Tukey's Studentized Range (HSD) Test for variable: Y
```

```
        Alpha= 0.05  df= 20  MSE= 7.08
        Critical Value of Studentized Range= 4.232
        Minimum Significant Difference= 5.0357
Means with the same letter are not significantly different.

     Tukey Grouping              Mean       N  TRT

                   A           16.000       5  25
                   A
          B        A           12.600       5  20
          B
          B        C           10.400       5  15
                   C
          D        C            6.000       5  30
          D
          D                     4.600       5  10
```

Output(본페로니와 Scheffeé의 다중비교 결과)

```
        Bonferroni (Dunn) T tests for variable: Y

              Alpha= 0.05  df= 20  MSE= 7.08
                 Critical Value of T= 3.15
          Minimum Significant Difference= 5.3067

      Bon Grouping               Mean       N  TRT

                   A           16.000       5  25
                   A
          B        A           12.600       5  20
          B
          B        C           10.400       5  15
                   C
          D        C            6.000       5  30
          D
          D                     4.600       5  10

              Scheffe's test for variable: Y

              Alpha= 0.05  df= 20  MSE= 7.08
                Critical Value of F= 2.86608
          Minimum Significant Difference= 5.698
Means with the same letter are not significantly different.

     Scheffe Grouping            Mean       N  TRT

                   A           16.000       5  25
                   A
                   A           12.600       5  20
                   A
          B        A           10.400       5  15
          B
          B        C            6.000       5  30
                   C
                   C            4.600       5  10
```

분산의 동일성에 대한 검정결과

```
        Bartlett's Test for Homogeneity of y Variance

        Source          DF     Chi-Square     Pr > ChiSq
        trt              4         0.7529         0.9446
```

ANOVA분석 결과 SST는 581.84, SS_{TR}은 440.24, SSE는 141.60이며 MSE는 7.08로 계산되어 $F=MS_{TR}/MSE=15.55$로 다섯 처리의 평균이 전부 같다는 귀무가설이 유의함을 알 수 있다. 여기서 R-square는 SS_{TR}/SST를 나타내며, 처리제곱합이 전체 변이에 차지하는 정도로 모형의 설명력을 의미한다. 다음으로 다중비교를 통한 사후분석을 실시할 수 있다.

먼저, LSD에 의한 최소유의차 값은 3.51이며, Tukey의 기각점 T_α에 의한 유의차는 5.04로 나타났다. 그러므로 LSD에 의해서는 처리 (25, 20), 처리 (20, 15), 처리 (30, 10)이라는 세 그룹핑으로 나타나고 Tukey 방법에 의하면 처리 (25, 20), 처리(20, 15), 처리 (15, 30), 처리 (30, 10)의 네 그룹핑으로 나타남을 볼 수 있다.

Duncan의 방법이나 SNK 방법은 단계적 다중비교 방법을 실시한다. 처리별 평균차이가 가장 큰 다섯 처리 간 차이가 있으려면, Duncan은 3.873 이상의 평균 차이를 SNK는 5.036 이상의 평균 차이를 보여야 한다는 점을 볼 수 있다. 다섯 처리 간 차이가 유의하면 다음으로 네 처리 간 차이 검정을 실시한다. 위의 OUTPUT에서 SNK 방법이 Duncan 보다 더 보수적인 방법임을 확인할 수 있다.

Bonferroni 방법에 의한 두 집단 간 유의한 차이 값은 5.307이며, Scheffe 방법에 의한 두 집단 간 유의한 차이 값은 5.698이다. Bonferroni 방법과 Scheffe 방법에 의한 두 집단 간 유의한 차이 값이 모두 SNK의 다섯 집단 간 유의차 값보다 모두 큼을 볼 수 있다. 이로써, Bonferroni 방법과 Scheffe 방법이 보수적 다중비교 방법이며, 특히 Scheffe 방법이 더 보수적 방법임을 확인할 수 있다. Scheffe 방법에 의해서는 처리 (25, 20, 15), 처리 (15, 30) 처리 (30, 10)으로 그룹핑됨을 볼 수 있다. 그러나 Scheffe와 Bonferroni는 여러 개의 대비들을 동시에 검정하는데 유용한 방법으로 두 처리효과를 비교하는 경우에는 Tukey나 SNK방법보다 열등한 것으로 쌍별 비교에 의한 그룹핑에는 잘 사용되지 않는다. 결국 제1종의 집단오류율을 가장 보수적으로 유지하는 방법은 Tukey의 다중비교라 할 수 있다.

▶ [참고 5] 불균형자료의 그룹핑 (p.146)

PROC GLM을 이용한 분석(SAS program 2)

```
PROC GLM DATA=ex3_1;
   CLASS trt;
   MODEL y=trt;
   CONTRAST 'theta1' trt 1 1 0 -1 -1;
   CONTRAST 'theta2' trt 1 0 0 -1  0;
RUN;
```

Output(GLM 결과의 분산분석표)

```
Dependent Variable: Y

Source            DF  Sum of Squares   Mean Square  F Value   Pr > F

Model              4    440.24000000  110.06000000    15.55   0.0001
Error             20    141.60000000    7.08000000
Corrected Total   24    581.84000000

           R-Square             C.V.      Root MSE             Y Mean
           0.756634         26.82285    2.66082694         9.92000000

Source            DF       Type I SS   Mean Square  F Value   Pr > F
TRT                4    440.24000000  110.06000000    15.55   0.0001

Source            DF     Type III SS   Mean Square  F Value   Pr > F
TRT                4    440.24000000  110.06000000    15.55   0.0001
```

Output (Contrast)

```
Contrast          DF     Contrast SS   Mean Square  F Value   Pr > F
theta1             1     61.25000000   61.25000000     8.65   0.0081
theta2             1    324.90000000  324.90000000    45.89   0.0001
```

일원배치의 경우, PROC ANOVA와 PROC GLM의 분산분석 결과는 동일하다. 그런데, PROC GLM에서는 대비검정을 실시할 수 있다. 위의 예에서 처리 (10, 15)와 처리 (25, 30)의 차이, $(\mu_1+\mu_2)-(\mu_4+\mu_5)$와 처리 (10)과 (25)의 차이, $\mu_1-\mu_4$에 대한 검정을 실시하고 있다. SAS 프로그램에서 theta1, theta2는 각각의 대비에 분석자가 임의로 부여한 이름이다. 처리 (10, 15)와 처리 (25, 30)의 차이는 처리 (10, 15)의 평균과 처리 (25, 30)의 평균 간에 차이가 있는가를 검정하는 의미를 지닌다. 결과적으로 두 대비 모두 통계적으로 유의한 차이가 있다.

3.6 변량모형

통계모형 $y_{ij}=\mu_i+e_{ij}$(혹은 $y_{ij}=\mu+\tau_i+e_{ij}$), $i=1,2\cdots a$, $j=1,2\cdots n$에서 처리효과를 확률변수로 취급하는 경우를 생각해보자. 변량모형(random effect model)에서는 τ_i(혹은 μ_i)를 미지의 상수로 취급하는 것이 아니라 확률변수로 취급한다. 왜냐하면 a종류의 처리수준을 임의로 선택한 것이므로 처리효과 $\tau_1, \tau_2, \cdots, \tau_a$를 평균이 0이고 분산이 σ_τ^2인 모집단에서 임의 추출한 것으로 간주한다($\mu_1, \mu_2, \cdots, \mu_a$를 평균이 μ이고 분산이 σ_μ^2인 모집단에서 뽑은 표본으로 생각하는 것과 같다). 따라서 변량모형에 대한 가정은 다음과 같다.

$$y_{ij}=\mu+\tau_i+e_{ij},\ i=1,2\cdots a,\ j=1,2\cdots n, \qquad (3.6\text{-}1)$$
$$\tau_i\sim N(0,\sigma_\tau^2),\ e_{ij}\sim N(0,\sigma^2),\ \tau_i \text{와 } e_{ij}\text{는 확률적으로 독립.}$$

실제로 이 변량모형이 모수모형에 비하여 타당한 경우를 흔히 경험하게 된다. 예를 들어 어느 천문학자가 대기 습도의 정도가 오존량에 어떠한 영향을 주는지를 실험하고자 한다. 이 천문학자는 특정 수준의 습도에 대한 오존의 차보다는 일반적 습도 수준의 차이와 오존량의 변화를 규명하고 싶다고 한다. 현실적으로, 대기의 습도를 인위적으로 조절하여 실험의 수준을 선택하기는 어렵다. 따라서 대기의 습도를 그날그날 주어진 수준으로 하여 오존량을 관찰한다면 i수준의 습도효과 τ_i는 모집단(평균이 0이고 분산이 σ_τ^2인)으로부터 랜덤추출한 표본으로 간주하는 것이 타당할 것이다. 이때 각 제곱합의 계산방법이나 그 결과는 모수모형과 같지만 그 평균제곱합의 기댓값(EMS)은 모형에 대한 가정의 변화로 모수모형에 비하여 사뭇 달라진다. 변량모형의 경우 처리제곱합에 대한 기댓값을 살펴보기로 하자.

$$SS_{TR}=\frac{1}{n}\sum_{i=1}y_{i.}^2-\frac{y_{..}^2}{na} \qquad (3.6\text{-}2)$$

식 (3.6-1)의 가정으로부터

$$y_{ij}\sim N(\mu,\sigma_\tau^2+\sigma),$$
$$y_{i.}\sim N(n\mu,n^2\sigma_\tau^2+n\sigma^2),$$

$$y_{..} \sim N(na\mu, n^2 a\sigma_\tau^2 + na\sigma^2)$$

이므로,

$$E(SS_{TR}) = (a-1)(\sigma^2 + n\sigma_\tau^2) \quad (3.6\text{-}3)$$

$$E(MS_{TR}) = \sigma^2 + n\sigma_\tau^2 \quad (3.6\text{-}4)$$

한편 $E(MSE) = \sigma^2$이므로 a종류의 처리 차를 검정하는 가설로서 모수모형처럼 $H_0 : \tau_1 = \tau_2 \cdots = \tau_a = 0$를 사용하는 대신 다음과 같은 가설을 사용하여야 한다.

$$H_0 : \sigma_\tau^2 = 0 \text{ 혹은 } H_1 : H_0\text{가 아님}$$

이때 만일 $\dfrac{MS_{TR}}{MSE} > F_\alpha(a-1, N-a)$이면 H_0가 기각(유의수준 α)된다.

▶ [참고 6] 변량모형에서 처리효과변동$\left(\dfrac{\sigma_\tau^2}{\sigma_\tau^2 + \sigma^2}\right)$ 추정 및 검정 (p.147)

예제 3.9

한 포기 배추에서 잎사귀에 따라 칼슘의 함유량이 어떻게 다른지를 조사하였다. 배추에서 4장의 잎을 임의 추출하여 각 잎에 포함된 칼슘량을 각각 9회씩 반복 측정하여 얻은 분산분석표가 다음과 같다고 하자.

표 3.6-1 분산분석표

변인	자유도	제곱합	평균제곱합	F-값	p-값
처리(잎사귀)	3	0.8884	0.2961	44.9	<0.0001
오차	32	0.0792	0.0025		
전체	35	0.9676			

이때 가설은 변량모형이므로 다음과 같다.

$$H_0 : \sigma_\tau^2 = 0$$

$$H_1 : H_0\text{가 아님}$$

또, p-값< 0.0001므로 잎사귀에 따라 칼슘의 차이가 없다는 귀무가설은 매우 유의하다.

▶ [참고 7] $\dfrac{\sigma_\tau^2}{\sigma_\tau^2 + \sigma^2}$의 추정 (p.148)

3.7 직교다항식

3.7.1 정의

직교다항식(orthogonal polynomial)은 실험자료의 모형 적합에 대단히 유용한 개념이다. 본 절에서는 직교다항식을 이용한 곡선회귀모형을 설명하고 일원배치의 경우 분산분석표를 직교다항식의 회귀성분으로 분해하여 재표현하여 본다. 이와 같은 개념은 3.4.2절의 대비를 이해하는데 큰 도움이 될 것이다.

일원배치모형에서 각 수준별 처리에 대한 반응값이 직선 혹은 곡선 등 어떤 모습으로 감소 혹은 증가하는가에 관심을 가질 수 있다. 예를 들어 목화의 함유량과 실의 질김의 관계를 직교다항식을 사용하여 설명할 수 있다. 목화의 함유량은 양적수준을 나타내므로 이러한 자료를 양적자료(quantitative data)라 한다. 직교다항식에서는 주로 이와 같이 양적자료를 처리수준으로 하는 실험 데이터를 사용한다. 또한 양적자료라 하더라도 처리수준의 간격이 등간격(equal space)인 경우 적용이 편하므로 가급적 이에 따르는 것이 통계적 방법의 적용과 해석에 용이하다.

다음과 같은 실험자료를 가정해보자.

표 3.7-1 실험자료

처리수준(x)	x_1	x_2	$\cdots$	x_a
반응치(y)	y_{11}	y_{21}	$\cdots$	y_{a1}
	y_{12}	y_{22}	$\cdots$	y_{a2}
	$\cdots$	$\cdots$	$\cdots$	$\cdots$
	y_{1n}	y_{2n}	$\cdots$	y_{an}
평균	$\overline{y}_1$	$\overline{y}_2$	$\cdots$	$\overline{y}_a$

여기에서 다음과 같은 x와 y의 관계식을 생각할 수 있다.

$$E(y_{ij}) = \beta_0 + \beta_1 x_i + \beta_2 x_i^2 + \cdots + \beta_{a-1} x_i^{a-1} \quad (3.7\text{-}1)$$

이 식을 좀 더 효과적으로 추정하기 위하여 변수항끼리 서로 직교하도록 변수변환을 한 직교다항식 모형을 사용하자.

$$E(y_{ij}) = \alpha_0 p_0(x_i) + \alpha_1 p_1(x_i) + \alpha_2 p_2(x_i) + \cdots + \alpha_{a-1} p_{a-1}(x_i) \quad (3.7\text{-}2)$$

여기에서 α_l을 l차 직교다항회귀계수라 하고 $p_l(x_i)$를 l차 직교다항계수라 한다. 서로 직교하는 두 종류의 직교다항계수 $p_l(x_i)$와 $p_m(x_i)$는 다음과 같은 성질을 만족한다.

$$p_l(x_1)p_m(x_1) + p_l(x_2)p_m(x_2) + \cdots + p_l(x_a)p_m(x_a) = 0, \quad l \neq m \quad (3.7\text{-}3)$$

이때 $p_0(x_i) = 1$이고 $p_1(x_i)$는 1차성분에 대한 직교다항계수를, $p_2(x_i)$는 2차 성분에 대한 직교다항계수를 나타낸다. 각 처리에 대한 반응값의 변화를 다항식을 이용하여 근사시킬 수 있다. 이 때 적합회귀선으로 직교다항식을 이용하면 처리수준에 따른 반응값의 변화추세가 1차인지 혹은 2차인지 등의 여부를 판단할 수 있다. 그 이유는 직교다항계수를 이용하면 각 성분에 대한 제곱합을 계산할 수 있기 때문이다. 따라서 처리수준이 등간격이고 양적인 경우 각 성분에 대한 제곱합을 계산하기 위해 다음과 같은 직교다항계수를 이용한다.

표 3.7-2 처리수준별 직교다항계수 $(a \leq 4)$

$a=2$	-1	$+1$			1차: $p_1(x_i)$
$a=3$	-1	0	$+1$		1차: $p_1(x_i)$
	$+1$	-2	$+1$		2차: $p_2(x_i)$
$a=4$	-3	-1	$+1$	$+3$	1차: $p_1(x_i)$
	$+1$	-1	-1	$+1$	2차: $p_2(x_i)$
	-1	$+3$	-3	$+1$	3차: $p_3(x_i)$

▶ [참고 8] 직교다항계수의 이해 (p.149)

3.7.2 직교다항회귀계수 추정

표 3.7-3 직교다항회귀계수 추정용 자료 예

처리 수준	x_1	x_2	$\cdots$	x_{a-1}	x_a
반응치	y_{11}	y_{21}	$\cdots$	$y_{(a-1)1}$	y_{a1}
	y_{12}	y_{22}	$\cdots$	$y_{(a-1)2}$	y_{a2}
	$\vdots$	$\vdots$		$\vdots$	$\vdots$
	y_{1n}	y_{2n}	$\cdots$	$y_{(a-1)n}$	y_{an}

식 (3.7-2)에 정의된 직교다항식을 선형모형 형태로 쓰면 다음과 같다.

$$y_{ij} = \alpha_0 + \alpha_1 p_1(x_i) + \alpha_2 p_2(x_i) + \cdots + \alpha_{a-1} p_{a-1}(x_i) + e_{ij} \qquad (3.7\text{-}4)$$

이 식을 벡터와 행렬형태로 표현하면 다음과 같다.

$$\begin{pmatrix} y_{11} \\ y_{12} \\ \vdots \\ y_{1n} \\ y_{21} \\ y_{22} \\ \vdots \\ y_{2n} \\ \vdots \\ y_{a1} \\ y_{a2} \\ \vdots \\ y_{an} \end{pmatrix} = \begin{pmatrix} 1 & p_1(x_1) & p_2(x_2) & \cdots & p_{a-1}(x_1) \\ 1 & p_1(x_1) & p_2(x_2) & \cdots & p_{a-1}(x_1) \\ \vdots & \vdots & \vdots & & \vdots \\ 1 & p_1(x_1) & p_2(x_2) & \cdots & p_{a-1}(x_1) \\ 1 & p_1(x_2) & p_2(x_2) & \cdots & p_{a-1}(x_2) \\ 1 & p_1(x_2) & p_2(x_2) & \cdots & p_{a-1}(x_2) \\ \vdots & \vdots & \vdots & & \vdots \\ 1 & p_1(x_2) & p_2(x_2) & \cdots & p_{a-1}(x_2) \\ \vdots & \vdots & \vdots & & \vdots \\ 1 & p_1(x_a) & p_2(x_a) & \cdots & p_{a-1}(x_a) \\ 1 & p_1(x_a) & p_2(x_a) & \cdots & p_{a-1}(x_a) \\ \vdots & \vdots & \vdots & & \vdots \\ 1 & p_1(x_a) & p_2(x_a) & \cdots & p_{a-1}(x_a) \end{pmatrix} \begin{pmatrix} \alpha_0 \\ \alpha_1 \\ \vdots \\ \alpha_{a-1} \end{pmatrix} = \begin{pmatrix} e_{11} \\ e_{12} \\ \vdots \\ e_{1n} \\ e_{21} \\ e_{22} \\ \vdots \\ e_{2n} \\ \vdots \\ e_{a1} \\ e_{a2} \\ \vdots \\ e_{an} \end{pmatrix} \qquad (3.7\text{-}5)$$

$$\boldsymbol{y} \qquad \boldsymbol{X} \qquad \boldsymbol{\beta} \qquad \boldsymbol{e}$$

이 식을 간단히 다음과 같이 표기한다.

$$\boldsymbol{y} = \boldsymbol{X\beta} + \boldsymbol{e} \qquad (3.7\text{-}6)$$

여기에 최소자승법을 적용하여 $\hat{\boldsymbol{\beta}}$을 구해보면 $\hat{\boldsymbol{\beta}} = (\boldsymbol{X}'\boldsymbol{X})^{-1}\boldsymbol{X}'\boldsymbol{y}$이다. 이를 계산하여 보자.

$$
\boldsymbol{X}'\boldsymbol{X} = \begin{bmatrix} N & 0 & 0 & \cdots & 0 \\ 0 & n\sum_{i=1} p_1^2(x_i) & 0 & \cdots & 0 \\ 0 & 0 & n\sum_{i=1} p_2^2(x_i) & \cdots & 0 \\ \vdots & \vdots & \vdots & \vdots & \vdots \\ 0 & 0 & 0 & \cdots & n\sum_{i=1} p_{a-1}^2(x_i) \end{bmatrix}
$$

$$
\boldsymbol{X}'\boldsymbol{y} = \begin{pmatrix} y_{..} \\ \sum_{i=1} p_1(x_i) y_{i.} \\ \vdots \\ \sum_{i=1} p_{a-1}(x_i) y_{i.} \end{pmatrix}
$$

$$
\hat{\boldsymbol{\beta}} = \begin{pmatrix} \hat{\alpha}_0 \\ \hat{\alpha}_1 \\ \vdots \\ \hat{\alpha}_{a-1} \end{pmatrix} = \begin{pmatrix} \frac{y_{..}}{N} = \overline{y}_{..} \\ \frac{\sum_{i=1} p_1(x_i) y_{i.}}{n\sum_{i=2} p_1^2(x_i)} = \frac{\sum_{i=1} p_1(x_i) \overline{y}_{i.}}{\sum_{i=1} p_1^2(x_i)} \\ \vdots \\ \frac{\sum_{i=1} p_{a-1}(x_i) y_{i.}}{n\sum_{i=2} p_{a-1}^2(x_i)} = \frac{\sum_{i=1} p_{a-1}(x_i) \overline{y}_{i.}}{\sum_{i=1} p_{a-1}^2(x_i)} \end{pmatrix} \tag{3.7-7}
$$

이중에서 $\hat{\alpha}_1$과 $\hat{\alpha}_2$를 살펴보면,

$$
\hat{\alpha}_1 = \frac{\sum_{i=1} p_1(x_i) \overline{y}_{i.}}{\sum_{i=1} p_1^2(x_i)} \quad \text{는} \quad \hat{\alpha}_1 = \frac{\text{직선성에 대한대비}}{\sum_{i=1} p_1^2(x_i)}
$$

$$
\hat{\alpha}_2 = \frac{\sum_{i=1} p_2(x_i) \overline{y}_{i.}}{\sum_{i=1} p_2^2(x_i)} \quad \text{는} \quad \hat{\alpha}_2 = \frac{\text{2차 곡선성에 대한대비}}{\sum_{i=1} p_2^2(x_i)}
$$

다음으로 각 성분에 대한 제곱합을 구하는 문제를 생각하여 보자. 예를 들어 선형모형에서 $Var(\hat{\boldsymbol{\beta}}) = (X'X)^{-1}\sigma^2$이므로 각 추정량에 대한 분산은 다음과 같다.

$$Var(\hat{\alpha}_1) = \frac{\sigma^2}{n\sum_{i=1} p_1^2(x_i)}, \qquad Var(\hat{\alpha}_2) = \frac{\sigma^2}{n\sum_{i=1} p_2^2(x_i)}$$

따라서 m차 성분에 대한 제곱합은 정의 (3.3-2)에 의하여 다음과 같다.

$$SS_{\alpha_m} = n(\hat{\alpha}_m)^2 \sum_{i=1} p_m^2(x_i) \tag{3.7-8}$$

예제 3.10

다음과 같은 자료에 대한 직교다항식을 구해보자.

표 3.7-4 $a=4$인 경우의 자료

처리수준	5	10	15	20
	원시자료생략 (반복수 = 8)			
$y_{i\cdot}$	22	28	50	72
$\bar{y}_{i\cdot}$	2.75	3.5	6.25	9.0

단, $SS_{TR} = 235.5$

우선 직교다항식을 구하기 위하여 직교다항계수를 써보자.

표 3.7-5 $a=4$인 경우의 직교다항계수

처리수준 (x_i)	합계	평균	$p_1(x_i)$	$p_2(x_i)$	$p_3(x_i)$
5	22	2.75	-3	1	-1
10	28	3.5	-1	-1	3
15	50	6.25	1	-1	-3
20	78	9	3	1	1

$$\bar{x} = \frac{50}{4} = 12.5$$

직교다항회귀계수의 추정값과 각 성분에 대한 제곱합은 다음과 같다.

$$\hat{y}_i = \hat{\alpha}_0 + \hat{\alpha}_1 p_1(x_i) + \hat{\alpha}_2 p_2(x_i) + \hat{\alpha}_3 p_3(x_i) \quad (3.7\text{-}9)$$

$$\hat{\alpha}_0 = \bar{y}_{..} = 5.375$$

$$\hat{\alpha}_1 = \frac{1}{20}[-3(2.75) - 1(3.5) + 1(6.25) + 3(9.0)] = 1.075$$

$$\hat{\alpha}_2 = \frac{1}{4}[1(2.75) - 1(3.5) - 1(6.25) + 1(9.0)] = 0.5$$

$$\hat{\alpha}_3 = \frac{1}{20}[-1(2.75) + 3(3.5) - 3(6.25) + 1(9.0)] = -0.1$$

$$SS_{\alpha_1} = 20 \times 8(\hat{\alpha}_1)^2 = 184.9$$

$$SS_{\alpha_2} = 4 \times 8(\hat{\alpha}_2)^2 = 8.0$$

$$SS_{\alpha_3} = 20 \times 8(\hat{\alpha}_3)^2 = 1.6$$

표 3.7-6 분산분석표

변인	자유도	제곱합	평균제곱합	F-값
처리	3	194.5	64.8	44.40
1차성분(α_1)	1	184.90	184.9	128*
2차성분(α_2)	1	8.0	8.0	5.46*
3차성분(α_3)	1	1.6	1.6	1.0
오차	28	41	1.46	

* : 유의함 (p-값<0.05)

이를 근거로 2차성분까지 유의하다고 판단하여 2차성분까지 포함된 추정 직교다항식을 얻을 수 있다.

$$\hat{y} = 5.375 + 1.075 p_1(x_i) + 0.5 p_2(x_i) \quad (3.7\text{-}10)$$

$p_1(x_i) = \begin{pmatrix} -3 \\ -1 \\ 1 \\ 3 \end{pmatrix}$, $p_2(x_i) = \begin{pmatrix} 1 \\ 1 \\ -1 \\ 1 \end{pmatrix}$ 직교다항계수를 원래 변수로 변환하면,

$$\hat{y_i} = 5.375 + 1.075 \times 2 \times \frac{x_i - 12.5}{5} + 0.5 \times 1 \times \left\{ \left(\frac{x_i - 12.5}{5} \right)^2 - \left(\frac{16-1}{12} \right) \right\}$$
$$= 2.5 - 0.07x_i + 0.02x_i^2 \qquad (3.7\text{-}11)$$

예측값($\hat{y}$)과 관측값($\bar{y}$)을 비교해보면 다음과 같다.

표 3.7-7 예측값과 관측값의 비교

	예측값 ($\hat{y_i}$)	관측값($\bar{y}_{i.}$)
$i=1$	2.65	2.75
$i=2$	3.80	3.50
$i=3$	5.95	6.25
$i=4$	9.10	9.00

예제 3.11

어떤 전자부품의 수명이 이 부품에 전달되는 온도에 영향을 받는다고 한다. 이 부품에 전달되는 온도는 0 ~ 50℃ 사이인 것으로 알려져 있다. 전달된 온도와 수명의 관계를 규명하기 위하여 3수준에 대해 3회 반복실험을 실시한 결과가 다음과 같이 주어져있다.

표 3.7-8 실험결과

온도 (처리)	0℃	25℃	50℃
반응치(y_{ij})	46	44	69
	54	58	76
	50	48	65
처리합계 ($y_i.$)	150	150	210
처리 평균 ($\bar{y}_{i.}$)	50	50	70

우선 직선성과 곡선성에 대한 통계검정을 위한 분산분석표를 작성하여 보자.

표 3.7-9 분산분석표

변인	자유도	제곱합	F-값	p-값
1차성분(직선성)	1	600	18.18	0.0053
2차성분(곡선성)	1	200	6.08	0.0490

단, $SST = 800$

결국 두 성분이 모두 유의하므로(α=0.05) 2차성분까지 포함된 직교다항식을 구한다.

$$\hat{y} = \hat{\alpha}_0 + \hat{\alpha}_1 p_1(x) + \hat{\alpha}_2 p_2(x) \tag{3.7-12}$$

$$\hat{\alpha}_0 = 56.6$$

$$\hat{\alpha}_1 = \frac{20}{2} = 10$$

$$\hat{\alpha}_2 = \frac{20}{6} = \frac{10}{3}$$

$$SS_{\alpha_1} = 2 \times 3(10)^2 = 600$$

$$SS_{\alpha_2} = 2 \times 3\left(\frac{10}{3}\right)^2 = 200$$

따라서

$$\hat{y}_i = 56.6 + 10 p_1(x_i) + \frac{10}{3} p_2(x_i)$$

혹은

$$\hat{y}_i = 50 - 0.4 x_i + 0.016 x_i^2 \tag{3.7-13}$$

한편, 곡선회귀모형(curvelinear regression model) $y_i = \beta_0 + \beta_1 x_i + \beta_2 x_i^2 + e_i$에 직접 적용하여 $\hat{\beta}_0, \hat{\beta}_1, \hat{\beta}_2$을 구할 수도 있다. 이 자료의 경우 선형모형은 다음과 같다.

$$\begin{pmatrix}46\\54\\50\\44\\58\\48\\69\\76\\65\end{pmatrix}=\begin{pmatrix}1&0&0\\1&0&0\\1&0&0\\1&25&25^2\\1&25&25^2\\1&25&25^2\\1&50&50^2\\1&50&50^2\\1&50&50^2\end{pmatrix}\begin{pmatrix}\beta_0\\\beta_1\\\beta_2\end{pmatrix}+\begin{pmatrix}e_{11}\\e_{12}\\e_{13}\\e_{21}\\e_{22}\\e_{23}\\e_{31}\\e_{32}\\e_{33}\end{pmatrix} \quad (3.7\text{-}14)$$

여기에 최소제곱법을 적용하여 각 회귀계수를 구하면 다음과 같다.

$$\widehat{\beta_0}=50$$

$$\widehat{\beta_1}=-0.4$$

$$\widehat{\beta_2}=0.016$$

이것으로부터 아래의 회귀곡선을 얻는다.

$$\widehat{y_i}=50-0.4x_i+0.0016x_i^2 \quad (3.7\text{-}15)$$

여기에서도 추정된 회귀선은 직교다항식으로 유도한 식과 같음을 확인할 수 있지만, 직교다항식을 사용하면 직선 및 곡선 성분들에 대한 제곱합을 독립적으로 계산하여 이 결과로부터 이들 성분의 유의성을 제곱합을 이용하여 검정할 수 있는 편리함이 있다. 이 직교다항식의 그래프는 [그림 3.7-1]과 같다.

그림 3.7-1 [예제 3.11]의 그래프

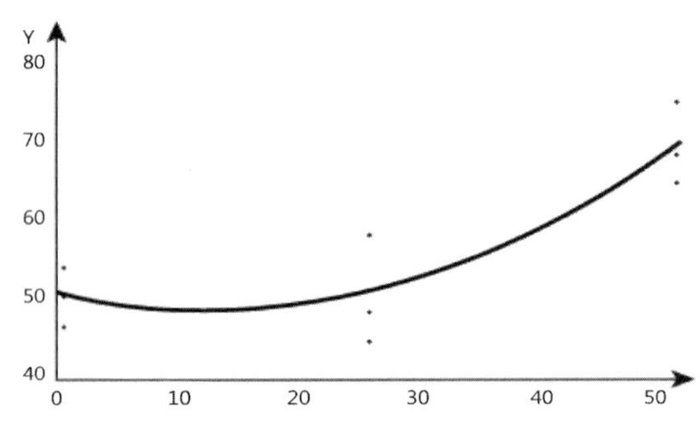

3.8 모형에 대한 검토

일원배치에 대한 통계모형 $y_{ij} = \mu + \tau_i + e_{ij}$, $i = 1, 2 \cdots a$, $j = 1, 2 \cdots n$에서 e_{ij}를 흔히 $e_{ij} \sim N(0, \sigma^2)$이라고 가정한다. 이 가정은 분산분석표에서 $H_0 : \tau_1 = \tau_2 = \cdots = \tau_a = 0$를 F-검정할 수 있는 이론적 근거를 제공한다. 따라서 실제 실험자료의 경우 잔차에 대한 정규성과 분산의 동질성에 대한 검토는 반드시 필요하다. 그리고 이것들 중 어느 조건이 만족되지 못하였을 경우 분산분석표의 통계적 검정 결과는 믿을 수 없기 때문에 자료에 대한 적절한 조치를 취한 후 분석하여야 한다.

3.8.1 정규성(normality)에 대한 검토

3.8.1.1 정규확률지(normal probability paper)에 의한 방법

오차 e_{ij}에 대한 추정량은 다음과 같다.

$$\hat{e}_{ij} = y_{ij} - \hat{y}_{ij} = y_{ij} - (\hat{\mu} + \hat{\tau}_i) = y_{ij} - \bar{y}_{i.} \tag{3.8-1}$$

잔차 $\hat{e}_{ij}$를 이용하여 정규성을 검토하는 방법으로 정규확률지를 이용하는 방법이 있다. 잔차 $\hat{e}_{ij}$가 N개 있다고 가정하고 다음과 같이 쓰기로 하자.

$$y_1,\ y_2,\ \cdots,\ y_N$$

이를 작은 것부터 큰 것의 크기순(increasing order)으로 나열하여 보자.

$$y_{(1)},\ y_{(2)},\ \cdots,\ y_{(N)}$$

이때 i번째 큰 값을 $y_{(i)}$라 한다. 그러면 $y_{(i)}$까지의 누적확률값은 다음과 같다.

$$y_{(i)}\text{까지의 누적확률값}(\%) = P(Y \leq y_{(i)}) \times 100\% = \left\{100\left(i - \frac{1}{2}\right) \Big/ N\right\}\% \tag{3.8-2}$$

예를 들어 $N=10$인 경우 각 순서통계량에 대한 누적확률은 다음과 같다.

$$
\begin{aligned}
P(Y \leq y_{(1)}) &= 0.05 \\
P(Y \leq y_{(2)}) &= 0.15 \\
\vdots \quad & \quad \vdots \\
P(Y \leq y_{(10)}) &= 0.95
\end{aligned}
$$

다음은 크기순으로 나열된 자료와 그 자료의 누적확률값으로 구성된 순서쌍 $\{(y_{(i)}, P(Y \leq y_{(i)})),\ i=1, 2, \cdots, N\}$을 2차원 평면상에 산점도의 형태로 표현하여 정규확률지를 완성한다. 이때 정규확률지의 X-축은 오름차순으로 정렬된 관측값의 척도이고 Y-축은 정규분포의 누적확률을 의미한다.

그림 3.8-1 잔차의 추정값에 대한 정규확률지

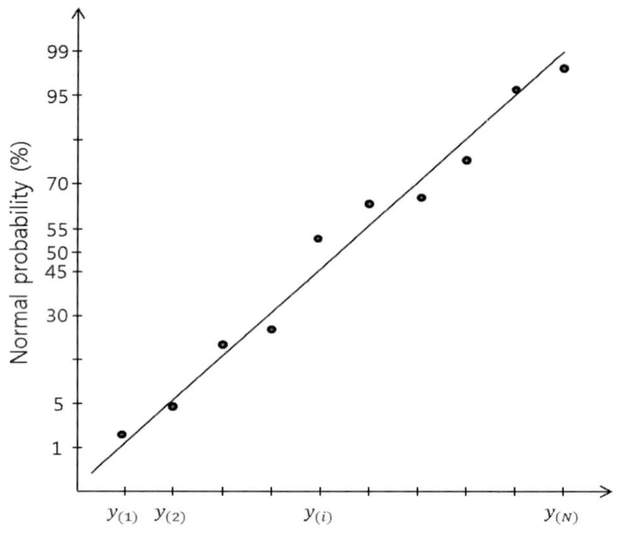

이처럼 각 순서통계량의 값과 그에 대응하는 누적확률을 이용하여 정규확률지를 구성한 후 그 점들이 직선(straight line)에서 멀어질수록 정규성은 없는 것으로 해석한다.

3.8.1.2 샤피로-윌크(Shapiro-Wilk) 검정

정규성을 검정하는 대중적 방법인 샤피로-윌크(1965) 검정을 소개한다. 만일 정규성이 있다는 귀무가설이 참이면 이론상의 관측값은 $\Phi^{-1}(F(y_i)) = (y_i - \mu)/\sigma$ 이다. 만일 H_0가 참이면 두 값 $y_{(i)}$와 $\Phi^{-1}\left(\left(i-\frac{1}{2}\right)\Big/N\right)$는 직선관계를 가지므로 상관계수의 곱 R^2의 값이 1에 가까울 것으로 생각할 수 있다. 여기에서 두 점 $y_{(i)}$와 $\Phi^{-1}\left(\left(i-\frac{1}{2}\right)\Big/N\right)$의 상관계수의 곱 R^2은 다음과 같다.

$$R^2 = \frac{\left[\sum_i (y_{(i)} - \bar{y})\Phi^{-1}\left(\frac{i-(1/2)}{N}\right)\right]^2}{\sum_i (y_i - \bar{y})^2 \sum_i \left[\Phi^{-1}\left(\frac{i-(1/2)}{N}\right)\right]^2} \tag{3.8-3}$$

이 검정통계량을 샤피로-윌크 검정통계량이라 한다. 이 검정방법은 피어슨의 카이제곱법 혹은 콜모고로프(Kolmogorov) 검정법들과 비교하여 좋은 검정력을 가지고 있는 것으로 알려져 있다.

3.8.2 분산의 동질성(equality of variance)에 대한 검토

통계모형 $y_{ij} = \mu + \tau_i + e_{ij}$, $i = 1, 2 \cdots a$, $j = 1, 2 \cdots n$에서 $e_{ij} \sim N(0, \sigma^2)$이라 가정하였다. 이는 처리수준 i에 관계없이 e_{ij}의 분산(σ^2)이 같다는 의미이다. 이를 확인하기 위하여 a종류의 집단에 대한 분산의 동질성 여부를 검증한다.

3.8.2.1 바틀렛(Bartlett) 검정

a 종류 처리에 대한 모분산과 표본분산이 다음과 같다고 하자.

표 3.8-1 a종류의 집단에 대한 모분산과 표본분산

처리	1	2	$\cdots$	a
	σ_1^2	σ_2^2		σ_a^2
	s_1^2	s_2^2		s_a^2

우선 통계량 q를 다음과 같이 정의하자.

$$q = (N-a)\log_{10} s_p^2 - \sum_i (n_i - 1)\log_{10} s_i^2 \tag{3.8-4}$$

여기에서 s_p^2은 공통분산, N은 실험횟수 $n \times a$이다. 그러면 $s_1^2, s_2^2, \cdots, s_a^2$들이 서로 차이가 심할수록($H_0$가 사실이 아닐 때) 통계량 q-값은 커지고 만일 모든 s_i^2이 같으면(H_0가 사실일 때) 통계량 q-값은 0이 된다. 예를 들어 $a=3$인 경우

$H_0: \ \sigma_1^2 = \sigma_2^2 = \sigma_3^2$가 참이면 $s_1^2 = s_2^2 = s_3^2$ 이라 할 수 있으므로

$$s_p^2 = \frac{(n_1-1)s_1^2 + (n_2-1)s_2^2 + (n_3-1)s_3^2}{N-3} = \frac{N-3}{N-3}s^2 = s^2$$

이다.

$$\sum_i (n_i - 1)\log_{10} s_i^2 = (N-3)\log_{10} s^2$$

이므로

$$q = (N-3)\log_{10} s^2 - (N-3)\log_{10} s^2 = 0$$

다음으로, 다음과 같이 c값을 정의하자.

$$c = 1 + \frac{1}{3(a-1)}\left\{\sum_i \frac{1}{n_i - 1} - \frac{1}{N-a}\right\} \tag{3.8-5}$$

이때 검정통계량 χ_0^2를 아래와 같이 정의하면 이 χ_0^2은 근사적 카이제곱분포(자유도=$a-1$)에 따르는 것으로 알려져 있다.

$$\chi_0^2 = 2.3036\frac{q}{c} \sim \chi^2(a-1) \tag{3.8-6}$$

따라서 만일 $\chi_0^2 > \chi_\alpha^2(a-1)$이면 $H_0: \sigma_1^2 = \sigma_2^2 = \cdots = \sigma_a^2$가 기각되어 분산이 전부 같다는 가정은 매우 유의하다.

예제 3.13

어떤 식물에서 6종류의 시약을 사용하여 질소를 추출하고자 한다. 이때 시약에 따른 질소추출량이 서로 다른지를 알아보기 위하여 실험에서 한 시약 당 5회 반복실험한 후 결과를 정리한 것이다.

표 3.8-2 실험결과

시약(처리)	1	2	3	4	5	6
표본평균($\overline{y}_{ij}$)	28.8	24	14.6	19.9	13.3	18.7
표본분산(s_i^2)	33.6	14.3	16.9	1.3	2	2.6

이때, 6종류 시약의 모분산의 동일성 여부를 검정하고자 한다.

H_0 : $\sigma_1^2 = \sigma_2^2 = \cdots = \sigma_6^2 = \sigma^2$

H_1 : H_0가 아님

이제, 바틀렛 검정을 실시하기로 하자. 우선 q값과 c값을 구하여 χ_0^2을 구해 보면 다음과 같다.

$$\begin{aligned} q =\ & 24\log_{10}11.78 - 4(\log_{10}33.6 + \log_{10}14.3 + \log_{10}16.9 + \log_{10}1.3 \\ & + \log_{10}2.0 + \log_{10}2.6) \\ =\ & 7.8 \end{aligned} \tag{3.8-7}$$

$$c = 1 + \frac{1}{3(6-1)}\left(\frac{6}{4} - \frac{1}{24}\right) = 1.097 \tag{3.8-8}$$

$$\chi_0^2 = 2.304 \times \frac{7.8}{1.097} = 15.668,\ \ \chi^2_{\alpha=0.05}(5) = 11.07$$

따라서

$H_0 : \sigma_1^2 = \sigma_2^2 = \cdots \sigma_6^2 = \sigma^2$은 유의수준 5% 하에서 기각하게 된다.

3.8.2.2 레벤(Levene) 검정

분산의 동질성에 대한 바틀렛 검정 이외에 레벤(Levene)검정방법이 있다. 이 방법은 각 처리별 중위수를 구한 다음 관측값과 중위수의 차이의 절대값을 처리별로 구한다.

$$D_{ij} = |y_{ij} - \tilde{y}_i|, \quad \tilde{y}_i = i\text{처리의 중위수}, \quad i = 1, 2 \cdots a$$

이때, 값 D_{ij}는 각 처리의 편차를 의미하므로 D_{ij}에 대한 각 처리별 평균의 차이를 분산분석을 이용하여 검정함으로써 각 처리별 분산의 동질성을 검정할 수 있다. 모집단이 정규분포를 따를 경우 바틀렛 검정이 효과적인 반면 정규분포를 따르지 않는 모집단의 경우 레벤 검정이 바틀렛 검정에 비하여 더욱 효과적인 것으로 알려져 있다.

분산의 동질성에 대한 SAS 방법은 [예제 3.8]의 HOVTEST 옵션을 이용하여 지정할 수 있다. 여기서는 BARTLETT, LEVENE 등의 옵션을 선택할 수 있다. [예제 3.8]에서도 바틀렛 검정에 의한 p-값이 0.9446으로서 분산의 동질성에 대한 가정을 받아들일 수 있다는 것을 알 수 있다.

3.8.3 모형의 타당성을 위한 변수변환

앞 절에서 a종류의 처리그룹에 대한 분산의 동질성 검정을 위한 바틀렛 검정을 소개하였다. 이때 $H_0: \sigma_1^2 = \sigma_2^2 = \cdots = \sigma_a^2$이 기각될 경우, 자료를 탐색적으로 검토한 후 분산의 동일성을 위한 변수변환(transformation for equality of variance)을 해 주어야 한다. 분산의 동일성을 만족하기 위한 자료의 변환을 실시한 후 분산분석을 실시하여야 분산분석결과에 대한 통계적 의미를 부여 할 수 있기 때문이다. 이처럼 분산이 처리그룹에 관계없이 언제나 같도록 분산의 동질성을 위한 자료의 변수변환이 필요한 경우가 있다.

3.8.3.1 변수변환 선택방법

확률변수 y에 대한 기댓값과 표준편차가 다음과 같다고 하자.

$$E(y) = \mu \tag{3.8-9}$$

$$\sigma_y \propto \mu^{\alpha}, \quad \alpha \text{는 멱수(power)} \tag{3.8-10}$$

확률변수 y의 표준편차가 기댓값(μ)의 α제곱에 비례한다고 하자.

그러면 확률변수 y를 $y^* = y^{\lambda}$로 변수변환시켜야 하는데 이때 적당한 λ를 결정하는 것이 문제이다. 적당한 λ를 찾기 위하여 $y^* = y^{\lambda}$를 $y = \mu$에서 테일러(taylor)전개한다.

$$\begin{aligned} y^* &= \mu^{\lambda} + \lambda y^{\lambda-1} \mid_{y=\mu} (y-\mu) + \lambda(\lambda-1) y^{\lambda-2} \mid_{y=\mu} \frac{(y-\mu)^2}{2!} + \cdots \\ &= \mu^{\lambda} + \lambda \mu^{\lambda-1}(y-\mu) + \lambda(\lambda-1)\mu^{\lambda-2}\frac{(y-\mu)^2}{2!} + \cdots \end{aligned} \tag{3.8-11}$$

여기에서 세 번째 항 이하는 크기가 작으므로 무시하면 다음과 같은 근사값을 얻을 수 있다.

$$E(y^*) \approx \mu^{\lambda} \tag{3.8-12}$$

$$V(y^*) \approx (\lambda \mu^{\lambda-1})^2 \mu^{2\alpha} \propto \mu^{2(\lambda+\alpha-1)} \tag{3.8-13}$$

위 결과로부터 y^*의 표준편차는 다음과 같다.

$$\sigma_{y^*} \propto \mu^{\lambda+\alpha-1} \tag{3.8-14}$$

따라서 $\lambda = 1-\alpha$로 잡으면 y^*의 표준편차가 기댓값에 비례하지 않는 $\sigma_y \propto$ 상수임을 알 수 있다. 이러한 변환을 분산안정화변환(variance stabilizing transformation)이라한다. 결론적으로 확률변수 y가 $E(y) = \mu$, $\sigma_y \propto \mu^{\alpha}$일 때 y에 대한 변수변환을 다음과 같이 실시하면 된다.

$$y^* = y^{\lambda}, \quad \lambda = 1-\alpha \tag{3.8-15}$$

λ값에 따른 대표적인 변수변환의 예를 보면 다음과 같다.

표 3.8-3 각 λ값에 따른 변수변환 예

표준편차 상태	α값	λ값	변환방법
$\sigma_y \propto$	0	1	변환불필요
$\sigma_y \propto \sqrt{\mu}$	1/2	1/2	$\sqrt{y}$
$\sigma_y \propto \mu$	1	0	$\log y$
$\sigma_y \propto \mu^{\frac{3}{2}}$	3/2	-1/2	$1/\sqrt{y}$
$\sigma_y \propto \mu^2$	2	-1	$1/y$

▶ [참고 9] 분산의 동질성을 위한 변수변환 예 (p.154)
▶ [참고 10] 변수변환을 위한 SAS함수식 (p.154)

3.8.3.2 실제 자료에서 λ값의 결정

앞 절에서 자료의 표준편차가 $\sigma_y \propto \mu^\alpha$일 때 $\lambda = 1 - \alpha$를 만족하는 λ를 선택하여야 하는 것을 설명하였다. 실제 a처리그룹의 $\bar{y}_{i.}$들과 s_i들이 주어졌을 때 적당한 변수변환 방법인 λ를 어떻게 찾을 것인가?

$\sigma_y \propto \mu^\alpha$ 를 다시 음미해 볼 필요가 있다. $\sigma_y \propto \mu^\alpha$는 적당한 k값에 대하여 $\sigma_y = k\mu^\alpha$라 쓸 수 있다. 그리고 양변에 log를 취하면 다음과 같다.

$$\log \sigma_y = \log k + \alpha \log \mu \qquad (3.8-16)$$

이 식을 모수의 추정량을 대입하여 정리해 보면 다음과 같다.

$$\log s_i = \log k + \hat{\alpha} \log \bar{y}_{i.} \qquad (3.8-17)$$

따라서 $\log \bar{y}_{i.}$를 x축으로, $\log s_i$를 y축으로 하는 1차 함수의 기울기 $\hat{\alpha}$를 결정하면 $\hat{\lambda} = 1 - \hat{\alpha}$를 구할 수 있다.

예제 3.13

어느 지역의 홍수 예보를 위하여 최고 수위점에 대한 예측을 하는 방법이 4종류가 있다고 한다. 이 4종류의 방법에 따라 최고 수위점에 대한 예측결과가 서로 다른지의 여부를 알고자 각 방법마다 같은 지역에 대하여 6회씩 반

복 조사하여 정리한 결과가 아래의 표와 같다. (Montgomery(8판, 2013)의 p.86 에서 인용)

표 3.8-4 Peak Discharge Data

측정방법	관측값(6회반복)						평균 ($\bar{y}_{i.}$)	표준편차 (s_i)
1	0.34	0.12	1.23	0.7	1.75	0.12	0.71	0.66
2	0.91	3.94	2.14	2.36	2.86	4.55	2.63	1.09
3	6.71	8.37	9.75	6.09	9.82	7.24	7.93	1.66
4	17.15	11.82	10.95	17.2	14.35	16.82	14.72	2.77

이 자료의 경우 평균이 증가할수록 표준편차도 증가하는 모습을 보이고 있다. 실제로 바틀렛 검정 등을 실시한 결과 가설 $H_0: \sigma_1^2 = \sigma_2^2 = \sigma_4^2 = \sigma^2$이 기각되어 분산의 동질성을 위한 변수변환을 고려할 수 있다. 이를 위해 $\log s_i = \log k + \hat{\alpha} \log \bar{y}_{i.}$을 그래프로 나타내보자.

그림 3.8-2 $\log s_i = \log k + \hat{\alpha} \log \bar{y}_{i.}$ 그림

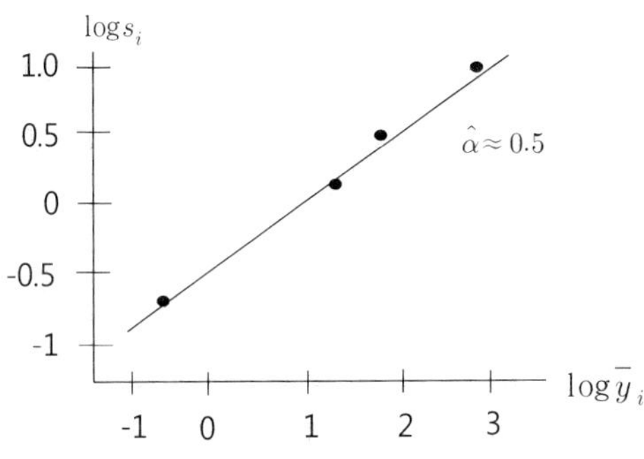

이 그림으로부터 $\hat{\alpha} \approx 0.5$이므로 제곱근변환이 적당한 것으로 판단되어 다음과 같은 변수변환을 실시하였다.

표 3.8-5 자료의 변환

측정 방법	관측값(6회반복)						평균 $\left(\bar{y}_{i.}^{*}\right)$	표준편차 $\left(s_i^{*}\right)$
1	$\sqrt{0.34}$	$\sqrt{0.12}$	$\sqrt{1.23}$	$\sqrt{0.70}$	$\sqrt{1.75}$	$\sqrt{0.12}$	0.7574	0.4045
2	$\sqrt{0.91}$	$\sqrt{2.94}$	$\sqrt{2.14}$	$\sqrt{2.36}$	$\sqrt{2.86}$	$\sqrt{4.55}$	1.5820	0.3857
3	$\sqrt{6.31}$	$\sqrt{8.37}$	$\sqrt{9.75}$	$\sqrt{6.09}$	$\sqrt{9.82}$	$\sqrt{7.24}$	2.8033	0.2930
4	$\sqrt{17.15}$	$\sqrt{11.82}$	$\sqrt{10.95}$	$\sqrt{17.20}$	$\sqrt{4.35}$	$\sqrt{16.82}$	3.5371	0.8033

이 자료에 대한 분산분석표는 다음과 같다.

표 3.8-6 분산분석표

변인	제곱합	자유도	평균제곱합	F- 값	p- 값
방법	32.6842	3	10.8947	76.99	<0.0001
오차	2.6884	19	0.1415		
전체	35.3726	22			

위의 검정결과에 대한 가설은 다음과 같음을 주의하여야 한다. 그러나 원래 우리가 검정하고자 했던 가설 $H_0 : \mu_1 = \mu_2 = \mu_3 = \mu_4$가 검정된 것과 같은 결과이다.

$$H_0 : \sqrt{\mu_1} = \sqrt{\mu_2} = \sqrt{\mu_3} = \sqrt{\mu_4}$$
$$H_1 : H_0\text{가 아님} \tag{3.8-18}$$

이 경우 $F = 76.99 > F_{0.05}(3, 19)$이므로 H_0가 기각된다.

이 분산분석표의 결과가 정당한지 알아보기 위하여 변수변환된 새로운 자료의 정규성과 분산의 동질성 여부를 잔차분석을 포함한 여러 방법 등을 통하여 반드시 다시 확인하여야 한다.

3.8.4 $R(\ )$-표기법

일원배치모형 $y_{ij}=\mu+\tau_i+e_{ij},\ \ i=1,2\cdots a,\ \ j=1,2\cdots n$에 대한 정규방정식은 다음과 같다.

$$(X'X)\hat{\boldsymbol{\beta}} = X'\boldsymbol{y}$$

$$\begin{pmatrix} n & n & n & \cdots & n \\ n & n & 0 & \cdots & 0 \\ n & 0 & n & \cdots & 0 \\ \vdots & \vdots & \vdots & \vdots & \vdots \\ 0 & 0 & 0 & \cdots & n \end{pmatrix} \begin{pmatrix} \hat{\mu} \\ \hat{\tau}_1 \\ \hat{\tau}_2 \\ \vdots \\ \hat{\tau}_a \end{pmatrix} = \begin{pmatrix} y_{..} \\ y_{1.} \\ \vdots \\ \vdots \\ y_{a.} \end{pmatrix} \tag{3.8-19}$$

이때 $R(\mu,\ \tau)$를 다음과 같이 정의한다.

$$R(\mu,\tau)=\hat{\beta}'X'y=(\hat{\mu},\hat{\tau_1},\cdots,\hat{\tau_a})\begin{pmatrix} y_{..} \\ y_{1.} \\ \vdots \\ y_{a.} \end{pmatrix}$$

$$=\hat{\mu}y_{..}+\sum_{i=1}\hat{\tau}_i y_{i.} \tag{3.8-20}$$

$R(\mu,\ \tau)$는 모수 μ와 τ를 포함한 선형모형에 대한 모형 제곱합임을 알 수 있다. 만일 $\sum_{i=1}\hat{\tau_i}=0$라는 제약식을 사용하면, $\hat{\mu}=\bar{y}_{..}$이고 $\hat{\tau_i}=\bar{y}_{i.}-\bar{y}_{..}$이므로,

$$R(\mu,\tau)=\sum_{i=1}\frac{y_{i.}^2}{n} \tag{3.8-21}$$

다음으로, $R(\mu)$를 생각해보자. $R(\mu)$는 선형모형 $y_{ij}=\mu+\tau_i+e_{ij}$의 축소모형, $y_{ij}=\mu+e_{ij}$으로부터 구할 수 있다. 모형, $y_{ij}=\mu+e_{ij},\ \ i=1,2\cdots a,\ \ j=1,2\cdots n$에 대한 정규방정식은 다음과 같다.

$$N\hat{\mu}=y_{..} \tag{3.8-22}$$

따라서 $R(\mu)$는 다음과 같다.

$$R(\mu)=\hat{\boldsymbol{\beta}}'X'\boldsymbol{y}=\bar{y}_{..}y_{..}=\frac{y_{..}^2}{N}=CF \tag{3.8-23}$$

위 결과로부터 처리제곱합은 다음과 같이 계산되며 $R(\tau\mid\mu)$라 표기한다.

$$R(\boldsymbol{\tau} \mid \mu) = R(\mu, \boldsymbol{\tau}) - R(\mu) \tag{3.8-24}$$

$$R(\boldsymbol{\tau} \mid \mu) = \sum_{i=1} \frac{y_{i.}^2}{n} - \frac{y_{..}^2}{N} = \sum_{i=1} \frac{y_{i.}^2}{n} - CF \tag{3.8-25}$$

한편 오차제곱합은 다음과 같다.

$$SS_E = SST - SS_{TR} = SST - R(\tau / \mu) \tag{3.8-26}$$

일반적으로 선형모형 $y = \beta_0 + \sum_{i=1}^{a} \beta_i x_i + e$에서 다음과 같은 사실이 성립된다.

$$R(\beta_0) = CF \tag{3.8-27}$$

$$\begin{aligned} & R(\beta_k \mid \beta_0 \beta_1 \cdots \beta_{k-1} \beta_{k+1} \cdots \beta_a) \\ & \quad = R(\beta_0 \beta_1 \cdots \beta_a) - R(\beta_0 \beta_1 \cdots \beta_{k-1} \beta_{k+1} \cdots \beta_a) \end{aligned} \tag{3.8-28}$$

특히 여기에서 다음과 같은 사실에 주목할 필요가 있다

$$\begin{aligned} R(\beta_1 \cdots \beta_k \mid \beta_0) = & R(\beta_1 \mid \beta_0) + R(\beta_2 \mid \beta_0 \beta_1) + \cdots \\ & + R(\beta_k \mid \beta_0 \beta_1 \cdots \beta_{k-1}) \end{aligned}$$

$$\begin{aligned} R(\beta_1 \cdots \beta_k \mid \beta_0) \neq & R(\beta_1 \mid \beta_0 \beta_2 \cdots \beta_k) + R(\beta_2 \mid \beta_0 \beta_1 \beta_3 \cdots \beta_k) + \cdots \\ & + R(\beta_k \mid \beta_0 \beta_1 \cdots \beta_{k-1}) \end{aligned}$$

이때, $R(\beta_1|\beta_0) + R(\beta_2|\beta_0\beta_1) + \cdots + R(\beta_k|\beta_0\beta_1 \cdots \beta_{k-1})$을 순차제곱합(sequential sum of square), $R(\beta_1|\beta_0\beta_2 \cdots \beta_k) + R(\beta_2|\beta_0\beta_1\beta_3 \cdots \beta_k) + \cdots + R(\beta_k|\beta_0\beta_1 \cdots \beta_{k-1})$을 부분제곱합(partial sum of square)이라 한다.

3.8.5 처리효과차를 비교하는 비모수적 방법

처리수준별 효과차를 검정하는 방법으로 흔히 분산분석표를 이용하였다. 그런데 분산분석표에 의한 검정결과가 타당성을 갖기 위해서는 무엇보다도 정규성을 만족하여야 한다. 그렇지 못할 경우 분산분석표에 의한 방법은 잘못된 통계분석 절차이므로 다음과 같은 비모수방법을 생각할 수 있다.

3.8.5.1 크루스칼-왈리스(Kruskal-Wallis) 검정법

1. 관측값 y_{ij}에 대하여 순위(rank), 즉 R_{ij}를 매긴다

   (단, 작은 것을 기점으로 하여 1부터 시작한다)

2. 만일 똑같은 순위가 나오면 평균하여 사용한다.

3. 다음으로 아래와 같은 검정통계량을 정의한다.

$$H = \frac{1}{s^2}\left\{\sum_{i=1} \frac{R_{i.}^2}{n_i} - \frac{N(N+1)^2}{4}\right\}, \tag{3.8-29}$$

n_i=반복수, N=전체 실험횟수($N=\sum_i n_i$), s^2=순위의 분산

$$s^2 = \frac{1}{(N-1)}\left\{\sum_i^a \sum_j^n R_{ij}^2 - \frac{N(N+1)^2}{4}\right\} \tag{3.8-30}$$

만일 똑같은 순위(tie)가 없으면 s^2은 다음과 같이 간단히 정리된다.

$$\begin{aligned} s^2 &= \frac{1}{N-1}\left\{\sum_{i=1} i^2 - \frac{N(N+1)^2}{4}\right\} \\ &= \frac{1}{N-1}\left\{\frac{N(N+1)(2N+1)}{6} - \frac{N(N+1)^2}{4}\right\} \\ &= \frac{N(N+1)}{12} \end{aligned} \tag{3.8-31}$$

따라서 통계량 H는 다음과 같다.

$$H = \frac{12}{N(N+1)} \sum_{i=1} \frac{R_{i.}^2}{n_i} - 3(N+1) \tag{3.8-32}$$

각 처리수준별 반복수 n_i가 $n_i \geq 5$이면, 검정통계량 H는 근사적으로 자유도 $a-1$인 카이제곱분포를 따르는 것으로 알려져 있다. 따라서 $H \sim \chi^2(a-1)$임을 이용하여 만일 $H > \chi_\alpha^2(a-1)$이면 'H_0 : 모든 처리 수준별 효과는 같다'라는 귀무가설은 기각된다.

예제 3.14

처리수준이 3이고 반복수가 2인 실험결과에 대한 순위가 다음과 같다고 하자. 이것을 이용하여 처리수준별 효과가 같은지 크루스칼-왈리스 검정을 하여보자.

표 3.8-7 순위화된 자료

처리수준	1	2	3
R_{ij}	3	2	1
	4	5	6
$R_{i\cdot}$	7	7	7

통계량 H를 구해보면,

$$H = \frac{1}{s^2}\left\{\frac{1}{2}(7^2+7^2+7^2) - \frac{6(7)^2}{4}\right\} = 0 < \chi^2_{(2)} = 0.5991$$

따라서 처리별 효과차가 없다는 가설을 기각할 수 없다.

예제 3.15

앞의 [예제 3.1]의 실험결과에 대해 비모수적 방법으로 처리별 효과차를 검정해보자.

표 3.11-2 [예 3.1]에 대한 비모수적 처리 데이터(괄호 안은 순위를 나타냄)

처리수준	10	15	20	25	30
반응값	2(1.5)	7(9.5)	9(11.5)	13(17.0)	3(3.0)
	2(1.5)	12(14.0)	13(17.0)	19(25.0)	5(5.0)
	9(11.5)	7(9.5)	13(17.0)	17(23.5)	6(7.0)
	6(7.0)	13(17)	14(21.0)	14(21.0)	10(13.0)
	4(4.0)	13(17)	14(21.0)	17(23.5)	6(7.0)
$R_{i\cdot}$	(25.5)	(67.0)	(87.5)	(110.0)	(35.0)

여기에서 크루스칼-왈리스 검정을 실시해보자.

$$s^2 = 53.5,\ H = 18.67 > \chi^2_{0.01}(4) = 13.28$$

이므로 H_0 : 처리수준별 효과가 전부 같다는 가설은 기각된다.

예제 3.16 SAS 분석의 예

```
DATA ex3_16; SET ex3_1;
RUN ;
PROC npar1way DATA=ex3_16 WILCOXON;
   EXACT WILCOXON ;
   CLASS trt;
   VAR y;
RUN;
```

```
                    N P A R 1 W A Y   P R O C E D U R E
                 Wilcoxon Scores (Rank Sums) for Variable Y
                        Classified by Variable TRT

             Sum of       Expected       Std Dev          Mean
TRT               N         Scores      Under H0      Under H0          Score

10                5      25.500000          65.0    14.6287388      5.1000000
15                5      67.000000          65.0    14.6287388     13.4000000
20                5      87.500000          65.0    14.6287388     17.5000000
25                5     110.000000          65.0    14.6287388     22.0000000
30                5      35.000000          65.0    14.6287388      7.0000000

                    Average Scores Were Used for Ties

                Kruskal-Wallis Test

              Chi-Square             18.6748
              DF                           4
              Asymptotic Pr > Chi-Square       0.0009
              Exact      Pr > Chi-Square       0.0010
```

NPAR1WAY 프로시저에서 WILCOXON 옵션을 사용하면 크루스칼-왈리스 검정결과를 출력할 수 있는데, 정확검정의 결과를 같이 얻기 위해서는 EXACT 명령문에서 WILCOXON 옵션을 지정하여야 한다. 단, EXACT 옵션을 사용하면 계산 시간이 상당히 많이 소요된다.

출력결과를 살펴보면 크루스칼-윌리스 검정통계량의 값은 18.6748인데, 정확한 유의확률이 계산되지 않았음을 볼 수 있다. 그 이유는 계산의 한계 때문이었다. 반면 정규근사 유의확률은 0.0009이므로 유의수준 5%하에서 귀무가설 $h_0 : \mu_1 = \mu_2 = \cdots = \mu_5$을 기각할 수 있다. 따라서 초산의 양에 따라 실리콘의 접착력이 유의한 차이가 있다고 할 수 있다.

참고사항

참고 1 이원배치법의 이해(p.74)

$$y = f(f_1, f_2) + e\ ,\ y\text{=반응 값},\quad f_1, f_2\text{=요인},\ e\text{=오차 항}$$

요인 f_1과 f_2를 어떻게 취급하느냐에 따라 이원배치법은 다시 다음과 같이 분류할 수 있다.

1. f_1=온도, f_2=촉매라 하자. 이때 f_1의 수준 수는 a, f_2의 수준 수는 b라 하자. 먼저 촉매 수준하나를 선택한 다음 a종류의 온도를 임의로 선택한 경우이다. 선택된 한 촉매의 수준이라는 균등한 조건(homogeneous condition)하에서 a종류의 온도를 실험하는 것으로 촉매의 수준이 일종의 블록(block)이 되며, 이것이 바로 실험설계의 원리 가운데 하나인 블록화이다. 이를 랜덤화 완비블록설계(randomized complete block design ; RCBD)혹은 난괴법이라 한다.

   이 방법은 선택된 촉매(블록)하에서 a종류의 온도(처리)를 임의로 선택해서 실험하는 것이다. 이것은 한 블록 내에서만 랜덤화가 이루어진 것으로 일종의 제한된 랜덤화(restricted randomization)방법이라 할 수 있다. 이 난괴법은 이원배치법임에는 틀림없지만 블록과 처리하는 두 요인의 교호작용이 없다는 전제가 필요하다. 여기에서 블록화 요인인 촉매는 주 관심 대상이 아니며 온도효과와 교락되는 것을 통제하기 위한 블록화 요인에 불과하다. 이처럼, 모형에서 촉매와 같은 것을 방해모수(nuisance parameter)라 한다.
2. 다음으로, 두 요인에 대한 이원배치법으로서 요인실험(factorial experiments)을 생각할 수 있다. 이때는 두 요인의 교호작용을 인정한다. 따라서 실험해야 할 처리는 ab종류가 생기게 된다. 이 ab종류에 처리에 대하여 한 종류(처리)마다 n회씩 반복실험을 한다면 abn회의 실험단위가 필요하다. 이 실험의 순서를 난수표를 이용하여 결정한다면 이것이 이른바 이원배치의 완전랜덤화 설계법이 되는 셈이다. 자세한 설명은 9장에서 다루기로 한다.

참고 2 제곱합의 분할과 기댓값(p.81)

1. $SST = SS_{TR} + SS_E$의 증명:

$$SST = \sum_i \sum_j (y_{ij} - \bar{y}_{..})^2 = \sum_i \sum_j \{(y_{ij} - \bar{y}_{i.}) + (\bar{y}_{i.} - \bar{y}_{..})\}^2$$
$$= \sum_i \sum_j (y_{ij} - \bar{y}_{i.})^2 + \sum_i \sum_j (\bar{y}_{i.} - \bar{y}_{..})^2 + 2\sum_i \sum_j (\bar{y}_{i.} - \bar{y}_{..})(y_{ij} - \bar{y}_{i.})$$

여기서,

$$\sum_j (y_{ij} - \bar{y}_{i.}) = y_{i.} - n\bar{y}_{i.} = y_{i.} - n(y_{i.}/n) = 0$$

이므로,

$$SST = n\sum_i (\bar{y}_{i.} - \overline{y}_{..})^2 + \sum_i \sum_j (y_{ij} - \bar{y}_{i\cdot})^2$$
$$= SS_{TR} + SS_E$$

2. $E(MS_E) = \sigma^2$의 증명:

$$E(MS_E) = E\left(\frac{SS_E}{N-a}\right) = \frac{1}{N-a} E\left(\sum_i \sum_j (y_{ij} - \bar{y}_{i.})^2\right)$$
$$= \frac{1}{N-a} E\left(\sum_i \sum_j \left(y_{ij}^2 - 2y_{ij}\bar{y}_{i.} + \bar{y}_{i.}^2\right)\right)$$
$$= \frac{1}{N-a} E\left(\sum_i \sum_j y_{ij}^2 - 2n\sum_i \bar{y}_{i.}^2 + n\sum_i \bar{y}_{i.}^2\right)$$
$$= \frac{1}{N-a} E\left(\sum_i \sum_j y_{ij}^2 - \frac{1}{n}\sum_i y_{i.}^2\right)$$

그런데,

$$E(y_{ij}^2) = \sigma^2 + (\mu + \tau_i)^2 \text{이고, } E(y_{i.}^2) = n\sigma^2 + (n\mu + n\tau_i)^2$$

이므로

$$E(MS_E) = \frac{1}{N-a} E\left(\left(na\sigma^2 + na\mu^2 + n\sum \tau_i^2\right) - \left(a\sigma^2 + na\mu^2 + n\sum \tau_i^2\right)\right)$$
$$= \sigma^2$$

3. $E(MS_{TR}) = \sigma^2 + \dfrac{n}{a-1}\sum_i \tau_i^2$ **의 증명:**

$$E(MS_{TR}) = E\left(\frac{SS_{TR}}{a-1}\right) = \frac{1}{a-1}E\left[n\sum_i(\bar{y}_{i.} - \bar{y}_{..})^2\right]$$
$$= \frac{1}{a-1}E\left(\sum_i \frac{y_{i.}^2}{n} - \frac{y_{..}^2}{N}\right)$$

그런데,

$E(y_{i.}) = n\mu + n\tau_i \quad Var(y_{i.}) = n\sigma^2$ 이고,

$E(y_{..}) = na\mu \quad Var(y_{..}) = na\sigma^2$ 이므로,

$E(y_{i.}^2) = n\sigma^2 + (n\mu + n\tau_i)^2$

$E(y_{..}^2) = na\sigma^2 + n^2a^2\mu^2$

그러므로

$$E(MS_{TR}) = \frac{1}{a-1}[(a\sigma^2 + na\mu^2 + n\sum_i \tau_i^2) - (\sigma^2 + na\mu^2)]$$
$$= \sigma^2 + \frac{n}{a-1}\sum_i \tau_i^2$$

참고 3 대비의 제곱합(p.88)

$\theta = \sum_i l_i\mu_i$ 를 검정하기 위하여, $\hat{\theta} = \sum_i l_i y_{i.}$ 의 분산을 구하면 $Var(\hat{\theta}) = n\sigma^2 \sum_{i=1} l_i^2$ 이다.

따라서 $\dfrac{\sum_i l_i y_{i.}}{\sqrt{n\sigma^2 \sum_{i=1} l_i^2}} \sim N(0,\ 1)$, σ^2을 MS_E로 대체하면 $t = \dfrac{\sum_i l_i y_{i.}}{\sqrt{nMSE\sum_{i=1} l_i^2}} \sim t(n-1)$.

분산분석표는 F-분포를 이용하므로,

$$F = t^2 = \frac{\left(\sum_i l_i y_{i.}\right)^2}{nMS_E\sum_{i=1} l_i^2} = \frac{\left(\sum_i l_i y_{i.}\right)^2 / n\sum_{i=1} l_i^2}{MS_E}$$

위 식의 분자에 해당되는 부분을 대비에 기인한 제곱합 $SS_{\hat{\theta}}$으로 정의한다. 이 정의를 이용하면 대비의 효과를 분산분석을 통하여 쉽게 검정할 수 있다.

참고 4 쉐페(Scheffe) 방법(p.92)

관심있는 모든 대비들을 검정하는 쉐페의 동시유의성 검정을 생각해보자. 우선 검정하고자 하는 대비들을 다음과 같이 정의한다.

$$\theta_i = \sum_{k=1} l_{ik}\mu_k,\ \ i = 1,2 \cdots m$$

이 대비에 대한 추정량은 다음과 같다.

$$\hat{\theta}_i = \sum_{k=1} l_{ik}\bar{y}_{k.},\ \ i = 1,2 \cdots m$$

그리고 추정량 $\hat{\theta}_i$의 분산 역시 다음과 같다.

$$Var(\hat{\theta}_i) = \frac{\sigma^2}{n}\sum_{k=1} l_{ik}^2\ \ ,\ n\text{은 반복수}$$

따라서 표본분산 및 표준편차는 다음과 같다.

$$S_{\hat{\theta}_i}^2 = \frac{MS_E}{n}\sum_{k=1} l_{ik}^2\ \ ,\ S_{\hat{\theta}_i} = \sqrt{\frac{MS_E}{n}\sum_{k=1} l_{ik}^2}$$

앞 절에서 하나의 대비에 대한 기각점은 $S_{\hat{\theta}_i} \times t_\alpha(N-a)$로서 이 기각점을 사용하면 유의수준이 α보다 훨씬 커지므로 쉐페는 다음과 같은 새로운 기각점 $S_{\alpha\hat{\theta}_i}$를 제시하고 있다.

$$S_{\alpha\hat{\theta}_i} = S_{\hat{\theta}_i}\sqrt{(a-1)F_\alpha(a-1, N-a)}$$

쉐페 방법은 a종류의 처리들로 만들 수 있는 모든 가능한 대비들에 대한 동시 유의성검정을 고려하여 집단유의수준을 유지하기 위한 검정방법임을 기억하기 바란다. 따라서 검정하고자 하는 대비들의 종류는 직교하는 최대 대비의 수 $a-1$보다 작거나 클 수 있음을 알 수 있다.

참고 5 불균형자료의 그룹핑(p.114)

각 처리에 대한 반복수가 전부 같은 경우 이를 균형자료(balanced data)라 한다. 이 경우 Ryan-Einot-Gabriel-Welsch의 다중비교방법은 Tukey의 검증방법을 개선하여 제1종 집단오류율(α크기)은 유지하며 검정력(power)을 높인 방법이다.

SAS/STAT User's Guide(1990)는 이 집단오류율과 검정력을 동시에 고려하여 균형자료의 경우에는 Ryan-Einot-Gabriel-Welsch의 다중범위검증방법(REGWQ)의 사용을 권장하고 있다. 반면, 불균형자료의 경우에는 튜키(Tukey)의 다중비교방법을 권장하고 있다. REGWQ를 이용한 다중비교를 유의수준 0.05에서 수행하라는 뜻의 SAS 문장은 다음과 같다.

```
MEANS trt / REGWQ Alpha=0.05;
```

참고 6 변량모형에서 처리효과변동$\left(\dfrac{\sigma_\tau^2}{\sigma_\tau^2+\sigma^2}\right)$ 추정 및 검정(p.117)

참고로 총변동 $\sigma_\tau^2+\sigma^2$ 중 처리의 효과차 때문에 생기는 변동 σ_τ^2이 얼마나 되는지를 살펴보기 위해 $\dfrac{\sigma_\tau^2}{\sigma_\tau^2+\sigma}$를 추정할 수 있다.

식 (3.6-1)의 가정과 식 (3.6-3) 그리고 식 (3.6-4)로부터

$$(a-1)\frac{MS_{TR}}{\sigma^2+n\sigma_\tau^2} \sim \chi^2(a-1)$$

$$(N-a)\frac{MSE}{\sigma^2} \sim \chi^2(N-a)$$

이고 서로 독립임을 알 수 있다. 따라서

$$\frac{MS_{TR}/(\sigma^2+n\sigma_\tau^2)}{MSE/\sigma^2} \sim F(a-1, N-a) \qquad (1)$$

또한, $E(MS_{TR})=\sigma^2+n\sigma_\tau^2$이고 $E(MSE)=\sigma^2$인 사실로부터 σ_τ^2의 추정량은,

$$\hat{\sigma}_\tau^2 = \frac{MS_{TR}-MSE}{n}$$

한편 위의 식 (1)로부터 아래와 같이 쓸 수 있다.

$$P\left[F_{1-\frac{\alpha}{2}}(a-1, N-a) < \frac{MS_{TR}/(\sigma^2+n\sigma_\tau^2)}{MSE/\sigma^2} < F_{\frac{\alpha}{2}}(a-1, N-a)\right]$$

$$= 1 - \alpha$$

이것을 다시 정리하면 다음과 같다.

$$P\left(\frac{1}{n}\left(\frac{MS_{TR}}{MSE}\frac{1}{F_{\frac{\alpha}{2}}(a-1,N-a)}-1\right)<\frac{\sigma_\tau^2}{\sigma^2}<\frac{1}{n}\left(\frac{MS_{TR}}{MSE}\frac{1}{F_{1-\frac{\alpha}{2}}(a-1,N-a)}-1\right)\right)$$

$$=1- \alpha$$

흔히 이것을 다음과 같이 표기한다.

$$P\left(\frac{L}{L+1}<\frac{\sigma_\tau^2}{\sigma^2+\sigma_\tau^2}<\frac{U}{U+1}\right)=1-\alpha$$

단, $L=\frac{1}{n}\left(\frac{MS_{TR}}{MSE}\frac{1}{F_{\frac{\alpha}{2}}(a-1,N-a)}-1\right)$,

$$U=\frac{1}{n}\left(\frac{MS_{TR}}{MS_E}\frac{1}{F_{1-\frac{\alpha}{2}}(a-1,N-a)}-1\right)$$

참고 7 $\frac{\sigma_\tau^2}{\sigma_\tau^2+\sigma^2}$의 추정(p.117)

[예제 3.9]에서 $\frac{\sigma_\tau^2}{\sigma_\tau^2+\sigma^2}$에 대한 95% 신뢰구간은 다음과 같이 계산된다.

$$F_{0.025}(3,32)=3.59,\ \ F_{0.975}(3,32)=1/F_{0.025}(32,3)=0.07$$

이고,

$$L=\frac{1}{9}\left(\frac{0.2961}{0.0025}\times\frac{1}{3.59}-1\right)=3.354, U=\frac{1}{9}\left(\frac{0.2961}{0.0025}\times\frac{1}{0.07}-1\right)=187.888$$

이므로,

$$P\left(\frac{3.554}{3.554+1}<\frac{\sigma_\tau^2}{\sigma^2+\sigma_\tau^2}<\frac{187.888}{187.888+1}\right)=0.95$$

즉,

$$P\left(0.6931<\frac{\sigma_\tau^2}{\sigma^2+\sigma_\tau^2}<0.9937\right)=0.95$$

참고 8 직교다항계수의 이해(p.119)

8.1 직교의 의미

식 (3.7-2)는 식 (3.7-1)을 변수변환한 식으로, 각 항끼리 서로 직교한다. 결국 식 (3.7-2)를 정리하면 식 (3.7-1)과 같게 됨을 확인할 수 있다. 이해를 돕기 위하여 다음과 같은 3수준의 경우를 생각하여 보자.

표 1 3수준의 데이터

처리수준(x)	x_1	x_2	x_3
처리평균($\overline{y}$)	$\overline{y}_1$	$\overline{y}_2$	$\overline{y}_3$

아래 두 식을 비교하여 보자.

$$E(y_{ij}) = \beta_0 + \underbrace{\beta_1 x_i + \beta_2 x_i^2}_{\uparrow}$$

항상 직교하는 것은 아니다.

$$E(y_{ij}) = \alpha_0 + \underbrace{\alpha_1 p_1(x_i) + \alpha_2 p_2(x_i)}_{\uparrow}$$

항상 직교한다.

직교다항식에서 직교다항계수를 각각 $p_1(x_i) = \begin{pmatrix} -1 \\ 0 \\ 1 \end{pmatrix}$, $p_2(x_i) = \begin{pmatrix} 1 \\ -2 \\ 1 \end{pmatrix}$이라 하면 $p_1(x_i)$와 $p_2(x_i)$가 서로 직교함을 알 수 있다. 수준수가 3인 경우 위와 같은 직교다항계수가 어떻게 구해졌는가 하는 문제는 차차 설명하기로 한다.

다음으로 수준수가 a인 경우 각 성분에 대한 유의성 검정이 필요하다. 따라서 각각에 대한 제곱합을 계산하여야 한다. 이를 위하여 다음과 같은 대비(contrast)를 생각한다.

$$p_m(x_1)\mu_1 + p_m(x_2)\mu_2 + \cdots + p_m(x_a)\mu_a, \quad \sum_i p_m(x_i) = 0$$

m값에 따라 다음과 같은 성분의 대비를 얻을 수 있다.

$$p_1(x_1)\overline{y}_{1.} + p_1(x_2)\overline{y}_{2.} + \cdots + p_1(x_a)\overline{y}_{a.}$$: 1차성분에 대한 대비

$$p_2(x_1)\overline{y}_{1.} + p_2(x_2)\overline{y}_{2.} + \cdots + p_2(x_a)\overline{y}_{a.}$$: 2차성분에 대한 대비

마찬가지로 $m=3$, $m=4$인 경우는 각각 3차성분(3차 곡선성; cubic)과 4차성분(4차곡선성; quartic)에 대한 대비를 나타낸다.

한편 1963년 피셔(Fisher)와 예이츠(Yates)는 직교다항식의 직교다항계수를 구하였는데, 본 예에서는 $a=5$인 경우에 대한 직교다항식을 중심으로 직교다항계수를 살펴보기로 하자.

$a=5$인 경우 직교다항식은 4차성분까지 존재하는 다음 식으로 표현된다.

$$E(y_{ij}) = \alpha_0 + \alpha_1 p_1(x_i) + \alpha_3 p_3(x_i) + \alpha_4 p_4(x_i),$$
$$i = 1,2 \cdots 5,\ j = 1,2 \cdots n$$

여기서, 피셔와 예이츠는 직교다항계수를 다음과 같이 제시하였다.

$$p_0(x_i) = 1$$

$$p_1(x_i) = \lambda_1\left(\frac{x_i - \overline{x}}{d}\right)$$

$$p_2(x_i) = \lambda_2\left\{\left(\frac{x_i - \overline{x}}{d}\right)^2 - \left(\frac{a^2 - 1}{12}\right)\right\}$$

$$p_3(x_i) = \lambda_3\left\{\left(\frac{x_i - \overline{x}}{d}\right)^3 - \left(\frac{x_i - \overline{x}}{d}\right)\left(\frac{3a^2 - 7}{20}\right)\right\}$$

$$p_4(x_i) = \lambda_4\left\{\left(\frac{x_i - \overline{x}}{d}\right)^4 - \left(\frac{x_i - \overline{x}}{d}\right)^2\left(\frac{3a^2 - 13}{14}\right) + \frac{3(a^2 - 1)(a^2 - 9)}{560}\right\}$$

단, d는 처리수준별 간격을 의미하고 λ_i는 다음 조건을 만족하는 상수이다.

λ_1은 $p_1(x_i)$가 전부 정수이기 위한 최소의 상수
λ_2은 $p_2(x_i)$가 전부 정수이기 위한 최소의 상수
λ_3은 $p_3(x_i)$가 전부 정수이기 위한 최소의 상수
λ_4은 $p_4(x_i)$가 전부 정수이기 위한 최소의 상수

예제 1

$a=3$ 인 경우 직교다항계수를 실제로 구한 과정을 살펴보자.

직교다항식 : $E(y_{ij})=\alpha_0+\alpha_1 p_1(x_i)+\alpha_2 p_2(x_i)$

$$\bar{x}=\frac{3(x_1+d)}{3}=x_1+d$$

(i) $p_1(x_i)$

$$p_1(x_1)=\lambda_1\left\{\frac{x_1-(x_1+d)}{d}\right\}=-\lambda_1$$

$$p_1(x_2)=\lambda_1\left\{\frac{x_2-(x_1+d)}{d}\right\}=0$$

$$p_1(x_3)=\lambda_1\left\{\frac{x_3-(x_1+d)}{d}\right\}=\lambda_1$$

$$p_1(x_i)=\begin{pmatrix}-\lambda_1\\0\\\lambda_1\end{pmatrix},\ \lambda_1=1\text{이면}\ \ p_1(x_i)=\begin{pmatrix}-1\\0\\1\end{pmatrix}\ \text{이다.}$$

(ii) $p_2(x_i)$

$$p_2(x_1)=\lambda_2\left\{\left(\frac{x-\bar{x}}{d}\right)^2-\frac{3^2-1}{12}\right\}=\frac{1}{3}\lambda_2$$

$$p_2(x_2)=\lambda_2\left\{0^2-\frac{2}{3}\right\}=-\frac{2}{3}\lambda_2$$

$$p_2(x_3)=\lambda_2\left\{1^2-\frac{2}{3}\right\}=\frac{1}{3}\lambda_2$$

$$p_2(x_i)=\begin{pmatrix}\frac{1}{3}\lambda_2\\-\frac{2}{3}\lambda_2\\\frac{1}{3}\lambda_2\end{pmatrix},\ \lambda_2=3\text{이면}\ \ p_2(x_i)=\begin{pmatrix}1\\-2\\1\end{pmatrix}\ \text{이다.}$$

8.2 보간법의 이해

직교다항식을 이해하기 위해서는 우선 다음의 보간식을 이해하면 도움이 된다.

보간다항식이란, 변수 x의 함수 $y=f(x)$에 대해 몇 개의 x의 값에 대한 y의 값이 주어질 때, 다른 x의 값에 대한 y의 값을 정하는 방법이다. 그런데, 본 절에서는 주어진 데이터를 완벽히 적합하는 다항식을 찾는 방법으로 이해를 하자.

예를 들어 다음과 같은 a개의 데이터가 주어져있다고 할 때, 이를 완벽히 적합하는 $a-1$차 방정식은 유일하게 하나 주어진다.

처리수준(x)	x_1	x_2	$\cdots$	x_a
반응값(y)	y_1	y_2	$\cdots$	y_a

보간다항식을 미지의 $f(x)$에 대한 추정방정식으로 생각하고, a개 자료에 대한 $a-1$차 다항식을 $p_{a-1}(x)$라 놓으면, $p_{a-1}(x)$는 다음과 같다.

$$p_{a-1}(x)=b_0+b_1x+b_2x^2+\cdots+b_{a-1}x^{a-1} \tag{1}$$

Lagrange 보간공식에 의하면, 식 (1)의 각각의 계수 b_i를 구하지 않는 대신, a개의 다항식의 합으로 $p_{a-1}(x)$를 유도할 수 있는데, Lagrange 보간다항식은 다음과 같다.

$$\begin{aligned} p_a(x) &= y_1\frac{(x-x_2)(x-x_3)\cdots(x-x_a)}{(x_1-x_2)(x_1-x_3)\cdots(x_1-x_a)} \\ &\quad + y_1\frac{(x-x_1)(x-x_3)\cdots(x-x_a)}{(x_2-x_1)(x_2-x_3)\cdots(x_2-x_a)} \\ &\quad + \cdots + y_a\frac{(x-x_1)(x-x_2)\cdots(x-x_{a-1})}{(x_a-x_1)(x_a-x_2)\cdots(x_a-x_{a-1})} \\ &= \sum_{k=1}^{a} y_k \Pi_{j\neq k}^{a-1}\frac{x-x_k}{x_j-x_k} \end{aligned}$$

그런데, Newton의 보간다항식은 식 (1)을 좀 다른 방법으로 표현된다. 즉, a개의 데이터에 적합한 $a-1$차 다항식을 다음과 같이 나타낼 수 있다.

$$\begin{aligned} p_{a-1}(x) &= b_0 + b_1(x-x_1) + b_2(x-x_1)(x-x_2) \\ &\quad + b_3(x-x_1)(x-x_2)(x-x_3) + \cdots \\ &\quad + b_{a-1}(x-x_1)(x-x_2)(x-x_3)\cdots(x-x_{a-1}) \end{aligned} \tag{2}$$

여기서 각 계수 b_i는

$$b_i = y[x_1, \cdots, x_i] (i = 1, \cdots, a) \tag{3}$$

가 되어, 식 (2)의 다항식은

$$\begin{aligned} p_{a-1}(x) &= y[x_1] + y[x_1, x_2](x-x_1) + y[x_1, x_2, x_3](x-x_1)(x-x_2) + \cdots \\ &\quad + y[x_1, x_2, \cdots, x_{a-1}](x-x_1)(x-x_2)(x-x_3)\cdots(x-x_{a-1}) \end{aligned} \tag{4}$$

으로 표현된다.

여기서,

$$y[x_1] = y_1$$

$$y[x_1, x_2] = \frac{y_2 - y_1}{x_2 - x_1}$$

$$y[x_1, x_2, x_3] = \frac{y[x_2, x_3] - y[x_1, x_2]}{x_3 - x_1}$$

$$y[x_1, x_2, \cdots, x_k] = \frac{y[x_2, x_3, \cdots, x_k] - y[x_1, x_2, \cdots, x_{k-1}]}{x_k - x_1}$$

주목할 사실은 식 (1)이 a개의 처리에 대한 $a-1$차 직교다항식의 예로 제시된 피셔와 예이츠가 제안한 직교다항계수와 형태가 동일하다는 사실이다. 즉, Newton의 보간다항식은 식 (1)의 각 계수 b_i를 유도하는 데 관심이 있다면, 직교다항식은 첫 번째 성분 벡터 1에 직교하는 두 번째 성분을 유도하고 다시 두 번째 성분에 직교하는 세 번째 성분벡터를 유도하는 데 관점이 있다고 할 수 있다. 그러므로 처리가 a개라면 이는 $a-1$개의 1차 다항식, 2차 다항식, 그리고 $a-1$차 다항식의 각 성분을 사용하여 완벽히 적합된 다항방정식을 유도할 수 있는데, 각 성분을 직교되게 만든 식이 직교다항식인 것이다. 또한, 이는 a개의 자료를 완벽히 적합하는 곡선의 다항방정식은 종속변수가 $a-1$개 존재하는 다중선형회귀방정식으로 풀 수 있다는 것을 의미한다.

참고 9 분산의 동질성을 위한 변수변환 예(p.134)

예제 2

확률변수 $Y_1, Y_2, \cdots, Y_n$을 성공의 확률 p인 베르누이 확률변수라 하자. 그러면 $y = \sum_i \frac{Y_i}{n}$의 기댓값은 p, 분산은 $\frac{p(1-p)}{n}$이다. 이 경우 $Var(y)$는 p의 함수로서 $E(y) = p$에 종속(dependent)되어 있다. $Var(y)$가 p에 독립된(independent) 상수값을 갖기 위한 적당한 변수변환을 생각해보자. 변수변환 방법으로 $y^* = \sin^{-1}\sqrt{y}$를 고려하여보자. 그러면 변환된 새로운 변수 y^*는 다음과 같은 근사적 분포에 따른다.

$$y^* = \sin^{-1}\sqrt{y} \sim N\left(\sin^{-1}\sqrt{p},\ \frac{1}{4n}\right),\ 0 < y^* < 90^\circ$$

결국 y를 $y^* = \sin^{-1}\sqrt{y}$로 변수변환함으로써 p에 관계없는 분산$\left(\frac{1}{4n}\right)$을 갖게 된다.

참고 10 변수변환을 위한 SAS 함수식 예(p.134)

SQRT(y)	$y \rightarrow \sqrt{y}$
EXP(y)	$y \rightarrow \exp(y)$
LOG(y)	$y \rightarrow \ln(y)$
LOGIT(y)	$y \rightarrow \ln[y/(1-y)]$
ILOGIT(y)	$y \rightarrow \exp(y)/[1+\exp(y)]$
RECIPROCAL(y)	$y \rightarrow 1/y$
ABS(y)	$y \rightarrow \lvert y \rvert$
ARCOS(y)	$y \rightarrow \cos^{-1}(y)$
ARSIN(y)	$y \rightarrow \sin^{-1}(y)$
ATAN(y)	$y \rightarrow \tan^{-1}(y)$

1. 어느 제약회사에서 4종류 진통제의 분해속도를 비교실험하기 위하여 각각 10회 반복실험을 완전랜덤화설계에 의하여 실시하였다. 그 결과는 다음과 같다.

진통제 종류							
A		B		C		D	
20	42	8	12	50	124	151	178
28	25	10	24	64	72	125	151
36	24	12	10	90	78	180	152
16	31	16	19	103	70	149	161
25	33	9	10	92	86	175	118

1) 분산의 동일성에 대한 바틀렛 검정을 하여라.

2) 분산의 동일성을 위한 적당한 변환을 하여라.

3) 변환된 자료를 가지고 바틀렛 검정을 실시하고 분산분석을 하여라.

2. 어떤 전자부품의 수명이 이 부품에 전달되는 온도에 영향을 받는다고 한다. 이 부품에 전달된 온도는 $0 \sim 50℃$ 사이인 것으로 알려져 있다. 온도를 3수준으로 하여 3회씩 반복한 실험의 결과가 다음과 같다. 이 실험은 CRD 방법에 의해 실시되었다.

실험결과

온도	0℃	25℃	50℃
처리합계	150	150	210

SS_T = 998

1) 직교다항식을 이용하여 반응도 평면을 구하라.

2) 예측값과 실측값을 비교하여라.

4 랜덤화완비블록설계와 라틴방격설계

실험자는 실험요인(혹은 설계요인)이 잡음요인들의 영향으로 실험결과가 왜곡되는 것을 원하지 않는다. 이를 최소화하기 위하여 잡음요인을 통계모형에 첨가하여 잡음요인의 크기를 따로 계산하여 이를 통제한다. 통계모형에 잡음요인 첨가는 실험결과의 왜곡을 방지할 뿐만 아니라 실험오차를 줄이는 효과를 얻을 수 있다. 이 잡음요인을 방해요인(nuisance factor)라고도 한다. 실험에서 잡음요인이 실험결과에 심각한 영향을 주는 경우가 많다. 따라서 잡음요인으로 인한 실험의 왜곡을 최소화하기 위해 보통 다음과 같은 조치를 취하게 된다.

1) 실험에서 잡음요인이 존재하나 그것이 무엇인지 모르고 현실적으로 통제가 불가능한 경우, 실험의 랜덤화를 통하여 잡음요인의 효과를 상쇄한다.

2) 잡음요인이 무엇인지 알지만 통제할 수 없고, 잡음요인수준과 반응변수가 선형성을 보일경우, 공분산분석 (제5장, analysis of covariance) 등을 이용하여 잡음요인의 효과를 통제할 수 있다.

3) 마지막으로 잡음요인이 무엇인지 알 수 있을 뿐만 아니라 그것을 통제할 수 있을 경우, 블록화 (blocking)를 이용하여 실험한다. 이 경우, 자주 사용하는 랜덤화완비블록설계와 라틴방격설계 그리고 이와 관련된 몇 가지 방법들이 있다.

4.1 랜덤화완비블록설계

제 3장에서 설명한 완전랜덤화설계는 실험단위들이 모두 균일한 조건을 가지고 있을 때 가능하다. 그러나 현실적으로 이것은 무척 어려운 일이다. 모든 실험단위가 균일한 조건을 가지고 있지 않은 경우 이 문제를 해결할 방법은 없을까? 피셔(R. A Fisher)는 이 문제를 다음과 같은 방법으로 해결하고자 하였다.

우선 실험의 조건이 같은 실험단위들을 처리수만큼 모아 실험을 실시한다. 다음으로 같은 조건을 갖는 실험단위들을 처리수준의 수만큼 모아 두 번째 실험을 실시한다. 이때 두 번째 모아진 실험단위들은 첫 번째의 경우와 조건이

다르지만 두 번째 선택된 실험단위들은 전부 균일한 조건을 가지고 있어야 한다.

이러한 방법으로 반복하여 b번 실험을 실시하였다고 가정해보자. 결국, 이 실험은 서로 조건이 같은 실험단위들을 한 집단(블록)으로 하여 b번의 반복실험을 실시한 것으로 볼 수 있다. 이것은 결국 실험의 정확성을 높이기 위하여 블록화를 이용한 실험의 방법이라 할 수 있다.

아울러 피셔는 하나의 블록이 선택된 후 그 블록 내에 a종류의 처리를 배치하는 방법 즉, a종류의 처리를 실험하는 순서는 완전랜덤화방법에 따랐다. 이것을 3장의 완전랜덤화설계와 비교하여 생각해보자.

총 ab회 실험을 하는 경우 완전랜덤화설계처럼 ab장의 카드를 사용하여 실험의 순서를 정하지 않고 하나의 블록을 선택한 후 a장의 카드를 이용하여 블록내의 실험순서만을 랜덤화하였다는 점에서 이를 제한된(restricted) 랜덤화 방법이라 할 수 있다.

여기에서 한 블록 내에서 a종류 처리의 실험이 가능한 경우를 랜덤화완비블록설계(randomized complete block design : RCBD)라 한다. 다음으로 이 실험에 대한 분석방법 등을 살펴보기로 하자. 실험의 결과 각 반응값이 다음과 같이 정리되었다고 하자.

표 4.1-1 랜덤화완비블록설계에 의한 실험자료

처리	블 록					처리합
	1	2	3	⋯	b	
1	y_{11}	y_{12}	y_{13}	⋯	y_{1b}	$y_{1.}$
2	y_{21}	y_{22}	y_{23}	⋯	y_{2b}	$y_{2.}$
⋮	⋮	⋮	⋮		⋮	⋮
a	y_{a1}	y_{a2}	y_{a3}	⋯	y_{ab}	$y_{b.}$
블록의 합	$y_{.1}$	$y_{.2}$	$y_{.3}$	⋯	$y_{.b}$	

랜덤화완비블록설계에 대한 통계모형은 다음과 같다.

$$y_{ij} = \mu + \tau_i + \beta_j + e_{ij},\ i = 1,2 \cdots a,\ j = 1,2 \cdots b,\ \tau_i = i\text{번째 처리효과},$$
$$\beta_j = j\text{번째 블록효과},\ \beta_j \sim N(0,\ \sigma_\beta^2),\ e_{ij} \sim N(0,\ \sigma^2) \qquad (4.1\text{-}1)$$

이와 같은 랜덤화완비블록설계는 요인이 둘인 이원배치모형의 형태이지만 요인 τ_i와 β_j의 교호작용이 없다고 가정한 것이 특징이다. 따라서 요인이 둘인 2요인 실험에서 두 요인 간의 교호작용이 없다고 가정한 경우로 생각할 수 있다.

▶ [참고 1] 블록내 처리의 랜덤화의 의미 (p.185)

4.1.1 제곱합의 분해(decomposition of SS)

관측값 y_{ij}에 대한 분해(decomposition of observation)를 해보자. 각 모수에 대한 추정량, 즉 $\hat{\mu}=\bar{y}_{..}$, $\hat{\tau}_i=\bar{y}_{i.}-\bar{y}_{..}$, $\hat{\beta}_j=\bar{y}_{.j}-\bar{y}_{..}$를 이용하여 관측값 y_{ij}를 다음과 같이 쓸 수 있다.

$$y_{ij}=\bar{y}_{..}+(\bar{y}_{i.}-\bar{y}_{..})+(\bar{y}_{.j}-\bar{y}_{..})+e_{ij} \tag{4.1-2}$$

이 식을 다시 정리하면 다음과 같다.

$$y_{ij}-\bar{y}_{..}=(\bar{y}_{i.}-\bar{y}_{..})+(\bar{y}_{.j}-\bar{y}_{..})+(y_{ij}-\bar{y}_{i.}-\bar{y}_{.j}+\bar{y}_{..}) \tag{4.1-3}$$

위 식의 양변을 제곱하여 모든 실험단위들에 대하여 합하면 다음과 같이 정리된다. 여기에서 두 항들의 곱에 대한 합은 0이 됨을 쉽게 확인할 수 있다.

$$\begin{aligned}\sum_i\sum_j(y_{ij}-\bar{y}_{..})^2 &= b\sum_i(\bar{y}_{i.}-\bar{y}_{..})^2+a\sum_j(\bar{y}_{.j}-\bar{y}_{..})^2\\ &\quad+\sum_i\sum_j(y_{ij}-\bar{y}_{i.}-\bar{y}_{.j}+\bar{y}_{..})^2\end{aligned} \tag{4.1-4}$$

따라서 전체제곱합(SST)은 처리제곱합(SS_{TR}), 블록제곱합(SS_{Block}), 그리고 오차제곱합(SS_E)으로 분해하여 다음과 같이 정리할 수 있다.

$$SS_{TR}=b\sum_i(\bar{y}_{i.}-\bar{y}_{..})^2=\frac{1}{b}\sum_i y_{i.}^2-CF,\ \ df=a-1 \tag{4.1-5}$$

$$SS_{Block}=a\sum_j(\bar{y}_{.j}-\bar{y}_{..})^2=\frac{1}{a}\sum_j y_{.j}^2-CF,\ \ df=b-1 \tag{4.1-6}$$

$$\begin{aligned}SS_E&=\sum_i\sum_j(y_{ij}-\bar{y}_{i.}-\bar{y}_{.j}+\bar{y}_{..})^2=SST-SS_{TR}-SS_{Block},\\ &\quad df=(a-1)(b-1)\end{aligned} \tag{4.1-7}$$

4.1.2 평균제곱합의 기댓값(EMS)과 분산분석

랜덤화완비블록설계의 각 평균제곱합에 대한 기댓값을 구하고 분산분석표를 구성해보자. 식 (4.1-1)에서 각 모수에 대하여 다음과 같은 가정을 하였을 경우 각 평균제곱합의 기댓값이 어떠한지 살펴보자. 먼저 모수 τ_i와 β_j를 각각 $\sum_i \tau_i = 0$을 만족하는 상수, 그리고 $\beta_j \sim N(0,\ \sigma_\beta^2)$인 확률변수로 취급한 혼합모형의 경우를 생각하여 보자. 각 평균제곱합에 대한 기댓값은 다음과 같다.

$$E(MS_{TR}) = \sigma^2 + \frac{b}{a-1}\sum_i \tau_i^2 \tag{4.1-8}$$

$$E(MS_{Block}) = \sigma^2 + a\sigma_\beta^2 \tag{4.1-9}$$

$$E(MS_E) = \sigma^2 \tag{4.1-10}$$

▶ [참고 2] 혼합모형에 대한 평균제곱합의 기댓값 (p.185)

따라서 $H_0 : \tau_1 = \tau_2 = \cdots = \tau_a = 0$인 경우에 MS_{TR}은 σ^2에 대한 불편추정량임을 알 수 있다. 다음으로, τ_i와 β_j를 둘 다 상수로 취급하여 각각 $\sum_i \tau_i = 0$와 $\sum_j \beta_j = 0$을 만족하는 경우 즉 모수모형을 생각해보자. 이 경우 각 평균제곱합에 대한 기댓값은 다음과 같다.

$$E(MS_{TR}) = \sigma^2 + \frac{b}{a-1}\sum_i \tau_i^2 \tag{4.1-11}$$

$$E(MS_{Block}) = \sigma^2 + \frac{a}{b-1}\sum_j \beta_j^2 \tag{4.1-12}$$

$$E(MS_E) = \sigma^2 \tag{4.1-13}$$

▶ [참고 3] 모수모형에 대한 평균제곱합의 기댓값 (p.186)

따라서 $H_0 : \tau_1 = \tau_2 = \cdots = \tau_a = 0$이면, MS_{TR}은 σ^2의 불편추정량이고 $H_0 : \beta_1 = \beta_2 = \cdots = \beta_b = 0$인 경우 역시 MS_{Block}은 σ^2의 불편추정량임을 알 수 있다. 이를 정리하여 랜덤화완비블록설계의 분산분석표를 다음과 같이 나타낸다.

표 4.1-2 분산분석표

변인	자유도	제곱합	평균제곱합	F-값
처리 (SS_{TR})	$a-1$	$\frac{1}{b}\sum_i y_{i.}^2 - CF$	$MS_{TR} = \frac{SS_{TR}}{a-1}$	$F = \frac{MS_{TR}}{MS_E}$
블록(SS_{Block})	$b-1$	$\frac{1}{a}\sum_j y_{.j}^2 - CF$	$MS_{Block} = \frac{SS_{Block}}{b-1}$	$F = \frac{MS_{Bock}}{MS_E}$
오차 (SS_E)	$(a-1)(b-1)$	전체-처리-블록	$MS_E = \frac{SS_E}{(a-1)(b-1)}$	
전체(SST)	$ab-1$	$\sum_i\sum_j y_{ij}^2 - CF$		

4.1.3 블록화 효과(effect of blocking)

실험의 정도(precision)를 높이기 위해 블록화를 실시한다. 만일 모든 실험단위가 균일한 경우 블록화를 실시하면 완전랜덤화설계(CRD)에 비하여 자유도의 손실을 가져옴으로써 오히려 검정력이 작아지는 결과를 초래할 수 있다. 그러나 실험단위가 어떤 잡음요인의 변동으로 균일하지 못할 경우 이를 블록요인으로 통제하는 랜덤화완비블록설계(RCBD)가 완전랜덤화설계에 비하여 효율이 높다. 랜덤화완비블록설계가 완전랜덤화설계에 비하여 얼마나 효율적인가를 다음과 같이 추론할 수 있다. 이것을 상대효율(relative efficiency)이라 한다. 여기에서 오로지 블록화의 효과만을 추정하기 위하여 'H_0 : 처리수준간의 차가 없다'라는 가설이 참이라는 가정 하에서 다음과 같은 분산분석표를 작성한다.

표 4.1-3 RCBD 경우 분산분석표

변인	자유도	제곱합	평균제곱합
블록	$b-1$	$SS_{Block} = (b-1)MS_{Block}$	MS_{Block}
오차	$b(a-1)$	$SS_E = b(a-1)MS_E$	$MS_E = \hat{\sigma}^2_{RB}$
전체	$ab-1$	$(b-1)MS_{Block} + b(a-1)MS_E$	

$\hat{\sigma}^2_{RB}$= RCBD에서 구한 σ^2에 대한 추정량

이 실험을 완전랜덤화설계로 실시하였다면 σ^2에 대한 추정량은 얼마나 될까? 그 결과는 다음과 같이 구할 수 있을 것이다.

$$\hat{\sigma}^2_{CR} = \frac{(b-1)MS_{Block} + b(a-1)MS_E}{ab-1} \tag{4.1-14}$$

여기에서 $\hat{\sigma}^2_{RB}$에 대한 $\hat{\sigma}^2_{CR}$의 상대적 비를 상대효율이라 한다. 블록화 효과가 심할수록 블록제곱합이 커지고 $\hat{\sigma}^2_{RB}$이 작아져 상대효율이 커짐을 알 수 있다.

$$\text{상대효율}(R.E) = \frac{\hat{\sigma}^2_{CR}}{\hat{\sigma}^2_{RB}} = \frac{(b-1)MS_{Block} + b(a-1)MS_E}{(ab-1)MS_E} \tag{4.1-15}$$

예제 4.1

다음은 밀의 네 종류의 품종에 대한 수확량차이를 비교하기 위하여 실시한 랜덤화완비블록실험(5블록 4처리) 결과에 대한 분산분석표이다. 이를 이용하여 랜덤화블록설계의 효율을 계산할 수 있다. 원 자료는 생략한다.

표 4.1-4 분산분석표

변인	자유도	제곱합	평균제곱합	F-값
블록	4	21.46	5.37	
품종	3	134.45	44.82	20.46
오차	12	26.26	2.19	
전체	19			

이 경우, $\hat{\sigma}^2_{CR} = \dfrac{4(5.37)+5(4-1)(2.19)}{20-1}$, $\hat{\sigma}^2_{RB} = 2.19$ 이므로

$$\text{상대효율}(R.E) = \frac{4(5.37)+5(4-1)(2.19)}{19(2.19)} = 1.306 > 1$$

따라서 RCBD가 CRD보다 더 효율적이라는 것을 알 수 있다. 그런데 RCBD의 경우 오차에 대한 자유도는 12이고 CRD의 경우는 16이다. 따라서 공평하지 않다. 이러한 점을 고려하여 자유도를 고려한 수정된 상대효율이 블록화 효

과를 평가하는 데 더욱 합리적일 수 있다. 이를 수정된 상대효율이라 한다.

$$수정된\ R.E = \frac{(df_{RB}+1)(df_{CR}+3)\hat{\sigma}^2_{CR}}{(df_{RB}+3)(df_{CR}+1)\hat{\sigma}^2_{RB}}, \qquad (4.1\text{-}16)$$

df_{RB}= RCBD의 오차 자유도, df_{CR}= CRD의 오차 자유도

[예제 4.1]에서 $R.E = 1.306$, $df_{RB} = 12$, $df_{CR} = 16$ 이므로

$$수정된\ R.E = \frac{(12+1)(16+3)}{(12+3)(16+1)} \times 1.306 = 1.26 > 1$$

▶ [참고 4]Fisher의 수정된 상대효율 (p.186)

예제 4.2

[예제 4.1]의 랜덤화완비블록실험을 완전랜덤화실험으로 간주하여 분석하면 블록제곱합이 오차제곱합으로 합산된다. 따라서 블록효과가 클수록 오차제곱합이 과대하게 커지는 결과가 초래되어 검정력이 떨어지는 잘못된 분석결과를 얻게 된다. 이 경우에도 [표 4.1-4]에 비하여 실험오차가 커져 품종의 차에 대한 통계적 유의성에 약간의 차이를 보이고 있다.

표 4.1-5 분산분석표

변인	자유도	제곱합	평균제곱합	F-값
품종	3	134.45	44.82	15.04
오차	16	47.72	2.98	
전체	19			

4.1.4 결측값에 대한 조치

완전랜덤화설계의 경우 각 처리별 반복수가 반드시 같을 필요가 없다. 그러나 랜덤화완비블록설계의 경우는 한 블록에 모든 처리가 한 번씩 실험되는 것을 뜻하기 때문에 모든 처리에 대한 반복수가 반드시 같아야 한다. 만일 반복

수가 같지 않다면 어느 처리에 결측값(missing value)이 있다는 것을 의미한다. 만일 결측값이 있을 경우 결측값을 추정하여 보완한 후 통계처리를 수행한다.

y_{lk}(k번째 블록내의 l번째 처리)가 결측값이라고 하자. 이때 $y'_{i.}$은 결측값 y_{lk}를 뺀 l번째 처리합이고, $y'_{.k}$는 결측값 y_{lk}를 뺀 k번째 블록의 합이며 $y'_{..}$은 결측값 y_{lk}를 뺀 전체의 합이라 하자. 이 경우 오차제곱합을 다음과 같이 표현된다.

$$SS_E = \sum_i \sum_j y_{ij}^2 - \frac{1}{b}\sum_i y_{i.}^2 - \frac{1}{a}\sum_j y_{.j}^2 + \frac{1}{ab}y_{..}^2 \qquad (4.1\text{-}17)$$

$$= \sum_i \sum_j y_{ij}^2 + y_{lk}^2 - \frac{1}{b}\left\{\sum_i y_{i.}^2 + (y_{l.}' + y_{lk})^2\right\}$$

$$- \frac{1}{a}\left\{\sum_j y^2 + (y_{.k}' + y_{lk})^2\right\} + \frac{1}{ab}(y_{..}' + y_{lk})^2 \qquad (4.1\text{-}18)$$

다음으로 오차제곱합을 최소로 하는 결측값, $\hat{y}_{lk}$를 구해보면 다음과 같다.

$$\frac{\partial SS_E}{\partial y_{lk}} = 2y_{lk} - \frac{2}{b}(y'_{l.} + y_{lk}) - \frac{2}{a}(y'_{.k} + y_{lk}) + \frac{2}{ab}(y'_{..} + y_{lk}) = 0$$

$$\hat{y}_{lk} = \frac{ay'_{l.} + by'_{.k} - y'_{..}}{(a-1)(b-1)} \qquad (4.1\text{-}19)$$

다음은 칼리 비료의 양을 5종류로 하여 3품종의 목화에 준 후 비료의 양에 따라 목화 섬유의 질김이 서로 달라지는지 알아보는 실험을 랜덤화완비블록설계로 실시하였다.

표 4.1-6 결측값이 있는 자료

처 리	블 록			$y_{i.}$	$y'_{i.}$	
	1	2	3			
1	7.62	8.00	7.93	23.55		
2	8.14	8.15	7.87	24.26		
3	7.76	7.73	7.74	23.23		
4	7.17	7.57	y_{43}	.	14.74	
5	7.46	7.68	7.21	22.35		
$y_{.j}$	38.15	39.13				
$y'_{.j}$			30.75		108.03	$y'_{..}$

이때 3번째 블록 4번째 처리의 결측값을 추정하여 보면 다음과 같다.

$$\hat{y}_{43} = \frac{s(14.74) + 3(30.75) - 108.03}{(5-1)(3-1)} = 7.24$$

4.1.5 최소제곱법에 의한 모수추정 및 제곱합의 계산

랜덤화완비블록설계의 통계모형을 다음과 같이 정의한다.

$$y_{ij} = \mu + \tau_i + \beta_j + e_{ij},\ \ i = 1, 2 \cdots, a,\ \ j = 1, 2 \cdots b,$$
$$\beta_j \sim N(0,\ \sigma_\beta^2),\ \ e_{ij} \sim N(0,\ \sigma^2) \qquad (4.1\text{-}20)$$

정규방정식은 다음과 같다.

$$\boldsymbol{X}'\boldsymbol{X}\hat{\boldsymbol{\beta}} = \boldsymbol{X}'\boldsymbol{y} \qquad (4.1\text{-}21a)$$

$$\begin{pmatrix} ab & b & b & \cdots & b & a & a & \cdots & a \\ b & b & 0 & \cdots & 0 & 1 & 1 & \cdots & 1 \\ b & 0 & b & \cdots & 0 & 1 & 1 & \cdots & 1 \\ \vdots & \vdots & \vdots & & \vdots & \vdots & & & \vdots \\ b & 0 & 0 & \cdots & b & 1 & 1 & \cdots & 1 \\ a & 1 & \cdots & \cdots & 1 & a & 0 & \cdots & a \\ a & 1 & \cdots & \cdots & 1 & 0 & a & \cdots & a \\ \vdots & \vdots & & & \vdots & \vdots & & & \vdots \\ a & 1 & \cdots & \cdots & 1 & 0 & 0 & \cdots & a \end{pmatrix} \begin{pmatrix} \hat{\mu} \\ \hat{\tau}_1 \\ \vdots \\ \hat{\tau}_a \\ \hat{\beta}_1 \\ \vdots \\ \hat{\beta}_b \end{pmatrix} = \begin{pmatrix} y_{..} \\ y_{1.} \\ \vdots \\ y_{a.} \\ y_{.1} \\ \vdots \\ y_{.b} \end{pmatrix} \qquad (4.1\text{-}21b)$$

모수에 대한 추정량을 구하기 위해서는 2종류의 제약식이 필요하므로 $\sum_{i=1}\tau_i = 0$와 $\sum_{j=1}\beta_j = 0$을 이용하면 식 (4.1-21b)로부터 다음의 추정량을 얻을 수 있다.

$$\hat{\mu} = \bar{y}_{..}$$
$$\hat{\tau}_i = \bar{y}_{i.} - \bar{y}_{..},\ \ i = 1,2,\cdots,a$$
$$\hat{\beta}_j = \bar{y}_{.j} - \bar{y}_{..},\ \ j = 1,2,\cdots,b \qquad (4.1\text{-}22)$$

물론 이 추정값들은 유일해가 아님은 이미 지적한 바 있다. 그러나 이를 이용한 제곱합은 해의 종류와 관계없이 항상 같은 값을 갖는다. 따라서 추정값의 유일해를 구할 수 없다 하더라도 각각의 제곱합을 구하는 데 문제가 되지 않는다.

이러한 제곱합을 $R(\ )$표기법으로 표현하면 편리한데 이를 위하여 우선 다음 값을 계산한다.

$$R(\mu,\boldsymbol{\tau},\boldsymbol{\beta}) = \hat{\boldsymbol{\beta}}'\boldsymbol{X}'\boldsymbol{y} = \sum_{i=1}\frac{y_{i.}^2}{b} + \sum_{j=1}\frac{y_{.j}^2}{a} - \frac{y_{..}^2}{ab}, \quad y_{ij} = \mu + \tau_i + \beta_j + e_{ij} \tag{4.1-23}$$

$$R(\mu,\boldsymbol{\tau}) = \hat{\boldsymbol{\beta}}'\boldsymbol{X}'\boldsymbol{y} = \sum_{i=1}\frac{y_{i.}^2}{b}, \quad y_{ij} = \mu + \tau_i + e_{ij} \tag{4.1-24}$$

$$R(\mu,\boldsymbol{\beta}) = \hat{\boldsymbol{\beta}}'\boldsymbol{X}'\boldsymbol{y} = \sum_{j=1}\frac{y_{.j}^2}{a}, \quad y_{ij} = \mu + \beta_j + e_{ij} \tag{4.1-25}$$

$$R(\mu) = \hat{\boldsymbol{\beta}}'\boldsymbol{X}'\boldsymbol{y} = \frac{y_{..}^2}{ab} = CF, \quad y_{ij} = \mu + e_{ij} \tag{4.1-26}$$

따라서 처리제곱합 (SS_{TR}), 블록제곱합 (SS_{Block}), 오차제곱합 (SS_E)을 다음과 같이 표현할 수 있다.

$$SS_{TR} = R(\boldsymbol{\tau}\mid\mu,\ \boldsymbol{\beta}) = R(\mu,\ \boldsymbol{\tau},\ \boldsymbol{\beta}) - R(\mu,\ \boldsymbol{\beta}) = \sum_{i=1}\frac{y_{i.}^2}{b} - CF \tag{4.1-27}$$

$$SS_{Block} = R(\boldsymbol{\beta}\mid\mu,\ \boldsymbol{\tau}) = R(\mu,\ \boldsymbol{\tau},\ \boldsymbol{\beta}) - R(\mu,\ \boldsymbol{\tau}) = \sum_{j=1}\frac{y_{.j}^2}{a} - CF \tag{4.1-28}$$

$$SS_E = \sum_i\sum_j y_{ij}^2 - R(\mu,\boldsymbol{\tau},\boldsymbol{\beta}) = \sum_i\sum_j y_{ij}^2 - \sum_{i=1}\frac{y_{i.}^2}{b} - \sum_{j=1}\frac{y_{.j}^2}{a} + CF \tag{4.1-29}$$

참고 Type Ⅰ, Ⅱ, Ⅲ, Ⅳ SS

통계모형 $y_{ij} = \mu + \alpha_i + \beta_j + \alpha\beta_{ij} + e_{jkl}$의 경우 4 종류의 SS는 다음과 같다.

※ 순차 제곱합(Sequential SS), 직교 ANOVA

Type Ⅰ SS : $R(\alpha\mid\mu)$, $R(\beta\mid\mu,\alpha)$, $R(\alpha\beta\mid\mu,\alpha,\beta)$

※ 편 제곱합(Partial SS), 비직교 ANOVA

Type Ⅱ SS : $R(\alpha\mid\mu,\beta)$, $R(\beta\mid\mu,\alpha)$, $R(\alpha\beta\mid\mu,\alpha,\beta)$

Type Ⅲ SS : $R(\alpha\mid\mu,\beta,\alpha\beta)$, $R(\beta\mid\mu,\alpha,\alpha\beta)$, $R(\alpha\beta\mid\mu,\alpha,\beta)$

Type Ⅳ SS : 결측값이 있을 때

블록설계의 경우 두 요인의 교호작용이 없는 경우이다. 완비블록설계의 경우 Type Ⅰ, Ⅱ, Ⅲ, Ⅳ SS가 전부 같기 때문에 특별한 주의가 필요하지 않다. 그러나 불완비블록설계의 경우는 다음과 같은 성질이 있음을 밝혀둔다.

$$R(\tau, \beta \mid \mu) \neq R(\tau \mid \mu, \beta) + R(\beta \mid \mu, \tau)$$

(부분제곱합, partial sum of square)

$$R(\tau, \beta \mid \mu) = R(\tau \mid \mu) + R(\beta \mid \mu, \tau) = R(\beta \mid \mu) + R(\tau \mid \mu, \beta)$$

(순차제곱합, sequential sum of square)

따라서 SAS에서는 불완비블록의 경우 다음과 같은 두 방법을 사용하여 분산분석표를 구성하고 이것을 각각 Type Ⅰ SS와 Type Ⅲ SS로 구분한다.

- **Type Ⅰ SS**

표 4.1-7 Type Ⅰ SS

SS_{TR}	$R(\tau \mid \mu)$
SS_{Block}	$R(\beta \mid \mu, \tau)$
SS_E	$\sum\sum y_{ij}^2 - R(\mu, \tau, \beta)$
SS_T	$\sum\sum y_{ij}^2 - R(\mu)$

이 경우 SS_{TR}을 SS_{TR}(블록효과 무수정) 혹은 SS_{TR}(무수정)이라 표기하고, SS_{Block}은 SS_{Block}(처리효과 수정) 혹은 SS_{Block}(수정)이라 표기한다.

- **Type Ⅲ SS**

표 4.1-8 Type Ⅲ SS

SS_{TR}	$R(\tau \mid \mu, \beta)$
SS_{Block}	$R(\beta \mid \mu, \tau)$
SS_E	$\sum\sum y_{ij}^2 - R(\mu, \tau, \beta)$
SS_T	$\sum\sum y_{ij}^2 - R(\mu)$

이 경우 SS_{TR}을 SS_{TR}(블록효과 수정) 혹은 SS_{TR}(수정)이라 표기하고, SS_{Block}은 SS_{Block}(처리효과 수정) 혹은 SS_{Block}(수정)이라 표기한다.

Type III SS 경우, $R(\tau|\mu,\beta)+R(\beta|\mu,\tau)\neq R(\beta,\tau|\mu)$이므로 $SS_R=R(\beta,\tau|\mu)$와 SS_{TR}(수정)+SS_{Block}(수정)의 합계가 일치하지 않는다. 그러나 여러모로 실용성이 높아 널리 사용되고 있다. 한편 블록설계인 경우 교호작용($\alpha\beta$, 이 경우는 $\tau\beta$)이 없으므로 Type II SS와 Type III SS는 같음을 알 수 있다.

예제 4.3 [표 4.1-6]의 SAS 분석의 예

```
DATA ex4_3;
   INPUT trt block y @@;
CARDS;
1 1 7.62 1 2 8.00 1 3 7.93
2 1 8.14 2 2 8.15 2 3 7.87
3 1 7.76 3 2 7.73 3 3 7.74
4 1 7.17 4 2 7.57 4 3  .
5 1 7.46 5 2 7.68 5 3 7.21
;
PROC GLM DATA=ex4_3;
   CLASS block trt;
   MODEL y=trt block/ss1 ss2 ss3 ss4;
RUN;
```

```
                    General Linear Models Procedure
                        Dependent Variable: Y

Source          DF    Sum of Squares     Mean Square    F Value    Pr > F

Model            6      0.99029476       0.16504913       6.34     0.0142
Error            7      0.18222667       0.02603238                   000
             Corrected Total     13        1.17252143

           R-Square          C.V.          Root MSE        Y Mean

           0.844586        2.090935       0.16134553    7.71642857

Source          DF      Type I SS        Mean Square    F Value    Pr > F

TRT              4      0.84918810       0.21229702       8.16     0.0090
BLOCK            2      0.14110667       0.07055333       2.71     0.1344

Source          DF      Type II SS       Mean Square    F Value    Pr > F
```

Source	DF	Type I SS	Mean Square	F Value	Pr > F
TRT	4	0.88956833	0.22239208	8.54	0.0079
BLOCK	2	0.14110667	0.07055333	2.71	0.1344
Source	DF	Type III SS	Mean Square	F Value	Pr > F
TRT	4	0.88956833	0.22239208	8.54	0.0079
BLOCK	2	0.14110667	0.07055333	2.71	0.1344
Source	DF	Type IV SS	Mean Square	F Value	Pr > F
TRT	4	0.88956833	0.22239208	8.54	0.0079
BLOCK	2	0.14110667	0.07055333	2.71	0.1344

본 예처럼 결측값이 있을 때 Type I SS와 다른 Type SS와 값이 차이가 있음을 볼 수 있다. 분산분석에서 Model의 값 0.990은 Type I SS의 TRT 0.849와 BLOCK 0.141의 합으로 나타난다. 위의 결과에서 Block의 효과는 존재하지 않으며 처리효과가 통계적으로 유의하다.

4.2 라틴방격설계

실험의 정도를 높이기 위한 방법으로 블록화를 생각하였다. 그런데 이 블록화가 한 요인이 아니라 두 요인에 의하여 이루어진 경우를 생각해보자.

간단한 예로 어떤 볍씨의 수확량의 차이를 조사하려고 하는데 수확량에 크게 영향을 미치는 지력(땅의 비옥의 정도)이 좌에서 우로 뿐만 아니라 상에서 하로 떨어진다고 하자. 이 경우 실험의 정도를 높이기 위해서는 좌·우 그리고 상·하 라는 두 요인에 의한 블록화를 실시하는 것이 효과적이라고 할 수 있다.

또 다른 예로 자동차 연료에 첨가되는 3종류의 첨가물의 연비에 미치는 효능을 비교분석하기 위하여 3종류의 자동차와 3명의 운전자를 선택하였다. 이 경우 자동차의 종류와 운전자의 운전습관에 따라서 연비가 영향을 받는다고 판단되면 실험사는 이 두 요인에 의하여 블록화를 실시하여야 할 것이다. 왜냐하면 이 두 요인의 효과와 연구대상인 3종류의 첨가물 효과가 서로 교락되는 것을 통제하기 위함이다. 그렇다면 이 경우 어떻게 실험을 수행할 것인가? 두 요인을 고려한 블록은 모두 9종류(즉, 블록의 개수가 9)가 되고 한 블록마다 3종류의 처리가 실험되어야 하므로 1회의 실험이 끝나려면 모두 27회의 실험이 실시되어야 한다. 이 경우 두 방향으로 블록화를 실시한 다음과 같은 라틴방격을 이용하면 실험의 횟수를 1/3로 줄여 실험을 수행할 수 있다.

		승용차		
		1	2	3
운	1	A	B	C
전	2	B	C	A
자	3	C	A	B

이와 같은 실험설계를 3×3 라틴방격설계(Latin square design)라 한다.

4.2.1 라틴방격설계의 랜덤화

라틴방격설계는 두 블록요인을 행(row)과 열(column)로 블록화 한 후 각 처리가 모든 행과 열에 꼭 한 번씩 나타나게 배치한다. 우선 2×2, 3×3, 4×4, 5×5 라틴방격법의 예를 보기로 하자.

2×2	3×3	4×4	5×5
A B	B A C	A B C D	A D B E C
B A	C B A	B A D C	D A C B E
	A C B	C D B A	E C D A B
		D C A B	B E A C D
			C B E D A

이 라틴방격을 보면 각 처리(알파벳 문자)가 모든 행과 열에 꼭 한 번씩 배치되어 있음을 알 수 있다.

그런데 라틴방격에서 열의 순서를 바꾸거나 행의 순서를 바꾸면 또 다른 라틴방격을 얻을 수 있다. 예를 들어 2×2경우 1행과 2행을 바꾸면 다음과 같은 두 종류의 라틴방격이 얻어진다. 그 이외의 다른 것은 없다.

A	B
B	A

B	A
A	B

3×3의 경우는 열의 순서를 바꾸거나 행의 순서를 바꾸는 방법으로 12종류 $(3!+3!)$의 라틴방격을 얻을 수 있다. 한편 아래의 4×4의 경우는 행과 열을 바꾸는 방법을 이용하여 둘 중 하나로 다른 것을 만들 수 없다.

A	B	C	D
B	A	D	C
C	D	B	A
D	C	A	B

A	B	C	D
B	C	D	A
C	D	A	B
D	A	B	C

어느 한 라틴방격을 이용하여 행 혹은 열의 순서를 바꾸어 다른 라틴방격을 만들 수 있을 경우 그 기준이 되는 것을 표준형(standard type)이라 한다. 그런데 위의 4×4의 경우와 같이 행과 열을 바꾸어도 라틴방격을 얻을 수 없는 것은 서로 다른 표준형을 갖고 있기 때문이다.

2×2와 3×3의 경우는 어느 하나를 이용하여 각각 2와 12종류의 라틴방격을 얻을 수 있다. 이러한 관점에서 2×2와 3×3 라틴방격은 각각 하나의 표준형이 있다고 한다. 또 4×4 경우는 4종류의 표준형이 있고 5×5의 경우는 56종류, 6×6의 경우는 9,408종류가 있으며 7×9의 경우는 무려 16,942,080 종류의 표준형이 존재하는 것으로 알려져 있다.

다음으로 라틴방격을 이용하여 실험할 경우 어떻게 랜덤화를 실시할 것인가 하는 문제를 생각하여 보자.

첫째, 많은 라틴방격 중에서 하나를 임의로 선택한다. 예를 들면 4×4라틴방격의 경우 4종류의 표준형 중에서 하나를 임의추출하고 추출된 표준형의 행과 열을 임의로 바꾸어 사용한다.

둘째, 추출된 라틴방격에서 어떤 처리를 어떤 문자(알파벳)와 대응시켜 실험할 것인지를 임의로 결정한다.

이러한 절차로서 라틴방격에 대한 랜덤화가 끝난 것으로 취급한다. 이것은 두 방향으로 블록화된 것으로 완전랜덤화설계법에 비하여 제한된 랜덤화방법의 하나이다. 블록의 효과가 이처럼 두 방향으로 나타날 때 실험의 정도를 높이는 방법으로 자주 사용된다.

4.2.2 통계모형과 제곱합의 계산

$p \times p$ 라틴방격설계에 대한 통계모형을 다음과 같이 정의하자.

$$y_{ijk} = \mu + \alpha_i + \tau_j + \beta_k + e_{ijk}, \quad i, j, k = 1, 2 \cdots p, \tag{4.2-1}$$

α_i=i행 효과, τ_j=j처리 효과, β_k=k열 효과,

$e_{ijk} \sim N(0, \sigma^2)$

다음으로 관측값에 대한 분해를 하여 다음과 같이 나타낼 수 있다.

$$\begin{aligned} y_{ijk} - \bar{y}_{...} &= (\bar{y}_{i..} - \bar{y}_{...}) + (\bar{y}_{.j.} - \bar{y}_{...}) + (\bar{y}_{..k} - \bar{y}_{...}) \\ &\quad + (y_{ijk} - \bar{y}_{i..} - \bar{y}_{.j.} - \bar{y}_{..k} + 2\bar{y}_{...}) \end{aligned} \tag{4.2-2}$$

한편 이를 이용하여 각 제곱합과 평균제곱합의 기댓값(EMS)를 구하면 [표 4.2-1]과 같다. 단, 식 (4.2-1)에서 방해모수인 α_i, β_k 그리고 치리효과 τ_j를 각각 모수인자로 간주한, $\sum_i \alpha_i = 0$, $\sum_k \beta_k = 0$, $\sum_j \tau_j = 0$인 모수모형인 경우이다.

표 4.2-1 라틴방격설계의 분산분석표

변인	자유도	제곱합	EMS
처리(SS_{TR})	$p-1$	$\frac{1}{p}\sum y_{.j.}^2 - CF$	$\sigma^2 + \frac{p}{p-1}\sum_j \tau_j^2$
행 (SS_{Row})	$p-1$	$\frac{1}{p}\sum y_{i..}^2 - CF$	$\sigma^2 + \frac{p}{p-1}\sum_i \alpha_i^2$
열 (SS_{Col})	$p-1$	$\frac{1}{p}\sum y_{..k}^2 - CF$	$\sigma^2 + \frac{p}{p-1}\sum_k \beta_k^2$
오차(SS_E)	$(p-2)(p-1)$	$SST - SS_{TR} - SS_{row} - SS_{Col}$	σ^2
전체(SST)	p^2-1	$\sum\sum\sum y_{ijk}^2 - CF$, $CF = \frac{y_{...}^2}{p^2}$	

따라서 다음과 같은 사실을 알 수 있다.

$$H_0 : \tau_1 = \tau_2 = \cdots = \tau_p = 0 \text{일 때 } E(MS_{TR}) = \sigma^2$$

$$H_0 : \alpha_1 = \alpha_2 = \cdots = \alpha_p = 0 \text{일 때 } E(MS_{Row}) = \sigma^2$$

$$H_0 : \beta_1 = \beta_2 = \cdots = \beta_p = 0 \text{일 때 } E(MS_{Col}) = \sigma^2$$

따라서 처리효과에 대한 검정절차는 다음과 같다.

$$F = \frac{MS_{TR}}{MS_E} > F_\alpha(p-1, (p-2)(p-1)) \text{ 이면 } H_0 \text{ 기각} \tag{4.2-3}$$

단, $H_0 : \ \tau_1 = \tau_2 = \cdots = \tau_p = 0$

한편 라틴방격설계는 처리, 행, 열의 수가 똑같이 p가 되어야 하므로 모든 처리의 반복수가 항상 같아야 한다. 만일 반복수가 같지 않으면 랜덤화블록설계법의 경우처럼 결측값이 있는 것으로 취급하여 이를 추정하여 삽입한 후 통계적인 분석을 진행한다. 만일 a행 c열에서 처리 b가 결측값이라 하면 랜덤화블록계획법의 경우와 비슷한 방법으로 오차제곱합을 최소로 하는 결측값을 추정하면 다음과 같다.

$$\hat{y}_{abc} = \frac{p(y'_{a..} + y'_{.b.} + y'_{..c}) - 2y'_{...}}{(p-2)(p-1)} \tag{4.2-4}$$

여기에서 $y'_{a..}$은 결측값을 제외한 a행의 합이고, $y'_{.b.}$은 결측값을 제외한 b열의 합이며, $y'_{..c}$는 결측값을 제외한 c처리의 합을 의미한다. 또 $y'_{...}$은 결측값을 제외한 전체 합계를 의미한다.

4.2.3 라틴방격실험의 반복

라틴방격을 n번 반복해서 실험할 경우를 생각하여 보자. 예를 들어 자동차 연료의 첨가제에 관한 실험에서 운전자와 차의 종류에 의하여 블록화된 3×3 라틴방격을 1회 실시하지 않고 n회 반복실험 하였을 경우이다.

이때 각 실험횟수마다 행과 열의 수준을 같은 수준을 사용할 경우와 그렇지 않을 경우 분산분석표가 달라짐을 알 수 있다. 예를 들어 반복 때마다 운전자와 차를 그대로 사용하든가, 운전자만 바꾸던가, 매번 새로운 운전자와 차로 바꾸어 실험하든가 하는 경우들을 생각할 수 있다. 이를 구별하여 분산분석표를 만들어야 한다. 라틴방격에 의하여 반복실험을 실시하였을 경우 측정치에 대한 통계모형은 다음과 같다.

$$y_{ijkl} = \mu + \alpha_i + \tau_j + \beta_k + e_{ijkl},\ \ i, j, k = 1, 2 \cdots p, \tag{4.2-5}$$
$$l = 1, 2 \cdots n,\ \alpha_i = i\text{행 효과},\ \tau_j = j\text{처리 효과},$$
$$\beta_k = k\text{열 효과},\ e_{ijk} \sim N(0, \sigma^2)$$

그러면 각각의 경우 분산분석표는 [표 4.2-2]~[표 4.2-4]와 같다.

표 4.2-2 분산분석표(행과 열이 같은 수준일 경우)

변인	자유도	제곱합	EMS
처리(SS_{TR})	$p-1$	$\frac{1}{np}\sum_j y_{.j..}^2 - CF$	$\sigma^2 + \frac{p}{p-1}\sum \tau_j^2$
행 (SS_{Row})	$p-1$	$\frac{1}{np}\sum_i y_{i...}^2 - CF$	$\sigma^2 + \frac{p}{p-1}\sum \alpha_i^2$
열 (SS_{Col})	$p-1$	$\frac{1}{np}\sum_k y_{..k.}^2 - CF$	$\sigma^2 + \frac{1}{p-1}\sum \beta_k^2$
반복 (SS_{rep})	$n-1$	$\frac{1}{p^2}\sum_l y_{...l}^2 - CF$	
오차 (SS_E)	$(p-1)\{n(p+1)-3\}$		σ^2
전체 (SST)	np^2-1		

표 4.2-3 분산분석표 (열은 같은 수준이고 행이 다른 수준인 경우)

변인	자유도	제곱합	EMS
처리(SS_{TR})	$p-1$	$\frac{1}{np}\sum_j y_{.j..}^2 - CF$	$\sigma^2 + \frac{np}{p-1}\sum \tau_j^2$

행 (SS_{Row})	$n(p-1)$	$\frac{1}{p}\sum_{l}\sum_{i}y_{i..l}^2 - \frac{1}{p^2}\sum_{l=1}y_{...l}^2$	$\sigma^2 + \frac{p}{np-1}\sum\alpha_i^2$
열 (SS_{Col})	$p-1$	$\frac{1}{np}\sum_{k}y_{..k.}^2 - CF$	$\sigma^2 + \frac{np}{p-1}\sum\beta_k^2$
반복 (SS_{rep})	$n-1$	$\frac{1}{p^2}\sum_{l}y_{...l}^2 - CF$	
오차 (SS_E)	$(p-1)(np-1)$		σ^2
전체 (SST)	np^2-1		

표 4.2-4 분산분석표 (행과 열이 모두 다른 수준인 경우)

변인	자유도	제곱합	EMS
처리 (SS_{TR})	$p-1$	$\frac{1}{np}\sum_{j}y_{.j..}^2 - CF$	$\sigma^2 + \frac{np}{p-1}\sum\tau_j^2$
행 (SS_{Row})	$n(p-1)$	$\frac{1}{p}\sum_{l}\sum_{i}y_{i..l}^2 - \frac{1}{p^2}\sum_{l}y_{...l}^2$	$\sigma^2 + \frac{p}{np-1}\sum\alpha_i^2$
열 (SS_{Col})	$n(p-1)$	$\frac{1}{p}\sum_{l}\sum_{k}y_{..kl}^2 - \frac{1}{p^2}\sum y_{...l}^2$	$\sigma^2 + \frac{p}{np-1}\sum\beta_k^2$
반복 (SS_{rep})	$n-1$	$\frac{1}{p^2}\sum_{l}y_{...l}^2 - CF$	
오차 (SS_E)	$(p-1)\{n(p-1)-1\}$		σ^2
전체 (SST)	np^2-1		

4.2.4 그레코-라틴방격설계

두 요인에 의한 블록화 방법을 라틴방격법에 의하여 실시하였다. 다음으로 세 요인에 의한 블록화를 하고자 할 때 종종 이용되는 그레코-라틴방격(Graeco-Latin square)설계를 소개한다.

다음과 같은 두 종류의 4×4 라틴방격을 생각해보자.

(1) (2)

A	B	C	D		α	β	γ	δ
B	A	D	C		δ	γ	β	α
C	D	A	B		β	α	δ	γ
D	C	B	A		γ	δ	α	β

이 두 라틴방격을 겹쳤을 때 (1)의 라틴문자는 라틴방격 (2)의 그리스문자와 꼭 한 번씩만 만난다. 이 경우 라틴방격 (1)과 (2)는 서로 직교(orthogonal)한다고 한다. 이 두 라틴방격을 결합하면 그레코-라틴방격을 얻을 수 있다.

$$\begin{matrix} A_\alpha & B_\beta & C_\gamma & D_\delta \\ B_\delta & A_\gamma & D_\beta & C_\alpha \\ C_\beta & D_\alpha & A_\delta & B_\gamma \\ D_\gamma & C_\delta & B_\alpha & A_\beta \end{matrix}$$

이것은 결국 행과 열 그리고 그리스 문자인 3종류의 요인으로 블록화되었음을 알 수 있다. 따라서 각 처리 A, B, C, D는 세 종류의 요인으로 이루어진 블록에 1회씩 배치되어 있다.

$p \times p$ 그레코-라틴방격의 경우 측정치에 대한 통계모형은 다음과 같다.

$$y_{ijkl} = \mu + \theta_i + \tau_j + w_k + \phi_l + e_{ijkl}, \ i, j, k, l = 1, 2 \cdots p, \tag{4.2-6}$$

θ_i=i행 효과, ϕ_l=l열 효과, τ_j=j처리 효과,

w_k=그리스문자 효과, $e_{ijkl} \sim N(0, \sigma^2)$

한편 관측값 y_{ijkl}을 각 효과의 성분별로 분해하면 다음과 같다.

$$\begin{aligned} y_{ijkl} - \bar{y}_{...} &= (\bar{y}_{i...} - \bar{y}_{....}) + (\bar{y}_{.j..} - \bar{y}_{....}) + (\bar{y}_{..k.} - \bar{y}_{....}) + (\bar{y}_{...l} - \bar{y}_{....}) \\ &\quad + (y_{ijkl} - \bar{y}_{i...} - \bar{y}_{.j..} - \bar{y}_{..k.} - \bar{y}_{...l} + 3\bar{y}_{....}) \end{aligned} \tag{4.2-7}$$

이를 이용하여 다음과 같은 그레코라틴방격에 대한 분산분석표를 만들 수 있다. 이 경우에는 $SS_{Greek}, SS_{Row}, SS_{Col}$이 블록에 관한 제곱합이고 SS_{Latin}이 처리 제곱합에 해당된다.

표 4.2-5 그레코라틴방격의 분산분석표

변인	자유도	제곱합	EMS
라틴 (SS_{Latin})	$p-1$	$\frac{1}{p}\sum_j y_{.j..}^2 - CF$	$\sigma^2 + \frac{p}{p-1}\sum_j \tau_j^2$
그리스 (SS_{Greek})	$p-1$	$\frac{1}{p}\sum_k y_{..k.}^2 - CF$	$\sigma^2 + \frac{p}{p-1}\sum_k w_k^2$
행 (SS_{Row})	$p-1$	$\frac{1}{p}\sum_i y_{i...}^2 - CF$	$\sigma^2 + \frac{p}{p-1}\sum_i \theta_i^2$
열 (SS_{Col})	$p-1$	$\frac{1}{p}\sum_l y_{...l}^2 - CF$	$\sigma^2 + \frac{p}{p-1}\sum_l \phi_l^2$
오차 (SS_E)	$(p-1)(p-3)$	$SS_T - SS_{Latin} - SS_{Greek} - SS_{row} - SS_{col}$	
전체 (SST)	p^2-1		

예제 4.4

어느 공장에서 4종류(A, B, C, D)의 원료를 사용하여 어떤 자재를 생산하고 있다고 한다. 원료의 종류에 따라 제품에 대한 강도(strength)의 차이를 알아보고자 한다. 그런데 자재의 강도는 원료뿐만 아니라 작업하는 기술자의 숙련도에도 영향을 받을 수 있기 때문에 4명의 기술자를 선택하여 모든 기술자에게 4종류의 원료를 사용하여 자재를 생산토록 하였다. 그런데 한 명의 기술자가 하루에 하나의 자재만을 생산할 수 있어 4일 동안 실험을 실시하였다. 따라서 측정치(y)는 기술자 이외에 날짜에 따라 영향을 받을 수 있기 때문에 4×4 라틴방격법에 의하여 4종류의 원료를 사용하여 실험한 후 다음의 결과를 얻었다고 한다.

표 4.2-6 실험결과

		날짜			
		1	2	3	4
기술자	1	B (810)	C (1080)	A (700)	D (910)
	2	C (1100)	D (880)	B (780)	A (600)
	3	D (840)	A (540)	C (1055)	B (830)
	4	A (650)	B (740)	D (1025)	C (900)

이 실험 결과에 대한 분산분석표는 다음과 같다.

표 4.2-7 분산분석표

변인	자유도	제곱합	평균제곱합	p-값
행(기술자)	3	7662.5	2554.1	0.7510
열(날짜)	3	17600.0	5866.6	0.4759
처리(원료)	3	371137.5	123712.5	0.0016
오차	6	37250.0	6208.3	

아울러, 처리효과는 $\hat{\tau}_i = \bar{y}_{.j.} - \bar{y}_{...}$ 이므로 다음과 같이 구할 수 있다.

$$\hat{\tau}_1 = \frac{2490}{4} - \frac{13440}{16} = -217.5$$
$$\hat{\tau}_2 = \frac{3160}{4} - \frac{13440}{16} = -50$$
$$\hat{\tau}_3 = \frac{4135}{4} - \frac{13440}{16} = 193.75$$
$$\hat{\tau}_4 = \frac{3655}{4} - \frac{13440}{16} = 73.75$$

SAS 분석의 예

```
DATA ex4_4;
   DO row=1 to 4;
      DO col=1 to 4;
         INPUT trt $ y@@; OUTPUT;
      END;
   END;
CARDS;
   b  810  c 1080  a  700  d 910
   c 1100  d  880  b  780  a 600
   d  840  a  540  c 1055  b 830
   a  650  b  740  d 1025  c 900
;
PROC GLM DATA=ex4_4;
   CLASS trt row col;
```

```
  MODEL y=row col trt;
RUN;
```

```
                    Analysis of Variance Procedure
                      Dependent Variable: Y

Source            DF    Sum of Squares       Mean Square     F Value   Pr > F
Model              9    396400.00000000   44044.44444444     7.09      0.0135
 Error             6     37250.00000000    6208.33333333
 Corrected Total  15    433650.00000000

           R-Square           C.V.          Root MSE          Y Mean
           0.914101        9.380116       78.79297769      840.00000000

Source            DF    Type III SS          Mean Square     F Value   Pr > F
ROW                3      7662.50000000    2554.16666667     0.41      0.7510
COL                3     17600.00000000    5866.66666667     0.94      0.4759
TRT                3    371137.50000000  123712.50000000    19.93      0.0016
```

위의 SAS 결과는 [예제 4.4] 자료에 대한 결과이다. 출력결과 중 원료의 종류(trt; 처리)에 대한 F-통계량의 값이 19.93이고 이에 대응되는 p-값이 0.0016으로 유의수준 1% 하에서 유의함을 볼 수 있다.

예제 4.5

4종류의 실을 원료로 제조한 옷감의 원단이 질긴 정도가 서로 다른지를 알아보고자 한다. 그런데 옷감의 질김은 실의 종류 외에 작업 온도, 직조기 회전수, 압력 등에 영향을 받는다고 한다. 따라서 온도 (T), 회전수(S), 압력(P)을 각각 4수준으로 하여 그레코-라틴방격으로 실험하였다. 블록방법과 실험결과 그리고 그 분석결과를 요약하면 다음과 같다.

$$\text{블록요인}\begin{cases}\text{온도}(T) & : T_1 \quad T_2 \quad T_3 \quad T_4 : \text{열}(i) \\ \text{회전수}(S) & : S_1 \quad S_2 \quad S_3 \quad S_4 : \text{행}(i) \\ \text{압력}(P) & : \alpha \quad \beta \quad \gamma \quad \delta : \text{그리스}(k)\end{cases}$$

$$\text{처리} \quad \{\text{실의 종류} : A \quad B \quad C \quad D : \text{라틴}(j)$$

표 4.2-8 실험결과

		온도(A)			
		T_1	T_2	T_3	T_4
회전수 (B)	S_1	A_α(15)	B_β(4)	C_γ(8)	D_δ(19)
	S_2	B_δ(5)	A_γ(19)	D_β(9)	C_α(16)
	S_3	C_β(15)	D_α(16)	A_δ(19)	B_γ(16)
	S_4	D_γ(19)	C_δ(26)	B_α(14)	A_β(34)

표 4.2-9 분산분석표

변인	자유도	제곱합	p-값
온도(T)	3	184.25	0.0259
회전수(S)	3	348.25	0.0105
압력(그리스)	3	10.25	0.5553
실의 종류(라틴)	3	288.75	0.0138
오차	3	12.25	
전체	15	843.75	

[예제 4.5] SAS 분석의 예

```
DATA ex4_5;
   DO row=1 to 4;
      DO col=1 to 4;
         INPUT trt $ pr $ y @@; OUTPUT;
      END;
   END;
CARDS;
A alpha   15   B beta      4   C gamma   8   D delta   19
B delta    5   A gamma    19   D beta    9   C alpha   16
C beta    15   D alpha    16   A delta  19   B gamma   16
D gamma 19     C delta    26   B alpha  14   A beta    34
;
PROC GLM DATA = ex4_5;
```

```
    CLASS  row col trt pr;
    MODEL y = row col trt pr;
RUN;
```

```
                    Analysis of Variance Procedure
                      Dependent Variable: Y

                                                          Sum of
Source             DF         Squares     Mean Square    F Value     Pr > F

Model              12     831.5000000      69.2916667      16.97     0.0196
Error               3      12.2500000       4.0833333
Corrected Total    15     843.7500000

           R-Square     Coeff Var      Root MSE       y Mean
           0.985481      12.72898      2.020726     15.87500

Source             DF     Type III SS     Mean Square    F Value     Pr > F

row                 3     348.2500000     116.0833333      28.43     0.0105
col                 3     184.2500000      61.4166667      15.04     0.0259
trt                 3     288.7500000      96.2500000      23.57     0.0138
pr                  3      10.2500000       3.4166667       0.84     0.5565
```

위의 SAS는 [예제 4.5]의 자료에 대한 분산분석으로 그레코-라틴방격설계에 대한 결과이다. 출력결과 실의 종류(trt ; 처리)에 대한 F-통계량의 값이 23.57이고 이에 대응되는 p-값이 0.0138로 유의수준 5% 하에서 유의함을 알 수 있다. 한편, 온도(col), 회전수(row)에 의한 F-통계량이 각각 15.04, 28.43으로 블록 간 차이가 유의하나 압력(pr)에 의한 F-통계량은 0.84로 압력에 의한 블록 간 차이는 유의하지 않음을 볼 수 있다. 그런데, 이 실험에서 블록을 고려한 이유는 실험의 정도를 높이기 위한 것이므로 온도와 회전수라는 두 블록에 대해서는 F-값이 1보다 크다는 것을 확인하는 정도로 충분하다. 다만, 압력에 의한 블록 간 차이가 유의하지 않으므로 압력에 대해서는 블록화효과가 없는 것으로 보인다. 그러나 블록요인의 선택은 과거의 경험이나 검증된 이론에 근거한 경우가 대부분인 정책적 결정이므로 검정결과에 큰 의미를 두지 않는다.

참고사항

참고 1 블록내 처리의 랜덤화의 의미(p.161)

두 종류의 키보드를 사용하여 6종류의 원고를 타이핑한 후 타이핑에 소요되는 시간을 측정, 비교하여 두 종류의 키보드의 성능을 비교, 분석하고자 한다.

y_{ij}를 원고를 타이핑하는 데 소요되는 시간, τ_i를 키보드효과, β_j를 원고 j의 효과, ϕ를 학습효과(learning effect), 그리고 e_{ij}를 실험오차라 하면 통계적 모형은,

$$y_{ij} = \mu + \tau_i + \beta_j + w\phi + e_{ij},\ i = A,\ B,\ j = 1, 2 \cdots 6$$

여기서 $\beta_j \sim N(0, \sigma_\beta^2)$, $e_{ij} \sim N(0, \sigma^2)$이고 w는 표시변수(indicator variable)로 학습효과가 있으면 1, 그렇지 않으면 0이다. 이때, 키보드 효과를 추론하기 위하여 다음과 같은 실험을 실시하였을 경우를 보기로 하자.

(설계 1)

6종류의 원고를 타이핑하는 실험에서 A를 항상 먼저 실험하는 경우이다.

$$(A, B), (A, B), (A, B), (A, B), (A, B), (A, B)$$

이 경우, 통계모형은 $y_{Aj} = \mu + \tau_A + \beta_j + e_{Aj}$, $y_{Bj} = \mu + \tau_B + \beta_j + \phi + e_{Bj}$이다. 그런데 $E(y_{A.}) = 6\mu + 6\tau_A$이고 $E(y_{B.}) = 6\mu + 6\tau_B + 6\phi$ 이므로 $E(\bar{y}_{A.} - \bar{y}_{B.}) = \tau_A - \tau_B - \phi$이다. 결국 $\hat{\tau}_A - \hat{\tau}_B = \bar{y}_{A.} - \bar{y}_{B.} + \phi$이므로 $\tau_A - \tau_B$의 추정값은 구할 수 없어 학습효과 ϕ와 교락된 추정값만 얻게 된다.

(설계 2)

(설계 1)의 문제점을 해결하기 위하여 각 원고를 타이핑할 때 사용하는 키보드 A, B의 순서의 선택을 랜덤화에 맡기는 방법이다. 이 방법을 통하여 다음과 같은 실험설계를 가정하기로 한다.

$$(A,B), (B,A), (A,B), (B,A), (A,B), (A,B)$$

여기서, (설계 1)의 경우와 같은 방법으로 $\tau_A - \tau_B$의 추정값을 구하면 $\hat{\tau}_A - \hat{\tau}_B = \bar{y}_{A.} - \bar{y}_{B.} + \frac{1}{3}\phi$임을 알 수 있다. 이 경우 역시 학습효과 ϕ와 교락되지 않은 $\tau_A - \tau_B$의 추정값은 구할 수 없지만 (설계 1)에 비하여 교락의 크기가 상대적으로 작은 추정값을 얻을 수 있다.

(설계 3)

(설계 2)의 교락문제를 좀 더 적극적으로 해소하기 위하여 키보드 A, B의 선택순서를 반반씩 할당하는, 다음과 같은 이른바 샌드위치설계(sandwich design)를 생각해 보자.

$$(A,B), (B,A), (B,A), (A,B), (B,A), (A,B)$$

이 경우, $\tau_A - \tau_B$의 추정값을 구하면 $\hat{\tau}_A - \hat{\tau}_B = \bar{y}_{A.} - \bar{y}_{B.}$이므로 학습효과 ϕ를 제거하여 학습효과가 키보드성능 차의 효과와 교락되는 것을 피할 수 있다.

그러나 이 실험의 경우 키보드의 성능의 차이를 추정하는데 방해가 되는 요인이 오로지 학습효과라는 사실을 사전에 알 수 있는 경우이다. 만일 12번의 실험을 수행하는 동안 어떤 요인이 순환적으로 영향을 미친다면 실험을 크게 훼손하여 올바른 추정값을 얻을 수 없기 때문이다. 예를 들어, 어떤 순환변동에 의하여 키보드 B가 집중적으로 영향을 받았을 경우 (설계 3)은 (설계 2)에 비하여 오히려 치명적 손상을 입게 된다. 따라서 (설계 3)은 실험의 순서에 관여하는 블록의 효과가 단순비례적 성향을 보일 경우가 아니면 사용하기 어렵다.

참고 2 혼합모형에 대한 평균제곱합의 기댓값(p.162)

$\sum \tau_i = 0,\ \beta_j \sim N(0, \sigma_\beta^2)$인 혼합모형(mixed effect model)의 경우,
$y_{ij} \sim N(\mu + \tau_i,\ \sigma_\beta^2 + \sigma^2),\ y_{.j} \sim N(a\mu,\ a^2\sigma_\beta^2 + a\sigma^2),\ y_{i.} \sim N(b\mu + b\tau_i,\ b\sigma_\beta^2 + b\sigma^2),$
$y_{..} \sim N(ab\mu, ab(a\sigma_\beta^2 + \sigma^2))$를 따른다는 사실을 이용하면,

$$E(MS_{TR}) = \sigma^2 + \frac{b}{a-1}\sum_{i=1}\tau_i^2$$
$$E(MS_{Block}) = \sigma^2 + a\sigma_\beta^2$$
$$E(MS_E) = \sigma^2$$

참고 3 모수모형에 대한 평균제곱합의 기댓값(p.162)

모수모형(fixed effect model)의 경우,
$y_{ij} \sim N(\mu+\tau_i+\beta_j,\ \sigma^2)$, $y_{.j} \sim N(a\mu+a\beta_j,\ a\sigma^2)$, $y_{i.} \sim N(b\mu+b\tau_i,\ b\sigma^2)$,
$y_{..} \sim N(ab\mu,\ ab\sigma^2)$을 따른다는 사실을 이용하면,

$$E(MS_{TR}) = \sigma^2 + \frac{b}{a-1}\sum_{i=1}\tau_i^2$$
$$E(MS_{Block}) = \sigma^2 + \frac{a}{b-1}\sum_{j=1}\beta_j^2$$
$$E(MS_E) = \sigma^2$$

참고 4 Fisher의 수정된 상대효율(p.165)

랜덤화블록설계(Randomized Block Design; RBD)의 효율을 계산하는 방법으로 완비랜덤화블록설계(Complete Randomized Block Design; CRBD)와 완전랜덤화설계(CRD)의 실험오차의 크기를 비교한다. CRBD로부터 CRD의 실험오차 $\sigma^2(=\sigma_{CR}^2)$을 추정하면 식 (4.1-14)이다. 식 (4.1-14)의 추정치는 CRD의 실험오차, $\sigma^2(=\sigma_{CR}^2)$에 대한 불편 추정치이다.(참조: Cochran and Cox(1957), pp. 112-114) Fisher(1935)는 RBD의 CRD에 대한 효율을 계산할 경우 각각의 자유도를 고려하지 않고 실험오차의 크기만을 단순 비교하는 것이 옳지 않다는 의견을 제시하고 자유도를 동시에 고려한 수정된 상대효율 식 (4.1-16)의 사용을 권고하였다.

1. 다음과 같은 이원 분류표에 대한 분산분석표를 작성하라. Type Ⅰ, Ⅱ, Ⅲ SS를 구하여 비교하여라.

처리	블록			
	1	2	3	계
A	12	5	7	24
B	14	10	15	39
C	22	19	16	57
D	11	5	20	36
계	58	38	57	153

2. 다음은 커피회사에서 자사제품인 A, B, C, D 상품에 대한 판매량의 차이를 조사하기 위하여 가게 위치(행), 가게의 크기(열), 영업시간($\alpha, \beta, \gamma, \delta$)에 대한 그레코-라틴방격실험을 실시한 실험결과이다. 분산분석표를 이용하여 분석하여라.

가게위치	가게의 크기			
	1	2	3	4
1	Cβ=13	Bγ=12	Dδ=16	Aα=10
2	Bα=10	Cδ=14	Aγ=12	Dβ=14
3	Aδ=11	Dα=13	Bβ=9	Cγ=17
4	Dγ=11	Aβ=10	Cα=20	Bδ=8

불완비블록설계 5

5.1 균형불완비블록설계(BIBD)

5.2 부분균형불완비블록설계(PBIBD)

5.3 공분산분석(analysis of covariance)

블완비블록(incomplete block)이란 블록의 크기가 작아 실험해야 할 모든 처리가 하나의 블록에 전부 포함되지 못한 경우를 의미한다. 따라서 앞 절의 랜덤화완비블록설계의 경우는 하나의 블록마다 모든 처리가 전부 포함되어 있는 경우이다. 이를 완비블록(complete block)에 의한 실험이라 한다. 완비블록의 경우는 처리효과와 블록효과가 교락되지 않아 각각의 제곱합이 서로 독립적으로 구해진다. 이러한 성질을 흔히 직교성이 있다고 한다.

처리와 블록의 효과가 서로 직교하기 위한 충분조건은 완비블록설계이다. 따라서 불완비블록실험의 경우 이러한 직교성을 만족하지 못하므로 처리제곱합과 블록제곱합이 교락되어 명확하게 분리되지 못하는 특성이 있다.

또 불완비블록실험은 블록의 크기를 줄여 실험하는 것으로서 처리효과의 비교에 대한 정보를 일부 얻을 수 없는 결과를 초래한다. 따라서 모든 처리비교에 대한 정보의 손실을 똑같이 함으로써 비교식에 대한 통계적 해석에 문제가 발생되지 않게 하는 것이 바람직하다. 어떻게 하면 모든 비교식이 같은 정도를 가지게 되어 상대적인 비교가 용이하도록 할 수 있을까? 이러한 목적으로 다음과 같은 균형불완비블록설계를 생각할 수 있다.

5.1 균형불완비블록설계

임의의 두 처리의 비교가 같은 정도(precision)를 갖기 위해서는 임의의 두 처리가 같은 블록에 배치되는 횟수가 같도록 하여야 한다. 이러한 설계를 균형불완비블록설계(balanced incomplete block design ; BIBD)라 한다. 그런데 식의 복잡성을 피하기 위해 각 처리의 반복수(r)가 같고 블록의 크기(k)도 같은 경우를 생각하여 보자.

1. 모든 블록의 크기(k)는 같다.
2. 모든 처리는 한 블록에 한 번 포함되거나 없다.
3. 모든 처리의 반복수(r)는 같다. 즉 모든 처리는 각각 r블록에 한 번씩 포함되어 있다.

4. 임의의 두 처리가 같은 블록에서 만나는 횟수(λ)가 전부 같다.

여기에서 처리의 수가 a이고, 블록의 수가 b인 경우, 한 블록 내의 모든 가능한 두 쌍의 처리는 ${}_kC_2$이고, 전체 실험에서 임의의 두 처리가 같은 블록에서 λ번 만나므로 모든 비교가능한 두 쌍의 처리수(all possible combination of any two treatments)는 다음과 같이 표현할 수 있다.

$$\lambda \times {}_aC_2 = b \times {}_kC_2 \tag{5.1-1}$$

식 (5.1-1)로부터 다음과 같은 관계식을 얻을 수 있다.

$$\lambda(a-1) = r(k-1) \tag{5.1-2}$$

이러한 사실로 미루어 총 실험회수를 N이라 할 때 균형불완비블록설계는 다음과 같은 조건식을 만족시킨다. 균형불완비블록설계를 가정하여 유도된 조건들이므로 이를 균형불완비블록설계를 위한 필요조건이라 한다.

$$\begin{aligned} &1)\ N = ar = bk \\ &2)\ \lambda(a-1) = r(k-1) \\ &3)\ b \geq a \end{aligned} \tag{5.1-3}$$

예제 5.1

다음은 7종류의 처리를 블록의 크기 3인 7개의 블록에 배치한 것이다.

$a = b = 7,\ k = r = 3$

블록	1	2	3	4	5	6	7
	1	2	3	4	5	6	7
	2	3	4	5	6	7	1
	4	5	6	7	1	2	3

이 실험에서 모든 처리의 반복수($r=3$)는 같고 임의의 두 처리에 대하여 같은 블록에서 만나는 횟수 ($\lambda = 1$)가 전부 같음을 알 수 있다. 따라서 이것은 BIBD이다.

예제 5.2

3종류의 운동화 (A, B, C)를 다음과 같이 3명에게 배치하였다.

블록(사람)	1	2	3
	A B	A C	B C

$k = r = 2$

이 실험의 경우도 $a=b=3,\ k=r=2,\ \lambda=1$인 BIBD이다.

5.1.1 통계분석

균형불완비블록설계에 대한 통계모형은 다음과 같이 정의한다.

$$y_{ij} = \mu + \tau_i + \beta_j + e_{ij},\ i = 1,2 \cdots a,\ j = 1,2 \cdots, b \qquad (5.1\text{-}4)$$

이 때 블록의 크기를 k, 처리의 반복수를 r, 같은 블록에서 임의의 두 처리가 만나는 횟수를 λ라 하자. 식 (5.1-4)에 최소제곱법을 사용하여 정규방정식을 구하면 다음과 같다.

$$\boldsymbol{X}'\boldsymbol{X}\hat{\boldsymbol{\beta}} = \boldsymbol{X}'\boldsymbol{y} \qquad (5.1\text{-}5)$$

$$\boldsymbol{X}'\boldsymbol{X} = \begin{pmatrix} N & r & \cdots & r & k & \cdots & k \\ r & r & \cdots & 0 & & & \\ \vdots & \vdots & \ddots & \vdots & & n_{ij} & \\ r & 0 & \cdots & r & & & \\ k & & & & k & \cdots & 0 \\ \vdots & & n_{ij} & & \vdots & \ddots & \vdots \\ k & & & & 0 & \cdots & k \end{pmatrix} \quad \hat{\boldsymbol{\beta}} = \begin{pmatrix} \hat{\mu} \\ \hat{\tau}_1 \\ \vdots \\ \hat{\tau}_a \\ \hat{\beta}_1 \\ \vdots \\ \hat{\beta}_b \end{pmatrix} \quad \boldsymbol{X}'\boldsymbol{y} = \begin{pmatrix} y_{..} = G \\ y_{1.} = T_1 \\ \vdots \\ y_{a.} = T_a \\ y_{.1} = B_1 \\ \vdots \\ y_{.b} = B_b \end{pmatrix}$$

이 때, i처리가 j블록에 있을 경우, $n_{ij} = 1$, 그렇지 않을 경우 $n_{ij} = 0$라 하자. 그러면 다음 행렬은 각 블록에 어떠한 처리들이 배치되는지를 나타낸다. 이 행렬을 결합행렬(incidence matrix)이라 한다.

$$N = \{n_{ij}\},\ i = 1,2 \cdots a,\ j = 1,2 \cdots b \qquad (5.1\text{-}6)$$

다음으로 $\boldsymbol{N}'\boldsymbol{N}$을 구하고 그것이 무엇을 의미하는지 생각해보자.

$$\boldsymbol{N}'\boldsymbol{N} = \begin{pmatrix} r & \lambda \cdots & \lambda \\ \lambda & r \cdots & \lambda \\ \vdots & \ddots & \vdots \\ \lambda & \lambda \cdots & r \end{pmatrix} = (r-\lambda)\boldsymbol{I} + \lambda \boldsymbol{J} \tag{5.1-7}$$

여기서, 행렬 $\boldsymbol{N}'\boldsymbol{N}$은 임의의 두 처리가 같은 블록에서 몇 번 만나는지를 나타낸다. 이 행렬을 구조행렬(structural matrix)라 한다. 균형불완비블록설계의 경우는 비대각원소가 모두 λ로 동일하여 임의의 두 처리가 같은 블록에서 만나는 횟수가 같음을 알 수 있다. 이러한 균형불완비블록설계에 대한 분석을 쉽게 이해하기 위하여 앞과 같이 크기 2인 3개의 블록에 3종류의 처리를 실험한 예를 생각해보자. y_{ij}는 j블록에 배치된 i 처리에 대한 관측값을 의미한다.

블록	1	2	3
	y_{11}	y_{22}	y_{13}
	y_{21}	y_{32}	y_{33}

이 경우 정규방정식 $\boldsymbol{X}'\boldsymbol{X}\hat{\boldsymbol{\beta}} = \boldsymbol{X}'\boldsymbol{y}$는 다음과 같다.

$$\begin{pmatrix} 6 & 2 & 2 & 2 & 2 & 2 & 2 \\ 2 & 2 & 0 & 0 & 1 & 0 & 1 \\ 2 & 0 & 2 & 0 & 1 & 1 & 0 \\ 2 & 0 & 0 & 2 & 0 & 1 & 1 \\ 2 & 1 & 1 & 0 & 2 & 0 & 0 \\ 2 & 0 & 1 & 1 & 0 & 2 & 0 \\ 2 & 1 & 0 & 1 & 0 & 0 & 2 \end{pmatrix} \begin{pmatrix} \hat{\mu} \\ \hat{\tau}_1 \\ \hat{\tau}_2 \\ \hat{\tau}_3 \\ \hat{\beta}_1 \\ \hat{\beta}_2 \\ \hat{\beta}_3 \end{pmatrix} = \begin{pmatrix} y_{..} \\ y_{1.} \\ y_{2.} \\ y_{3.} \\ y_{.1} \\ y_{.2} \\ y_{.3} \end{pmatrix} \tag{5.1-8}$$

물론 $\boldsymbol{N}$과 $\boldsymbol{N}'\boldsymbol{N}$은 다음과 같다.

$$\boldsymbol{N} = \{n_{ij}\} = \begin{pmatrix} 1 & 0 & 1 \\ 1 & 1 & 0 \\ 0 & 1 & 1 \end{pmatrix}, \quad \boldsymbol{N}'\boldsymbol{N} = \begin{pmatrix} 2 & 1 & 1 \\ 1 & 2 & 1 \\ 1 & 1 & 2 \end{pmatrix}$$

그리고 식 (5.1-8)의 정규방정식을 다시 써보면 다음과 같다.

$$6\hat{\mu}+2\sum_i \hat{\tau}_i+2\sum_j \hat{\beta}_j=G, \quad i,\ j=1,2,3$$
$$2\hat{\mu}+2\hat{\tau}_i+\sum_j n_{ij}\hat{\beta}_j=T_i, \quad i=1,2,3 \qquad (5.1\text{-}9)$$
$$2\hat{\mu}+\sum_i n_{ij}\hat{\tau}_i+2\hat{\beta}_j=B_j, \quad j=1,2,3$$

일반적으로 처리수, 블록의 개수, 반복수가 각각 a, k, b, r인 경우 정규방정식은 다음과 같이 표현된다.

$$N\hat{\mu}+r\sum_{i=1}\hat{\tau}_i+k\sum_{j=1}\hat{\beta}_j=G, \quad i=1,2\cdots a, \ j=1,2\cdots b$$
$$r\hat{\mu}+r\hat{\tau}_i+\sum_{j=1}n_{ij}\hat{\beta}_j=T_i, \quad i=1,2,\cdots a \qquad (5.1\text{-}10)$$
$$k\hat{\mu}+\sum_{i=1}n_{ij}\hat{\tau}_i+k\hat{\beta}_j=B_j, \quad j=1,2\cdots b$$

식 (5.1-10)으로부터 모수들의 추정값 및 각 변인(요인)들의 제곱합을 구하는 방법으로 블록내 분석법과 블록간 분석법이 있다. 블록내 분석법은 블록의 효과를 제거하여 모수의 추정값을 구하는 방법이다. 한편 블록간 분석법은 블록간의 정보를 이용하여 처리효과에 대한 모수의 추정값을 구하는 방법이다. 블록간 분석법은 블록내 분석법에 비하여 효율이 떨어져 홀로 쓰이기보다는 블록내 분석의 결과의 보완으로 사용된다.

5.1.2 블록내 분석법

5.1.2.1 처리효과와 제곱합

우선 블록내 분석법(intra block analysis)을 소개한다. 식 (5.1-10)에서 블록의 효과를 제거하기 위하여 다음과 같은 방법을 사용한다.

$$kT_i-\sum_{j=1}n_{ij}B_j \qquad (5.1\text{-}11)$$

여기에서 kT_i는 다음과 같다.

$$kT_i = rk\hat{\mu} + rk\hat{\tau}_i + \sum_j kn_{ij}\hat{\beta}_j$$

또 $\sum_j n_{ij}B_j$는 i 처리를 포함하고 있는 블록합계의 합으로서 다음과 같다.

$$\sum_j n_{ij}B_j = \sum_j kn_{ij}\hat{\mu} + \sum_j n_{ij}\sum_i n_{ij}\hat{\tau}_i + \sum_j n_{ij}k\hat{\beta}_j$$

그런데, $\sum_j kn_{ij}\hat{\mu} = k\hat{\mu}\sum_j n_{ij} = kr\hat{\mu}$ 이고

$$\begin{aligned}\sum_j n_{ij}\sum_i n_{ij}\hat{\tau}_i &= \sum_j n_{ij}(n_{1j}\hat{\tau}_1 + n_{2j}\hat{\tau}_2 + \cdots + n_{aj}\hat{\tau}_a) \\ &= \sum_j (n_{ij}n_{1j}\hat{\tau}_1 + n_{ij}n_{2j}\hat{\tau}_2 + \cdots + n_{ij}n_{aj}\hat{\tau}_a) \\ &= \lambda\hat{\tau}_1 + \lambda\hat{\tau}_2 + \cdots + \lambda\hat{\tau}_{i-1} + \lambda\hat{\tau}_i + \lambda\hat{\tau}_{i+1} + \cdots + \lambda\hat{\tau}_a \\ &= r\hat{\tau}_i + \lambda\sum_{h,h\neq i}\hat{\tau}_h\end{aligned}$$

이므로 다음과 같이 정리할 수 있다.

$$kT_i - \sum_j n_{ij}B_j = rk\hat{\tau}_i - \left(r\hat{\tau}_i + \lambda\sum_{h,h\neq i}\hat{\tau}_h\right) \qquad (5.1\text{-}12)$$

그런데 $\sum_{h,h\neq i}\hat{\tau}_k = -\hat{\tau}_i$ 이므로 식 (5.1-12)은 다음과 같다.

$$kT_i - \sum_j n_{ij}B_j = \{r(k-1) + \lambda\}\hat{\tau}_i \qquad (5.1\text{-}13)$$

또 $r(k-1) = \lambda(a-1)$로부터 $r(k-1) + \lambda = \lambda a$이므로 식 (5.1-13)은 다음과 같다.

$$k\left(T_i - \frac{1}{k}\sum_j n_{ij}B_j\right) = \lambda a\hat{\tau}_i \qquad (5.1\text{-}14)$$

여기에서 $T_i - \frac{1}{k}\sum_j n_{ij}B_j = Q_i$라 하면 식 (5.1-14)은 다음과 같다.

$$kQ_i = \lambda a\hat{\tau}_i \qquad (5.1\text{-}15)$$

따라서 처리효과 추정량, $\hat{\tau}_i$는 다음과 같다.

$$\hat{\tau}_i = \frac{k}{\lambda a}Q_i \qquad (5.1\text{-}16)$$

다음으로 제곱합을 구하는 문제를 생각해보자.

통계모형 $y_{ij}=\mu+\tau_i+\beta_j+e_{ij}$에 대한 회귀모형제곱합을 SS_R이라 하면 이것은 처리와 블록에 대한 제곱합으로서 다음과 같이 구해진다.

$$SS_R = R(\boldsymbol{\tau},\boldsymbol{\beta} \mid \mu) = \hat{\boldsymbol{\beta}}' x' \boldsymbol{y} - CF$$

$$= \begin{pmatrix} \hat{\mu} & \hat{\tau}_1 & \cdots & \hat{\tau}_a & \hat{\beta}_1 & \cdots & \hat{\beta}_b \end{pmatrix} \begin{pmatrix} G \\ T_1 \\ \vdots \\ T_a \\ B_1 \\ \vdots \\ B_b \end{pmatrix} - CF \qquad (5.1\text{-}17)$$

따라서 SS_R은 다음과 같다.

$$SS_R = \sum_i \hat{\tau}_i T_i + \sum_j \hat{\beta}_j B_j \qquad (5.1\text{-}18)$$

다음으로 블록내 분산분석표를 만들기 위하여 다음과 같은 제곱합을 계산한다. 이때 블록제곱합을 '처리효과가 없다($H_0: \tau_1=\tau_2=\cdots=\tau_a=0$)'라는 가정 아래 다음과 같이 정의하기로 하자.

$$SS_{Block} = \frac{1}{k}\sum_j B_j^2 - CF, \qquad CF = \frac{G^2}{N} \qquad (5.1\text{-}19)$$

이 블록제곱합은 블록간 처리들의 상이한 배치로 생기는 처리효과 부분은 완전히 무시한 것으로서 처리효과가 제거되지 않은 블록제곱합이다. 이것을 흔히 SS_{Block} (무수정)이라고 표기 한다. 한편 치리제곱합은 SS_R에서 SS_{Block} (무수정) 값을 뺀 것으로서 불완비블록설계의 경우에 $SS_R = SS_{Block}(\text{무수정}) + SS_{TR}(\text{수정}) = SS_{TR}(\text{수정}) + SS_{Block}(\text{무수정})$의 관계에 있음을 $R(\ )$ 표기법에서 확인하였다(3장 참고). 따라서 SS_R에서 앞에서 구한 $SS_{Block}(\text{무수정})$ 값을 뺀 값인 처리제곱합을 SS_{TR}(수정)이라 나타낸다.

$$SS_{TR}(\text{수정}) = SS_R - \frac{1}{k}\sum_i B_j^2 + \frac{G^2}{N}$$
$$= \sum_i \hat{\tau} T_i + \sum_j \hat{\beta} B_j - \frac{1}{k}\sum_j B_j^2 + \frac{G^2}{N} \qquad (5.1\text{-}20)$$

그런데 식 (5.1-10)에서 $B_j = k\hat{\mu} + \sum_i n_{ij}\hat{\tau}_i + k\hat{\beta}_j$이므로 $k\hat{\beta}_j = B_j - k\hat{\mu} - \sum_i n_{ij}\hat{\tau}_i$

라 쓸 수 있다. 이 식의 양변에 B_j를 곱하면 다음과 같은 결과를 얻을 수 있다.

$$k\hat{\beta}_j B_j = B_j^2 - k\hat{\mu} B_j - B_j \sum_i n_{ij} \hat{\tau}_i$$

또 양변에 $1/k$을 곱하여

$$\hat{\beta}_j B_j = \frac{1}{k} B_j^2 - \hat{\mu} B_j - \frac{1}{k} B_j \sum_i n_{ij} \hat{\tau}_i$$

이를 식 (5.1-20)에 대입하면 처리제곱합은 다음과 같이 구해진다.

$$\begin{aligned} SS_{TR}(\text{수정}) &= \sum_i \hat{\tau}_i T_i + \frac{1}{k} \sum_j (B_j^2 - k\hat{\mu} B_j - B_j \sum_i n_{ij} \hat{\tau}_i) - \frac{1}{k} \sum_j B_j^2 + \frac{G^2}{N} \\ &= \sum_i \hat{\tau}_i T_i - \frac{1}{k} \sum_j B_j \sum_i n_{ij} \hat{\tau}_i \\ &= \sum_i \hat{\tau}_i T_i - \frac{1}{k} \sum_i \sum_j n_{ij} \hat{\tau}_i B_j \\ &= \sum_i (T_i - \frac{1}{k} \sum_j n_{ij} B_j) \hat{\tau}_i \end{aligned} \qquad (5.1\text{–}21)$$

▶ [참고 1] 식(5.1-21)의 이해 (p.225)

여기서 $T_i - \frac{1}{k} \sum_j n_{ij} B_j = Q_i$이므로 결국 다음과 같이 정리된다.

$$SS_{TR}(\text{수정}) = \sum_i Q_i \hat{\tau}_i = \sum_i Q_i \frac{k}{\lambda a} Q_i = \frac{k}{\lambda a} \sum_i Q_i^2 \qquad (5.1\text{–}22)$$

이제 다음과 같은 분산분석표를 얻는다.

표 5.1-1 블록내 분석법의 경우 분산분석표

변 인	자유도	제곱합
블록(무수정)	$b-1$	$SS_{Block} = \frac{1}{k} \sum_j B^2 - CF, \quad CF = \frac{G^2}{N}$
처리(수정)	$a-1$	$SS_{TR}(\text{수정}) = SS_R - \frac{1}{k} \sum_j B_j^2 + \frac{G^2}{N}$
오차(블록내)	$ar-b-a+1$	
전 체	$ar-1$	

예제 5.3

다음은 6종류의 다이어트 식품의 효과를 분석하기 위하여 10종류의 토끼들로부터 태어난 같은 배(litter)의 새끼들로부터 임의로 각각 3마리씩을 뽑아 6종류의 다이어트 식품을 먹인 결과의 실험자료이다. 이것은 $a=6$, $k=3$, $b=10, r=5, \lambda=2$인 BIBD이다.

표 5.1-2 실험결과 (단위 : 온스)

처리 (식품)	블록(토끼의 배) 1	2	3	4	5	6	7	8	9	10	$y_{i.}$
1	-	40.1	-	44.9	-	-	45.2	44.0	-	37.3	211.5
2	32.6	38.1	-	-	-	37.3	40.6	-	30.6	-	179.2
3	35.2	40.9	34.6	43.9	40.9	-	-	-	-	-	195.5
4	-	-	37.5	-	37.3	-	37.9	-	27.5	42.3	182.5
5	-	-	-	40.8	32.0	40.5	-	38.5	20.6	-	172.5
6	42.2	-	34.3	-	-	42.8	-	51.9	-	41.7	212.9
$y_{.j}$	110.0	119.1	106.4	129.6	110.2	120.6	123.7	134.4	78.7	121.3	1154

여기에서,

$$Q_1 = 211.5 - \frac{1}{3}(119.1 + 129.6 + 123.7 + 134.4 + 121.3) = 2.13$$

$$Q_2 = 179.2 - \frac{1}{3}(110.0 + 119.1 + 120.6 + 123.7 + 78.7) = -4.83$$

$$Q_3 = 195.5 - \frac{1}{3}(110.0 + 119.1 + 106.4 + 129.6 + 110.2) = 3.73$$

$$Q_4 = 182.5 - \frac{1}{3}(106.4 + 110.2 + 123.7 + 78.7 + 121.3) = 2.40$$

$$Q_5 = 172.4 - \frac{1}{3}(129.6 + 110.2 + 120.6 + 134.4 + 78.7) = -18.77$$

$$Q_6 = 212.9 - \frac{1}{3}(110.0 + 106.4 + 120.6 + 134.4 + 121.3) = 15.33$$

이므로

$$\hat{\tau}_1 = \frac{kQ_1}{\lambda a} = 0.53$$

$$\hat{\tau}_2 = \frac{kQ_2}{\lambda a} = -1.21$$

$$\hat{\tau}_3 = \frac{kQ_3}{\lambda a} = 0.93$$

$$\hat{\tau}_4 = \frac{kQ_4}{\lambda a} = 0.60$$

$$\hat{\tau}_5 = \frac{kQ_5}{\lambda a} = -4.69$$

$$\hat{\tau}_6 = \frac{kQ_6}{\lambda a} = -3.83$$

한편, 블록제곱합과 처리제곱합을 구해보면 다음과 같다.

$$SS_{Block}(\text{무수정}) = \sum_j \frac{B_j^2}{3} - \frac{y_{..}^2}{30} = 730.4$$

$$SS_{TR}(\text{수정}) = \frac{k}{\lambda a} \sum_i Q_i^2 = 158.7$$

$$SS_T = \sum_i \sum_j y_{ij}^2 - CF = 1039.8$$

표 5.1-3 분산분석표

변인	자유도	제곱합	평균제곱합	p-값
처리(수정)	5	158.7	31.7	0.0382
블록(수정)	9	595.7	66.1	0.0008
오차	15	150.7	10.1	
전체	29	1039.8		

[예제 5.3]의 SAS 분석

```
DATA ex5_3;
  DO block=1 to 10;
    DO pl=1 to 3;
      INPUT trt y@@; OUTPUT;
    END;
  END;
```

```
LINES;
  2 32.6 3 35.2 6 42.2 1 40.1 2 38.1 3 40.9
  3 34.6 4 37.5 6 34.3 1 44.9 3 43.9 5 40.8
  3 40.9 4 37.3 5 32.0 2 37.3 5 40.5 6 42.8
  1 45.2 2 40.6 4 37.9 1 44.0 5 38.5 6 51.9
  2 30.6 4 27.5 5 20.6 1 37.3 4 42.3 6 41.7
;
PROC GLM DATA=ex5_3;
   CLASS trt block;
   MODEL y=trt block/ss1 ss3;
RUN;
```

```
                         General Linear Models Procedure
                            Dependent Variable: Y
Source             DF    Sum of Squares     Mean Square     F Value      Pr > F
Model              14     889.11388889      63.50813492      6.32        0.0005
          Error            15         150.77277778       10.05151852
                   Corrected Total     29       1039.88666667

               R-Square             C.V.           Root MSE            Y Mean
               0.855010           8.241975        3.17041299         38.46666667

Source             DF          Type I SS     Mean Square     F Value      Pr > F
TRT                 5     293.37866667      58.67573333      5.84        0.0035
BLOCK               9     595.73522222      66.19280247      6.59        0.0008

Source             DF        Type III SS     Mean Square     F Value      Pr > F
TRT                 5     158.72722222      31.74544444      3.16        0.0382
BLOCK               9     595.73522222      66.19280247      6.59        0.0008
```

본 예는 [예제 5.3]의 6종류 다이어트 식품의 처리효과에 대한 결과이다. 여기서, 처리효과에 대한 F-통계량이 3.16이고 이에 대응하는 p-값이 0.0382로 유의수준 5% 하에서 유의함을 볼 수 있다. 그런데, Type Ⅱ SS와 Type Ⅲ SS, 그리고 Type Ⅳ SS는 모두 동일하게 나타난다. 특히, 회귀모형제곱합은 Type Ⅰ SS의 처리제곱합과 블록제곱합의 합으로 나타남을 볼 수 있다. 블록(무수정)효과는 회귀모형제곱합인 889.11에서 처리(수정)효과 158.73을 제거함으로 계산할 수 있다.

5.1.2.2 대비의 분산과 제곱합

대비들의 분산 및 제곱합을 생각해보자. 다음과 같이 대비를 정의한다.

$$C = \sum_i c_i \hat{\tau}_i, \quad \hat{\tau}_i = \frac{k}{\lambda a} Q_i \tag{5.1-23}$$

이 대비에 대한 제곱합 SS_C는 다음과 같다.

$$SS_C = \frac{(C)^2 \sigma^2}{Var(C)} = \frac{k(\sum_i c_i Q_i)^2}{\lambda a \sum_{i=1} c_i^2} \tag{5.1-24}$$

▶ [참고 2] 대비의 제곱합 (p.226)

아울러 대비의 제곱합에 대한 기댓값은 다음과 같다.

$$E(SS_C) = \sigma^2 + \frac{\lambda a(\sum c_i \tau_i)^2}{k \sum_i c_i^2} \tag{5.1-25}$$

▶ [참고 3] 대비 제곱합의 기댓값 (p.228)

따라서 $\frac{SS_C}{MS_E} > F_\alpha(1, N-a-b+1)$이면 $H_0 : \sum_i c_i \tau_i = 0$ 라는 가설을 기각한다.

임의의 두 처리 i, j에 대한 대비, $C = \hat{\tau}_i - \hat{\tau}_j$ 의 분산 및 제곱합은 다음과 같다.

$$Var(C) = \frac{2k}{\lambda a} \sigma^2 \tag{5.1-26a}$$

$$SS_C = \frac{k(Q_i - Q_j)^2}{2\lambda a} \tag{5.1-26b}$$

여기에서 볼 수 있듯이 균형불완비블록실험의 경우 두 처리에 대한 대비의 분산은 항상 일정함을 알 수 있다. 이것은 임의의 두 처리가 한 블록에서 만나는 횟수가 다같이 λ로서 같기 때문이다. 균형불완비블록실험의 경우는 어떤 두 처리를 선택하여도 같은 크기의 분산을 갖기 때문에 같은 정도(precision)를 갖게 됨을 알 수 있다. 특히 대비들의 계수를 표준화(즉, $c_1^2 + c_2^2 + \cdots + c_a^2 = 1$)한 경우를 표준화된 대비(standardized contrast)라 하는데 균형된 실험의 경우 이러한 표준화된 대비들의 분산 역시 전부 같다는 사실을 알 수 있다.

▶ [참고 4] 벡터와 행렬을 이용한 방법 (p.228)

5.1.3 블록간 분석법

예이츠(Yates, 1940)는 블록간의 정보를 이용하면 처리효과에 대한 추가적인 정보를 얻을 수 있다고 하였다. 이 경우 블록효과는 확률변수로 취급하여 $\beta_j \sim N(0, \sigma_\beta^2)$이고 잔차항 e_{ij}와는 독립인 것으로 가정한다. 따라서 $E(y_{ij}) = \mu + \tau_i$이고 $Var(y_{ij}) = \sigma_\beta^2 + \sigma^2$ 이다. 블록간의 합계의 차이는 블록효과와 각 블록마다 다르게 배치된 처리효과의 차이이므로 블록간의 합계를 이용하여 처리효과의 추정량을 구할 수 있다. 이를 블록간 분석법(inter block analysis)라 한다.

우선 식 (5.1-4)에서 블록의 합은 다음과 같이 쓸 수 있다.

$$B_j = y_{.j} = k\mu + \sum_{i=1} n_{ij}\, \tau_i + k\ \beta_j + \sum_{i=1} n_{ij}\, e_{ij} \tag{5.1-27}$$

여기에서,

$n_{ij} = 1$: i처리가 j블록에 포함되어 있는 경우,

$n_{ij} = 0$: 그렇지 않은 경우 $\sum_i \tau_i = 0,\ \beta_j \sim N(0, \sigma_\beta^2),\ e_{ij} \sim N(0, \sigma^2)$,

β_j와 e_{ij}는 확률적으로 독립

다음으로 B_j의 기댓값과 분산을 구해보면 다음과 같다.

$$E(B_j) = k\mu + \sum_i n_{ij}\, \tau_i \tag{5.1-28}$$

$$Var(B_j) = k^2\sigma_\beta^2 + k\sigma^2 \tag{5.1-29}$$

다음과 같은 오차제곱합 L을 최소로 하는 $\tilde{\mu}$와 $\tilde{\tau}_i$를 구해보자.

$$L = \sum_j (B_j - E(B_j))^2 = \sum_j (B_j - k\mu - \sum_i n_{ij}\, \tau_i)^2 \tag{5.1-30}$$

$$\frac{\partial L}{\partial \mu} = -2k\sum_j (B_j - k\tilde{\mu} - \sum_i n_{ij}\, \tilde{\tau}_i) = 0 \tag{5.1-31}$$

$$\frac{\partial L}{\partial \tau_i} = 2\sum_j (B_j - k\tilde{\mu} - \sum_i n_{ij}\tilde{\tau}_i) n_{ij} = 0 \qquad (5.1\text{-}32)$$

여기에서 $\sum \tilde{\tau}_i = 0$이라 가정하면 $\tilde{\mu}$와 $\tilde{\tau}_i$는 다음과 같이 구해진다.

$$\tilde{\mu} = \frac{y_{..}}{bk} = \bar{y}_{..}$$

$$\tilde{\tau}_i = \frac{\sum_{j=1} n_{ij}\, y_{.j} - kr\bar{y}_{..}}{r-\lambda} = \frac{\sum_j^b n_{ij} B_j - kr\bar{y}_{..}}{r-\lambda} \qquad (5.1\text{-}33)$$

▶ [참고 5] 식 (5.1-33)의 유도과정 (p.233)

여기에서, $\sum_{j=1}^{b} n_{ij} B_j$는 i처리를 포함하고 있는 블록합들을 전부 더한 것이다. 한편 블록간 분석법에서의 통계모형의 가정으로부터 다음의 사실을 알 수 있다.

$$y_{ij} \sim N(\mu + \tau_i,\ \sigma_\beta^2 + \sigma^2)$$

$$y_{.j} \sim N(k\mu + \sum_{i=1} n_{ij}\,\tau_i,\ k^2\sigma_\beta^2 + k\sigma^2) \qquad (5.1\text{-}34)$$

$$y_{..} \sim N(bk\mu + r\sum_i n_{ij}\,\tau_i,\ bk(k\sigma_\beta^2 + \sigma^2))$$

이러한 사실로부터 처리효과 $\tilde{\tau}_i$의 분산은 복잡한 계산과정을 거쳐 다음과 같이 구해진다.

$$Var(\tilde{\tau}_i) = \frac{k(a-1)}{a(r-\lambda)}(\sigma^2 + k\sigma_\beta^2) \qquad (5.1\text{-}35)$$

또한, 대비 $C = \sum_{i=1} l_i \tilde{\tau}_i$ 에 대한 분산 역시 다음과 같다.

$$Var(C) = \frac{k}{r-\lambda}(\sigma^2 + k\sigma_\beta^2)\sum_i l_i^2 \qquad (5.1\text{-}36)$$

[예제 5.3]에 대한 블록간 분석법의 결과는 다음과 같다.

표 5.1-4 [예제 5.3]에 대한 블록간 분석법의 결과

처리(i)	$\sum^* B_j$	$\hat{\tau}_i$
1	628.1	17.03
2	552.1	-8.30
3	575.3	-0.57
4	540.3	-12.23
5	573.5	-1.17
6	592.7	5.23

5.1.4 블록내 분석법과 블록간 분석법의 결합

앞 절의 블록내 분석법은 블록간 분석법에 비하여 효율이 높은 것은 사실이지만 최우량불편추정량(best linear unbiased estimator; BLUE)이 되지 못한다. 따라서 이 두 방법을 결합하여 최우량 불편추정량을 얻을 수 있는 방법을 모색하자.

표 5.1-5 블록내 분석과 블록간 분석결과

블록내 분석법	블록간 분석법
$\hat{\tau}_i = \dfrac{k}{\lambda a} Q_i$	$\tilde{\tau}_i = \dfrac{1}{r-\lambda}(\sum_{j=1} {}^* B_j - kr\bar{y}_{..})$
$Var(\hat{\tau}_i) = \dfrac{k(a-1)}{\lambda a^2}\sigma^2$	$Var(\tilde{\tau}_i) = \dfrac{k(a-1)}{a(r-\lambda)}(\sigma^2 + k\sigma_\beta^2)$
$Var(C) = \dfrac{k}{\lambda a}\sigma^2 \sum_{i=1} c_i^2$	$Var(C) = \dfrac{k}{r-\lambda}(\sigma^2 + \sigma_\beta^2)\sum_{i=1} l_i^2$
$Var(\hat{\tau}_i - \hat{\tau}_j) = \dfrac{2k}{\lambda a}\sigma^2$	$Var(\tilde{\tau}_i - \tilde{\tau}_j) = \dfrac{2k}{r-\lambda}(\sigma^2 + \sigma_\beta^2)$

보통 $\lambda a > r - \lambda$이므로 블록내 부석법에 의한 방범이 블록간 분석법의 결과보다 더 효율적이라고 할 수 있다. 다음으로 두 추정량 $\hat{\tau}_i$와 $\tilde{\tau}_i$을 결합한 최우량불편추정량(BLUE)을 구해 보자. 이 추정량을 $\hat{\tau}^*$라 표기하고 다음과 같이 정의한다.

$$\hat{\tau}_i^* = \alpha_1 \tilde{\tau}_i + \alpha_2 \tilde{\tau}_i,\quad \alpha_1\text{과 } \alpha_2\text{는 비례상수} \tag{5.1-37}$$

이때 $\hat{\tau}_i^*$가 최우량 불편추정량이 되기 위해서는 복잡한 계산과정을 거쳐 α_1과 α_2가 각각 다음과 같아야 한다고 알려져 있다.

$$\alpha_1 = \frac{u_1}{u_1+u_2},\ \alpha_2 = \frac{u_2}{u_1+u_2},\ u_1 = \frac{1}{Var(\hat{\tau}_i)},\ u_2 = \frac{1}{Var(\tilde{\tau}_i)} \tag{5.1-38}$$

따라서 최우량 불편추정량인 $\hat{\tau}_i^*$는 다음과 같다.

$$\hat{\tau}^* = \frac{\hat{\tau}_i Var(\tilde{\tau}_i) + \tilde{\tau}_i Var(\hat{\tau}_i)}{Var(\tilde{\tau}_i) + Var(\tilde{\tau}_i)} = \frac{kQ_i(\hat{\sigma}^2 + k\hat{\sigma}_\beta^2) + (\sum_j n_{ij}B_j - kr\bar{y}_{..})\hat{\sigma}^2}{(r-\lambda)\hat{\sigma}^2 + \lambda a(\hat{\sigma}^2 + k\hat{\sigma}_\beta^2)} \tag{5.1-39}$$

여기에서 $\hat{\sigma}^2 = MS_E$ 그리고 $E(MS_{Block}(\text{수정})) = \sigma^2 + \frac{a(r-1)}{b-1}\sigma_\beta^2$ 를 이용하여 σ_β^2은 다음 추정량을 이용한다.

$$\hat{\sigma}_\beta^2 - \frac{\{MS_{Block}(\text{수정}) - MS_E\}(b-1)}{a(r-1)} \tag{5.1-40}$$

▶[참고 6] σ_β^2의 추정량, $\hat{\sigma}_\beta^2$ (p.235)

그런데 $MS_{Block}(\text{수정}) > MS_E$인 경우는 σ_β^2의 추정량으로 식 (5.1-40)을 이용하지만 $MS_{Block}(\text{수정}) < MS_E$ 인 경우는 블록의 분산이 없는 것으로 취급하여 $\hat{\sigma}_\beta^2 = 0$을 사용한다. [예제 5.3]의 경우 블록간 분석법은 $\hat{\sigma}_\beta^2$을 구하기 위하여 $MS_{Block}(\text{수정})$이 필요하므로 다음과 같은 분산분석표를 구한다.

표 5.1-6 블록간 분석에 대한 분산분석표(Type I SS)

변인	자유도	제곱합	평균제곱합
블록(수정)	9	595.6	66.2
처리(무수정)	5	293.4	58.68
오차	15	150.9	10.1

앞의 결과로부터 다음 값들을 구할 수 있다.

$$\hat{\sigma}_{\beta}^{2} = \frac{9(66.2 - 10.1)}{6(4)} = 21.04$$

$$Var(\hat{\tau}_i) = \frac{k(a-1)MS_E}{\lambda a^2} = \frac{3(5)(10.1)}{2(36)} = 2.10$$

$$Var(\tilde{\tau}_i) = \frac{k(a-1)}{a(r-\lambda)}(MS_E + k\sigma_{\beta}^2) = \frac{3(5)}{6(3)}(10.1 + 3(21.04)) = 61.01$$

예제 5.4

[예제 5.3]의 경우 두 분석법에 의한 추정값과 이 두 추정값을 결합한 최우량불편추정량의 값은 다음과 같다.

표 5.1-7 블록내 분석과 블록간 분석의 결합

모수	블록내 분석법($\hat{\tau}_i$)	블록간 분석법($\tilde{\tau}_i$)	최우량 불편추정치($\hat{\tau}_i^*$)
τ_1	0.53	17.03	1.08
τ_2	-1.21	-8.30	-1.45
τ_3	0.93	-0.57	0.88
τ_4	0.60	-12.23	0.17
τ_5	-4.69	-1.17	-4.58
τ_6	3.83	5.23	3.88

5.1.5 $R(\ )$표기법에 의한 제곱합의 분할

통계모형 $y_{ij} = \mu + \tau_i + \beta_j + e_{ij}$에 대한 제곱합은 다음과 같다.

$$SS_R - SS_{Block}(\text{무수정}) + SS_{TR}(\text{수정})$$
$$= SS_{Block}(\text{수정}) + SS_{TR}(\text{무수정}) \qquad (5.1\text{-}41)$$

그런데 $SS_R = SS_{Block}(\text{무수정}) + SS_{TR}(\text{수정})$의 관계는 블록내 분석법에서 설명

하였다. 한편 $SS_R = SS_{Block}$(수정)$+SS_{TR}$(무수정)의 방법으로 회귀모형제곱합(SS_R)을 분할하는 방법도 생각할 수 있다. SS_{Block}(수정)을 다음과 같이 구할 수 있다.

$$SS_{Block}(\text{수정}) = SS_{Block}(\text{무수정}) + SS_{TR}(\text{수정}) - SS_{TR}(\text{무수정})$$

$$= \frac{1}{k}\sum_{j=1} B_j^2 + \frac{k\sum_i Q_i^2}{\lambda a} - \frac{\sum_i T_i^2}{r} \tag{5.1-42}$$

이것을 $R(\ )$ 표기법을 사용하여 나타내는 방법을 살펴보기로 하자. $R(\ )$ 표기법을 이용하여 각각의 제곱합을 아래와 같이 쉽게 표현할 수 있다.

$$SS_{TR}(\text{수정}) = R(\boldsymbol{\tau} \mid \mu, \boldsymbol{\beta}) = R(\mu, \boldsymbol{\tau}, \boldsymbol{\beta}) - R(\mu, \boldsymbol{\beta}) \tag{5.1-43}$$

$$SS_{Block}(\text{무수정}) = R(\boldsymbol{\beta} \mid \mu) = R(\mu, \boldsymbol{\beta}) - R(\mu) \tag{5.1-44}$$

아울러 전체제곱합 $R(\mu,\ \tau,\ \beta)$는 다음과 같이 분해됨을 알 수 있다.

$$R(\mu,\ \boldsymbol{\tau},\ \boldsymbol{\beta}) = R(\mu) + R(\boldsymbol{\beta} \mid \mu) + R(\boldsymbol{\tau} \mid \mu,\ \boldsymbol{\beta}) \tag{5.1-45}$$

한편, 수정된 블록제곱합 SS_{Block}(수정)을 구하기 위하여 각각의 제곱합을 $R(\ )$표기법을 사용하여 다음과 같이 구해보자.

$$SS_{TR}(\text{무수정}) = R(\boldsymbol{\tau} \mid \mu) = R(\mu, \boldsymbol{\tau}) - R(\mu) \tag{5.1-46}$$

$$SS_{Block}(\text{수정}) = R(\boldsymbol{\beta} \mid \mu, \boldsymbol{\tau}) = R(\mu, \boldsymbol{\tau}, \boldsymbol{\beta}) - R(\mu, \boldsymbol{\tau}) \tag{5.1-47}$$

이것은 제곱합 $R(\mu, \tau, \beta)$를 다음과 같이 분해한 것이다.

$$R(\mu,\ \boldsymbol{\tau},\ \boldsymbol{\beta}) = R(\mu) + R(\boldsymbol{\tau} \mid \mu) + R(\boldsymbol{\beta} \mid \mu,\ \boldsymbol{\tau}) \tag{5.1-48}$$

결국 식 (5.1-45)과 식 (5.1-46) 그리고 식 (5.1-47)을 종합하면 다음과 같은 사실을 알 수 있다.

$$SS_{Block}(\text{수정}) = R(\boldsymbol{\beta} \mid \mu) + R(\boldsymbol{\tau} \mid \mu, \boldsymbol{\beta}) - R(\boldsymbol{\tau} \mid \mu) \tag{5.1-49}$$

이는 식 (5.1-42)와 같은 결과임을 알 수 있다.

▶[참고 7] SAS의 회귀제곱합 분할방법 (p.235)

먼저 순차제곱합은 처리제곱합과 블록제곱합을 다음과 같이 계산한다.

$$SS_{TR}(\text{무수정}) = R(\tau \mid \mu) = R(\mu,\tau) - R(\mu) \tag{5.1-50}$$

$$SS_{Block}(\text{수정}) = R(\beta \mid \mu,\tau) = R(\mu,\tau,\beta) - R(\mu,\tau) \tag{5.1-51}$$

이것을 type I SS라 한다. 다음으로 모수가 전부 포함된 완전 모형에서 처리제곱합과 블록제곱합을 아래와 같이 계산한다.

$$SS_{TR}(\text{수정}) = R(\tau \mid \mu,\beta) = R(\mu,\tau,\beta) - R(\mu,\beta) \tag{5.1-52}$$

$$SS_{Block}(\text{수정}) = R(\beta \mid \mu,\tau) = R(\mu,\tau,\beta) - R(\mu,\tau) \tag{5.1-53}$$

이것을 type Ⅲ SS라 한다. 이를 정리하면 다음과 같다.

표 5.1-8 순차제곱합과 부분제곱합

type Ⅰ SS	type Ⅲ SS
$SS_{TR}(\text{무수정}) = R(\tau \mid \mu)$	$SS_{TR}(\text{수정}) = R(\tau \mid \mu,\beta)$
$SS_{Block}(\text{수정}) = R(\beta \mid \mu,\tau)$	$SS_{Block}(\text{수정}) = R(\beta \mid \mu,\tau)$

참고 : $R(\tau \mid \mu) + R(\beta \mid \mu,\tau) = R(\beta \mid \mu) + R(\tau \mid \mu,\beta)$

5.1.6 직교성(orthogonality)

일반적으로 선형모형 $y = X_1\beta_1 + X_2\beta_2 + e$에서 모수벡터 β_1과 β_2를 그들의 최소제곱 해가 서로 독립(independent)일 때 직교한다고 한다.

▶ [참고 8] 직교성 (p.235)

5.1.7 균형불완비블록설계 구성 방법

균형불완비블록설계를 구성하는 방법(construction of BIBD)을 몇 가지 소개하기로 한다.

5.1.7.1 균형격자설계

다음은 9종류의 처리를 크기 3인 블록에 배치한 실험이다.

표 5.1-9 실험결과

반복1				반복2				반복3				반복4			
블록				블록				블록				블록			
(1)	1	2	3	(1)	1	4	7	(1)	1	8	6	(1)	1	5	9
(2)	4	5	6	(2)	2	5	8	(2)	4	2	9	(2)	7	2	6
(3)	7	8	9	(3)	3	6	9	(3)	7	5	3	(3)	4	8	3

이 예처럼 처리수가 k^2이고 블록의 크기가 k인 경우 균형불완비블록계획를 $k \times k$ 균형격자설계(balanced lattice design)라 한다. 이때 k는 반드시 소수이거나 소수의 n제곱이어야 한다. 그러면 이러한 균형 잡힌 격자설계를 어떻게 구성하는지 살펴보기로 하자. 이것은 처리수가 3^2인 경우를 $k=3$에 배치하는 실험이므로 다음과 같은 3×3 격자설계를 생각한다.

1 2 3
4 5 6
7 8 9

반복 1 : 위 3×3 격자법에서 각 행을 블록으로 선택한다.

(1) 1 2 3
(2) 4 5 6
(3) 7 8 9

반복 2 : 위 3×3 격자설계에서 각 열을 블록으로 선택한다.

(4) 1 4 7
(5) 2 5 8
(6) 3 6 9

다음으로 서로 직교하는 라틴방격(이 경우는 2종류)을 생각한다. 여기서 직교하다는 뜻은 두 라틴방격을 겹쳤을 때 각 숫자가 서로 한 번씩만 만나는 것을 의미한다.

$$\begin{pmatrix} 0 & 1 & 2 \\ 1 & 2 & 0 \\ 2 & 0 & 1 \end{pmatrix} \quad \begin{pmatrix} 0 & 2 & 1 \\ 1 & 0 & 2 \\ 2 & 1 & 0 \end{pmatrix}$$

반복 3 : 3×3 격자설계와 첫 번째 라틴방격을 겹쳤을 때 첫 번째 라틴방격 각 숫자에 대응하는 처리들을 한 블록으로 선택한다. 예를 들어 0의 경우 (1, 8, 6)이다. 이러한 방법으로 다음과 같은 블록을 얻는다.

(7) 1 8 6
(8) 4 2 9
(9) 7 5 3

반복 4 : 두 번째 라틴방격에서 역시 각 숫자에 대응하는 처리들을 한 블록으로 선택한다.

(10) 1 5 9
(11) 7 2 6
(12) 4 8 3

▶ [참고 9] 균형격자설계 (p.237)

5.7.1.2 유덴방격설계

다음과 같이 5×5 라틴방격설계에서 한 열을 삭제한 5×4 불완비라틴방격설계를 생각해보자. 이 불완비라틴방격설계를 유덴방격설계(Youden square design)라 한다.

$$\begin{pmatrix} 1 & 2 & 3 & 4 & | & 5 \\ 2 & 3 & 4 & 5 & | & 1 \\ 3 & 4 & 5 & 1 & | & 2 \\ 4 & 5 & 1 & 2 & | & 3 \\ 5 & 1 & 2 & 3 & | & 4 \end{pmatrix}$$

이 경우 열을 블록으로 선택하면 완비블록설계(RCBD)이지만 행을 블록으로 선택하면 균형불완비블록설계 즉 BIBD($r = k = 3, a = b = 7, \lambda = 3$)이다.

예제 5.5

다음과 같은 7×3 유덴방격설계를 생각해보자.

$$\begin{pmatrix} 1 & 2 & 4 \\ 2 & 3 & 5 \\ 3 & 4 & 6 \\ 4 & 5 & 7 \\ 5 & 6 & 1 \\ 6 & 7 & 2 \\ 7 & 1 & 3 \end{pmatrix}$$

이 경우 행을 블록으로 택하면 이것은 BIBD($r = k = 3, a = b = 7, \lambda = 1$)이다.

5.1.8 최적 균형불완비블록설계

균형불완비블록설계의 경우 정해진 처리수와 블록의 크기를 조건으로 가장 실험횟수가 작은 최적 실험방법이 많은 통계학자들에 의하여 연구되어왔다. 그 일부를 소개하면 다음과 같다.

표 5.1-10 균형불완비블록설계 일람표 ($a \leq 10$)

	반복	
$k = 2,\ a = 6,\ b = 15$	I	(1,2) ; (3,4) ; (5,6)
$r = 5,\ N = 30$	II	(1,3) ; (2,5) ; (4,6)
$\lambda = 1$	III	(1,4) ; (2,6) ; (3,5)
	IV	(1,5) ; (2,4) ; (3,6)
	V	(1,6) ; (2,3) ; (4,5)

$a=8,\ b=28$	반복 I	(1,2) ; (3,4) ; (5,6) ; (7,8)
$r=7,\ N=56$	II	(1,3) ; (2,8) ; (4,5) ; (6,7)
$\lambda=1$	III	(1,4) ; (2,7) ; (3,6) ; (5,8)
	IV	(1,5) ; (2,3) ; (4,7) ; (6,8)
	V	(1,6) ; (2,4) ; (3,8) ; (5,7)
	VI	(1,7) ; (2,6) ; (3,5) ; (4,8)
	VII	(1,8) ; (2,5) ; (3,7) ; (4,6)
$a=10,\ b=45$	반복 I	(1,2) ; (3,4) ; (5,6) ; (7,8) ; (9,10)
$r=9,\ N=90$	II	(1,3) ; (2,7) ; (4,8) ; (5,9) ; (6,10)
$\lambda=1$	III	(1,4) ; (2,10) ; (3,7) ; (5,8) ; (6,9)
	IV	(1,5) ; (2,8) ; (3,10) ; (4,9) ; (6,7)
	V	(1,6) ; (2,9) ; (3,8) ; (4,10) ; (5,7)
	VI	(1,7) ; (2,6) : (3,9) ; (4,5) ; (5,7)
	VII	(1,8) ; (2,3) ; (4,6) ; (5,10) ; (7,9)
	VIII	(1,9) ; (2,4) ; (3,5) ; (6,8) ; (7,10)
	IX	(1,10) ; (2,5) ; (3,6) ; (4,7) ; (8,9)
$k=3,\ a=6,\ b=10$		(1,2,5) ; (1,2,6) ; (1,3,4) ; (1,3,6) ; (1,4,5)
$r=5,\ N=30$		(2,3,4) ; (2,3,5) ; (2,4,6) ; (3,5,6) ; (4,5,6)
$\lambda=2$		
$a=7,\ b=7$		(1,2,5) ; (3,4,5) ; (1,3,6) ; (2,4,6) ; (1,4,7)
$r=3,\ N=21$		(2,3,7) ; (5,6,7)
$\lambda=1$		
$a=9,\ b=12$	반복 I	(1,2,3) ; (4,5,6) ; (7,8,9)
$r=4,\ N=36$	II	(1,5,9) ; (2,6,7) ; (3,4,8)
$\lambda=1$	III	(1,4,7) ; (2,5,8) ; (3,6,9)
	IV	(1,6,8) ; (2,4,9) ; (3,5,7)
$a=10,\ b=30$		(1,2,3) ; (1,2,4) ; (1,3,5); (1,4,6); (1,5,7); (1,6,8)
$r=9,\ N=90$		(1,7,9) ; (1,8,9) ; (1,9,10); (2,3,6); (2,4,10); (2,5,8)
$\lambda=2$		(2,5,9) ; (2,6,7) ; (2,7,9); (2,8,10); (3,4,7); (3,4,8)
		(3,5,6) ; (3,7,10); (3,8,9); (3,9,10); (4,5,9); (4,5,10)
		(4,6,9) ; (4,7,8) ; (5,6,10); (5,7,8); (6,7,10); (6,8,9)
$k=4,\ a=6,\ b=15$	반복 I, II	(1,2,3,4) ; (1,4,5,6) ; (2,3,5,6)
$r=10,\ N=60$	III, IV	(1,2,3,5) ; (1,2,4,6) ; (3,4,5,6)
$\lambda=6$	V, VI	(1,2,3,6) ; (1,3,4,5) ; (2,4,5,6)
	VII, VIII	(1,2,4,5) ; (1,3,5,6) ; (2,3,4,6)
	IX, X	(1,2,5,6) ; (1,3,4,6) ; (2,3,4,5)

$a=7,\ b=7$ $r=4,\ N=28$ $\lambda=2$		(3,4,6,7) ; (1,2,6,7) ; (2,4,5,7) (1,3,5,7) ; (2,3,5,6) ; (1,4,5,6) (1,2,3,4)
$a=8,\ b=14$ $r=7,\ N=56$ $\lambda=3$	반복 Ⅰ Ⅱ Ⅲ Ⅳ Ⅴ Ⅵ Ⅶ	(1,2,3,4) ; (5,6,7,8) (1,2,7,8) ; (3,4,5,6) (1,3,6,8) ; (2,4,5,7) (1,4,6,7) ; (2,3,5,8) (1,2,5,6) ; (3,4,7,8) (1,3,5,7) ; (2,4,6,8) (1,4,5,8) ; (2,3,6,7)
$a=9,\ b=18$ $r=8,\ N=72$ $\lambda=3$		(1,2,3,4) ; (1,2,5,6) ; (1,2,7,8) ; (1,3,5,7) (1,4,6,8) ; (1,3,6,9) ; (1,4,8,9) ; (1,5,7,9) (2,3,8,9) ; (2,4,5,9) ; (2,6,7,9) ; (2,3,4,7) (2,5,6,8) ; (3,5,8,9) ; (4,5,7,9) ; (3,4,5,6) (3,6,7,8) ; (4,5,7,8)
$a=10,\ b=15$ $r=6,\ N=60$ $\lambda=2$		(1,2,3,4) ; (1,2,5,6) ; (1,3,7,8) ; (1,4,9,10) (1,5,7,9) ; (1,6,8,10) ; (2,3,6,9) ; (2,4,7,10) (2,5,8,10) ; (2,7,8,9) ; (3,5,9,10) ; (3,6,7,10) (3,4,5,8) ; (4,5,6,7) ; (4,6,8,9)

▶ [참고 10] 최적 균형불완비블록설계 (p.239)

5.1.8 최적설계의 판정기준

어떤 실험설계의 효율을 평가하는 기준들을 알아보자. 선택된 실험설계의 효율이 어떤 평가기준 하에서 효율이 가장 좋을 때 이 선택된 실험설계를 최적설계(optimal design)라 한다. 랜덤블록설계의 경우는 랜덤완비블록설계(randomized complete block design)가 가장 효율이 좋은 최적설계로 알려져 있다. 따라서 불완비블록설계의 경우에도 가급적 효율이 높은 실험설계를 얻으려고 할 것이다. 최적설계의 판정기준으로 A-최적설계, E-최적설계, D-최적설계 등이 있다.

▶ [참고 11] 임의의 두 처리의 비교에 대한 효율인자 (p.239)
▶ [참고 12] 정준효율인자 (p.240)
▶ [참고 13] 판정기준 (p.242)

5.2 부분적 균형불완비블록설계

5.2.1 동반관계(association scheme)와 분류

불완비블록설계에서 5.1절에 정의한 균형불완비블록설계를 만족하지 못하는 경우를 생각하여 보자. 예를 들어 $a=6,\ k=3$인 실험의 경우 BIBD가 되기 위해서는 ① $\lambda(a-1)=r(k-1)$, ② $bk=ar$의 관계로부터 $\lambda=\frac{2r}{5}, b=\frac{6r}{3}=2r$를 얻게 되고 λ와 b가 정수이기 위한 최소의 r값은 5이고 b는 10이 된다. 즉 BIBD가 되기 위해서는 블록수가 10이 되어야 한다. 만일 처리수가 조금만 증가하면 BIBD실험을 위한 블록수는 엄청나게 증가하여 현실적으로 실험이 불가능하게 된다. 따라서 블록의 일부만을 실험하게 되는데 이렇게 되면 균형실험설계를 얻을 수 없다. 이 경우 어떤 처리들은 같은 블록에서 λ_1번 만나고 나머지 처리들은 λ_2번 만난다고 하자. 이때, 처리 전체는 균형되어 있지 못하나 부분적으로 균형되어 있다하여 이를 부분적 균형불완비블록설계(partially balanced incomplete block design ; PBIBD)라 한다.

▶ [참고 14] 동반관계 분류 (p.244)
▶ [참고 15] PBIBD의 통계적 분석 (p.246)
▶ [참고 16] 그룹분류 가능설계 (p.248)

5.3 공분산분석

5.3.1 공분산분석의 필요성

실험의 정도를 높이기 위하여 블록계획법을 이용하였다. 이렇게 실험의 정도를 높이는 또 다른 방법으로 공분산분석법(analysis of covariance)이 있다. 이 경우는 방해인자가 무엇인지 알고 있으나 방해인자를 통제할 수 없고 방해인자와 반응변수 사이에 선형관계가 있을 경우 아주 유용한 방법으로 활용되고 있다. 이 방법은 회귀분석과 분산분석법을 결합한 형태이다. 이 방법을 이해하기 위하여 다음의 예를 생각해보자.

예제 5.6

여러 종류 굵기의 아연이 도금된 강철 파이프를 생산하는데 도금된 아연의 두께가 제조회사에 따라 차이가 있는지를 알아보기 위하여 세 공장(A, B, C)에 각각 4개의 강철 파이프를 도금하게 하여 도금된 아연의 두께를 조사하였다. 그 결과는 다음과 같다. (Hicks(1993) p.391에서 인용)

표 5.3-1 도금된 아연의 두께(단위: 10^{-5}인치)

공장		
A	B	C
40	25	27
38	32	24
30	13	20
47	35	13

이 경우는 단순랜덤화배열법으로서 통계모형은 다음과 같으며, 분산분석표는 [표 5.3-2]와 같다.

$$y_{ij} = \mu + \tau_i + e_{ij,} \quad i = 1,2,3, \quad j = 1,2,3,4 \tag{5.3-1}$$

표 5.3-2 분산분석표

변인	자유도	제곱합	평균제곱합	F-값	p-값
처리(회사)	2	665.2	332.6	5.51	0.0274
오차	9	543.5	60.4		
전체	11	1208.7			

분산분석의 결과 도금된 아연의 두께는 도금을 맡은 회사에 따라 차이가 난다는 결론을 얻게 되었다. 대부분 여기에서 분석을 끝내는 경우가 흔하다. 그런데 기술적인 검토를 한 끝에 도금된 아연의 두께는 원재료인 강철 파이프의 두께에도 영향을 받는다는 새로운 사실을 알게 되었다. 이 관계를 보다 정확히 알아보기 위하여 도금하기 이전의 강철 파이프의 두께(x)와 도금된 아연의 두께(y)를 조사하고 이것을 산포도(scatter diagram)로 그려보았다.

표 5.3-3 강철 파이프 두께와 도금된 아연의 두께

공장					
A		B		C	
x	y	x	y	x	y
110	40	60	25	62	27
75	38	75	32	90	24
93	30	38	13	45	20
97	47	140	35	59	13

그림 5.3-1 산포도

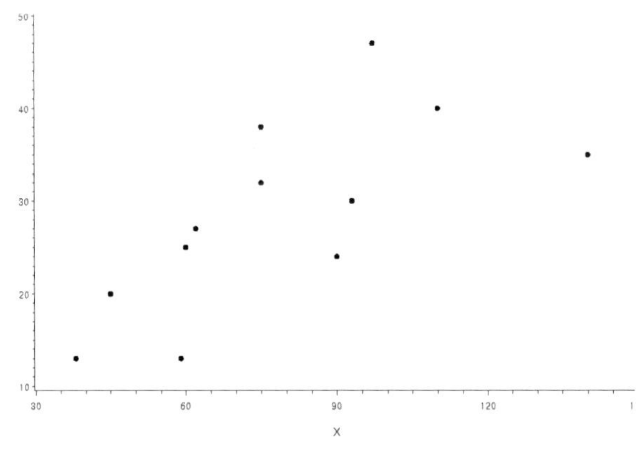

위 그림에서 알 수 있듯이 강철 파이프 두께(x)와 도금된 아연의 두께(y) 사이에는 양의 상관관계가 있음을 알 수 있다. 따라서 두 변수의 관계를 다음과 같은 회귀모형으로 표현할 수 있다.

$$y_{ij} = \mu + \beta(x_{ij} - \bar{x}_{..}) + e_{ij}, \quad i = 1,2,3, \quad j = 1,2,3,4 \qquad (5.3\text{-}2)$$

여기에서 β는 회귀계수(regression coefficient)이고 $\bar{x}_{..}$는 x_{ij}의 기댓값을 의미한다. 따라서 반응변수 y_{ij}에 대한 통계모형을 식 (5.3-1)과 (5.3-2)를 결합 하여 다음과 같이 쓸 수 있다.

$$y_{ij} = \mu + \beta(x_{ij} - \bar{x}_{..}) + \tau_i + e_{ij}, \quad i = 1,2,3, \quad j = 1,2,3,4 \qquad (5.3\text{-}3)$$

위 식을 공분산모형(analysis-of-covariance model)이라 한다. 이 경우 잔차 e_{ij}는 식 (5.3-1)에 대한 잔차보다 작게 추정되어야 한다. 왜냐하면 공변량(covariate variable) x의 효과가 회귀모형을 이용하여 y_{ij}의 변이를 줄였기 때문이다.

식 (5.3-3)을 $(x_{ij} - \bar{x})$대신 x_{ij} 만으로 표시하여 다음과 같이 공분산모형을 표현해도 무방하다.

$$y_{ij} = \mu' + \beta x_{ij} + \tau_i + e_{ij}, \quad i = 1,2,3, \quad j = 1,2,3,4 \qquad (5.3\text{-}4)$$

공분산모형에서 각 처리마다 회귀계수(β)가 서로 다를 경우 다음과 같이 표현될 수 있을 것이다. 다음은 공분산모형이 아니므로 주의를 요한다.

$$y_{ij} = \mu' + \beta_i x_{ij} + \tau_i + e_{ij}, \quad i = 1,2,3, \quad j = 1,2,3,4$$

공분산모형에서는 처리마다 회귀계수가 전부 같은 것을 전제로 한다. 만일 그렇지 않으면 식 (5.3-3) 혹은 식 (5.3-4)의 공분산 모형을 얻을 수 없기 때문이다. 따라서 각 처리마다 회귀계수가 서로 같은지를 먼저 검정하여야 한다. 회귀계수가 서로 같다는 것은 각 처리마다 회귀선이 평행하다는 것을 의미하고 이것은 처리그룹과 공변량의 교호작용이 없다는 것을 의미한다. 따라서 회귀계수 동일성 검정은 교호작용, $x \times$처리그룹의 검정으로 가능하다. 결국 처리그룹과 공변량의 교호작용이 없다는 점이 확인되고 회귀계수에 대한 가설 $H : \beta = 0$가 기각될 때 공분산분석이 가능하다.

5.3.2 공분산모형의 분석요령

식 (5.3-3)에 주어진 공분산모형에 대한 통계적 추정량은 다음과 같이 얻어진다.

$$\hat{\beta} = \frac{\sum_i \sum_j (x_{ij} - \overline{x}_{i.})^2 (y_{ij} - y_{i.})}{\sum_i \sum_j (x_{ij} - \overline{x}_{i.})^2}, \quad i = 1, 2 \cdots a, \ \ j = 1, 2 \cdots n \qquad (5.3\text{-}5)$$

$$\hat{\mu} = \overline{y}_{..} = \frac{1}{an} \sum_i \sum_j y_{ij} \qquad (5.3\text{-}6)$$

$$\hat{\tau}_i = \overline{y}_{i.} - \overline{y}_{..} - \hat{\beta}(\overline{x}_{i.} - \overline{x}_{..}) \qquad (5.3\text{-}7)$$

$$\hat{\sigma}^2 = \frac{1}{n-k-1} \sum_i \sum_j (y_{ij} - \overline{y}_{i.} - \hat{\beta}(x_{ij} - \overline{x}_{..}))^2 \qquad (5.3\text{-}8)$$

공분산모형을 이용한 처리평균에 대한 최소제곱추정량을 공변량에 의하여 수정된 처리평균이라 하는데 이는 다음과 같다.

$$\hat{\mu}_i = \hat{\mu} + \hat{\tau}_i = \overline{y}_{i.} - \hat{\beta}(\overline{x}_{i.} - \overline{x}_{..}) \qquad (5.3\text{-}9)$$

따라서 공변량을 고려하지 않으면 $\hat{\beta}(\overline{x}_{i.} - \overline{x}_{..})$만큼 편의가 발생함을 알 수 있다.

한편 공분산모형에 대한 분산분석표는 [표 5.3-4], [표 5-3-5], [표5.3-6]과 같은 요령에 의하여 얻어진다. [표 5.3-4]와 [표 5.3-5]의 경우는 순차적 방법에 의하여 제곱합을 계산(Type I SS)한 것이고 [표 5.3-6]의 경우는 부분적 방법에 의하여 제곱합을 계산(Type III SS)한 것이다. 처리효과가 있는지를 검정($H_0 : \tau_1 = \tau_2 = \tau_3 = \tau_4 = 0$)할 경우 회귀계수효과가 제거된 [표 5.3-4] 혹은 [표 5.3-6]의 결과를 이용하여야 하며 [표 5.3-5]를 이용하였을 경우 그 결과는 회귀계수효과가 제거되지 않은 관계로 신뢰하기 힘들다.

표 5.3-4 Type I SS (회귀성분에 의해 수정된 처리효과에 대한 분산분석표)

변인	자유도	제곱합	평균제곱합	F-값	p-값
회귀(무수정)	1	$R(\beta \mid \mu)$ = 588.84	588.84	14.39	0.0053
처리(수정)	2	$R(\tau \mid \mu, \beta)$ = 292.42	146.21	3.57	0.0778
오차	8	$\sum_i \sum_j y_{ij}^2 - R(\mu, \tau, \beta)$ = 327.39	40.92		
전체	11	$\sum_i \sum_j y_{ij}^2 - R(\mu)$ = 1208.66			

표 5.3-5 Type I SS (무수정 처리효과에 대한 분산분석표)

변인	자유도	제곱합	평균제곱합	F-값	p-값
처리(무수정)	2	$R(\tau\|\mu)$ = 665.16	332.58	8.13	0.0118
회귀(수정)	1	$R(\beta\|\mu,\tau)$ = 216.10	216.10	5.28	0.00506
오차	8	$\sum_i\sum_j y_{ij}^2 - R(\mu,\tau,\beta)$ = 327.39	40.92		
전체	11	$\sum_i\sum_j y_{ij}^2 - R(\mu)$ = 1208.39			

표 5.3-6 Type III SS (수정된 처리효과와 회귀효과에 대한 분산분석표)

변인	자유도	제곱합	평균제곱합	F-값	p-값
처리(수정)	2	$R(\tau\|\mu,\beta)$ = 292.42	146.21	3.57	0.0778
회귀(수정)	1	$R(\beta\|\mu,\tau)$ = 216.10	216.10	5.28	0.0506
오차	8	$\sum_i\sum_j y_{ij}^2 - R(\mu,\tau,\beta)$ = 327.39	40.92		
전체	11	$\sum_i\sum_j y_{ij}^2 - R(\mu)$ = 1208.66			

회귀계수가 비록 방해모수(nuisance parameter)이지만 이에 대한 검정결과를 주의 깊게 살펴보아야 한다. 두 변수(x와 y)의 회귀관계에도 관심을 갖는 경우가 흔하고 공분산분석을 실시하게 된 동기이므로 이 경우 또한 [표 5.3-5] 혹은 [표 5.3-6]의 결과를 이용하여야 하며 [표 5.3-4]의 결과는 처리효과가 제거되지 않는 관계로 신뢰할 수 없다. 공분산모형의 경우 처리효과에 대한 검정결과가 주관심이지만 설명변수(x)와 반응변수(y)간의 회귀계수(β)에도 관심을 갖는 것이 일반적이다. 그러나 회귀계수 검정결과가 유의하지 않은 경우 선택된 설명변수에 의한 공분산분석은 진행되지 않는다. 결론적으로 공분산모형은 정확한 처리효과를 비교분석하기 위하여 공변량 효과를 통제하는 실험방법으로 생각할 수 있다.

예제 5.7 [표 5.3-3]에 대한 SAS 분석 1

```
DATA ex5_7;
   DO group=1 to 3;
      DO rep=1 to 4;
         INPUT x y @@; OUTPUT;
      END;
   END;
LINES;
  110 40 75 38 93 30  97 47
   60 25 75 32 38 13 140 35
   62 27 90 24 45 20  59 13
;

PROC GLM DATA=ex5_7;
   CLASS group ;
   MODEL y=group x x*group;
RUN;
```

```
                              General Linear Models Procedure

Dependent Variable: Y
Source              DF     Sum of Squares        Mean Square    F Value    Pr > F
Model                5       888.22027222       177.64405444       3.33    0.0878
Error                6       320.44639444        53.40773241
Corrected Total     11      1208.66666667

             R-Square              C.V.           Root MSE              Y Mean
             0.734876          25.49323         7.30805941         28.66666667

Source              DF        Type I SS        Mean Square    F Value    Pr > F
GROUP                2     665.16666667       332.58333333       6.23    0.0344
X                    1     216.10151282       216.10151282       4.05    0.0910
X*GROUP              2       6.95209274         3.47604637       0.07    0.9376

Source              DF      Type III SS        Mean Square    F Value    Pr > F
GROUP                2      18.50178803         9.25089401       0.17    0.8450
X                    1      62.68907040        62.68907040       1.17    0.3202
X*GROUP              2       6.95209274         3.47604637       0.07    0.9376
```

식 (5.5-3)과 같은 공분산모형이 성립하기 위해서는 공변량에 대한 '기울기의 동일성(homogeneity of slopes)' 조건을 만족하여야 한다. 각 처리그룹마다 기울기가 같은지, 기울기동질성검정($H_0 : \beta_A = \beta_B = \beta_c$)을 먼저 실시하여 기울기의 동질성을 확인하여야 한다. 그 다음단계로 $H_0 : \beta = 0$인 가설을 검정하여 이것이 기각되어야 비로소 공분산분석을 실시할 수 있다. 그렇지 못할 경우 선택된 공변량(x)은 공변량으로서 의미가 없기 때문이다. 기울기의 동질성은 $x\times$ Group의 효과를 검정하는 것과 같은 의미를 지닌다. 왜냐하면, 공장 1, 2, 3이라는 각 Group 별로 공변량의 회귀계수가 같으면 교호작용 $x\times$Group이 미미하여 $x\times$Group의 효과는 유의하지 않을 것이기 때문이다.

위의 SAS 결과에서 살펴보아야 할 부분은 분산분석표 중 Type Ⅲ SS 중 x와 Group의 교호작용에 대한 F-검정 결과이다. 이 예에서 p-값이 0.9376으로 교호작용의 효과가 유의하지 않으므로 기울기가 동일하다는 귀무가설이 인정되기 때문이다.

결론적으로 공변량 기울기의 동일성에 대한 가정이 성립되면 위와 같은 공분산분석을 수행할 수 있지만, 기울기의 동일성이 의심스러운 경우 공분산모형 대신 식 (5.3-4)와 같은 모형을 통해 각 처리그룹마다 기울기를 추정할 수밖에 없다. 또는 공변량을 적절한 구간으로 나눈 다음 블록으로 간주하여 보통의 블록실험을 수행할 수도 있을 것이다. 그러나 이러한 경우들은 공변량의 효과를 통제하는 데 한계가 있으므로 공분산모형에 비하여 처리효과를 분석하는데 어려움이 있다.

예제 5.8 [표 5.3-3]에 대한 SAS 분석 2

```
PROC GLM DATA=ex5_7;
   CLASS group;
   MODEL y=x group;
RUN;
```

```
Dependent Variable: Y
                                         Sum of
Source              DF        Squares       Mean Square    F Value    Pr > F
Model                3     881.268179       293.756060       7.18     0.0117
Error                8     327.398487        40.924811
Corrected Total     11    1208.666667

              R-Square     Coeff Var       Root MSE        y Mean
              0.729124      22.31599       6.397250       28.66667

Source              DF      Type I SS       Mean Square    F Value    Pr > F
X                    1    588.8464517       588.8464517     14.39     0.0053
```

```
GROUP                  2    292.4217278     146.2108639       3.57    0.0778

Source                DF    Type III SS     Mean Square    F Value    Pr > F
X                      1    216.1015128     216.1015128       5.28    0.0506
GROUP                  2    292.4217278     146.2108639       3.57    0.0778
```

위의 SAS 프로그램은 [표 5.3-4]를 유도하기 위한 과정이다. 여기서 2개의 제곱합(Type I SS, Type III SS)이 출력되어 있는데, 공분산분석을 위해서는 Type III SS를 보는 것이 일반적이다.

이제, [표 5.3-5]와 [표 5.3-6]을 구하고, 공분산분석 식을 수립하기 위해 다음과 같이 분석하기로 한다. 여기서 SAS의 MODEL 부분에 공변량 x와 Group 변수의 순서가 바뀌어 있음을 주목할 필요가 있다. 또한, 공분산분석의 모수를 추정하기 위해 solution 옵션을 사용한다.

```
PROC GLM DATA=ex5_7;
   CLASS group;
   MODEL y=group x/solution;
   LSMEANS group;
RUN;
```

```
                        General Linear Models Procedure

Dependent Variable: y
                                                Sum of
Source                DF         Squares     Mean Square    F Value    Pr > F
Model                  3      881.268179      293.756060       7.18    0.0117
Error                  8      327.398487       40.924811
Corrected Total       11     1208.666667

                R-Square     Coeff Var      Root MSE        y Mean
                0.729124      22.31599      6.397250      28.66667

Source                DF       Type I SS     Mean Square    F Value    Pr > F

GROUP                  2     665.1666667     332.5833333       8.13    0.0118
X                      1     216.1015128     216.1015128       5.28    0.0506

Source                DF     Type III SS     Mean Square    F Value    Pr > F

GROUP                  2     292.4217278     146.2108639       3.57    0.0778
X                      1     216.1015128     216.1015128       5.28    0.0506

                                            Standard
   Parameter             Estimate              Error    t Value    Pr > |t|

   Intercept          10.11413080 B       5.71601862       1.77      0.1148
   GROUP        1     12.68977174 B       5.03106293       2.52      0.0357
```

```
GROUP      2         2.82619319 B       4.64488634        0.61        0.5598
GROUP      3         0.00000000 B           .               .            .
X                    0.17009171         0.07401974        2.30        0.0506

NOTE: The X'X matrix has been found to be singular, and a generalized inverse
      was used to solve the normal equations. Terms whose estimates are
      followed by the letter 'B' are not uniquely estimable.

                              Least Squares Means

                             group          y LSMEAN

                             1              36.1844501
                             2              26.3208715
                             3              23.4946784
```

이 분석결과에서 평균처리제곱합이 공변량을 고려하지 않은 분산분석에서 구한 332.6 ([표 5.3-2] 참고)에 비해 292.42로 크게 감소하여 검정통계량 값이 크게 달라졌음을 볼 수 있다. 즉, 공분산분석 결과 원재료인 강철파이프의 두께를 고려한 결과, 공장마다 생산된 도금된 아연의 두께의 차이는 유의수준 0.05 하에서 유의하지 않다 (p-값 = 0.0778). 한편, 공변량 x는 유의수준 0.05하에서 경계값을 보임으로 공변량의 영향을 반증하고 있다 (p-값 = 0.0506). 그리고 [표 5.3-5]의 처리 (무수정) 결과는 Type I SS에서 찾아볼 수 있다.

이제, 모수 추정값을 살펴보자. 공변량인 강철파이프의 두께에 대한 기울기가 $\hat{\beta}=0.17$으로 추정되었다는 것을 알 수 있으며, 세 집단에 대한 모형 추정식은 다음과 같다.

$$\hat{y}_1 = \hat{\mu} + \hat{\tau}_1 + \hat{\beta}x$$
$$= (10.114 + 12.689) + 0.170x = 22.799 + 0.170x$$
$$\hat{y}_2 = \hat{\mu} + \hat{\tau}_2 + \hat{\beta}x$$
$$= (10.114 + 2.826) + 0.170x = 12.936 + 0.170x$$
$$\hat{y}_3 = \hat{\mu} + \hat{\tau}_3 + \hat{\beta}x$$
$$= (10.114 + 0) + 0.170x = 10.114 + 0.170x$$

참고 1 식 (5.1-21)의 이해(p.198)

식 (5.1-21)에서 $\frac{1}{k}\sum_j B_j \sum_i n_{ij}\hat{\tau}_i = \frac{1}{k}\sum_i \sum_j n_{ij}\hat{\tau}_i B_j$임을 보다 쉽게 이해하기 위하여 간단한 예를 들어 보기로 한다.

블록의 크기가 2이고 개수가 3, 그리고 처리수가 3인 불완비블록설계를 생각해보자.

	블록		
	1	2	3
처리	1	1	2
	3	2	3

처리 $j=1,2,3$에 대하여

$$j=1 \text{ 일 때, } \quad \frac{1}{k}B_1\sum_i n_{i1}\hat{\tau}_i = \frac{1}{k}B_1(\hat{\tau}_1+\hat{\tau}_3)$$

$$j=2 \text{ 일 때, } \quad \frac{1}{k}B_2\sum_i n_{i2}\hat{\tau}_i = \frac{1}{k}B_2(\hat{\tau}_1+\hat{\tau}_2)$$

$$j=3 \text{ 일 때, } \quad \frac{1}{k}B_3\sum_i n_{i3}\hat{\tau}_i = \frac{1}{k}B_3(\hat{\tau}_2+\hat{\tau}_3)$$

이다. 각각의 식을 모두 더하면 다음과 같음을 확인할 수 있다.

$$\begin{aligned}\frac{1}{k}\sum_j B_j \sum_i n_{ij}\hat{\tau}_i &= \frac{1}{k}(B_1(\hat{\tau}_1+\hat{\tau}_3)+B_2(\hat{\tau}_1+\hat{\tau}_3)+B_3(\hat{\tau}_2+\hat{\tau}_3)) \\ &= \frac{1}{k}(\hat{\tau}_1(B_1+B_2)+\hat{\tau}_2(B_2+B_3)+\hat{\tau}_3(B_1+B_3)) \\ &= \frac{1}{k}\sum_i\sum_j n_{ij}\hat{\tau}_i B_j\end{aligned}$$

참고 2 대비의 제곱합(p.202)

식 (5.1-14)에서 $Q_i = T_i - \frac{1}{k}\sum_j n_{ij}B_j$라 했으므로 다음과 같이 쓸 수 있다.

$$kQ_i = kT_i - \sum_j n_{ij}B_j$$

여기에서 T_i와 $\sum_j n_{ij}B_j$가 서로 독립(independent)이 아니므로 두 항을 독립으로 만들기 위하여 식 (5.1-24)를 변형하여 다음과 같이 쓸 수 있다.

$$kQ_i = (k-1)T_i - (\sum_j n_{ij}B_j - T_i)$$

여기서, T_i는 i처리의 합이고 $\sum_j n_{ij}B_j - T_i$는 i처리가 들어있는 블록의 합들의 총합에서 i처리의 합을 제외한 것으로 결국 i처리가 들어 있는 블록들에서 i처리를 빼고 나머지를 전부 합한 것이다. 이것은 r개 블록에 걸쳐 각각 $k-1$개의 관측값을 합한 것으로 $r(k-1)$개의 합이 된다. 따라서 T_i와 $\sum_j n_{ij}B_j - T_i$는 서로 독립이다. 그러므로 식 (5.1-25)을 이용하여 다음과 같이 쓸 수 있다.

$$\begin{aligned} Var(kQ_i) &= (k-1)^2 Var(T_i) + r(k-1)\sigma^2 \\ &= r(k-1)^2\sigma^2 + r(k-1)\sigma^2 \\ &= r(k-1)k\sigma^2 \end{aligned}$$

한편 Q_i의 성질에 의하여 다음과 같은 사실을 알 수 있다.

$$\sum_i Q_i = 0$$

그 이유는 다음과 같다.

$$\begin{aligned} \sum_i Q_i &= \sum_i y_{i.} - \frac{1}{k}\sum_i\sum_j n_{ij}B_j \\ &= \sum_i y_{i.} - \frac{1}{k}\{(n_{11} + n_{12} + \cdots + n_{a1})B_1 + (n_{12} + n_{22} + \cdots + n_{a2})B_2 \\ &\quad + \cdots + (n_{1b} + n_{2b} + \cdots + n_{ab})B_b\} \\ &= \sum_i y_{i.} - \frac{1}{k}(kB_1 + kB_2 + \cdots + kB_b) \\ &= \sum_i y_{i.} - \sum_j y_{.j} = 0 \end{aligned}$$

따라서 $Var(\sum_i Q_i)$는 다음과 같이 쓸 수 있다.

$$Var(\sum_i Q_i) = a\,Var(Q_i) + a(a-1)\,Cov(Q_h, Q_k) = 0$$

이것으로부터 Q_h와 Q_k의 공분산은 다음과 같이 구해진다.

$$Cov(Q_h, Q_k) = \frac{-a\,Var(Q_i)}{a(a-1)} = -\frac{\lambda}{k}\sigma^2$$

또 추정량 $\hat{\tau}_i$의 분산은 다음과 같다.

$$Var(\hat{\tau}_i) = (\frac{k}{\lambda a})^2\,Var(Q_i) = \frac{k(a-1)}{\lambda a^2}\sigma^2$$

마지막으로 대비 $C = \boldsymbol{c}'\hat{\boldsymbol{\tau}}$(단, $\boldsymbol{c}' = (c_1, c_2, \cdots, c_a)$, $\hat{\boldsymbol{\tau}} = (\hat{\tau}_1, \hat{\tau}_2, \cdots, \hat{\tau}_a)'$)을 생각하여 보자.

우선 대비 C에 대한 분산을 구해보면 다음과 같다.

$$Var(C) = Var(\frac{k}{\lambda a}\boldsymbol{c}'\boldsymbol{Q}) = (\frac{k}{\lambda a})^2\boldsymbol{c}'\,Cov(\boldsymbol{Q})\boldsymbol{c}$$

여기에서 $\boldsymbol{c}'\,Cov(\boldsymbol{Q})\boldsymbol{c}$를 구해보자.

$$\boldsymbol{c}'\,Cov(\boldsymbol{Q})\boldsymbol{c} = (c_1, c_2, \cdots, c_a)\begin{pmatrix} \frac{r(k-1)}{k}\sigma^2 & \cdots & \frac{-\lambda}{k}\sigma^2 \\ \vdots & \ddots & \vdots \\ \frac{-\lambda}{k}\sigma^2 & \cdots & \frac{r(k-1)}{k}\sigma^2 \end{pmatrix}\begin{pmatrix} c_1 \\ c_2 \\ \vdots \\ c_a \end{pmatrix}$$

이를 정리해보면 다음과 같다.

$$\boldsymbol{c}'\,Cov(\boldsymbol{Q})\boldsymbol{c} = \frac{\lambda a}{k}\sigma^2\sum_i c_i^2$$

따라서 대비의 분산은 다음과 같다.

$$Var(C) = \frac{k}{\lambda a}\sigma^2\sum_i c_i^2$$

참고 3 대비 제곱합의 기댓값(p.202)

$$E(SS_c) = \frac{k}{\lambda a \sum_i c_i^2} E(\sum_i c_i Q_i)^2$$

그런데 $E(\sum_i c_i Q_i)^2 = Var(\sum_i c_i Q_i) + \left\{E(\sum_i c_i Q_i)\right\}^2$ 이므로

$Var(\sum_i c_i Q_i) = \frac{\lambda a}{k}\sigma^2 \sum_i c_i^2$이다.

또 $E(\frac{k}{\lambda a}\sum_i c_i Q_i) = E(\sum_i c_i \hat{\tau}_i) = \sum_i c_i \tau_i$이므로 $E(SS_c)$는 식 (5.1-25)와 같다.

참고 4 벡터와 행렬을 이용한 방법(p.203)

앞에서 언급한 분석법을 행렬 및 벡터를 사용하여 쉽게 나타낼 수 있다. 이러한 방법은 매우 간편하고 유용하게 사용될 수 있다. 식 (5.1-4)를 다음과 같이 다시 표현해보자.

$$\boldsymbol{y} = \boldsymbol{1}\mu + \boldsymbol{X\tau} + \boldsymbol{Z\beta} + \boldsymbol{e} \tag{1}$$

여기에서 $\boldsymbol{y}$는 $N\times 1$인 열벡터, $\boldsymbol{1}$은 성분이 1인 $N\times 1$인 열벡터, $\boldsymbol{X}$와 $\boldsymbol{Z}$는 각각 $N\times a$, $N\times b$인 행렬, 그리고 $\boldsymbol{e}$는 $N\times 1$인 열벡터이다. $\boldsymbol{W} = (\boldsymbol{1} \vdots \boldsymbol{X} \vdots \boldsymbol{Z})$, $\boldsymbol{\alpha} = (\mu \vdots \boldsymbol{\tau} \vdots \boldsymbol{\beta}')'$ 라 하면 식 (1)은 다음과 같이 표현된다.

$$\boldsymbol{y} = \boldsymbol{W\alpha} + \boldsymbol{e}$$

그리고 다음과 같은 사실을 알 수 있다.

$$\boldsymbol{X}'\boldsymbol{1} = \boldsymbol{r}, \ \boldsymbol{X}'\boldsymbol{X} = \boldsymbol{R}$$

여기에서 $\boldsymbol{r}$은 성분이 r인 열벡터, $\boldsymbol{R}$는 대각성분이 r인 대각 행렬이다. 또 다음과 같은 사실도 확인할 수 있다.

$$\boldsymbol{Z}'\boldsymbol{1} = \boldsymbol{k}, \ \boldsymbol{Z}'\boldsymbol{Z} = \boldsymbol{K}$$

여기에서 $\boldsymbol{k}$는 성분이 k인 열벡터, $\boldsymbol{K}$는 대각성분이 k인 대각행렬이다. 마지

막으로 아래의 사실 역시 쉽게 확인할 수 있다.

$$X'Z = N,\ X'y = T,\ Z'y = B,\ 1'y = G$$

여기에서 N은 결합행렬(incidence matrix), T는 처리합계 벡터, B는 블록 합계 벡터, 그리고 G는 전체 관측값들의 합을 의미한다.

다음으로 최소제곱법에 의하여 모수를 추정해보자. $e'e = (y - W\alpha)'(y - W\alpha)$ 이므로 정규방정식은 다음과 같다.

$$\frac{\partial e'e}{\partial \hat{\alpha}} = -2W'y + 2W'W\hat{\alpha} = 0$$

이를 정리해보면 다음과 같은 정규 방정식을 얻는다.

$$n\hat{\mu} + r'\hat{\tau} + k'\hat{\beta} = G \qquad ①$$
$$r\hat{\mu} + R\hat{\tau} + N\hat{\beta} = T \qquad ②$$
$$k\hat{\mu} + N'\hat{\tau} + K\hat{\beta} = B \qquad ③$$

여기에서 처리효과를 추정하기 위하여 식② - 식③ × NK^{-1}를 계산한다. 그 결과는 다음과 같다.

$$(rI - NK^{-1}N')\hat{\tau} = T - NK^{-1}B \qquad (2)$$

그리고 $rI - NK^{-1}N' = A$, $T - NK^{-1}B = Q$라 하면 식 (2)는 다음과 같이 나타낼 수 있다.

$$A\hat{\tau} = Q$$

이 식을 축소된 정규방정식(reduced normal equation)이라 한다. 그런데 행렬 A는 $r(A) = a-1$로서 비정칙행렬(singular matrix)이다. 따라서 처리효과 $\hat{\tau}$는 다음과 같다.

$$\hat{\tau} = \Omega Q$$

여기에서 Ω는 A의 일반화 역행렬(generalized inverse)로서 $A\Omega A = A$를 만족하는 행렬이다. 따라서 모수 τ_i에 대해서는 추정불가능하다. 그러나 대비 혹은 $\tau_i - \tau_j$ 등은 추정가능(estimable)하다. 그런데 행렬 A는 대칭행렬(symmetric)이므로 대칭형의 정준형(canonical form)으로 쓸 수 있다. 한편 행렬 $\boldsymbol{A}$의 정규화된 고유벡터(normalized eigenvector)를 $\boldsymbol{p}_1, \boldsymbol{p}_2, \cdots, \boldsymbol{p}_a$라고 하면 행렬 $\boldsymbol{A}$와 $\boldsymbol{\Omega}$는 다음과 같이 표현할 수 있다.

$$\boldsymbol{A} = \sum_{i=1} \lambda_i \boldsymbol{p}_i \boldsymbol{p}_i{}'$$
$$\boldsymbol{\Omega} = \sum_{i} \lambda_i^{-1} \boldsymbol{p}_i \boldsymbol{p}_i{}'$$

한편 식 (2)에서 $\boldsymbol{Q} = \boldsymbol{T} - \boldsymbol{N}\boldsymbol{K}^{-1}\boldsymbol{B}$이므로 이것을 식 (1)로부터 유도하기 위하여 식 (1) 앞에 $\boldsymbol{X}'$과 $\boldsymbol{N}\boldsymbol{K}^{-1}\boldsymbol{Z}'$을 각각 곱한 것을 각각 식 (3), 식 (4)이라 하자.

$$\boldsymbol{X}'\boldsymbol{y} = \boldsymbol{r}\mu + \boldsymbol{R}\boldsymbol{\tau} + \boldsymbol{N}\boldsymbol{\beta} + \boldsymbol{X}'\boldsymbol{e} \tag{3}$$
$$\boldsymbol{N}\boldsymbol{K}^{-1}\boldsymbol{Z}'\boldsymbol{y} = \boldsymbol{r}\mu + \boldsymbol{N}\boldsymbol{K}^{-1}\boldsymbol{N}'\boldsymbol{\tau} + \boldsymbol{N}\boldsymbol{\beta} + \boldsymbol{N}\boldsymbol{K}^{-1}\boldsymbol{Z}'\boldsymbol{e} \tag{4}$$

여기에서 $\boldsymbol{X}'\boldsymbol{y} = \boldsymbol{T}$이고 $\boldsymbol{N}\boldsymbol{K}^{-1}\boldsymbol{Z}'\boldsymbol{y} = \boldsymbol{N}\boldsymbol{K}^{-1}\boldsymbol{B}$이므로 식 (3)에서 식 (4)을 뺀 후 이를 정리하면 다음과 같다.

$$\boldsymbol{Q} = \boldsymbol{A}\boldsymbol{\tau} + (\boldsymbol{X}' - \boldsymbol{N}\boldsymbol{K}^{-1}\boldsymbol{Z}')\boldsymbol{e}$$

또 $E(\boldsymbol{e}) = \boldsymbol{0}$ 이고 $V(\boldsymbol{e}) - \sigma^2\boldsymbol{I}$이므로 다음과 같다.

$$E(\boldsymbol{Q}) = \boldsymbol{A}\boldsymbol{\tau}$$

그리고 $Var(\boldsymbol{Q})$ 역시 다음과 같이 구해진다.

$$\begin{aligned} Var(\boldsymbol{Q}) &= (\boldsymbol{X}' - \boldsymbol{N}\boldsymbol{K}^{-1}\boldsymbol{Z}')(\boldsymbol{X}' - \boldsymbol{N}\boldsymbol{K}^{-1}\boldsymbol{Z}')'\sigma^2 \\ &= (\boldsymbol{R} - \boldsymbol{N}\boldsymbol{K}^{-1}\boldsymbol{N}')\sigma^2 \\ &= \boldsymbol{A}\sigma^2 \end{aligned}$$

따라서 $\hat{\boldsymbol{\tau}} = \boldsymbol{\Omega}\boldsymbol{Q}$에 대한 기댓값과 분산은 다음과 같다.

$$E(\hat{\boldsymbol{\tau}}) = \boldsymbol{\Omega}\boldsymbol{A}\boldsymbol{\tau}$$
$$Var(\hat{\boldsymbol{\tau}}) = \boldsymbol{\Omega}\boldsymbol{A}\boldsymbol{\Omega}\sigma^2 = \boldsymbol{\Omega}\sigma^2$$

또 대비 $\boldsymbol{c}'\hat{\boldsymbol{\tau}}$에 대한 분산은 다음과 같다.

$$\begin{aligned} Var(\boldsymbol{c}'\hat{\boldsymbol{\tau}}) &= \boldsymbol{c}'\, Var(\hat{\boldsymbol{\tau}})\boldsymbol{c} = \boldsymbol{c}'\boldsymbol{\Omega}\boldsymbol{A}\boldsymbol{\Omega}\boldsymbol{c}\sigma^2 \\ &= \boldsymbol{c}'\boldsymbol{\Omega}\boldsymbol{c}\sigma^2 \end{aligned}$$

예제 1

다음과 같은 3처리에 대한 4블록 실험을 생각해보자.

		블록			
		1	2	3	4
처리	A	8		13	9
	B		9	16	8
	C	14	5	12	

이것을 위의 식 (1) 형태로 표시해보자.

$$\begin{pmatrix} 8 \\ 14 \\ 9 \\ 5 \\ 13 \\ 16 \\ 12 \\ 9 \\ 8 \end{pmatrix} = \begin{pmatrix} 1 & 1 & 0 & 0 & 1 & 0 & 0 & 0 \\ 1 & 0 & 0 & 1 & 1 & 0 & 0 & 0 \\ 1 & 0 & 1 & 0 & 0 & 1 & 0 & 0 \\ 1 & 0 & 0 & 1 & 0 & 1 & 0 & 0 \\ 1 & 1 & 0 & 0 & 0 & 0 & 1 & 0 \\ 1 & 0 & 1 & 0 & 1 & 0 & 1 & 0 \\ 1 & 0 & 0 & 1 & 1 & 0 & 1 & 0 \\ 1 & 1 & 0 & 0 & 0 & 0 & 0 & 1 \\ 1 & 0 & 1 & 0 & 0 & 0 & 0 & 1 \end{pmatrix} \begin{pmatrix} \mu \\ \tau_1 \\ \tau_2 \\ \tau_3 \\ \beta_1 \\ \beta_2 \\ \beta_3 \\ \beta_4 \end{pmatrix} + \begin{pmatrix} e_1 \\ e_2 \\ e_3 \\ e_4 \\ e_5 \\ e_6 \\ e_7 \\ e_8 \\ e_9 \end{pmatrix}$$

$$\boldsymbol{y} \quad \boldsymbol{1} \quad \boldsymbol{X} \quad \boldsymbol{Z} \quad \boldsymbol{\alpha} \quad \boldsymbol{e}$$

여기에서

$$\boldsymbol{X}'\boldsymbol{X} = \boldsymbol{R} = \begin{pmatrix} 3 & 0 & 0 \\ 0 & 3 & 0 \\ 0 & 0 & 3 \end{pmatrix}, \quad \boldsymbol{Z}'\boldsymbol{Z} = \boldsymbol{K} = \begin{pmatrix} 2 & 0 & 0 & 0 \\ 0 & 2 & 0 & 0 \\ 0 & 0 & 3 & 0 \\ 0 & 0 & 0 & 2 \end{pmatrix},$$

임을 확인할 수 있다. 이 실험은 블록의 크기가 일정하지 않은 경우로서 N과 NN'은 각각 다음과 같다.

$$\boldsymbol{N} = \begin{pmatrix} 1 & 0 & 1 & 1 \\ 0 & 1 & 1 & 1 \\ 1 & 1 & 1 & 0 \end{pmatrix}, \quad \boldsymbol{N}\boldsymbol{N}' = \begin{pmatrix} 3 & 2 & 2 \\ 2 & 3 & 2 \\ 2 & 2 & 3 \end{pmatrix}$$

따라서 이 경우 역시 균형불완비블록실험이다.

한편 $NK^{-1}N' = \frac{1}{6}\begin{pmatrix} 8 & 5 & 5 \\ 5 & 8 & 5 \\ 5 & 5 & 8 \end{pmatrix}$, $NK^{-1}B = \frac{1}{6}\begin{pmatrix} 199 \\ 175 \\ 190 \end{pmatrix}$이므로 A와 Q는 각각 다음과 같다.

$$A = R - NK^{-1}N' = \frac{5}{6}\begin{pmatrix} 2 & -1 & -1 \\ -1 & 2 & -1 \\ 2 & 2 & -1 \end{pmatrix}$$

$$Q = T - NK^{-1}B = \frac{1}{6}\begin{pmatrix} 19 \\ -23 \\ 4 \end{pmatrix}$$

행렬 A의 정규화된 고유벡터와 그에 대응하는 고유값은 각각 다음과 같다.

$$p_1 = \frac{1}{\sqrt{2}}\begin{pmatrix} 1 \\ 0 \\ -1 \end{pmatrix},\ p_2 = \frac{1}{\sqrt{6}}\begin{pmatrix} 1 \\ -2 \\ 1 \end{pmatrix},\ p_3 = \frac{1}{\sqrt{3}}\begin{pmatrix} 1 \\ 1 \\ 1 \end{pmatrix}$$

그리고

$$\lambda_1 = \frac{15}{6}\ ,\lambda_2 = \frac{15}{6}\ ,\lambda_3 = 0$$

이다. 따라서 일반화 역행렬은 다음과 같이 구할 수 있다.

$$\begin{aligned} \Omega &= \frac{6}{15}\left(\frac{1}{2}\begin{pmatrix} 1 \\ 0 \\ -1 \end{pmatrix}(1 \quad 0 \quad -1) + \frac{1}{6}\begin{pmatrix} 1 \\ -2 \\ 1 \end{pmatrix}(1 \quad -2 \quad 1)\right) \\ &= \frac{2}{15}\begin{pmatrix} 2 & -1 & -1 \\ -1 & 2 & -1 \\ -1 & -1 & 2 \end{pmatrix} \end{aligned}$$

이를 이용하여 각 모수를 추정하면 다음과 같다.

$$\hat{\tau} = \Omega Q = \frac{1}{45}\begin{pmatrix} 57 \\ -69 \\ 12 \end{pmatrix},\ \hat{\mu} = \bar{y} = \frac{94}{9},$$

$$\hat{\beta} = K^{-1}(B - N'\tau) - 1\bar{y} = \frac{1}{90}\begin{pmatrix} -364 \\ 32 \\ 290 \\ -247 \end{pmatrix}$$

또, 대비 $C = 2\tau_1 - \tau_2 - \tau_3$에 대한 분산은 다음과 같다.

$$Var(C) = \frac{2}{15}(2 \quad -1 \quad -1)\begin{pmatrix} 2 & -1 & -1 \\ -1 & 2 & -1 \\ -1 & -1 & 2 \end{pmatrix}\begin{pmatrix} 2 \\ -1 \\ -1 \end{pmatrix} = \frac{12}{5}\sigma^2$$

참고 5 식 (5.1-33)의 유도과정(p.204)

식 (5.1−31)로부터 다음과 같은 연립방정식을 얻는다.

$$bk\tilde{\mu}+r\sum_i \tilde{\tau}_i = y_{..}$$

왜냐하면 다음 식으로 표현되기 때문이다.

$$\begin{aligned}\sum_j\sum_i n_{ij}\tilde{\tau}_i &= (n_{11}+n_{12}+\cdots+n_{1b})\tilde{\tau}_1+(n_{21}+n_{22}+\cdots+n_{2b})\tilde{\tau}_2 \\ &\quad +\cdots+(n_{a1}+n_{a2}+\cdots+n_{ab})\tilde{\tau}_a \\ &= r\sum_i \tilde{\tau}_i\end{aligned}$$

여기서, $\sum_i \tilde{\tau}_i = 0$라고 가정하면 $\tilde{\mu}$는 다음과 같이 구해진다.

$$\tilde{\mu} = \frac{y_{..}}{bk} = \overline{y}_{..}$$

이제 식 (5.1−32)으로부터 $\tilde{\tau}_i$를 구하기 위한 방정식을 구해보자.

$$\sum_j (B_j - k\mu - \sum_i n_{ij}\,\tau_i)n_{ij} = 0$$

이 식을 다시 써보면 다음과 같다.

$$\sum_j n_{ij}\,y_{.j} - k\mu\sum_j n_{ij} - \sum_j n_{ij}\sum_i n_{ij}\tau_i = 0$$

위 식을 간단하게 하기 위하여 다음과 같은 사실을 이용하자.

$$\sum_j n_{ij} = (n_{i1}+n_{i2}+\cdots+n_{ib}) = r$$

이며,

$$\sum_j n_{ij}\sum_i n_{ij}\,\tau_i = r\tilde{\tau}_i + \lambda\sum_{p,p\neq i}\tilde{\tau}_p \qquad (1)$$

그러므로 반복수가 r이고 임의의 두 처리가 만나는 횟수가 λ인 경우 $\sum_j n_{ij}y_{.j}$는 다음과 같이 정리할 수 있다.

$$\sum_j n_{ij}y_{.j} = k\tilde{\mu}r + r\tilde{\tau}_i + \lambda\sum_{p,p\neq i}\tilde{\tau}_p$$

만일 $\sum_p \tilde{\tau}_p = 0$이라고 가정하면 처리효과 $\tilde{\tau}_i$은 다음과 같이 구할 수 있다.

$$\tilde{\tau}_i = \frac{\sum_j n_{ij}\, y_{\cdot k} - kr\bar{y}_{..}}{r-\lambda} = \frac{\sum_j^{b}{}^{*} B_j - kr\bar{y}_{..}}{r-\lambda}$$

이제, 식 (1)의 의미를 살펴보자. 다음의 예를 생각해보자.

블록	1	2	3	4	5	6	7
	1	3	1	2	1	2	5
	2	4	3	4	4	3	6
	5	5	6	6	7	7	7

이 예에서 $\sum_j n_{ij} \sum_i n_{ij}\, \tau_i$를 계산하면 다음과 같다.

$$j=1 \;:\; n_{i1}(n_{11}\tau_1 + n_{21}\tau_2 + \cdots + n_{61}\tau_6) = n_{i1}(\tau_1 + \tau_2 + \tau_5)$$

$$j=2 \;:\; n_{i2}(n_{11}\tau_1 + n_{21}\tau_2 + \cdots + n_{61}\tau_6) = n_{i2}(\tau_3 + \tau_4 + \tau_5)$$

$$j=3 \;:\; n_{i3}(n_{11}\tau_1 + n_{21}\tau_2 + \cdots + n_{61}\tau_6) = n_{i3}(\tau_1 + \tau_3 + \tau_6)$$

$$j=4 \;:\; n_{i4}(n_{11}\tau_1 + n_{21}\tau_2 + \cdots + n_{61}\tau_6) = n_{i4}(\tau_2 + \tau_4 + \tau_6)$$

$$j=5 \;:\; n_{i5}(n_{11}\tau_1 + n_{21}\tau_2 + \cdots + n_{61}\tau_6) = n_{i5}(\tau_1 + \tau_4 + \tau_7)$$

$$j=6 \;:\; n_{i6}(n_{11}\tau_1 + n_{21}\tau_2 + \cdots + n_{61}\tau_6) = n_{i6}(\tau_2 + \tau_2 + \tau_7)$$

$$j=7 \;:\; n_{i7}(n_{11}\tau_1 + n_{21}\tau_2 + \cdots + n_{61}\tau_6) = n_{i7}(\tau_5 + \tau_6 + \tau_7)$$

여기에서 특별히 $i=1$ 인 경우를 살펴보자. 즉, $i=1$일 때

$$\begin{aligned}\sum_j n_{ij} \sum_i n_{ij}\, \tau_i &= (\tau_1 + \tau_2 + \tau_3) + (\tau_1 + \tau_3 + \tau_6) + (\tau_1 + \tau_4 + \tau_7) \\ &= 3\tau_1 + \sum_{p,p\neq 1} \tau_p\end{aligned}$$

따라서 일반적으로 i에 대하여 다음과 같다.

$$\sum_j n_{ij} \sum_i n_{ij}\; \tau_i = 3\tau_i + \sum_{p,p\neq i} \tau_p$$

반복수 r이고 두 처리가 만나는 횟수가 λ인 경우로 식 (1)을 이해할 수 있다.

참고 6 σ^2_β의 추정량, $\hat{\sigma}^2_\beta$ (p.206)

식 (5.1-40)의 증명은 Graybill, F. A. (1961). An Introduction to Linear Statistical Models, Vol 1. McGraw-Hill, New York을 참조하기 바란다.

참고 7 SAS의 회귀제곱합 분할방법(p.208)

SAS에서는 회귀제곱합을 분할하는 방법으로 SS1, SS2, SS3, SS4 가 있다. 각각의 특징은 다음과 같다. 자세한 내용은 선형모형전문서 참조 바란다.

1) 순차제곱합(Sequential SS), 직교 ANOVA

SS1: Type I SS : $R(\alpha \mid \mu)$, $R(\beta \mid \mu, \alpha)$, $R(\alpha\beta \mid \mu, \alpha, \beta)$, 가중가설

2) 편제곱합 (Partial SS), 비직교 ANOVA

SS2: Type II SS : $R(\alpha \mid \mu,\beta)$, $R(\beta \mid \mu,\alpha)$, $R(\alpha\beta \mid \mu,\alpha,\beta)$, 가중가설

SS3: Type III SS : $R(\alpha \mid \mu,\beta,\alpha\beta)$, $R(\beta \mid \mu,\alpha,\alpha\beta)$, $R(\alpha\beta \mid \mu,\alpha,\beta)$, 비가중가설

SS4: Type IV SS : SS3 와 동일(결측값이 있을 때)

참고 8 직교성(p.209)

선형모형 $y_i = X_i\beta_i + e_i$, $i=1,2$에서 얻은 해나 선형모형 $y = X_1\beta_1 + X_2\beta_2 + e$에서 얻은 해가 서로 같다는 것이다. 다시 말하면 선형모형에서 어떤 모수가 모형에 추가되어도 다른 모수의 해에 영향을 주지 않는 경우이다. 이러한 직교성을 만족하기 위한 조건을 구하기 위하여 정규방정식을 구해보자.

$$\begin{pmatrix} X_1'X_1 & X_1'X_2 \\ X_2'X_1 & X_2'X_2 \end{pmatrix}\begin{pmatrix} \hat{\beta}_1 \\ \hat{\beta}_2 \end{pmatrix} = \begin{pmatrix} X_1'y \\ X_2'y \end{pmatrix}$$

이것으로부터 $\hat{\beta}_1$과 $\hat{\beta}_2$가 직교하기 위해서 $X_1'X_2 = 0$이어야 함을 알 수 있다.

블록실험의 경우 통계모형은 $y = 1\mu + X\tau + Z\beta + e$이다. 우선 처리와 블록의 효과를 나타내는 모수들과 μ가 직교하기 위해서 이 모형은 다음과 같이 수정되어야 한다. 왜냐하면 $(1/n)1r'$은 각 처리에 대한 평균실험횟수를 의미하고 $(1/n)1k'$는 각 블록에 배치된 평균실험횟수를 의미하므로 X^*과 Z^*의 곱이 0이면 직교를 의미한다.

$$y^* = 1\mu + \left\{X - \left(\frac{1}{n}\right)1\,r'\right\}\tau + \left\{Z - \left(\frac{1}{n}\right)1\,k'\right\}\beta + e$$

여기에서 n은 실험횟수, r은 반복수를 나타내는 열벡터 그리고 k는 블록의 크기를 나타내는 행벡터이다.

$$X^* = \left\{X - \left(\frac{1}{n}\right)1\,r'\right\}, \quad Z^* = \left\{Z - \left(\frac{1}{n}\right)1\,k'\right\}$$

이라 하면 다음과 같이 쓸 수 있다.

$$y^* = 1\mu + X^*\tau + Z^*\beta + e$$

여기에서 $X^{*\prime}1 = Z^{*\prime}1 = 0$으로 μ에 직교함을 알 수 있다.

다음으로 처리효과와 블록효과가 직교하기 위해서는 다음을 만족시켜야 한다.

$$X^{*\prime}Z^* = 0$$

이것을 정리하면 다음과 같다.

$$\begin{aligned} X^{*\prime}Z^* &= \left\{X - \left(\frac{1}{n}\right)1\,r'\right\}'\left\{Z - \left(\frac{1}{n}\right)1\,k'\right\} \\ &= N - \frac{1}{n}r\,k' = 0 \end{aligned}$$

따라서 블록실험의 경우 직교성을 만족하기 위한 결합행렬의 조건은 다음과 같다.

$$N = \left(\frac{1}{n}\right)r\,k' \tag{1}$$

이 경우는 $R(\tau \mid \mu, \beta) = R(\tau \mid \mu)$이고 $R(\beta \mid \mu, \tau) = R(\beta \mid \mu)$임을 확인할 수 있다. 특히 블록의 크기가 같고 반복수가 같은 때 식 (1)은 pJ 형태를 갖는다. 여기에서 p는 어떤 상수이고 J는 모든 원소가 1인 $a \times a$행렬이다. 예를 들어 랜덤화완비블록설계법은 $p = 1$인 경우에 해당한다.

예제 2

2종류의 처리를 크기가 다른 두 개의 블록에 실험하는 다음과 같은 경우를 생각하여 보자. 즉 $N=2$, $\boldsymbol{r}'=(3,3)$, $\boldsymbol{k}'=(2,4)$, $n=\boldsymbol{r}'1=\boldsymbol{k}'1=6$인 경우이다.

블록	1	2
	1	1
	2	1
		2
		2

이 실험의 결과는 다음과 같이 표현할 수 있다.

$$\underset{\boldsymbol{y}}{\begin{pmatrix} y_{111} \\ y_{211} \\ y_{121} \\ y_{122} \\ y_{221} \\ y_{222} \end{pmatrix}} = \underset{1\times Z}{\begin{pmatrix} 1 & \vdots & 1 & 0 & \vdots & 1 & 0 \\ 1 & \vdots & 0 & 1 & \vdots & 1 & 0 \\ 1 & \vdots & 1 & 0 & \vdots & 0 & 1 \\ 1 & \vdots & 1 & 0 & \vdots & 0 & 1 \\ 1 & \vdots & 0 & 1 & \vdots & 0 & 1 \\ 1 & \vdots & 0 & 1 & \vdots & 0 & 1 \end{pmatrix}} \underset{\boldsymbol{\beta}}{\begin{pmatrix} \mu \\ \cdots \\ \tau_1 \\ \tau_2 \\ \cdots \\ \beta_1 \\ \beta_2 \end{pmatrix}} + \underset{\boldsymbol{e}}{\begin{pmatrix} e_{111} \\ e_{211} \\ e_{121} \\ e_{122} \\ e_{221} \\ e_{222} \end{pmatrix}}$$

이 경우, $\boldsymbol{X}^* = \left\{ \boldsymbol{X} - \left(\frac{1}{n} \right) 1 \boldsymbol{r}' \right\}$, $\boldsymbol{Z}^* = \left\{ \boldsymbol{Z} - \left(\frac{1}{n} \right) 1 \boldsymbol{k}' \right\}$이므로 $\boldsymbol{X}^{*\prime}1 = \boldsymbol{Z}^{*\prime}1 = 0$으로 μ에 직교함을 알 수 있다. 아울러 처리효과와 블록효과의 직교는 다음 사실로부터 확인할 수 있다.

$$\boldsymbol{N} = \frac{1}{6}\begin{pmatrix} 3 \\ 3 \end{pmatrix}(2\ 4) = \begin{pmatrix} 1\ 2 \\ 1\ 2 \end{pmatrix}$$

참고 9 균형격자설계(p.211)

균형격자법의 경우 몇 개의 블록이 필요한가? 이것을 생각하기 전에 우선 다음과 같은 사실을 이해하여야 한다. 일반적으로 $r\times r$라틴방격설계의 경우 서로 직교하는 것은 r가 소수이거나 소수의 n제곱수일 때 $r-1$개라는 사실이 피셔와 예이츠(Fisher & Yates ,1963)에 의하여 증명되었다.

표 1 $r \times r$ 라틴방격설계에 대한 직교라틴방격설계의 수

r의 값	직교하는 라틴방격의 수
2	1
3	2
4 $(=2^2)$	3
5	4
6	?
7	6
8 $(=2^3)$	7

따라서 k^2 처리인 경우 (단 k는 소수 혹은 소수의 n제곱수) $k \times k$라틴방격설계를 이용해야 하므로 $(k-1)$번의 반복, 그리고 행과 열의 선택에서 2번 반복을 합하여 $(k+1)$번의 반복이 필요하다. 더욱이 한번 반복마다 k개의 블록이 얻어지므로 균형격자설계의 경우 $k(k+1)$개의 블록이 필요하게 된다는 뜻이다.

예를 들어 $a=9=3^2$인 경우를 생각하여보자. 3×3격자설계에서 행과 열을 블록으로 선택한 반복 1과 반복 2만을 실험할 경우 이것을 단순격자설계(simple lattice)라 하고, 여기에 직교하는 라틴방격 하나를 추가할 경우 (반복 3) 삼중격자설계(triple lattice)라 한다. 그리고 단순격자설계에 직교하는 모든 라틴방격설계를 전부 이용하여 반복 1, 2, 3, 4를 전부 실험할 경우 이것을 사중격자(Quartic lattice)라 하고 이것이 균형격자설계 즉 균형불완비블록설계가 된다. 물론 단순격자설계나 삼중격자설계는 균형격자설계이라 할 수 없다.

예제 3

처리수가 25이고 블록의 크기가 5인 경우 격자법을 이용하여 BIB설계를 구성하고 싶다. 이 경우 5×5 격자설계로서 다음을 생각한다.

$$\begin{pmatrix} 1 & 2 & 3 & 4 & 5 \\ 6 & 7 & 8 & 9 & 10 \\ 11 & 12 & 13 & 14 & 15 \\ 16 & 17 & 18 & 19 & 20 \\ 21 & 22 & 23 & 24 & 25 \end{pmatrix}$$

또 5×5 라틴방격설계 중 서로 직교하고 있는 것은 4종류로 다음과 같다.

$$\begin{pmatrix} 0&1&2&3&4\\ 1&2&3&4&0\\ 2&3&4&0&1\\ 3&4&0&1&2\\ 4&0&1&2&3 \end{pmatrix}, \begin{pmatrix} 0&2&4&1&3\\ 1&3&0&2&4\\ 2&4&1&3&0\\ 3&0&2&4&1\\ 4&1&3&0&2 \end{pmatrix}, \begin{pmatrix} 0&3&1&4&2\\ 1&4&2&0&3\\ 2&0&3&1&4\\ 3&1&4&2&1\\ 4&2&0&3&0 \end{pmatrix}, \begin{pmatrix} 0&4&3&2&1\\ 1&0&4&3&2\\ 2&1&0&4&3\\ 3&2&1&0&4\\ 4&3&2&1&0 \end{pmatrix}$$

위 5×5격자설계와 4종류의 5×5라틴방격설계를 이용하여 BIB설계를 구성하는 방법은 앞에서 설명하는 절차를 참고하기 바란다.

이 결과로부터 $(k+1)+2=6$, $k(k+1)=30$이므로 구성된 실험설계는 BIBD ($v=25, b=30, k=6, r=6, \lambda=1$)임을 확인할 수 있다.

참고 10 최적 균형불완비블록설계(p.214)

최적 불완비블록설계($a\geq10$)의 경우는 실험설계의 전문서적 등에서 찾을 수 있다. 대표적 전문서적으로 "U.S. Department of Commerce, National BUREAU of STANDARDS"를 들 수 있다.

참고 11 임의의 두 처리의 비교에 대한 효율인자(p.214)

임의의 두 처리에 대한 비교 $\tau_i-\tau_j\ (i\neq j)$를 생각해보자. [참고 4]에서 언급한 대로 $\hat{\boldsymbol{\tau}}=\boldsymbol{\Omega Q}$이고 $Var(\hat{\boldsymbol{\tau}})=\boldsymbol{\Omega}\sigma^2$이므로 $Var(\boldsymbol{c}'\hat{\boldsymbol{\tau}})=\boldsymbol{c}'\boldsymbol{\Omega}\boldsymbol{c}\sigma^2$이다. 여기에서 벡터 $\boldsymbol{c}$는 i번째와 j 번째가 각각 1, -1이고 나머지는 0인 $a\times1$ 열벡터이다. 따라서 두 처리에 대한 비교의 분산은 다음과 같다.

$$Var(\hat{\tau}_i-\hat{\tau}_j)=(w_{ii}+w_{jj}-2w_{ij})\sigma^2=v_{ij}\sigma^2(i\neq j),$$ w_{ij}는 일반하여행렬 $\boldsymbol{\Omega}$의 (i, j)번째 성분

한편 랜덤완비블록설계(RCBD)의 경우 두 처리에 대한 비교의 분산,

$$Var(\hat{\tau}_i - \hat{\tau}_j) = \frac{2\sigma^2}{r}$$

이때 두 처리 i, j의 비교에 대한 효율인자(efficiency factor)를 랜덤완비블록 설계의 분산과 비교하여 다음과 같이 정의한다.

$$E_{ij} = \frac{2\sigma^2/r}{v_{ij}\sigma^2} = \frac{2}{rv_{ij}} \ (\le 1)$$

또한, 모든 가능한 쌍에 대한 분산의 평균은 다음과 같다.

$$\bar{v} = \frac{1}{{}_a C_2} \sum_i \sum_j v_{ij}\sigma^2 = \frac{2\sigma^2}{(a-1)} \sum_{i>j} \sum_j v_{ij}$$

따라서 평균효율인자는 다음과 같이 정의한다.

$$E = \frac{2\sigma^2/r}{\bar{v}} = \frac{a(a-1)}{r \sum_{i>j} \sum_j} v_{ij}$$

이것은 임의의 두 처리 i, j에 대한 효율인자 E_{ij}들의 조화평균(harmonic mean)임을 알 수 있다.

$$E = \frac{a(a-1)/2}{\frac{1}{E_{12}} + \frac{1}{E_{13}} + \cdots + \frac{1}{E_{a(a-1)}}}$$

참고 12 정준효율인자(p.214)

[참고 4]에서 설명했듯이 행렬 $\boldsymbol{A}$와 $\boldsymbol{A}$의 일반화 역행렬 $\boldsymbol{\Omega}$는 다음과 같이 표현할 수 있다.

$$\boldsymbol{A} = \sum_{i=1} \lambda_i \boldsymbol{p}_i \boldsymbol{p}_i'$$

$$\boldsymbol{\Omega} = \sum_{i} \lambda_i^{-1} \boldsymbol{p}_i \boldsymbol{p}_i'$$

단 $\boldsymbol{p}_i' \boldsymbol{p}_i = \begin{cases} 1 & i=j \\ 0 & i \ne j \end{cases}$, 즉 $\boldsymbol{p}_i$는 정규화된 고유벡터(normalized eigenvector)이다.

그런데 행렬 $\boldsymbol{A}$가 $r(\boldsymbol{A})=a-1$인 대칭행렬이므로 행렬 $\boldsymbol{A}$에 대한 고유값은 하나가 반드시 0이 되고 이에 대한 고유벡터는 $\frac{1}{\sqrt{a}}\boldsymbol{1}_a$임을 알 수 있다. 따라서 일반화 역행렬 $\boldsymbol{\Omega}$를 다음과 같이 표현할 수 있다.

$$\boldsymbol{\Omega} = \sum_{i}^{a-1}\lambda_i^{-1}\boldsymbol{p}_i\boldsymbol{p}_i'$$

다음으로 대비 $\boldsymbol{p}_j'\hat{\boldsymbol{\tau}}$의 분산은 다음과 같다.

$$Var(\boldsymbol{p}_j'\hat{\boldsymbol{\tau}}) = \boldsymbol{p}_j'\boldsymbol{\Omega}\boldsymbol{p}_j\sigma^2 = \frac{\sigma^2}{\lambda_j}$$

따라서 완비블록설계법에 대한 분산이 σ^2/r이므로 정준효율인자(canonical efficiency factor) e_j는 다음과 같이 정의한다.

$$e_j = \frac{\sigma^2/r}{\sigma^2/\lambda_j} = \frac{\lambda_i}{r} \quad (j=1,2,\cdots,a-1)$$

다음으로 행렬 $\boldsymbol{A}^*$를 다음과 같이 정의하자.

$$\boldsymbol{A}^* = \frac{1}{r}\boldsymbol{A} = \boldsymbol{I} - \frac{1}{r}\boldsymbol{N}\boldsymbol{K}^{-1}\boldsymbol{N}'$$

그러면 효율인자 e_j는 행렬 $\boldsymbol{A}^*$의 고유값임을 알 수 있다. $\boldsymbol{p}_j'\hat{\boldsymbol{\tau}}$을 기본대비라 하고 행렬 $\boldsymbol{A}^*$의 0이 아닌 고유값들, 즉 e_j를 정준효율인자라 한다. 따라서 기본 대비들에 대한 효율인자(정준효율인자)는 행렬 $\boldsymbol{A}^*$의 고유값을 통해 구해진다.

다음으로 임의의 두 처리 $\hat{\tau}_j$와 $\hat{\tau}_k$의 차이를 생각해보자. 이 두 처리의 효과 차이에 대한 분산은 다음과 같다.

$$\begin{aligned} Var(\hat{\tau}_j - \hat{\tau}_k) &= \boldsymbol{d}_{jk}'\boldsymbol{\Omega}\,\boldsymbol{d}_{jk}\sigma^2 = \boldsymbol{d}_{jk}'\sum_{i}^{a-1}\lambda_i^{-1}\boldsymbol{p}_i\boldsymbol{p}_i'\boldsymbol{d}_{jk}\sigma^2 \\ &= \sum_{i}^{a-1}\lambda_i^{-1}(\boldsymbol{d}_{jk}'\boldsymbol{p}_i)^2\sigma^2 = \frac{\sigma^2}{r}\sum_{i}^{a-1}e_i^{-1}(\boldsymbol{d}_{jk}'\boldsymbol{p}_i)^2 \end{aligned}$$

여기에서 $\boldsymbol{d}_{jk}$는 j번째 성분이 1, k번째 성분이 -1이고 나머지가 0인 열벡터이다. 그런데 모든 가능한 두 처리의 쌍에 대한 평균을 구하면 다음과 같다.

$$\bar{v}= \frac{1}{{}_{a}C_{2}} \sum_{j} \sum_{j<k} Var(\hat{\tau}_j - \hat{\tau}_k)$$

$$= \frac{\sigma^2}{r({}_{a}C_{2})} \sum_{i} e_i^{-1} \left\{ \sum_{k} \sum_{j<k} (\boldsymbol{d}_{jk}{}' \boldsymbol{p}_i)^2 \right\}$$

$$= \frac{\sigma^2}{r({}_{a}C_{2})} \sum_{i} e_i^{-1} \left\{ a\boldsymbol{p}_i{}' \boldsymbol{p}_i - (\boldsymbol{p}_i{}' \boldsymbol{1})^2 \right\}$$

$$= \frac{2\sigma^2}{r} \left(\sum_{i}^{a-1} e_i^{-1} \right) / (a-1)$$

따라서 완비블록설계와 비교한 평균효율 E는 다음과 같다. 이 경우 역시 정준효율의 조화평균과 같음을 알 수 있다.

$$E = \frac{2\sigma^2/r}{\bar{v}} = \frac{a-1}{\sum_{i}^{a-1} e_i^{-1}} \quad (\leq 1)$$

참고 13 판정기준(p.214)

(1) A - 최적설계

어떤 실험설계 D가 다른 설계들에 비하여 정준효율의 조화평균이 가장 크거나 임의의 두 처리 효과에 대한 효율의 평균이 가장 클 때 이를 A-최적(A-optimality)이라 한다.

(2) E - 최적설계

어떤 실험설계 D의 가장 작은 정준효율 e_j가 다른 설계들의 가장 작은 정준효율보다 클 때 이를 E-최적(E-optionality)이라 한다. 이것은 가장 효율이 작은 것들을 비교하여 그 중 가장 큰 설계이므로 미니맥스(minimax)원리와 같다.

(3) D - 최적설계

어떤 실험설계 D의 정준효율의 기하평균(geometric mean)이 다른 설계들의 기하평균보다 클 때 이를 D-최적(D-optionality)라 한다.

예제 4

다음과 같은 결합행렬 $\boldsymbol{N}_1$과 $\boldsymbol{N}_2$를 갖는 설계를 각각 D_1, D_2라 하고 두 설계의 효율을 A-최적기준으로 비교하여 보자.

$$\boldsymbol{N}_1 = \begin{pmatrix} 1\,1\,1\,0\,0\,0 \\ 1\,0\,0\,1\,1\,0 \\ 0\,1\,0\,1\,0\,1 \\ 0\,0\,1\,0\,1\,1 \end{pmatrix}, \quad \boldsymbol{N}_2 = \begin{pmatrix} 2\,0\,0\,1\,0\,0 \\ 0\,2\,1\,0\,0\,0 \\ 0\,0\,1\,0\,1\,1 \\ 0\,0\,0\,1\,1\,1 \end{pmatrix}$$

따라서 설계 D_1, D_2에 대한 행렬 $\boldsymbol{A}= r\boldsymbol{I}-\frac{1}{k}\boldsymbol{NN}'$은 각각 다음과 같다.

$$A_1 = r\boldsymbol{I}_4 - \frac{1}{2}\boldsymbol{NN}' = \frac{1}{2}\begin{pmatrix} 3 & -1 & -1 & -1 \\ -1 & 3 & -1 & -1 \\ -1 & -1 & 3 & -1 \\ -1 & -1 & -1 & 3 \end{pmatrix}$$

$$A_2 = r\boldsymbol{I}_4 - \frac{1}{2}\boldsymbol{NN}' = \frac{1}{2}\begin{pmatrix} 1 & 0 & 0 & -1 \\ 0 & 1 & -1 & 0 \\ 0 & -1 & 3 & -2 \\ -1 & 0 & -2 & 3 \end{pmatrix}$$

여기에서 정준효율인자를 구하면 각각 다음과 같다.

$$e_{1j} = \frac{2}{3},\ \frac{2}{3},\ \frac{2}{3}\ , \quad e_{2j} = 0.872678,\ 0.333333,\ 0.127322$$

따라서 설계 D_1, D_2의 효율 E_{D_1}과 E_{D_2}는 각각 다음과 같다.

$$E_{D_1} = (a-1)/\sum_{j}^{a-1} e_{1j}^{-1} = \frac{2}{3} = 0.66$$

$$E_{D_2} = (a-1)/\sum_{j}^{a-1} e_{2j}^{-1} = 0.25$$

따라서 A-최적기준으로 볼 때 D_1이 D_2보다 효율이 좋은 설계로 평가된다. 사실 D_1은 균형불완비블록설계인데 D_2는 그렇지 못하므로 D_1의 효율이 큰 것은 당연한 이치이다.

참고 14 동반관계 분류(p.215)

부분적 균형불완비블록설계는 다음 조건을 만족한다.

1. 각 블록은 $k(<a)$개의 처리를 포함한다.
2. 각 처리는 r개 블록에서 나타난다.
3. 어떤 특정한 처리가 n_i개의 처리들과 같은 블록에서 λ_i번 만난다고 하자 $(i=1, 2, \cdots, m)$. 그러면 이 특정한 처리와 λ_i번 만나는 처리들 중 다른 처리를 선택하여 λ_i번 만나는 두 처리를 i번째 동반관계(associates scheme)에 있다고 한다.
4. 어떤 두 처리 u와 v가 k번째 동반관계에 있다고 하자. 이때 u와 i번째 동반관계에 있는 처리들과 v와 j번째 동반관계에 있는 처리들의 공통 처리수를 P_{ij}^k라 하면 이것은 k번째 동반관계에 있는 어떤 처리를 선택하여도 마찬가지이다.

한편 부분적 균형불완비블록설계의 경우 분류수$(i=1, 2, 3, \cdots, m)$가 m인 경우를 흔히 PBIB(m)설계라 표시한다. 특히, $m=2$인 경우를 동반분류(associated class)가 2인 PBIB설계라 하여 PBIB (2)설계로 표시한다. 그런데, BIBD의 경우 임의의 두 처리에 대한 분산은 $Var(\hat{\mu}_i-\hat{\mu}_j)=\frac{2k}{\lambda a}\sigma^2$으로 (i, j)에 관계없이 항상 일정함을 이미 확인하였다. 그러나 PBIB설계의 경우는 같은 동반관계에 있는 (i, j)에 대해서만 일정함을 알 수 있다.

다음으로 동반관계를 설명하여 주는 동반행렬에 대하여 알아보자. 동반행렬(associate matrix)은 다음과 같이 정의한다.

$$\boldsymbol{P}_k=\{p_{ij}^k\}$$

여기에서 p_{ij}^k는 k번째 동반관계에 있는 어떤 두 처리 (u, v)에 대하여 u와 i번째 동반관계에 있는 처리들과 v와 j번째 동반관계에 있는 처리들의 공통 개수를 나타낸다.

예제 5 PBIB설계의 예제

	블록					
	1	2	3	4	5	6
	1	3	2	1	3	1
처리	2	4	5	2	4	5
	3	5	6	4	6	6

이것은 PBIB $(a=6,\ b=6,\ k=3,\ r=3,\ \lambda_1=2,\ \lambda_2=1)$설계임을 알 수 있다. 이 경우 동반관계는 [표 5.2-1]과 같다.

표 2 동반관계 분류

처리	첫 번째 동반관계($\lambda_1 = 2$)	두 번째 동반관계($\lambda_1 = 1$)
1	2	3, 4, 5, 6
2	1	3, 4, 5, 6
3	4	1, 2, 5, 6
4	3	1, 2, 5, 6
5	6	1, 2, 3, 4
6	5	1, 2, 3, 4

동반행렬은 다음과 같이 구해진다.

$$\boldsymbol{P}_1 = \begin{pmatrix} p_{11}^1 & p_{12}^1 \\ p_{21}^1 & p_{22}^1 \end{pmatrix} = \begin{pmatrix} 0 & 0 \\ 0 & 4 \end{pmatrix} \quad (2)$$

$$\boldsymbol{P}_2 = \begin{pmatrix} p_{11}^2 & p_{12}^2 \\ p_{21}^2 & p_{22}^2 \end{pmatrix} = \begin{pmatrix} 0 & 1 \\ 1 & 2 \end{pmatrix} \quad (3)$$

(i) $\boldsymbol{P}_1$의 경우(처리 1, 2선택)

$p_{11}^1 = (2) \bigcap (1) = 0$

$p_{12}^1 = (2) \bigcap (3,4,5,6) = 0$

$$p_{21}^{1} = (3,4,5,6) \cap (1) = 0$$

$$p_{22}^{1} = (3,4,5,6) \cap (3,4,5,6) = 4$$

(ii) $\boldsymbol{P}_2$의 경우(처리 1, 3선택)

$$p_{11}^{2} = (2) \cap (4) = 0$$

$$p_{12}^{2} = (2) \cap (1,2,5,6) = 1$$

$$p_{21}^{2} = (3,4,5,6) \cap (4) = 1$$

$$p_{22}^{2} = (3,4,5,6) \cap (1,2,5,6) = 2$$

PBIB(2)설계, 즉 $m=2$인 경우는 비교적 많은 연구가 되어 있다. 특히 보즈와 네이어(Bose & Nair, 1939)이후로 보즈와 사마모토(Bose & Shimamoto, 1952), 클랫워시(Clatworthy, 1973) 등이 PBIB(2)를 그 구조행렬의 특성 혹은 동반행렬의 종류에 따라 그룹분류가능설계(group divisible design ; GD-design), 삼각형설계(triangular design), 라틴방격설계(Latin square design), 순환설계(cyclic design)등으로 분류하였으며 그에 따른 구조적 특성과 분석요령을 잘 설명하고 있다. 그룹분류가능설계에 대한 내용은 [참고 16]을 참고하기 바란다.

참고 15 PBIBD의 통계적 분석(p.215)

동반수가 2인 부분적 균형불완비블록설계 즉 PBIB(2)설계인 경우 통계적 분석의 결과를 소개한다. 이 분석방법은 라오(Rao, 1947) 그리고 보즈와 사마모토(Bose & Shimamoto, 1952)에 의한 것으로 그 자세한 과정은 생략하기로 한다.

통계모형은 완비블록설계와 마찬가지로 다음과 같다.

$$y_{ij} = \mu + \tau_i + \beta_j + e_{ij} \tag{1}$$

블록내 분석(intra-block analysis)을 위해 다음과 같은 것들을 정의한다.

$$Q_i = y_{i.} - \frac{1}{k}\sum_j n_{ij}\, y_{.j}$$

$$S_1(Q_i) = \sum_s Q_s, \text{ 단, s는 } i\text{와 첫 번째 동반관계에 있는 처리들}$$

단,

$$\Delta = k^{-2}[(rk-r+\lambda_1)(rk-r+\lambda_2)+(\lambda_1-\lambda_2)r(k-1)(p^1_{12}-p^2_{12}) + \lambda_2 p^1_{12} - \lambda_1 p^2_{12})]$$

$$C_1 = (k\Delta)^{-1}\{\lambda_1(rk-r+\lambda_2)+(\lambda_1-\lambda_2)(\lambda_2 p^1_{12}-\lambda_1 p^2_{12})\}$$

$$C_2 = (k\Delta)^{-1}\{\lambda_2(rk-r+\lambda_1)+(\lambda_1-\lambda_2)(\lambda_2 p^1_{12}-\lambda_1 p^2_{12})\}$$

i번째 처리효과에 대한 추정량은,

$$\hat{\tau}_i = \frac{1}{r(k-1)}\{(k-C_2)Q_i + (C_{1\,-}\,C_2)S_1(Q_i)\} \tag{2}$$

또, SS_{TR}(수정)은,

$$SS_{TR}(\text{수정}) = \sum_i \hat{\tau}_i\, Q_i \tag{3}$$

한편, 두 처리 u와 v의 차에 대한 분산은,

$$Var(\hat{\tau}_u - \hat{\tau}_v) = \frac{2(k-c_i)\sigma^2}{r(k-1)}, \quad i = 1,2 \tag{4}$$

여기에서 처리 u와 v는 i번째 동반관계에 있음을 의미한다. 만일 PBIB(2)설계이면서 GD-설계인 경우 i처리효과에 대한 추정량은 다음과 같다.

$$\hat{\tau}_i = \frac{kQ_i - k(\lambda_2-\lambda_1)\{Q_i + S_1(Q_i)\}/(v\lambda_2)}{r(k-1)+\lambda_1} \tag{5}$$

여기에서 $S_1(Q_i)$는 i처리와 첫 번째 동반관계를 있는 것들의 합($\sum_s Q_s$)이다.

아울러 임의의 두 처리효과 차에 대한 분산은 다음과 같다.

i와 j가 1차 동반관계에 있을 때,

$$Var(\hat{\tau}_i - \hat{\tau}_j) = \frac{2k\sigma^2}{r(k-1)+\lambda_1} \tag{6}$$

i와 j가 2차 동반관계에 있을 때,

$$Var(\hat{\tau}_i - \hat{\tau}_j) = \frac{2k\sigma^2}{r(k-1)+\lambda_1}\left\{1+\frac{(\lambda_2-\lambda_1)}{a\lambda_2}\right\} \tag{7}$$

예제 6

다음과 같은 GD-설계를 생각하자.

(1 2 3) (3 4 5) (2 5 6) (1 2 4) (3 4 6) (1 5 6)

이것은 $a=6$이고 $m=3$, $n=2$인 GD-설계이다. 즉 (1 2) (3 4) (5 6)인 경우이다. 이 GD-설계에서 몇 종류의 처리효과 및 비교식에 대한 분산을 구해보면 다음과 같다.

$$\hat{\tau}_1 = \frac{(7Q_1+Q_2)}{16} \qquad \hat{\tau}_2 = \frac{(Q_1+7Q_2)}{16}$$

$$Var(\hat{\tau}_1 - \hat{\tau}_2) = \frac{6\sigma^2}{8} \qquad Var(\hat{\tau}_1 - \hat{\tau}_3) = \frac{5\sigma^2}{8}$$

참고 16 그룹분류가능설계(p.215)

그룹분류가능설계(group-divisible design ; GD-design)란 a개의 처리가 m그룹씩 n개의 처리로 나누어지는데 이때 같은 그룹에 속한 처리끼리는 첫 번째 동반관계(1st association scheme), 다른 그룹에 속한 처리끼리는 두 번째 동반관계(2nd association scheme)를 갖는 설계 말한다. 즉, $a=mn$ (단 m,n 은 정수)에서 n개의 처리가 m개의 그룹으로 분류되는 경우로 이때 동반행렬은 다음과 같다.

$$\boldsymbol{P}_1 = \begin{pmatrix} n-2 & 0 \\ 0 & n(m-1) \end{pmatrix},\ \boldsymbol{P}_2 = \begin{pmatrix} 0 & n-1 \\ n-1 & n(m-2) \end{pmatrix}$$

앞의 [예제 2] 경우는 $m=3$, $n=2$일 때로서 (1, 2) (3, 4) (5, 6)으로 분류할 수 있다. 또 동반행렬은 다음과 같다. 따라서 앞의 예는 GD-설계라 할 수 있다.

$$P_1 = \begin{pmatrix} 0 & 0 \\ 0 & 4 \end{pmatrix}, \ P_2 = \begin{pmatrix} 0 & 1 \\ 1 & 2 \end{pmatrix}$$

더 나아가 GD-설계의 경우는 다음과 같은 사실을 확인할 수 있다. 자세한 설명은 생략하기로 하고 그 결과만 정리하기로 한다.

$a = m \times n$인 GD-설계의 경우 다음과 같은 식을 만족한다.

$$r(k-1) = (n-1)\lambda_1 + n(m-1)\lambda_2$$

한편, GD-설계의 경우 정준효율에 대한 조화평균을 계산하면 다음과 같다.

$$E = \frac{m(a-1)\lambda_2 e_1}{\{m(a-1)\lambda_2 + (m-1)(\lambda_1 - \lambda_2)\}}$$

여기에서 $e_1 = \frac{(rk - r + \lambda_1)}{rk}$이다. 두 처리 i, j에 대한 비교 $\hat{\tau}_i - \hat{\tau}_j$의 분산을 살펴보자. 두 처리 i, j가 첫 번째 동반관계에 있을 경우, 분산은 다음과 같이 계산된다.

$$Var(\hat{\tau}_i - \hat{\tau}_j) = \frac{2k\sigma^2}{r(k-1) + \lambda_1}$$

반면 i, j가 두 번째 동반관계에 있을 경우 그 분산은 다음과 같다.

$$Var(\hat{\tau}_i - \hat{\tau}_j) = \frac{2k\sigma^2}{r(k-1) + \lambda_1}\left\{1 + \frac{(\lambda_1 - \lambda_2)}{a\lambda_2}\right\}$$

1. 다음과 같은 블완비블록설계가 주어져 있다.

블록	처 리			
1	1	2	3	6
2	1	2	5	7
3	1	3	4	7
4	1	4	5	6
5	2	3	4	5
6	2	4	6	7
7	3	5	6	7

1) BIBD임을 설명하라.
2) 통계적 모형을 제시하여라.
3) 분석방법을 요약하여라.

2. 자동차 전문가가 7종류의 필터가 엔진의 불순물을 거르는데 서로 다른 효과차이를 보이는지 여부를 알아보기 위하여 실험을 하고자 한다. 한 자동차를 선정하여 한 필터에 대하여 2시간씩 주행한 후 불순물의 양을 측정하기로 하였다. 그런데 자동차의 엔진을 식힌 후 새로운 필터를 장착하여야 하므로 하루에 3종류의 필터를 실험할 수밖에 없어 결국 다음과 같은 실험자료를 얻었다.

처리	날짜						
	1	2	3	4	5	6	7
1	-	171	155	-	-	158	-
2	-	221	-	-	215	-	209
3	-	-	129	152	-	-	144
4	192	210	-	206	-	-	-
5	176	-	-	-	-	208	194
6	-	-	-	228	209	212	-
7	155	-	141	-	146	-	-

1) 블록내 분석을 이용하여 분산분석표를 구하여라.

2) 필터의 품질의 차를 검정하라

3) 블록간 분석을 구하고 최우량 불편추정량(BLUE)의 값을 구하라.

3. 라틴방격법을 이용하여 처리수가 6이고 블록의 크기가 5일 때 BIB설계를 구성하여라.

4. 다음은 처리수가 8, 블록의 크기가 4인 PBIB설계이다. 동반관계를 밝히고 동반행렬을 구하여라.

	블록					
	1	2	3	4	5	6
처리	1	1	1	2	2	3
	2	3	4	3	4	4
	7	6	5	6	5	5
	8	8	8	7	7	6

5. 화학실험에서 8종류의 처리에 대한 어떤 화학제품의 생산량의 차이를 조사하기 위한 PBIB설계의 결과이다. 여기서 블록은 날짜이다

처리	블 록							
	1	2	3	4	5	6	7	8
1	-	-	15.3	14.0	-	13.1	-	-
2	-	12.9	13.7	-	-	-	-	12.7
3	-	14.6	-	12.9	-	-	14.9	-
4	-	-	13.8	-	13.6	-	14.4	-
5	13.6	10.8	-	-	12.8	-	-	-
6	14.2	-	-	-	-	13.7	15.0	-
7	-	-	-	-	16.1	14.9	-	15.5
8	11.5	-	-	10.7	-	-	-	11.3

1) 동반관계를 밝혀라.

2) 블록내 분석을 이용해 처리효과에 대한 추정치와 분산분석표를 구하라.

요인실험설계 6

6.1 요인실험의 특징

6.2 통계적 모형과 분산분석

6.3 기대평균제곱합(EMS)을 구하는 방법

6.4 요인실험에 대한 반응표면분석

6.1 요인실험의 특징

실험설계의 중요한 과제 중 하나는 최소 실험횟수로 최적의 요인수준을 효과적으로 찾는 데 있다. 예를 들어 어떤 제과업자가 빵을 굽는데 가장 좋은 맛을 내는 시간과 온도를 찾고자 한다고 하자. 그런데 사전정보에 의하면 가장 적절한 시간은 25~50분 사이 그리고 가장 적절한 온도는 115~205℃ 사이인 것으로 알려져 있다. 최고의 빵맛을 내는 두 요인의 수준을 탐색하기 위하여 최적수준으로 예상되는 온도의 수준(160℃)과 시간의 수준(35분)으로 빵을 구워서 전문가들에게 시식시킨 결과 평균 68점을 얻었다.

다음으로 빵맛을 최고로 하는 온도와 시간의 수준을 탐색하기 위해 온도를 160℃로 고정하고 굽는 시간을 25, 30, 35, 40, 45, 50분으로 변화하여 실험한 결과 각각 20, 58, 68, 53, 41, 30점을 얻었다. 또 굽는 시간을 35분으로 고정하고 온도를 115, 130, 145, 175, 190, 205℃로 변화하여 실험한 결과 43, 50, 59, 68, 73, 63점을 얻었다고 한다.

그림 6.1-1 실험점과 반응표면의 단면도

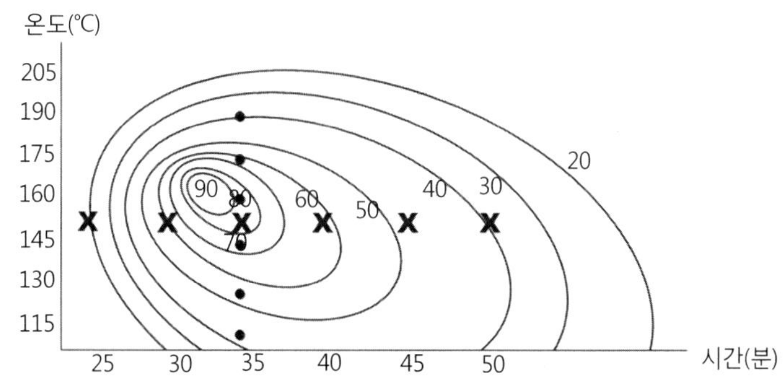

그런데 실제로 가장 좋은 빵맛을 내는 것은 183℃에서 31분 구웠을 때이고 이 빵에 대한 점수는 90점이라고 한다. 이 경우 반응표면의 단면도와 실험점을 표시하면 [그림 6.1-1]과 같다. 이 실험의 과정으로부터 한 요인을 고정시키고 다른 요인의 수준을 변화시켜가면서 실험하는 이른바 1요인-일시점(one-factor-at-a-time) 방법으로는 최적값(183℃, 31분)을 찾기 어려울 뿐 아니라 실험 효율도 떨어진다는 사실을 알 수 있다. 따라서 이러한 문제를 효과적으로 해결하는 방법으로 이른바 요인실험(factorial experiments)을 생각할 수 있다.

요인실험에서는 처리들이 각 요인들의 수준별 처리조합으로 구성된다. 요인실험이라는 말은 처리의 특성이 요인들의 수준의 결합으로 이루어졌다는 것을 의미한다. 이 요인실험이 전통적인 일요인-일시점 방법 등에 비하면 훨씬 효율적인 것으로 널리 사용되고 있다. 두 요인 A, B가 각각 2수준인 경우 반응값이 최대인 처리조합을 찾는 문제를 생각해보자.

표 6.1-1 방법 1 : 1요인-일시점 방법

		요인B	
		b_0	b_1
요인A	a_0	a_0b_0	a_0b_1
	a_1	a_1b_0	

이 경우 a_0수준에서 b_0와 b_1수준을 실험하여 만일 $a_0b_0 \geq a_0b_1$이면 요인B의 수준은 b_0로 결정된다. 다음으로 b_0수준에서 a_0과 a_1수준을 실험하여, 만일 $a_0b_0 \leq a_1b_0$이면 요인A의 수준은 a_1이 된다. 결국 a_1b_0이 선택된다. 이 경우 각 요인 효과는 다음과 같이 추정된다.

$$A\text{효과} = a_1b_0 - a_0b_0, \quad B\text{효과} = a_0b_1 - a_0b_0 \tag{6.1-1}$$

표 6.1-2 방법 2 : 요인실험

		요인B	
		b_0	b_1
요인A	a_0	a_0b_0	a_0b_1
	a_1	a_1b_0	a_1b_1

이 방법이 요인실험설계이며 요인효과(effect of factor)는 다음과 같다.

$$A\text{효과} = \frac{(a_1b_0 - a_0b_0) + (a_1b_1 - a_0b_1)}{2}$$

$$B\text{효과} = \frac{(a_0b_1 - a_0b_0) + (a_1b_1 - a_1b_0)}{2} \tag{6.1-2}$$

방법 1과 방법 2를 비교하여 보면 각 요인효과를 추정할 때 방법 2는 두 추정량의 평균을 사용한 반면 방법 1은 한 추정량만을 사용하였다. 따라서 방법 1을 사용하여 방법 2와 같은 효율을 얻기 위해서는 반복실험이 필요하며 결국 6번(3회×반복 2회)의 실험을 하게 된다. 따라서 상대효율(relative efficiency)이 $6/4 = 1.5$이다. 이러한 이유로 방법 2가 더 효율적이라 할 수 있다. 이처럼 요인의 효과를 파악하기 위해서는 각 요인의 수준들의 모든 조합으로 처리들을 구성하는 요인실험이 보다 효율적이다.

수준수가 각각 2인, 2요인실험의 경우 요인실험의 기본구조를 살펴보기로 하자. 예를 들어 요인 A는 압력($a_0 = 0,\ a_1 = 3$), 요인 B는 온도($b_0 = 7,\ b_1 = 11$)로서 각각 2수준을 갖는 경우이다. 이때 a_0b_0, a_0b_1, a_1b_0, a_1b_1 이라는 4가지 처리조합이 만들어진다. 예를 들어 a_0b_0는 압력 0, 온도 7의 상태를 말하고 a_1b_1은 압력 3, 온도 11의 상태를 의미한다.

한편 압력과 온도가 어떤 종류의 가스의 생산량에 영향을 미치는지를 알아보기 위하여 처리조합별로 실험한 후 다음과 같은 측정값을 얻었다고 하자.

표 6.1-3 2×2 요인실험결과

		요인(온도)B		온도의 효과
		$b_0 = 7$	$b_1 = 11$	
요인A(압력)	$a_0 = 0$	40.9	42.4	1.5
	$a_1 = 3$	47.8	54.2	6.4
압력의 효과		6.9	11.8	

이때 온도 $b_0 = 7$에서 압력의 효과는 6.9($= 47.8 - 40.9$)이고 $b_1 = 11$에서는 11.8($= 54.2 - 42.4$)이다. 이것을 압력의 단순효과(simple effect)라 한다. 또 이 단순효과의 평균, $(6.9 + 11.8)/2 = 9.35$를 요인 A의 주효과(main effect)라 한다. 같은 방법으로 요인 B의 단순효과는 $a_0 = 0$에서 1.5, $a_1 = 3$에서 6.4이고 주효과는 $(1.5 + 6.4)/2 = 3.95$이다.

그림 6.1-2 교호작용이 있는 2요인실험

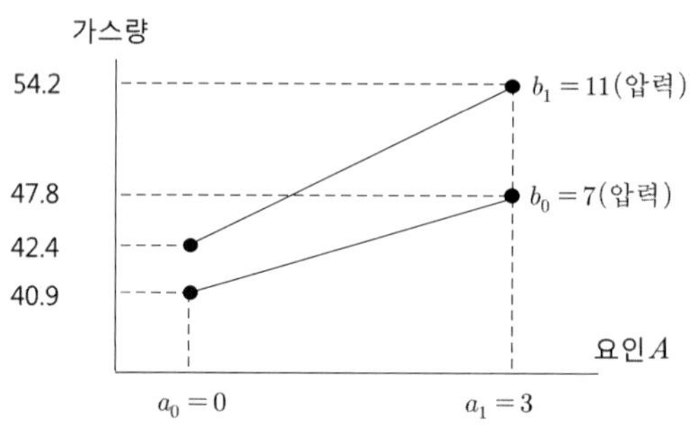

그림 6.1-3 교호작용이 있는 2요인실험

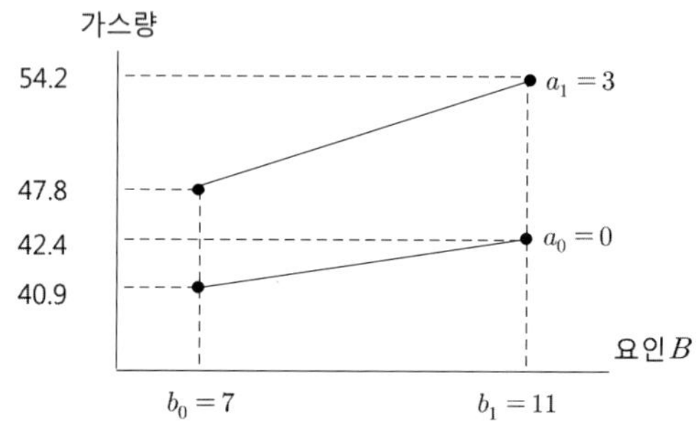

[표 6.1-3]의 결과를 그림으로 나타낸 것이 [그림 6.1-2]와 [그림 6.1-3]이다. 이 경우, 온도와 압력의 효과는 서로 독립인가? 하는 의문을 갖게 된다. 만일 서로 독립이라면 압력(요인 A)의 단순효과가 서로 같아야 한다([그림 6.1-2] 참조). 그런데 요인 A의 단순효과는 각각 6.9 ($b_0 = 7$인 경우), 11.8 ($b_1 = 11$인 경우)이므로 서로 같지 않다. 이것은 압력의 변화에 대한 효과가 온도의 변화에 따라 증폭한다는 것을 의미하고 그 양은 다음과 같이 계산한다. 이것을 교호작용 효과(interaction effect)이라고 한다.

$$\text{교호작용 효과} = \frac{11.8 - 6.9}{2} = 2.45$$

요인의 수준수가 각각 2인 2요인실험의 경우 요인효과는 다음과 같다.

$$주효과\ A = \frac{(a_1b_0 - a_0b_0) + (a_1b_1 - a_0b_1)}{2} \tag{6.1-3}$$

$$주효과\ B = \frac{(a_0b_1 - a_0b_0) + (a_1b_1 - a_1b_0)}{2} \tag{6.1-4}$$

$$교호작용\ 효과\ AB = \frac{(a_1b_1 - a_0b_1) - (a_1b_0 - a_0b_0)}{2} \quad 혹은$$

$$\frac{(a_1b_1 - a_0b_1) + (a_0b_0 - a_1b_0)}{2} \tag{6.1-5}$$

6.2 통계모형과 분산분석

6.2.1 완전랜덤화에 의한 요인실험의 경우

(1) 1요인실험 (one factor factorial experiment)의 경우

요인의 수가 1이고 수준 수가 a인 요인실험의 통계모형은 다음과 같다.

$$y_{ij} = \mu + \alpha_i + e_{ij},\ i = 1, 2 \cdots a,\ j = 1, 2 \cdots n,\ \alpha_i = 요인\ A의$$
$$i번째\ 수준의\ 효과,\ \sum \alpha_i = 0 \tag{6.2-1}$$

따라서 각 제곱합은 다음과 같다.

$$SST = \sum_i \sum_j y_{ij}^2 - CF, \quad CF = \frac{y_{..}^2}{ab}$$

$$SS_A = \frac{1}{n} \sum_i y_{i.}^2 - CF \tag{6.2-2}$$

$$SS_E = SST - SS_A$$

표 6.2-1 1요인실험에 대한 분산분석표(모수모형의 경우)

변인	자유도	제곱합	EMS
A	$a-1$	SS_A	$\sigma^2+\frac{n}{a-1}\sum_i \alpha_i^2$
오차	$a(n-1)$	SS_E	σ^2
전체	$an-1$		

(2) 2요인실험 (two factor factorial experiment)의 경우

요인의 수가 2이고 각 수준수가 a, b인 요인실험의 통계모형은 다음과 같다.

$$y_{ijk}=\mu+\alpha_i+\beta_j+(\alpha\beta)_{ij}+e_{ijk},\ i=1,2\cdots a,$$
$$j=1,2\cdots b,\ k=1,2\cdots m \tag{6.2-3}$$

여기에서 α_i는 요인 A의 i번째 수준의 효과, β_j는 요인 B의 j번째 수준의 효과, 그리고 $(\alpha\beta)_{ij}$는 요인 A의 i번째 수준과 요인 B의 j번째 수준의 교호작용을 나타낸다. 또 모수모형인 경우로서 $\sum_i \alpha_i=0$, $\sum_j \beta_j=0$, $\sum_i(\alpha\beta)_{ij}=\sum_j(\alpha\beta)_{ij}=0$라 가정하자. 각 제곱합은 다음과 같으며, 분산분석표는 [표 6.2-2]와 같다.

$$SST=\sum_i\sum_j\sum_k y_{ijk}^2-\frac{y_{\cdots}^2}{abn},\qquad df=abn-1$$
$$SS_A=\frac{\sum y_{i..}^2}{bn}-\frac{y_{\cdots}^2}{abn},\qquad df=a-1$$
$$SS_B=\frac{\sum y_{.j.}^2}{an}-\frac{y_{\cdots}^2}{abn},\qquad df=b-1 \tag{6.2-4}$$
$$SS_{TR}=\sum_i\sum_j y_{ij.}^2/n-\frac{y_{\cdots}^2}{abn},\qquad df=ab-1$$
$$SS_{AB}=SS_{TR}-SS_A-SS_B,\qquad df=(a-1)(b-1)$$
$$SS_E=SST-SS_A-SS_B-SS_{AB},\qquad df=ab(n-1)$$

표 6.2-2 2요인실험에 대한 분산분석표(모수모형의 경우)

변인	자유도	제곱합	EMS
A	$a-1$	SS_A	$\sigma^2+\frac{bn}{a-1}\sum_i \alpha_i^2$
B	$b-1$	SS_B	$\sigma^2+\frac{an}{b-1}\sum_j \beta_j^2$
AB	$(a-1)(b-1)$	SS_{AB}	$\sigma^2+\frac{n}{(a-1)(b-1)}\sum_i\sum_j (\alpha\beta)_{ij}^2$
오차	$ab(n-1)$	SS_E	σ^2
전체	$abn-1$		

$n=1$인 경우, 즉 반복수가 하나인 경우 분산분석표는 다음과 같다.

표 6.2-3 분산분석표

변인	자유도	제곱합	EMS
A	$a-1$	SS_A	$\sigma^2+\frac{b}{a-1}\sum_i \alpha_i^2$
B	$b-1$	SS_B	$\sigma^2+\frac{a}{b-1}\sum_j \beta_j^2$
AB	$(a-1)(b-1)$	SS_{AB}	$\sigma^2+\frac{1}{(a-1)(b-1)}\sum_i\sum_j (\alpha\beta)_{ij}^2$
오차	0	추정불능	
전체	$ab-1$		

이와 같이 $n=1$인 경우 모분산 σ^2은 추정불능이고 이러한 모형을 포화모형(saturated model)이라 한다. 이 경우 'AB의 효과가 없다(H_0 : 모든 i, j에 대하여$(\alpha\beta)_{ij}=0$)' 라고 가정하면 이것을 오차제곱합으로 간주하여 주효과 A, B에 대한 통계적 검정이 가능함을 알 수 있다. 2요인 2수준 요인실험에 대한 통계모형을 생각해보자

$$y_{ijk}=\mu+\alpha_i+\beta_j+\alpha\beta_{ij}+e_{ijk},\ \ i,\ j=0,\ 1 \tag{6.2-5}$$

이때 처리별 모평균을 각각 μ_{00}, μ_{10}, μ_{01}, μ_{11}이라고 하면 나음과 같이 표현

할 수 있다.

$$\mu_{00} = \mu + \alpha_0 + \beta_0 + \alpha\beta_{00}$$
$$\mu_{10} = \mu + \alpha_1 + \beta_0 + \alpha\beta_{10}$$
$$\mu_{01} = \mu + \alpha_0 + \beta_1 + \alpha\beta_{01} \qquad (6.2\text{-}6)$$
$$\mu_{11} = \mu + \alpha_1 + \beta_1 + \alpha\beta_{11}$$

여기에서 식 (6.2-3)의 가정, $\sum \alpha_i = \sum_j \beta_j = \sum_i (\alpha\beta)_{ij} = \sum_j (\alpha\beta)_{ij} = 0$을 근거로 주효과 A, B 그리고 교호작용 AB는 다음과 같이 정의된다.

$$A = \alpha_1 - \alpha_0 = \frac{(\mu_{10} - \mu_{00}) + (\mu_{11} - \mu_{01})}{2} \qquad (6.2\text{-}7)$$
$$B = \beta_1 - \beta_0 = \frac{(\mu_{01} - \mu_{00}) + (\mu_{11} - \mu_{10})}{2}$$

$$AB = \frac{(\mu_{11} - \mu_{01}) + (\mu_{00} - \mu_{10})}{2} = \frac{(\alpha\beta_{11} - \alpha\beta_{01}) + (\alpha\beta_{00} - \alpha\beta_{10})}{2}$$

따라서 주효과 A, B는 단순효과들의 평균이므로 [그림 6.1-2], [그림 6.1-3]과 같은 단순효과 그래프를 그려 단순효과를 살펴야 한다. 특히 교호작용 AB가 클 경우 주효과의 왜곡은 더욱 심각하여 각별한 주의가 필요하다.

다음으로, 통계모형 $y_{ijk} = \mu + \alpha_i + \beta_j + (\alpha\beta)_{ij} + e_{ijk}$에 최소제곱법을 써서 정규방정식을 구해보자. 그 결과 다음과 같은 정규방정식을 얻을 수 있다.

$$\hat{\mu} = \bar{y}_{...} = \frac{1}{abn} y_{...}$$
$$\hat{\mu} + \hat{\alpha}_i = \bar{y}_{i..} = \frac{1}{bn} \sum_j \sum_k y_{ijk}, \ i = 1, 2, \cdots a$$
$$\hat{\mu} + \hat{\beta}_j = \bar{y}_{.j.} = \frac{1}{an} \sum_i \sum_k y_{ijk}, \ j = 1, 2, \cdots b \qquad (6.2\text{-}8)$$
$$\hat{\mu} + \hat{\alpha}_i + \hat{\beta}_j + \widehat{\alpha\beta}_{ij} = \bar{y}_{ij.} = \frac{1}{n} \sum_k y_{ijk}$$

그리고

$$\sigma^2 = \frac{1}{ab(n-1)} \sum_i \sum_j \sum_k (y_{ijk} - \bar{y}_{ij.})^2 \qquad (6.2\text{-}9)$$

식 (6.2-8)로부터

$$\hat{\mu} = \bar{y}_{...}$$
$$\hat{\alpha}_i = \bar{y}_{i...} - \bar{y}_{...}$$
$$\hat{\beta}_j = \bar{y}_{.j.} - \bar{y}_{...} \qquad (6.2\text{-}10)$$
$$\widehat{\alpha\beta}_{ij} = \bar{y}_{ij.} - \bar{y}_{i..} - \bar{y}_{.j.} + \bar{y}_{...}$$

다음으로 이 요인실험에 대한 통계 모형을 변량모형과 혼합모형으로 가정하였을 경우의 분산분석표를 구해보자.

표 6.2-4 분산분석표 : 변량모형, $\alpha_i \sim N(0,\ \sigma_\alpha^2)$, $\beta_j \sim N(0,\ \sigma_\beta^2)$, $\alpha\beta_{ij} \sim N(0,\ \sigma_{\alpha\beta}^2)$

변인	자유도	제곱합	EMS
A	$a-1$	SS_A	$\sigma^2 + n\sigma_{\alpha\beta}^2 + bn\sigma_\alpha^2$
B	$b-1$	SS_B	$\sigma^2 + n\sigma_{\alpha\beta}^2 + an\sigma_\beta^2$
AB	$(a-1)(b-1)$	SS_{AB}	$\sigma^2 + n\sigma_{\alpha\beta}^2$
오차	$ab(n-1)$	SS_E	σ^2
전체	$abn-1$		

표 6.2-4 분산분석표 : 혼합모형, $\sum_i \alpha_i = 0$, $\beta_j \sim N(0,\ \sigma_\beta^2)$, $\alpha\beta_{ij} \sim N\left(0,\ \frac{a-1}{a}\sigma_{\alpha\beta}^2\right)$

변인	자유도	제곱합	EMS
A	$a-1$	SS_A	$\sigma^2 + n\sigma_{\alpha\beta}^2 + \frac{bn}{a-1}\sum_i \alpha_i^2$
B	$b-1$	SS_B	$\sigma^2 + an\sigma_\beta^2$
AB	$(a-1)(b-1)$	SS_{AB}	$\sigma^2 + n\sigma_{\alpha\beta}^2$
오차	$ab(n-1)$	SS_E	σ^2
전체	$abn-1$		

참고로 SAS GLM 프로시저에서 출력해 주는 EMS 규칙은 다음과 같다. [표 6.2-5]의 경우와 달리, SAS GLM 프로시저는 $\alpha\beta_{ij} \sim N(0,\ \sigma_{\alpha\beta}^2)$의 가정을 따르고 있어 [표 6.2-6]과 같은 분산분석표를 얻게 된다.

표 6.2-6 SAS GLM 프로시저의 EMS

Source	Type III EMS
A	$Var(Error)+n\times Var(A^*B)+Q(A)$
B	$Var(Error)+n\times Var(A^*B)+an\times Var(B)$
A^*B	$Var(Error)+n\times Var(A^*B)$

▶ [참고 1] 혼합모형의 경우, $\alpha\beta_{ij}\sim N\left(0,\ \frac{a-1}{a}\sigma^2_{\alpha\beta}\right)$와 $\alpha\beta_{ij}\sim N\left(0,\sigma^2_{\alpha\beta}\right)$의 EMS (p.290)

(3) 3요인실험(three factor factorial experiment)의 경우

요인 수가 3이고 각 수준이 a, b, c이며 반복이 n인 요인실험을 생각해보자. 이 경우 통계모형은 다음과 같다.

$$y_{ijkl}=\mu+\alpha_i+\beta_j+\gamma_k+(\alpha\beta)_{ij}+(\alpha\gamma)_{ik}+(\beta\gamma)_{jk}+(\alpha\beta\gamma)_{ijk}+e_{ijkl},$$
$$i=1,2\cdots a,\ j=1,2\cdots b,\ k=1,2\cdots c,\ l=1,2\ \cdots n \quad (6.2\text{-}11)$$

관측값 y_{ijkl}에 대하여 각 요인별 제곱합의 분해를 하기 위하여 각 모수에 대한 최소제곱 추정량을 대입하여 정리하면 다음과 같다.

$$\begin{aligned} y_{ijkl}-\bar{y}_{....} &= (\bar{y}_{i...}-\bar{y}_{....})+(\bar{y}_{.j..}-\bar{y}_{....})+(\bar{y}_{..k.}-\bar{y}_{....}) \\ &+(\bar{y}_{ij..}-\bar{y}_{i...}-\bar{y}_{.j..}+\bar{y}_{....})+(\bar{y}_{i.k.}-\bar{y}_{i...}-\bar{y}_{..k.}+\bar{y}_{....}) \\ &+(\bar{y}_{.jk.}-\bar{y}_{.j..}-\bar{y}_{..k.}+\bar{y}_{....}) \\ &+(\bar{y}_{ijk.}-\bar{y}_{i...}-\bar{y}_{.j..}-\bar{y}_{..k.}+\bar{y}_{ij..}+\bar{y}_{i.k.}+\bar{y}_{.jk.}-\bar{y}_{....}) \\ &+(y_{ijkl}-\bar{y}_{ijk.}) \end{aligned}$$

이를 근거로 제곱합의 계산과 자유도, 그리고 분산분석표를 구하면 다음과 같다.

$$SST=\sum_i\sum_j\sum_k\sum_l y^2_{ijkl}-CF, \quad CF=\frac{y^2_{....}}{abcn},$$
$$SS_A=\frac{1}{bcn}\sum_i y^2_{i...}-CF$$
$$SS_B=\frac{1}{acn}\sum_j y^2_{.j..}-CF$$

$$SS_C = \frac{1}{abn}\sum_k y_{..k.}^2 - CF$$

$$SS_{AB} = SS_{(AB)} - SS_A - SS_B, \quad SS_{(AB)} = \frac{1}{cn}\sum_i\sum_j y_{ij..}^2 - CF$$

$$SS_{BC} = SS_{(BC)} - SS_B - SS_C, \quad SS_{(BC)} = \frac{1}{an}\sum_j\sum_k y_{.jk.}^2 - CF$$

$$SS_{AC} = SS_{(AC)} - SS_A - SS_C, \quad SS_{(AC)} = \frac{1}{bn}\sum_i\sum_k y_{i.k.}^2 - CF$$

$$SS_{ABC} = SS_{(ABC)} - SS_A - SS_B - SS_C - SS_{AB} - SS_{AC} - SS_{BC}$$

$$SS_{TR} = \frac{1}{n}\sum_i\sum_j\sum_k y_{ijk.}^2 - CF$$

표 6.2-7 3요인실험에 대한 분산분석표(모수모형의 경우)

변인	자유도	제곱합	EMS
A	$a-1$	SS_A	$\sigma^2 + \frac{bcn\sum_i \alpha_i^2}{a-1}$
B	$b-1$	SS_B	$\sigma^2 + \frac{acn\sum_j \beta_j^2}{b-1}$
C	$c-1$	SS_C	$\sigma^2 + \frac{abn\sum_k \gamma_k^2}{c-1}$
AB	$(a-1)(b-1)$	SS_{AB}	$\sigma^2 + \frac{cn\sum_i\sum_j (\alpha\beta)_{ij}^2}{(a-1)(b-1)}$
AC	$(a-1)(c-1)$	SS_{AC}	$\sigma^2 + \frac{bn\sum_i\sum_k (\alpha\gamma)_{ik}^2}{(a-1)(c-1)}$
BC	$(b-1)(c-1)$	SS_{BC}	$\sigma^2 + \frac{an\sum_j\sum_k (\beta\gamma)_{jk}^2}{(b-1)(c-1)}$
ABC	$(a-1)(b-1)(c-1)$	SS_{ABC}	$\sigma^2 + \frac{n\sum_i\sum_j\sum_k (\alpha\beta\gamma)_{ijk}^2}{(a-1)(b-1)(c-1)}$
오 차	$abc(n-1)$		σ^2
전체	$abcn-1$		

예제 6.1

다음은 어떤 화학자가 어떤 가스의 생산량 y에 영향을 주는 요인으로 촉매 (A)와 압력 (B)를 생각하고 이들을 각각 2수준과 3수준에서 실험한 결과이다.

실험 결과

		요인 B (압력)		
		b_0	b_1	b_2
요인 A (촉매)	a_0	11 12 10	8 12 10	9 8 9
	a_1	14 10 10	12 14 16	7 7 8

이에 대한 분산분석표는 다음과 같다.

표 6.2-8 분산분석표

변인	자유도	제곱합	평균제곱합	F-값	EMS
A	1	4.50	4.50	1.80	$\sigma^2+9\frac{1}{a-1}\sum_i \alpha_i^2$
B	2	53.44	26.72	10.69*	$\sigma^2+6\frac{1}{b-1}\sum_j \beta_j^2$
AB	2	22.33	11.17	4.47*	$\sigma^2+3\frac{1}{(a-1)(b-1)}\sum_i\sum_j(\alpha\beta)_{ij}^2$
오차	12	30.00	2.5		σ^2
전체	17	110.28			

* : 유의함 (p-값<0.05)

6.2.2. 난괴법에 의한 요인실험

요인 A, B가 각각 a, b수준을 갖는 경우, 처리수 ab회를 실험해야 한다. 이때 균일한 실험조건을 유지하기 위하여 완전랜덤화배열법 대신 크기가 $k=ab$인 블록을 만들어 실험하였을 경우 통계모형이 앞의 완전랜덤화배열법과는 달리 다음과 같이 주어진다.

$$y_{ijkl} = \mu + \alpha_i + \beta_j + \alpha\beta_{ij} + \gamma_k + e_{ijkl},\ i=1,2\cdots a,\ j=1\,2\cdots b,$$
$$k=1,2\cdots n,\ \alpha_i = A \text{ 효과},\ \beta_j = B \text{ 효과},\ \alpha\beta_{ij} = AB \text{ 효과},$$
$$\gamma_k = k\text{번 블록효과},\ \gamma_k \sim N(0, \sigma_r^2),\ \alpha_i\text{와 } \beta_j\text{는 독립} \quad (6.2\text{-}12)$$

이 경우 역시 식 (6.2-8)과 마찬가지로 다음의 정규방정식을 얻을 수 있다.

$$\begin{aligned}
&\hat{\mu} = \bar{y}_{...}\\
&\hat{\mu} + \hat{\alpha}_i = \bar{y}_{i..}\\
&\hat{\mu} + \hat{\beta}_j = \bar{y}_{.j.}\\
&\hat{\mu} + \hat{\alpha}_i + \hat{\beta}_j + \widehat{\alpha\beta}_{ij} = \bar{y}_{ij.}\\
&\hat{\mu} + \hat{\gamma}_k = \bar{y}_{..k},\ k=1,2,\cdots n
\end{aligned} \quad (6.2\text{-}13)$$

이 정규방정식으로부터 각 주효과 및 교호작용 효과를 추정할 수 있다. 아울러, 분산분석표는 다음과 같이 구해진다.

표 6.2-9 닌괴빕에 의한 요인실험의 분산분석표

변인	자유도	제곱합	EMS
A	$a-1$	SS_A	$\sigma^2 + \frac{bn}{a-1}\sum\alpha_i^2$
B	$b-1$	SS_B	$\sigma^2 + \frac{an}{b-1}\sum_j\beta_j^2$
AB	$(a-1)(b-1)$	SS_{AB}	$\sigma^2 + \frac{n}{(a-1)(b-1)}\sum_i\sum_j(\alpha\beta)_{ij}^2$
블록	$n-1$	SS_{Block}	$\sigma^2 + ab\sigma_\gamma^2$
오차	$(ab-1)(n-1)$	SS_E	σ^2
전체	$abn-1$		

▶ 참고 : $\left(\sum\alpha_i = 0,\ \sum\beta_j = 0,\ \sum_i\alpha\beta_{ij} = \sum_j\alpha\beta_{ij} = 0,\ \gamma_k \sim N(0, \sigma_r^2)\right)$

예제 6.2

어떤 화학실험에서 특정 화학물질의 생산량에 대한 2요인 실험을 실시하고자 각 요인마다 3수준을 선택하였다. 실험실 사정상 하루에 9회의 실험만 가능하여 실험은 이틀에 걸쳐 실시되었다. 이 실험결과에 대한 분산분석표를 구해보면 아래와 같다.

온도(A)	압력(B)					
	제1일			제2일		
	25	26	27	25	26	27
30	863	840	858	861	852	873
35	885	873	890	894	899	903
40	891	902	913	917	932	937

표 6.2-10 분산분석표

변인	자유도	제곱합	평균제곱합	F-값	p-값
블록	1	1300.50	1300.50		
A	2	9985.44	4992.72	93.98	0.00
B	2	550.77	275.38	5.18	0.03
AB	4	445.22	111.30	2.09	0.17
오차	8	425.00	53.12		
전체	17	12706.94			

6.2.3. SAS 분석 예

예제 6.3 [예제 6.1]에 대한 SAS 분석

```
DATA ex6_1;
DO a=0 to 1;
```

```
    DO b=0 to 2;
      DO rep=1 to 3;
        INPUT y@@; OUTPUT;
      END;
    END;
END;
LINES;
 11  12  10   8  12  10   9  8  9
 14  10  10  12  14  16   7  7  8
;
PROC GLM DATA=ex6_1;
    CLASS a b;
    MODEL y=a b a*b;
    LSMEANS a*b / SLICE=b ;
RUN;
```

```
                          Dependent Variable: Y
                                               Sum of
Source                DF         Squares     Mean Square    F Value    Pr > F
Model                  5     80.27777778     16.05555556       6.42    0.0040
Error                 12     30.00000000      2.50000000
Corrected Total       17    110.27777778

                 R-Square     Coeff Var      Root MSE        y Mean
                 0.727960      15.21952      1.581139      10.38889

Source                DF       Type I SS     Mean Square    F Value    Pr > F
A                      1      4.50000000      4.50000000       1.80    0.2046
B                      2     53.44444444     26.72222222      10.69    0.0022
A*B                    2     22.33333333     11.16666667       4.47    0.0355

Source                DF     Type III SS     Mean Square    F Value    Pr > F
A                      1      4.50000000      4.50000000       1.80    0.2046
B                      2     53.44444444     26.72222222      10.69    0.0022
A*B                    2     22.33333333     11.16666667       4.47    0.0355

        Level of      Level of                 -------------Y-------------
        A             B             N          Mean            Std Dev

        0             0             3    11.0000000         1.00000000
        0             1             3    10.0000000         2.00000000
        0             2             3     8.6666667         0.57735027
        1             0             3    11.3333333         2.30940108
        1             1             3    14.0000000         2.00000000
        1             2             3     7.3333333         0.57735027
```

앞의 출력결과 중 교호작용'A*B'에 대한 F-검정 부분을 먼저 살펴보면 평균제곱합이 11.17이고 이에 대응되는 p-값이 0.0355로서 유의수준 5% 하에서

유의함을 알 수 있다. 따라서 교호작용의 효과가 존재한다고 할 수 있다.

반복이 있는 이원분류 분산분석에서 교호작용의 유무에 따라 개별 요인의 효과에 대한 해석에 주의를 기울여야 한다. 예를 들어 위의 결과에서 촉매(요인 A)의 주효과에 대한 F-검정의 유의확률이 0.2046이라고 해서 촉매에 따라 가스생산량이 차이가 없다고 성급한 결론을 내려서는 안 된다. 즉, 압력의 수준에 따라서 가스생산량의 효과가 달라지므로(교호작용 효과가 유의함) 촉매의 효과는 압력의 수준을 조건으로 평가해야 한다. 마찬가지로 압력의 효과에 대해서도 단순히 '압력 b_0의 경우가 압력 b_1에 비해서 가스생산량의 평균반응이 높다'와 같이 해석할 것이 아니라, 촉매를 조건으로 하여 압력의 효과를 비교하는 것이 바람직하다.

주효과가 유의하지 않은데 교호작용 효과가 유의한 경우가 있다. 이러한 현상을 가면효과(mask effect)라 한다. 실제로 주효과가 유의한데도 유의하지 않은 것으로 나타날 수 있다. 주로 교호작용 효과가 유의할 때 가능성이 많다. 이러한 현상을 가면효과라 한다. 따라서 성급히 주효과의 유의성 여부를 판단해서는 안 된다.

SAS 프로그램에서 LSMEANS 명령문에 교호작용의 효과(A*B)와 SLICE 옵션을 지정하면, 다른 요인의 수준별 효과에 대한 검정을 수행하여 준다. 이 예에서 압력(요인 B)별 촉매(요인 A)의 효과를 검정하게 되는데, 이는 $H_A : \mu_{00} = \mu_{10}$, $H_B : \mu_{01} = \mu_{11}$, $H_C : \mu_{02} = \mu_{12}$에 대한 검정과 동일하며, 이에 대한 SAS 결과는 다음과 같다.

A*B Effect Sliced by B for Y

B	DF	Sum of Squares	Mean Square	F Value	Pr > F
0	1	0.166667	0.166667	0.07	0.8006
1	1	24.000000	24.000000	9.60	0.0092
2	1	2.666667	2.666667	1.07	0.3221

SLICE 결과를 살펴보면, 압력 b_1 수준에서 촉매 간에 가스생산량이 유의하나(p-값=0.0092), 다른 압력 수준에서는 촉매의 효과가 유의수준 5% 하에서 유의하지 않음을 볼 수 있다.

그런데, 원 자료에서 압력이 b_1 수준인 자료만 선택하여, 촉매효과에 대한 일원분산분석을 실시하면 어떤 차이가 있을까? 아래 결과는 압력 b_1 수준인 자료에 대한 일원분산분석 프로그램과 그 결과이다.

```
DATA ex6_1b0; set ex6_1;
   IF b=1;
RUN;
PROC GLM DATA=ex6_1b0;
   CLASS a;
   MODEL y=a;
RUN;
```

[일원분산분석 결과]

Source	DF	Sum of Squares	Mean Square	F Value	Pr > F
Model	1	24.00000000	24.00000000	6.00	0.0705
Error	4	16.00000000	4.00000000		
Corrected Total	5	40.00000000			

일원배치 분산분석으로 실시한 결과, 압력 b_1 수준에서 촉매 간에 가스생산량에 대한 F-값은 6.0으로 이에 대한 p-값은 0.0705임을 볼 수 있다. 이는 SLICE의 p-값인 0.0092와 차이가 난다. 이렇게 동일한 자료에 대한 분석이 차이가 나는 이유는 무엇일까? 그 이유는 MSE의 추정에 차이가 있기 때문이다. SLICE 옵션에 의한 분석에서는 전체 자료에 기초한 공통분산 추정값인 2.5를 MSE로 사용하여 F-값을 계산하나, 일원배치분산분석에서는 6개의 자료에 기초한 MSE 추정값인 4.0을 사용하여 F-값을 계산하기 때문이다. 즉, MSE의 추정에 따라 p-값이 차이가 발생함을 볼 수 있다. 여기서는 모든 자료를 기초로 추정한 MSE에 의한 검정 결과를 따라야 하기에 Slice option에 의한 p-값을 신뢰하여야 한다. 즉, 압력 b_1 수준에서는 촉매에 따라 가스생산량에 차이가 발생한다고 할 수 있다.

예제 6.4 [예제 6.1]에 대한 SAS 분석 2 (교호작용에 대한 다중비교)

```
PROC GLM DATA=ex6_1;
   CLASS a b;
   MODEL y=a b a*b;
   LSMEANS a*b / T;
RUN;
```

A	B	Y LSMEAN	LSMEANS Number
0	0	11.0000000	1
0	1	10.0000000	2
0	2	8.6666667	3
1	0	11.3333333	4
1	1	14.0000000	5
1	2	7.3333333	6

T - 검정에 의한 P-값

Least Squares Means for Effect A*B
t for H0: LSMean(i)=LSMean(j) / Pr > |t|

i/j	1	2	3	4	5	6
1		0.774597 0.4536	1.807392 0.0958	-0.2582 0.8006	-2.32379 0.0385	2.840188 0.0149
2	-0.7746 0.4536		1.032796 0.3221	-1.0328 0.3221	-3.09839 0.0092	2.065591 0.0612
3	-1.80739 0.0958	-1.0328 0.3221		-2.06559 0.0612	-4.13118 0.0014	1.032796 0.3221
4	0.258199 0.8006	1.032796 0.3221	2.065591 0.0612		-2.06559 0.0612	3.098387 0.0092
5	2.32379 0.0385	3.098387 0.0092	4.131182 0.0014	2.065591 0.0612		5.163978 0.0002
6	-2.84019 0.0149	-2.06559 0.0612	-1.0328 0.3221	-3.09839 0.0092	-5.16398 0.0002	

앞의 예는 LSM에 대해 일반 T-검정을 이용하여 모든 가능한 짝을 비교한 것이다. 출력결과에서 교호작용에 의한 비교의 짝은 모두 6가지로 나타난다 (LSMEANS Number 참고). SAS 결과의 LSMEANS Number는 촉매 2 수준과 압력 3수준에 대한 결합 쌍의 순번을 나타낸다. 예를 들어 LSMEANS Number 1은 a_0b_0효과, LSMEANS Number 2는 a_0b_1의 효과를 나타낸다.

이제, 요인 A와 요인 B 간에 교호작용이 존재하므로, 각 요인의 수준별로 가스생산량에 영향을 미치는 양상이 서로 다르다는 점을 주목할 필요가 있다.

T-검정에 의한 다중비교를 살펴보자. 우선, 촉매 수준 a_0하에서 압력 간 비교를 하여보자. 촉매 수준이 a_0로 제한된 경우, 요인 B의 압력간의 비교는 모두 3가지가 존재한다(상자 안의 결과 참고). 3가지 쌍의 비교에 대한 p-값은 각각 0.4536, 0.0958, 0.3221이다. 즉, 촉매 수준 a_0하에서 압력 b_0와 b_2간에 서로 차이가 유의수준 10% 하에서 유의하며 (p-값=0.0958) 다른 압력 간에는 유의하지 않음을 볼 수 있다.

▶ [참고 2] 교호작용에 대한 다중비교 (p.291)

예제 6.5 [예제 6.2]의 난괴법에 의한 요인실험의 SAS 분석

```
DATA ex6_2;
   DO block=1 to 2;
      DO a=30, 35, 40;
         DO b=25, 26, 27;
            INPUT y@@; OUTPUT;
         END;
      END;
   END;
LINES;
863 840 858 885 873 890 891 902 913
861 852 873 894 899 903 917 932 937
;
PROC GLM DATA=ex6_2;
   CLASS block a b;
   MODEL y=block a b a*b;
   MEANS a b / DUNCAN ALPHA=0.10;
RUN;
```

```
                         Dependent Variable: Y

Source           DF   Sum of Squares   Mean Square     F Value    Pr > F
Model             9   12281.94444444   1364.66049383   25.69      0.0001
Error             8     425.00000000     53.12500000
Corrected Total  17   12706.94444444

            R-Square          C.V.          Root MSE      Y Mean
            0.966554          0.820850      7.28868987    887.94444444

Source           DF       Type I SS      Mean Square      F Value     Pr > F
```

```
BLOCK          1    1300.50000000   1300.50000000     24.48      0.0011
A              2    9985.44444444   4992.72222222     93.98      0.0001
B              2     550.77777778    275.38888889      5.18      0.0360
A*B            4     445.22222222    111.30555556      2.10      0.1733

Source        DF      Type III SS     Mean Square    F Value     Pr > F
BLOCK          1    1300.50000000   1300.50000000     24.48      0.0011
A              2    9985.44444444   4992.72222222     93.98      0.0001
B              2     550.77777778    275.38888889      5.18      0.0360
A*B            4     445.22222222    111.30555556      2.10      0.1733

          Duncan Grouping           Mean      N      A

                        A        915.333      6     40
                        B        890.667      6     35
                        C        857.833      6     30

          Duncan Grouping           Mean      N      B

                        A        895.667      6     27
                        B        885.167      6     25
                        B        883.000      6     26
```

블록화 요인실험설계에서 블록에 대한 통계량(F-값=24.48)도 블록효과가 동일하다는 가설에 대한 검정에 사용될 수 있으나, 일반적으로 블록은 효과 비교의 관심 대상이 아니며, 처리효과의 비교를 더 정밀하게 수행하기 위한 목적으로 사용되므로 보통의 경우 가설검정에 사용되지는 않는다. 하지만, 블록의 분산비가 1보다 클수록 블록효과가 좋다는 것이므로 위의 예에서 블록에 의한 요인설계가 효율적임을 볼 수 있다. 결국, [예제 6.2]의 자료에 대해 블록효과를 고려하면, 요인 A와 B 모두 유의수준 5%하에서 유의함을 볼 수 있다.

6.3 기대평균제곱합(EMS)을 구하는 방법

요인실험모형에서 각 요인에 대한 EMS를 구하는 방법을 소개한다. 우선 다음과 같은 통계모형을 생각해보자.

$$y_{ijk} = \mu + \alpha_i + \beta_j + \alpha\beta_{ij} + e_{ijk},\ i = 1, 2 \cdots a,\ j = 1, 2 \cdots b, \quad (6.3\text{-}1)$$
$$k = 1, 2 \cdots n$$

이 통계모형을 다음과 같이 쓸 수 있다.

$$y_{ijk} = \mu + \alpha_i + \beta_j + \alpha\beta_{ij} + e_{(ij)k} \quad (6.3-2)$$

여기에서 $\alpha\beta_{ij}$는 i, j가 살아 있고(live) k는 없는 경우이고, e_{ijk}는 k는 살아 있고 i, j는 죽어 있는(dead) 경우이다. 이 모형에 대한 EMS를 구하는 절차는 다음과 같다.

(1단계)

아래와 같은 표를 만든다. 상단의 행에 각 요인의 첨자, 수준수 및 반복수, 모수 및 확률변수 여부를 표기한다. 좌측의 옆에는 모형의 요인들을 표시한다.

	F	F	R
	a	b	n
요인	i	j	k
α_i			
β_j			
$(\alpha\beta)_{ij}$			
$e_{(ij)k}$			

(2단계)

각 행에서 죽어 있는 첨자와 상단의 첨자가 같은 곳에 1을 표기한다.

	F	F	R
	a	b	n
요인	i	j	k
α_i			
β_j			
$\alpha\beta_{ij}$			
$e_{(ij)k}$	1	1	

(3단계)

각 행에서 어떤 첨자가 상단의 첨자와 같은 경우 그 요인이 모수인자(fixed factor)이면 0, 확률변수(random)이면 1로 표시한다. 그리고 나머지 빈 곳은 해당 항의 수준 및 반복수를 적는다. 그러면 다음과 같은 표가 완성된다.

	F	F	R
	a	b	n
요인	i	j	k
α_i	0	b	n
β_j	a	0	n
$(\alpha\beta)_{ij}$	0	0	n
$e_{(ij)k}$	1	1	1

위의 표를 사용하여 다음과 같이 EMS를 구한다.

1. 구하고자 하는 요인의 살아 있는 첨자에 해당하는 모든 열(column)을 가리고 구하고자 하는 요인의 첨자를 포함하고 있는 각 행의 남아 있는 숫자끼리 곱한다. EMS_A를 구하기 위해서는 제1열을 가린 상태에서 제1행, 3행, 제4행의 경우 남아있는 숫자들을 곱한다. 그 곱은 각각 bn, 0, 1이다.
2. 요인이 모수인 경우는 EMS를 구할 때 특수한 형태를 갖는다는 것에 유의한다. 예를 들어, A요인의 경우 $\frac{1}{a-1}\sum_i \alpha_i^2$의 형태를 갖는다.
3. 한 요인이 확률변수이면 그 요인과 다른 요인들의 교호작용은 다른 요인의 상태에 관계없이 확률변수로 취급한다.

앞의 방법에 의하여 구한 각각의 EMS는 다음과 같다.

$$EMS_A = \sigma^2 + \frac{bn}{a-1}\sum_i \alpha_i^2 \tag{6.3-3}$$

$$EMS_B = \sigma^2 + \frac{an}{b-1}\sum_j \beta_j^2 \tag{6.3-4}$$

$$EMS_{AB} = \sigma^2 + \frac{n}{(a-1)(b-1)}\sum_i\sum_j \alpha\beta_{ij}^2 \tag{6.3-5}$$

$$EMS_E = \sigma^2 \tag{6.3-6}$$

아울러, 혼합모형 및 변량모형에 대한 EMS를 구하면 다음과 같다.

표 6.3-1 혼합모형의 경우 $\left(\sum\alpha_i = 0,\ \beta_j \sim N(0, \sigma_\beta^2),\ \alpha\beta_{ij} \sim N\left(0, \frac{a-1}{a}\sigma_{\alpha\beta}^2\right)\right)$

	F	R	R	
	a	b	n	
요인	i	j	k	EMS
α_i	0	b	n	$\sigma^2 + n\sigma_{\alpha\beta}^2 + \frac{bn}{n-1}\sum_i \alpha_i^2$
β_j	a	1	n	$\sigma^2 + an\sigma_\beta^2$
$(\alpha\beta)_{ij}$	0	1	n	$\sigma^2 + n\sigma_{\alpha\beta}^2$
$e_{(ij)k}$	1	1	1	σ^2

표 6.3-2 변량모형의 경우 $(\alpha_i \sim N(0,\sigma_\alpha^2),\ \beta_j \sim N(0,\sigma_\beta^2),\ \alpha\beta_{ij} \sim N(0,\sigma_{\alpha\beta}^2))$

	R	R	R	
	a	b	n	
요인	i	j	k	EMS
α_i	0	b	n	$\sigma^2 + n\sigma_{\alpha\beta}^2 + bn\sigma_\alpha^2$
β_j	a	1	n	$\sigma^2 + n\sigma_{\alpha\beta}^2 + an\sigma_\beta^2$
$(\alpha\beta)_{ij}$	1	1	n	$\sigma^2 + n\sigma_{\alpha\beta}^2$
$e_{(ij)k}$	1	1	1	σ^2

또한, 난괴법의 EMS 를 구해보기로 하자.

$$y_{ij} = \mu + \tau_i + \beta_j + e_{ij}, \tag{6.3-7}$$
$$i = 1,2 \cdots a,\ j = 1,\ 2 \cdots b,\ \beta_j \sim N(0, \sigma_\beta^2),\ e_{ij} \sim N(0, \sigma^2)$$

표 6.3-3 난괴법의 경우

	R	R	
	a	b	
요인	i	j	EMS
τ_i	0	b	$\sigma^2 + \frac{b}{a-1}\sum_i \tau_i^2$
β_j	a	1	$\sigma^2 + a\sigma_\beta^2$
$e_{(i)j}$	1	1	σ^2

끝으로, 3요인실험모형의 경우를 생각해 보자. 변량모형을 가정한다.

표 6.3-4 3요인실험모형의 경우(변량모형의 경우)

	R	R	R	R	
	a	b	c	d	
요인	i	j	k	l	EMS
α_i	1	b	c	n	$\sigma^2+cn\sigma^2_{\alpha\beta}+bn\sigma^2_{\alpha\gamma}+n\sigma^2_{\alpha\beta\gamma}+bcn\sigma^2_{\alpha}$
β_j	a	1	c	n	$\sigma^2+cn\sigma^2_{\alpha\beta}+an\sigma^2_{\beta\gamma}+n\sigma^2_{\alpha\beta\gamma}+acn\sigma^2_{\beta}$
γ_k	a	b	1	n	$\sigma^2+bn\sigma^2_{\alpha\gamma}+an\sigma^2_{\beta\gamma}+n\sigma^2_{\alpha\beta\gamma}+abn\sigma^2_{\gamma}$
$(\alpha\beta)_{ij}$	1	1	c	n	$\sigma^2+n\sigma^2_{\alpha\beta\gamma}+cn\sigma^2_{\alpha\beta}$
$(\alpha\gamma)_{ik}$	1	b	1	n	$\sigma^2+n\sigma^2_{\alpha\beta\gamma}+bn\sigma^2_{\alpha\gamma}$
$(\beta\gamma)_{jk}$	a	1	1	n	$\sigma^2+n\sigma^2_{\alpha\beta\gamma}+an\sigma^2_{\beta\gamma}$
$(\alpha\beta\gamma)_{ijk}$	1	1	1	n	$\sigma^2+n\sigma^2_{\alpha\beta\gamma}$
$e_{(ijk)l}$	1	1	1	1	σ^2

[표 6.3-4] 의 EMS 를 보면 어떤 요인검정에 대한 F-통계량의 분모가 무엇이 되어야한지 쉽게 알 수 있다. 예를 들어, H_0: $(\beta\gamma)_{jk}=0$을 검정하는 통계량과 기각역은 다음과 같다.

$$F=\frac{MS_{\beta\gamma}}{MS_{\alpha\beta\gamma}}>F_{\alpha}((b-1)(c-1),(a-1)(b-1)(c-1)) \qquad (6.3\text{-}8)$$

여기에서 볼 수 있듯이 교호작용 $\alpha\beta\gamma$, $\alpha\beta$, $\beta\gamma$, $\alpha\gamma$등을 먼저 검정한 후 이것들이 유의하지 않을 때 순조롭게 주효과 α, β, γ를 검정할 수 있다.

예제 6.6

다음은 $3\times4\times2$ 요인실험 결과이다. 아래의 각 실험결과는 반복수(r)가 5회인 것의 합이다. 여기서, 요인 A는 모수인자이고 B, C는 변량인자인 혼합모형을 가정한다.

		B			
C	A	1	2	3	4
1	1	10	6	8	7
1	2	9	8	7	7
1	3	12	11	8	10
2	1	19	16	12	18
2	2	14	15	15	15
2	3	16	14	13	18

(단, $SS_E = 48.0$)

이 실험에 대한 통계모형은 다음과 같다.

$$y_{ijkl} = \mu + \alpha_i + \beta_j + \gamma_k + \alpha\beta_{ij} + \alpha\gamma_{ik} + \beta\gamma_{jk} + (\alpha\beta\gamma)_{ijk} + e_{ijkl}, \quad (6.3\text{-}9)$$

$$i = 1,2,3,\ j = 1,2,3,4,\ k = 1,2,\ l = 1,2,3,4,5,\ \sum\alpha_i = 0,$$

$$\beta_j \sim N(0,\sigma_\beta^2),\ \gamma_k \sim N(0,\sigma_\gamma^2),\ \alpha\beta_{ij} \sim N(0,\sigma_{\alpha\beta}^2),\ \alpha\gamma_{ik} \sim N(0,\sigma_{\alpha\gamma}^2),$$

$$\beta\gamma_{jk} \sim N(0,\sigma_{\beta\gamma}^2),\ (\alpha\beta\gamma)_{ijk} \sim N(0,\sigma_{\alpha\beta\gamma}^2),\ e_{ijkl} \sim N(0,\sigma^2)$$

이 실험에 대한 분산분석표는 [표 6.3-5]와 같다.

표 6.3-5 3×4×2 요인실험에 대한 분산분석표

변인	자유도	EMS	평균제곱합	F-값
A	2	$\sigma^2 + 20\sigma_{\alpha\gamma}^2 + 10\sigma_{\alpha\beta}^2 + 5\sigma_{\alpha\beta\gamma}^2 + 20\sum\alpha_i^2$	0.9	0.498
B	3	$\sigma^2 + 15\sigma_{\beta\gamma}^2 + 30\sigma_\beta^2$	1.76	2.51
AB	6	$\sigma^2 + 5\sigma_{\alpha\beta\gamma}^2 + 10\sigma_{\alpha\beta}^2$	0.82	6.77*
C	1	$\sigma^2 + 15\sigma_{\beta\gamma}^2 + 60\sigma_\gamma^2$	56.03	80.04*
AC	2	$\sigma^2 + 5\sigma_{\alpha\beta\gamma}^2 + 20\sigma_{\alpha\gamma}^2$	1.23	10.165*
BC	3	$\sigma^2 + 15\sigma_{\beta\gamma}^2$	0.7	1.40
ABC	6	$\sigma^2 + 5\sigma_{\alpha\beta\gamma}^2$	0.121	0.242
오차	96	σ^2	0.5	
전체	119			

* : 유의함 (p-값 <0.05)

이 분산분석에서 주의해야 할 점은 A요인에 대한 검정이 불가능하다는 점이다. 따라서 이 경우는 다음과 같은 근사적인 F-검정을 이용한다.

$$H_0 : \alpha_i = 0$$

$$MS_1 = MS_A + MS_{ABC} = 1.02,\ MS_2 = MS_{AB} + MS_{AC} = 2.05$$

$$E(MS_1 - MS_2) = \frac{bcn\sum_i \alpha_i^2}{a-1} \text{ 이므로}$$

$$F = \frac{MS_1}{MS_2} = \frac{1.021}{2.05} = 0.498 \text{ 이다.}$$

이 때 MS_1의 자유도와 MS_2의 자유도는 다음과 같이 조정된 자유도를 사용한다.

$$f_1 = \frac{(MS_1)^2}{MS_A^2/2 + MS_{ABC}^2/6} = 2.56 \approx 3$$

$$f_2 = \frac{(MS_2)^2}{MS_{AB}^2/6 + MS_{AC}^2/2} = 4.836 \approx 5$$

$$F = 0.498 < F_{\alpha=0.05}(3,5) = 5.41$$

따라서 $H_0 : \alpha_i = 0$에 대한 검정결과는 유의하지 않다는 결과를 얻을 수 있다.

6.4 요인실험에 대한 반응표면분석

6.4.1 다항식을 이용한 반응표면

3.7절에서 언급한 직교다항식은 요인이 정량적(quantitative)이고 요인의 수준이 등간격(equal space)인 경우 반응값에 대한 모형의 추정방법으로 유용하게 이용된다. 요인의 수준이 등간격이 아닌 경우는 일반적으로 회귀모형을 사용한다.

그런데, 요인실험에서 등간격의 조건이 충족될 경우 직교다항식이 매우 유용하게 이용될 수 있다. 다음과 같은 예를 살펴보자. 어떤 절단기의 수명이 절단각도와 작동속도에 영향을 받는다고 한다. 이제, 절단각도와 작동속도를 각각 3수준으로 한 2요인 3수준의 요인실험을 2회 반복 실시하여 [표 6.4-1]과 같은 실험결과를 얻었다고 하자 (Montgomery (2013) p214에서 인용).

표 6.4-1 실험결과

		절단 속도(요인 B)			$y_{i..}$
		125	150	175	
절단 각도 (요인 A)	15	$\left.\begin{matrix}-2\\-1\end{matrix}\right\}-3$	$\left.\begin{matrix}-3\\0\end{matrix}\right\}-3$	$\left.\begin{matrix}2\\3\end{matrix}\right\}5$	-1
	20	$\left.\begin{matrix}0\\2\end{matrix}\right\}2$	$\left.\begin{matrix}1\\3\end{matrix}\right\}4$	$\left.\begin{matrix}4\\6\end{matrix}\right\}10$	16
	25	$\left.\begin{matrix}-1\\0\end{matrix}\right\}-1$	$\left.\begin{matrix}5\\6\end{matrix}\right\}11$	$\left.\begin{matrix}0\\-1\end{matrix}\right\}-1$	9
	$y_{.j.}$	-2	12	14	$y_{...}$ = 24

이때 회귀제곱합은 직선성, 곡선성 그리고 교호작용으로 분해될 수 있다.

$$SS_{TR}\begin{cases} SS_A \begin{cases} SS_{A_L}, & df=1 \\ SS_{A_Q}, & df=1 \end{cases} \\ SS_B \begin{cases} SS_{B_L}, & df=1 \\ SS_{B_Q}, & df=1 \end{cases} \\ SS_{AB}\begin{cases} SS_{A\times B_L}\begin{cases} SS_{A_L\times B_L}, & df=1 \\ SS_{A_Q\times B_L}, & df=1 \end{cases} \\ SS_{A\times B_Q}\begin{cases} SS_{A_L\times B_Q}, & df=1 \\ SS_{A_Q\times B_Q}, & df=1 \end{cases} \end{cases} \end{cases} \tag{6.4-1}$$

여기에서 각 제곱합은 다음과 같은 방법에 의하여 얻어진다. $\boldsymbol{y}$ 는 사전식 순서 (lexicographical order)에 의하여 나열된 자료 벡디이디.

$$SS_{A_L} = \frac{(\boldsymbol{l}_L{}'\boldsymbol{y})^2}{n\boldsymbol{l}_L{}'\boldsymbol{l}_L} = \frac{10^2}{2\times 6} = 8.33, \tag{6.4-2}$$

$$\boldsymbol{l}_L = \begin{pmatrix} -1 \\ 0 \\ 1 \end{pmatrix} \otimes \begin{pmatrix} 1 \\ 1 \\ 1 \end{pmatrix} = \begin{pmatrix} -1 \\ -1 \\ -1 \\ 0 \\ 0 \\ 0 \\ 1 \\ 1 \\ 1 \end{pmatrix}, \quad \boldsymbol{y} = \begin{pmatrix} y_{00} \\ y_{01} \\ y_{02} \\ y_{10} \\ y_{11} \\ y_{12} \\ y_{20} \\ y_{21} \\ y_{22} \end{pmatrix},$$

$$SS_{A_L \times B_L} = \frac{(\boldsymbol{l}_{L\times L}{}'\boldsymbol{y})^2}{n\mathbf{1}_{L\times L}{}'\boldsymbol{l}_{L\times L}} = \frac{(-8)^2}{2\times 4} = 8.00 \quad (6.4\text{-}3)$$

$$\boldsymbol{l}_{L\times L} = \begin{pmatrix} -1 \\ 0 \\ 1 \end{pmatrix} \otimes \begin{pmatrix} -1 \\ 0 \\ 1 \end{pmatrix}$$

이때 직교다항식은 다음과 같다(3×3요인 실험의 경우).

$$\begin{aligned} E(y) \; = \; & \alpha_0 + \alpha_1 p_1(x_1) + \alpha_2 p_2(x_1) + \beta_1 p_1(x_2) + \beta_2 p_2(x_2) \\ & + \alpha\beta_{11} p_1(x_1) p_1(x_2) + \alpha\beta_{12} p_1(x_1) p_2(x_2) \\ & + \alpha\beta_{21} p_2(x_1) p_1(x_2) \\ & + \alpha\beta_{22} p_2(x_1) p_2(x_2) \end{aligned} \qquad (6.4\text{-}4)$$

위 식의 직교다항회귀계수의 추정량은 다음과 같다.

$$\hat{\alpha}_0 = \bar{y}_{...}$$

$$\hat{\alpha}_m = \frac{\sum_i p_m(x_i)\bar{y}_{i..}}{\sum_i \{p_m(x_i)^2\}} = \frac{\sum_i p_m(x_i) y_{i..}}{n\sum_i \{p_m(x_i)\}^2} \qquad (6.4\text{-}5)$$

따라서 다음과 같은 추정값을 얻을 수 있다.

$$\hat{\alpha}_0 = \hat{\mu} = \frac{24}{18}$$

$$\hat{\alpha}_1 = \frac{\boldsymbol{l}_L{}' \boldsymbol{y}}{n\,\boldsymbol{l}_L{}'\,\boldsymbol{l}_L} = \frac{10}{2\times 6}\;,\quad \text{단 } \boldsymbol{l}_L = \begin{pmatrix} -1 \\ 0 \\ 1 \end{pmatrix} \otimes \begin{pmatrix} 1 \\ 1 \\ 1 \end{pmatrix},\quad \boldsymbol{y} = \begin{pmatrix} y_{00} \\ y_{01} \\ y_{02} \\ y_{10} \\ y_{11} \\ y_{12} \\ y_{20} \\ y_{21} \\ y_{22} \end{pmatrix}$$

$$\hat{\alpha}_2 = \frac{\boldsymbol{l}_Q{}' \boldsymbol{y}}{n\,\boldsymbol{l}_Q{}'\,\boldsymbol{l}_Q} = \frac{-24}{2\times 12}\;,\ \text{단 } \boldsymbol{l}_Q = \begin{pmatrix} 1 \\ -2 \\ 1 \end{pmatrix} \otimes \begin{pmatrix} 1 \\ 1 \\ 1 \end{pmatrix}$$

$$\hat{\beta}_1 = \frac{\boldsymbol{l}'_L\, \boldsymbol{y}}{n\,\boldsymbol{l}'_L\,\boldsymbol{l}_L} = \frac{16}{2\times 6}\;,\quad \text{단 } \boldsymbol{l}_L = \begin{pmatrix} 1 \\ 1 \\ 1 \end{pmatrix} \otimes \begin{pmatrix} -1 \\ 0 \\ 1 \end{pmatrix}$$

$$\hat{\beta}_2 = \frac{\boldsymbol{l}_Q{}' \boldsymbol{y}}{n\boldsymbol{l}_Q{}'\,\boldsymbol{l}_Q} = \frac{-12}{2\times 18}\;,\ \text{단 } \boldsymbol{l}_L = \begin{pmatrix} 1 \\ 1 \\ 1 \end{pmatrix} \otimes \begin{pmatrix} 1 \\ -2 \\ 1 \end{pmatrix}$$

$$\widehat{\alpha\beta}_{11} = \frac{\boldsymbol{l}_{L\times L}{}' \boldsymbol{y}}{n\boldsymbol{l}_{L\times L}{}'\,\boldsymbol{l}_{L\times L}} = \frac{-8}{2\times 4}\;,\quad \text{단 } \boldsymbol{l}_{L\times L} = \begin{pmatrix} -1 \\ 0 \\ 1 \end{pmatrix} \otimes \begin{pmatrix} -1 \\ 0 \\ 1 \end{pmatrix}$$

$$\widehat{\alpha\beta}_{12} - \frac{\boldsymbol{l}_{L\times Q}{}' \boldsymbol{y}}{n\,\boldsymbol{l}_{L\times Q}{}'\,\boldsymbol{l}_{L\times Q}} = \frac{-32}{2\times 12}\;,\ \text{단 } \boldsymbol{l}_{L\times Q} = \begin{pmatrix} -1 \\ 0 \\ 1 \end{pmatrix} \otimes \begin{pmatrix} 1 \\ -2 \\ 1 \end{pmatrix}$$

$$\widehat{\alpha\beta}_{21} = \frac{\boldsymbol{l}_{Q\times L}{}' \boldsymbol{y}}{n\,\boldsymbol{l}_{Q\times L}{}'\,\boldsymbol{l}_{Q\times L}} = \frac{-8}{2\times 12}\;,\ \text{단 } \boldsymbol{l}_{Q\times L} = \begin{pmatrix} 1 \\ -2 \\ 1 \end{pmatrix} \otimes \begin{pmatrix} -1 \\ 0 \\ 1 \end{pmatrix}$$

$$\widehat{\alpha\beta}_{22} = \frac{\boldsymbol{l}_{Q\times Q}{}' \boldsymbol{y}}{n\,\boldsymbol{l}_{Q\times Q}{}'\,\boldsymbol{l}_{Q\times Q}} = \frac{-24}{2\times 36}\;,\ \text{단 } \boldsymbol{l}_{L\times Q} = \begin{pmatrix} 1 \\ -2 \\ 1 \end{pmatrix} \otimes \begin{pmatrix} 1 \\ -2 \\ 1 \end{pmatrix}$$

이 결과로부터 직교다항식을 다음과 같이 구할 수 있다.

$$\begin{aligned} \hat{y} = \frac{24}{18} &+ \frac{10}{12}\cdot 1\cdot\left(\frac{x_1-20}{5}\right) + \left(-\frac{24}{24}\right)\cdot 3\cdot\left\{\left(\frac{x_1-20}{5}\right)^2 - \frac{9-1}{12}\right\} \\ &+ \frac{16}{12}\cdot 1\cdot\left(\frac{x_2-150}{25}\right) + \left(-\frac{12}{36}\right)\cdot 3\cdot\left\{\left(\frac{x_2-150}{25}\right)^2 - \frac{9-1}{12}\right\} \\ &+ \left(-\frac{8}{8}\right)\cdot 1\cdot\left(\frac{x_1-20}{5}\right)\cdot 1\cdot\left(\frac{x_2-150}{25}\right) \end{aligned}$$

$$+\left(-\frac{32}{24}\right)\cdot 1\cdot\left(\frac{x_1-20}{5}\right)\cdot 3\cdot\left\{\left(\frac{x_2-150}{25}\right)^2-\frac{9-1}{12}\right\}$$
$$+\left(-\frac{8}{24}\right)\cdot 1\cdot\left(\frac{x_2-150}{25}\right)\cdot 3\cdot\left\{\left(\frac{x_1-20}{5}\right)^2-\frac{9-1}{12}\right\}$$
$$+\left(-\frac{24}{72}\right)\cdot 3\cdot\left\{\left(\frac{x_1-20}{5}\right)^2-\frac{9-1}{12}\right\}\cdot 3\cdot\left\{\left(\frac{x_2-150}{25}\right)^2-\frac{9-1}{12}\right\}$$

직교다항식의 회귀계수에 대한 검정결과는 [표 6.4-2] 와 같다. 이 직교다항식을 정리하면 다음과 같은 식을 얻을 수 있다.

$$\begin{aligned}\hat{y} &= -1068+136x_1+14.5x_2-4.08x_1^2-0.0496x_2^2-1.86\,x_1x_2+0.0064x_1x_2^2 \\ &\quad +0.056x_1^2x_2-0.000192x_1^2x_2^2 \qquad (6.4\text{-}6)\end{aligned}$$

식 (6.4-6)을 직교다항식에 의해 얻은 반응표면식이라 한다. SAS 프로그램을 사용하여, 직교다항식에 대한 분산분석표 그리고 유도된 직교다항식과 등고선을 그래프를 이용하여 나타내는 방법을 [예제 6.7]의 SAS분석의 예를 참조하기 바란다.

표 6.4-2 직교다항식에 대한 분산분석표

변인	자유도	평균제곱합	F-값
절단각도(A)	2	12.17	8.45*
A_L	(1)	8.33	5.78*
A_Q	(1)	16.0	11.11*
절단속도(B)	2	12.67	8.80*
B_L	(1)	21.33	14.81*
B_Q	(1)	4.00	2.77
교호작용(AB)	4	15.34	10.65*
$A_L\times B_L$	(1)	8.0	5.56*
$A_L\times B_Q$	(1)	42.67	29.63*
$A_Q\times B_L$	(1)	2.67	1.85
$A_Q\times B_Q$	(1)	8.00	5.56*
오차	9	1.44	

* : 유의함 (p-값<0.05)

예제 6.7 [표 6.4-1]의 자료에 대한 SAS 분석

```
DATA ex6_4;
   DO a=15, 20, 25;
      DO b=125, 150, 175;
         DO rep=1 to 2;
         input y@@; OUTPUT;END;END;END;
CARDS;
 -2 -1 -3  0  2  3  0  2  1  3  4  6  -1  0  5  6  0 -1
;
PROC GLM DATA=ex6_4;
   CLASS a b rep;
   MODEL y=a b a*b / SOLUTION;
   CONTRAST 'LA' a -1  0 1;
   CONTRAST 'QA' a  1 -2 1;
   CONTRAST 'LB' b -1  0 1;
   CONTRAST 'QB' b 1 -2  1;
 CONTRAST 'LA*LB' a*b  1  0 -1  0  0  0  -1  0 1;
 CONTRAST 'LA*QB' a*b -1  2 -1  0  0  0  1 -2  1;
 CONTRAST 'QA*LB' a*b -1  0  1  2  0 -2 -1  0  1;
 CONTRAST 'QA*QB' a*b  1 -2  1 -2  4 -2  1 -2 1;
RUN;
```

```
Dependent Variable: Y
Source              DF    Sum of Squares      Mean Square     F Value     Pr > F
Model                8      111.00000000      13.87500000        9.61     0.0013
Error                9      13.000000000       1.44444444
Corrected Total     17      124.00000000
           R-Square              C.V.           Root MSE              Y Mean
           0.895161          90.13878         1.20185043          1.33333333

Source              DF          Type I SS     Mean Square     F Value     Pr > F
A                    2        24.33333333     12.16666667        8.42     0.0087
B                    2        25.33333333     12.66666667        8.77     0.0077
A*B                  4        61.33333333     15.33333333       10.62     0.0018

Contrast            DF        Contrast SS     Mean Square     F Value     Pr > F
         LA          1         8.33333333      8.33333333        5.77     0.0398
         QA          1        16.00000000     16.00000000       11.08     0.0088
         LB          1        21.33333333     21.33333333       14.77     0.0039
         QB          1         4.00000000      4.00000000        2.77     0.1305
```

LA*LB	1	8.00000000	8.00000000	5.54	0.0431
LA*QB	1	42.66666667	42.66666667	29.54	0.0004
QA*LB	1	2.66666667	2.66666667	1.85	0.2073
QA*QB	1	8.00000000	8.00000000	5.54	0.0431

```
PROC GLM DATA=ex6_4;
 model y=a a*a b b*b a*b a*a*b a*b*b a*a*b*b;
RUN;
DATA NEW;
 DO a=15 TO 25 BY 1;
  DO b=125 TO 175 BY 5;
    PREDICT = -1068.000012+136.300001*a+14.48*b-4.08*a*a
              -0.0496*b*b-1.864*a*b+0.0064*a*b*b+0.056*a*a*b
              -0.000192*a*a*b*b; OUTPUT;
  END; END;
RUN;
PROC GCONTOUR DATA=NEW;
   PLOT a*b= PREDICT/AUTOLABEL=(CHECK=NONE);
PROC G3D DATA=NEW;
   PLOT a*b=PREDICT;
RUN;
```

Dependent Variable: Y

Source	DF	Sum of Squares	Mean Square	F Value	Pr > F
Model	8	111.0000000	13.8750000	9.61	0.0013
Error	9	13.0000000	1.4444444		
Corrected Total	17	124.0000000			

R-Square	Coeff Var	Root MSE	y Mean
0.895161	90.13878	1.201850	1.333333

Source	DF	Type I SS	Mean Square	F Value	Pr > F
a	1	8.33333333	8.33333333	5.77	0.0398
a*a	1	16.00000000	16.00000000	11.08	0.0088
b	1	21.33333333	21.33333333	14.77	0.0039
b*b	1	4.00000000	4.00000000	2.77	0.1305
a*b	1	8.00000000	8.00000000	5.54	0.0431
a*a*b	1	2.66666667	2.66666667	1.85	0.2073
a*b*b	1	42.66666667	42.66666667	29.54	0.0004
a*a*b*b	1	8.00000005	8.00000005	5.54	0.0431

Parameter	Estimate	Standard Error	t Value	Pr > |t|
Intercept	-1068.000012	702.1579058	-1.52	0.1626
a	136.300001	72.6063896	1.88	0.0932
a*a	-4.080000	1.8104511	-2.25	0.0507
b	14.480000	9.5033772	1.52	0.1619
b*b	-0.049600	0.0316413	-1.57	0.1514
a*b	-1.864000	0.9826934	-1.90	0.0903
a*a*b	0.056000	0.0245036	2.29	0.0481
a*b*b	0.006400	0.0032719	1.96	0.0822
a*a*b*b	-0.000192	0.0000816	-2.35	0.0431

그림 6.4-1 [표 6.4-1]의 등고선 그림 (contour plot)

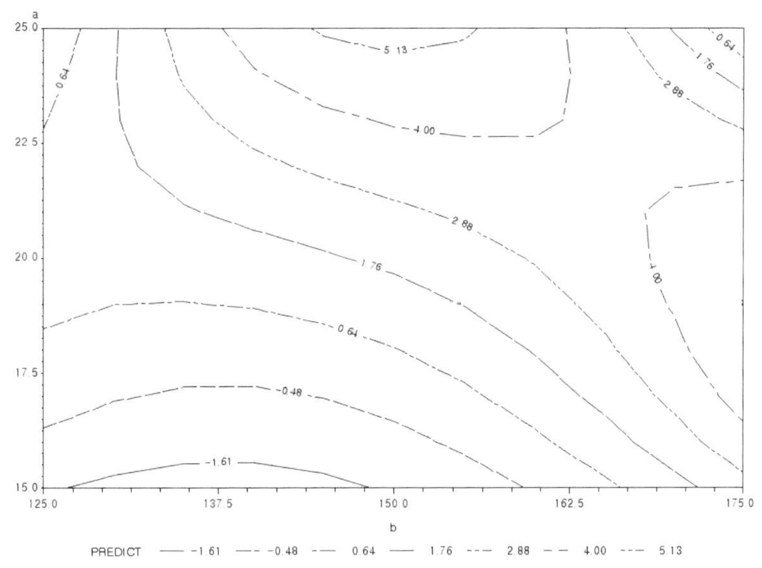

그림 6.4-2 [표 6.4-1]의 반응표면 (response surface)

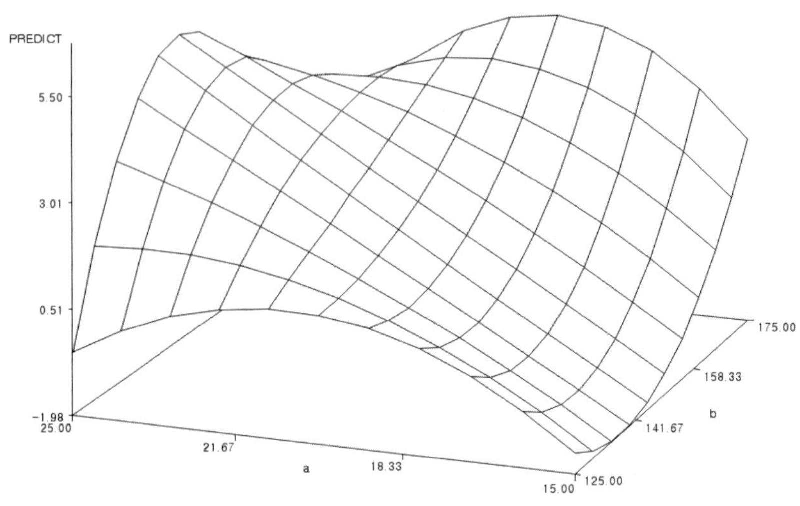

6.4.2 제곱합 계산방법

어떤 효과에 대한 제곱합을 계산하기 위해서 그 효과에 대응하는 자유도를 전개하여 아래 절차에 따른다. 예를 들어, 2요인실험의 경우 자유도를 전개하면, $(a-1)(b-1)=ab-a-b+1$이므로 각 요인에 대한 제곱합은 다음과 같다.

1. $y_{...}^2=1$이라 표시한다.

2. 자유도를 전개한 후 각 항에 대응하는 것들을 다음과 같이 표시한다. 각 항에 나타난 요인은 앞에, 나머지는 괄호로 묶어 뒤에 배치한다.

$$ab \ : \sum_i \sum_j \left(\sum_k y_{ijk} \right) = \sum_i \sum_j y_{ij.} \qquad b \ : \sum_j \left(\sum_i \sum_k y_{ijk} \right) = \sum_j y_{.j.}$$

$$a \ : \sum_i \left(\sum_j \sum_k y_{ijk} \right) = \sum_i y_{i..} \qquad 1 \ : \frac{y_{...}^2}{N} = CF$$

3. 각 항에서 $\sum$ 기호 다음에 있는 항을 제곱하여 표시하고, • (dot) 표시에 해당하는 수준수를 곱하여 나눈다.

$$ab \; : \frac{1}{n}\sum_i\sum_j y_{ij.}^2 \qquad a \; : \frac{1}{bn}\sum_i y_{i..}^2 \qquad b \; : \frac{1}{an}\sum_j y_{.j.}^2$$

4. 각 요인은 다음과 같이 구한다.

$$SS_{AB} = ab - a - b + 1 = \frac{1}{n}\sum_i\sum_j y_{ij.}^2 - \frac{1}{bn}\sum_i y_{i..}^2 - \frac{1}{an}\sum_j y_{.j.}^2 + \frac{y_{...}^2}{N}$$

$$SS_A \quad = a - 1 = \frac{1}{bn}\sum_i y_{i..}^2 - \frac{y_{...}^2}{N}$$

$$SS_B \quad = b - 1 = \frac{1}{an}\sum_i y_{.j.}^2 - \frac{y_{...}^2}{N}$$

참고 1 혼합모형의 경우, $\alpha\beta_{ij} \sim N\left(0, \frac{a-1}{a}\sigma^2_{\alpha\beta}\right)$와 $\alpha\beta_{ij} \sim N(0, \sigma^2_{\alpha\beta})$의 EMS(p.264)

2요인 2수준 통계 모형, $y_{ijk} = \mu + \alpha_i + \beta_j + (\alpha\beta)_{ij} + e_{ijk}$, $i = 1,2 \cdots a$, $j = 1,2 \cdots b$, $k = 1, 2, \cdots, n$의 경우 α_i는 모수요인$\left(\sum_i^a \alpha_i = 0\right)$이고 β_j는 변량요인$(\beta_j \sim N(0, \sigma^2_\beta))$이다. 이때 교호작용요인 $(\alpha\beta)_{ij}$는 변량요인으로 취급되어 $(\alpha\beta)_{ij} \sim N\left(0, \frac{a-1}{a}\sigma^2_{\alpha\beta}\right)$로 흔히 가정한다. 그 이유를 살펴보자. $(\alpha\beta)_{ij}$는 변량요인이지만 모수요인인 경우 $\sum_i (\alpha\beta)ij = \sum_j (\alpha\beta)ij = 0$이므로 $\sum_i^a (\alpha\beta)_{ij} = (\alpha\beta)_{.j} = 0$, $j = 1, 2$라 생각할 수 있으므로 어느 하나의 교호작용요인은 독립이 아니다. 모수요인의 다른 수준에 대하여

$$Cov((\alpha\beta)_{ij}, (\alpha\beta)_{i'j}) = -\frac{1}{a}\sigma^2_{\alpha\beta}, \ i \neq i'$$

$$Cov((\alpha\beta)_{ij}, (\alpha\beta)_{ij'}) = 0, \ j \neq j'$$

모수요인인 경우 $\sum_i^a (\alpha\beta)_{ij} = 0$이라는 가정을 고려하여 $(\alpha\beta)_{ij} \sim N(0, \sigma^2_{\alpha\beta})$ 대신 $(\alpha\beta)_{ij} \sim N\left(0, \ \frac{a-1}{a}\sigma^2_{\alpha\beta}\right)$를 이용하면 더욱 간결한 EMS를 얻을 수 있다.

$$EMS_A = \sigma^2 + n\sigma^2_{\alpha\beta} + \frac{bn\sum_i \alpha_i^2}{a-1}$$

$$EMS_B = \sigma^2 + an\sigma^2_\beta$$

$$EMS_{AB} = \sigma^2 + n\sigma^2_{\alpha\beta}$$

$$EMS_E = \sigma^2$$

그러나 이러한 고려 없이 $(\alpha\beta)_{ij} \sim N(0, \sigma^2_{\alpha\beta})$로 가정하여 EMS를 구하면 그 결과는 다음과 같다. 어떤 방법을 사용할 것인지는 선택의 문제이다. SAS분석

의 결과는 $(\alpha\beta)_{ij} \sim N(0,\ \alpha^2_{\alpha\beta})$를 가정한 분산분석표를 제공한다.

$$EMS_A = \sigma^2 + n\sigma^2_{\alpha\beta} + \frac{bn\sum\alpha_i^2}{a-1}$$

$$EMS_B = \sigma^2 + n\sigma^2_{\alpha\beta} + an\sigma^2_{\beta}$$

$$EMS_{AB} = \sigma^2 + n\sigma^2_{\alpha\beta}$$

$$EMS_E = \sigma^2$$

참고 2 교호작용에 대한 다중비교(p.273)

```
PROC GLM DATA=ex6_1;
  CLASS a b;
  MODEL y=a b a*b;
  LSMEANS a*b / T;
  LSMEANS a*b / PDIFF ADJUST=BON(TUKEY);
RUN;
```

A	B	Y LSMEAN	LSMEANS Number
0	0	11.0000000	1
0	1	10.0000000	2
0	2	8.6666667	3
1	0	11.3333333	4
1	1	14.0000000	5
1	2	7.3333333	6

T - 검정에 의한 P-값

Least Squares Means for Effect A*B
t for H0: LSMean(i)=LSMean(j) / Pr > |t|

i/j	1	2	3	4	5	6
1		0.774597	1.807392	-0.2582	-2.32379	2.840188
		0.4536	0.0958	0.8006	0.0385	0.0149
2	-0.7746		1.032796	-1.0328	-3.09839	2.065591
	0.4536		0.3221	0.3221	0.0092	0.0612
3	-1.80739	-1.0328		-2.06559	-4.13118	1.032796
	0.0958	0.3221		0.0612	0.0014	0.3221
4	0.258199	1.032796	2.065591		-2.06559	3.098387
	0.8006	0.3221	0.0612		0.0612	0.0092
5	2.32379	3.098387	4.131182	2.065591		5.163978

	0.0385	0.0092	0.0014	0.0612		0.0002
6	-2.84019	-2.06559	-1.0328	-3.09839	-5.16398	
	0.0149	0.0612	0.3221	0.0092	0.0002	

Adjustment for Multiple Comparisons: Bonferroni

i/j	1	2	3	4	5	6
1		1.0000	1.0000	1.0000	0.5775	0.2234
2	1.0000		1.0000	1.0000	0.1383	0.9174
3	1.0000	1.0000		0.9174	0.0209	1.0000
4	1.0000	1.0000	0.9174		0.9174	0.1383
5	0.5775	0.1383	0.0209	0.9174		0.0035
6	0.2234	0.9174	1.0000	0.1383	0.0035	

앞의 3장에서 언급하였듯이 다중비교에서는 단순히 T-검정을 실시하면 안 되며, 다중검정을 사용하여야 한다.

다중검정을 위해 LSEMANS 옵션에 Bonferroni를 사용하여 Bonferroni 검정을 실시하였다. Bonferroni 검정 결과 단순 T-검정의 p-값이 모두 1 이하인데 a_0 수준에서 모든 p-값이 1.000으로 촉매 수준 a_0하에서 압력의 차이는 유의적이지 않음을 볼 수 있다. 하지만, 이의 결과 역시 정확한 다중비교 결과라 할 수 없다.

SAS에서는 요인별로 제한 된 다중비교결과를 제시하지 않고 모든 비교대상을 다 고려한 결과를 제시하기 때문이다. 즉, SAS의 Bonferroni 검정에 의한 p-값은 LSMEANS Number에 제시된 6개에서 2개를 선택하는 ${}_6C_2 = 15$가지 비교 방법을 모두 다 고려하여 조정된 값이 제시된다. 예를 들어 요인 A의 0수준에서 (b_0, b_2) 비교의 p-값 1.000은 T-검정에서 계산된 p-값 0.0958에 15를 곱하여 얻어진 결과로 계산된다(만약 조정된 p-값이 1을 초과하면 1로 둔다). 즉, Bonferroni 방법은 $\alpha/{}_nC_2$로 유의수준을 조정하기 때문에, 앞의 예처럼 15가지 비교에 대해서는 유의수준 0.05를 유의수준 0.00333(=0.05/15)로 조정하는 것과 같은 의미이다. 그러므로 요인 A의 수준별, 요인 B의 3가지 다중비교를 위해서는 비교의 대상을 15로 하는 것이 아닌 3으로 하여 유의수준을 다시 계산할 필요가 있다.

정확한 Bonferroni 검정의 p-값을 얻기 위해서는 각 수준별 비교의 개수를 고려하여야 한다. 즉, A의 수준에 따라 요인 B의 수준 간 다중비교를 위해서는 15가 아닌 3을 T-검정의 p-값에 곱하여야 하며, B의 수준이 주어졌을 때 A의 수준 간 비교를 위해서는 2를 T-검정의 p-값에 곱하여야 한다. 그러므로 요인 A의 1수준에서 (b_1, b_2) 비교의 p-값은 0.0035가 아닌 0.0006이 된다.

연습문제

1. 요인 A와 B의 수준이 각각 3 과 5인 요인실험을 완전랜덤화배열법에 의하여 한 처리 당 6번 반복실험 한다. 단, 각 요인은 상수로 가정하자.

   1) 통계적 모형을 제시하고 필요한 가정을 써라.

   2) 분산분석표를 만들고 EMS를 구하라.

2. 1번의 경우 요인 A , B가 각각 확률변수인 변량모형을 가정하였을 때

   1) 통계적 모형과 필요한 가정을 써라.

   2) 분산분석표를 그리고 EMS를 구하라.

3. 다음은 요인 A와 B에 대한 2×2 요인실험의 결과이다(단, 반복수= 6).

		요인A	
		a_0	a_1
요인B	b_0	184	207
	b_1	230	218

   1) A의 주효과를 구하여라.

   2) B의 주효과를 구하여라.

   3) A와 B의 교호작용을 구하라.

4. 다음은 요인실험의 결과를 그림으로 표시한 것이다. 각각의 경우 A, B의 주효과 그리고 교호작용 AB를 구하여라.

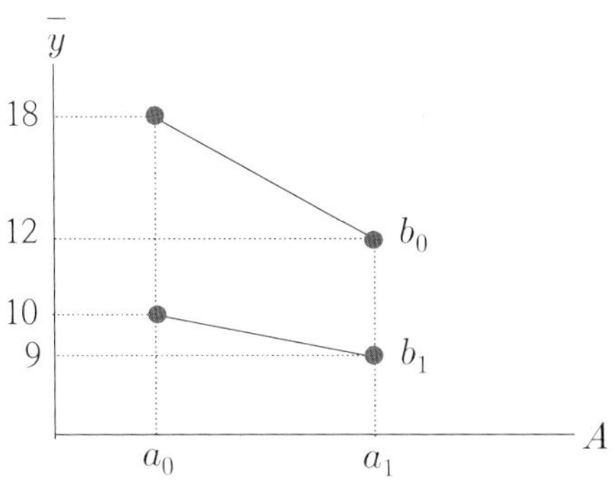

5. 2×3 요인실험을 완전랜덤설계에 의하여 실험한 결과이다.

		요인 A		
		$a_0 = 12\%$	$a_1 = 19\%$	$a_2 = 26\%$
요인B	$b_0 = 4\text{sec}$	18	25	6
	$b_1 = 8\text{sec}$	20	28	11

1) A, B의 주효과 및 교호작용을 구하여라.

2) 각각의 제곱합을 계산하여 분산분석표를 구하여라.

6. 5번의 경우 직교다항식을 구하고 단면도와 반응표면을 그려라.

7. 2×4×2×3 요인실험을 완전랜덤설계로 실시하였다. 요인 A와 D는 상수, 요인 B와 요인 C는 확률변수로 가정한다. 각 처리 당 2회씩 반복측정하였다고 하자. 이때 주어진 변인에 대한 기대평균제곱합(EMS)을 구하여라.

변인	EMS
A	
B	
AB	
AC	
BC	
ABC	
AD	

7 2^k-요인실험

k개 요인의 수준이 모두 2일 경우, 2^k-요인실험(2^k-factorial experiment)이라 한다. 2^k-요인실험은 모든 요인을 고려하는 최소의 실험이므로 실험의 초기단계에서 유용한 실험설계이다. $k=2$인 경우를 생각해보자. 이것은 A, B 두 요인의 수준이 각각 2인 경우로 A요인의 수준을 a_0 a_1, B요인의 수준을 b_0 b_1이라 하면 이들의 처리조합을 다음과 같이 나타낼 수 있다.

$$a_0b_0\ ,\ a_0b_1\ ,\ a_1b_0\ ,\ a_1b_1$$

또 이들의 처리조합을 다음과 같은 방법으로 나타내기도 한다.

$$(1),\ b,\ a,\ ab$$

혹은

(0 0), (0 1), (1 0), (1 1)

혹은

$$(-\ \ -),\ (-\ \ +),\ (+\ \ -),\ (+\ +\ )$$

7.1 2^2-요인실험

7.1.1 요인효과

각 처리별 n번 반복실험 결과가 다음과 같다고 하자.

$$(0\ 0)\ :\ y_{001}\quad y_{002}\quad \cdots\quad y_{00n},\ E(\bar{y}_{00})=\mu_{00}$$

$$(0\ 1)\ :\ y_{011}\quad y_{012}\quad \cdots\quad y_{01n},\ E(\bar{y}_{01})=\mu_{01}$$

$$(1\ 0)\ :\ y_{101}\quad y_{102}\quad \cdots\quad y_{10n},\ E(\bar{y}_{10})=\mu_{10}$$

$$(1\ 1)\ :\ y_{111}\quad y_{112}\quad \cdots\quad y_{11n},\ E(\bar{y}_{11})=\mu_{11}$$

이때 (i, j)처리조합에 대한 반응값의 기댓값을 μ_{ij}라 하였으므로 μ_{ij}에 대한 다음과 같은 이원분류표를 얻을 수 있다.

표 7.1-1 이원분류표

		B		계	평균
		0	1		
A	0	μ_{00}	μ_{01}	$\mu_{0.}$	$\overline{\mu}_{0.}$
	1	μ_{10}	μ_{11}	$\mu_{1.}$	$\overline{\mu}_{1.}$
계		$\mu_{.0}$	$\mu_{.1}$	$\mu_{..}$	
평균		$\overline{\mu}_{.0}$	$\overline{\mu}_{.1}$		$\overline{\mu}_{..}=\mu$

여기에서 요인 A의 i수준 효과 α_i, 요인 B의 j수준 효과 β_j, 이들 간의 교호작용 효과 $\alpha\beta_{ij}$는 위의 이원분류들의 정의를 이용하여 다음과 같이 나타낼 수 있다.

$$\alpha_i = \overline{\mu}_{i.} - \mu,\ \beta_j = \overline{\mu}_{.j} - \mu,\ \alpha\beta_{ij} = \mu_{ij} - \overline{\mu}_{i.} - (\overline{\mu}_{.j} - \mu)$$

그러면,

$$\begin{aligned}\mu_{ij} &= \mu + (\overline{\mu}_{i.} - \mu) + (\overline{\mu}_{.j} - \mu) + (\mu_{ij} - \overline{\mu}_{i.} - \overline{\mu}_{.j} + \mu) \\ &= \mu + \alpha_i + \beta_j + \alpha\beta_{ij}\end{aligned}$$

따라서 관측값 y_{ij}는 다음과 같이 표현된다.

$$y_{ijk} = \mu_{ij} + e_{ijk} = \mu + \alpha_i + \beta_j + \alpha\beta_{ij} + e_{ijk} \tag{7.1-1}$$

주효과 A, B, 그리고 교호작용 AB는 다음과 같이 정의된다.

$$A = \alpha_1 - \alpha_0 = \overline{\mu}_{1.} - \overline{\mu}_{0.} = \frac{1}{2}(-\mu_{00} - \mu_{01} + \mu_{10} + \mu_{11})$$

$$B = \beta_1 - \beta_0 = \overline{\mu}_{.1} - \overline{\mu}_{.0} = \frac{1}{2}(-\mu_{00} + \mu_{01} - \mu_{10} + \mu_{11})$$

$$AB == \frac{1}{2}(\mu_{00} - \mu_{01} - \mu_{10} + \mu_{11}) = \frac{1}{2}\{(\alpha\beta_{11} - \alpha\beta_{01}) - (\alpha\beta_{10} - \alpha\beta_{00})\}$$

다음으로, 주효과와 교호작용을 추정하는 방법을 살펴보자. 식 (7.1-1)로 부터 각 처리모집단의 모평균은 다음과 같이 표현할 수 있다. $n=1$인 경우 y_{ij}의 기댓값은 다음과 같다.

$$E(y_{00}) = \mu + \alpha_0 + \beta_0 + \alpha\beta_{00}$$

$$E(y_{01}) = \mu + \alpha_0 + \beta_1 + \alpha\beta_{01}$$
$$E(y_{10}) = \mu + \alpha_1 + \beta_0 + \alpha\beta_{10}$$
$$E(y_{11}) = \mu + \alpha_1 + \beta_1 + \alpha\beta_{11}$$

위 식으로부터 A의 주효과를 구해보자.

b_0 수준에서 A 단순효과, $\mu_{10} - \mu_{00} = \alpha_1 - \alpha_0 + \alpha\beta_{10} - \alpha\beta_{00} = A_1$

b_1 수준에서 A 단순효과, $\mu_{11} - \mu_{01} = \alpha_1 - \alpha_0 + \alpha\beta_{11} - \alpha\beta_{01} = A_2$

$\alpha\beta_{00} + \alpha\beta_{01} = \alpha\beta_{10} + \alpha\beta_{11} = 0$이므로 A의 주효과는 다음과 같다.

$$A = \frac{A_1 + A_2}{2} = \alpha_1 - \alpha_0 = \frac{(\mu_{10} - \mu_{00}) + (\mu_{11} - \mu_{01})}{2} \tag{7.1-2}$$

따라서 A의 주효과에 대한 추정량은 다음과 같다.

$$\hat{A} = \frac{(y_{10.} - y_{00.}) + (y_{11.} - y_{01.})}{2n} \tag{7.1-3}$$

다음으로 B의 주효과를 살펴보자.

a_0 수준에서 B 단순효과, $\mu_{01} - \mu_{00} = \beta_1 - \beta_0 + \alpha\beta_{01} - \alpha\beta_{00} = B_1$

a_1 수준에서 B 단순효과, $\mu_{11} - \mu_{10} = \beta_1 - \beta_0 + \alpha\beta_{11} - \alpha\beta_{10} = B_2$

B의 주효과는 다음과 같다.

$$B = \frac{B_1 + B_2}{2} = \beta_1 - \beta_0 = \frac{(\mu_{01} - \mu_{00}) + (\mu_{11} - \mu_{10})}{2}$$

따라서 B의 주효과에 대한 추정량은 다음과 같다.

$$\hat{B} = \frac{(y_{01.} - y_{00.}) + (y_{11.} - y_{10.})}{2n} \tag{7.1-4}$$

마지막으로 교호작용 AB를 계산하기 위하여 다음과 같은 식을 생각한다.

a_0 수준에서 B 단순효과, $\mu_{01} - \mu_{00} = B_1$

a_1 수준에서 B 단순효과, $\mu_{11} - \mu_{10} = B_2$

혹은

b_0 수준에서 A 단순효과, $\mu_{10} - \mu_{00} = A_1$

b_1 수준에서 A 단순효과, $\mu_{11} - \mu_{01} = A_2$

교호작용 AB를 a_0수준에서 B효과, a_1수준에서 B효과의 평균 차이로 정의한다.

$$AB = \frac{B_2 - B_1}{2} = \frac{(\mu_{11} - \mu_{10}) - (\mu_{01} - \mu_{00})}{2} \tag{7.1-5a}$$

혹은

$$AB = \frac{A_2 - A_1}{2} = \frac{(\mu_{11} - \mu_{01}) - (\mu_{10} - \mu_{00})}{2} \tag{7.1-5b}$$

이것은 결국 $AB = (\mu_{00} - \mu_{01} - \mu_{10} + \mu_{11})/2 = \frac{1}{2}(\alpha\beta_{00} - \alpha\beta_{01} - \alpha\beta_{10} + \alpha\beta_{11})$ 이므로 둘의 결과가 같음을 알 수 있다. 따라서 교호작용 AB의 추정량은 다음과 같다.

$$\widehat{AB} = \frac{(y_{11.} - y_{10.}) - (y_{01.} - y_{00.})}{2n} \tag{7.1-6a}$$

혹은

$$\widehat{AB} = \frac{(y_{11.} - y_{01.}) - (y_{10.} - y_{00.})}{2n} \tag{7.1-6b}$$

한편 2^2-요인 실험의 경우 각 요인에 대한 효과를 계산하는 방법으로 아래와 같은 두 가지 방법이 자주 이용되기도 한다.

방법 1 각 처리조합에 대한 n번 반복실험의 합계를 다음과 같이 정의하자.

(1)	a	b	ab
$y_{00.}$	$y_{10.}$	$y_{01.}$	$y_{11.}$

그러면 각 요인효과의 추정량은 다음과 같이 구할 수 있다.

$$\text{요인}_{(AB)} = \frac{1}{2n}\text{대비}_{(AB)}, \quad \text{대비}_{(AB)} = \{a \pm 1\}\{b \pm 1\} \tag{7.1-7}$$

이때 구하고자 하는 요인에 인자가 포함되었을 경우 해당인자 괄호안 부호를 $-$로 사용하고 그렇지 않을 경우에는 $+$를 사용한다. 예를 들어 요인 A의 경우, $\{a-1\}\{b+1\}$이 된다. 요인효과는 다음과 같다.

$$요인_A = \hat{A} = \frac{1}{2n}\{a-1\}\{b+1\} = \frac{1}{2n}\{ab+a-b-(1)\} \tag{7.1-8}$$

$$요인_B = \hat{B} = \frac{1}{2n}\{a+1\}\{b-1\} = \frac{1}{2n}\{ab-a+b-(1)\} \tag{7.1-9}$$

$$요인_{AB} = \widehat{AB} = \frac{1}{2n}\{a-1\}\{b-1\} = \frac{1}{2n}\{ab-a-b+(1)\} \tag{7.1-10}$$

방법 2 방법 1에서 계산된 대비$_{(AB)}$를 각각 다음과 같이 구할 수도 있다.

$$대비_A = \begin{pmatrix}-1\\1\end{pmatrix}\otimes\begin{pmatrix}1\\1\end{pmatrix}\boldsymbol{y} \tag{7.1-11}$$

$$대비_B = \begin{pmatrix}1\\1\end{pmatrix}\otimes\begin{pmatrix}-1\\1\end{pmatrix}\boldsymbol{y} \tag{7.1-12}$$

$$대비_{AB} = \begin{pmatrix}-1\\1\end{pmatrix}\otimes\begin{pmatrix}-1\\1\end{pmatrix}\boldsymbol{y}, \tag{7.1-13}$$

$\boldsymbol{y}' = (y_{00.}\ \ y_{10.}\ \ y_{01.}\ \ y_{11.})$, $\otimes$는 크로넥커 곱(Kronecker product)

각 요인효과의 추정량은 다음과 같이 표현된다.

$$요인_A = \hat{A} = \frac{1}{2n}\begin{pmatrix}-1\\1\end{pmatrix}\otimes\begin{pmatrix}1\\1\end{pmatrix}\boldsymbol{y} \tag{7.1-14}$$

$$요인_B = \hat{A} = \frac{1}{2n}\begin{pmatrix}1\\1\end{pmatrix}\otimes\begin{pmatrix}-1\\1\end{pmatrix}\boldsymbol{y} \tag{7.1-15}$$

$$요인_{AB} = \widehat{AB} = \frac{1}{2n}\begin{pmatrix}-1\\1\end{pmatrix}\otimes\begin{pmatrix}-1\\1\end{pmatrix}\boldsymbol{y} \tag{7.1-16}$$

7.1.2 직교다항식

2^2-요인실험에 대한 직교다항식(orthogonal polynomial)을 생각해보자.

$$y_{ijk} = \alpha_0 + \alpha_1 p_1(x_{1i}) + \alpha_2 p_1(x_{2j}) + \alpha_{12} p_1(x_{1i}) p_2(x_{2j}) + e_{ijk}, \tag{7.1-17}$$

$$i = 1,2,\ j = 1,2,\ k = 1,2 \cdots n$$

위 모형을 이용하여 실험의 결과를 다음과 같이 표현할 수 있다.

$$\begin{pmatrix} \text{반복 } 1 \begin{cases} y_{001} \\ y_{011} \\ y_{101} \\ y_{111} \end{cases} \\ \text{반복 } 2 \begin{cases} y_{002} \\ y_{012} \\ y_{102} \\ y_{112} \end{cases} \\ \vdots \\ \text{반복 } n \begin{cases} y_{00n} \\ y_{01n} \\ y_{10n} \\ y_{11n} \end{cases} \end{pmatrix} = \begin{pmatrix} 1 & -1 & -1 & 1 \\ 1 & -1 & 1 & -1 \\ 1 & 1 & -1 & -1 \\ 1 & 1 & 1 & 1 \\ 1 & -1 & -1 & 1 \\ 1 & -1 & 1 & -1 \\ 1 & 1 & -1 & -1 \\ 1 & 1 & 1 & 1 \\ & \vdots & & \vdots \\ 1 & -1 & -1 & 1 \\ 1 & -1 & 1 & -1 \\ 1 & 1 & -1 & -1 \\ 1 & 1 & 1 & 1 \end{pmatrix} \begin{pmatrix} \alpha_0 \\ \alpha_1 \\ \alpha_2 \\ \alpha_{12} \end{pmatrix} + \begin{pmatrix} e_{001} \\ e_{011} \\ e_{101} \\ e_{111} \\ e_{002} \\ e_{012} \\ e_{102} \\ e_{112} \\ \vdots \\ e_{00n} \\ e_{01n} \\ e_{10n} \\ e_{11n} \end{pmatrix} \qquad (7.1\text{–}18)$$

$$\boldsymbol{y} \qquad\qquad \boldsymbol{X} \qquad\qquad \boldsymbol{\beta} \qquad\qquad \boldsymbol{e}$$

위 식에 대한 최소제곱법을 적용하여 다음과 같은 직교다항식의 회귀계수를 추정할 수 있다.

$$\boldsymbol{X}'\boldsymbol{X} = \begin{pmatrix} 4n & 0 & 0 & 0 \\ 0 & 4n & 0 & 0 \\ 0 & 0 & 4n & 0 \\ 0 & 0 & 0 & 4n \end{pmatrix}, \ \boldsymbol{X}'\boldsymbol{y} = \begin{pmatrix} y_{\dots} \\ -y_{00.} - y_{01.} + y_{10.} + y_{11.} \\ -y_{00.} + y_{01.} + y_{10.} + y_{11.} \\ y_{00.} - y_{10.} - y_{10.} + y_{11.} \end{pmatrix} \qquad (7.1\text{–}19)$$

$$\hat{\boldsymbol{\beta}} = \begin{pmatrix} \hat{\alpha}_0 \\ \hat{\alpha}_1 \\ \hat{\alpha}_2 \\ \hat{\alpha}_{12} \end{pmatrix} = (\boldsymbol{X}'\boldsymbol{X})^{-1}\boldsymbol{X}'\boldsymbol{y} = \begin{pmatrix} \dfrac{\bar{y}_{\dots} + \bar{y}_{10.} + \bar{y}_{10.} + \bar{y}_{11.}}{4} \\ \dfrac{\bar{y}_{10.} - \bar{y}_{00.} + \bar{y}_{11.} - \bar{y}_{01.}}{4} \\ \dfrac{\bar{y}_{01.} - \bar{y}_{00.} + \bar{y}_{11.} - \bar{y}_{10.}}{4} \\ \dfrac{\bar{y}_{11.} - \bar{y}_{01.} + \bar{y}_{10.} - \bar{y}_{00.}}{4} \end{pmatrix} = \begin{pmatrix} \bar{y}_{\dots} \\ \dfrac{\hat{A}}{2} \\ \dfrac{\hat{B}}{2} \\ \dfrac{\widehat{AB}}{2} \end{pmatrix}$$

(7.1–20)

7.1.3 제곱합의 분할과 분산분석표

주효과 A, B 그리고 교호작용 AB의 제곱합과 이에 대한 분산분석표는 다음과 같다. 여기서 각 제곱합은 3장에서 언급한 대비의 제곱합 정의에 근거한다.

$$SS_A = \frac{(\hat{A})^2\sigma^2}{Var(\hat{A})} = \frac{(\hat{A})^2\sigma^2}{\sigma^2/n} = \frac{1}{4n}\{ab + a - b - (1)\}^2 \qquad (7.1\text{-}21)$$

$$SS_B = \frac{(\hat{B})^2\sigma^2}{Var(\hat{B})} = \frac{(\hat{B})^2\sigma^2}{\sigma^2/n} = \frac{1}{4n}\{ab - a + b - (1)\}^2 \qquad (7.1\text{-}22)$$

$$SS_{AB} = \frac{(\widehat{AB})^2\sigma^2}{Var(\widehat{AB})} = \frac{(\widehat{AB})^2\sigma^2}{\sigma^2/n} = \frac{1}{4n}\{ab - a - b + (1)\}^2 \qquad (7.1\text{-}23)$$

표 7.1-2 분산분석표(모수모형의 경우)

변인	자유도	F	F	R	EMS
		2	2	n	
		i	j	k	
A	1	0	2	n	$\sigma^2 + \frac{2n}{2-1}\sum_i \alpha_i^2$
B	1	2	0	n	$\sigma^2 + \frac{2n}{2-1}\sum_j \beta_j^2$
AB	1	0	0	n	$\sigma^2 + \frac{2n}{2-1}\sum_i\sum_j (\alpha\beta)_{ij}^2$
오차	$4(n-1)$	1	1	1	σ^2
전체	$4n-1$				

7.2 2^3-요인실험

7.2.1 요인효과

1) 주효과 A

2^3-요인실험 (2^3-factorial experiment)에서 A의 주효과와 추정량은 [표 7.2-1]의 단순효과를 이용하여 다음과 같이 구해진다.

$$A = \frac{1}{4}(① + ② + ③ + ④)$$

$$= \frac{1}{4}(-\mu_{000} - \mu_{001} - \mu_{010} - \mu_{011} + \mu_{100} + \mu_{101} + \mu_{110} + \mu_{111}) \quad (7.2\text{-}1)$$

$$\hat{A} = \frac{1}{4n}(-y_{000.} - y_{001.} - y_{010.} - y_{011.} + y_{100.} + y_{101.} + y_{110.} + y_{111.})$$

(7.2-2)

표 7.2-1 A의 단순효과

수준	B	C	A의 단순효과	
	0	0	$\mu_{100} - \mu_{000}$	①
	0	1	$\mu_{101} - \mu_{001}$	②
	1	0	$\mu_{110} - \mu_{010}$	③
	1	1	$\mu_{111} - \mu_{011}$	④

혹은 주효과A에 대한 대비와 주효과 A의 추정량은 다음과 같다.

$$대비_A = \{a-1\}\{b+1\}\{c+1\} \quad (7.2\text{-}3)$$

$$\hat{A} = \frac{1}{n \times 2^{3-1}} 대비_A = \frac{-(1) - c - b - bc + a + ac + ab + abc}{n \times 2^{3-1}} \quad (7.2\text{-}4)$$

2) 주효과 B

표 7.2-2 B의 단순효과

수준	A	C	B의 단순효과	
	0	0	$\mu_{010}-\mu_{000}$	①′
	0	1	$\mu_{011}-\mu_{001}$	②′
	1	0	$\mu_{110}-\mu_{100}$	③′
	1	1	$\mu_{111}-\mu_{101}$	④′

B의 주효과 역시 A의 경우와 마찬가지로 다음과 같이 계산된다.

$$\begin{aligned} B &= \frac{1}{4}(①' + ②' + ③' + ④') \\ &= \frac{1}{4}(-\mu_{000}-\mu_{001}+\mu_{010}+\mu_{011}-\mu_{100}-\mu_{101}+\mu_{110}+\mu_{111}) \end{aligned} \quad (7.2\text{-}5)$$

따라서 주효과 B는 다음과 같이 추정된다.

$$\hat{B} = \frac{1}{4n}(-y_{000.}-y_{001.}+y_{010.}+y_{011.}-y_{100.}-y_{101.}+y_{110.}+y_{111.}) \quad (7.2\text{-}6)$$

혹은

$$\begin{aligned} \hat{B} &= \frac{\{a+1\}\{b-1\}\{c+1\}}{n\times 2^{3-1}} \\ &= \frac{-(1)-c+b+bc-a-ac+ab+abc}{n\times 2^{3-1}} \end{aligned} \quad (7.2\text{-}7)$$

3) 주효과 C

표 7.2-3 C의 단순효과

수준	A	B	C의 단순효과	
	0	0	$\mu_{001}-\mu_{000}$	①″
	0	1	$\mu_{011}-\mu_{010}$	②″
	1	0	$\mu_{101}-\mu_{100}$	③″
	1	1	$\mu_{111}-\mu_{110}$	④″

따라서 C의 주효과와 추정량은 다음과 같다.

$$C = \frac{1}{4}(-\mu_{000} + \mu_{001} - \mu_{010} + \mu_{011} - \mu_{100} + \mu_{101} - \mu_{110} + \mu_{111}) \quad (7.2\text{-}8)$$

$$\hat{C} = \frac{1}{4}(-y_{000.} + y_{001.} - y_{010.} + y_{011.} - y_{100.} + y_{101.} - y_{110.} + y_{111.}) \quad (7.2\text{-}9)$$

혹은

$$\hat{C} = \frac{\{a+1\}\{b+1\}\{c-1\}}{n \times 2^{3-1}}$$
$$= \frac{-(1)+c-b+bc-a+ac-ab+abc}{n \times 2^{3-1}} \quad (7.2\text{-}10)$$

4) 교호작용 AB

AB의 효과	C의 수준
$\frac{②''' - ①'''}{2}$	0
$\frac{④''' - ③'''}{2}$	1

(7.2-11)

표 7.2-4 B 수준별 A의 단순효과

수준	C	B 수준별 A의 단순효과	
	0	$\mu_{100} - \mu_{000}$	①'''
	0	$\mu_{110} - \mu_{010}$	②'''
	1	$\mu_{101} - \mu_{001}$	③'''
	1	$\mu_{111} - \mu_{011}$	④'''

교호작용 AB를 구할 때는 C의 수준을 0 혹은 1 수준으로 고정하고 각각의 수준에서 B수준별 A의 단순효과의 차를 계산한 후 평균적 차이를 계산하는 방법이다. 2요인실험의 경우 나누는 수가 2이고 3요인실험의 경우 나누는 수는 4임을 알 수 있다. 따라서 교호작용 AB는 다음과 같다.

$$AB = \frac{(②''' - ①''') + (④''' - ③''')}{4}$$
$$= \frac{1}{4}(\mu_{000} + \mu_{001} - \mu_{010} - \mu_{011} - \mu_{100} - \mu_{101} + \mu_{110} + \mu_{111})$$
(7.2-12)

따라서 교호작용 AB의 추정량은 다음과 같다.

$$\widehat{AB} = \frac{1}{4n}(y_{000.} + y_{001.} - y_{010.} - y_{011.} - y_{100.} - y_{101.} + y_{110.} + y_{111.})$$
(7.2-13)

혹은

$$\widehat{AB} = \frac{\{a-1\}\{b-1\}\{c+1\}}{n \times 2^{3-1}}$$
$$= \frac{-(1) - c + b + bc + a + ac - ab - abc}{n \times 2^{3-1}} \quad (7.2\text{-}14)$$

(5) 교호작용 AC

B의 0과 1 수준에서 AC의 효과를 구한 후 교호작용, AC 역시 다음과 같이 나타낼 수 있다.

$$AC = \frac{1}{4}(\mu_{000} - \mu_{001} + \mu_{010} - \mu_{011} - \mu_{100} + \mu_{101} - \mu_{110} + \mu_{111}) \quad (7.2\text{-}15)$$

따라서 교호작용 AC는 다음과 같이 추정된다.

$$\widehat{AC} = \frac{1}{4n}(y_{000.} - y_{001.} + y_{010.} - y_{011} - y_{100} + y_{101} - y_{110} + y_{111})$$
(7.2-16)

혹은

$$\widehat{AC} = \frac{\{a-1\}\{b+1\}\{c-1\}}{n \times 2^{3-1}}$$
$$= \frac{(1) - c + b - bc - a + ac - ab + abc}{n \times 2^{3-1}} \quad (7.2\text{-}17)$$

(6) 교호작용 BC

A의 0과 1 수준에서 BC의 효과를 구하여 그들의 평균을 구하는 방법으로 교호작용, BC역시 다음과 같이 나타낼 수 있다.

$$BC = \frac{1}{4}(\mu_{000} - \mu_{001} - \mu_{010} + \mu_{011} + \mu_{100} - \mu_{101} - \mu_{110} + \mu_{111}) \quad (7.2\text{-}18)$$

따라서 BC의 추정량은 다음과 같다.

$$\widehat{BC} = \frac{1}{4n}(y_{000.} - y_{001.} - y_{010.} + y_{011} + y_{100} - y_{101} - y_{110} + y_{111}) \quad (7.2\text{-}19)$$

혹은

$$\widehat{BC} = \frac{\{a+1\}\{b-1\}\{c-1\}}{n \times 2^{3-1}} = \frac{(1) - c - b + bc + a - ac - ab + abc}{n \times 2^{3-1}} \quad (7.2\text{-}20)$$

(7) 교호작용 ABC

교호작용 ABC 를 구하는 식은 [표 7.2-4]로부터 AB의 단순효과의 차이로 정의될 수 있다.

$C=0$ 수준에서 AB의 단순효과 (②‴ − ①‴)/2

$C=1$ 수준에서 AB의 단순효과 (④‴ − ②‴)/2

$$ABC = \frac{\left(\frac{④''' - ③'''}{2}\right) - \left(\frac{②''' - ①'''}{2}\right)}{4}$$

이러한 절차에 의하여 교호작용, ABC를 다음과 같이 나타낼 수 있다.

$$ABC = \frac{1}{4}(-\mu_{000} + \mu_{001} + \mu_{010} - \mu_{011} + \mu_{100} - \mu_{101} - \mu_{110} + \mu_{111}) \quad (7.2\text{-}21)$$

따라서 ABC의 추정량은 다음과 같다.

$$\widehat{ABC} = \frac{1}{4n}(-y_{000.} + y_{001.} + y_{010.} - y_{011} + y_{100} - y_{101} - y_{110} + y_{111}) \tag{7.2-22}$$

혹은

$$\widehat{ABC} = \frac{\{a-1\}\{b-1\}\{c-1\}}{n \times 2^{3-1}}$$
$$= \frac{-(1)+c+b-bc+a-ac-ab+abc}{n \times 2^{3-1}} \tag{7.2-23}$$

그러나 일반적으로 2^3-요인실험의 경우 각 요인효과를 쉽게 계산하기 위해 다음과 같은 계수표를 이용한다. 이것을 직교배열표(orthogonal array)라 한다.

표 7.2-5 2^3- 요인실험에서 주효과 및 교호작용을 구하기 위한 직교배열표

요인효과	처리조합별 관측값 합								나누는 수
	(1)	c	b	bc	a	ac	ab	abc	
M(평균)	+	+	+	+	+	+	+	+	$8n$
A	-	-	-	-	+	+	+	+	$4n$
B	-	-	+	+	-	-	+	+	$4n$
C	-	+	-	+	-	+	-	+	$4n$
AB	+	+	-	-	-	-	+	+	$4n$
AC	+	-	+	-	-	+	-	+	$4n$
BC	+	-	-	+	+	-	-	+	$4n$
ABC	-	+	+	-	+	-	-	+	$4n$

7.2.2 직교다항식

2^3-요인실험의 경우를 생각하여 보자. 직교다항식(orthogonal polynomial)은 다음과 같다.

$$y_{ijkl} = \alpha_0 + \alpha_1 p_1(x_{1i}) + \alpha_2 p_2(x_{2j}) + \alpha_3 p_1(x_{3k}) + \alpha_{12} p_1(x_{1i}) p_1(x_{2j})$$

$$+\alpha_{13}p_1(x_{1i})p_1(x_{3k})+\alpha_{23}p_1(x_{2j})p_1(x_{3k})+\alpha_{123}p_1(x_{1i})p_1(x_{2j})p_1(x_{3k})$$

$$+e_{ijkl}, \quad i, j, k=1, 2, \ l=1, 2 \cdots n \qquad (7.2\text{-}24)$$

식 (7.2-24)의 직교다항식을 구하기 위한 방법으로 최소제곱법을 사용하여 직교다항식의 회귀계수를 구하면 다음과 같다.

$$\hat{\alpha}_0 = \bar{y}_{....}$$

$$\hat{\alpha}_1 = \frac{\hat{A}}{2} = \frac{1}{8n}(\text{주효과 } A\text{에 대한 대비})$$

$$\hat{\alpha}_2 = \frac{\hat{B}}{2} = \frac{1}{8n}(\text{주효과 } B\text{에 대한 대비})$$

$$\hat{\alpha}_3 = \frac{\hat{C}}{2} = \frac{1}{8n}(\text{주효과 } C\text{에 대한 대비})$$

$$\hat{\alpha}_{12} = \frac{\widehat{AB}}{2} = \frac{1}{8n}(\text{교호작용 } AB\text{에 대한 대비})$$

$$\hat{\alpha}_{13} = \frac{\widehat{AC}}{2} = \frac{1}{8n}(\text{교호작용 } AC\text{에 대한 대비})$$

$$\hat{\alpha}_{23} = \frac{\widehat{BC}}{2} = \frac{1}{8n}(\text{교호작용 } BC\text{에 대한 대비})$$

$$\hat{\alpha}_{123} = \frac{\widehat{ABC}}{2} = \frac{1}{8n}(\text{교호작용 } ABC\text{에 대한 대비})$$

7.2.3 제곱합의 분할과 분산분석표

2^3-요인실험에서 각 주효과 및 교호작용에 대한 제곱합은 2^2-요인실험과 마찬가지로 다음과 같이 구할 수 있다.

$$SS_A = \frac{1}{8n}\{\text{주효과 } A\text{에 대한 대비}\}^2$$

$$= \frac{1}{8n}\{-(1)-c-b-bc+a+ac+ab+abc\}^2$$

$$SS_B = \frac{1}{8n}\{\text{주효과 } B\text{에 대한 대비}\}^2$$

$$= \frac{1}{8n}\{-(1) - c + b + bc - a - ac + ab + abc\}^2$$

$$SS_C = \frac{1}{8n}\{\text{주효과 } C\text{에 대한 대비}\}^2$$

$$= \frac{1}{8n}\{-(1) + c - b + bc - a + ac - ab + abc\}^2$$

$$SS_{AB} = \frac{1}{8n}\{\text{교호작용 } AB\text{에 대한 대비}\}^2$$

$$= \frac{1}{8n}\{(1) + c - b - bc - a - ac + ab + abc\}^2$$

$$SS_{AC} = \frac{1}{8n}\{\text{교호작용 } AC\text{에 대한 대비}\}^2$$

$$= \frac{1}{8n}\{(1) - c + b - bc - a + ac - ab + abc\}^2$$

$$SS_{BC} = \frac{1}{8n}\{\text{교호작용 } BC\text{에 대한 대비}\}^2$$

$$= \frac{1}{8n}\{(1) - c - b + bc + a - ac - ab + abc\}^2$$

$$SS_{ABC} = \frac{1}{8n}\{\text{교호작용 } ABC\text{에 대한 대비}\}^2$$

$$= \frac{1}{8n}\{-(1) + c + b - bc + a - ac - ab + abc\}^2$$

2^2-요인실험의 경우, 각 요인에 대한 제곱합은 $SS_{\text{요인}} = \frac{1}{n \cdot 2^2}(\text{요인에 대한 대비})^2$ 임을 알 수 있다. 2^3-요인실험의 경우는 $SS_{\text{요인}} = \frac{1}{n \cdot 2^3}(\text{요인에 대한 대비})^2$ 임을 알 수 있다. 한편 2^3-요인실험에서 각 요인에 대한 제곱합을 계산하기 위한 직교배열표는 다음과 같다.

표 7.2-6 2^3-요인실험에 제곱합을 계산하기 위한 직교배열표

요인효과	처리조합별 관측값의 합								나누는 수
	(1)	c	b	bc	a	ac	ab	abc	
M(평균)	+	+	+	+	+	+	+	+	$8n$
A	-	-	-	-	+	+	+	+	$8n$
B	-	-	+	+	-	-	+	+	$8n$
C	-	+	-	+	-	+	-	+	$8n$
AB	+	+	-	-	-	-	+	+	$8n$
AC	+	-	+	-	-	+	-	+	$8n$
BC	+	-	-	+	+	-	-	+	$8n$
ABC	-	+	+	-	+	-	-	+	$8n$

7.3 2^k-요인실험

2^k-요인실험(2^k-factorial experiment)의 경우 요인($ABC\cdots K$)에 대한 대비는 다음과 같이 정의된다.

$$\text{대비}_{(ABC\cdots K)} = \{a \pm 1\}\{b \pm 1\} \cdots \{k \pm 1\} \tag{7.3-1}$$

이 경우 요인($ABC\cdots K$)에 주요인이 포함되어 있으면 부호가 $-$이고 그렇지 않으면 $+$이다. 예를 들어 주효과 A에 대한 대비는 요인($ABC\cdots K$)중 A는 $-$, 그리고 나머지는 전부 $+$이므로 다음과 같다.

$$\text{대비}_A = \{a - 1\}\{b + 1\} \cdots \{k + 1\} \tag{7.3-2}$$

7.3.1 요인효과(effect of factor)

주효과 및 교호작용은 다음과 같이 추정된다. 단, 대비에 대응하는 자료는 처리별 합계를 사용하였을 경우이다.

$$\hat{A} = \frac{(\text{주효과 } A\text{에 대한 대비})}{n \times 2^{k-1}} \tag{7.3-3}$$

$$\hat{B} = \frac{(\text{주효과 } B\text{에 대한 대비})}{n \times 2^{k-1}} \tag{7.3-4}$$

$$\vdots \qquad \vdots$$

$$\hat{K} = \frac{(\text{주효과 } K\text{에 대한 대비})}{n \times 2^{k-1}} \tag{7.3-5}$$

$$\widehat{AB} = \frac{(\text{교호작용 } AB\text{에 대한 대비})}{n \times 2^{k-1}} \tag{7.3-6}$$

$$\vdots \qquad \vdots$$

$$\widehat{ABC} = \frac{(\text{교호작용 } ABC\text{에 대한 대비})}{n \times 2^{k-1}} \tag{7.3-7}$$

$$\vdots \qquad \vdots$$

$$\widehat{ABC\cdots K} = \frac{(\text{교호작용 } AB\cdots K\text{에 대한 대비})}{n \times 2^{k-1}} \tag{7.3-8}$$

7.3.2 직교다항식

2^k-요인실험에 대한 직교다항식의 회귀계수는 다음과 같이 추정된다.

$$\hat{\alpha}_0 = \bar{y}_{.....} \tag{7.3-9}$$

$$\hat{\alpha}_1 = \frac{1}{n \cdot 2^k}\ (\text{주효과 } A\text{에 대한 대비}) \tag{7.3-10}$$

$$\hat{\alpha}_2 = \frac{1}{n \cdot 2^k}\ (\text{주효과 } B\text{에 대한 대비}) \tag{7.3-11}$$

$$\vdots$$

$$\hat{\alpha}_{12} = \frac{1}{n \cdot 2^k}\ (\text{교호작용 } AB\text{에 대한 대비}) \tag{7.3-12}$$

$$\vdots$$

$$\hat{\alpha}_{12\cdots k} = \frac{1}{n \cdot 2^k}\ (\text{교호작용 } AB\cdots K\text{에 대한 대비}) \tag{7.3-13}$$

7.3.3 제곱합과 분산분석표

각 요인에 대한 제곱합은 다음과 같이 정의한다.

$$SS_A = \frac{(\hat{A})^2\sigma^2}{Var(\hat{A})} = \frac{(\text{주효과 } A\text{에 대한 대비})^2}{n \times 2^k} \tag{7.3-14}$$

$$Var(\hat{A}) = \frac{2^k n\sigma^2}{n^2(2^{k-1})^2} = \frac{2^k n\sigma^2}{n^2 \times 2^{2k-2}} = \frac{\sigma^2}{n \times 2^{k-2}}$$

$$SS_B = \frac{(\text{주효과 } B\text{에 대한 대비})^2}{n \times 2^k} \tag{7.3-15}$$

$$\vdots$$

$$SS_{AB} = \frac{(\text{교호작용 } AB\text{에 대한 대비})^2}{n \times 2^k} \tag{7.3-16}$$

$$\vdots$$

$$SS_{ABC\cdots K} = \frac{(\text{교호작용 } ABC\cdots K\text{에 대한 대비})^2}{n \times 2^k} \tag{7.3-17}$$

따라서 [표 7.3-1]과 같은 분산분석표를 얻는다.

표 7.3-1 분산분석표

변인				제곱합(SS)
2^k-1	주효과	A B $\vdots$ K	kC_1	$SS = \frac{1}{n2^k}(\text{대비})^2$
	교호작용	AB $\vdots$	kC_2	
		ABC $\vdots$	kC_3	
		$\vdots$		
	$AB\cdots K$		kC_k	
오차				$2^k(n-1)$
전체				$n \cdot 2^k - 1$

$(a+b)^k = {}_kC_0\, b^k + {}_kC_1\, ab^{k-1} + \cdots + {}_kC_k\, a^k$ 만일 $a=b=1$ 이면, $2^k-1 = {}_kC_1 + \cdots {}_kC_k$

7.4 포화된 2^k-요인실험

2^k-요인실험에서 반복수가 1인 경우($n=1$)를 생각해보자. 이때는 앞 절 분산분석표에서 알 수 있듯이 오차제곱합의 자유도가 0이 되어 실험오차의 분산(σ^2)이 추정불가능하다. 이러한 모형을 포화모형(saturated model)이라 한다. 따라서 분산분석표를 이용하는 각 요인에 대한 통계적 검정을 할 수 없게 된다.

$$SST = \begin{cases} SS_{TR} = SS_A + SS_B + \cdots + SS_{AB\cdots K}\ ,\ df = k-1 \\ SS_E\ ,\ df = 0,\quad \text{추정불가능} \end{cases} \tag{7.4-1}$$

이 경우 분산분석표를 이용하지 않고 각 요인효과를 검정할 수 있는 방법은 없을까? 예를 들어 설명해 보자. 다음 [표 7.4-1]은 어떤 화학제품의 생산량이 4요인(시간, 농도, 압력, 온도)에 의하여 어떻게 변화하는지에 대한 2^4 – 요인실험을 한 번 실시한 결과이다.

표 7.4-1 실험결과

처리	관측값				저수준	고수준
(1)	12					
a	18		A	(시간)	2.5H	3.0H
b	13	요인	B	(농도)	14D	18D
ab	16		C	(압력)	60P	80P
c	17		D	(온도)	225℃	250℃
ac	15					
bc	20					
abc	15					
d	10					
ad	25					
bd	13					
abd	24					
cd	19					
acd	21					
bcd	17					
$abcd$	23					

이것은 $n=1$인 경우로, 분산분석표에 의한 통계적 분석은 불가능하다. 각 요인의 효과를 구하여보자.

$$\text{주효과,}\quad \hat{A}=\frac{\text{대비}_A}{2^{4-1}}=4.50$$

$$\hat{B}=\frac{\text{대비}_B}{2^{4-1}}=0.50$$

$$\vdots$$

$$\text{교호작용,}\quad \widehat{AB}=\frac{\text{대비}_{AB}}{2^{4-1}}=-0.75$$

$$\vdots$$

$$\widehat{ABCD}=\frac{\text{대비}_{ABCD}}{2^{4-1}}=1.00$$

그런데 모든 요인효과가 유의하지 않다는 귀무가설 하에서, 각 요인효과들을 모집단 $N(0,\sigma_0^2)$으로부터 추출한 임의표본으로 취급할 수 있다. 왜냐하면 모든 요인들에 대하여 H_0 : $\text{대비}_{\text{요인}}=0$일 때 각 요인효과의 추정량은 평균이 0이고 분산이 σ_0^2인 정규분포를 따른다고 볼 수 있기 때문이다.

예를 들어 $\hat{A}=\frac{\text{대비}_A}{2^{4-1}}$의 경우, H_0 : $\text{대비}_A=0$ 이면 $E(\hat{A})=0$이고 $V(\hat{A})=\sigma^2/16=\sigma_0^2$이다. 따라서 15개의 요인효과 추정값은 표본을 정규확률지에 그려봄으로써 어떤 요인효과가 통계적으로 유의한지 알 수 있다. 여기서 정규확률지에 각 요인효과를 표시하기 위하여 [표 7.4-2]와 같이 크기 순서에 따라 각 요인효과를 정리한다.

표 7.4-2 크기 순서에 따른 요인효과

크기순서(j)	요인효과	추정값	누적확률$\left(j-\frac{1}{2}\right)/15\times 100(\%)$
15	A	4.50	0.9667*
14	AD	4.00	0.9000*
13	D	3.25	0.8333*
12	C	2.00	0.7667*

10.5	ABC	1.00	0.6666
10.5	$ABCD$	1.00	0.6666
9	ABD	0.75	0.5667
8	B	0.50	0.5000
7	BC	0.25	0.4333
5.5	BD	0.00	0.3333
5.5	CD	0.00	0.3333
4	ACD	-0.25	0.2333
2.5	AB	-0.75	0.1333
2.5	BCD	-0.75	0.1333
1	AC	-4.25	0.0333*

그림 7.4-1 정규확률지

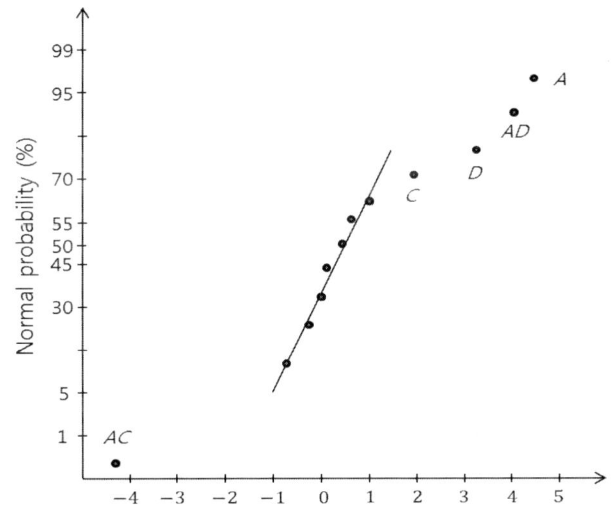

크기 순서로 정리된 요인효과를 정규확률지에 그린 결과가 [그림 7.4-1]이다.

이것은 정규검정을 위한 Q-Q Plot으로 정규분포의 이론적 Q-Q Plot이 직선이 되도록 y 좌표를 조정한 것이다. 여기에 자료의 Q-Q Plot을 1:1 매칭으로 그려 직선을 벗어나면 정규분포에서 벗어난 값으로 간주한다. [그림 7.4-1]에서 직선에서 벗어난 요인으로 A, D, C, AD, AC를 택할 수 있다.

이 결과로부터 유의하지 않은 요인의 제곱합을 전부 오차제곱합으로 간주하여 [표 7.4-3]과 같은 분산분석표를 얻는다. 분산분석 결과에서도 요인 A, D, C, AD, AC가 유의함을 알 수 있다.

표 7.4-3 분산분석표

변인	자유도	제곱합	평균제곱합	F - 값
A	1	81.00	81.00	49.85*
C	1	16.00	16.00	9.85*
D	1	42.25	42.25	26.00*
AC	1	72.25	72.25	44.46*
AD	1	64.00	64.00	39.38*
오차	10	16.25	1.625	
전체	15	291.75		

*:유의함(p−값<0.01)

이제 이 결과를 이용하여 직교다항식을 구해보자. 직교다항식에서 위 5종류 요인에 대한 회귀계수만이 유의하므로 다음과 같은 축소모형을 얻을 수 있다.

$$\hat{y}=\hat{\alpha}_0+\hat{\alpha}_1 p_1(x_1)+\hat{\alpha}_3 p_3(x_3)+\hat{\alpha}_4 p_1(x_4)+\hat{\alpha}_{13} p_1(x_1) p_1(x_3)$$
$$+\hat{\alpha}_{14} p_1(x_1) p_1(x_4) \tag{7.4-2}$$

$$\hat{\alpha}_0=\bar{y}_{....}=17.375 \qquad \hat{\alpha}_1=\frac{\hat{A}}{2}=\frac{4.50}{2}=2.25$$

$$\hat{\alpha}_3=\frac{\hat{C}}{2}=\frac{2.0}{2}=1.0 \qquad \hat{\alpha}_4=\frac{\hat{D}}{2}=\frac{3.25}{2}=1.625$$

$$\hat{\alpha}_{13}=\frac{\widehat{AC}}{2}=\frac{-4.25}{2}=-2.125 \qquad \hat{\alpha}_{14}=\frac{\widehat{AD}}{2}=\frac{4.0}{2}=2.0$$

이것을 정리하면 다음과 같다.

$$\hat{y}=17.25+2.25 p_1(x_1)+1.0 p_1(x_3)+1.625 p_1(x_4)$$
$$-2.125 p_1(x_1) p_1(x_3)+2.0 p_1(x_1) p_1(x_4)$$
$$=17.375+2.25 x_1+1.0 x_3+1.625 x_4-2.125 x_1 x_3+2.0 x_1 x_4 \tag{7.4-3}$$

예제 7.1 [표 7.4-1]의 실험결과에 대한 SAS 분석

```
DATA ex7_4_1;
   INPUT d c b a y@@;
   ab=a*b; ac=a*c; ad=a*d; bc=b*c; bd=b*d; cd=c*d;
   abc=ab*c; abd=ab*d; acd=ac*d; bcd=bc*d; abcd=abc*d;
 LINES;
  -1 -1 -1 -1  12
  -1 -1 -1  1  18
  -1 -1  1 -1  13
  -1 -1  1  1  16
  -1  1 -1 -1  17
  -1  1 -1  1  15
  -1  1  1 -1  20
  -1  1  1  1  15
   1 -1 -1 -1  10
   1 -1 -1  1  25
   1 -1  1 -1  13
   1 -1  1  1  24
   1  1 -1 -1  19
   1  1 -1  1  21
   1  1  1 -1  17
   1  1  1  1  23
;

/* 포화모형에 대한 program */
PROC GLM DATA=ex7_4_1;
   CLASS a b c d;
   MODEL y=a b c d ab--abcd;
RUN;

/* 유의하지 않은 요인을 제거한 축소모형의 분산분석 program*/
PROC GLM DATA=ex7_4_1;
   CLASS a b c d;
   MODEL y=a c d ac ad;
RUN;

/* 직교다항식의 계수값 추정 program */
PROC GLM DATA=ex7_4_1;
   MODEL y=a c d ac ad;
RUN;
```

이 SAS 프로그램은 반복수가 1인 경우에 대한 2^4-요인실험 결과이다. 여기서 자료점(design point)는 모두 16개이며, 추정해야 할 모수 역시 공통평균(μ)를 포함하여 모두 16개이다. 즉 자료점과 추정하여야 모수 개수가 동일한 포화모형으로 분산이 추정 불가능하다.

SAS 프로그램은 모든 가능한 요인을 포함하는 완전모형을 추정하는 프로그램으로 통계모형은 다음과 같다.

$$\begin{aligned} y_{ijkl} = &\ \mu + \alpha_i + \beta_j + \gamma_k + \delta_l \\ & + (\alpha\beta)_{ij} + (\alpha\gamma)_{ik} + (\alpha\delta)_{il} + (\beta\gamma)_{jk} + (\beta\delta)_{jl} + (\gamma\delta)_{kl} \\ & + (\alpha\beta\gamma)_{ijk} + (\alpha\beta\delta)_{ijl} + (\alpha\gamma\delta)_{ikl} + (\beta\gamma\delta)_{jkl} + (\alpha\beta\gamma\delta)_{ijkl} + e_{ijkl} \end{aligned}$$

여기서, $i, j, k, l = 1, 2$이다. 그런데, 반복이 없으므로 오차항이 존재하지 않으며, 각 요인의 조건에 의해 추정해야할 모수의 개수는 16개(공통평균항 포함)임을 볼 수 있다. 이 모형에 대한 SAS 분석결과를 보면 형태적으로는 완전적합된 것으로 보이나 실험오차의 추정이 불가하여 각 요인에 대한 검정을 할 수 없는 한계를 보이고 있다.

분산분석표(포화모형)

```
Dependent Variable: Y

 Source              DF      Sum of Squares       Mean Square      F Value   Pr > F

 Model               15        291.75000000       19.45000000            .        .
 Error                0                   .                 .
 Corrected Total     15        291.75000000

             R-Square         C.V.          Root MSE          Y Mean
             1.000000          0                0            17.37500000

 Source              DF         Type I SS       Mean Square      F Value   Pr > F
 A                    1       81.00000000       81.00000000            .        .
 B                    1        1.00000000        1.00000000            .        .
 C                    1       16.00000000       16.00000000            .        .
 D                    1       42.25000000       42.25000000            .        .
 AB                   1        2.25000000        2.25000000            .        .
 AC                   1       72.25000000       72.25000000            .        .
 AD                   1       64.00000000       64.00000000            .        .
 BC                   1        0.25000000        0.25000000            .        .
 BD                   1        0.00000000        0.00000000            .        .
 CD                   1        0.00000000        0.00000000            .        .
 ABC                  1        4.00000000        4.00000000            .        .
 ABD                  1        2.25000000        2.25000000            .        .
 ACD                  1        0.25000000        0.25000000            .        .
```

BCD	1	2.25000000	2.25000000	.	.
ABCD	1	4.00000000	4.00000000	.	.

이제, 정규확률지에 의해 유의한 요인 A, D, C, AD, AC에 대한 분산분석 결과는 위와 같다. 여기서 A, D, C, AD, AC 요인 이외 다른 요인을 오차제곱합으로 간주하여 MSE를 계산할 수 있다. 즉, 포화모형에서 축소모형으로 변형하는 방법인 적합결여(lack of fit) 방법으로 오차항을 유도하여 분산분석을 실시한다. 적합결여란 보통 완전모형에서 몇 개의 항을 제거해도 합리적인가를 검정하는 방법이다. 이에 대해서는 11장의 반응표면분석에서 자세히 다루기로 한다. 분산분석 결과 정규확률지에 의해 선택된 모든 요인들이 유의수준 5% 하에서 모두 유의함을 볼 수 있다.

분산분석표(축소모형)

Dependent Variable: Y

Source	DF	Sum of Squares	Mean Square	F Value	Pr > F
Model	5	275.50000000	55.10000000	33.91	0.0001
Error	10	16.25000000	1.62500000		
Corrected Total	15	291.75000000			

R-Square	C.V.	Root MSE	Y Mean
0.944302	7.336719	1.27475488	17.37500000

Source	DF	Type I SS	Mean Square	F Value	Pr > F
A	1	81.00000000	81.00000000	49.85	0.0001
C	1	16.00000000	16.00000000	9.85	0.0105
D	1	42.25000000	42.25000000	26.00	0.0005
AC	1	72.25000000	72.25000000	44.46	0.0001
AD	1	64.00000000	64.00000000	39.38	0.0001

이제, 식 (7.4-2)의 직교다항식을 유도하여 보자. SAS 프로그램에서 CLASS 문을 제외하면 식 (7.4-2)의 회귀모형(직교다항식)에 대한 계수를 추정할 수 있다.

본 장에서 설명하는 2^k-요인실험에서, 직교다항식을 사용한 통계적 검정과 분산분석의 통계적 검정 결과가 동일하다는 점을 주목할 필요가 있다. 즉, 직교다항식에서는 T-통계량을, 분산분석에서는 F-통계량을 사용할 뿐이다. 그러므로 각 요인의 p-값은 서로 동일하다.

직교다항식의 계수값

Variable	DF	Parameter Estimate	Standard Error	T for H0: Parameter=0	Prob > |T|
INTERCEP	1	17.375000	0.31868872	54.520	0.0001
A	1	2.250000	0.31868872	7.060	0.0001
C	1	1.000000	0.31868872	3.138	0.0105
D	1	1.625000	0.31868872	5.099	0.0005
AC	1	-2.125000	0.31868872	-6.668	0.0001
AD	1	2.000000	0.31868872	6.276	0.0001

다음으로 직교다항식 $\hat{y}=17.375+2.25x_1+1.0x_3+1.625x_4-2.125x_1x_3+2.0x_1x_4$에 대한 반응표면그림을 살펴보자. 이 경우 설명변수가 3개이므로 4차원 그림을 그릴 수 없어 하나의 요인의 수준을 $+1$(고수준)으로 고정하고 나머지 두 요인에 대한 반응표면그림을 그릴 수 있다. 그림의 반응표면분석은 모두 평면모양을 하며 특정 방향으로 기울어져있음을 확인할 수 있다. 자세한 반응표면분석에 대해서는 11장에서 다루기로 한다.

예제 7.2 반응표면을 얻는 SAS 프로그램

```
GOPTIONS reset=global cback=white colors=(black black black black)
         hitile=1 hrext=1.2 ftext=zapf border;
DATA ex7_2_1;
   DO c=-1 to 1 by 0.1;
      DO d=-1 to 1 by 0.1;
         response=17.375+2.25+1.0*c+1.625*d-2.12*c+2.0*d; OUTPUT;
      END;
   END;
RUN;
DATA ex7_2_2;
   DO a=-1 to 1 by 0.1;
      DO d=-1 to 1 by 0.1;
         response=17.375+2.25*a+1.0+1.625*d-2.12*a+2.0*a*d; OUTPUT;
      END;
   END;
RUN;
```

```
DATA ex7_2_3;
   DO a=-1 to 1 by 0.1;
      DO c=-1 to 1 by 0.1;
         response=17.375+2.25*a+1.0*c+1.625-2.12*a*c+2.0*a; OUTPUT;
      END;
   END;
RUN;
PROC G3D DATA=ex7_2_1;
   PLOT c*d=response;
RUN;
PROC G3D DATA=ex7_2_2;
   PLOT a*d=response;
RUN;
PROC G3D DATA=ex7_2_3;
   PLOT a*c=response;
RUN;
```

그림 7.4-2 $A =$ 고수준일 때 C, D의 반응표면

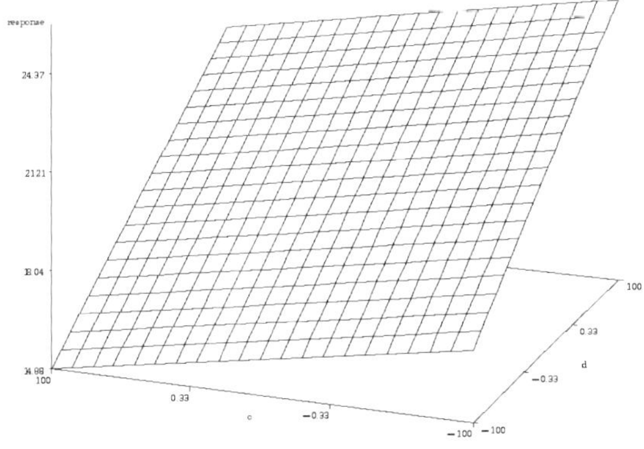

그림 7.4-3 $C=$ 고수준일 때 A, D의 반응표면

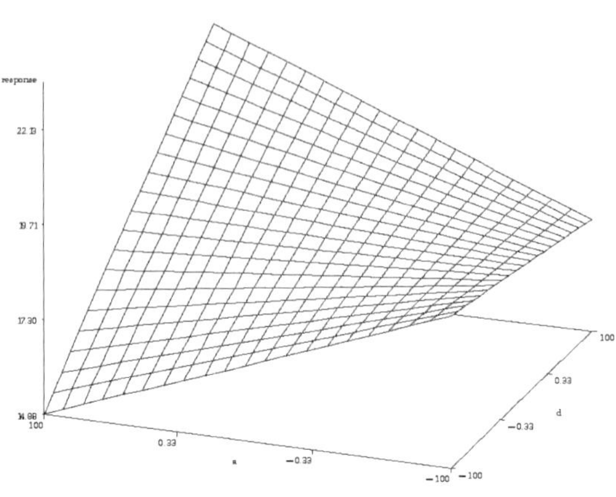

그림 7.4-4 $D=$ 고수준일 때 A, C의 반응표면

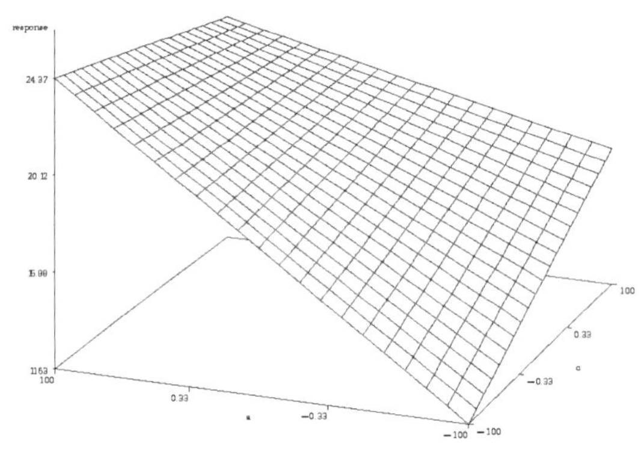

연습문제

1. 다음은 완전랜덤화설계에 의한 2×2 요인실험의 결과이다.

	a_0b_0	a_0b_1	a_1b_0	a_1b_1		
	8.53	17.53	39.14	32.00		
	20.53	21.07	26.20	23.80		
	12.53	20.80	31.33	28.87		
	14.00	17.33	45.80	25.06		
	10.80	20.07	40.20	29.33		
계	66.39	96.80	182.67	139.06	총계	484.92

1) 직교배열표를 이용하여 요인효과를 구하여라.

2) 분산분석표를 작성하여라.

2. 다음은 요인 A, B, C에 대한 2^3-요인실험이 완전랜덤화설계에 의하여 실시된 결과이다.(단, 요인 A B C는 양적 자료이다.)

a_0				a_1			
b_0		b_1		b_0		b_1	
c_0	c_1	c_0	c_1	c_0	c_1	c_0	c_1
595	745	835	838	573	184	700	717
578	689	823	614	592	538	815	806

1) 분산분석을 이용하여 요인효과를 검정하여라.

2) 직교다항식을 구하여라.

3) 직교다항식의 반응표면을 구하고 등고선그림을 그려라.

3. 다음은 합성물질인 실리콘의 재복원 성질에 영향을 주는 4요인에 대한 2^4-요인 실험을 완전랜덤화설계에 의하여 실시한 결과이다.

처리	복원의 힘
$a_0b_0c_0d_0$	1.92
$a_0b_0c_0d_1$	1.60
$a_0b_0c_1d_0$	2.13
$a_0b_0c_1d_1$	2.16
$a_0b_1c_0d_0$	1.09
$a_0b_1c_0d_1$	1.16
$a_0b_1c_1d_0$	1.03
$a_0b_1c_1d_1$	1.07
$a_1b_0c_0d_0$	11.28
$a_1b_0c_0d_1$	11.73
$a_1b_0c_1d_0$	9.53
$a_1b_0c_1d_1$	9.11
$a_1b_1c_0d_0$	5.75
$a_1b_1c_0d_1$	4.68
$a_1b_1c_1d_0$	5.35
$a_1b_1c_1d_1$	5.30

1) 요인효과를 구하고 정규확률지를 이용하여 유의한 요인을 구하여라.

2) 위의 결과를 이용하여 분산분석표를 구하여라.

3) 직교다항식을 구하고 잔차분석의 결과를 확인하여라.

4) 직교다항식의 예측값과 관측값을 비교하여라.

2^k-요인실험에 대한 불완비블록설계 8

실험설계의 주 과제는 실험요인과 잡음요인들의 교락을 통제하는 것이다. 이러한 목적으로 블록화 방법을 선택하였던 것이다. 블록의 크기가 충분히 커서 블록의 크기와 처리의 개수가 같을 때 이를 랜덤화완비블록설계법이라 하였다. 랜덤화완비블록설계법은 모든 처리효과에 대한 대비가 블록효과와 독립일 뿐만 아니라 대비들의 분산이 가장 작아 가장 효율적인 것으로 알려져 있다.

2^k-요인실험은 초기실험으로 아주 유용하다. 최소의 실험횟수로 많은 실험요인들을 검정할 수 있기 때문이다. 그럼에도 불구하고 2^k-요인실험의 경우 요인 수 k가 조금만 증가하여도 실험해야 할 처리수가 급격히 증가한다. 예를 들면 $k=3$인 경우는 8, $k=5$인 경우는 32, $k=7$인 경우는 128, $k=9$인 경우는 무려 512의 처리수가 생김으로써 실험하여야 할 처리수가 무척 많아짐을 알 수 있다. 따라서 2^k-요인실험의 경우 처리수보다 블록의 크기가 작은 경우가 많아 현실적으로 완비블록설계를 이용할 수 없을 때가 많다.

8.1 교락법

8.1.1 교락(confounding)의 의미

블록의 크기가 2인 2개의 블록에 4종류의 처리를 배치하여 얻은 실험결과를 y_i, $i=1, 2, 3, 4$라 하자. 이때 τ_i를 i처리효과, β_j를 j블록효과라 하면,

블록1	블록2
y_1	y_3
y_2	y_4

$$E(y_1) = \mu + \tau_1 + \beta_1 = \mu_1 + \beta_1$$
$$E(y_2) = \mu + \tau_2 + \beta_1 = \mu_2 + \beta_1$$
$$E(y_3) = \mu + \tau_3 + \beta_2 = \mu_3 + \beta_2$$
$$E(y_4) = \mu + \tau_4 + \beta_2 = \mu_4 + \beta_2 \qquad (8.1\text{-}1)$$

위 식에서 $E((y_1+y_2)-(y_3+y_4))=(\mu_1+\mu_2)-(\mu_3+\mu_4)+2(\beta_1-\beta_2)$이고 $\beta_1 \neq \beta_2$이므로 $(\mu_1+\mu_2)-(\mu_3+\mu_4)$는 추정 불가능하다. 그러나 $(\mu_1+\mu_2)-(\mu_3+\mu_4)+2(\beta_1-\beta_2)$는 추정 가능하여 그 추정량은 $(y_1+y_2)-(y_3+y_4)$이다. 따라서 블록효과 $\beta_1-\beta_2$와 모수 $\theta=(\mu_1+\mu_2)-(\mu_3+\mu_4)$가 서로 교락되어 있는 경우이다.

$$\text{대비}_{Block} = y_1+y_2-y_3-y_4 \tag{8.1-2}$$

$$\text{대비}_{\theta} = y_1+y_2-y_3-y_4 \tag{8.1-3}$$

따라서 이 대비를 이용한 추정량 및 제곱합은 모수와 블록의 효과가 교락되어 분리할 수 없다. 이것은 4종류의 처리에 대한 불완비블록설계 때문에 비롯된 것으로 모수 θ에 대한 정확한 추정이 어렵다. 이를 해결하기 위하여 다음과 같은 반복실험을 생각할 수 있다.

이 경우 각 처리에 대한 관측값에 대한 기댓값은 다음과 같다.

반복 1	반복 2
$E(y_1)=\mu_1+\beta_1$	$E(y_1')=\mu_1+\beta_1$
$E(y_2)=\mu_2+\beta_1$	$E(y_2')=\mu_2+\beta_2$
$E(y_3)=\mu_3+\beta_2$	$E(y_3')=\mu_3+\beta_1$
$E(y_4)=\mu_4+\beta_2$	$E(y_4')=\mu_4+\beta_2$

앞에서 반복이 없을 경우 추정 불가능했던 모수 $\theta=(\mu_1+\mu_2)-(\mu_3+\mu_4)$에 대한 추정은 반복 2에서 구할 수 있다. 그 값은 $(y_1'+y_2')-(y_3'+y_4')$이다. 이처럼 불완비블록설계라 하더라도 반복 1과 반복 2를 통하여 모든 대비들에 대한 추정이 가능할 때 이를 연결된 실험설계(connected experimental design)라 한다. 다음 **8.1.4절**에서 논의될 부분교락법을 참조하기 바란다.

8.1.2 2^k-요인실험에 대한 교락법

8.1.2.1 2^2-요인실험을 2블록(크기=2)에 실험할 경우

2^2-요인실험에 대한 $b=2$, $k=2$인 불완비블록설계를 생각해보자. x_1, x_2를 각각 요인 A와 B의 수준이라 하면 다음과 같은 방법에 의하여 실험을 실시할 수 있다.

반복 1		반복 2		반복 3	
$x_1=0$	$x_1=1$	$x_2=0$	$x_2=1$	$x_1+x_2=0$	$x_1+x_2=1$
블록1	블록2	블록1	블록2	블록1	블록2
0 0 0 1	1 0 1 1	0 0 1 0	0 1 1 1	0 0 1 1	0 1 1 0

이때 x_1, x_2, x_1+x_2를 정의대비(defining contrast)라고 하는데 이에 대한 자세한 내용은 다음 **8.1.2.2절**과 **8.1.3절**에서 설명하기로 한다. 여기에서 각 반복 내 처리들의 관측값을 y_{ijk}라 하면 통계모형은 다음과 같이 표현된다.

$$y_{ijk}=\mu+\alpha_i+\beta_j+\alpha\beta_{ij}+\gamma_k+e_{ijk},\ \gamma_k=\text{ 블록효과},\ i,j=0,\ 1,\ k=1,2 \quad (8.1\text{-}4)$$

반복 1 : 주효과 A와 블록효과가 교락된 경우이다.

$$\begin{aligned}
E(y_{001})&=\mu+\alpha_0+\beta_0+\alpha\beta_{00}+\gamma_1\\
E(y_{011})&=\mu+\alpha_0+\beta_1+\alpha\beta_{01}+\gamma_1\\
E(y_{102})&=\mu+\alpha_1+\beta_0+\alpha\beta_{10}+\gamma_2\\
E(y_{112})&=\mu+\alpha_1+\beta_1+\alpha\beta_{11}+\gamma_2
\end{aligned} \quad (8.1\text{-}5)$$

$$E(y_{001}+y_{011}-y_{102}-y_{112})=2(\alpha_1-\alpha_0)+2(\gamma_1-\gamma_2)+(\alpha\beta_{00}+\alpha\beta_{01}-\alpha\beta_{10}-\alpha\beta_{11})$$

$\sum_i \alpha\beta_{ij}=\sum_j \alpha\beta_{ij}=0$이므로,

$$E(y_{001}+y_{011}-y_{102}-y_{112})=2(\alpha_1-\alpha_0)+2(\gamma_2-\gamma_1)$$

주효과 $A(=\alpha_1-\alpha_0)$와 블록효과 $(=\gamma_1-\gamma_2)$가 서로 교락된 것을 알 수 있다. 따라서 블록의 효과가 존재할 경우 주효과 A는 추정불가능하게 된다.

한편, $대비_A=대비_{Block}=-y_{001}-y_{011}+y_{102}+y_{112}$로서 주효과 A와 블록효과에 대한 대비가 같음을 알 수 있다. 따라서 주효과 A는 반복 1의 실험결과를 이용할 수 없고 반복 2와 반복 3의 실험자료를 이용하여 구해야 한다.

반복 2 : 주효과 B와 블록효과가 교락된 경우이다.

$$\begin{aligned}
&E(y_{001})=\mu+\alpha_0+\beta_0+\alpha\beta_{00}+\gamma_1\\
&E(y_{101})=\mu+\alpha_1+\beta_0+\alpha\beta_{10}+\gamma_1 \qquad (8.1\text{-}6)\\
&E(y_{012})=\mu+\alpha_0+\beta_1+\alpha\beta_{01}+\gamma_2\\
&E(y_{112})=\mu+\alpha_1+\beta_1+\alpha\beta_{11}+\gamma_2\\
&E(y_{012}+y_{112}-y_{001}-y_{101})=2(\beta_1-\beta_0)+2(\gamma_1-\gamma_2)\\
&\qquad\qquad+(\alpha\beta_{01}+\alpha\beta_{11}-\alpha\beta_{00}-\alpha\beta_{10})
\end{aligned}$$

$\sum_i \alpha\beta_{ij}=\sum_j \alpha\beta_{ij}=0$이므로,

$$E(y_{012}+y_{112}-y_{001}-y_{101})=2(\beta_1-\beta_0)+2(\gamma_1-\gamma_2)$$

주효과 B와 블록효과가 서로 교락되어 주효과 B가 추정불가능하게 된다. 이 경우에도 역시 주효과 B와 블록효과를 나타내는 대비는 같다.

$$대비_B=대비_{Block}=-y_{001}+y_{012}-y_{101}+y_{112}$$

따라서 주효과 B는 반복 2의 실험결과를 이용할 수 없고 반복 1과 반복 3의 실험자료를 이용하여 구해야 한다.

반복 3 : 교호작용 AB가 블록효과와 교락된 경우이다.

$$\begin{aligned}
&E(y_{001})=\mu+\alpha_0+\beta_0+\alpha\beta_{00}+\gamma_1\\
&E(y_{101})=\mu+\alpha_1+\beta_0+\alpha\beta_{10}+\gamma_1 \qquad (8.1\text{-}7)\\
&E(y_{012})=\mu+\alpha_0+\beta_1+\alpha\beta_{01}+\gamma_2\\
&E(y_{112})=\mu+\alpha_1+\beta_1+\alpha\beta_{11}+\gamma_2
\end{aligned}$$

위 식들의 관계로부터 다음과 같은 사실을 얻을 수 있다.

$$E(y_{001}+y_{111}-y_{012}-y_{102})=2(\gamma_1-\gamma_2)+(\alpha\beta_{00}+\alpha\beta_{11}-\alpha\beta_{01}-\alpha\beta_{10}) \tag{8.1-8}$$

$\alpha\beta_{00}+\alpha\beta_{11}\neq 0$, $\alpha\beta_{01}+\alpha\beta_{10}\neq 0$이므로, 블록효과와 교호작용 AB가 서로 교락된 것으로, 블록효과가 없을 경우 교호작용 AB는 $y_{001}+y_{111}-y_{012}-y_{102}$로 추정된다. 그러나 블록효과가 있을 경우($\gamma_1\neq\gamma_2$) 교호작용 AB는 추정불가능하게 된다. 이 경우 역시 교호작용과 블록효과에 대한 대비는 서로 같다.

$$\text{대비}_{AB}=\text{대비}_{Block}=y_{001}-y_{012}-y_{102}+y_{111}$$

이다. 따라서 교호작용 AB를 추정할 경우 블록과 교락된 반복 3의 실험결과는 사용할 수 없으며 반복 1과 반복 2의 실험결과를 이용하여 구할 수 있을 뿐이다. 이처럼 매 반복에 한 요인씩 교락되게 실험하는 방법을 부분적으로 교락된 실험이라 한다. 자세한 내용은 8.1.4절에서 설명하기로 한다.

위와 같은 부분적으로 교락된 실험자료의 분석내용을 분산분석표로 정리하면 다음과 같다.

표 8.1-1 분산분석표

변인	자유도	제곱합
반복	2	$SS_{\text{반복}}$
블록	3	SS_{Block}혹은 SS_A(반복 1)+ SS_B(반복 2)+ SS_{AB}(반복 3)
A	1	SS_A(반복 2, 3으로부터)
B	1	SS_B(반복1, 3으로부터)
AB	1	SS_{AB}(반복1, 2로부터)
오차	2	
전체	11	

8.1.2.2 2^3-요인실험을 2블록(크기=4)에 실험할 경우

다음으로 2^3-요인실험을 $b=2$, $k=4$인 불완비블록설계에 의하여 실험을 실시해보자. 단, 교호작용 ABC를 블록과 교락시키기로 한다.

$$\begin{cases} L_1 = x_1 + x_2 + x_3 = 0 \quad (\text{mod} = 2) \\ L_1 = x_1 + x_2 + x_3 = 1 \end{cases}$$

|0| 블록 1	|1| 블록 2
0 0 0	0 0 1
0 1 1	0 1 0
1 0 1	1 0 0
1 1 0	1 1 1
주블록	

여기서, x_i는 i번째 요인의 수준으로 0, 1만을 취하는 값이다. 또한, mod=2는 modulus=2의 약자로 L_1의 값이 2 이상이 되면 2로 나누어 그 나머지 값을 갖도록 한다. 그러므로 위의 L_1은 0과 1만 될 수 있으며 2개의 블록을 $L_1=0$이 되는 것과 $L_1=1$이 되는 조합으로 나눌 수 있다. 위의 경우 $L_1=0$이면 블록 1에 배치하고, $L_1=1$이면 블록 2에 배치한다. 예를 들어 처리 (1 1 0)은,

$$L_1 = x_1 + x_2 + x_3 = 1 + 1 + 0 = 2(\text{mod}\,2) = 0$$

이므로 블록 1에 배치된다. 그런데, 블록 1을 구성한 다음 블록 1에 포함되지 않은 임의의 처리를 하나 골라(예를 들면 1 1 1) 블록 1의 각 처리들에 더하면 블록 2의 결과를 얻을 수 있음을 알 수 있다. 이때 블록 1은 처리 (0 0 0)을 포함하며, 블록 1을 이용하여 블록 2를 생성할 수 있다는 점에서 블록 1을 주블록(principal block 혹은 key block)이라 한다.

여기에서, 교호작용 ABC의 대비를 구해보면 블록의 대비와 일치하여 교호작용 ABC 와 블록의 효과가 서로 교락됨을 알 수 있다.

$$대비_{ABC} = \boldsymbol{l}'_{ABC}\ \boldsymbol{y} = \begin{pmatrix} -1 \\ 1 \end{pmatrix} \otimes \begin{pmatrix} -1 \\ 1 \end{pmatrix} \otimes \begin{pmatrix} -1 \\ 1 \end{pmatrix} \boldsymbol{y} = 대비_{Block} \quad (8.1\text{-}9)$$

$$SS_{ABC}\ (= SS_{Block}) = \frac{1}{n \cdot 2^k} (\boldsymbol{l}'_{ABC}\ \boldsymbol{y})^2, \quad (8.1\text{-}10)$$

$$\boldsymbol{y}' = (y_{000.},\ y_{001.},\ y_{010.},\ y_{011.},\ y_{100.},\ y_{101.},\ y_{110.},\ y_{111.})$$

8.1.3 정의대비(defining contrast)

정리 8.1-1 정의대비(Defining Contrast)

교호작용 $A^{\alpha_1}B^{\alpha_2}C^{\alpha_3}\cdots K^{\alpha_k}$ $(\alpha_i = 0,\ 1)$에 대응하는 선형결합식 $L = \alpha_1 x_1 + \alpha_2 x_2 + \ \cdots\ + \alpha_k x_k$을 정의대비라 한다.

다음과 같은 교호작용을 생각해보자.

$$A^{\alpha_1}B^{\alpha_2}C^{\alpha_3}\cdots K^{\alpha_k}, \quad \alpha_i = 0,1, \quad i = 1 \cdots k \quad (8.1\text{-}11)$$

그리고 이에 대응하는 다음과 같은 선형결합식을 생각한다.

$$L = \alpha_1 x_1 + \alpha_2 x_2 + \cdots + \alpha_k x_k \quad (8.1\text{-}12)$$

이때 x_i는 i번째 요인의 수준으로서 0 혹은 1이다. 이러한 선형결합식을 정의대비(defining contrast)라 한다. 아울러 이 정의대비를 편리상 $I = A^{\alpha_1}B^{\alpha_2}C^{\alpha_3}\cdots K^{\alpha_k}$와 같이 표현하기도 한다. 만약 정의대비에서 i번째 요인이 나타나 있지 않으면 $\alpha_i = 0$이 되어 해당 요인이 나타나지 않는다. 예를 들어보자. 2^4-요인실험에서 $ABCD$를 블록과 교락시키기 위하여 다음과 같은 정의대비를 생각한다.

$$I = ABCD$$

이 정의대비는 식 (8.1-12)와 같은 선형결합식인 정의대비로 나타낼 수 있다.

$$L = x_1 + x_2 + x_3 + x_4 \pmod 2$$

이제, 정의대비를 이용하여 처리들을 블록에 배치할 수 있다. 그 방법은 L의 값이 같은 처리들을 묶어 한 블록에 배치하는 것이다. 예를 들어 2^3-요인실험의 경우 2^1블록(2개의 블록)에 배치하려 한다고 하자. 그런데, 주효과 A를 블록과 교락시키고자 한다면, A에 대응하는 α_1 이외의 모든 α_i들은 전부 0이 된다. 즉,

$$\alpha_1 = 1$$

$$\alpha_2 = \alpha_3 = 0$$

따라서 정의대비와 각 블록에 배치된 결과는 다음과 같다.

$L = x_1 = 0$; (0 0 0) (0 0 1) (0 1 0) (0 1 1) : 블록 1

$L = x_1 = 1$; (1 0 0) (1 0 1) (1 1 0) (1 1 1) : 블록 2

일반적으로 2^k-요인실험의 경우 이를 2^s블록에 배치하고자 할 때는 다음과 같은 s개의 정의대비가 필요하게 된다. 이러한 정의대비를 독립된 정의대비라 한다.

$$\begin{aligned} L_1 &= 0,1 \\ L_2 &= 0,1 \\ &\vdots \\ L_s &= 0,1 \end{aligned} \qquad (8.1\text{-}13)$$

위의 정의대비에 의하여 처리들을 b개의 블록에 배치하면 다음과 같은 결과를 얻는다.(블록의 개수, $b = 2^s$).

$$\begin{array}{cccccc} \text{블록} & & 1 & 2 & \cdots & b \\ \left|\begin{array}{c} L_1 \\ L_2 \\ \vdots \\ L_s \end{array}\right| & = & \left|\begin{array}{c} 0 \\ 0 \\ \vdots \\ 0 \end{array}\right| & \left.\begin{array}{c} 0 \\ 1 \\ \vdots \\ 0 \end{array}\right| & \cdots & \left|\begin{array}{c} 1 \\ 1 \\ \vdots \\ 1 \end{array}\right| \end{array}$$

여기에서 정의대비에 대응하는 요인들이 블록과 교락되므로 s 종류의 요인들이 블록과 교락됨을 알 수 있다. 이처럼 정의대비가 2종류 이상일 경우 그것들의 관계로부터 다른 요인들 역시 추가로 블록과 교락되며 그 수는 다음과 같다.

$$ {}_sC_2 + {}_sC_3 + \cdots + {}_sC_s = \sum_{x=0}^{s} {}_sC_x - {}_sC_0 - {}_sC_1 = 2^s - s - 1 \qquad (8.1\text{-}14) $$

이처럼 독립된 정의대비들에 의하여 새롭게 생성된 대비를 생성된 정의대비(generated defining contrast)라 한다.

예제 8.1

2^3-요인실험을 2^2블록(블록의 개수=4, 블록의 크기=2)에 배치하는 실험을 생각하여 보자. 이때 교호작용 AB와 ABC를 블록과 교락시키려고 한다. 따라서 독립된 정의대비로 $I=AB$와 $I=ABC$이며 이에 대응하는 선형결합식으로 표현되는 정의대비는 다음과 같다.

$$ \begin{cases} L_1 = x_1 + x_2 = 0 \\ L_1 = x_1 + x_2 = 1 \end{cases} \quad : AB\text{가 블록과 교락} $$

$$ \begin{cases} L_2 = x_1 + x_2 + x_3 = 0 \\ L_2 = x_1 + x_2 + x_3 = 1 \end{cases} \quad : ABC\text{가 블록과 교락} $$

이 정의대비에 의한 처리들의 배치결과는 다음과 같다.

블록		1	2	3	4
L_1	=	0	0	1	1
L_2		0	1	0	1

이 경우 블록의 크기는 $2^{3-2}(=2^{k-s})=2$이고 주효과 C 역시 블록과 교락된다. 즉, 두 정의대비의 곱 $I=AB \cdot ABC = A^2B^2C = A^0B^0C = C$도 추가로 생성된 정의대비이다. $I=C$의 정의대비에 대한 선형결합식은 다음 식과 같은데, 이는 처음 택한 2종류의 독립된 정의대비의 관계로부터 알 수 있다. $(L_1 + L_2 = L_3)$

$$ \begin{cases} L_3 = x_3 = 0 \\ L_3 = x_3 = 1 \end{cases} \quad : \; C\text{가 블록과 교락} $$

예제 8.2

2^4-요인실험을 2^2-블록에 배치하는 실험설계를 구하고자 한다. 블록과 교락되는 요인으로는 교호작용 $ABCD$와 CD를 선택하기로 한다. 따라서 독립된 정의대비는 다음과 같은 2종류를 선택하게 되고 블록의 크기는 $2^{4-2}(2^{k-s})=4$이다.

$$\begin{cases} L_1 = x_1 + x_2 + x_3 + x_4 = 0 \\ L_1 = x_1 + x_2 + x_3 + x_4 = 1 \end{cases} \quad : ABCD\text{가 블록과 교락}$$

$$\begin{cases} L_2 = x_3 + x_4 = 0 \\ L_2 = x_3 + x_4 = 1 \end{cases} \quad : CD\text{가 블록과 교락}$$

따라서 처리들의 배치결과는 다음과 같다.

블록		1	2	3	4
L_1	=	0	0	1	1
L_2		0	1	0	1

한편 $ABCD$와 CD 이외에 다음과 같은 요인이 블록과 교락된다.

$$(ABCD)\times(CD) = ABC^0D^0 = AB$$

혹은

$$L_1 + L_2 = L_3 = x_1 + x_2$$

결국 두 종류의 독립요인(independent effect) $ABCD$ 및 CD, 그리고 이것들에 의하여 새롭게 생성된 요인 AB가 블록과 교락됨을 알 수 있다. 그러나 [예제 8.1]에 비하여 주효과가 블록효과와 교락되는 것을 피할 수 있어 해상도(resolution)가 높은 실험설계라 할 수 있다.

예제 8.3

2^5-요인실험을 블록의 크기 2^2(이 경우 블록의 개수는 $2^{5-2}=2^3$)에 배치하는 경우를 생각하자. 이를 위하여 다음과 같은 3개의 독립된 정의대비를 선택하였다고 하자.

$$\begin{cases} L_1 = x_1 + x_2 + x_3 = 0 \\ L_1 = x_1 + x_2 + x_3 = 1 \end{cases} \quad : ABC\text{가 블록과 교락}$$

$$\begin{cases} L_2 = x_2 + x_3 + x_4 = 0 \\ L_2 = x_2 + x_3 + x_4 = 1 \end{cases} \quad : BCD\text{가 블록과 교락}$$

$$\begin{cases} L_3 = x_3 + x_4 + x_5 = 0 \\ L_3 = x_3 + x_4 + x_5 = 1 \end{cases} \quad : CDE\text{가 블록과 교락}$$

블록		1	2	3	4	5	6	7	8
L_1		0	0	0	0	1	1	1	1
L_2	=	0	0	1	1	0	0	1	1
L_3		0	1	0	1	0	1	0	1

이 경우 위의 3종류의 교호작용 이외에 아래의 4종류($2^3-3-1=4$)의 교호작용 역시 블록과 교락되어 추정이 불가능하다. 그러나 가장 중요한 모든 주효과와 일부 교호작용은 추정이 가능한 실험설계이다. 만일 적절한 독립된 정의대비를 선택하여 주효과 및 저차교호작용(low-order interaction)의 추정이 더욱 더 용이해졌다면 해상도가 향상된 실험설계라 할 수 있다.

$L_1 + L_2$: AD가 블록과 교락

$L_1 + L_3$: $ABDE$가 블록과 교락

$L_2 + L_3$: BE가 블록과 교락

$L_1 + L_2 + L_3$: ADE가 블록과 교락

이상의 여러 예에서 알 수 있듯이 블록화를 위해 독립된 정의대비를 선택할 때 주의하여야 한다. 일반적으로 주효과 및 2요인 같은 저차 교호작용이 블록과 교락되는 것보다 고차교호작용(high-order interaction)이 블록과 교락되는 것이 바람직하다. 따라서 독립된 정의대비를 선택할 때 이것들로부터 새롭게 생성된 정의대비들까지 고려해서 신중히 선택하여야 한다.

8.1.4 부분교락

요인실험에서 처리들을 불완비블록에 배치하여 반복실험을 할 경우 반복실험마다 블록과 교락하는 요인을 적절히 선택하여 조정하면 모든 요인효과들에 대한 추정이 가능해진다. 이러한 교락방법을 부분교락(partial confounding)법이라 한다. 예를 들어 2^3-요인실험을 블록의 크기 $k=2^2=4$에 배치하는 실험을 2회 반복한 다음과 같은 경우를 생각해보자.

반복 1

블록1	블록2
0 0 0	1 0 0
1 1 0	0 1 0
1 0 1	0 0 1
0 1 1	1 1 1

$$\begin{cases} L_1 = x_1 + x_2 + x_3 = 0 \\ L_1 = x_1 + x_2 + x_3 = 1 \end{cases}$$

ABC가 블록과 교락됨

반복 2

블록1	블록2
0 0 0	1 0 0
0 0 1	0 1 0
1 1 0	1 0 1
1 1 1	0 1 1

$$\begin{cases} L_2 = x_1 + x_2 = 0 \\ L_2 = x_1 + x_2 = 1 \end{cases}$$

AB가 블록과 교락됨

이 경우 교호작용 ABC는 반복 2, 그리고 교호작용 AB는 반복 1의 추정결과로부터 추정 가능하고 나머지 요인효과들은 반복 1과 반복 2의 실험결과로부터 추정가능하다.

예제 8.4

화학실험에서 생성된 어떤 물질의 양이 촉매(요인 A)와 농도(요인 B)에 의하여 영향을 받는다고 한다. 이 두 요인의 효과를 분석하기 위해 각각의 요인을 2수준으로 하여 실험하려고 한다. 그런데 여건상 한 번에 2종류의 처리만 실험 가능하고 한 번 실험하는 데 4~5시간이 소요되는 관계로 오전, 오후로 나누어 3일 동안 반복실험을 하였다. 오전과 오후 실험은 실험결과에 미치는 영향이 서로 다르다고 한다. 그 실험결과는 다음과 같다.

첫째 날(R_1) 오전	첫째 날(R_1) 오후	둘째 날(R_2) 오전	둘째 날(R_2) 오후	셋째 날(R_3) 오전	셋째 날(R_3) 오후
ab(34.5)	(1)(28.1)	b(31.1)	ab(34.8)	(1)(27.7)	b(31.8)
b(29.6)	a(32.2)	(1)(30.4)	a(32.9)	ab(35.2)	a(30.5)

$\begin{cases} L_1 = x_2 = 0 \\ L_1 = x_2 = 1 \end{cases}$ B가 블록과 교락

$\begin{cases} L_2 = x_1 = 0 \\ L_2 = x_1 = 1 \end{cases}$ A가 블록과 교락

$\begin{cases} L_3 = x_1 + x_2 = 0 \\ L_3 = x_1 + x_2 = 1 \end{cases}$ AB가 블록과 교락

위의 실험배치 과정을 살펴보자. 먼저, 첫날에는 $I-B$이 정의대비를 사용하여 4개의 처리를 2개의 블록(오전, 오후)으로 배치하였다. 즉, 오전에는 요인 A와 요인 B의 수준이 (1 1) (0 1)인 실험을 실시하였으며, 오후에는 (0 0) (1 0)인 실험을 실시하였다. 그리고 둘째 날에는 $I=A$의 정의대비를 사용하여, 오전에는 (0 1) (0 0), 오후에는 (1 1) (1 0)인 실험을 실시하였다. 끝으로 셋째 날에는 정의대비 $I=AB$를 사용하여, 오전에는 (0 0) (1 1), 오후에는 (0 1) (1 0)인 실험을 실시한 것이다. 위 실험결과를 이용한 주효과 A, B와 교호작용 AB에 대한 대비는 다음과 같다.

주효과 A

R_1, R_3의 결과로부터

$$대비_A = -(1) + a - b + ab = -55.8 + 62.7 - 61.4 + 69.7 = 15.2$$

$$주효과\ A = \frac{대비_A}{n \times 2^{k-1}} = \frac{15.2}{2 \times 2} = \frac{7.6}{2}$$

$$SS_A = \frac{(대비)^2}{n \times 2^k} = \frac{15.2^2}{2 \times 4} = 28.88$$

주효과 B

R_2, R_3의 결과로부터

$$대비_B = -(1) - a + b + ab = -58.1 - 63.4 + 62.9 + 70 = 11.4$$

$$주효과\ B = \frac{11.4}{2 \times 2} = \frac{5.7}{2}$$

$$SS_B = \frac{(11.4)^2}{2 \times 4} = 16.24$$

교호작용 AB

R_1, R_2의 결과로부터

$$대비_{AB} = (1) - a - b + ab = 58.5 - 65.1 - 60.7 + 69.3 = 2.0$$

$$교호작용\ AB = \frac{2.0}{2 \times 2} = \frac{1}{2}$$

$$SS_{AB} = \frac{(2.0)^2}{2 \times 4} = 0.5$$

아울러, 분산분석표를 구하기 위한 제곱합은 다음과 같다.

$$CF = \frac{(34.5 + \cdots + 30.5)^2}{12} = 11957.45$$

$$SST = \{34.5^2 + \cdots + 30.5^2\} - CF = 68.05$$

$$SS_{반복} = \frac{\{124.4^2 + 129.2^2 + 125.2^2\}}{4} - CF = 3.31$$

$$SS_{Block(반복)} = \frac{1}{2}(64.1^2 + 60.3^2) - \frac{124.4^2}{4} + \frac{1}{2}(61.5^2 + 67.7^2) - \frac{129.2^2}{4} + \frac{1}{2}(62.9^2 + 62.3^2) - \frac{125.2^2}{4} = 13.31$$

표 8.1-2 부분교락 경우 분산분석표

변 인	자유도	제곱합	비 고
반복	2	3.31	
블록(날짜)	3	13.31	
촉매(A)	1	28.88	반복 1, 3으로부터
농도(B)	1	16.24	반복 2, 3으로부터
AB	1	0.50	반복 1, 2로부터
오차	3	5.81	
전체	11		

이 예에 대한 SAS 분석 결과는 다음과 같다.

```
DATA ex8_4;
   INPUT rep block a b y@@;
CARDS;
 1 1 1 1 34.5    2 1 0 1 31.1    3 1 0 0 27.7
 1 1 0 1 29.6    2 1 0 0 30.4    3 1 1 1 35.2
 1 2 0 0 28.1    2 2 1 1 34.8    3 2 0 1 31.8
 1 2 1 0 32.2    2 2 1 0 32.9    3 2 1 0 30.5
;
PROC GLM DATA=ex8_4;
   CLASS rep block a b;
   MODEL y=rep block(rep) a|b;
RUN;
```

```
Dependent Variable: Y

Source              DF    Sum of Squares    Mean Square    F Value    Pr > F
Model                8       62.24166667     7.78020833      4.02     0.1399
Error                3        5.80500000     1.93500000
Corrected Total     11       68.04666667

                R-Square            C.V.         Root MSE            Y Mean
                0.914691        4.406682       1.39104277       31.56666667

Source              DF         Type I SS    Mean Square   F Value     Pr > F
REP                  2        3.30666667     1.65333333    0.85       0.5085
BLOCK(REP)           3       13.31000000     4.43666667    2.29       0.2566
A                    1       28.88000000    28.88000000   14.93       0.0307
B                    1       16.24500000    16.24500000    8.40       0.0626
A*B                  1        0.50000000     0.50000000    0.26       0.6462
```

위의 SAS 프로그램은 10장에서 설명하는 지분설계와 유사하게 작성한다. 왜냐하면 오전과 오후 블록요인(BLOCK)이 실험 반복 날짜(REP)의 하위계층적(hierarchical) 의미로 각 반복마다 연속되는 오전 오후가 질적으로 서로 다른 개념으로 취급되어 있다. 만일 각 반복마다 연속되는 오전 오후가 동일한 질적 개념이라면 MODEL y=rep block a|b;로 표현하여야 하며 분산분석에서 BLOCK의 자유도는 1이 될 것이다. Type I SS를 중심으로 결과를 살펴보자.

분석결과 날짜별 생산량의 차이는 유의하지 않다. 또한, 날짜별 오전과 오후의 블록 효과도 유의하지 않다(실험 반복 날짜에 대한 p-값은 0.5085이며, 오전과 오후 블록에 의한 p-값은 0.2566). 반면, 요인 A의 F-통계량은 14.93로 이에 대응되는 p-값은 0.0307이므로 요인 A의 생산량 차이가 유의하다.

8.2 부분실시법

2^5-요인실험의 경우 1회 반복실험을 하였다고 하면 32개의 처리조합이 실험되었다는 뜻이다. 이 경우 주효과를 비롯한 모든 교호작용을 구하고자 하면 실험오차는 실험횟수의 부족으로 추정이 불가능하다. 그러나 주효과 A입장에서 생각할 때 A의 저수준과 고수준이 각각 16회씩 실험된 결과이고 이것은 결코 작은 실험횟수가 아님을 알 수 있다. 따라서 주효과 A의 경우 32개의 처리중 만일 1/2(처리수의 반)만 실시하였다 하더라도 주효과 A를 추정하는데 충분한 정보를 가지고 있다고 볼 수 있다. 이처럼 총 처리수의 일부만을 선택하여 실험한 후 필요한 일부의 요인효과를 선택적으로 추정하는 방법을 생각할 수 있는데 이를 부분실시법(fractional replication)이라 한다.

8.2.1 2^3-요인실험의 경우

2^3-요인실험의 경우 요인효과를 구하는 과정을 살펴보기로 하자. 요인효과

를 손으로 쉽고 빠르게 계산할 수 있는 방법으로 에이츠방법 (Yates' method)이 유용하다. 최근 개인 컴퓨터와 통계전문 패키지의 보급으로 그 의미를 상실했지만 과거에는 널리 애용되었던 알고리즘이다. 물론 직교배열표라 불리는 계수표를 이용하여 각 주효과 및 교호작용을 계산할 수 있다. 그러나 요인 수가 많고 컴퓨터를 이용할 수 없을 경우 이 에이츠계산법을 이용하면 효율적이라 할 수 있다. 세 요인 A, B, C 에 대한 2^3-요인실험의 실험결과를 예로 들어보자.

표 8.2-1 실험결과

처 리	실험결과
0 0 0	60
0 0 1	72
0 1 0	54
0 1 1	68
1 0 0	52
1 0 1	83
1 1 0	45
1 1 1	80

이 실험결과로 에이츠방법을 이용하여 각 요인효과를 계산하는 절차를 실펴보자. 이 방법은 열의 계산을 통하여 각 요인의 효과를 얻을 수 있게 해준다.

표 8.2-2 2^3-요인실험의 경우 에이츠의 계산결과

처리			측정	(1)	(2)	(3)	제수	요인효과	요인
0	0	0	60	132	254	514	8	64.25	평균
0	0	1	72	122	260	92	4	23	C
0	1	0	54	135	26	-20	4	-5	B
0	1	1	68	125	66	6	4	1.5	BC
1	0	0	52	12	-10	6	4	1.5	A
1	0	1	83	14	-10	140	4	10	AC
1	1	0	45	31	2	0	4	0	AB
1	1	1	80	35	4	2	4	0.5	ABC

계산 절차

1. 각 처리를 사전식배열(lexicographical order)에 의하여 내려 쓰고 각 처리에 대응하는 측정값을 쓴다.
2. 열 (1)의 상반부는 처리별 측정값을 위에서부터 두 행을 합하여 쓰고 하반부는 아래 행에서 윗 행을 뺀 결과를 쓴다.
3. 열 (1)의 계산방법을 열 (2)와 열 (3)까지 계속 진행하되 측정값의 전체 합(여기서는 514)이 맨 상단에 나타날 때까지 진행한다.
4. 이렇게 계산한 열 (3)을 보면, 첫째 숫자 514는 처리별 합계가 되고, 나머지 숫자들은 해당 처리별 기호가 나타내는 교호작용들에 대한 대비값을 나타낸다. 예를 들어 92는 처리 조합이 (0 0 1)이므로 주효과 C에 대한 대비값 즉, $대비_C = 92$가 된다.
5. 마지막으로 열 (3)의 값을 적당한 제수로 나누면 각 요인효과를 얻을 수 있음을 알 수 있다. 물론 반복이 없는 경우이므로 실험오차에 대한 추정은 불가능하게 된다. 이 경우 3요인 이상의 교호작용을 무시할 수 있으면, $SS_{ABC} = 2^2/8 = 1/2$이 되는데 이것을 실험오차의 추정값으로 취급할 수 있다.

한편 2^3-요인실험의 경우 각 요인의 효과를 계산하기 위한 계수표는 다음과 같다.

표 8.2-3 2^3-요인실험에서 각 요인효과를 계산하기 위한 계수표

처리조합	요인								실험 결과
	M(평균)	A	B	C	AB	AC	BC	ABC	
(0 0 0)	+	-	-	-	+	+	+	-	60
(0 0 1)	+	-	-	+	+	-	-	+	72
(0 1 0)	+	-	+	-	-	+	-	+	54
(0 1 1)	+	-	+	+	-	-	+	-	68
(1 0 0)	+	+	-	-	-	-	+	+	52
(1 0 1)	+	+	-	+	-	+	-	-	83
(1 1 0)	+	+	+	-	+	-	-	-	45
(1 1 1)	+	+	+	+	+	+	+	+	80

8.2.2 부분실시

앞의 2^3-요인실험의 경우 ABC가 +, 즉 $I=+ABC$ 인 일부 처리 조합만을 골라 부분실험하였다고 하면 [표 8.2-4]와 같은 처리조합과 계수표를 얻는다.

따라서 주효과 A와 교호작용 BC, 주효과 B와 교호작용 AC, 그리고 주효과 C와 교호작용 AB가 서로 교락되어 있고 교호작용 ABC의 경우는 추정 불가능임을 알 수 있다.

$$A+BC=\frac{1}{2}(-72-54+52+80)=3$$
$$B+AC=\frac{1}{2}(-72+54-52+80)=5$$
$$C+AB=\frac{1}{2}(72-54-52+80)=23$$

표 8.2-4 2^3-요인실험에서 $I=+ABC$ 인 경우

처리조합	요 인								실험
	M(평균)	A	B	C	AB	AC	BC	ABC	결과
(0 0 1)	+	-	-	+	+	-	-	+	72
(0 1 0)	+	-	+	-	-	+	-	+	54
(1 0 0)	+	+	-	-	-	-	+	+	52
(1 1 1)	+	+	+	+	+	+	+	+	80

표 8.2-5 2^3-요인실험과 2^3-요인실험에 대한 1/2 실시법

2^3-요인실험 결과	2^3-요인실험에 대한 $\frac{1}{2}$ 실시 결과
$M=64.25$	
$A=1.5$	$A+BC=3$
$B=-5.0$	$B+AC=5$
$C=23.0$	$C+AB=23$
$AB=0.0$	$I=ABC$: 추정불능
$AC=10.0$	
$BC=1.5$	
$ABC=0.5$	

이와 같은 2^3-요인실험의 $\frac{1}{2}$ 실시를 $\left(\frac{1}{2}\right)2^3$-요인실험 혹은 2^{3-1}-요인실험이라고 한다. 이것은 2^3-요인실험에서 2^3개의 처리조합 중 2^{3-1}개만을 선택하여 실험한 방법을 의미하고 이것을 부분실시(fractional replication)라 한다. 부분실시를 하였기에 [표 8.2-5]의 정의대비가 $I=ABC$로 주효과들이 교호작용과 서로 교락되어 있음을 볼 수 있다.

정리 8.2.-1 별명(alias)과 교락(confounding)

정의대비가 $I=ABC$ 일 때, $A=BC$, $B=AC$, $C=AB$ 등의 관계가 나타난다. 이때, 주효과 A,B,C 는 각각 요인 BC, AC, AB와 별명(alias)관계 혹은 교락(confounding) 되었다고 한다.

다음으로 2^5-요인실험에 대한 $\frac{1}{4}$실시, 즉 2^{5-2}-요인실험을 생각해보자. 이 경우 $ABCDE$와 CDE가 +인 처리들을 골라 실험하면 결과는 다음과 같다.

표 8.2-6 $I=ABCDE=CDE$ 인 2^{5-2}-요인실험

처리	요인				
	A	B	C	D	E
	$(=B$ $=BCDE$ $=ACDE)$	$(=A$ $=ACDE$ $=BCDE)$	$(=DE$ $=ABC$ $=ABDE)$	$(=CE$ $=ABD$ $=ABCE)$	$(=CD$ $=ABE$ $=ABCD)$
0 0 0 0 0	-	-	-	-	+
0 0 0 1 0	-	-	-	+	-
0 0 1 0 0	-	-	+	-	-
0 0 1 1 1	-	-	+	+	+
1 1 0 0 1	+	+	-	-	+
1 1 0 1 0	+	+	-	+	-
1 1 1 0 0	+	+	+	-	-
1 1 1 1 1	+	+	+	+	+

위 실험은 2^5-요인실험을 우선 $I=+ABCDE$ 라는 정의대비로 $\frac{1}{2}$실시한 후에 다시 $I=+CDE$라는 정의대비로 $\frac{1}{2}$실시한 것이다. $(ABCDE)\times(CDE)=AB$이

므로 요인 AB 역시 추가로 정의대비가 된다는 사실에 유의하여야 한다.

$$I = ABCDE = CDE = AB \tag{8.2-1}$$

혹은

$$\begin{aligned} L_1 &= x_1 + x_2 + x_3 + x_4 + x_5 = 0,1 \\ L_2 &= x_3 + x_4 + x_5 \qquad\quad\; = 0,1 \\ L_3 &= x_1 + x_2 \qquad\qquad\quad\;\; = 0,1 \end{aligned} \tag{8.2-2}$$

이때 AB는 두 종류의 독립된 정의대비에 의하여 추가로 생겨난 정의대비임을 알 수 있다.

2^{3-1}-요인실험의 경우 정의대비로 $+ABC$를 선택하여 $\frac{1}{2}$ 실시를 하였고 2^{5-2}-요인실험의 경우 정의대비 중 +부분만으로 $+ABCDE$와 $+CDE$를 선택하여 $\frac{1}{4}$ 실시를 하였으므로 이러한 부분실시를 주부분실시(principle fraction)라 한다. 다음으로 각 요인끼리의 별명관계를 알아보자. 이를 위하여 다음과 같은 정의대비를 생각한다.

$$I = ABCDE = CDE = AB \tag{8.2-3}$$

혹은

$$L = x_1 + x_2 + x_3 + x_4 + x_5 = x_3 + x_4 + x_5 = x_1 + x_2 \tag{8.2-4}$$

우선 주효과 A와 별명관계인 요인들을 알아보자. 식 (8.2-3)을 이용할 경우는 양변에 A를 곱하여(이때 $I=1$, 지수는 mod=2) 다음과 같은 별명관계를 얻을 수 있다.

$$A = BCDE = ACDE = B$$

다른 방법으로 선형식(L)을 이용하는 경우는 주효과 A에 해당하는 x_1을 양변에 더한다. 그 결과로 $x_1 = x_2 + x_3 + x_4 + x_5 = x_1 + x_3 + x_4 + x_5 = x_2$를 얻는다. 이것은 위의 별명관계와 같은 결과임을 확인할 수 있다. 그러나 $I = ABCDE = CDE = AB$의 정의대비를 이용하는 것이 편리하여 자주 이용된다. 이 방법을 이용하여 2^{5-2}-요인실험의 경우 별명관계를 정리하면 다음과 같다.

$$A = BCDE = ACDE = B$$
$$B = ACDE = BCDE = A$$
$$C = ABDE = DE = ABC$$
$$D = ABCE = CE = ABD$$
$$E = ABCD = CD = ABE$$

그러나 위의 경우는 주효과끼리 서로 별명관계에 있기 때문에 좋은 선택 방법이 아니다. 이는 정의대비를 잘못 선정한 결과이므로 다음과 같은 새로운 정의대비를 생각해보자.

$$I = ABD = ACE = BCDE \qquad (8.2\text{-}5)$$

이 결과로부터 다음과 같은 별명관계를 얻는다.

$$A = BD = CE = ABCDE$$
$$B = AD = ABCE = CDE$$
$$C = ABCD = AE = BDE$$
$$D = AB = ACDE = BCE$$
$$E = ABDE = AC = BCD$$

이것은 앞의 경우에 비하여 주효과끼리의 별명관계가 없는 것으로, 앞의 경우와 비교하여 해상도가 높은 실험설계라 할 수 있다. 그 이유는 8.2.4절의 해상도에서 자세히 논의하기로 하자.

8.2.3 (0, 1) 직교배열표를 이용한 부분실시

요인실험에서 처리조합을 표시할 때 요인의 수준을 숫자(0 혹은 1)로 표시하는 경우가 흔하다. 예를 들면 2^2-요인실험의 경우 4종류의 처리를 (0, 0) (0, 1) (1, 0) (1, 1)로 표시한다. 이것을 일반적으로 다음과 같이 나타낸다.

$$(i, j), \quad i = 0, 1, \ j = 0, 1 \qquad (8.2\text{-}6)$$

또, $i+j=h(\text{mod}=2)$와 같은 연산법을 이용하면 각 요인효과를 계산하는 데 필요한 대비를 구할 수 있는 직교배열표(orthogonal array)를 얻을 수 있다.

표 8.2-7 2^2-형 직교배열표

처리	A	B	AB
	i	j	$i+j$
0 0	0	0	0
0 1	0	1	1
1 0	1	0	1
1 1	1	1	0

이때 주효과 A에 대한 대비$_A$는 첫째 열인 i열을 이용하여 1에 대응하는 측정값에서 0에 대응하는 측정값을 빼면 된다. 주효과 B는 둘째 열인 j열을, 마지막으로 교호작용 AB는 셋째 열인 $(i+j)$열을 이용하면 된다.

다음으로 2^3-형 직교배열표는 다음 표와 같다.

표 8.2-8 2^3-형 직교배열표

처리	A	B	C	AB	AC	BC	ABC
	i	j	k	$i+j$	$i+k$	$j+k$	$i+j+k$
0 0 0	0	0	0	0	0	0	0
0 0 1	0	0	1	0	1	1	1
0 1 0	0	1	0	1	0	1	1
0 1 1	0	1	1	1	1	0	0
1 0 0	1	0	0	1	1	0	1
1 0 1	1	0	1	1	0	1	0
1 1 0	1	1	0	0	1	1	0
1 1 1	1	1	1	0	0	0	1

일반적으로 2^n-요인실험에 대한 2^n-형 직교배열표 역시 이러한 방법으로 얻을 수 있다. 이제, 2^{4-1}-요인실험을 2^3형 직교배열표를 이용하여 구성하는

방법에 대하여 알아보자. 먼저 정의대비를 설정한다. 정의대비 $I=ABCD$를 설정하였다고 하자. 그러면 주효과 D는 교호작용 ABC와 별명관계에 있음을 알 수 있다. 이때 $D=ABC$를 설계생성인자(design generator)라 한다. 다음과 같은 방법으로 2^{4-1}-요인실험을 구성한다.

표 8.2-9 2^3-형 직교배열을 이용한 2^{4-1}-요인실험의 구성

2^3-요인실험의 처리조합			$D=ABC$	2^{4-1}-요인실험의 처리조합
i	j	k	$i+j+k$ (mod=2)	
0	0	0	0	0 0 0 0
0	0	1	1	0 0 1 1
0	1	0	1	0 1 0 1
0	1	1	0	0 1 1 0
1	0	0	1	1 0 0 1
1	0	1	0	1 0 1 0
1	1	0	0	1 1 0 0
1	1	1	1	1 1 1 1

또 다른 예로 2^5-요인실험에 대한 $\frac{1}{4}$실시인 2^{5-2}-요인실험의 경우 두 개의 독립된 정의대비 $+ABCD$와 $+ACE$가 선택되었다고 하자.

$$I=ABCD=ACE=BDE \tag{8.2-7}$$

위의 관계식으로부터 설계생성인자 $D=ABC$, $E=AC$를 얻는다. 이 결과를 이용하면 2^3-형의 직교배열표를 이용하여 2^{5-2}-요인실험을 구성할 수 있다.

일반적으로 2^k-요인실험의 $\left(\frac{1}{2}\right)^p$실시인 2^{k-p}-요인실험의 경우 p개의 독립된 정의대비를 선택하여 p개의 설계생성인자를 찾아 2^{k-p}-형 직교배열을 이용하여 2^{k-p}-요인실험설계를 구성할 수 있다.

표 8.2-10 2^{5-2}-요인실험의 구성

2^3-요인실험의 처리조합			D	E	2^{4-1}-요인실험의 처리조합				
i	j	k	$l=i+j+k$	$i+k$					
0	0	0	0	0	0	0	0	0	0
0	0	1	1	1	0	0	1	1	1
0	1	0	1	0	0	1	0	1	0
0	1	1	0	1	0	1	1	0	1
1	0	0	1	1	1	0	0	1	1
1	0	1	0	0	1	0	1	0	0
1	1	0	0	1	1	1	0	0	1
1	1	1	1	0	1	1	1	1	0

8.2.4 해상도(resolution)

2^{n-k}요인실험에서 해상도$=R$이라 함은 $(R-t)$차 이상의 교호작용이 모두 0이라 가정하면 $t<\frac{R}{2}$차 요인효과까지의 모든 요인효과들의 추정이 가능할 때를 말한다(단, t는 자연수). 보통 부분실시에 대한 해상도를 $R=3, 4, 5$로 구분하여 설명하고 있다. 한편, 앞에서 언급한 2^{5-2}의 실험을 2_{III}^{5-2}과 같이 표기하기도 하는데, 아래첨자(III)는 해상도를 의미한다.

실제로 많이 사용되고 있는 $R=3, 4, 5$인 경우 해상도를 결정짓는 요인끼리의 교락, 즉 별명관계를 살펴보자.

(1) 해상도 III ($R=3$)

$R=3$이면 $t<\frac{R}{2}$인 자연수는 $t=1$이다. 따라서 $(R-t)=2$이므로 2차 교호작용 이상을 무시하면 모든 주효과가 독립적으로 구해진다.

1. 주효과끼리는 서로 별명관계에 있지 않으며, 주효과는 2차 교호작용과, 2차 교호작용 일부는 서로 자기들끼리 별명관계에 있다.
2. 2차 교호작용 이상을 무시하면 모든 주효과를 구할 수 있다.

예제 8.5 부표 10-(a)

2_{III}^{3-1}-요인실험, $I=ABC$

별명관계는 다음과 같다.

$$A=BC \quad B=AC \quad C=AB$$

예제 8.6 부표 10-(c)

2_{III}^{5-2}-요인실험, $I=ABD=ACE=BCDE$

별명관계는 다음과 같다.

$$A=BD=CE \qquad B=AD=CDE$$
$$C=AE=BDE \qquad D=AB=BCE$$
$$E=AC=BCD \qquad BC=DE=ACD=ABE$$
$$CD=BE=ABC=ADE$$

예제 8.7 부표 10-(e)

2_{III}^{6-3}-요인실험,

$I=ABD=ACE=BCDE=BCF=ACDF=ABEF=DEF$

별명관계는 다음과 같다.

$$A=BD=CE=CDF=BEF$$
$$B=AD=CF=CDE=AEF$$
$$C=AE=BF=BDE=ADF$$
$$D=AB=EF=BCE=ACF$$
$$E=AC=DF=BCD=ABF$$
$$F=BC=DE=ACD=ABE$$
$$CD=BE=AF=ABC=ADE=BDF=CEF$$

(2) 해상도 IV($R=4$)

이 경우는 짝수 결정지표로서 R이 홀수인 경우와 다소 다른 특징이 있다. $R=4$인 경우 $t<\frac{R}{2}$로부터 $t=1$이고 $(R-t)=3$이 되어 3요인 이상의 교호작용을 무시하면 모든 주효과가 독립적으로 구해진다. 2요인 교호작용의 경우는 명쾌하게 정리되지 못하는 특징이 있다. 2요인 교호작용을 살펴보면 주효과와 별명관계에 있지 않으며, 2요인 교호작용끼리 서로 별명관계에 있다.

1. 주효과는 3요인 교호작용과 별명관계에 있고 주효과 및 2요인 교호작용과는 별명관계에 있지 않다.
2. 3요인 이상 교호작용을 무시하면 주효과를 독립적으로 구할 수 있으며 2요인 교호작용의 일부를 무시하면 나머지 일부를 구할 수 있다.

예제 8.8 부표 10-(b)

2_{IV}^{4-1}-요인실험, $I=ABCD$

별명관계는 다음과 같다.

$A=BCD \quad AB=CD$

$B=ACD \quad AC=BD$

$C=ABD \quad AD=BC$

$D=ABC$

예제 8.9 부표 10-(f)

2_{IV}^{6-2}-요인실험, $I=ABCE=BCDF=ADEF$

별명관계는 다음과 같다.

$A=BCE=DEF \quad AB=CE$

$B=ACE=CDF \quad AC=BE$

$C=ABE=BDF \quad AD=EF$

$D = BCF = AEF \qquad AE = BC = DF$

$E = ABC = ADF \qquad AF = DE$

$F = BCD = ADE \qquad BD = CF$

$\qquad\qquad\qquad\qquad BF = CD$

$ABD = CDE = ACF = BEF$

$ACD = BDE = ABF = CEF$

(3) 해상도 V($R=5$)

$R=5$이면 $t<\dfrac{R}{2}$에서 $t=2$이고 $(R-t)=3$이므로 3요인 이상의 교호작용을 무시하면 주효과 및 2요인 교호작용을 구할 수 있다.

1. 주효과 및 2요인 교호작용은 3요인 이상의 교호작용과 별명관계에 있으며 주효과 및 2요인 교호작용과는 별명관계에 있지 않다.
2. 3요인 이상 교호작용을 무시하면 주효과 그리고 2요인 교호작용을 구할 수 있다.

예제 8.10 부표 10-(d)

2_{V}^{5-1}-요인실험, $I = ABCDE$

별명관계는 다음과 같다.

$AB = CDE \qquad BD = ACE \qquad A = BCDE$

$AC = BDE \qquad BE = ACD \qquad B = ACDE$

$AD = BCE \qquad CD = ABE \qquad C = ABDE$

$AE = BCD \qquad CE = ABD \qquad D = ABCE$

$BC = ADE \qquad DE = ABC \qquad E = ABCD$

예제 8.11 부표 10-(n)

2_{IV}^{8-2}-요인실험, $I=ABCDG=ABEFH=CDEFGH$

별명관계는 다음과 같다.

$$AB=CDG=EFH$$
$$AC=BDG$$
$$AD=BCG$$
$$AE=BFH$$
$$\vdots$$

8.3 부분실시법의 응용

8.3.1 접어 넘기기(fold-over) 설계

$R=3$인 부분실시법의 경우 처음 선택된 부분실시의 부호를 전부 바꾸어(접어넘기기) 제 2 부분실시를 실시한 후 두 결과를 결합하면 주효과와 교호작용 간의 별명관계가 제거되어 주효과를 구할 수 있다. 2^3-요인실험의 $\left(\frac{1}{2}\right)$실시인 2_{III}^{3-1}-요인실험을 생각해보자. 이때 정의대비를 $I=ABC$라 하자. 그러면 $x_1+x_2+x_3=0, 1$로부터 다음과 같은 두 부분으로 분류할 수 있다.

$x_1+x_2+x_3=0$	$x_1+x_2+x_3=1$
1 1 0	1 0 0
1 0 1	0 1 0
0 1 1	0 0 1
0 0 0	1 1 1
$I=-ABC$	$I=+ABC$

이때 $I=+ABC$ 부분을 주부분실시라 한다. 이것을 직교배열표로 정리하면 다음과 같다.

표 8.3-1 $I=+ABC$인 부분실시

처 리	요 인							실험 결과	
	A	B	C	AB	AC	BC	ABC		
1 0 0	+	-	-	-	-	+	+	a	
0 1 0	-	+	-	-	+	-	+	b	$x_1+x_2+x_3=1$
0 0 1	-	-	+	+	-	-	+	c	$I=+ABC$
1 1 1	+	+	+	+	+	+	+	abc	

이처럼 $I=+ABC$를 사용하였을 경우는 $A=BC$, $B=AC$, $C=AB$인 별명관계에 있음을 알 수 있다. 따라서 주효과의 대비를 이용한 추정값은 주효과와 교호작용이 교락되어 다음과 같은 추정값을 얻을 수 있을 뿐이다.

$$l_A \rightarrow A+BC=\frac{1}{2n}\{a-b-c+abc\} \tag{8.3-1}$$

$$l_B \rightarrow B+AC=\frac{1}{2n}\{-a+b-c+abc\} \tag{8.3-2}$$

$$l_C \rightarrow C+AB=\frac{1}{2n}\{-a-b+c+abc\} \tag{8.3-3}$$

이 문제를 해결하기 위하여 접어넘기기설계를 추가로 실시한다. 즉 $I=+ABC$ 부분실시법의 부호를 전부 반대로 바꾸어 다음과 같은 직교배열표를 얻는다.

표 8.3-2 $I=+ABC$의 접어넘기기(fold-over)

처리	요인							실험 결과	
	A	B	C	AB	AC	BC	ABC		
0 1 1	-	+	+	-	-	+	-	bc	
1 0 1	+	-	+	-	+	-	-	ac	$x_1+x_2+x_3=0$
1 1 0	+	+	-	+	-	-	-	ab	$I=-ABC$
0 0 0	-	-	-	+	+	+	-	(1)	

$I=+ABC$를 이용한 부분의 처리와 $I=-ABC$를 이용한 부분의 처리를 비교해보자. 여기에서 $I=-ABC$인 경우는 $I=+ABC$인 경우의 각 행의 부호를 바꾸어놓은 결과와 같다. 예를 들면 (+ − −) → (− + +), (− + −) → (+ − +), (− − +) → (+ + −), (+ + +) → (− − −)와 같이 바뀌었다. 이처럼 모든 부호를 뒤집어 새로 구성된 설계를 접어넘기기설계(fold-over design)라 한다.

표 8.3-3 $I=+ABC$와 $I=-ABC$의 결합

i	$\frac{1}{2}(l_i+l_i')$	$\frac{1}{2}(l_i-l_i')$
A	A	BC
B	B	AC
C	C	AB

$I=-ABC$를 사용하여 $A=-BC$, $B=-AC$, $C=-AB$인 별명관계를 파악할 수 있으므로 주효과에 대한 대비들을 이용한 추정은 다음과 같은 교락된 추정값을 얻게 된다.

$$l'_A \rightarrow A-BC=\frac{1}{2n}\{ab+ac-bc-(1)\} \tag{8.3-4}$$

$$l'_B \rightarrow B-AC=\frac{1}{2n}\{ab-ac+bc-(1)\} \tag{8.3-5}$$

$$l'_C \rightarrow C-AB=\frac{1}{2n}\{-ab+ac+bc-(1)\} \tag{8.3-6}$$

따라서 이 두 설계를 결합하면 모든 주효과와 교호작용을 전부 구할 수 있다.

그런데 [표 8.3-2]에서 예를 들어 요인 A에 해당되는 열벡터만을 접어 넘겨 (−++−) → (+−−+)로 하여 실험을 실시하였을 경우,

$l_A' \rightarrow A-BC=\frac{1}{2n}\{ab+ac-bc-(1)\}$을 얻게 되어 $\frac{1}{2}(l_A+l_A')$과 $\frac{1}{2}(l_A-l_A')$을 이용하여 주효과 A와 교호작용 BC를 구할 수 있다. 이처럼 한 요인에 대한 접어넘기기설계를 1요인 접어넘기기설계(single-factor fold-over design)라 한다.

예제 8.12

2_{III}^{7-4}-요인실험에서 4종류의 독립된 정의대비 $I=+ABD$, $I=+ACE$, $I=+BCF$, $I=+ABCG$를 선택하였을 경우를 생각해보자. 이 정의대비로부터 $D=AB$, $E=AC$, $F=BC$, $G=ABC$의 설계생성인자를 얻을 수 있다. 이것으로부터 2^3-요인실험을 이용하여 2_{III}^{7-4}-요인실험을 구성한 후 이에 대한 실험의 결과를 다음과 같이 얻었다고 하자.

표 8.3-4 2_{III}^{7-4}-요인실험 ($I=ABD=ACE=BCF=ABCG$)

A	B	C	$D=AB$	$E=AC$	$F=BC$	$G=ABC$	실험결과
-	-	-	+	+	+	-	69
-	-	+	+	-	-	+	52
-	+	-	-	+	-	+	60
-	+	+	-	-	+	-	83
+	-	-	-	-	+	+	71
+	-	+	-	+	-	-	50
+	+	-	+	-	-	-	59
+	+	+	+	+	+	+	88

한편 위의 독립된 정의대비로부터 다음과 같은 별명관계를 얻는다. 단 3차 이상의 교호작용은 무시하기로 한다.

$$A=BD=CE=FG$$

$$B=AD=CF=EG$$

$$C=AE=BF=DG$$

$$D=AB=EF=CG$$

$$E=AC=DF=BG$$

$$F=BC=DE=AG$$

$$G=CD=BE=AF$$

그리고 다음과 같은 대비에 대한 추정결과를 얻는다.

$$l_A \rightarrow A+BD+CE+FG=1.0$$

$l_B \rightarrow B + AD + CF + EG = 12.0$

$l_C \rightarrow C + AE + BF + DG = 3.5$

$l_D \rightarrow D + AB + CG + EF = 1.0$

$l_E \rightarrow E + AC + BG + DF = 0.5$

$l_F \rightarrow F + BC + AG + DE = 22.5$

$l_G \rightarrow G + CD + BE + AF = 2.5$

다음으로 접어넘기기를 이용하여 2_{III}^{7-4}-요인실험을 구성하여 보자. 이때 정의대비는 $I = -ABD = -ACE = -BCF = +ABCG$이다. 여기서 정의대비 $ABCG$는 $+$임을 주의하여야 한다. 그 이유는 [표 8.3-5]의 접어넘기기 결과를 보면 이해할 수 있다. 따라서 이 정의대비로부터 $D = -AB$, $E = -AC$, $F = -BC$, $G = ABC$임을 알 수 있다. 이제 실험설계가 구성되고 각 처리조합에 대한 실험의 결과를 아래와 같이 얻었다고 하자.

표 8.3-5 2_{III}^{7-4}-요인실험($I = -ABD = -ACE = -BCF = ABCG$)

A	B	C	$D = -AB$	$E = -AC$	$F = -BC$	$G = ABC$	실험결과
+	+	+	-	-	-	+	60
+	+	-	-	+	+	-	87
+	-	+	+	-	+	-	78
+	-	-	+	+	-	+	53
-	+	+	+	+	-	-	62
-	+	-	+	-	+	+	84
-	-	+	-	+	+	+	74
-	-	-	-	-	-	-	47

이 경우 역시 각 대비에 대하여 다음과 같은 추정결과를 얻는다.

$l'_A \rightarrow A - BD - CE - FG = 2.75$

$l'_B \rightarrow B - AD - CF - EG = 10.25$

$l'_C \rightarrow C - AE - BF - DG = 0.75$

$l'_D \rightarrow D - AB - CG - EF = 2.25$

$l'_E \rightarrow E - AC - BG - DF = 1.75$

$$l'_F \rightarrow F - BC - AG - DE = 25.25$$
$$l'_G \rightarrow G - CD - BE - AF = -0.75$$

이 두 종류의 분석결과를 결합하여 다음과 같이 주효과 그리고 2요인 교호작용에 대한 추정값을 얻을 수 있다. 2요인 교호작용의 경우 자기들끼리 서로 별명관계에 있기 때문에, 일부의 교호작용을 무시하면, 다른 나머지 교호작용에 대한 추정이 가능하다.

표 8.3-6 $2^{7-4}_{\rm III}$-요인실험의 결합

i	$\frac{1}{2}(l_i + l_i')$	$\frac{1}{2}(l_i - l_i')$
A	$A = 1.87$	$BD + CE + FG = -0.87$
B	$B = 11.12$	$AD + CF + EG = 0.87$
C	$C = 2.12$	$AE + BF + DG = 1.37$
D	$D = 1.62$	$AB + CG + EF = -0.62$
E	$E = 1.12$	$AC + BG + DF = -0.62$
F	$F = 23.87$	$BC + AG + DE = -1.5$
G	$G = 0.87$	$CD + BE + AF = 1.62$

아울러 $2^{7-4}_{\rm III}$-요인실험과 접어넘기기 $2^{7-4}_{\rm III}$-요인실험을 결합하면 주효과와 2요인 교호작용들 간의 연결이 끊어져 모든 주효과를 추정할 수 있으므로 결국 요인 A, B, C, D, E, F, G, I에 대한 $2^{8-4}_{\rm IV}$-요인실험으로 생각할 수 있다.

표 8.3-7 $2^{7-4}_{\rm III}$-요인실험과 접어넘기기 $2^{7-4}_{\rm III}$-요인실험의 결합($2^{8-4}_{\rm IV}$-요인실험)

	I	A	B	C	$D=AB$	$E=AC$	$F=BC$	$G=ABC$
$2^{7-4}_{\rm III}$	+	-	-	-	+	+	+	-
	+	-	-	+	+	-	-	+
	+	-	+	-	-	+	-	+
	+	-	+	+	-	-	+	-
	+	+	-	-	-	-	+	+
	+	+	-	+	-	+	-	-
	+	+	+	-	+	-	-	-
	+	+	+	+	+	+	+	+

	(I)	(A)	(B)	(C)	$(-AB)$	$(-AC)$	$(-BC)$	(ABC)
	-	+	+	+	-	-	-	+
	-	+	+	-	-	+	+	-
접어	-	+	-	+	+	-	+	-
넘기기	-	+	-	-	+	+	-	+
2_{III}^{7-4}	-	-	+	+	+	+	-	-
	-	-	+	-	+	-	+	+
	-	-	-	+	-	+	+	+
	-	-	-	-	-	-	-	-

예제 8.13 [예제 8.12]에 대한 SAS 분석

```
/* 2_III^(7-4) -요인실험의 SAS program */

DATA ex8_12a;
   INPUT a b c d e f g y @@;
CARDS;
   0 0 0 1 1 1 0 69
   0 0 1 1 0 0 1 52
   0 1 0 0 1 0 1 60
   0 1 1 0 0 1 0 83
   1 0 0 0 0 1 1 71
   1 0 1 0 1 0 0 50
   1 1 0 1 0 0 0 59
   1 1 1 1 1 1 1 88
;
PROC REG DATA=ex8_12a;
   MODEL y=a b c d e f g;
RUN;

/* 접어넘기기설계의 2_III^(7-4) -요인의 SAS program */

DATA ex8_12b;
   INPUT a b c d e f g y @@;
CARDS;
   1 1 1 0 0 0 1 60
```

```
    1 1 0 0 1 1 0 87
    1 0 1 1 0 1 0 78
    1 0 0 1 1 0 1 53
    0 1 1 1 1 0 0 62
    0 1 0 1 0 1 1 84
    0 0 1 0 1 1 1 74
    0 0 0 0 0 0 0 47
;
PROC REG DATA=ex8_12b;
    MODEL y=a b c d e f g;
RUN;

/* 두 실험을 결합한 후 SAS program */

DATA ex8_12c;
  INPUT a b c d e f g y @@;
CARDS;
    0 0 0 1 1 1 0 69
    0 0 1 1 0 0 1 52
    0 1 0 0 1 0 1 60
    0 1 1 0 0 1 0 83
    1 0 0 0 0 1 1 71
    1 0 1 0 1 0 0 50
    1 1 0 1 0 0 0 59
    1 1 1 1 1 1 1 88
    1 1 1 0 0 0 1 60
    1 1 0 0 1 1 0 87
    1 0 1 1 0 1 0 78
    1 0 0 1 1 0 1 53
    0 1 1 1 1 0 0 62
    0 1 0 1 0 1 1 84
    0 0 1 0 1 1 1 74
    0 0 0 0 0 0 0 47
;
PROC REG DATA=ex8_12c;
    MODEL y=a b c d e f g;
RUN;
```

2_{III}^{7-4}-요인실험의 추정결과

Parameter Estimates

Variable	DF	Parameter Estimate	Standard Error	t Value	Prob > |T|
INTERCEP	1	45.000000	.	.	.
A	1	1.000000	.	.	.
B	1	12.000000	.	.	.
C	1	3.500000	.	.	.
D	1	1.000000	.	.	.
E	1	0.500000	.	.	.
F	1	22.500000	.	.	.
G	1	2.500000	.	.	.

접어넘기기 설계의 2_{III}^{7-4}-요인실험의 추정결과

Parameter Estimates

Variable	DF	Parameter Estimate	Standard Error	t Value	Prob > |T|
INTERCEP	1	47.000000	.	.	.
A	1	2.750000	.	.	.
B	1	10.250000	.	.	.
C	1	0.750000	.	.	.
D	1	2.250000	.	.	.
E	1	1.750000	.	.	.
F	1	25.250000	.	.	.
G	1	-0.750000	.	.	.

두 종류의 결과를 결합한 후의 추정결과

Parameter Estimates

Variable	DF	Parameter Estimate	Standard Error	t Value	Prob > |T|
Intercept	1	46.00000	1.68634	27.28	<.0001
A	1	1.87500	1.19242	1.57	0.1545
B	1	11.12500	1.19242	9.33	<.0001
C	1	2.12500	1.19242	1.78	0.1126
D	1	1.62500	1.19242	1.36	0.2101
E	1	1.12500	1.19242	0.94	0.3731
F	1	23.87500	1.19242	20.02	<.0001
G	1	0.87500	1.19242	0.73	0.4840

앞의 SAS 프로그램은 2_{III}^{7-4}의 실험 결과에 대한 회귀계수를 추정하는 과정이다. 여기서 각 요인의 수준이 2개이므로 회귀분석으로 추정값을 얻을 수 있다. 관심있게 볼 점은 실험점이 8개이므로 회귀모형에서 절편항을 포함하여 추정하는 모수의 개수 역시 8개가 된다는 점이다. 그러므로 완전모형이 되어 오차항이 존재하지 않아 각 회귀계수에 대한 검정을 실시할 수 없다.

이제, 두 시험을 결합한 회귀분석 결과에서 [표 8.3-6]과 같은 결과를 얻을 수 있음을 볼 수 있다. 예를 들어 요인 A의 회귀계수 1.87은 2_{III}^{7-4}-요인실험 추정값인 1.0과 접어넘기기 2_{III}^{7-4}-요인실험의 추정값 2.75의 평균으로 계산된다.

8.3.2 부분실시법에 대한 불완비블록설계

2^{6-2}-요인실험의 경우를 생각해보자. 이 경우 실험해야 할 처리 수 16개를 두 블록($b=2,\ k=8$)에 배치하고자 한다. 2^{6-2}-요인실험 구성을 위하여 다음과 같은 두 종류의 독립 정의대비를 생각하자.

$$I = ABCE,\ I = BCDF \tag{8.3-7}$$

그러면 $I = ABCE = BCDF = ADEF$라는 정의대비를 얻을 수 있다. 이 정의대비로부터 얻은 $E = ABC,\ F = BCD$ 생성인자를 이용하여 2^4-형 직교배열표로부터 [표 8.3-8]을 구성할 수 있다.

표 8.3-8 2_{IV}^{6-2}-요인실험 ($M = ABCE = BCDF$)

A	B	C	D	$E=+ABC$	$F=+BCD$
i	j	k	l	$m=i+j+k$	$n=j+k+l$
0	0	0	0	0	0
0	0	0	1	0	1
0	0	1	0	1	1
0	0	1	1	1	0
0	1	0	0	1	1
0	1	0	1	1	0
0	1	1	0	0	0
0	1	1	1	0	1

1	0	0	0	1	0
1	0	0	1	1	1
1	0	1	0	0	1
1	0	1	1	0	0
1	1	0	0	0	1
1	1	0	1	0	0
1	1	1	0	1	0
1	1	1	1	1	1

다음으로 이 16개의 처리를 2개의 블록(블록의 크기 $=8$)으로 나누어보자. 이때 ABC를 블록과 교락시키기로 한다. 식 (8.3-7)에 ABC를 곱하여 다음과 같은 별명관계를 확인할 수 있다.

$$ABC = E = DF = BCDEF \tag{8.3-8}$$

따라서 주효과 E 역시 블록과 교락되기 때문에 좋은 선택이 아니다. 왜냐하면 주효과를 추정할 수 없기 때문이다. 다른 대안으로 ABD를 블록과 교락시키는 방법을 선택하여 보자. 이 경우 다음과 같은 별명관계를 얻는다.

$$ABD = CDE = ACF = BEF \tag{8.3-9}$$

이때는 앞의 경우와 달리 3요인 교호작용만이 블록과 교락되고 있음을 알 수 있다. 따라서 불완비블록실험을 실시하여도 해상도 $R=4$는 변함이 없음을 알 수 있다. 결국 ABD를 블록과 교락시켜야 하므로 $L=i+j+l$이라 하면 $L=0$과 $L=1$로 나누어 실험하면 된다.

▶ [참고 1] 포화된 $R=3$요인실험의 구성방법 (p.370)

참고 1 포화된 $R=3$ 요인실험의 구성방법(p.369)

실험의 목적이 주효과 추정에만 관심이 있고 2요인 이상의 교호작용은 무시할 수 있거나 관심이 없을 때 $R=3$설계를 구성한다. 특히 반복수가 1인 경우는 오차분산의 추정이 불가하여 분산분석표에 의한 통계분석이 어렵게 된다. 그러나 이 경우 다니엘(Daniel, 1959)이 제시한 정규확률지에 의한 요인효과 검정방법을 사용할 수 있다. 그러므로 주효과에만 관심이 있고, 최소의 실험횟수를 원할 때는 포화된 $R=3$ 설계 (saturated resolution Ⅲ design)를 구성하게 된다. 여기에서는 2^k-요인실험의 경우 $N(N=k+1,\ N$은 4의 배수)개의 처리를 실험하는 $R=3$ 설계를 구성할 수 있는 방법 하나를 소개하기로 한다.

우선 아래와 같이 하다마드 (Hadamard) 행렬을 정의한다.

$$H_2=\begin{pmatrix}1 & 1\\ 1 & -1\end{pmatrix},\qquad H_2H_2'=2I_2$$

$$H_4=H_2\otimes H_2,\quad H_4H_4'=4I_4$$

$$H_8=H_2\otimes H_4,\quad H_8H_8'=8I_8$$

이 때 행렬 H_4를 이용해 실험횟수가 4인 2^{3-1} – 요인실험을 구성할 수 있다.

$$H_4=\begin{pmatrix}1 & \vdots & 1 & 1 & 1\\ 1 & \vdots & -1 & 1 & -1\\ 1 & \vdots & 1 & -1 & -1\\ 1 & \vdots & -1 & -1 & 1\end{pmatrix}$$

$$\Downarrow$$

$$\begin{pmatrix}1 & 1 & 1\\ 0 & 1 & 0\\ 1 & 0 & 0\\ 0 & 0 & 1\end{pmatrix}:\ \text{포화된 } 2_{\text{III}}^{3-1}\text{ –요인실험설계}$$

다음으로 H_8을 이용하여 실험의 횟수가 8인 2^{7-4}-요인실험을 구성해보자.

$$H_8 = \begin{pmatrix} 1 & \vdots & 1 & 1 & 1 & 1 & 1 & 1 & 1 \\ 1 & \vdots & -1 & 1 & -1 & 1 & -1 & 1 & -1 \\ 1 & \vdots & 1 & -1 & -1 & 1 & 1 & -1 & -1 \\ 1 & \vdots & -1 & -1 & 1 & 1 & -1 & -1 & 1 \\ 1 & \vdots & 1 & 1 & 1 & -1 & -1 & -1 & -1 \\ 1 & \vdots & -1 & 1 & -1 & -1 & 1 & -1 & 1 \\ 1 & \vdots & 1 & -1 & -1 & -1 & 1 & 1 & -1 \end{pmatrix}$$

$$\Downarrow$$

$$\begin{pmatrix} 1 & 1 & 1 & 1 & 1 & 1 & 1 \\ 0 & 1 & 0 & 1 & 0 & 1 & 0 \\ 1 & 0 & 0 & 1 & 1 & 0 & 0 \\ 0 & 0 & 1 & 1 & 0 & 0 & 1 \\ 1 & 1 & 1 & 0 & 0 & 0 & 0 \\ 0 & 1 & 0 & 0 & 1 & 0 & 1 \\ 1 & 0 & 0 & 0 & 0 & 1 & 1 \\ 0 & 0 & 1 & 0 & 1 & 1 & 0 \end{pmatrix} \quad : \text{ 포화된 } 2_{\text{III}}^{7-4}\text{-요인실험설계}$$

1. 2^4 −요인실험을 크기가 4인 블록에 실험하려고 한다. 1회 반복실험을 원할 때 다음에 답하여라.

   1) $ABCD$와 AB가 블록과 교락되는 실험설계를 구하여라.

   2) ABC와 BCD가 블록과 교락되는 실험설계를 구하여라.

2. 2^4 −요인실험을 크기가 4인 블록에 다음과 같이 배치하였다. 어떤 요인이 교락되었는지 밝혀라.

   1) 블록 1 : 1000 1100 1010 1110 0101 0111 0011 0001
      블록 2 : 0000 1001 1101 1011 1111 0100 0010 0110

   2) 블록 1 : 0000 1000 1110 1101 1011 0110 0101 0011
      블록 2 : 1100 1010 1001 1111 0100 0010 0111 0001

3. 2^3 −요인실험을 크기 3인 블록에 다음과 같이 배치하였을 경우 블록과 교락된 요인을 밝혀라.

   1) 블록 1 : 000 010 101 111
      블록 2 : 100 001 110 011

   2) 블록 1 : 010 110 011 111
      블록 2 : 000 100 001 101

4. 2^6 – 요인실험을 아래와 같이 실험할 때 블록과 교락된 요인을 전부 구하여라.

1) 크기가 8인 블록에 $ABCD$, ACD, BD가 블록과 교락되는 실험

2) 크기가 18인 블록에 ABC, BCD, CDE, DEF가 블록과 교락되는 실험

5. 선반(부품을 깎는 기계)의 힘을 좌우하는 3요인에 대한 실험을 아래와 같이 실시하였다. 단, 기계작동 후 4번의 실험을 한 후 다시 기계를 정비해야하므로 불완비 블록실험을 사용하였다.

요인 A : 각도(15, 30)
B : 칼의 종류(1, 2)
C : 깎는 방법(연속, 불연속)

반복 1		반복 2		반복 3		반복 4	
블록 1	블록 2	블록 1	블록 2	블록 1	블록 2	블록 1	블록 2
(1) (7)	b(24)	ab(36)	bc(31)	a(28)	ac(31)	abc(66)	(1)(11)
abc(39)	ac(31)	(1)(19)	ac(36)	c(24)	b(19)	a(31)	bc(29)
a(30)	c(21)	abc(41)	b(30)	ab(35)	(1)(13)	c(21)	ac(33)
bc(27)	ab(39)	c(30)	a(33)	bc(26)	abc(36)	b(25)	ab(43)

1) 각 반복 내에서 블록과 교락된 요인을 구하여라.

2) 분산분석을 실시하라.

3) 유의한 모든 요인에 대한 95% 신뢰구간을 구하여라.

6. 2^6 – 요인실험을 크기가 2^3인 블록에 실험하는 경우

1) 주효과나 2요인 교호작용이 블록과 교락되지 않은 정의대비를 구하라.

2) 주블록을 구하고 이것으로부터 다른 블록의 처리를 생성하는 방법을 설명하라.

7. 다음은 2^{5-1} -요인실험의 결과이다.

처리	반응값	요인	수준
e	56	A	(10 , 15)
a	33	B	(1 , 2)
b	63	C	(100 , 120)
abe	65	D	(140 , 180)
c	53	E	(3 , 6)
ace	55		
bce	67		
abc	61		
d	69		
ade	45		
bde	78		
abd	93		
cde	49		
acd	60		
bcd	95		
$abcde$	82		

1) 이 부분실시법에 대한 정의대비를 구하라.

2) 모든 요인효과를 구하라.

3) 통계적으로 유의한 요인을 선별하여라.

8. 2^{6-1} -요인실험을 크기 2^4인 블록에 실험하고자 할 때 주효과 및 2요인 교호작용이 블록과 교락되지 않은 정의대비를 제시하라.

9. 2^{9-2} -요인실험을 크기 32인 블록 4에 실험할 경우 모든 주효과와 2요인 교호작용을 독립적으로 구할 수 있는 정의대비를 제시하여라.

10. 2^{7-1}-요인 실험을 크기 8인 8개의 블록에 실험할 경우 모든 주효과와 2요인 교호작용이 교락되지 않은 실험을 제시하여라.

11. 2^{7-2}-요인실험을 정의대비 $I=ABCG$, $I=ABF$에 의하여 실험할 경우 주효과 A는 어떤 요인들과 별명관계에 있는가? 또 이보다 더 개선된 다른 방법이 있으면 제시하라.

12. 2^{5-2}-요인실험을 $I=ABCD=BDE$에 의하여 실시하였을 경우 분산분석표를 그려라.

13. 모든 주효과 및 2요인 교호작용을 구할 수 있는 2^{10-3}-요인실험을 설계하라.

14. 8×8 하다마드 행렬을 이용하여 오로지 주효과를 위한 실험횟수 8인 2^7-요인실험을 구성하라.

p^k-요인실험 9

9.1 3^k-요인실험

앞 장에서 언급한 2^k-요인실험이 실험초기단계에 유용하다면 3^k-요인실험은 반응변수의 패턴을 좀 더 파악하는 데 도움이 된다. k개 요인의 수준이 모두 3인 경우를 생각해보자. 이때 처리조합 수는 3^k이고 이것을 전부 실험하면 3^k-요인실험을 얻게 된다. 예를 들어, 3^2-요인실험의 경우, 2^2-요인실험에서와 마찬가지로 요인 A와 B의 수준을 각각 (a_0, a_1, a_2), (b_0, b_1, b_2)로 나타내고 각 처리조합은 다음과 같이 나타낸다. 처리조합의 개수는 $3^2 = 9$임을 확인할 수 있다.

$$a_0b_0 \quad a_0b_1 \quad a_0b_2 \quad a_1b_0 \quad a_1b_1 \quad a_1b_2 \quad a_2b_0 \quad a_2b_1 \quad a_2b_2$$

이것을 간단히 다음과 같이 표시하기도 한다.

$$(0,0)\ (0,1)\ (0,2)\ (1,0)\ (1,1)\ (1,2)\ (2,0)\ (2,1)\ (2,2)$$

9.1.1 3^2-요인실험

9.1.1.1 제곱합 계산

3^2-요인실험에 대한 처리조합별 합계치(반복수=n)를 다음과 같이 표기하자.

$$A_0B_0,\ A_0B_1,\ A_0B_2,\ A_1B_0,\ A_1A_1,\ A_1B_2,\ A_2B_0,\ A_2B_1,\ A_2B_2$$

또한, A_i와 B_j를 다음과 같이 정의하자.

$$A_i = A_iB_0 + A_iB_1 + A_iB_2\ ,\ i = 0,1,2 \tag{9.1-1}$$

$$B_j = A_0B_j + A_1B_j + A_2B_j\ ,\ j = 0,1,2 \tag{9.1-2}$$

그러면 각 제곱합은 다음과 같이 계산된다.

$$SS_{TR} = \frac{1}{n}\left\{(A_0B_0)^2 + (A_0B_1)^2 + \cdot\cdot\cdot + (A_2B_2)^2\right\} - CF \tag{9.1-3}$$

$$SS_A = \frac{1}{3n}\left\{A_0^2 + A_1^2 + A_2^2\right\} - CF \tag{9.1-4}$$

$$SS_B = \frac{1}{3n}\left\{B_0^2 + B_1^2 + B_2^2\right\} - CF \tag{9.1-5}$$

$$SS_{AB} = SS_{TR} - SS_A - SS_B \tag{9.1-6}$$

그런데 3^2-요인실험의 경우 교호작용 SS_{AB}를 계산할 수 있는 다른 방법이 있다. 이를 위해 다음의 연산법을 활용하면 편리하다.

$$i + cj = h\,(\text{mod} = 3),\ \ c = 1, 2 \tag{9.1-7}$$

다음으로, $c = 1$, $c = 2$인 경우로 구분하여 각각 아래와 같이 계산한다.

(i) $c = 1$**인 경우**

$$\begin{aligned} &i + j = h\,(\text{mod} = 3) \\ &AB(I)_0 = A_0B_0 + A_1B_2 + A_2B_1,\ \ i + j = 0,\ \text{mod} = 3 \\ &AB(I)_1 = A_0B_1 + A_1B_0 + A_2B_2,\ \ i + j = 1,\ \text{mod} = 3 \\ &AB(I)_2 = A_0B_2 + A_2B_0 + A_1B_1,\ \ i + j = 2,\ \text{mod} = 3 \end{aligned} \tag{9.1-8}$$

(ii) $c = 2$**인 경우**

$$\begin{aligned} &i + 2j = h\,(\text{mod} = 3) \\ &AB(J)_0 = A_0B_0 + A_1B_1 + A_2B_2,\ \ i + 2j = 0,\ \text{mod} = 3 \\ &AB(J)_1 = A_0B_2 + A_1B_0 + A_2B_1,\ \ i + 2j = 1,\ \text{mod} = 3 \\ &AB(J)_2 = A_0B_1 + A_1B_2 + A_2B_0,\ \ i + 2j = 2,\ \text{mod} = 3 \end{aligned} \tag{9.1-9}$$

이들을 이용하여 두 성분 $SS_{AB(I)}$와 $SS_{AB(J)}$를 구한다.

$$SS_{AB(I)} = \frac{1}{3n}\left\{AB(I)_0^2 + AB(I)_1^2 + AB(I)_2^2\right\} - CF \tag{9.1-10}$$

$$SS_{AB(J)} = \frac{1}{3n}\left\{AB(J)_0^2 + AB(J)_1^2 + AB(J)_2^2\right\} - CF \tag{9.1-11}$$

$SS_{AB(I)}$와 $SS_{AB(J)}$를 SS_{AB}의 I성분(I-component) J성분(J-component)이라 한다. 교호작용 SS_{AB}는 다음과 같다.

$$SS_{AB} = SS_{AB(I)} + SS_{AB(J)}$$

▶ [참고 1] SS_{AB}를 구하는 기타 방법들 (p.396)

예제 9.1

3^2-요인실험$(n=2)$에서 교호작용 SS_{AB}를 계산하는 예를 살펴보자. 실험 결과가 [표 9.1-1]과 같이 주어져 있다고 하자.

표 9.1-1 3^2-요인실험 결과

		B			
		0	1	2	
A	0	0, 1 } 1	−1, −1 } −2	1, 2 } 3	2
	1	−1, 1 } 0	1, 3 } 4	1, 0 } 1	5
	2	1, 1 } 2	0, −1 } −1	0, 2 } 2	3
		3	1	6	10

각 요인의 제곱합은 다음과 같다.

$$SS_A = \left(\frac{1}{3\times 2}\right)(2^2+5^2+3^2) - \frac{10^2}{9\times 2} = 0.77$$

$$SS_B = \left(\frac{1}{3\times 2}\right)(3^2+1^2+6^2) - \frac{10^2}{9\times 2} = 2.11$$

$$SS_{AB} = SS_{TR} - SS_A - SS_B = 14.44 - 0.77 - 2.11 = 11.55$$

여기에서 SS_{AB}를 I 성분과 J 성분을 이용하여 구해보자.

(i) I **성분**

$$AB(I)_0 = 1+1+(-1) = 1$$

$$AB(I)_1 = (-2)+0+2 = 0$$

$$AB(I)_2 = 3+2+4 = 9$$

$$SS_{AB(I)} = \left(\frac{1}{3\times 2}\right)(1^2+0^2+9^2) - \frac{10^2}{9\times 2} = 8.11$$

(ii) J **성분**

$$AB(J)_0 = 1+4+2 = 7$$

$$AB(J)_1 = 3+0+(-1) = 2$$

$$AB(J)_2 = (-2)+1+2 = 1$$

$$SS_{AB(J)} = \left(\frac{1}{3\times 2}\right)(7^2+2^2+1^2) - \frac{10^2}{9\times 2} = 3.44$$

따라서 위의 두 결과로부터 다음과 같이 SS_{AB}를 구할 수 있다.

$$SS_{AB} = SS_{AB(I)} + SS_{AB(J)} = 8.11 + 3.44 = 11.55.$$

9.1.1.2 3^2-형 직교배열표

3^2-요인실험의 처리조합을 (i, j)로 표시할 때 $i+cj = h(\text{mod}=3)$과 같은 연산법을 이용하면 [표 9.1-2]와 같은 3^2-형 직교배열표가 만들어진다. 이때 AB와 A^2B^2은 같은 분류이므로 이 중 하나를 선택하면 되고, AB^2과 A^2B 역시 같은 분류이므로 이 중 하나를 선택하면 된다. 한편, SS_A의 경우, 첫째 열인 i 열의 0, 1, 2에 각각 대응하는 합계를 사용하여 계산한다.

$$SS_A = \frac{1}{3\times n}\left\{(A_0)^2 + (A_1)^2 + (A_2)^2\right\} - CF \tag{9.1-12}$$

그러나 SS_{AB}의 경우는 성분 AB와 AB^2을 따로 계산하여 이를 각각 $SS_{AB(I)}$ 및 $SS_{AB(J)}$라 하면 이들의 합이 바로 SS_{AB}가 됨을 알 수 있다.

표 9.1-2 3^2-형 직교배열표

A i	B j	AB $i+j$	AB^2 $i+2j$	A^2B $2i+j$	A^2B^2 $2i+2j$
0	0	0	0	0	0
0	1	1	2	1	2
0	2	2	1	2	1
1	0	1	1	2	2
1	1	2	0	0	1
1	1	0	2	1	0
2	0	2	2	1	1
2	1	0	1	2	0
2	2	1	0	0	2

▶ [참고 2] p^k-형 직교배열에 대한 이해 (p.398)

9.1.2 3^3-요인실험

3^3-요인실험의 경우 각 요인들에 대한 자유도 및 성분은 다음과 같다.

표 9.1-3 3^3 -요인실험의 성분

요인	자유도	성분
A	2	A
B	2	B
C	2	C
AB	4	$AB,\ AB^2$
BC	4	$BC,\ BC^2$
AC	4	$AC,\ AC^2$
ABC	8	$ABC,\ ABC^2,\ AB^2C,\ AB^2C^2$

0, 1, 2에 대응하는 처리결과의 합을 각각 $T_0,\ T_1,\ T_2$라 놓았을 때, 각 성분에 대응하는 제곱합은 다음 식 (9.1-13)과 같이 계산한다.

$$\frac{1}{9\times r}(T_0^2+T_1^2+T_3^2)-\frac{T^2}{27\times r},\quad T=\text{총합계},\ r=\text{반복수} \qquad (9.1\text{-}13)$$

그런데 교호작용 AB는 자유도 2인 AB와 AB^2의 두 성분으로, BC는 자유도 2인 BC와 BC^2의 두 성분으로, AC는 자유도 2인 AC와 AC^2의 두 성분으로, 그리고 ABC는 자유도 2인 ABC, ABC^2, AB^2C, AB^2C^2의 네 성분으로 분할된다. 따라서 3^3-직교배열표는 3^2-직교배열표 구성방법과 마찬가지로 $i+cj+dk=h$ (mod=3), $c,\ d=1$, 2와 같은 연산법을 이용하여 만들 수 있다.

0, 1, 2에 대응하는 처리합계를 각각 T_0, T_1, T_2라 할 때, 3^3-형 직교배열표를 이용하여 각 성분에 대한 제곱합은 식 (9.1-14)와 같이 계산한다.

$$\begin{aligned} SS_{AB} &= SS_{AB}+SS_{AB^2} \\ SS_{AC} &= SS_{AC}+SS_{AC^2} \\ SS_{BC} &= SS_{BC}+SS_{BC^2} \\ SS_{ABC} &= SS_{ABC}+SS_{ABC^2}+SS_{AB^2C}+SS_{AB^2C^2} \end{aligned} \qquad (9.1\text{-}14)$$

표 9.1-4 3^3-형 직교배열표

행번호	A	B	C	A	B	AB	AB^2	C	AC	AC^2	BC	BC^2	ABC	ABC^2	AB^2C	AB^2C^2
1	0	0	0	0	0	0	0	0	0	0	0	0	0	0	0	0
2	0	0	1	0	0	0	0	1	1	2	1	2	1	2	1	2
3	0	0	2	0	0	0	0	2	2	1	2	1	2	1	2	1
4	0	1	0	0	1	1	2	0	0	0	1	1	1	1	2	2
5	0	1	1	0	1	1	2	1	1	2	2	0	2	0	0	1
6	0	1	2	0	1	1	2	2	2	1	0	2	0	2	1	0
7	0	2	0	0	2	1	1	0	0	0	2	2	2	2	1	1
8	0	2	1	0	2	1	1	1	1	2	0	0	0	1	2	0
9	0	2	2	0	2	1	1	2	2	1	1	1	1	0	0	2
10	1	0	0	1	0	1	1	0	1	1	0	1	1	1	1	1
11	1	0	1	1	0	1	1	1	2	0	1	2	2	0	2	0
12	1	0	2	1	0	1	1	2	0	2	2	0	0	2	0	2
13	1	1	0	1	1	2	0	0	1	1	1	2	2	2	0	0
14	1	1	1	1	1	2	0	1	2	0	2	0	0	1	1	2
15	1	1	2	1	1	2	0	2	0	2	0	1	1	0	2	1
16	1	2	0	1	2	0	2	0	1	1	2	2	0	0	2	2
17	1	2	1	1	2	0	2	1	2	0	0	1	1	2	0	1
18	1	2	2	1	2	0	2	2	0	2	1	0	2	1	1	0
19	2	0	0	2	0	2	2	0	2	2	0	0	2	2	2	2
20	2	0	1	2	0	2	2	1	0	1	1	2	0	1	0	1
21	2	0	2	2	0	2	2	2	1	0	2	1	1	0	1	0
22	2	1	0	2	1	0	1	0	2	2	1	1	0	0	1	1
23	2	1	1	2	1	0	1	1	0	1	2	0	1	2	2	0
24	2	1	2	2	1	0	1	2	1	0	0	2	2	1	0	2
25	2	2	0	2	2	1	0	0	2	2	2	2	1	1	0	0
26	2	2	1	2	2	1	0	1	0	1	0	1	2	0	1	2
27	2	2	2	2	2	1	0	2	1	0	1	0	0	2	2	1

[표 9.1-4]의 각 성분에 대한 연산법, $i+cj+dk=h(\text{mod}=3)$은 다음과 같다.

$$A : i,\ AB : i+j,\quad AC^2 : i+2k,\quad ABC : i+j+k,$$
$$B : j,\ AB^2 : i+2j,\quad BC : j+k,\quad ABC^2 : i+j+2k,$$
$$C : k,\ AC : i+k,\quad BC^2 : j+2k,\quad AB^2C : i+2j+k,$$
$$AB^2C^2 : i+2j+2k$$

예제 9.2 [예제 9.1]의 SAS 분석

```
DATA ex9_1;
   DO A=0 to 2;
      DO B=0 to 2;
         DO rep=1 to 2;
            INPUT y@@; OUTPUT;
         END;
      END;
   END;
CARDS;
   0 1 -1 -1 1 2
  -1 1  1  3 1 0
   1 1  0 -1 0 2
;

[1]
PROC GLM DATA=ex9_1;
   CLASS A B;
   MODEL Y = A B A*B;
   CONTRAST 'LINEAR A' A -1  0  1;
   CONTRAST 'QUADRIC A' A  1 -2  1;
   CONTRAST 'LINEAR B' B  -1  0  1;
   CONTRAST 'QUADRIC B' B  1  -2  1;
   CONTRAST 'LL' A*B  1  0 -1  0  0  0 -1  0  1;
   CONTRAST 'LQ' A*B*B -1  2 -1  0  0  0  1 -2  1;
   CONTRAST 'QL' A*A*B -1  0  1  2  0 -2 -1  0  1;
   CONTRAST 'QQ' A*A*B*B  1 -2  1 -2  4 -2  1 -2  1;
RUN;

[2]
PROC GLM DATA=ex9_1;
   MODEL Y = A A*A B B*B A*B A*B*B A*A*B A*A*B*B;
RUN;
```

[1 프로그램 결과]

```
Dependent Variable: Y
                                    Sum of
  Source               DF          Squares    Mean Square    F Value    Pr > F
  Model                 8      14.44444444     1.80555556       2.03    0.1558
  Error                 9       8.00000000     0.88888889
  Corrected Total      17      22.44444444

               R-Square      Coeff Var       Root MSE     Y Mean
               0.643564       169.7056       0.942809   0.555556

  Source               DF      Type I SS    Mean Square    F Value     Pr > F

  A                    2      0.77777778     0.38888889       0.44    0.6587
  B                    2      2.11111111     1.05555556       1.19    0.3486
  A*B                  4     11.55555556     2.88888889       3.25    0.0655

  Contrast             DF    Contrast SS    Mean Square    F Value    Pr > F

  LINEAR     A         1      0.08333333     0.08333333       0.09    0.7664
  QUADRIC    A         1      0.69444444     0.69444444       0.78    0.3998
  LINEAR     B         1      0.75000000     0.75000000       0.84    0.3823
  QUADRIC    B         1      1.36111111     1.36111111       1.53    0.2472
  LL                   1      0.50000000     0.50000000       0.56    0.4724
  LQ                   1      0.16666667     0.16666667       0.19    0.6752
  QL                   1      0.00000000     0.00000000       0.00    1.0000
  QQ                   1     10.88888889    10.88888889      12.25    0.0067
```

[2 프로그램 결과]

```
  Source               DF      Type I SS    Mean Square    F Value    Pr > F

  A                    1      0.08333333     0.08333333       0.09    0.7664
  A*A                  1      0.69444444     0.69444444       0.78    0.3998
  B                    1      0.75000000     0.75000000       0.84    0.3823
  B*B                  1      1.36111111     1.36111111       1.53    0.2472
  A*B                  1      0.50000000     0.50000000       0.56    0.4724
  A*A*B                1      0.00000000     0.00000000       0.00    1.0000
  A*B*B                1      0.16666667     0.16666667       0.19    0.6752
  A*A*B*B              1     10.88888889    10.88888889      12.25    0.0067
```

1은 3^2-요인실험에서 주효과와 교호작용의 성분을 계산하는 프로그램이다. 2의 프로그램은 3^2-요인실험이 실험점을 9개 가지고 있다는 점에 착안하여, 1의 프로그램과 동일하게 각 성분을 회귀식처럼 풀어주는 프로그램이다. 2의 프로그램에서 추정할 모수의 개수는 절편항을 포함하여 모두 9개이므로 실험점과 추정할 모수의 개수가 일치하는 모형이라 할 수 있다.

1의 결과에서 요인 A의 자유도가 2임을 볼 수 있는데, 이는 요인 A의 제곱합이 선형성분(Linear A)과 이차성분(Quadric A)으로 구성되어 있다는 것을 의미한다. 이제, 앞에서 언급한 SS_{AB}를 살펴보자. SS_{AB} 11.55는 [참고1, p.396]과 같은 성분의 합으로 표현된다. 즉 $SS_{A_L \times B_L}$(0.500), $SS_{A_L \times B_Q}$(0.167), $SS_{A_Q \times B_L}$(0.000), $SS_{A_Q \times B_Q}$(10.889)들의 합으로 이루어진다. 여기서, $SS_{A_L \times B_L}$과 같은 제곱합을 유도하기 위해서는 추정가능한 대비벡터를 CONTRAST 옵션에 작성해야 한다. 하지만, 2 프로그램을 사용하면, 각 성분 구성에 대한 요인들 간의 관계만 알아도 동일한 결과를 유도할 수 있다.

9.2 3^k-요인실험에 대한 불완비블록설계

9.2.1. 3^k-요인실험의 정의대비

2^k-요인실험과 마찬가지로 3^k-요인실험에서도 정의대비를 생각할 수 있다. 앞에서, 3^2-요인실험에 대한 정의대비에 대해 선형결합식 형태를 9.1.1.1절에서 설명한 바 있다.

다음과 같은 교호작용을 생각해보자.

$$A^{\alpha_1} B^{\alpha_2} C^{\alpha_3} \cdots K^{\alpha_k},\ \ \alpha_i = 0, 1, 2,\ \ i = 1, 2 \cdots k$$

그리고 이에 대응하는 다음과 같은 선형결합식을 생각한다.

$$L = \alpha_1 x_1 + \alpha_2 x_2 + \cdots + \alpha_k x_k,\ \ \alpha_i = 0, 1, 2\,(\mathrm{mod} = 3)$$

이때 x_i는 i번째 요인의 수준으로서 0, 1, 2의 값을 취한다. 이러한 선형결합식을 3^k-요인실험의 정의대비라 한다. mod에 차이가 있을 뿐, 이러한 구조는 2^k형과 동일함을 볼 수 있다. 차이점은 2^k형의 실험에서는 $A^2 = B^2 = \cdots = K^2 = 1$

로 간주했으나, 3^k-요인실험에서는 $A^3 = B^3 = \cdots = K^3 = 1$로 간주한다는 점이다. 또한, 3^k-요인실험에서는 어떤 요인 X와 이를 제곱한 X^2도 같은 것으로 간주한다.

$$X = X^2$$

예를 들어,

$$AB^2C = (AB^2C)^2 = A^2BC^2$$
$$ABC^2 = (ABC^2)^2 = A^2B^2C^4 = A^2B^2C$$

이제, 정의대비를 이용하여 처리들을 블록에 배치시키는 방법과 별명관계를 간단히 살펴보자. 만일 3^2-요인실험에서 3개의 블록으로 나누어 하나의 블록에 3개의 실험을 배치하는 경우를 생각해보자. 이때는 블록과 요인 AB 또는 AB^2을 교락시키는 것이 좋다. AB^2을 블록과 교락시키면 정의대비는 $I = AB^2$이며, 선형결합식은 다음과 같다.

$$L = x_1 + 2x_2 \ (\text{mod } 3)$$

이때 성분 AB^2은 블록효과와 교락되며 $(AB^2)^2 = A^2B$ 역시 블록효과와 교락되어 추정이 불가능하다.

한편, 정의대비를 사용하여 배치된 3개의 블록 중 어느 한 블록을 택하면 이는 1/3 반복실험이므로 부분실시법이 되며 요인들끼리 상호 별명관계를 갖게 된다. 이에 대한 내용은 9.3절에서 설명하도록 한다.

9.2.2 3^2-요인실험을 $k = 3$인 3개의 블록에 배치하는 실험

9개의 실험점을 3개의 블록으로 배치하는 방법을 생각하여 보자. 이때, 각 블록의 크기는 $k = 3$이다. 이 경우 정의대비를 $I = AB^2 (L = x_1 + 2x_2)$로 하여 분류하였다면 다음과 같이 블록화된다.

반복1

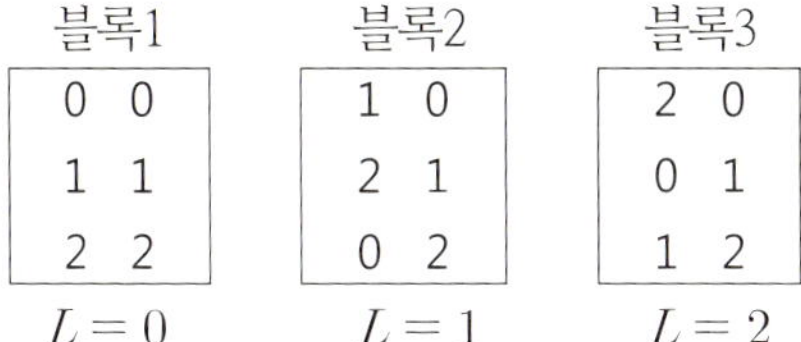

그러면 결국 다음과 같이 각 요인에 대한 제곱합을 계산하여 아래와 같은 분산분석표를 구성할 수 있는데 교호작용 AB에 대한 제곱합을 계산할 수 없음을 알 수 있다.

표 9.2-1 분산분석표

요인	자유도	성분
A	2	A_L, A_Q
B	2	B_L, B_Q
AB	2	AB
	2	AB^2(블록과 교락)
오차	0	추정불가능
전체	8	

한편, 정의대비 $I = AB(L = x_1 + x_2)$를 사용하여 3개의 블록에 추가로 반복실험을 실시하였다고 하자.

반복2

블록1	블록2	블록3
0 0	1 0	2 0
1 2	0 1	0 2
2 1	2 2	1 1
$L = 0$	$L = 1$	$L = 2$

반복 1과 반복 2를 합하면 모든 실험의 횟수는 18인 셈이다. 이제, 위의 반복 1과 반복 2의 결과를 이용하여 다음과 같은 분산분석표를 얻을 수 있다.

표 9.2-2 분산분석표

요인	자유도	성분	
블록	5	블록	
A	2	A_L, A_Q	
B	2	B_L, B_Q	
AB	2	AB	반복1로부터
	2	AB^2	반복2로부터
오차	4		
전체	17		

9.2.3 3^k-요인실험을 3^p 블록에 배치하는 실험

3^k-요인실험을 3^p 블록에 배치하는 경우를 다음의 예를 통하여 알아보자.

예제 9.3 3^2-요인실험을 3^1블록에 배치하는 경우

9개의 실험점을 3개의 블록에 배치하는 경우로 블록의 크기는 3이며, 정의 대비 $I=AB^2$을 선택하였다.

$$L=x_1+2x_2$$

블록1	블록2	블록3
0 0	0 2	0 1
1 2	1 0	0 2
2 2	2 1	2 1
$L=0$	$L=1$	$L=2$

결국, AB^2성분이 블록과 교락되어 분산분석표는 다음과 같이 구성된다.

표 9.2-3 분산분석표

요인	성분
A	A
B	B
AB	$AB,\ AB^2$(블록과 교락)

예제 9.4 3^3-요인실험을 3^2블록에 배치하는 경우

27개의 실험점을 9개의 블록에 배치함으로 블록의 크기는 3^1이 된다. 이제, 다음과 같은 2종류의 정의대비 $I=AB,\ I=AC^2$이 선택되었다고 하자.

$$L_1 = x_1 + x_2$$
$$L_2 = x_1 + 2x_3$$

L_1	=	0	0	0	1	1	1	2	2	2
L_2		0	1	2	0	1	2	0	1	2
블록		1	2	3	4	5	6	7	8	9

표 9.2-4 분산분석표

요인	성분
A	
B	
AB	AB(블록과 교락), AB^2
BC	BC(블록과 교락), BC^2
AC	$AC,\ AC^2$(블록과 교락)
ABC	ABC, ABC^2, AB^2C(블록과 교락), AB^2C^2

이때 블록과 교락된 성분을 살펴보면 다음과 같다.

$$AB(AC^2) = A^2BC^2 = AB^2C$$
$$AB(AC^2)^2 = BC = B^2C^2$$

예제 9.5 3^4-요인실험을 3^2블록(블록의 크기=3^2)에 배치할 경우

이 경우는 81개의 처리를 9개의 블록에 배치하는 것으로 블록의 크기는 9이다. 이때는 두 종류의 정의대비가 필요하므로 다음과 같이 두 성분 ABC^2, AB^2CD가 블록과 교락되는 정의대비 $I=ABC^2$, $I=AB^2CD$를 선택한다.

$$L_1 = x_1 + x_2 + 2x_3$$
$$L_2 = x_1 + 2x_2 + x_3 + x_4$$

L_1 / L_2	=	0 / 0	0 / 1	0 / 2	1 / 0	1 / 1	1 / 2	2 / 0	2 / 1	2 / 2
블록		1	2	3	4	5	6	7	8	9

먼저, 불완비블록배치로 인한 블록과 교락된 성분을 알아보자.

$$(ABC^2)(AB^2CD) = A^2D = AD^2$$
$$(ABC^2)(AB^2CD)^2 = B^2CD^2 = BC^2D$$

따라서 위에서 정의한 두 종류의 독립된 성분 이외에 위와 같은 여러 종류의 성분들이 블록과 교락됨을 알 수 있고 특히 성분 AD^2 등이 교락되어 교호작용 AD가 추정불가능하다. 이 경우 모든 주효과와 2차 교호작용 일부를 구할 수 있어 해상도 $R=4$임을 알 수 있다.

한편, 두 종류의 정의대비를 적절히 선택하여 해상도를 향상시키는 방법을 생각해보자. 두 종류의 정의대비, $I=ABC^2$, $I=BCD$를 선택하여 보자.

$$L_1 = x_1 + x_2 + 2x_3$$
$$L_2 = x_2 + x_3 + x_4$$

L_1 / L_2	=	0 / 0	0 / 1	0 / 2	1 / 0	1 / 1	1 / 2	2 / 0	2 / 1	2 / 2
블록		1	2	3	4	5	6	7	8	9

이 경우 새롭게 블록과 교락된 성분을 구해보면 다음과 같다.

$$(ABC^2)(BCD) = AB^2D = A^2BD^2 \quad (9.2\text{-}1)$$

$$(ABC^2)(BCD)^2 = ACD^2 = A^2C^2D \quad (9.2\text{-}2)$$

따라서 2요인 교호작용의 어느 성분도 블록과 교락되지 않아 모든 주효과와 2차 교호작용을 구할 수 있어 해상도는 $R=5$로 향상되었음을 알 수 있다.

9.3 3^k-요인실험에 대한 부분실시법

9.3.1 3^3-요인실험에 대한 1/3 실시

3^3 요인실험의 $\frac{1}{3}$ 실시는 3^{3-1}-요인실험이라 표기한다. 이는 하나의 정의대비를 이용하여 두 그룹으로 나누어 그 중 하나의 그룹만을 실험하는 것으로, 3^{3-1} 요인실험의 경우 27개 실험을 줄여 9개 실험을 실시하게 된다. 이 경우 정의대비가 다음과 같다고 하자.

$$I = AB^2C^2 \quad (9.3\text{-}1)$$

이때 서로 별명(혼동)관계에 있는 요인 및 성분은 다음과 같다.

$$A = A(AB^2C^2) = ABC \qquad B = B(AB^2C^2)^2 = ABC^2$$

$$A = A(AB^2C^2)^2 = BC \qquad B = B(AB^2C^2) = AC^2$$

$$C = C(AB^2C^2) = AB^2 \qquad C = C(AB^2C^2)^2 = AB^2$$

$$AB = AB(AB^2C^2) = A^2C^2 = AC$$

$$\vdots$$

$$CD = CD(AB^2C^2)^2 = A^2BC^2D$$

이 경우 해상도는 $R=3$임을 알 수 있다.

9.3.2 직교배열표를 이용한 부분실시 구성

3^3-요인실험에 대한 $\frac{1}{3}$실시의 경우를 생각해보자. 이때 정의대비는 $I=AB^2C^2$ 라 하자. 그러면 $C=AB^2=A^2B$라는 설계생성인자를 얻게 되므로 3^2-형 직교배열표를 이용하여 [표 9.3-1]의 3^{3-1}-요인실험을 구성할 수 있다.

표 9.3-1 3^{3-1}-요인실험의 구성

3^2-형 직교배열		
A	B	$C(=AB^2)$
i	j	$i+2j$
0	0	0
0	1	2
0	2	1
1	0	1
1	1	0
1	2	2
2	0	2
2	1	1
2	2	0

다음으로 3^{4-2}-요인실험을 생각해보자. 이 때 AB^2C, BCD 두 종류의 정의대비를 선택한다고 하자. 그러면 두 종류 독립 정의대비 및 새로 생성된 정의대비는 다음과 같다.

$$I=AB^2C=BCD=AC^2D=ABD^2$$

이것으로부터 주효과 C 및 D의 설계생성인자는 다음과 같다.

$$C=AB^2C^2=BC^2D=AD=ABCD^2$$
$$D=AB^2CD=BCD^2=AC^2D^2=AB$$

한편, I^2도 정의대비가 되어 이것으로부터도 주효과 C, D의 설계생성인자를 구할 수 있다.

$$I = I^2 = A^2BC^2 = B^2D^2C^2 = A^2CD^2 = A^2B^2D$$
$$C = A^2B = B^2D^2 = A^2C^2D^2 = AB^2CD$$
$$D = A^2BC^2D = B^2C^2 = A^2C = A^2B^2D^2$$

위의 결과로부터 3^2-형 직교배열표를 이용하여 아래와 같이 3_{III}^{4-2}-요인실험을 구성할 수 있다.

표 9.3-2 3^2-형 직교배열을 이용한 3_{III}^{4-2}-요인실험의 구성

A	B	$C = A^2B$	$D = AB$	처리조합
i	j	$2i+j$	$i+j$	
0	0	0	0	(0 0 0 0)
0	1	1	1	(0 1 1 1)
0	2	2	2	(0 2 2 2)
1	0	2	1	(1 0 2 1)
1	1	0	2	(1 1 0 2)
1	2	1	0	(1 2 1 0)
2	0	1	2	(2 0 1 2)
2	1	2	0	(2 1 2 0)
2	2	0	1	(2 2 0 1)

아울러 $3^2 \times 2^2$-요인실험과 같이 혼합 형태인 경우 역시 부분실시법을 실시할 수 있다. 아울러 SAS의 FACTEX 프로시저에 대한 절차와 예는 [참고 3]을 참고 바란다.

▶ [참고 3] PROC FACTEX 프로시저 (p.401)
▶ [참고 4] 혼합형태 요인실험의 부분실시 (p.406)

참고사항

참고 1 SS_{AB}를 계산하는 기타 방법들(p.380)

(1) 직교하는 라틴방격을 이용하는 방법

다음과 같이 직교하는 3×3 라틴방격을 생각한다.

$$\begin{pmatrix} Q & R & S \\ R & S & Q \\ S & Q & R \end{pmatrix}, \quad \begin{pmatrix} Q & R & S \\ S & Q & R \\ R & S & Q \end{pmatrix}$$

앞의 예의 경우 이 방법을 사용하여 SS_{AB}를 계산해보자.

(i) 요인 B (열), 요인 A (행)

요인 A	Q 1	R -2	S 3
	R 0	S 4	Q 1
	S 2	Q -1	R 2

(ii) 요인 B (열), 요인 A (행)

요인 A	Q 1	R -2	S 3
	S 0	Q 4	R 1
	R 2	S -1	Q 2

(i) $Q=1$, $R=0$, $S=9$ (동일문자에 속한 실험결과들의 합)

$$SS_{AB(I)} = \frac{1^2 + (0)^2 + 9^2}{3 \times 2} - \frac{10^2}{9 \times 2} = 8.11$$

(ii) $Q=7$, $R=1$, $S=2$ (동일문자에 속한 실험결과들의 합)

$$SS_{AB(J)} = \frac{7^2 + 1^2 + 2^2}{3 \times 2} - \frac{10^2}{9 \times 2} = 3.44$$

따라서 $SS_{AB} = SS_{AB(I)} + SS_{AB(J)} = 8.11 + 3.44 = 11.55$ 이다.

(ⅰ)의 경우 : AB성분 $(i+j=h)$

$$Q:\ i+j=0,\ AB(I)_0$$
$$R:\ i+j=1,\ AB(I)_1$$
$$S:\ i+j=2,\ AB(I)_2$$

(ⅱ)의 경우 : AB^2성분 $(i+2j=h)$

$$Q:\ i+2j=0,\quad AB(J)_0$$
$$R:\ i+2j=1,\quad AB(J)_1$$
$$S:\ i+2j=2,\quad AB(J)_2$$

그런데, $i+j=h$(즉, AB성분)에 의한 분류는 $2i+2j=h$(즉, A^2B^2 성분)의 분류결과와 같아 똑같은 I성분의 교호작용 $SS_{AB(I)}$를 얻음을 알 수 있다. 또 $i+2j=h$(즉, AB^2 성분)에 의한 분류 역시 $2i+j=h$(즉, A^2B 성분)의 분류결과와 마찬가지로 J성분의 교호작용 $SS_{AB(J)}$를 얻을 수 있다. 이러한 사실은 다음과 같은 관계로도 확인할 수 있다.

$$(A^2B^2)^2 = AB$$
$$(A^2B)^2 = AB^2$$

결국 교호작용 AB에 대한 제곱합은 다음과 같이 구해짐을 알 수 있다.

$$SS_{AB} = SS_{AB(I)} + SS_{AB(J)},$$

$$SS_{AB(I)} = SS_{AB\text{성분}}(\text{혹은 } SS_{A^2B^2\text{성분}}),\ SS_{AB(J)} = SS_{AB^2\text{성분}}(\text{혹은 } SS_{A^2B\text{성분}})$$

(2) 대각선을 이용한 방법

표 1 대각선을 이용하는 방법

		요인 B			요인 B		
		0	1	2	0	1	2
요인A	0	1	−2	3	1	−2	3
	1	0	4	1	0	4	1
	2	2	−1	2	2	−1	2
	9	1	0		7	1	2
	(I 성분)				(J 성분)		

$$SS_{AB(I)} = \frac{1}{3\times 2}(9^2+1^2+0^2) - \frac{10^2}{2\times 9} = 8.11$$

$$SS_{AB(J)} = \frac{1}{3\times 2}(7^2+1^2+2^2) - \frac{10^2}{2\times 9} = 3.44$$

$$SS_{AB} = 8.11 + 3.44 = 11.55$$

[표 1]을 사용하여 SS_{AB}를 계산할 수 있다. 표에서 대각선 혹은 음의 대각선의 합을 계산하여 하단에 표기하고 이를 이용한다.

(3) $A_L \times B_L$, $A_L \times B_Q$, $A_Q \times B_L$, $A_Q \times B_Q$ 성분을 이용하는 방법

$A_L \times B_L$의 경우를 살펴보자.

$$\widehat{A_L \times B_L} = \begin{pmatrix} -1 \\ 0 \\ 1 \end{pmatrix} \otimes \begin{pmatrix} -1 \\ 0 \\ 1 \end{pmatrix} \times \boldsymbol{y}, \quad \boldsymbol{y}\text{는 관찰치 벡터}$$

여기서, $SS_{A_L \times B_L} = \frac{1}{4n}(\text{대비}_{A_L \times B_L})^2$이며, 나머지 성분에서도 각각 제곱합을 구할 수 있으므로 이것들의 합으로 SS_{AB}를 구할 수 있다. 그런데, 3^2-요인실험처럼 각 요인의 수준이 3인 경우, 각 요인은 직선성분과 곡선성분으로 분리할 수 있다. 결국 교호작용 AB에 대한 제곱합은 두 요인의 직선성분의 결합, 직선과 곡선성분의 결합, 곡선성분의 결합으로 표현할 수 있다.

$$\begin{aligned} SS_{AB} &= SS_{A_L \times B_L} + SS_{A_L \times B_Q} + SS_{A_Q \times B_L} + SS_{A_Q \times B_Q} \\ &= \frac{n(\widehat{A_L \times B_L})^2}{4} + \frac{n(\widehat{A_L \times B_Q})^2}{4} + \frac{n(\widehat{A_Q \times B_L})^2}{4} + \frac{n(\widehat{A_Q \times B_Q})^2}{4} \\ &= \frac{(\text{대비}_{A_L \times B_L})^2}{4n} + \frac{(\text{대비}_{A_L \times B_Q})^2}{4n} + \frac{(\text{대비}_{A_Q \times B_L})^2}{4n} + \frac{(\text{대비}_{A_Q \times B_Q})^2}{4n} \end{aligned}$$

참고 2 p^k-형 직교배열에 대한 이해(p.382)

직교배열표는 본래 서로 직교하는 라틴방격을 어떻게 구성하는가 하는 문제에서 시작되었다. 예를 들어 3×3 라틴방격을 생각해보자. 우선 3행 3열의 바둑판 모양을 생각하고 행번호, 열번호를 각각 0, 1, 2라 하여 (i, j)라 표시한다.

3×3 행렬표

	0	1	2
0	(0, 0)	(0, 1)	(0, 2)
1	(1, 0)	(1, 1)	(1, 2)
2	(2, 0)	(2, 1)	(2, 2)

다음으로 $i+j=h(\mathrm{mod}=3)$을 계산하고 h의 값 0, 1, 2 대신 A, B, C를 대응시키면 다음과 같은 라틴방격을 얻는다.

$$\begin{matrix} 0 & 1 & 2 \\ 1 & 2 & 0 \\ 2 & 0 & 1 \end{matrix} \quad \rightarrow \quad \begin{matrix} A & B & C \\ B & C & A \\ C & A & B \end{matrix}$$

다음으로 $c=2$ 일 때, $i+2j=h(\mathrm{mod}=3)$을 계산하여 h의 값 0, 1, 2 대신 문자 α, β, γ를 대응시키면 다음과 같은 다른 라틴방격을 얻는다.

$$\begin{matrix} 0 & 2 & 1 \\ 1 & 0 & 2 \\ 2 & 1 & 0 \end{matrix} \quad \rightarrow \quad \begin{matrix} \alpha & \beta & \gamma \\ \beta & \alpha & \gamma \\ \gamma & \beta & \alpha \end{matrix}$$

위의 두 라틴방격은 서로 직교함을 알 수 있다(이중 그레코-라틴방격). 따라서 3×3 라틴방격의 경우 직교하는 개수는 둘이므로 3^2-형 직교배열은 A, B 이외에 서로 직교하는 AB, AB^2에 대한 직교배열을 얻는다.

4^2-형 직교배열의 경우도 [표 1]에서 보듯이 A, B 이외에 AB, AB^2, AB^3에 대한 직교배열을 얻는다. 일반적으로 p가 소수일 때 혹은 소수의 제곱 형태(즉 $p=$소수 혹은 $p=(\text{소수})^m$)일 때 $p \times p$행렬표를 생각할 수 있다.

이때 각 칸의 위치를 (i, j)라 하고,

$$i+cj=h(\mathrm{mod}=p), \;\; i, j, c, h=0, 1, 2 \cdots p-1 \tag{1}$$

이라는 연산을 실시한 후 생성된 h값 대신 문자를 바꾸어놓으면 $(p-1)$중 라틴방격을 얻을 수 있다. 이러한 생각으로 p^k형 직교배열표를 작성할 수 있다.

표 2 4^2-형 직교배열표

행번호	처리조합	A i	B j	AB $i+j$	AB^2 $i+2j$	AB^3 $i+3j$
1	(0 0)	0	0	0	0	0
2	(0 1)	0	1	1	2	3
3	(0 2)	0	2	2	3	1
4	(0 3)	0	3	3	1	2
5	(1 0)	1	0	1	1	1
6	(1 1)	1	1	0	3	2
7	(1 2)	1	2	3	2	0
8	(1 3)	1	3	2	0	3
9	(2 0)	2	0	2	2	2
10	(2 1)	2	1	3	0	1
11	(2 2)	2	2	0	1	3
12	(2 3)	2	3	1	3	0
13	(3 0)	3	0	3	3	3
14	(3 1)	3	1	2	1	0
15	(3 2)	3	2	1	0	2
16	(3 3)	3	3	0	2	1

3^k-요인실험을 위한 3^k-형 직교배열표 이외에 [표 2]와 [표 3]과 같은 4^2-형 및 5^2-형 직교배열표를 생각할 수 있는데 이 경우 역시 $i+cj=h$라는 연산법칙을 사용한 것이다.

표 3 5^2-형 직교배열표

행번호	처리조합	A i	B j	AB $i+j$	AB^2 $i+2j$	AB^3 $i+3j$	AB^4 $i+4j$
1	(0 0)	0	0	0	0	0	0
2	(0 1)	0	1	1	2	3	4
3	(0 2)	0	2	2	4	1	3
4	(0 3)	0	3	3	1	4	2
5	(0 4)	0	4	4	3	2	1
6	(1 0)	1	0	1	1	1	1
7	(1 1)	1	1	2	3	4	0
8	(1 2)	1	2	3	0	2	4
9	(1 3)	1	3	4	2	0	3

10	(1	4)	1	4	0	4	3	2
11	(2	0)	2	0	2	2	2	2
12	(2	1)	2	1	3	4	0	1
13	(2	2)	2	2	4	1	3	0
14	(2	3)	2	3	0	3	1	4
15	(2	4)	2	4	1	0	4	3
16	(3	0)	3	0	3	3	3	3
17	(3	1)	3	1	4	0	1	2
18	(3	2)	3	2	0	2	4	1
19	(3	3)	3	3	1	4	2	0
20	(3	4)	3	4	2	1	0	4
21	(4	0)	4	0	4	4	4	4
22	(4	1)	4	1	0	1	2	3
23	(4	2)	4	2	1	3	0	2
24	(4	3)	4	3	2	0	3	1
25	(4	4)	4	4	3	2	1	0

참고 3 PROC FACTEX 프로시저(p.395)

SAS의 FACTEX는 SAS/QC에 포함되어 있는 프로시저로 직교 요인실험설계(orthogonal factorial experimental design)를 제공한다. 이를 사용하면, 완전요인실험, 부분요인실험요인, 불완비블록실험 및 혼합실험설계를 수행할 수 있다. 여기서는 FACTEX를 이용한 몇 가지 예를 소개하기로 한다.

1. FACTEX 절차

PROC FACTEX의 절차는 다음과 같다.

```
PROC FACTEX 〈options〉 ;
    FACTORS factor-names 〈 / option〉 ;                          ①
    SIZE size-specification ;                                     ②
    MODEL model-specification 〈MINABS 〈(d)〉 〉;                 ③
    BLOCKS block-specification ;                                  ④
    UNITEFFECTS uniteffect / 〈 WHOLE=( ) 〉 〈 SUB=( ) 〉 ;
```

```
EXAMINE 〈options〉 ;                                    ⑤
OUTPUT OUT=SAS-data-set 〈options〉 ;                     ⑥
```

① FACTORS : 요인들의 이름과 수준수(NLEV = 옵션)를 지정한다.

② SIZE : 실험의 크기를 지정한다. DESIGN 옵션은 원하는 처리조합의 개수를 직접 지정할 때 사용되며, FRACTION = h 옵션은 실험의 크기가 완전요인실험의 1/h가 되도록 지정한다. 한편, DESIGN=MINIMUM 옵션을 사용하면 MODEL 명령문에 지정된 조건을 만족하는 최소 크기의 부분실험을 찾아준다.

③ MODEL : 추정되어야 할 효과를 지정한다. ESTIMATE 옵션은 효과들을 직접 지정할 때 사용되며, 차수 k이하의 모든 효과들을 지정하려면 ESTIMATE=(a|b|c|d|e+@k)와 같은 형식을 사용한다. RESOLUTION 옵션은 해상도를 나타내며, 최대해상도의 부분실험을 위해서는 RESOLUTION =MAXIMUM을 사용한다. 그리고 최대 d차 교호작용(minimum aberration design)까지의 고려하고자 한다면 MINABS (d)라는 추가 옵션을 사용한다.

④ BLOCK : BLOCK의 개수(NBLOCK=b), BLOCK의 크기(SIZE=k), 가상블럭요인(block pseudo-factors) 개수 (NBLKFACS=s) 등을 지정한다.

⑤ EXAMINE : 실험설계 결과(DESIGN 옵션), 교락규칙(CONFOUNDING 옵션), 별명관계(ALIASING 옵션) 등이 출력되도록 지정한다.

⑥ OUTPUT : 출력결과를 저장한다. 여기서, 반복 개수를 지정할 수 있는데 디자인 반복(DESIGNREP=c)과 디자인 내 실험점의 반복(POINTREP =p)을 지정한다.

2. 실험설계 예

예제 1 2_{IV}^{8-4} 부분실험설계 예

```
PROC FACTEX;
  FACTORS  a b c d e f g h / NLEV = 2;
  SIZE DESIGN = 16;
```

```
  MODEL RESOLUTION = 4;
  EXAMINE DESIGN ALIASING;
RUN;
```

The FACTEX Procedure

Design Points

Experiment Number	a	b	c	d	e	f	g	h
1	−1	−1	−1	−1	−1	−1	−1	−1
2	−1	−1	−1	1	1	1	1	−1
3	−1	−1	1	−1	1	1	−1	1
4	−1	−1	1	1	−1	−1	1	1
5	−1	1	−1	−1	1	−1	1	1
6	−1	1	−1	1	−1	1	−1	1
7	−1	1	1	−1	−1	1	1	−1
8	−1	1	1	1	1	−1	−1	−1
9	1	−1	−1	−1	−1	1	1	1
10	1	−1	−1	1	1	−1	−1	1
11	1	−1	1	−1	1	−1	1	−1
12	1	−1	1	1	−1	1	−1	−1
13	1	1	−1	−1	1	1	−1	−1
14	1	1	−1	1	−1	−1	1	−1
15	1	1	1	−1	−1	−1	−1	1
16	1	1	1	1	1	1	1	1

예제 2 2_{IV}^{4-1}에서 실험점 반복(2회)을 사용한 예

```
PROC FACTEX;
  FACTORS a b c d;
  SIZE FRACTION = 2;
  MODEL RES = MAX;
  OUTPUT OUT=Replicated POINTREP = 2;
RUN;
PROC PRINT DATA=Replicated;
RUN;
```

The FACTEX Procedure

Design Points

Experiment Number	a	b	c	d
1	−1	−1	−1	−1
2	−1	−1	−1	−1

```
  3          -1          -1           1          1
  4          -1          -1           1          1
  5          -1           1          -1          1
  6          -1           1          -1          1
  7          -1           1           1         -1
  8          -1           1           1         -1
  9           1          -1          -1          1
 10           1          -1          -1          1
 11           1          -1           1         -1
 12           1          -1           1         -1
 13           1           1          -1         -1
 14           1           1          -1         -1
 15           1           1           1          1
 16           1           1           1          1
```

위의 결과는 2_{IV}^{4-1} 부분실험설계 결과인데, 반복을 2회 실시한 것이다. 그런데, OUTPUT 옵션에서 DESIGNREP를 사용하면 실험횟수 8인 2^{4-1}-요인실험이 동일하게 2회 반복된다. 그런데, 여기서는 POINTREP를 사용하였으므로 각 실험점이 2번 반복되는 형태의 출력결과를 보여준다.

예제 3 3^{3-1}-요인실험설계 예

```
PROC FACTEX;
   FACTORS  a b c / NLEV = 3;
   SIZE FRACTION = 3;
   MODEL RESOLUTION = MAXIMUM;
   EXAMINE DESIGN ALIASING CONFOUNDING;
RUN ;
```

```
                    The FACTEX Procedure

                       Design Points
Experiment
Number            a              b              c
--------------------------------------------------
   1             -1             -1             -1
   2             -1              0              1
   3             -1              1              0
   4              0             -1              1
   5              0              0              0
   6              0              1             -1
   7              1             -1              0
   8              1              0             -1
   9              1              1              1
```

```
Confounding Rules

  c = [2*a]+[2*b]
Aliasing Structure

    a  =  [2*b]+[2*c]
[2*a]  =  b+c
    b  =  [2*a]+[2*c]
[2*b]  =  a+c
    c  =  [2*a]+[2*b]
[2*c]  =  a+b
[2*a] + b  =  a+[2*c]  =  [2*b]+c
 a +[2*b]  =  [2*a]+c  =  b+[2*c]
```

위는 $M=ABC$를 이용한 3^{3-1} 부분실시로 설계생성인자, $C=A^2B^2$이고 각 요인끼리의 별명관계를 동시에 보여준다.

예제 4 $\frac{3}{4}2^2 \times 3^2$-요인실험설계 예

```
PROC FACTEX;
   FACTORS  x1 x2 x3 x4 / NLEV = 3;
   SIZE DESIGN = 27;
   MODEL RESOLUTION = 4;
   OUTPUT OUT=MixedLevel x1 NVALS=(-1 1 -1) x2 NVALS=(-1 1 -1);
RUN;
PROC PRINT DATA = MixedLevel;
RUN ;
```

The FACTEX Procedure

Obs	x1	x2	x3	x4	Obs	x1	x2	x3	x4	Obs	x1	x2	x3	x4
1	-1	-1	-1	-1	10	1	-1	-1	1	19	-1	-1	-1	0
2	-1	-1	0	1	11	1	-1	0	0	20	-1	-1	0	-1
3	-1	-1	1	0	12	1	-1	1	-1	21	-1	-1	1	1
4	-1	1	-1	1	13	1	1	-1	0	22	-1	1	-1	-1
5	-1	1	0	0	14	1	1	0	-1	23	-1	1	0	1
6	-1	1	1	-1	15	1	1	1	1	24	-1	1	1	0
7	-1	-1	-1	0	16	1	-1	-1	-1	25	-1	-1	-1	1
8	-1	-1	0	-1	17	1	-1	0	1	26	-1	-1	0	0
9	-1	-1	1	1	18	1	-1	1	0	27	-1	-1	1	-1

위의 결과는 $2^2 \times 3^2$의 혼합된 실험에 대한 부분실험설계 결과이다. 이처럼 혼합된 실험설계는 어느 요인의 수준을 병합(collapse)하는 방법을 사용한다. 병합이란 높은 수준의 어느 값을 낮은 수준으로 대체한다는 의미이다. OUTPUT 문장에서 병합할 요인을 지정하면 된다. 여기에서는 $3^2 \times 3^2 = 3^4$ 실험에 대한 $\left(\frac{1}{3}\right)$ 부분실험설계를 먼저 수행한 후에 다시 X_1과 X_2의 수준을 (-1 1 -1)과 같이 변경함으로 가능하다. 결과적으로 위의 설계는 $\frac{3}{4}2^2 \times 3^2$-요인실험이 되는 셈이다.

참고 4 혼합형태 요인실험의 부분실시(p.395)

예를 들어 $3^2 \times 2^2$-요인실험은 4요인 실험으로 36개의 실험횟수를 요구한다. 이 실험에 대한 $\frac{1}{4}$부분실험을 $\frac{1}{4}(3^2 \times 2^2)$로 표시하여 그 구성하는 방법과 분석 요령을 살펴보자.

우선 3^2-형 직교배열을 이용하기 위하여 3^2-형 직교배열표의 AB와 AB^2에 각각 C와 D를 대응시키고 $i+j$ 및 $i+2j$ 연산의 결과 (mod=3)를 (1) → 1, (0 혹은 3) → 0, (2) → 0′로 표시한다. 이렇게 하면 C와 D를 두 수준으로 배치할 수 있다.

표 4 $\frac{1}{4}(3^2 \times 2^2)$-요인실험의 구성

처리조합				A	B	$C=AB$	$D=AB^2$	관측값
				i	j	$i+j$	$i+2j$	
(0	0	0	0)	0	0	0	0	$y_1=4$
(0	1	1	0)	0	1	1	0′	$y_2=10$
(0	2	0	1)	0	2	0′	1	$y_3=6$
(1	0	1	1)	1	0	1	1	$y_4=9$
(1	1	0	0)	1	1	0′	0	$y_5=11$
(1	2	0	0)	1	2	0	0′	$y_6=1$
(2	0	0	0)	2	0	0′	0′	$y_7=15$
(2	1	0	1)	2	1	0	1	$y_8=5$
(2	2	1	0)	2	2	1	0	$y_9=12$

다음으로 각 요인에 대한 제곱합은 다음과 같은 절차로 구한다.

$$A_0 = y_1 + y_2 + y_3 = 20 \quad A_1 = y_4 + y_5 + y_6 = 21 \quad A_2 = y_7 + y_8 + y_9 = 32$$

$$B_0 = y_1 + y_4 + y_7 = 28 \quad B_1 = y_2 + y_5 + y_8 = 26 \quad B_2 = y_3 + y_6 + y_9 = 19$$

$$C_0 = y_1 + y_3 + y_5 + y_6 + y_7 + y_8 = 42 \quad C_1 = y_2 + y_4 + y_9 = 31$$

$$D_0 = y_1 + y_2 + y_5 + y_6 + y_7 + y_9 = 53 \quad D_1 = y_3 + y_4 + y_6 = 20$$

$$CF = \frac{T^2}{9} = \frac{73^2}{9} = 592.11$$

라 하면,

$$SS_A = \frac{1}{3}(A_0^2 + A_1^2 + A_2^2) - CF = \frac{1}{3}(400 + 441 + 1024) - 592.1 = 29.56$$

$$SS_B = \frac{1}{3}(B_0^2 + B_1^2 + B_2^2) - CF = \frac{1}{3}(784 + 676 + 361) - 592.11 = 14.89$$

$$SS_C = \frac{1}{18}(C_0 - 2C_1)^2 = 22.22$$

$$SS_D = \frac{1}{18}(D_0 - 2D_1)^2 = 9.39$$

다음으로 요인 C 열에서,

$$C_0 = y_1 + y_6 + y_8 = 10$$

$$C_0' = y_3 + y_5 + y_7 = 32$$

요인 D 열에서,

$$D_0 = y_1 + y_5 + y_9 = 27$$

$$D_0' = y_2 + y_6 + y_7 = 26$$

이라 하면, 오차평방합의 두 성분 SS_{e1}과 SS_{e2}가 다음과 같이 계산된다.

$$SS_{e_1} = \frac{1}{6}(C_0 - C_0')^2 = 80.67$$

$$SS_{e_2} = \frac{1}{6}(D_0 - D_0')^2 = 0.16$$

따라서 SS_e는 다음과 같다.

$$SS_e = SS_{e_1} + SS_{e_2} = 80.83 \tag{1}$$

예제 5 [표 4]에 대한 SAS 분석

```
DATA ex9_4;
   INPUT a b c d y @@;
LINES;
0 0 0 0  4
0 1 1 0 10
0 2 0 1  6
1 0 1 1  9
1 1 0 0 11
1 2 0 0  1
2 0 0 0 15
2 1 0 1  5
2 2 1 0 12
;
PROC GLM DATA=ex9_4;
   CLASS a b c d;
   MODEL y=a b c d;
RUN;
```

```
                        General Linear Models Procedure

Dependent Variable: Y
Source                DF   Sum of Squares      Mean Square   F Value      Pr > F
Model                  6      76.05555556      12.67592593      0.31      0.8861
Error                  2      80.83333333      40.41666667
Corrected Total        8     156.88888889

              R-Square             C.V.         Root MSE                  Y Mean
              0.484773         78.37903       6.35741037              8.11111111

Source                DF        Type I SS      Mean Square   F Value      Pr > F
A                      2      29.55555556      14.77777778      0.37      0.7323
B                      2      14.88888889       7.44444444      0.18      0.8445
C                      1      22.22222222      22.22222222      0.55      0.5356
D                      1       9.38888889       9.38888889      0.23      0.6774
```

SAS 결과는 앞에서 설명한 $\frac{1}{4}(3^2 \times 2^2)$의 실험으로 총 실험점이 9개인 경우이다. 또한, 요인 A와 B는 3수준이므로 해당 요인의 자유도는 2이며, 요인 C

와 D는 2수준이므로 해당 요인의 자유도가 1임을 볼 수 있다. 그리고 각 SS_A, SS_B, SS_C, SS_D는 Type I SS에 주어져있으며, 식 (1)의 SS_e는 Error 80.833과 일치함을 알 수 있다.

1. 다음은 3^3-요인실험의 결과이다. 분산분석표를 구하여라.

	A수준								
	0			1			2		
	B수준								
C수준	0	1	2	0	1	2	0	1	2
0	171	160	131	174	118	89	101	102	92
1	160	130	99	82	123	108	129	86	127
2	118	119	111	157	117	81	96	103	93
	449	409	341	413	358	278	326	291	312

2. 3^{5-1}-요인실험을 구성하는데 주효과 및 2요인 교호작용이 추정가능한 실험설계를 구성하여라.

3. $M = ABC = BCD$인 3^{4-2}-요인실험을 생각하자. 이때 서로 교락된 성분들을 구하고 분산분석표를 그려라.

4. 3^{5-1}-요인실험을 크기 3^3인 블록에 배치하는 실험을 생각하자. 이때 주효과 및 2요인 교호작용이 추정가능한 정의대비를 제시하여라.

랜덤화를 제한하는 실험설계들 10

10.1 랜덤화완비블록설계

10.2 라틴방격설계

10.3 분할구실험설계

10.4 지분설계

실험단위가 구조적으로 균일하지 못하거나 현실적으로 모든 처리를 랜덤으로 실험단위에 배치할 수 없을 경우가 있다. 이 경우, 랜덤화 원칙을 일부 포기할 수 있다. 그 이유는 랜덤화 원칙을 포기해 실험단위의 구조적 문제로 실험의 왜곡을 가져올 잡음요인을 통제할 수 있는 실험설계를 선택한다든지 실험의 수월성을 고려하는 것이 오히려 바람직할 수 있기 때문이다.

10.1 랜덤화완비블록설계

10.1.1 요인이 하나인 경우

요인이 하나(A)인 랜덤화완비블록설계의 통계모형은 다음과 같다.

$$y_{ij} = \mu + \tau_i + \beta_j + e_{ij},\ i = 1,2 \cdots a,\ j = 1,2 \cdots b \tag{10.1-1}$$

여기서, τ_i는 A의 고유효과이고 β_j는 블록효과를 의미한다. 이 통계모형은 요인실험모형 형태로 다음과 같이 쓸 수 있다.

$$y_{ij(k)} = \mu + \tau_i + \beta_j + (\tau\beta)_{ij} + e_{ij(k)},\ i = 1,2 \cdots a,\ j = 1,2 \cdots b \tag{10.1-2}$$

여기서, k는 반복을 의미한다. 이때 블록과 요인과의 교호작용이 없다고 가정하면 $(\tau\beta)_{ij} = 0$이 되어 식 (10.1-2)의 모형은 식 (10.1-1)의 모형과 동일하다. 이 모형을 난괴법에 대한 통계모형으로 정의한다. 이 모형의 특징은 주어진 블록(j)내에서 처리들(i)이 랜덤화법칙(rule of randomization)에 의하여 배치되는 실험이라는 점이다. 따라서 실험결과인 y_{ij}는 ab개의 전체 실험구에 걸쳐 랜덤화법칙에 의하여 처리를 배치하여 얻은 결과가 아니라 실험구를 b개의 블록으로 나누고 각 블록내에서 랜덤화법칙이 적용된 결과이다. 그러므로 이 모형은 전체 실험에 대한 완전랜덤화방법이 아니라 블록간에는 랜덤화가 제한된 이른바 제한된 랜덤화설계(restricted randomized design)이다. 이러한 점을 강조하여 다음과 같이 표현하기도 한다.

$$y_{i(j)} = \mu + \tau_i + \beta_j + e_{i(j)},\ i = 1, 2 \cdots a,\ j = 1, 2 \cdots b \qquad (10.1-3)$$

이는 i 처리가 j 블록 내에서만 랜덤화된다는 의미로 블록요인을 괄호로 처리하여 $i(j)$로 표시한 것이다. 이 모형에 대한 분산분석표는 다음과 같다.

표 10.1-1 분산분석표

변 인	자유도	EMS	
		모수모형	변량모형
블 록	$b-1$		
요인(처리)	$a-1$	$\sigma^2 + \frac{b}{a-1}\sum\tau_i^2$	$\sigma^2 + b\sigma_\tau^2$
오차	$(a-1)(b-1)$	σ^2	σ^2

10.1.2 요인이 둘 이상인 경우

요인이 두 종류 $(A,\ B)$인 경우를 생각해보자. 통계모형은 다음과 같다.

$$y_{ijk} = \mu + \tau_i + \beta_j + (\tau\beta)_{ij} + \delta_k + e_{ijk},\ i = 1,2 \cdots a,\ j = 1,2 \cdots b,$$
$$k = 1,2 \cdots r,\ \tau_i = A\text{의 고유효과},\ \beta_j = B\text{의 고유효과},\ \delta_k = \text{블록효과} \qquad (10.1-4)$$

위의 모형은 아래와 같은 요인실험모형에서 블록과 요인들 간의 교호작용을 무시하였을 때의 모형과 동일함을 알 수 있다.

$$y_{ijk(l)} = \mu + \tau_i + \beta_j + (\tau\beta)_{ij} + \delta_k + \underbrace{(\tau\delta)_{ik} + (\beta\delta)_{jk} + (\tau\beta\delta)_{ijk} + e_{ijk(l)}}_{e_{ijk(l)}} \qquad (10.1-5)$$

따라서 오차의 자유도는 다음과 같다.

$$df_{\text{오차}} = df_{A\times\text{블록}} + df_{B\times\text{블록}} + df_{AB\times\text{블록}} \qquad (10.1-6)$$

그런데, 블록의 효과는 보통 변량인자로 취급하므로 블록간의 차이를 추론하기 위해서는 σ^2_{block}을 추정해야 한다. [표 10.1-2]에서 $MS_{block} = \hat{\sigma}^2 + ab\hat{\sigma}^2_{block}$의 관계로부터 $\hat{\sigma}^2_{block}$은 간단히 $\hat{\sigma}^2_{block} = (MS_{block} - MS_E)/ab$로 추정할 수 있다. 이에 대한 자세한 사항은 5.1장을 참고하길 바란다.

표 10.1-2 두 요인실험에 대한 난괴법의 분산분석표

변 인	자유도	EMS 모수모형	EMS 변량모형
블 록	$r-1$	$\sigma^2 + ab\sigma^2_{block}$	$\sigma^2 + ab\sigma^2_{block}$
A	$a-1$	$\sigma^2 + rb\frac{1}{a-1}\sum\tau_i^2$	$\sigma^2 + r\sigma^2_{AB} + rb\sigma^2_A$
B	$b-1$	$\sigma^2 + ra\frac{1}{b-1}\sum\beta_j^2$	$\sigma^2 + r\sigma^2_{AB} + ra\sigma^2_B$
$A\times B$	$(a-1)(b-1)$	$\sigma^2 + r\frac{1}{(a-1)(b-1)}\sum\sum(\tau\beta)^2_{ij}$	$\sigma^2 + r\sigma^2_{AB}$
오 차	$(r-1)(ab-1)$	σ^2	σ^2
전 체	$rab-1$		

예제 10.1

다음은 모두 모수모형을 가정한 3×2 요인실험을 6종류의 블록에 배치한 실험 결과와 분산분석표는 다음과 같다.

표 10.1-3 실험결과

		블록 1		블록 2		블록 3		블록 4		블록 5		블록 6	
	요인 B	1	2	1	2	1	2	1	2	1	2	1	2
요인 A	1	90	86	96	84	100	92	92	81	85	81	105	97
	2	102	87	106	90	105	97	96	80	101	85	101	86
	3	114	93	112	91	108	95	98	83	105	92	110	100

표 10.1-4 분산분석표

변 인	자유도	평균제곱합	EMS	F-값
A	2	263.58	$\sigma^2 + 12\sum\frac{\tau_i^2}{2}$	16.65*
B	1	1418.78	$\sigma^2 + 18\sum\beta_j^2$	89.64*
AB	2	51.19	$\sigma^2 + 6\sum\sum\frac{(\tau\beta_{ij})^2}{2}$	3.23
블 록	5	123.00	$\sigma^2 + 6\sigma_{block}^2$	
오 차	25	15.83	σ^2	
전 체	35			

* : 유의함(p-값 <0.01)

10.2 라틴방격설계

10.2.1 요인이 하나인 경우

라틴방격설계(Latin square design)는 두 방향으로 블록화를 실시하는 것으로, 결국 두 방향으로 랜덤화를 제한하는 방법이다. 통계모형은 다음과 같다.

$$y_{ijk} = \mu + \alpha_i + \tau_j + \beta_k + e_{ijk},\ i = j = k = 1, 2 \cdots p \tag{10.2-1}$$

여기서 α_i, β_k는 행과 열의 효과이다. 위 모형을 행과 열이라는 블록인자와 요인들 간의 교호작용을 고려한 요인실험모형 형태로 생각해보자.

$$y_{ijk(l)} = \mu + \alpha_i + \tau_j + \beta_k + (\alpha\tau)_{ij} + (\alpha\beta)_{ik} + (\tau\beta)_{jk} + (\alpha\tau\beta)_{ijk} + e_{ijk(l)} \tag{10.2-2}$$

여기에서 l은 반복을 의미한다. 블록인자인 행 그리고 열과 처리들 간의 교호작용을 무시하면 식 (10.2-2)의 모형은 식 (10.2-1)형태의 모형이 된다. 이것이 라틴방격의 통계모형이다. 분산분석표는 [표 10.2-1]과 같다.

표 10.2-1 라틴방격의 분산분석표

변 인	자유도	*EMS* 모수모형	변량모형
행	$p-1$		
열	$p-1$		
요인(처리)	$p-1$	$\sigma^2 + \frac{p}{p-1}\sum\tau_j^2$	$\sigma^2 + p\sigma_\tau^2$
오 차	$(p-1)(p-2)$	σ^2	σ^2
전 체	p^2-1		

10.2.2 요인이 2이상인 경우

요인이 두 개인 경우 라틴방격의 통계모형은 다음과 같다.

$$y_{ijkl} = \mu + \alpha_i + \tau_j + \beta_k + (\tau\beta)_{jk} + \theta_l + e_{ijkl},\ i = l = 1, 2 \cdots p,$$
$$j = 1, 2 \cdots a,\ k = 1, 2 \cdots b,\ \alpha_i = \text{행 효과},\ \tau_j = A \text{ 효과},$$
$$\beta_k = B \text{ 효과},\ \theta_l = \text{열 효과} \tag{10.2-3}$$

결국 이것은 처리들이 2요인의 수준들의 결합으로 이루어져 있을 뿐이며 요인이 하나인 라틴방격과 동일하게 블록화가 두 방향, 즉 행과 열에 의하여 이루어진 것으로 이해할 수 있다.

예를 들어 처리들이 3×2 요인실험으로 이루어져 있을 경우, 처리종류는 6종류이므로 6×6 라틴방격을 사용한 실험으로 취급될 수 있다. 앞의 [예제 10.1]의 실험결과를 6×6 라틴방격으로 실험하였다고 가정하여 분산분석을 실시하여 보기로 하자. 이때 각 처리조합을 다음과 같이 표시하기로 하자.

$$a_0b_0 = A,\qquad a_1b_0 = B,\qquad a_2b_0 = C$$
$$a_0b_1 = D,\qquad a_1b_1 = E,\qquad a_2b_1 = F$$

그리고 6×6 라틴방격들 중 임의로 하나를 선택한 후 다시 행과 열을 임의로 바꾸어 실험설계를 선택한다. 그 결과 다음과 같은 6×6 라틴방격이 선택되어 실험을 실시하였다고 하자.

$$\begin{pmatrix} A & B & C & D & F & E \\ C & A & B & F & E & D \\ B & E & F & A & D & C \\ E & D & A & B & C & F \\ F & C & D & E & A & B \\ D & F & E & C & B & A \end{pmatrix}$$

한편 이 실험에 대한 통계모형은 다음과 같다.

$$y_{ijkl} = \mu + \alpha_i + \tau_j + \beta_k + (\tau\beta)_{jk} + \theta_l + e_{ijkl},\ i = l = 1, 2 \cdots 6,$$
$$j = 1,2,3,\ k = 1,2$$

여기에서 α_i와 θ_l은 행과 열의 효과, 그리고 τ_j와 β_k는 요인 A와 B의 효과이다. 이 모형에 대한 분산분석표는 다음과 같다.

표 10.2-2 분산분석표

요인(변인)	자유도	평균제곱합	p-값
행(α_i)	5	123.00	0.0005
$A(\tau_j)$	2	263.58	<0.0001
$B(\beta_k)$	1	1418.78	<0.0001
$AB(\tau\beta)_{jk}$	2	51.19	0.0724
열(θ_l)	5	10.93	0.6714
오차($e_{(ijk)l}$)	20	17.05	
전체	35		

예제 10.2 [예제 10.1]에 대한 랜덤화완비블록설계와 라틴방격설계의 SAS 분석

[랜덤화완비블록설계]

```
DATA ex10_1a;
   DO BLOCK = 1 TO 6;
      DO B = 0 TO 1;
         DO A = 0 TO 2;
            INPUT Y @@; OUTPUT;
```

```
        END;
      END;
   END;
CARDS ;
     90 102 114  86  87  93
     96 106 112  84  90  91
    100 105 108  92  97  95
     92  96  98  81  80  83
     85 101 105  81  85  92
    105 101 110  97  86 100
;
PROC GLM DATA=ex10_1a;
   CLASS BLOCK A B;
   MODEL Y = A B A*B BLOCK;
RUN;
```

[라틴방격설계]

```
DATA ex10_1b;
   DO ROW = 1 TO 6;
      DO COL = 1 TO 6;
         INPUT A B Y @@; OUTPUT;
      END;
   END;
CARDS;
0 0  90  1 0 102  2 0 114  0 1  86  1 1  87  2 1  93
2 0 112  0 0  96  1 0 106  2 1  91  1 1  90  0 1  84
1 0 105  1 1  97  2 1  95  0 0 100  0 1  92  2 0 108
1 1  80  0 1  81  0 0  92  1 0  96  2 0  98  2 1  83
2 1  92  2 0 105  0 1  81  1 1  85  0 0  85  1 0 101
0 1  97  2 1 100  1 1  86  2 0 110  1 0 101  0 0 105
;
PROC GLM DATA=ex10_1b;
   CLASS ROW COL A B Y;
   MODEL Y = ROW A B A*B COL;
RUN;
```

[랜덤화완비블록설계 결과]

Source	DF	Sum of Squares	Mean Square	F Value	Pr > F
Model	10	2663.333333	266.333333	16.83	<.0001
Error	25	395.666667	15.826667		
Corrected Total	35	3059.000000			

Source	DF	Type I SS	Mean Square	F Value	Pr > F
A	2	527.166667	263.583333	16.65	<.0001
B	1	1418.777778	1418.777778	89.64	<.0001
A*B	2	102.388889	51.194444	3.23	0.0563
BLOCK	5	615.000000	123.000000	7.77	0.0002

[라틴방격설계 결과]

Source	DF	Sum of Squares	Mean Square	F Value	Pr > F
Model	15	2717.958333	181.197222	10.63	<.0001
Error	20	341.041667	17.052083		
Corrected Total	35	3059.000000			

Source	DF	Type I SS	Mean Square	F Value	Pr > F
ROW	5	615.000000	123.000000	7.21	0.0005
A	2	527.166667	263.583333	15.46	<.0001
B	1	1418.777778	1418.777778	83.20	<.0001
A*B	2	102.388889	51.194444	3.00	0.0724
COL	5	54.625000	10.925000	0.64	0.6714

앞의 분석은 동일한 자료에 대해 랜덤화완비블록설계와 라틴방격설계를 적용한 결과이다. Type I *SS*를 중심으로 결과를 비교하여 보자. 먼저, 랜덤화완비블록설계의 블록(BLOCK)과 라틴방격설계의 행(ROW)의 제곱합이 같음을 볼 수 있다. 이는 랜덤화완비블록설계에서 블록과 라틴방격설계에서 행의 블록이 서로 같기 때문이다. 그런데, 각 요인의 F-값은 랜덤화완비블록설계가 라틴방격설계에 비해 조금씩 크다. 이는 랜덤화완비블록설계의 오차의 자유도가 라틴방격설계의 오차의 자유도보다 큰 것에서 그 이유를 찾을 수 있지만, 보다 근본적인 이유는 라틴방격설계에서 열(COL)에 대한 블록화가 유의하지 않기 때문이다 (p-값=0.6714). 그 결과 랜덤화완비블록설계의 MSE는 15.827로 라틴방격설계의 MSE인 17.052보다 작게 나타났다.

즉, 앞의 예에서 라틴방격설계를 통해서 랜덤화완비블록설계의 블록효과(행에 대한 블록)에 추가하여 열에 대한 블록화를 시도함으로 오차의 제곱합을 줄이고자 하였지만, 열의 블록에서 유의한 결과를 얻지 못하고 오차의 자유도만 손실된 결과이다. 결론적으로 라틴방격설계나 난괴법과 같은 블록설계에서 각 블록의 분산비가 1보다 작으면 그 블록을 고려하지 않은 설계에 비해 효율이 떨어진다는 점이다. 따라서 블록효과가 없는 경우에 다시 실험을 실시할 때 블록화에 좀 더 세심한 주의가 필요하다. 그러나 블록의 선택은 과거의 경험이나 과학적 근거에 의한 정책적 선택이므로 블록화효과에 너무 예민하게 반응할 필요가 없다.

10.3 분할구실험설계

온도와 압력에 따라 어떤 화학제품의 생산량이 어떻게 변화하는지를 실험하기 위하여 4×3 요인실험을 생각하였다. 그런데 하루에 처리할 수 있는 실험의 횟수는 약 12회 에 불과하여 5일에 걸쳐 반복실험을 실시한다고 하자. 이것은 랜덤화블록설계에 의하여 실험한 것이므로 분산분석표는 다음과 같이 주어진다.

표 10.3-1 분산분석표

변 인	자유도
온도(A)	3
압력(B)	2
교호작용(AB)	6
블록(날짜)	4
오차	44
전체	59

물론, 하루에 실험하는 12개의 처리의 실험순서는 랜덤으로 결정해야 하므로 매 실험마다 두 요인의 수준은 선택된 처리에 따라 결정될 수밖에 없다. 그런데 이 경우 두 요인의 수준을 매번 임의로 바꾸는 것이 현실적으로 어려울 경우가 있을 것이다. 이러한 경우 다음과 같은 랜덤화를 일부 제한하는 방법을 생각할 수 있다. 먼저 온도의 수준을 임의로 선택한다. 그 다음 선택된 수준에 온도를 고정시키고 그 온도 하에서 임의로 압력의 수준을 선택하여 실험을 한다.

왜냐하면 고정된 온도 하에서 압력만을 변화시키는 실험이 온도와 압력을 동시에 변화시키는 실험에 비하여 실험이 훨씬 수월하기 때문이다. 이렇게 구성된 실험은 [그림 10.3-1]과 같은 배치를 따르게 될 것이다. 여기에서 블록(날짜)내 큰 실험구를 주구(whole plots)라 하고 주구내 작은 실험단위를 세구(subplots 또는 split-plots)라 한다. 랜덤화 관점에서 이 실험의 특징은 다음과 같다.

1. 블록 내의 주구는 블록내에서 랜덤화되었다.
2. 주구 내 세구, 즉 실험단위들은 주구내에서 랜덤화되었다.
3. 결국 실험단위들은 블록 내 전체가 아닌 각 주구내에서만 랜덤화되었다.

이 실험을 요인실험과 비교해 보면 요인실험은 모든 실험을 초기에 랜덤화한 것인데 반해 분할구실험의 특징은 2단계 랜덤화이다. 결국 이 실험은 요인 A(온도)의 수준에 따라 랜덤화가 제한된 경우로 이러한 실험방법을 분할구실험설계(split-plot experimental design)라 한다.

그림 10.3-1 분할구실험 배치의 예

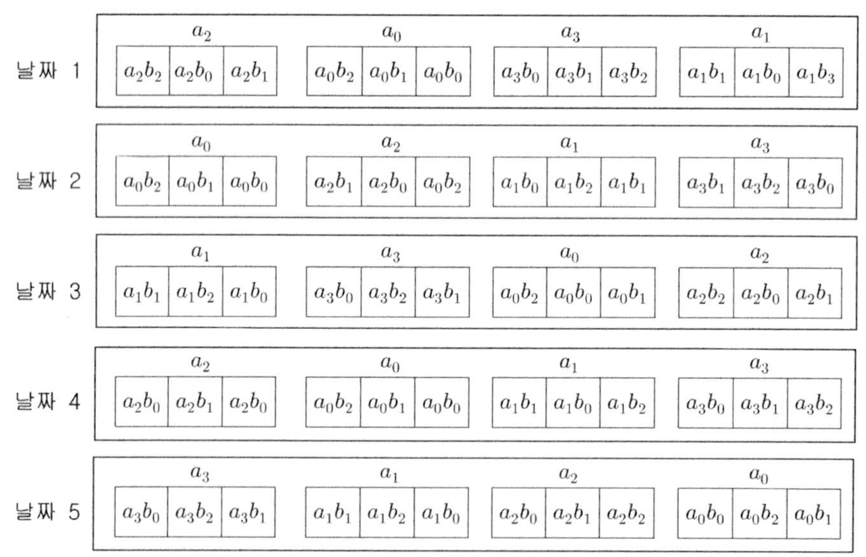

그림 10.3-2 분할구실험 설계구도

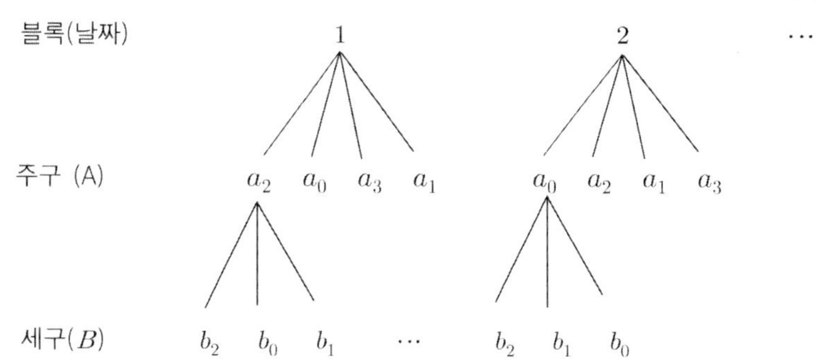

표 10.3-2 분할구실험의 분산분석표

변인	자유도	변인	자유도
주구		세구	
블록(날짜)	4	압력(B)	2
온도(A)	3	온도×압력(AB)	6
주구오차(e_1)=온도×블록	12	세구오차(e_2)= 블록 × B	8
		블록 × AB	24

이 두 방법을 종합적으로 검토해보면 랜덤화블록설계 실험이 불가능하거나 어려울 경우 일부 정보가 희생되더라도(요인 A 검정을 위한 오차 (e_1)의 자유도가 44에서 12로 떨어짐) 나머지 정보(압력 B나 교호작용 AB)에 대한 것은 큰 손실 없이(이 경우는 자유도가 44에서 32로 떨어짐) 통계적 처리를 할 수 있음을 알 수 있다.

분할구실험은 과거 농업실험에 자주 이용되었다. 예를 들어 일정구획의 농지를 몇 개의 주구로 나눈 뒤 각각의 주구에 서로 다른 옥수수 씨앗을 파종한다. 그 다음 각 주구를 몇 개의 세구로 나누어 서로 다른 비료를 시비한다. 이러한 실험을 반복한다. 이는 옥수수 종류와 비료의 종류에 대한 분할구실험인 것이다. 이때 옥수수 씨앗의 종류를 주처리(main treatment), 비료의 종류를 세구처리(subplot treatment)라고도 한다. 주처리효과는 주구와 완전히 교락되어 있어 주구의 효과를 무시할 수 없을 경우 주처리효과의 정확한 추정은 어렵다. 그러나 세구처리는 주구와 교락되지 않음을 알 수 있다. 따라서 정밀한 추정을 원하는 처리를 세구처리에 배정하는 것이 바람직하다. 이 분할구실험은 농업시험에 널리 사용되었던 것이 사실이지만 최근에는 산업, 교육 등 여러 분야에서 널리 활용되고 있다. 이 실험에 대한 통계모형은 다음과 같다.

$$y_{ijk(l)} = \overbrace{\mu + R_i + A_j + (RA)_{ij}}^{\text{주구(whole plot)}} + \underbrace{B_k + (AB)_{jk} + (RB)_{ik} + (RAB)_{ijk(l)}}_{\text{세구(subplot)}} \qquad (10.3\text{-}1)$$

분할구실험에 대한 기대평균제곱합(EMS)은 [표 10.3-3]과 같다.

표 10.3-3 분할구실험의 기대평균제곱합(EMS)

변인(요인)	a R i	b F j	c F k	1 R l	EMS
반복(R_i)	1	b	c	1	$\sigma^2 + bc\sigma_R^2$
$A(A_j)$	a	0	c	1	$\sigma^2 + c\sigma_{RA}^2 + ac\sum_j \frac{A_j^2}{b-1}$
주구오차 $((RA)_{ij})$	1	0	c	1	$\sigma^2 + c\sigma_{RA}^2 = \sigma_1$
$B(B_k)$	a	b	0	1	$\sigma^2 + b\sigma_{RB}^2 + ab\sum \frac{B_k^2}{c-1}$
$AB((AB)_{jk})$	a	0	0	1	$\sigma^2 + \sigma_{RAB}^2 + ac\sum_j\sum_k \frac{(AB)_{jk}^2}{(a-1)(b-1)}$
세구오차 : 반복×$B((RB)_{ik})$	1	b	0	1	$\sigma^2 + b\sigma_{RB}^2$
반복×$AB((RAB)_{ijk})$	1	0	0	1	$\sigma^2 + \sigma_{RAB}^2$
오차$(e_{(ijk)h})$	1	1	1	1	σ^2 (추정불능)

예제 10.3

미적분학을 강의하는 방법(요인 A : 강의 중심, TV사용, 강의 + TV 사용)과 수강자들의 컴퓨터 사용 여부(요인 B : 사용하지 않음, 사용함)에 대한 효과를 분석하기 위한 실험을 분할구실험설계법에 의하여 실시하였다. 우선 세 학교를 선발한 후, 각 학교에서 세 반을 선택하였다. 선택된 세 반에 각각 세 종류의 강의방법을 임의로 배정하고 각 반을 다시 둘로 나누어 임의로 한쪽은 컴퓨터를 사용하게 하고 나머지는 사용을 금지하는 방법을 선택하였다. 이 경우 강의방법이 주처리이고 컴퓨터 사용여부가 세구처리가 된다. 그 실험배치가 다음과 같다고 하자.

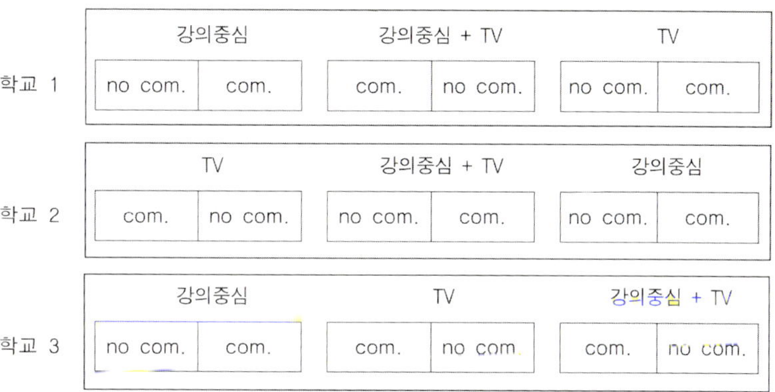

이 실험의 경우 한 학교 내의 세 반에 어떤 강의방법을 쓸 것인가는 임의로 정하고 강의방법이 정해진 반에서 컴퓨터를 사용하는 쪽과 사용하지 않는 쪽 역시 임의로 정한다. 실험결과를 정리한 것이 [표 10.3-4]이다.

표 10.3-4 분할구실험 결과

		A						합
		강의		TV		강의+TV		
	B	C	NC	C	NC	C	NC	
블록	1	72	78	61	63	65	67	406
	2	80	85	64	63	71	73	436
	3	75	79	58	59	64	67	402
합		469		368		407		1244

이에 대한 분산분석표는 [표 10.3-5]이며, 분산분석을 위한 구체적인 제곱합 계산 과정을 참고하길 바란다.

표 10.3-5 분할구실험에 대한 분산분석표

변인	자유도	평균제곱합	EMS	F - 값
블록	2	57.55		
강의법(A)	2	432.39	$\sigma^2 + 2\sigma_{RA}^2 + \frac{6}{2}\sum A_j^2$	72*
주구오차(e_1)	4	5.97	$\sigma_1^2 = \sigma^2 + 2\sigma_{RA}^2$	
컴퓨터(B)	1	32.00	$\sigma^2 + 9\sum B_k^2$	52*
AB	2	7.17	$\sigma^2 + \frac{6}{4}\sum\sum(AB)_{ij}^2$	11.6*
세구오차(e_2)	6	0.61	$\sigma_2^2 = \sigma^2$	
전체	17			

* : 유의함(p-값<0.01)

제곱합 계산

$$CF = \frac{1244^2}{18} = 85974.22$$

$$SS_R = \frac{406^2 + 436^2 + 402^2}{6} - CF = 115.11$$

$$SS_A = \frac{469^2 + 368^2 + 407^2}{6} - CF = 864.78$$

$$SS_E(1) = SS_{RA} = SS_{(RA)} - SS_R - SS_A$$

$$= 1003.78 - 115.11 - 864.78 = 23.89$$

$$\text{단, } SS_{RA} = \frac{150^2 + 124^2 + \cdots + 131^2}{2} - CF = 1003.78$$

$$SS_B = \frac{610^2 + 634^2}{9} - CF = 32.00$$

$$SS_{AB} = SS_{(AB)} - SS_A - SS_B = 911.11 - 864.78 - 32.00 = 14.33$$

$$\text{단, } SS_{(AB)} = \frac{227^2 + 242^2 + \cdots + 207^2}{3} - CF = 911.11$$

$$SS_E(2) = SS_{R\times B} + SS_{R\times AB}$$

$$= SS_{(RAB)} - SS_R - SS_A - SS_{R\times A} - SS_B - SS_{AB}$$

$$= 1053.78 - 115.11 - 864.78 - 23.89 - 32.00 - 14.33$$

$$= 3.69$$

단, $SS_{(RAB)} = 72^2 + 61^2 + \cdots + 67^2 - CF = 1053.781$

예제 10.4

어떤 의사가 진통제의 진통효과에 영향을 주는 요인을 분석하기 위해 제조방법(A), 진통제의 강도(B), 보조약제의 양(C)에 대한 $3\times3\times4$ 요인실험을 분할구 실험방법으로 수행하고자 한다. 이때 실험방법은 다음과 같다. 36명의 환자를 12명씩 세 그룹으로 나누어 제조방법이 다른 진통제를 임의로 배정하고 한 그룹 내의 12명을 다시 4명씩 세 그룹으로 나누어 각각 다른 진통제 강도의 수준을 임의로 배정한다. 마지막으로 4종류의 실험단위(4명의 환자)에 보조약제의 양을 달리하는 항생제를 임의로 배정한다.

이러한 실험을 2회에 걸쳐 반복 실험을 하고자 한다. 마지막 실험단위인 환자에게 처리가 선택되는 과정은 다음과 같다.

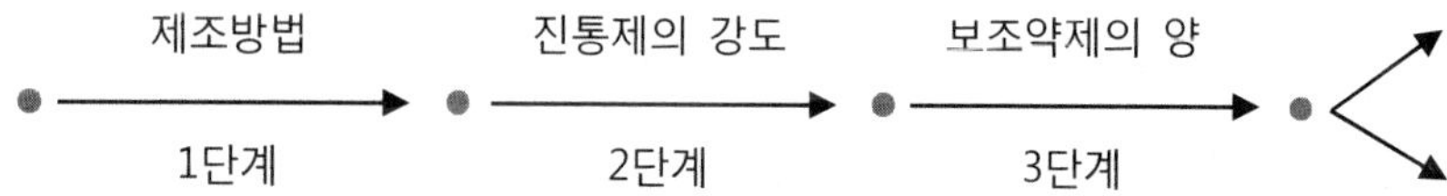

그림 10.3-3 분할-분할구 설계구도

A(제조방법) 1 2 3

B(진통제의 강도) 1 2 3 1 2 3 1 2 3

C(보조약제의 양) 1 2 3 4

이 실험을 살펴보면 진통제의 강도는 주어진 제조방법 내에서, 보조약제의 양은 주어진 진통제 강도 내에서만 랜덤화가 이루어진다. 따라서 최종단계인 실험단위에 처리가 임의배치되는 과정에서 두 번의 랜덤화 제한(2-way restriction of randomization)이 이루어진 셈이다. 실험결과는 다음과 같다.

표 10.3-6 실험결과

블록(반복)	진통제 강도	제조방법(A)								
		1			2			3		
		1	2	3	1	2	3	1	2	3
	보조약제의 양									
1	1	96	70	107	94	66	100	90	73	98
	2	105	81	106	100	84	101	97	75	100
	3	106	88	112	104	87	109	100	82	104
	4	113	90	117	121	90	117	110	91	112
2	1	90	68	109	98	68	106	98	72	101
	2	100	84	112	102	81	103	102	78	105
	3	102	85	115	100	85	110	105	80	110
	4	114	88	118	118	85	116	110	95	120

3단계 분할구실험의 통계모형과 분산분석표는 다음과 같다.

$$y_{ijkl} = \mu + \underset{\text{블럭}(R)}{R_i} + \underset{A}{A_j} + \underset{\text{블록}\times A(=R\times A)}{(RA)_{ij}}$$

주구(whole plot)

$$+ \underset{B}{B_k} + \underset{AB}{(AB)_{jk}} + \underset{\text{블록}\times B}{(RB)_{jk}} + \underset{\text{블록}\times AB(=R\times AB)}{(RAB)_{ijk}}$$

세구(split-plot)

$$+ \underset{C}{C_l} + \underset{R\times C}{(RC)_{il}} + \underset{AC}{(AC)_{jl}} + \underset{R\times AC}{(RAC)_{ijl}} + \underset{BC}{(BC)_{kl}} + \underset{R\times BC}{(RBC)_{ikl}} + \underset{ABC}{(ABC)_{jkl}} + \underset{R\times ABC}{(RABC)_{ijkl}}$$

세세구(split-split-plot)

표 10.3-7 분할구실험의 분산분석표

변인(요인)		a R i	b F j	c F k	d F l	1 R h	(자유도)	EMS	F-값
주구(R)									
블록	R_i	1	b	c	d	1	(1)	$\sigma^2+bcd\sigma_R^2$	
A	A_j	a	0	c	d	1	(2)	$\sigma^2+cd\sigma_{RA}^2+\dfrac{acd\sum A_j^2}{b-1}$	$\dfrac{MS_A}{MS_{RA}}$
$R\times A$	$(RA)_{ij}$	1	0	c	d	1	(2)	$\sigma^2+cd\sigma_{RA}^2=\sigma_1^2$	
세구									
B	B_k	a	b	0	d	1	(2)	$\sigma^2+bd\sigma_{RB}^2+\dfrac{abd\sum B_k^2}{c-1}$	$\dfrac{MS_B}{MS_{RB}}$
$R\times B$	$(RB)_{ik}$	1	b	0	d	1	(2)	$\sigma^2+bd\sigma_{RB}^2$	
AB	$(AB)_{jk}$	a	0	0	d	1	(4)	$\sigma^2+d\sigma_{RAB}^2+\dfrac{ad\sum\sum(AB)_{jk}^2}{(a-1)(b-1)}$	$\dfrac{MS_{AB}}{MS_{RAB}}$
$R\times AB$	$(RAB)_{ijk}$	1	0	0	d	1	(4)	$\sigma^2+d\sigma_{RAB}^2=\sigma_2^2$	
세세구									
C	C_l	a	b	c	0	1	(3)	$\sigma^2+bc\sigma_{RC}^2+\dfrac{abc\sum C_l^2}{c-1}$	$\dfrac{MS_C}{MS_{RC}}$
$R\times C$	$(RC)_{il}$	1	b	c	0	1	(3)	$\sigma^2+bc\sigma_{RC}^2$	
AC	$(AC)_{jl}$	a	0	c	0	1	(6)	$\sigma^2+c\sigma_{RCA}^2+\dfrac{ac\sum\sum(AC)_{jl}^2}{(b-1)(d-1)}$	$\dfrac{MS_{AC}}{MS_{RAC}}$
$R\times AC$	$(RAB)_{ijl}$	1	0	c	0	1	(6)	$\sigma^2+c\sigma_{RCA}^2$	
BC	$(BC)_{kl}$	a	b	0	0	1	(6)	$\sigma^2+b\sigma_{RAB}^2+\dfrac{ab\sum\sum(BC)_{kl}^2}{(c-1)(d-1)}$	$\dfrac{MS_{BC}}{MS_{RBC}}$
$R\times BC$	$(RBC)_{ikl}$	1	b	0	0	1	(6)	$\sigma^2+b\sigma_{RAB}^2$	
ABC	$(ABC)_{jkl}$	a	0	0	0	1	(12)	$\sigma^2+\sigma_{RABC}^2+\dfrac{a\sum\sum\sum(ABC)_{jhl}^2}{(a-1)(b-1)(c-1)}$	$\dfrac{MS_{ABC}}{MS_{RABC}}$
$R\times ABC$	$(RABC)_{ijkl}$	1	0	0	0	1	(12)	$\sigma^2+\sigma_{RABC}^2=\sigma_3^2$	
오차	$e_{(ijkl)h}$	1	1	1	1	1	(0)	σ^2 (추정불능)	
전체							71		

예제 10.5 [예제 10.4]에 대한 SAS 분석

```
DATA ex10_4;
   DO re=1 to 2;
      DO c=1 to 4;
         DO a=1 to 3;
            DO b=1 to 3;
               INPUT y@@; OUTPUT;
            END;
         END;
      END;
   END;
CARDS;
  96  70 107  94  66 100  90  73  98
 105  81 106 100  84 101  97  75 100
 106  88 112 104  87 109 100  82 104
 113  90 117 121  90 117 110  91 112
  90  68 109  98  68 106  98  72 101
 100  84 112 102  81 103 102  78 105
 102  85 115 100  85 110 105  80 110
 114  88 118 118  85 116 110  95 120
;
PROC GLM DATA=ex10_4;
   CLASS a b c re;
   MODEL y = re a re*a b re*b a*b re*a*b c re*c a*c re*a*c
            b*c re*b*c a*b*c re*a*b*c;
   TEST h=a      e=re*a;  [1]
   TEST h=b      e=re*b;
   TEST h=a*b    e=re*a*b;
   TEST h=c      e=re*c;
   TEST h=a*c    e=re*a*c;
   TEST h=b*c    e=re*b*c;
   TEST h=a*b*c e=re*a*b*c;
RUN;
```

```
                                  The GLM Procedure

Dependent Variable: Y
                                            Sum of
Source                     DF          Squares     Mean Square    F Value    Pr > F

Model                      71      14182.87500       199.75880          .         .
Error                       0          0.00000               .
Corrected Total            71      14182.87500
```

R-Square	Coeff Var	Root MSE	Y Mean
1.000000	.	.	97.62500

Source	DF	Type I SS	Mean Square	F Value	Pr > F
RE	1	19.01389	19.01389	.	.
A	2	96.58333	48.29167	.	.
A*RE	2	63.19444	31.59722	.	.
B	2	10219.08333	5109.54167	.	.
B*RE	2	57.52778	28.76389	.	.
A*B	4	90.33333	22.58333	.	.
A*B*RE	4	23.88889	5.97222	.	.
C	3	3002.37500	1000.79167	.	.
C*RE	3	13.70833	4.56944	.	.
A*C	6	59.08333	9.84722	.	.
A*C*RE	6	39.58333	6.59722	.	.
B*C	6	238.25000	39.70833	.	.
B*C*RE	6	5.58333	0.93056	.	.
A*B*C	12	196.66667	16.38889	.	.
A*B*C*RE	12	58.00000	4.83333	.	.

[TEST 옵션 결과]

The GLM Procedure

Dependent Variable: Y

Tests of Hypotheses using the Type III MS for A*RE as an error term

Source	DF	Type III SS	Mean Square	F Value	Pr > F
A	2	96.58333333	48.29166667	1.53	0.3955

Tests of Hypotheses using the Type III MS for B*RE as an error term

Source	DF	Type III SS	Mean Square	F Value	Pr > F
B	2	10219.083333	5109.54166667	177.64	0.0056

Tests of Hypotheses using the Type III MS for A*B*RE as an error term

Source	DF	Type III SS	Mean Square	F Value	Pr > F
A*B	4	90.33333333	22.58333333	3.78	0.1129

Tests of Hypotheses using the Type III MS for C*RE as an error term

Source	DF	Type III SS	Mean Square	F Value	Pr > F
C	3	3002.375000	1000.7916667	219.02	0.0005

Tests of Hypotheses using the Type III MS for A*C*RE as an error term

Source	DF	Type III SS	Mean Square	F Value	Pr > F
A*C	6	59.08333333	9.84722222	1.49	0.3195

Tests of Hypotheses using the Type III MS for B*C*RE as an error term

Source	DF	Type III SS	Mean Square	F Value	Pr > F
B*C	6	238.2500000	39.70833333	42.67	0.0001

Tests of Hypotheses using the Type III MS for A*B*C*RE as an error term

Source	DF	Type III SS	Mean Square	F Value	Pr > F
A*B*C	12	196.6666667	16.38888889	3.39	0.0220

[예제 10.4]에 대한 SAS 분석 과정을 살펴보자. 현재 분석에 사용된 자료는

모두 72개인데, 반복을 블록효과로 간주하였으며, 공통평균(μ)을 포함하여 추정할 모수의 개수 역시 72개로 오차항의 자유도가 0이 되는 포화모형이다. 그러므로 적합도 값(R-Square)이 1.0 임을 볼 수 있다. 이제, [표 10.3-7]의 검정을 수행하여 보자.

SAS의 GLM 프로시저에서는 기본적으로 모든 효과를 모수모형으로 간주하며 F-통계량의 분모로 항상 MSE(평균제곱오차)가 사용된다. 그런데, 위의 모형은 포화모형으로 오차의 자유도가 존재하지 않아 MSE를 계산할 수 없기에 분산분석표에서 F-통계량이 표시되지 않았다. 한편, SAS에서는 다른 EMS 규칙을 사용하여 검정을 수행하고자 하는 경우, [1]의 프로그램처럼 TEST 명령문을 사용하여 F-통계량의 분모를 직접 지정할 수 있다. 여기서 H 옵션은 검정하고자 하는 효과를, E 옵션은 F-통계량의 분모를 지정하기 위해 사용된다.

SAS 결과를 살펴보면, 요인 A(제조방법이 다른 진통제)의 주효과에 대한 F-통계량의 분모로 MS_{RA} (48.292), 요인 B(진통제의 강도)의 주효과에 대한 F-통계량의 분모로 MS_{RB} (5109.542), 그리고 교호작용 AB에 대한 F-통계량의 분모로 MS_{RAB}가 사용되었음을 볼 수 있다(22.583). 결과적으로 요인 B(진통제의 강도)와 요인 C(보조제의 양)의 주효과가 유의하며, 이 두 요인에 대한 교호작용 역시 유의하게 나타났다. 그리고 3요인 교호작용 역시 유의하게 나타났다. 3요인 교호작용은 특정 요인(예를 들어 요인 A)의 수준별로 교호작용(요인 B와 C의 교호작용)의 형태가 서로 다르다고 해석하면 된다. 예를 들어 제조방법이 다른 진통제의 종류별로(요인 A) 진통제의 강도와 보조제의 양 사이에 교호작용의 형태가 서로 다르다는 점이다. 따라서 유의미한 차이가 보이는 요인들에 대해 다중비교 등을 통해 보다 구체적인 현상을 파악할 필요가 있다.

결론적으로 분할구설계를 통한 분산분석에서는 어떤 요인을 검정할 때 대응하는 오차요인을 정확히 파악하여 E 옵션을 바르게 지정하는 것이 무엇보다도 중요하다. 또한, 분할구 설계를 사용할 때, 주처리(주구)는 주구효과와 교락되어 주구효과가 존재할 경우 정확한 주처리효과 추정이 어렵지만 세구처리나 세세구처리는 주구효과와 교락되지 않아 주처리에 비하여 좀 더 정밀하게 추정될 수 있다. 그러므로 분할구 설계에서는 효과를 보다 정밀하게 추정하고 싶은 요인을 가급적 세구 혹은 세세구에 배치하는 것이 바람직하다.

10.4 지분설계

분할구설계와 유사한 지분설계(nested design 혹은 hierarchical design)가 있다. 지분설계에 대해 살펴보기로 하자.

예를 들어 순무에 포함된 칼슘의 양이 잎사귀의 부위에 따라 차이가 있는지를 알아보기 위하여 다음과 같이 실험하였다고 하자. 먼저, 순무밭에 들어가 임의로 4포기의 순무를 선택한다. 그리고 선택된 각각의 순무로부터 임의로 3개의 잎사귀를 채취한다. 채취된 3개의 잎사귀를 끝부분과 밑부분으로 이등분하여 각각 5개의 표본을 단위면적만큼 채취한 다음 칼슘의 양을 측정한다. 이 실험의 방법을 그림으로 표현하면 다음과 같다.

그림 10.4-1 지분설계 구조

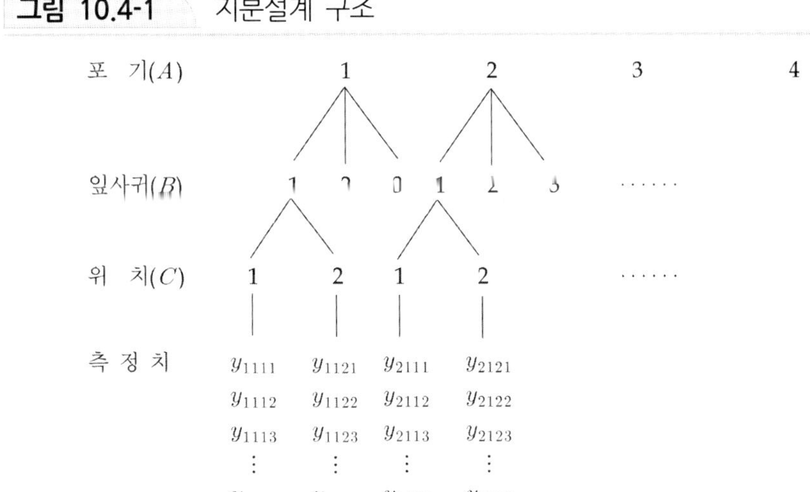

이 실험설계 역시 포기라는 블록 내에서 표본을 완전랜덤화에 의하여 채취하지 못하고 잎사귀(B)와 위치(C)가 정해진 다음 랜덤화가 이루어지는 것으로 2번의 랜덤화의 제한이 있다고 볼 수 있다. 이와 같은 설계를 지분설계(nested design) 또는 계층적설계(hierarchical design)이라 한다.

지분설계실험은 앞 절의 분할구실험과 유사하게 보인다. 그러나 근본적으로 다른 점은 분할구설계법의 경우 요인 A의 수준 하에서 실험되는 B의 수준이 A의 수준마다 반복되는 것으로 같은 수준으로 취급하는 반면, 지분설계법의 경우 서로 다르게 취급한다는 것이다. 앞의 실험의 경우, 포기 1에서 채취한 잎사귀 1, 2, 3은 포기 2에서 채취한 잎사귀 1, 2, 3과는 전혀 다른 수준의 성질이다. 따라서 포기 1의 잎사귀 1, 2, 3과 포기 2의 잎사귀 1, 2, 3은 같은 수준으로 취급하지 않아 반복으로 볼 수 없기 때문에 교차실험이 아님을 알 수 있다. 따라서 포기와 잎사귀의 교호작용은 애초부터 추정이 불가능한 실험임을 확인할 수 있다.

10.4.1 2단계 지분설계

2요인에 대한 2단계 실험배치를 계층적으로 실시할 경우 이를 2단계 지분설계(2 stage-nested design)라 한다. 2단계 지분설계에서 A_1 수준에서 B의 b종류 실험과 A_2 수준에서 B의 b종류 실험을 서로 다른 것으로 취급한다는 사실을 주의하여야 한다. 따라서 요인 A와 요인 B가 서로 교차실험(cross experiment)이 아니어서 A와 B의 교호작용은 추정불가능하다.

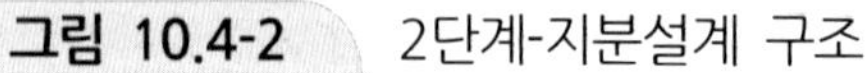
그림 10.4-2 2단계-지분설계 구조

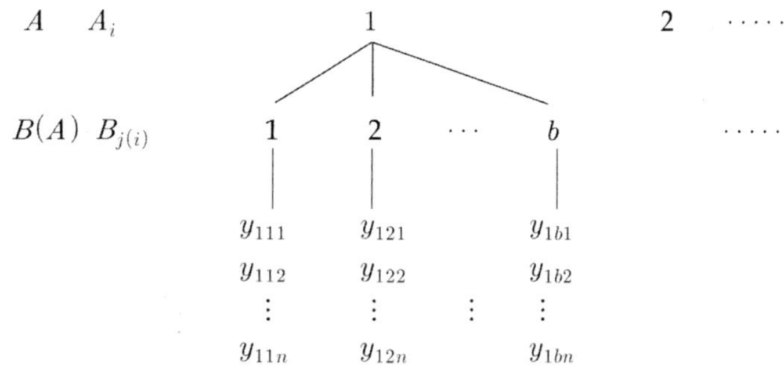

2단계 지분설계의 통계모형은 다음과 같다.

$$y_{ijk} = \mu + A_i + B_{j(i)} + e_{k(ij)}, \qquad (10.4\text{-}1)$$

$$i = 1,2 \cdots a, \; j = 1,2 \cdots b, \; k = 1,2 \cdots n$$

제곱합 계산

관측값의 분해

$$y_{ijk} = \bar{y}_{...} + (\bar{y}_{i..} - \bar{y}_{...}) + (\bar{y}_{ij.} - \bar{y}_{i..}) + (\bar{y}_{ijk} - \bar{y}_{ij.}) \qquad (10.4\text{-}2)$$

제곱합의 계산

$$SS_A = \frac{1}{bn}\sum_i y_{i..}^2 - \frac{1}{abn}y_{...}^2$$

$$SS_{B(A)} = \frac{1}{n}\sum_i\sum_j y_{ij.}^2 - \frac{1}{bn}\sum_i y_{i..}^2 \qquad (10.4\text{-}3)$$

$$SS_E = \sum_i\sum_j\sum_k y_{ijk}^2 - \sum_i\sum_j \frac{y_{ij.}^2}{n}$$

표 10.4-1 분산분석표(모수모형의 경우)

변인(요인)		자유도	F a i	F b j	F n k	EMS	F-값
A	A_i	$a-1$	0	b	n	$\sigma^2 + \frac{bn\sum A_i^2}{a-1}$	$\frac{MS_A}{MS_E}$
$B(A)$	$B_{j(i)}$	$a(b-1)$	1	0	n	$\sigma^2 + \frac{n\sum\sum \beta_{j(i)}^2}{a(b-1)}$	$\frac{MS_{B(A)}}{MS_E}$
오차	$e_{(ij)k}$	$ab(n-1)$	1	1	1	σ^2	

예제 10.6

기술자를 양성하는 직업전문학교가 세 지역에 있다. 각각의 학교에서는 2명의 훈련교사를 두고 학생들을 훈련시키고 있다. 그런데 학교(요인 A)와 훈련교사(요인 B)에 따라 학습효과에 차이가 있는지를 알아보기 위하여 2단계-지분설계에 의한 2반복 실험으로 다음과 같은 결과를 얻었다고 한다.

표 10.4-2 실험결과

		학교(요인 A)		
		1	2	3
교사(요인 B)	1	25	11	17
		19	6	20
	2	14	22	5
		11	18	2

이 실험의 결과에 대한 분산분석표는 다음과 같다.

표 10.4-3 분산분석표

변인	자유도	제곱합	평균제곱합	p-값
학교(A)	2	$SS_A = 156.5$	78.25	0.0095
교사(B(A))	3	$SS_{B(A)} = 567.5$	189.17	0.0007
오차	6	$SS_E = 42.0$	7.00	

위의 실험에 대한 SAS 분석을 살펴보자.

```
DATA ex10_6;
   INPUT Y A B rep;
CARDS;
 25 1 1 1
 29 1 1 2
 14 1 2 1
 11 1 2 2
 11 2 1 1
  6 2 1 2
 22 2 2 1
 18 2 2 2
 17 3 1 1
 20 3 1 2
  5 3 2 1
  2 3 2 2
```

```
;
PROC GLM DATA=ex10_6;
   CLASS A B;
   MODEL Y = A B(A);
RUN;
```

```
Dependent Variable: Y

Source              DF      Sum of Squares      Mean Square    F Value    Pr > F

Model                5      724.00000000       144.80000000     20.69     0.0010
Error                6       42.00000000         7.00000000
Corrected Total     11      766.00000000

                R-Square        C.V.          Root MSE          Y Mean
                0.945170     17.63834       2.64575131       15.00000000

Source              DF        Type I SS        Mean Square    F Value    Pr > F

A                    2      156.50000000       78.25000000     11.18     0.0095
B(A)                 3      567.50000000      189.16666667     27.02     0.0007
```

SAS 프로그램에서 요인 B는 요인 A의 하위 계층요인이므로 모형에 B(A)로 표시한다. 여기서는 요인 A인 직업전문학교의 효과를 고정효과(모수모형)로 간주하였으며, 훈련교사 역시 고정효과로 간주하였다. 그러므로 F-검정통계량의 분모를 [표 10.4-1]처럼 MS_E를 사용하여 검정한다. 이를 랜덤효과(변량모형)로 간주하는 경우에 대해서는 [예제 10.7]을 참고하여 직접 수행하길 바란다.

SAS 분석 결과에서 요인 A의 F-값은 11.18이고, 이에 대응되는 p-값은 0.0095로 직업학교 간에 학습효과가 차이가 있다는 점을 발견할 수 있다. 또한 요인 B의 F-값은 27.02로 이에 대응되는 p-값은 0.0007로 직업학교 내에서 훈련교사의 학습효과 차이는 유의적이라 할 수 있다.

10.4.2 3단계-지분설계

3단계 지분설계(3 stage-nested design)는 3요인에 대한 3단계 실험배치를 계층적으로 실시할 경우이며 이 역시 교차실험이 이루어지지 않았기 때문에 통계모형을 다음과 같이 쓸 수 있다.

$$y_{ijk} = \mu + A_i + B_{j(i)} + C_{k(ij)} + e_{l(ijk)}, \quad (10.4\text{-}4)$$
$$i = 1,2 \cdots a,\ j = 1,2 \cdots b,\ k = 1,2 \cdots c,\ l = 1,2 \cdots n$$

여기에서 요인 B는 요인 A의 지분이고 요인 C 역시 요인 $B(A)$의 지분이므로 이것들과 관련된 교호작용은 존재하지 않는다. 3단계 지분설계의 구조와 분산분석표 및 제곱합 계산 과정은 다음과 같다.

그림 10.4-3 3단계-지분 설계구조

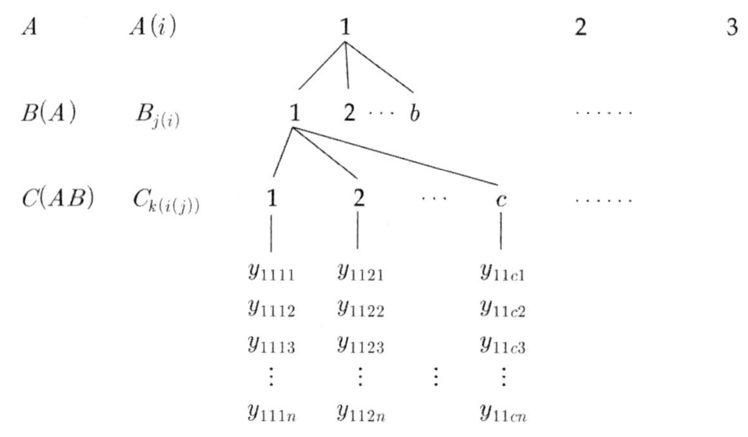

제곱합 계산

관측값의 분해

$$y_{ijkl} = \bar{y}_{....} + (\bar{y}_{i...} - \bar{y}_{....}) + (\bar{y}_{ij..} - \bar{y}_{i...}) + (\bar{y}_{ijk.} - \bar{y}_{ij..}) + (\bar{y}_{ijkl} - \bar{y}_{ijk.}) \quad (10.4\text{-}5)$$

제곱합의 계산

$$SS_A = \frac{1}{bn}\sum_i y_{i...}^2 - \frac{y_{i...}^2}{abcn}$$
$$SS_{B(A)} = \frac{1}{cn}\sum_i\sum_j y_{ij..}^2 - \frac{1}{bcn}\sum_i y_{i...}^2$$
$$SS_{C(AB)} = \frac{1}{n}\sum_i\sum_j\sum_k y_{ijk.}^2 - \frac{1}{cn}\sum_i\sum_j y_{ij..}^2 \quad (10.4\text{-}6)$$

$$SS_E = \sum_i \sum_j \sum_k \sum_l y_{ijkl}^2 - \sum_i \sum_j \sum_k \frac{y_{ijk.}^2}{n}$$

표 10.4-4 분산분석표(모수모형의 경우)

변인 (요인)		자유도	F a i	F b j	F c k	R n l	EMS	F-값
A	A_i	$a-1$	0	b	c	n	$\sigma^2 + \frac{bcn}{a-1}\sum_i A_i^2$	$\frac{MS_A}{MS_E}$
$B(A)$	$B_{j(i)}$	$a(b-1)$	1	0	c	n	$\sigma^2 + \frac{cn}{a(b-1)}\sum_j B_{j(i)}^2$	$\frac{MS_{B(A)}}{MS_E}$
$C(AB)$	$C_{k(ij)}$	$ab(c-1)$	1	1	0	n	$\sigma^2 + \frac{n}{ab(c-1)}\sum_i \sum_j C_{k(ij)}^2$	$\frac{MS_{C(AB)}}{MS_E}$
오차	$e_{(ijk)l}$	$abc(n-1)$	1	1	1	1	σ^2	
전체		$abcn-1$						

10.4.3 요인실험에 대한 지분설계의 응용

요인실험에서 요인들이 서로 교차실험된 경우 이것을 교차요인(cross factor)이라 한다. 그러나 어떤 요인이 다른 요인 내에서 지분되어 있을 경우 이 요인을 지분요인(nested factor)이라 한다. 따라서 교차실험이 이루어진 요인실험설계와 지분설계를 혼합한 형태의 실험을 생각할 수 있다. 다음과 같은 예(Montgomery(2013)의 p.613에서 인용)를 생각해보자.

어느 공장에서 전기회로판을 완성하는 속도를 향상시키고자 한다. 이를 위하여 3종류의 작업방법과 2종류의 작업대를 고안하고, 각 경우(3×2 처리조합)마다 4명의 작업자를 임의로 선정하여 2번씩 반복 측정하였다. 그런데 작업장의 환경상 작업자 4명이 작업대를 이동할 수 없어 작업대마다 4명의 작업자를 별도로 선발 배치하고 실험하여 다음과 같은 실험결과를 얻었다. 이 실험은 작업대요인에 작업자요인이 지분되어 있고 작업방법요인은 작업대요인과 작업자

요인에 대하여 교차실험이 이루어진 지분설계와 요인실험의 혼합형태인 것이다.

표 10.4-5 실험결과(단위: 초(sec))

	작업대 1 (B_0)				작업대 2 (B_1)				$y_{i...}$
작업자(C)	1	2	3	4	1	2	3	4	
작업방법1(A_0)	22	23	28	25	26	27	28	24	
	24	24	29	23	28	25	25	23	404
작업방법2(A_1)	30	29	30	27	29	30	24	28	
	27	28	32	25	28	27	23	30	447
작업방법3(A_2)	25	24	27	26	27	26	24	28	
	21	22	25	23	25	24	27	27	401
$y_{.jk.}$	149	150	171	149	163	159	151	160	
$y_{.j..}$		619					633		$y_{....}$=1252

이 실험에 대한 통계모형은 다음과 같다.

$$y_{ijkl} = \mu + A_i + B_j + C_{k(j)} + (AB)_{ij} + (AC)_{ik(j)} + e_{(ijk)l}, \qquad (10.4\text{-}7)$$
$$i = 1,2,3,\ j = 1,2,\ k = 1,2,3,4,\ l = 1,2$$

이 실험에서 작업대와 작업자의 교호작용(BC)이 존재하지 않기 때문에 $(BC)_{jk(j)}$,$(ABC)_{ijk(j)}$은 모형에서 빠져있음을 알 수 있다. 교호작용 BC가 존재하지 않은 이유는 작업자가 작업대 수준에 지분되어 있어(작업대 1, 2에 각각 다른 4명의 작업자가 배치됨) 교차요인이 아니기 때문이다.

또한, 요인 C를 고정효과가 아닌 랜덤효과로 간주하자. 만일 특정한 작업자가 실험자에 의해서 미리 지정되어 선택되었다면 이는 고정효과로 고려할 수 있다. 하지만, 이들 작업자는 여러 작업자 중 임의로 선택된 것으로 생각할 수 있으므로 랜덤효과로 간주하는 것이 보다 합리적이다. 이 경우, 작업속도가 4명의 작업자만을 대상으로 그들끼리 차이가 있는가를 검정하는 것이 아니라 좀 더 일반적인 개념으로 작업자를 바꾸면 작업효과에 차이가 있는가를 검정하는 것이다. 왜냐하면 4명의 작업자를 수많은 작업자집단에서 뽑은 랜덤추출로 간주하기 때문이다.

요인이 두 개 이상인 경우 고정효과와 랜덤효과가 섞여 있는 분산분석 모형을 혼합모형(mixed model)이라고 한다. 흔히 통계적 모형을 모수모형, 변량모형, 혼합모형 등으로 구분하는 이유는 모형에 따라 관심대상이 되는 가설과 검정방법이 달라지기 때문이다.

그런데, [표 10.4-5]에서 설명하고자 하는 모형은 혼합모형임과 동시에 요인실험의 특징인 교차실험과 지분실험이 서로 혼합된 보다 더 복잡한 형태의 모형이라 하겠다.

식 (10.4-7) 모형에 대한 분산분석표와 제곱합 계산 과정은 다음과 같다.

표 10.4-6 분산분석표(A, B :고정, C : 랜덤)

변 인	요인	df	F a i	F b j	R c k	R n l	EMS	제곱합	p-값
A	A_i	2	0	2	4	2	$\sigma^2 + 2\sigma^2_{A\times C(B)} + 8\sum A_i^2$	82.79	0.0001
B	B_j	1	3	0	4	2	$\sigma^2 + 6\sigma^2_{C(B)} + 24\sum B_j^2$	4.08	0.1983
$C(B)$	$C_{k(j)}$	6	3	1	1	1	$\sigma^2 + 6\sigma^2_{C(B)}$	71.91	0.0016
AB	AB_{ij}	2	0	0	4	2	$\sigma^2 + 2\sigma^2_{A\times C(B)} + 4\sum\sum (AB)^2_{ij}$	19.04	0.0298
$A\times C(B)$	$AC_{ik(j)}$	12	0	1	1	2	$\sigma^2 + 2\sigma^2_{A\times C(B)}$	65.83	0.0360
오차	$e_{(ikj)l}$	24	1	1	1	1	σ^2	56.00	
전체		47						299.67	

제곱합 계산

관측값의 분해

$$y_{ijkl} = \bar{y}_{....} + (\bar{y}_{i...} - \bar{y}_{....}) + (\bar{y}_{.j..} - \bar{y}_{....}) + (\bar{y}_{..k.} - \bar{y}_{....}) + (\bar{y}_{ij..} - \bar{y}_{....}) + (\bar{y}_{i.k.} - \bar{y}_{....}) + (y_{ijkl} - \bar{y}_{ijk.}) \quad (10.4\text{-}8)$$

제곱합의 계산

$$
\begin{aligned}
SS_A &= \frac{1}{bcn}\sum_i y_{i...}^2 - \frac{y_{....}^2}{abcn} \\
SS_B &= \frac{1}{acn}\sum_j y_{.j..}^2 - \frac{y_{....}^2}{abcn} \\
SS_{AB} &= \frac{1}{cn}\sum_i\sum_j y_{ij..}^2 - \frac{y_{....}^2}{abcn} \\
SS_{C(B)} &= \frac{1}{an}\sum_j\sum_k y_{.jk.}^2 - \frac{1}{acn}\sum_j y_{.j..}^2 \\
SS_{A\times C(B)} &= \sum_i\sum_j\sum_k \frac{y_{ijk.}^2}{n} - \sum_j\sum_k \frac{y_{.jk.}^2}{an} - \sum_i\sum_j \frac{y_{ij..}^2}{cn} + \sum \frac{y_{.j..}^2}{acn}
\end{aligned}
\qquad (10.4\text{-}9)
$$

예제 10.7 요인실험에 지분설계가 응용된 경우의 SAS 분석

```
DATA ex10_7;
   DO B=1 to 2;
      DO A= 1 to 3;
         DO C=1 to 4;
            DO REP=1 to 2;
               INPUT Y @@; OUTPUT;
            END;
         END;
      END;
   END;
CARDS;
  22 24 23 24 28 29 25 23
  30 27 29 28 30 32 27 25
  25 21 24 22 27 25 26 23
  26 28 27 25 28 25 24 23
  29 28 30 27 24 23 28 30
  27 25 26 24 24 27 28 27
;
PROC GLM DATA=ex10_7;
   CLASS a b c;
   MODEL y=a b c(b) a*b a*c(b);
```

```
[1] RANDOM c(b) a*c(b) / TEST;
    TEST H=b   E=c(b);
    TEST H=a   E=a*c(b);
    TEST H=a*b E=a*c(b);
RUN;
```

```
Source            DF    Sum of Squares    Mean Square    F Value    Pr > F

Model             23      243.66666667    10.59420290       4.54    0.0002
Error             24       56.00000000     2.33333333
Corrected Total   47      299.66666667

Source            DF       Type I SS      Mean Square    F Value    Pr > F

 A                 2      82.79166667     41.39583333      17.74    0.0001
 B                 1       4.08333333      4.08333333       1.75    0.1983
 C(B)              6      71.91666667     11.98611111       5.14    0.0016
 A*B               2      19.04166667      9.52083333       4.08    0.0298
 A*C(B)           12      65.83333333      5.48611111       2.35    0.0360
```

[RANDOM 명령문 결과]

```
Source      Type III Expected Mean Square

A           Var(Error) + 2 Var(A*C(B)) + Q(A,A*B)
B           Var(Error) + 2 Var(A*C(B)) + 6 Var(C(B)) + Q(B,A*B)
C(B)        Var(Error) + 2 Var(A*C(B)) + 6 Var(C(B))
A*B         Var(Error) + 2 Var(A*C(B)) + Q(A*B)
A*C(B)      Var(Error) + 2 Var(A*C(B))

                   Tests of Hypotheses for Mixed Model Analysis of Variance

    Source                DF    Type III SS    Mean Square    F Value    Pr > F

*   A                      2      82.791667      41.395833       7.55    0.0076
    C(B)                   6      71.916667      11.986111       2.18    0.1174
    A*B                    2      19.041667       9.520833       1.74    0.2178
    Error: MS(A*C(B))     12      65.833333       5.486111

* This test assumes one or more other fixed effects are zero.

    Source                DF    Type III SS    Mean Square    F Value    Pr > F

*   B                      1       4.083333       4.083333       0.34    0.5807
    Error: MS(C(B))        6      71.916667      11.986111

* This test assumes one or more other fixed effects are zero.

    Source                DF    Type III SS    Mean Square    F Value    Pr > F

    A*C(B)                12      65.833333       5.486111       2.35    0.0360
    Error: MS(Error)      24      56.000000       2.333333
```

[TEST 명령문 결과]

Tests of Hypotheses using the Type III MS for C(B) as an error term

Source	DF	Type III SS	Mean Square	F Value	Pr > F
B	1	4.08333333	4.08333333	0.34	0.5807

Tests of Hypotheses using the Type III MS for A*C(B) as an error term

Source	DF	Type III SS	Mean Square	F Value	Pr > F
A	2	82.79166667	41.39583333	7.55	0.0076
A*B	2	19.04166667	9.52083333	1.74	0.2178

SAS의 GLM 프로시저에서는 모든 효과를 모수모형으로 간주한다는 사실을 언급한 바 있다. 그러므로 요인 A(작업방법)에 대한 주효과를 검정하기 위해 F-값으로 $MS_A/MS_E=17.74$를 사용하는 것은 옳지 않다. [표 10.4-6]에 의하면 고정효과인 요인 A(작업방법)에 대해서는 $MS_A/MA_{A\times C(B)}$로 계산되어야 한다. 이를 위해 SAS 프로그램에서 TEST 명령문을 사용한다.

그런데, RANDOM 명령문을 사용하면, GLM 프로시저에서 TEST 명령문을 사용하지 않더라도 [RANDOM 명령문 결과]처럼 EMS를 출력하여 주는데, 이를 사용하여 적절한 F-검정통계량을 구할 수 있다. 이 출력결과에서 Var( )은 랜덤효과(변량요인)에 대한 분산을, Q( )는 고정효과(모수요인)에 대한 이차형식을 의미한다. 예를 들면, A의 EMS가 Var(ERROR) +2Var(A*C(B))+Q(A,A*B)로 주어졌는데 [표 10.4-6]의 $\sigma^2+2\sigma^2_{A\times C(B)}+16\sum A_i^2$와 비교하면 매우 유사하다. 즉, Q(A,A*B)가 A의 이차성분임을 알 수 있다. 따라서 요인 A 효과를 검정하기 위해서는 EMS가 $\sigma^2+2\sigma^2_{A\times C(B)}$인 요인으로 나누면 된다. 또한, 요인 $A\times C(B)$의 EMS는 $\sigma^2+2\sigma^2_{A\times C(B)}$로 랜덤효과의 분산성분으로 구성되어 있음을 볼 수 있다. 여기서, 요인 A는 고정효과, C는 랜덤효과로 랜덤효과와 고정효과의 교호작용은 랜덤효과가 됨을 알 수 있다. 결과적으로 요인 A에 대한 F-값은 분모의 MSE를 2.333으로 놓고 계산한 17.74가 아닌 분모의 MSE를 5.486로 놓고 계산한 7.55이며, 이에 대응하는 p-값은 0.0076으로 통계적 유의성이 검증된다. 그런데, SAS의 EMS결과가 [표 10.4-6]과 비교하여 요인 B와 요인 $C(B)$에서 차이가 있음을 볼 수 있다. 이는, EMS규칙은 어떤 가정을 취하느냐에 따라 결과가 다르게 유도될 수 있으며, SAS의 EMS계산 결과 역시 다른 가정에 따라 기존의 문헌들과는 상이한 형태로 유도될 수 있기 때문이다.

한편, 1의 프로그램처럼 RANDOM 명령문에 TEST 옵션을 추가하면 출력된 EMS규칙에 기초하여 검정을 수행하여 준다. 그러므로 1의 프로그램을 사용한 결과와 요인 A의 효과를 검정하기 위해 TEST 문을 사용한 결과가 동일함을 확인할 수 있다. 즉 요인 A의 효과, 요인 B의 효과 그리고 교호작용 $A\times B$의 효과에 대해 RANDOM 문의 결과와 TEST 문의 결과가 동일하다.

요인 C의 효과에 대해서는 어떤 판단을 해야 할까? SAS의 RANDOM TEST 결과에서 요인 C의 효과에 대한 F-값은 $MS_{C(B)}/MS_{A\times C(B)}$=2.18로 유의하지 않으나, [표 10.4-6]의 검정규칙에 따르면, 요인 C의 F-값은 $MS_{C(B)}/MS_E$ =5.14로 계산되어 유의한 차이를 보인다. 여기서 SAS의 EMS규칙보다는 더욱 정확한 [표 10.4-6]의 EMS규칙을 따라 검정하기를 추천한다.

결론적으로, 전기회로판을 완성하는 속도는 작업방법(요인 A)과 작업자(요인 C) 간에 유의한 차이가 발견되었으나, 작업대(요인 B)에 의한 차이는 발견되지 않았다. 끝으로 한 가지 유의할 사항은 작업방법과 작업자 간에 요인 $A\times C(B)$의 교호작용 효과가 유의적이므로, 작업방법에 따라 작업자의 전기회로판을 완성하는 속도가 동일하다고는 말할 수 없다. 그러므로 교호작용에 대한 다중비교를 통해 작업방법에 따른 작업자의 차이를 밝힐 필요가 있다.

1. 빵을 굽는 공장에서 빵의 촉촉한 정도를 결정짓는, 굽는 온도(A)와 밀가루 반죽에 첨가하는 우유의 온도(B)의 영향을 실험하였다. 이 실험을 위하여 5개의 오븐을 준비하였는데 한 오븐에 3종류의 처리를 실험할 수 있다고 한다. 실험의 편의상 5개의 오븐에 각각 굽는 온도를 고정시키고 오븐마다 3종류의 우유를 임의배치하는 분할구실험을 실시하였다. 이 실험은 3일 동안 반복실험되었다. 이 결과에 대한 분산분석표는 다음과 같다.

분산분석표

변인	자유도	제곱합	평균 제곱합	F-값
날짜(D)		416.7		
굽는 온도(A)		107.6		
$D \times A$		328.0		
우유의 온도(B)		89.2		
$A \times B$		1.9		
오차		641.2		
전체		1584.7		

1) 분산분석표를 완성하여라.

2) 통계적 모형을 쓰고 모수에 대한 검정결과를 밝혀라.

2. 다음은 식재간격(S)과 비료의 양(F)이 목화 생산에 어떻게 영향을 미치는지를 조사하기 위하여 식재 간격을 주구, 비료의 양을 세구로 하여 각각 3번의 반복(R) 실험을 실시한 분할구실험의 결과이다.

실험결과

S	F	R	y	S	F	R	y	S	F	R	y
1	1	1	61.5	1	1	2	65.3	1	1	3	48.7
1	2	1	66.3	1	2	2	58.4	1	2	3	57.4
1	3	1	50.3	1	3	2	62.3	1	3	3	50.9
1	4	1	55.1	1	4	2	60.2	1	4	3	49.8
2	1	1	49.9	2	1	2	72.3	2	1	3	47.6
2	2	1	58.8	2	2	2	68.3	2	2	3	62.4
2	3	1	77.4	2	3	2	68.4	2	3	3	71.0
2	4	1	62.0	2	4	2	67.7	2	4	3	64.5
3	1	1	72.3	3	1	2	65.1	3	1	3	64.2
3	2	1	55.2	3	2	2	78.4	3	2	3	66.8
3	3	1	49.8	3	3	2	73.5	3	3	3	65.8
3	4	1	63.3	3	4	2	73.1	3	4	3	71.2

1) 분산분석표를 작성하여라(모수모형을 가정한다).

2) 모수를 추정하고 검정결과를 밝혀라.

3. 기계제작소에 베어링을 깎는 3종류의 기계가 있다. 그런데 각 기계마다 2종류의 칼을 이용하여 베어링을 깎는다고 한다. 기계(A)와 칼의 종류(B)에 따라 베어링 지름의 변이가 어떻게 영향을 받는지 실험하였다. 실험방법은 분할구실험설계를 이용하였다.

실험결과

	기계 1		기계 2		기계 3	
	칼 1	칼 2	칼 1	칼 2	칼 1	칼 2
변이(y)	12	8	15	13	11	15
	9	9	13	12	10	15
	11	10	14	10	12	14
	12	8	14	11	14	16

1) 분산분석표를 작성하여라(모수모형을 가정한다).

2) 모수를 추정하고 검정결과를 밝혀라.

4. 다음은 합금을 하였을 경우 합금의 강도를 높이기 위한 실험이다. 합금의 강도는 합금 화학 공정방법(A), 열의 강도(B), 주철의 종류(C)에 영향을 받을 것이라 생각하고 3단계-지분설계로 실험하여 다음과 같은 실험결과를 얻었다고 한다. 단, 요인 A와 B는 모수로, 요인 C는 확률변수로 간주한다.

실험결과

A	B	C	y	
1	1	1	40	27
1	1	2	27	30
1	2	1	95	67
1	2	2	69	47
1	3	1	65	54
1	3	2	78	45
2	1	1	22	10
2	1	2	23	39
2	2	1	83	62
2	2	2	75	64
2	3	1	61	77
2	3	2	35	42

1) 분산분석표를 구하여라.

2) 모수를 추정하여라.

5. 분할구실험설계와 지분실험설계의 차이점을 비교하여라.

반응표면설계 11

11.1 서론

11.1.1 반응표면설계

반응표면설계에 의한 실험의 목적은 반응값에 영향을 크게 미치는 요인들을 선별하고 선별된 요인들의 최적수준을 찾는 것이다. 반응값이 목적값(target value)을 만족하기 위한 요인들의 최적수준을 실험을 통하여 추론하는 것은 품질향상을 위한 생산공정 등에서 매우 유용한 통계적 방법이다. 반응값의 최적값을 찾기 위한 효율적인 실험설계가 필요하며 아울러 탐색적 방법 등을 통한 통계적 추적이 불가피하다. 이러한 추적을 통하여 최적값이 존재하리라 예상되는 구역을 실험구역으로 하여 실험을 실시한 후 반응값들에 대한 함수식, 이른바 반응표면식(response surface model)을 구한다. 이 반응표면식을 이용하여 반응값이 최적의 값을 갖는 처리조합을 추정한다. 이러한 일련의 과정을 반응표면설계(response surface design)라 하며, 이러한 분석을 반응표면분석(response surface analysis)이라 한다. 일반적으로 반응표면분석의 절차는 다음과 같다.

(1) 반응값에 영향을 크게 주는 요인들을 선별한다. 요인선별과정에서 특성요인도(cause and effect diagram)를 활용할 수 있다. 이 그림을 흔히 생선뼈그림(fishbone diagram)이라고도 한다. 예를 들어 제품의 품질(Y)에 영향을 미치는 요인을 선별하기 위하여 다음과 같은 특성요인도를 이용할 수 있다. 복잡한 문제 개선을 위해 중요한 요인을 빠짐없이 정리하여 전

그림 11.1-1 특성요인도

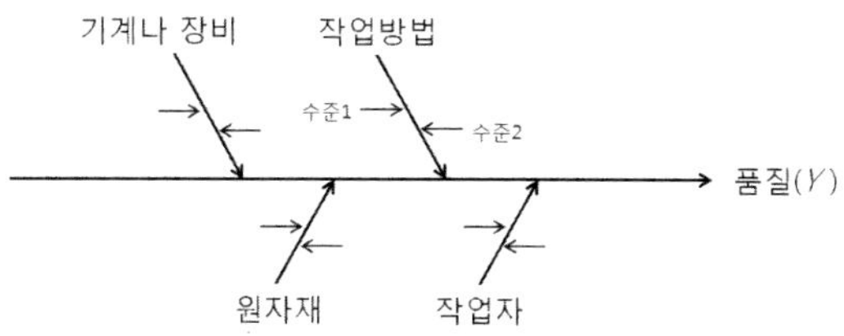

문가회의를 거쳐 요인을 찾아내는 방법이다. 다음과 같은 예를 보자. 이 경우 작업방법 등은 대요인, 작업방법의 종류인 수준 1, 2는 소요인이다.

(2) 의미있는 요인들의 수준의 범위를 정하여 요인들과 반응값의 함수관계를 유추할 수 있는 가장 효율적인 실험설계를 선정하여 실험을 실시하여 자료를 얻는다. 이 때 실험설계는 단순한 요인실험의 형태를 선택해도 무방하다.

(3) 실험자료의 분석을 통하여 반응변수에 유의한 요인들을 파악, 확정하고 요인들과 반응변수간의 함수가 1차모형인 경우는 실험을 최대경사법 등의 탐색적 방법으로 계속한다. 2차모형이 나타나는 실험구역까지 탐색적 실험을 진행한다.

(4) 이러한 연속된 탐색적 분석과정을 거쳐 최적의 값이 존재하리라 예상되는 영역(fruitful regions)을 중심으로 적절한 실험계획법을 다시 수립하여 2차 실험을 실시한다.

(5) 실험으로부터 얻은 자료를 이용하여 2차반응표면식에 대한 통계적 추정과 분석을 실시한다. 이 때 SAS 등의 통계패키지가 사용된다.

(6) 추정된 반응표면식의 통계적 성질을 규명하며, 이를 근거로 반응값을 최적화하는 요인들의 최적수준을 찾아낸다.

(7) 따라서 반응표면설계는 반응값이 최적점을 갖는 요인들의 수준을 찾는 연속과정(sequential procedure)이며 탐색과정(exploratory procedure)이다.

반응표면분석은 실험계획법의 응용범위를 크게 확장하는 데 기여를 하였다. 특히, 제품생산과 관련되어 생산공정에서 요인들의 최적조건을 찾는 데 유용하게 사용됨으로써 품질향상(quality improvement)에 크게 기여하고 있다. 또한, 마케팅전략 수립 및 식품연구개발, 화학실험 등에서도 널리 사용되는 분석방법이다.

11.1.2 통계모형

i번째 요인의 수준을 ξ_i라 할 때 k요인에 대한 처리조합$(\xi_1, \xi_2, \cdots, \xi_k)$와 반응값 y의 관계식을 다음과 같이 정의하자.

$$y = f(\xi_1, \xi_2, \cdots, \xi_k) + e \tag{11.1-1}$$

이때 처리조합에 해당하는 요인들을 독립변수(independent variable) 혹은 설명변수(exploratory variable)라 하고 반응값 y를 종속변수(dependent variable) 혹은 반응변수(response variable)라 하며 e를 오차항이라 한다. 여기에서 반응값 y에 대한 기대값을 구하면 다음과 같은 식을 얻을 수 있다.

$$E(y) = \eta = f(\xi_1, \xi_2, \cdots, \xi_k) \tag{11.1-2}$$

이 식을 반응표면식 (response surface model)이라 한다. 한편 이 반응표면식이 1차식인 경우 다음과 같이 1차모형(first order model)으로 표시된다.

$$y = b_0 + \sum_i b_i \xi_i + e \tag{11.1-3}$$

$$E(y) = \eta = b_0 + \sum_i b_i \, \xi_i \tag{11.1-4}$$

다음으로 이 반응표면식이 2차식인 경우 다음과 같은 2차모형 (second order model)이 얻어진다.

$$y = b_0 + \sum_i b_i \, \zeta_i + \sum_i b_{ii} \, \xi_i^2 + \sum_{i<j} \sum_j b_{ij} \, \xi_i \, \xi_j + e \tag{11.1-5}$$

$$E(y) = \eta = b_0 + \sum_i b_i \, \xi_i + \sum_i b_{ii} \, \xi_i^2 + \sum_{i<j} \sum_j \beta_{ij} \, \xi_i \, \xi_j \tag{11.1-6}$$

이제, i번째 요인의 수준 ξ_i에 대해 다음과 같은 변환을 생각하자.

$$x_i = \frac{\xi_i - \bar{\xi}}{d/2}, \quad d = \xi_i(\text{고수준}) - \xi_i(\text{저수준}) \tag{11.1-7}$$

이처럼 부호화 된 변수(coded variable)를 사용하여 반응표면식을 나타내면 편리한 점이 많다. 각각의 독립변수들은 속성과 측정단위들이 달라서 추정회귀계수들에 대한 상대비교가 어려우나 표준화를 통하여 부호화된 변수의 경우 상대비교가 가능하다. 부호화된 변수를 사용한 추정회귀계수들의 추정오차가 같이 때문이다. 따라서 추정 회귀계수의 크기를 비교하면 어느 독립변수가 반응변수에 더 크게 영향을 주는지를 평가할 수 있으며 독립변수의 범위도 보통

$-1 \le x_i \le +1$로 전부 같아 반응표면식의 해석에도 편리하다. 이 부호화된 변수를 이용하여 식 (11.1-3) 및 식 (11.1-5)를 다음과 같이 나타낼 수 있다.

$$y = \beta_0 + \sum_i \beta_i x_i + e \tag{11.1-8}$$

$$y = \beta_0 + \sum_i \beta_i x_i + \sum_i \beta_{ii} x_i^2 + \sum_{i<j}\sum_j \beta_{ij} x_i x_j + e \tag{11.1-9}$$

식 (11.1-9)모형의 모수벡터 $\boldsymbol{\beta}$에 대한 최소제곱추정량과 추정량의 공분산행렬(covariance matrix)은 다음과 같다.

$$\hat{\boldsymbol{\beta}} = (\boldsymbol{X}'\boldsymbol{X})^{-1}\boldsymbol{X}'\boldsymbol{y}, \qquad Cov(\hat{\boldsymbol{\beta}}) = (\boldsymbol{X}'\boldsymbol{X})^{-1}\sigma^2 \tag{11.1-10}$$

이때 추정량 $\hat{\boldsymbol{\beta}}$는 최소분산을 가질 뿐만 아니라 $\hat{\beta}_i$와 $\hat{\beta}_j$가 서로 직교하는 추정량(uncorrelated estimator)이 되어야 한다. 이러한 추정량을 얻기 위한 실험설계의 조건을 구하기 위하여 행렬 $\boldsymbol{X}'\boldsymbol{X}$를 구해보자.

식 (11.1-8)처럼 1차모형인 경우를 살펴보자. 행렬 $X'X$는 다음과 같다.

$$\boldsymbol{X}'\boldsymbol{X} = \begin{pmatrix} n & \sum_u^n x_{1u} & \sum_u^n x_{2u} & \cdots & \sum_u^n x_{ku} \\ \sum_u^n x_{1u} & \sum_u^n x_{1u}^2 & \sum_u^n x_{1u}x_{2u} & \cdots & \sum_u^n x_{1u}x_{ku} \\ \vdots & \vdots & \vdots & & \vdots \\ \sum_u^n x_{ku} & \sum_u^n x_{ku}x_{1u} & \sum_u^n x_{ku}x_{2u} & \cdots & \sum_u^n x_{ku}^2 \end{pmatrix} \tag{11.1-11}$$

여기에서 임의의 두 추정량 $\hat{\beta}_i$와 $\hat{\beta}_j$가 서로 직교하기 위해서는 행렬 $(X'X)^{-1}$가 다음과 같은 조건을 만족해야 한다.

$$(\boldsymbol{X}'\boldsymbol{X})^{-1} = \begin{pmatrix} \frac{1}{n} & 0 & 0 & \cdots & 0 \\ 0 & \frac{1}{c_{11}} & 0 & \cdots & 0 \\ 0 & 0 & \frac{1}{c_{22}} & \cdots & 0 \\ \vdots & \vdots & \vdots & & \vdots \\ 0 & 0 & 0 & \cdots & \frac{1}{c_{kk}} \end{pmatrix} \tag{11.1-12}$$

여기에서 n은 실험횟수, c_{ii}는 $\sum_u x_{iu}^2$을 나타낸다.

따라서 행렬 $X'X$의 대각성분을 제외한 비대각성분은 전부 0이 되어야 하므로 식 (11.1-11)로부터 다음과 같은 직교를 위한 조건식을 얻을 수 있다.

$$\begin{aligned} &\text{(i)} \quad \sum_u^n x_{iu} = 0, \quad i = 1,2 \cdots k \\ &\text{(ii)} \quad \sum_u^n x_{iu} x_{ju} = 0, \quad i \neq j,\ i,j = 1,2 \cdots k \\ &\qquad \sum_u^n x_{iu}^2 = c_{ii} \end{aligned} \tag{11.1-13}$$

그런데 요인의 수준수가 2인 경우는 식 (11.1-7)처럼 부호화된 변수를 정의하지만 일반적으로 수준수가 p인 경우 다음과 같이 부호화된 변수를 정의하면 조건(i), (ii)를 만족한다.

$$\begin{aligned} &x_{iu} = \frac{\xi_{iu} - \bar{\xi}_i}{s_i}, \\ &s_i^2 = \frac{1}{p} \sum_u^n (\xi_{iu} - \bar{\xi}_i)^2, \quad s_i = \frac{\xi_i(\text{고수준}) - \xi_i(\text{저수준})}{2} \end{aligned} \tag{11.1-14}$$

다음과 같은 2^2-요인실험에 대한 직교성과 부호화의 의미를 간략히 살펴보자. 어느 화학공정에서 생산되는 제품의 양이 온도(A)와 시간(B)에 의하여 달라지는 것으로 알려져 다음과 같은 7회의 실험을 실시하였다고 한다.

표 11.1-1 실험결과

실험번호	처리수준		부호화된 변수		반응값(y)
	$A(\zeta_1)$	$B(\zeta_2)$	x_1	x_2	
1	130	50	-1	-1	y_1
2	130	60	-1	1	y_2
3	135	50	1	-1	y_3
4	135	60	1	1	y_4
5	132.5	55	0	0	y_5
6	132.5	55	0	0	y_6
7	132.5	55	0	0	y_7

$\bar{\zeta}_1 = 132.5,\ s_1 = 2.5,\ \bar{s}_2 = 55,\ s_2 = 5$

이 실험은 2^2-요인실험에 3회의 실험점을 추가하여 총 7회의 실험을 실시한 것이다. 부호화된 변수 x_i는 식 (11.1-14)에 의하여 표준화된 것이다. 1차모형을 중심으로 표준화를 시도하므로 s_i^2의 계산에 사용된 실험점은 실험번호 1에서 4까지의 ξ_{ij}이다. 이로부터 표준화에 사용된 실험점이 각 요인별로 2수준이면 다음과 같이 부호화됨을 알 수 있다.

$$X_{iu} = \frac{\xi_{iu} - \bar{\xi}_i}{\frac{1}{2}\left[\xi_{iu}(\text{고수준}) - \xi_{iu}(\text{저수준})\right]}, \quad i = 1, 2 \cdots k$$

4회의 실험만을 실시하였을 경우 $\boldsymbol{X}'\boldsymbol{X} = 4\boldsymbol{I}$가 되어 직교성은 만족하지만, 1차모형 $y = \beta_0 + \beta_1 x_1 + \beta_2 x_2 + e$을 수립하면 추정할 모수의 개수가 4개(절편항을 포함한 개수)가 되어 오차 추정이 불가능하게 된다. 이는 추정할 모수의 개수와 실험점의 개수가 동일한 포화모형이기 때문이다. 그러므로 오차 추정을 위해 실험번호 5, 6, 7에 해당하는 3회의 실험을 추가하였다. 그런데 이렇게 실험점을 추가하여도 추정량 $\hat{\beta}_i$가 전혀 영향을 받지 않는다. 왜냐하면 이 실험설계의 경우 행렬 $\boldsymbol{X}'\boldsymbol{X}$가 다음과 같기 때문이다.

$$\boldsymbol{X}'\boldsymbol{X} = \begin{pmatrix} 7 & 0 & 0 \\ 0 & 4 & 0 \\ 0 & 0 & 4 \end{pmatrix} \tag{11.1-15}$$

따라서 이것은 조건 (i), (ii)를 만족시키는 실험설계임을 알 수 있다. 즉, 실험구역의 중심점 몇 개를 추가하여도 동일한 회귀계수 추정값을 얻으면서도 실험오차를 추정할 수 있음을 알 수 있다.

11.2 1차모형

11.2.1 1차모형의 반응표면식

다음과 같이 k요인에 대한 처리조합에 대하여 n번 실험한 경우를 생각해보자.

표 11.2-1 실험결과

반응값	독립변수
y_1	$x_{11}\ x_{21}\ \cdots\ x_{k1}$
y_2	$x_{12}\ x_{22}\ \cdots\ x_{k2}$
$\vdots$	$\vdots\ \ \vdots$
y_n	$x_{1n}\ x_{2n}\ \cdots\ x_{kn}$

반응값과 독립변수가 1차 선형관계에 있을 때 다음과 같은 1차모형(first-order model)을 생각할 수 있다.

$$y_u = \beta_0 + \sum_i \beta_i x_{iu} + e_u,\ \ u = 1,2 \cdots n,\ \ i = 1,2 \cdots k, \quad (11.2\text{-}1)$$
$$e_u \sim N(0,\ \sigma^2)$$

이 식을 행렬을 이용하여 표시하면 다음과 같다.

$$\begin{pmatrix} y_1 \\ y_2 \\ \vdots \\ y_n \end{pmatrix} = \begin{pmatrix} 1 & x_{11} & x_{21} & \cdots & x_{k1} \\ 1 & x_{12} & x_{22} & \cdots & x_{k2} \\ & & \vdots & & \\ 1 & x_{1n} & x_{2n} & \cdots & x_{kn} \end{pmatrix} \begin{pmatrix} \beta_0 \\ \beta_1 \\ \vdots \\ \beta_k \end{pmatrix} + \begin{pmatrix} e_1 \\ e_2 \\ \vdots \\ e_k \end{pmatrix} \quad (11.2\text{-}2)$$
$$\boldsymbol{y} = \boldsymbol{X} \boldsymbol{\beta} + \boldsymbol{e}$$

11.2.2 1차모형을 위한 실험설계

1차모형인 식 (11.2-1)의 회귀계수들이 독립적으로 추정가능하고 추정회귀계수들의 분산 $Var(\hat{\beta}_i)$이 최소인 실험설계를 구하고자 한다. 이러한 조건을 직교성(orthogonality)이라 한다.

1차모형이 직교성을 갖기 위해서는 행렬 $\boldsymbol{X'X}$의 비대각선 원소들이 전부 0인 대각행렬이 되어야 한다. 이러한 조건을 만족하는 대표적인 실험설계가 바로 2^k-요인실험 혹은 2^{k-p}-요인실험인 것이다. 2^{k-p}-요인실험의 경우는 2^k-요인실험의 부분실시이므로 주효과와 주효과는 서로 교락되지 않는 최소한 해상도 $R=3$ 이상이 요구된다. 아울러 2^k-요인실험의 경우 실험오차를 추정하기 위한 반복실험이 없기 때문에 $x_i=0$인 중심점(center point)에서 몇 번의 실험을 추가하여 실험오차를 추정한다. 이 중심점을 추가해도 회귀계수 β_i의 추정결과는 변화가 없으며 직교성도 만족한다.

2^3-요인실험설계를 이용한 1차모형을 위한 실험설계(중심점=4개)의 경우 행렬 X와 $X'X$를 구해보면 다음과 같다.

$$\boldsymbol{X}=\begin{pmatrix} & x_1 & x_2 & x_3 \\ 1 & -1 & -1 & -1 \\ 1 & -1 & -1 & 1 \\ 1 & -1 & 1 & -1 \\ 1 & -1 & 1 & 1 \\ 1 & 1 & -1 & -1 \\ 1 & 1 & -1 & 1 \\ 1 & 1 & 1 & -1 \\ 1 & 1 & 1 & 1 \\ 1 & 0 & 0 & 0 \\ 1 & 0 & 0 & 0 \\ 1 & 0 & 0 & 0 \\ 1 & 0 & 0 & 0 \end{pmatrix}, \quad \boldsymbol{X'X}=\begin{pmatrix} 12 & 0 & 0 & 0 \\ 0 & 8 & 0 & 0 \\ 0 & 0 & 8 & 0 \\ 0 & 0 & 0 & 8 \end{pmatrix}$$

이 결과로부터 1차 모형의 경우 직교성을 만족함을 알 수 있고, $Var(\hat{\beta})=(X'X)^{-1}\sigma^2$이므로 추정 회귀계수의 분산은 $Var(\hat{\beta}_i)=\frac{1}{8}\sigma^2$임을 알 수 있다. 이때 최소제곱추정 회귀계수, $\hat{\beta}_i$는 최소분산을 갖는 것으로 알려져 있다.

참고로 직교성을 만족하는 1차모형으로 심플렉스설계(simplex design)가 있다. 이 방법은 최소한의 실험횟수로 구할 수 있는 직교 1차모형 실험설계이다.

▶ [참고 1] 1차모형을 위한 심플렉스설계 (p.514)

1.2.3 적합도(goodness of Fit)에 대한 F 검정

11.2.3.1 적합결여(lack of fit)

다음으로 1차모형의 선택이 적절한가를 검증하는 방법을 생각해보기로 하자. [표 11.2-2]와 같은 실험자료를 예로 들어보자. 실험자료에 대한 분산분석표는 [표 11.2-3]에 주어져있다.

표 11.2-2 실험자료

실험번호(i)	x_i	y_i
1	125	160
2	100	112
3	200	124
4	75	28
5	150	152
6	175	156
7	75	42
8	175	124
9	125	150
10	200	104
11	100	136

표 11.2-3 분산분석표

변인	자유도	제곱합
회귀모형 (SS_R)	1	5141.3
오차 (SS_E)	9	14742.0

그림 11.2-1 오차의 두 성분

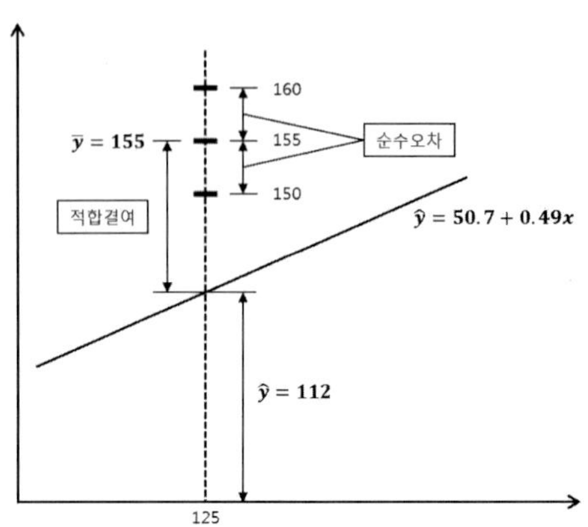

여기에서 오차제곱합을 두 종류의 성분으로 분해하여 순수오차(pure error)와 적합결여(lack of fit)성분으로 구분할 수 있는데, [그림 11.2-1]은 실험번호 1과 9의 경우 두 종류의 오차성분에 대한 의미를 설명하고 있다.

일반적으로 x_i에 대응하는 y_i값들이 여러 개 존재할 때 순수오차 및 적합결여에 대한 제곱합은 다음과 같이 계산된다.

$$
\begin{array}{l}
x_1 : \ y_{11},\ y_{12},\ \cdots,\ y_{1n_1} : \ n_1 \text{개} \\
x_2 : \ y_{21},\ y_{22},\ \cdots,\ y_{2n_2} : \ n_2 \text{개} \\
\qquad\qquad \vdots \\
x_c : \ y_{c1},\ y_{c2},\ \cdots,\ y_{cn_c} : \ n_c \text{개} \\
\hline
\qquad\qquad\qquad \sum n_i = n
\end{array}
$$

$$SS_{PE} = \sum_i \sum_j (y_{ij} - \bar{y}_{i.})^2, \quad df = \sum_i (n_i - 1) = n - c \tag{11.2-3}$$

SS_{LF} (2차 혹은 3차 이상의 성분 때문에 생기는 적합결여 제곱합)

$$= SS_E - SS_{PE} = \sum_i \sum_j (y_{ij} - \hat{y}_i)^2 - \sum_i \sum_j (y_{ij} - \bar{y}_{i.})^2$$

$$= \sum_i (\bar{y}_{i.} - \hat{y}_i)^2, \quad df = c - 2 \tag{11.2-4}$$

한편 각 평균제곱합의 기댓값을 구해보면 다음과 같다.

$$E(MS_{PE}) = \sigma^2 \tag{11.2-5}$$

$$E(MS_{LF}) = E\left(\frac{SS_{LF}}{c-2}\right) = \sigma^2 + \frac{\sum n_i\{E(y_i) - (\beta_0 + \beta_1 X)\}^2}{c-2} \tag{11.2-6}$$

여기에서 1차모형이 적합하면 $E(MS_{LF}) \approx \sigma^2$임을 알 수 있고, 1차모형에 적합하지 않을수록 $E(MS_{LF}) > \sigma^2$임을 알 수 있다.

따라서 $H_0 : E(y_i) = \beta_0 + \beta_1 x$에 대한 F-검정은 $F = \dfrac{MS_{LF}}{MS_{PE}} > F_\alpha(c-2, n-c)$이면 1차모형은 적합하지 않다는 결론을 지을 수 있다.

11.2.3.2 적합도 검정을 위한 중심점(center point) 첨가

수준이 각각 2인 3-요인실험을 생각해보자. 실험횟수가 가장 작으면서도 직교설계인 심플렉스설계를 이용하면 설계행렬 $\boldsymbol{D}$와 행렬 $\boldsymbol{X}$는 다음과 같다.

$$\boldsymbol{D} = \begin{pmatrix} 0 & \sqrt{2} & -1 \\ -\sqrt{2} & 0 & 1 \\ 0 & -\sqrt{2} & 1 \\ -\sqrt{2} & 0 & 1 \end{pmatrix}, \qquad \boldsymbol{X} = \begin{pmatrix} 1 & 0 & \sqrt{2} & -1 \\ 1 & -\sqrt{2} & 0 & 1 \\ 1 & 0 & -\sqrt{2} & -1 \\ 1 & \sqrt{2} & 0 & 1 \end{pmatrix} \tag{11.2-7}$$

$\boldsymbol{X}'\boldsymbol{X} = 4\,\boldsymbol{I}_4$이다. 그러나 같은 처리에 대한 반복실험이 없어 SS_{PE}를 계산할 수 없다. 1차모형 $y = \beta_0 + \beta_1 x_1 + \beta_2 x_2 + \beta_3 x_3 + e$의 회귀계수들을 추정하고 이 모형에 대한 적합결여 여부를 검정할 수 있도록 실험을 추가하여야 한다. 그러므로 다음과 같이 n_c개의 중심점을 추가하여 설계행렬 $\boldsymbol{D}$를 다시 구성해보자.

$$\boldsymbol{D} = \begin{pmatrix} 0 & \sqrt{2} & -1 \\ -\sqrt{2} & 0 & 1 \\ 0 & -\sqrt{2} & -1 \\ \sqrt{2} & 0 & 1 \\ & & \\ 0 & 0 & 0 \\ 0 & 0 & 0 \\ \vdots & \vdots & \vdots \\ 0 & 0 & 0 \end{pmatrix} \begin{matrix} \left.\begin{matrix} \\ \\ \\ \\ \end{matrix}\right] k+1 = 3+1\text{개의 실험점} \\ \\ \left.\begin{matrix} \\ \\ \\ \\ \end{matrix}\right] n_c\text{개의 실험점(중심점)} \end{matrix} \tag{11.2-8}$$

총 실험횟수 $= (k+1) + n_c$

이렇게 구성된 설계행렬 D를 사용하여 실험을 하였을 경우 직교성질은 어떻게 되는지 살펴보기로 하자. 행렬 $X=(1 : D)$이므로 직교성을 확인하기 위하여 $X'X$를 구해보자.

$$X'X=\begin{pmatrix} 4+n_c & 0 & 0 & 0 \\ 0 & 4 & 0 & 0 \\ 0 & 0 & 4 & 0 \\ 0 & 0 & 0 & 4 \end{pmatrix} \tag{11.2-9}$$

이 결과로부터 $X'X$가 대각행렬임을 알 수 있다. 이것은 $\hat{\beta}_i$와 $\hat{\beta}_j$가 서로 직교(uncorrelated 혹은 orthogonal)한다는 것을 의미한다. 이 사실로부터 다음과 같은 결과를 확인할 수 있다.

$$SS(\beta_1, \beta_2, \beta_3) = SS(\beta_1) + SS(\beta_2) + SS(\beta_3) \tag{11.2-10}$$

$$Cov(\hat{\boldsymbol{\beta}}) = \text{대각행렬}\left(\frac{1}{4+n_c} \quad \frac{1}{4} \quad \frac{1}{4} \quad \frac{1}{4}\right)\sigma^2 = (X'X)\sigma^2 \tag{11.2-11}$$

$$SS_{\beta_i} = \frac{(\hat{\beta}_i)^2\sigma^2}{Var(\hat{\beta}_i)} = (\hat{\beta}_i)^2/(\text{대각원소 } i)\text{이므로} \tag{11.2-12}$$

$$SS_{\beta_0} = \frac{(\hat{\beta}_1)^2}{1/(4+n_c)}, \quad SS_{\beta_i} = \frac{(\hat{\beta}_i)^2}{1/4}, \quad i=1,2,3$$

따라서 모든 회귀계수는 독립적으로 추정가능하며 다음과 같은 분산분석표를 얻을 수 있다.

표 11.2-4 분산분석표

변인		자유도	제곱합
모형		3	SS_R
오차	순수오차	n_c-1	SS_E: SS_{PE}
	적합결여	$n_c-(n_c-1)=1$	SS_{LF}
전체		$(3+1)+n_c-1=3+n_c$	

위의 사실들로부터 직교성질을 만족하는 실험설계에 중심점을 추가하여도 추정량들 간의 직교성이 그대로 유지됨을 알 수 있다. 적합결여의 자유도가 1인 이유는 n_c개의 실험이 추가되었지만 실험점의 관점에서 기존의 4개의 실험점에 중심점(0, 0, 0) 한 점만 추가된 것으로 추정모수의 수(4개)보다 실험점이 하나 더 많기 때문이다. 즉, 적합결여 df=실험점 수-추정모수의 수이다.

11.2.4 2^k-요인실험에 대한 반응표면설계

우선 $k=3$인 경우를 보자. 2^3-형 직교배열로부터 아래와 같은 행렬 $\boldsymbol{X}$를 구할 수 있다.

$$\begin{pmatrix} 0 & 0 & 0 \\ 0 & 0 & 1 \\ 0 & 1 & 0 \\ 0 & 1 & 1 \\ 1 & 0 & 0 \\ 1 & 0 & 1 \\ 1 & 1 & 0 \\ 1 & 1 & 1 \end{pmatrix} \rightarrow \boldsymbol{X} = \begin{pmatrix} 1 & -1 & -1 & -1 \\ 1 & -1 & -1 & 1 \\ 1 & -1 & 1 & -1 \\ 1 & -1 & 1 & 1 \\ 1 & 1 & -1 & -1 \\ 1 & 1 & -1 & 1 \\ 1 & 1 & 1 & -1 \\ 1 & 1 & 1 & 1 \end{pmatrix} \tag{11.2-13}$$

여기에서 $\boldsymbol{X}'\boldsymbol{X} = 8I$이며, 이로부터 직교설계행렬임을 알 수 있다. 여기에 중심점 n_c개를 더하여 다음과 같은 새로운 행렬을 구성한다.

$$\boldsymbol{X} = \begin{pmatrix} 1 & -1 & -1 & -1 \\ 1 & -1 & -1 & 1 \\ 1 & -1 & 1 & -1 \\ 1 & -1 & 1 & 1 \\ 1 & 1 & -1 & -1 \\ 1 & 1 & -1 & 1 \\ 1 & 1 & 1 & -1 \\ 1 & 1 & 1 & 1 \\ 1 & 0 & 0 & 0 \\ 1 & 0 & 0 & 0 \\ \vdots & \vdots & \vdots & \vdots \\ 1 & 0 & 0 & 0 \end{pmatrix} \begin{matrix} \left.\vphantom{\begin{matrix}1\\1\\1\\1\\1\\1\\1\\1\end{matrix}}\right\} 2^k = 2^3\text{개의 실험점} \\ \left.\vphantom{\begin{matrix}1\\1\\1\\1\end{matrix}}\right\} n_c\text{개의 실험점} \end{matrix} \tag{11.2-14}$$

이 경우 $\boldsymbol{X}'\boldsymbol{X}$와 분산분석표를 구해보면 다음과 같다.

$$X'X = \begin{pmatrix} 2^k + n_c & 0 & 0 & \cdots & 0 \\ 0 & 2^k & 0 & \cdots & 0 \\ \vdots & \vdots & \vdots & & \vdots \\ 0 & 0 & 0 & \cdots & 2^k \end{pmatrix} = \begin{pmatrix} 8 + n_c & 0 & 0 & \cdots & 0 \\ 0 & 8 & 0 & \cdots & 0 \\ \vdots & \vdots & \vdots & & \vdots \\ 0 & 0 & 0 & \cdots & 8 \end{pmatrix} \quad (11.2\text{-}15)$$

표 11.2-5 분산분석표

변인		자유도	제곱합
모형		3	SS_R
오차	순수오차	$n_c - 1$	SS_E: SS_{PE}
	적합결여	$(2^k + n_c - 1 - k) - (n_c - 1) = 2^k - k = 5$	SS_{LF}
전체		$2^k + n_c - 1 = 8 + n_c - 1$	

예제 11.1

어떤 화학공장에서 액화공기를 이용하여 산소를 만들어낸다고 한다. 그런데 산소의 순도가 높은 것이 상품가치가 있기 때문에 순도를 높이기 위하여 콘덴서의 온도(요인A)와 콘덴서의 판과 판 사이의 압력(요인B)에 대한 요인실험을 실시하였다.

표 11.2-6 실험결과

실제변수		부호화된 변수		순도
ξ_1(℃)	ξ_2(kg/cm^2)	x_1	x_2	
-25	1.1	-1	-1	82.8
-25	1.3	-1	1	83.5
-15	1.1	1	-1	84.7
-15	1.3	1	1	85.0
-20	1.2	0	0	84.1
-20	1.2	0	0	84.5
-20	1.2	0	0	83.9
-20	1.2	0	0	84.3

이 실험에 대한 통계모형은 다음과 같다.

$$y = \beta_0 + \sum_i \beta_i x_i + \sum_{i<j} \sum_j \beta_{ij} x_i x_j + \sum_j \beta_{ii} x_i^2 + e,\ i,\ j = 1,\ 2 \quad (11.2\text{-}16)$$

위 식에서 추정할 모수의 개수는 β_0, β_1, β_2, β_{12}, β_{11}, β_{22}로 모두 6개인데, 실험점은 중심점을 포함하여 모두 5개이므로 추정할 모수에 비해 적다. 따라서 2차모형의 회귀계수를 추정하는 데는 부족한 정보를 가지고 있지만 이 자료를 근거로 교호작용과 2차성분의 통계적 유의성을 검정하여 1차모형이 적절한지를 판단하는데 충분한 정보를 가지고 있다.

2차모형의 교호작용과 2차성분에 대한 계수를 다음과 같이 검정한다.

$$\begin{cases} H_0: \ \beta_{11} = \beta_{22} = 0 \\ H_1: \ H_0\text{가 아님} \end{cases}$$

$$\begin{cases} H_0: \ \beta_{12} = 0 \\ H_1: \ H_0\text{가 아님} \end{cases}$$

이를 검정하는 통계적 검정법으로 적합결여검정법을 사용한다. 이 검정을 위해 필요한 값들을 구하면 다음과 같다.

$$\bar{y}_f = 84.0 \quad \begin{cases} 82.8 \\ 83.5 \\ 84.7 \\ 85.0 \end{cases}, \quad \text{합계}: 336$$

$$\bar{y}_c = 84.2 \quad \begin{cases} 84.1 \\ 84.5 \\ 83.9 \\ 84.3 \end{cases}, \quad \text{합계}: 336.8$$

1) SS_{PE} 계산

중심점에 대한 5개의 실험결과를 이용한다.

$$SS_{PE} = 84.1^2 + 84.5^2 + 83.9^2 + 84.3^2 - \frac{336.8^2}{4} = 0.20$$

$$MS_{PE} = \left(\frac{1}{3}\right) SS_{PE} = 0.067$$

2) 적합결여 부분(교호작용, 2차성분) 계산

(i) 교호작용 성분

변수 x_1, x_2의 곱인 x_1x_2항의 회귀계수 β_{12}에 대한 최소제곱추정량은 2^2-요인실험으로부터 얻어진다.

$$\hat{\beta}_{12} = \frac{\boldsymbol{l}_{12}'\boldsymbol{y}}{\boldsymbol{l}_{12}'\boldsymbol{l}_{12}} = \frac{1}{4} \times 0.4 = 0.1, \quad \boldsymbol{l}_{12} = \begin{pmatrix} -1 \\ 1 \end{pmatrix} \otimes \begin{pmatrix} -1 \\ 1 \end{pmatrix}$$

$$SS_{\beta_{12}} = SS_{\text{interaction}} = \frac{(\hat{\beta}_{12})^2\sigma^2}{Var(\hat{\beta}_{12})} = \frac{(\hat{\beta}_{12})^2}{1/4} = 4 \times 0.1^2 = 0.04$$

(ii) 2차성분

2차성분의 제곱합을 계산하기 위하여 다음과 같은 방법을 사용한다. n_f개의 2^k-요인실험의 결과에 대한 평균값을 $\bar{y}_f$라 하고, n_c개의 중심점에 대한 평균값을 $\bar{y}_c$라 하자. 그러면 $\bar{y}_f - \bar{y}_c$는 $\beta_{11} + \beta_{22}$의 추정량이다. 즉 $\hat{\beta}_{11} + \hat{\beta}_{22} = \bar{y}_f - \bar{y}_c$이다. 만일 H_0: $\beta_{11} = \beta_{22} = 0$ 참이면 $\bar{y}_f - \bar{y}_c$는 0 근처의 값을 가짐이 틀림없다.

다음 [그림 11.2-2]를 참조하기 바란다. 그림에서 보듯이 4실험점의 평균값 $\bar{y}_f$에 비하여 중심점의 평균값 $\bar{y}_c$가 많이 작거나 크면 이 반응표면은 중심점이 평면에 비하여 꺼져 있거나 솟아 있음을 의미한다.

그림 11.2-2 2차성분

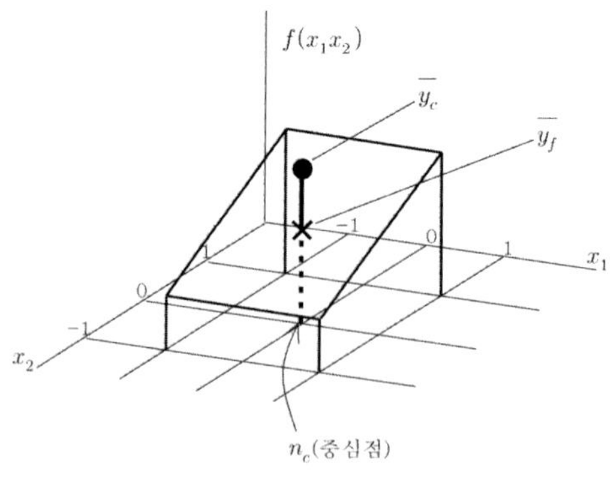

여기에서 $y_f = 84.0$, $y_c = 84.2$이므로, $\hat{\beta}_{11} + \hat{\beta}_{22} = \bar{y}_f - \bar{y}_c = -0.2$임을 알 수 있다. 따라서 2차성분에 대한 제곱합은 다음과 같다.

$$SS_{\beta_{11}+\beta_{22}} = \frac{(\hat{\beta}_{11} + \hat{\beta}_{22})^2 \sigma^2}{\dfrac{\sigma^2}{n_f} + \dfrac{\sigma^2}{n_c}} = \frac{(\hat{\beta}_{11} + \hat{\beta}_{22})^2}{\dfrac{n_f + n_c}{n_f \times n_c}} = \frac{n_f \times n_c (\bar{y}_f - \bar{y}_c)^2}{n_f + n_c}$$

$$= \frac{4 \times 4 \times (-0.2)^2}{4+4} = 0.08$$

이 내용들을 정리하여 다음과 같은 분산분석표를 얻는다.

표 11.2-7 1차 실험에 대한 1차모형의 분산분석표

변인	자유도	제곱합	평균제곱합	F-값
모형 (β_1, β_2)	2	3.14	1.57	24.53*
오차:	5	0.32	0.064	
적합결여	(2)	(0.12)		
(교호작용)	(1)	(0.04)	0.04	0.606
(2차)	(1)	(0.08)	0.08	1.212
순수오차	(3)	(0.2)	0.067	

* : 유의함(p-값<0.01)

여기서, 적합결여와 관련되어 실험점이 모두 5개이므로 2차모형의 6개의 모수를 전부 독립적으로 추정할 수 없다. 그러나 1차모형에 대한 적합결여, 즉 교호작용과 2차성분이 유의하지 않아 1차모형이 적절한 것으로 판단하고 1차모형의 각 회귀계수를 추정하여 아래와 같은 반응표면식을 얻는다.

$$\hat{y} = 84.00 + 0.85x_1 + 0.25x_2$$

혹은

$$\hat{y} = 84.4 + 0.17\xi_1 + 2.50\xi_2$$

11.2.5 최대경사법

앞 절의 실험의 경우 온도와 압력에 대하여 각각 -20℃과 1.2kg/cm^2 근처에서 실험한 결과 1차모형이 적절한 것으로 선택되었다. 그렇다면 이 반응표면은 두 요인의 수준이 각각 얼마일 때 최대값을 가질까? 이를 가장 쉽고 빠르게 찾는 방법이 없을까? 이에 대한 방법으로 최대경사법(steepest ascent method)을 이용한다. 최대경사법이란 반응표면의 극점을 가장 빠르게 도달하는 지름길을 말하며 이 극점에 가장 빨리 도달하는 최단거리와 같은 개념을 가지고 있다. 위의 예를 살펴보기로 하자.

$$\hat{y} = 84.00 + 0.85x_1 + 0.25x_2 = c \qquad (11.2\text{-}17)$$

라 하면

$$x_2 = -\left(\frac{0.85}{0.25}\right)x_1 + c \qquad (11.2\text{-}18)$$

라 쓸 수 있다. 단 c는 어떤 반응값을 나타내는 상수이다. 이 경우 식 (11.2-18)과 직교하는 방향의 진행이 극점에 최단거리로 도달하는 길이며 이 방향으로 실험을 진행하면서 반응값의 극점을 찾는 방법이 최대경사법이다. 아래의 그림을 참조하자.

그림 11.2-3 최대경사 방향

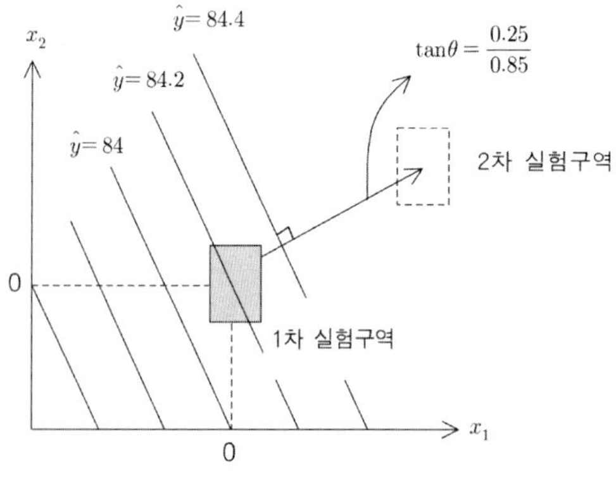

이 최대경사법에 대한 이론적 근거를 살펴보기로 하자. k변수에 대한 반응표면을 생각하자. 원점(시작점)의 좌표를 $(0, 0, 0, \cdots, 0)$이라 하고 1회마다 $(\Delta x_1, \Delta x_2, \cdots, \Delta x_k)$씩 증가시키면서 실험을 실시한다고 하자. 그러면 $(\Delta x_1, \Delta x_2, \cdots, \Delta x_k)$ 점에서의 반응표면의 값은 다음과 같다.

$$\hat{y} = \hat{\beta}_0 + \sum_i \hat{\beta}_i \Delta x_i \tag{11.2-19}$$

그런데 이동점 $(\Delta x_1, \Delta x_2, \cdots, \Delta x_k)$가 원점으로부터 γ만큼 이동하였다고 하면, 결국 $\gamma^2 = (\Delta x_1)^2 + (\Delta x_2)^2 + \cdots + (\Delta x_k)^2$이라는 범위 내에서 $\sum \hat{\beta}_i \Delta x_i$를 최대로 하는 Δx_i와 Δx_j의 관계식을 구할 수 있다. 이 관계식이 최대경사법에 의한 실험방향을 결정지어준다.

$$\text{Max}(\sum_i \hat{\beta}_i \Delta x_i), \quad \gamma^2 = (\Delta x_1)^2 + (\Delta x_2)^2 + \cdots + (\Delta x_k)^2 \tag{11.2-20}$$

$x_1 = x_2 = \cdots = x_k = 0$이라는 원점으로부터 $\hat{y}$의 값이 최대로 변화하는 방향을 결정하기 위하여 보통 회귀계수의 절대값($|\hat{\beta}_j|$)이 가장 큰 변수 Δx_j를 선택하여 Δx_j가 1단위 증가할 때 변수 Δx_j는 얼마나 증가해야 하는지를 결정한다.

여기에 라그랑쥐 승수(Lagrange multiplier)를 사용하여 $\gamma^2 = (\Delta x_1)^2 + (\Delta x_2)^2 + \cdots + (\Delta x_k)^2$이라는 조건하에 $\text{Max}(\sum \hat{\beta}_i \Delta x_i)$를 만족하는 조건을 구해보자.

$$\phi = \sum_i \hat{\beta}_i \Delta x_i - \lambda(\sum_i (\Delta x_i)^2 - \gamma^2) \tag{11.2-21}$$

$$\frac{\partial \phi}{\partial \Delta x_i} = \hat{\beta}_i - 2\lambda \Delta x_i = 0 \tag{11.2-22a}$$

$$\frac{\partial \phi}{\partial \Delta x_j} = \hat{\beta}_j - 2\lambda \Delta x_j = 0 \tag{11.2-22b}$$

위 식으로부터 다음과 같은 결과를 얻는다.

$$\Delta x_j = \Delta x_i \frac{\hat{\beta}_j}{\hat{\beta}_i}, \ i = 1, 2 \cdots k, \ i \neq j \tag{11.2-23}$$

따라서 변수 x_i를 Δx_i만큼 변화시킬 때 변수 x_j는 $(\hat{\beta}_j / \hat{\beta}_i)\Delta x_i$씩 변화시켜 실험하게 되는데 이것은 실험점의 이동방향을 결정하여 준다. 이러한 방향으로 실험점을 이동시키면서 실험하는 방법을 최대경사법이라 한다.

앞의 예에서 변수 x_1을 1단위씩 증가시키면, 변수 x_2는 $\Delta x_2 = \left(\frac{0.25}{0.85}\right)\Delta x_1$씩 증가시키면서 실험을 해야 한다. 실제 실험을 위해, 부호화된 변수를 실제변수로 고쳐 실험점을 구해보자. 만일 온도(ζ_1)를 1℃씩 증가시키면서 실험하고 싶다면 $\Delta x_1 = \Delta\frac{\xi_1}{s_1} = \frac{1}{5} = 0.2$, $\Delta x_2 = (0.2)\frac{(0.25)}{(0.85)} = 0.059$, $\Delta\xi_2 = s_2 \times \Delta x_2 = 0.1 \times 0.059 = 0.0059$. 하지만, 실험을 쉽게 하기 위하여 $\Delta\xi_2 = 0.006$으로 정하고 $\Delta\xi_1 = 1$, $\Delta\xi_2 = 0.006$씩 증가시키면서 [표 11.2-8]와 같이 탐색적 실험을 실시하였다고 하자.

결국 10번째 실험점의 반응값이 최고점을 갖는다는 사실을 알 수 있다. 따라서 이 근처에 최대의 반응값이 존재하리라 예상되므로 이 근처에 2차 실험구역을 설정하여 실험을 실시한 후 다시 반응표면을 구한다. 이때는 2차반응표면식을 사용한다. 왜냐하면 10번째 반응값을 전후해서 곡선의 형태가 뚜렷하기 때문이다.

표 11.2-8 최대경사법에 의한 실험

실험 순서	변수	x_1	x_2	ξ_1	ξ_2	y	
	시작점	0	0	-20	1.200		
	Δ	0.2	0.059	1	0.006		
1	시작점 + Δ	0.2	0.059	-19	1.206	84.2	
2	시작점 + 2Δ	0.4	0.118	-18	1.212	84.6	
3	시작점 + 3Δ	0.6	0.177	-17	1.218	84.9	
⋮	⋮	⋮	⋮	⋮	⋮	⋮	
9	시작점 + 9Δ	1.8	0.531	-11	1.254	90.3	
10	시작점 + 10Δ	2.0	0.590	-10	1.260	91.2	←최대
11	시작점 + 11Δ	2.2	0.647	-9	1.266	89.2	
12	시작점 + 12Δ	2.22	0.708	-8	1.272	87.3	

그림 11.2-4 최대경사법에 의한 탐색적 접근

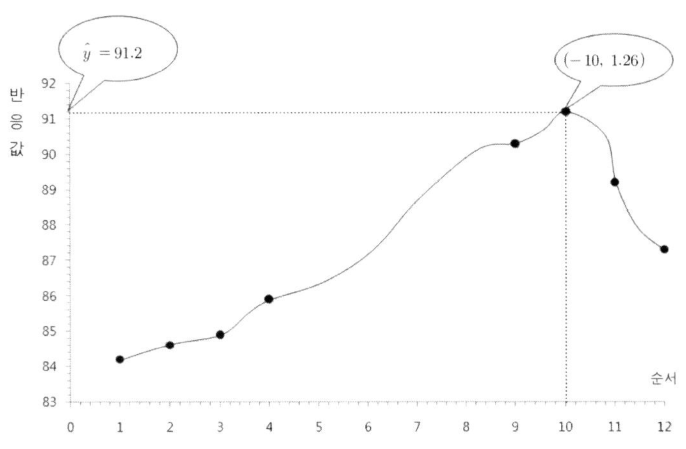

11.3 2차모형

11.3.1 2차 실험의 구성

앞 절에서 언급한 자료를 가지고 계속 설명하기로 한다. 실험자는 탐색적 실험을 통하여 실험점 (-10, 1.26)에서 $y = 91.2$라는 최대값을 얻었으므로 실험점 (-10, 1.26) 근처에서 다음과 같은 2차 실험을 실시하였다. 실험구역은 실험점 (-10, 1.26)을 중심으로 최적점이 존재하리라 생각되는 구역을 예상하여 적절히 설정한다. 온도의 경우 ±5℃, 압력의 경우 ±0.1kg/㎠로 하였다.

표 11.3-1 2차 실험의 결과

실험횟수	부호화된 변수		실제변수		반응값
	x_1	x_2	ξ_1	ξ_2	$\hat{y}$
1	-1	-1	-15	1.16	86.2
2	-1	1	-15	1.36	86.8
3	1	-1	-5	1.16	87.2

4	1	1	-5	1.36	86.4
5	0	0	-10	1.26	91.1
6	0	0	-10	1.26	91.3
7	0	0	-10	1.26	90.8
8	0	0	-10	1.26	90.3
9	0	0	-10	1.26	92.0

이 실험결과를 이용하여 11.2.4절에서 설명한 방법으로 다음 값들을 계산한 후 분산분석표를 작성해보자.

(i) $SS_{PE} = 91.1^2 + 91.3^2 + 90.8^2 + 90.3^2 + 92.0^2 - \dfrac{455.52^2}{5} = 0.57$

$$MS_{PE} = \frac{SS_{PE}}{4} = 0.143$$

(ii) $\hat{\beta}_{12} = \dfrac{\boldsymbol{l}_{12}{}'\boldsymbol{y}}{\boldsymbol{l}_{12}{}'\boldsymbol{l}_{12}} = -\dfrac{1.4}{4} = -0.35$

$$\boldsymbol{l}_{12} = \begin{pmatrix} -1 \\ 1 \end{pmatrix} \otimes \begin{pmatrix} -1 \\ 1 \end{pmatrix}, \ \boldsymbol{y}' = (86.2, 86.8, \cdots, 92.0)$$

$$SS_{\beta_{12}} = SS_{\text{interaction}} = \frac{(\hat{\beta}_{12})^2 \sigma^2}{Var(\hat{\beta}_{12})} = \frac{(-0.35)^2}{\left(\frac{1}{4}\right)^2 \times 4} = 0.490$$

(iii) 2차성분

$$\hat{\beta}_{11} + \hat{\beta}_{22} = \bar{y}_f - \bar{y}_c = 86.65 - 91.10 = -4.45$$

$$SS_{\beta_{11}+\beta_{22}} = SS_{\text{quadratic}} = \frac{n_f \times n_c (\bar{y}_f - \bar{y}_c)^2}{n_f + n_c} = \frac{4 \times 5(-4.45)^2}{4+5} = 35.70$$

표 11.3-2 2차 실험에 대한 모형의 검정

변인	자유도	제곱합	평균제곱합	F-값
모형 (β_1, β_2)	2	0.10	0.05	0.008
오차:	6	36.76	6.12	
교호작용	(1)	(0.49)	0.49	3.50
2차	(1)	(35.70)	35.70	255.0*
순수오차	(4)	0.57	0.14	
전체	8	36.85		

* : 유의함(p-값$<$0.01)

위 분산분석표의 2차성분에 대한 검정의 귀무가설은 $H_0 : \beta_{11} = \beta_{22} = 0$이며 이 검정결과가 통계적 유의함을 보였으므로 H_0의 반증으로 2차성분이 모형에 포함되는 2차모형이 적절하며 이때 교호작용항은 통계검정 결과에 관계없이 모형에 포함시키는 것이 바람직하다. 이것을 계층적 법칙(hierarchical rule)이라 한다. 이러한 이유로 다음과 같은 2차모형(second-order model)을 선택한다.

$$y_u = \beta_0 + \sum_i \beta_i \, x_{iu} + \sum_i \beta_{ii} \, x_{iu}^2 + \sum_i \sum_{i<j} \beta_{ij} \, x_{iu} \, x_{ju} + e_u ,$$
$$u = 0, 1, 2 \cdots n \qquad (11.3\text{-}1)$$

이 식을 편의상 이차항이 일차항보다 앞에 위치하도록 다음과 같이 쓰기로 한다.

$$y_u = \beta_0 + \sum_i \beta_{ii} \, x_{iu}^2 + \sum_i \beta_i \, x_{iu} + \sum_i \sum_{i<j} \beta_{ij} \, x_{iu} \, x_{ju} + e_u ,$$
$$u = 0, 1, 2 \cdots n \qquad (11.3\text{-}2)$$

이때, $\boldsymbol{\beta}$와 X를 각각 다음과 같이 정의하자.

$$\boldsymbol{\beta} = (\beta_0 \ \beta_{11} \cdots \beta_{kk} \ , \ \beta_1 \ \beta_2 \cdots \beta_k \ , \ \beta_{12} \ \beta_{13} \cdots \beta_{(k-1)k})' = \begin{pmatrix} \boldsymbol{\beta}^* \\ \boldsymbol{\beta}^{**} \end{pmatrix}$$

여기서, $\boldsymbol{\beta}^* = (\beta_0 \ \beta_{11} \cdots \beta_{kk})'$, $\boldsymbol{\beta}^{**} = (\beta_1 \ \beta_2 \cdots \beta_k \ \beta_{12} \cdots \beta_{(k-1)k})'$이다.

$$\boldsymbol{X} = \begin{pmatrix} 1 & x_{11}^2 \, x_{21}^2 \cdots x_{k1}^2 & x_{11} \, x_{21} \cdots x_{k1} & x_{11} \, x_{21} \ \ x_{11} \, x_{31} \ \cdots \ x_{(k-1)1} \, x_{k1} \\ 1 & x_{12}^2 \, x_{22}^2 \cdots x_{k2}^2 & x_{12} \, x_{22} \cdots x_{k2} & x_{12} \, x_{22} \ \ x_{12} \, x_{32} \ \cdots \ x_{(k-1)2} \, x_{k2} \\ \vdots & \vdots & \vdots & \vdots \qquad \cdots \qquad \vdots \\ 1 & x_{1n}^2 \, x_{2n}^2 \cdots x_{kn}^2 & x_{1n} \, x_{2n} \cdots x_{kn} & x_{1n} \, x_{2n} \ \ x_{1n} \, x_{3n} \ \cdots \ x_{(k-1)n} \, x_{kn} \end{pmatrix}$$

따라서 식 (11.3-2)는 다음과 같이 쓸 수 있다.

$$\boldsymbol{y} = \boldsymbol{X\beta} + \boldsymbol{e} \qquad (11.3\text{-}3)$$

여기서 반응표면의 회귀계수 $\hat{\boldsymbol{\beta}}$는 다음과 같이 구해진다.

$$\hat{\boldsymbol{\beta}} = (\boldsymbol{X}'\boldsymbol{X})^{-1}\boldsymbol{X}'\boldsymbol{y} \qquad (11.3\text{-}4)$$

그런데 식 (11.3-3)으로부터 다음과 같은 사실을 알 수 있다.

$$\sum_u x_{iu} = 0, \quad i = 1,2 \cdots k$$

$$\sum_u x_{iu} x_{ju} = 0\,, \quad i = j = 1,2 \cdots k, \quad i \neq j$$

$$\sum_u x_{iu}^2 x_{ju} = 0, \quad i = j = 1,2 \cdots k, \quad i \neq j$$

$$\sum_u x_{iu}^3 x_{ju} = 0, \quad i = j = 1,2 \cdots k, \quad i \neq j$$

그리고 다음과 같이 정의하면

$$\sum_u x_{iu}^2 = b \ , \quad i = 1,2 \cdots k$$

$$\sum_u x_{iu}^2 x_{ju}^2 = c \ , \quad i = j = 1,2 \cdots k, \quad i \neq j$$

$$\sum_u x_{iu}^4 = c + d \ , \quad i = 1,2 \cdots k$$

행렬 $\boldsymbol{X}'\boldsymbol{X}$는 다음과 같이 표현된다.

$$X'X = \left[\begin{array}{cccccc|cccccccc}
n & b & b & b & \cdots & b & 0 & 0 & \cdots & \cdots & \cdots & \cdots & \cdots & 0 \\
b & c+d & c & c & \cdots & c & 0 & 0 & \cdots & \cdots & \cdots & \cdots & \cdots & 0 \\
\vdots & \vdots & \ddots & & \ddots & \vdots & \vdots & \vdots & & & & & & \vdots \\
b & c & c & c & \cdots & c+d & 0 & 0 & \cdots & \cdots & \cdots & \cdots & \cdots & 0 \\
\hline
0 & 0 & \cdots & \cdots & \cdots & 0 & b & 0 & \cdots & 0 & 0 & 0 & \cdots & 0 \\
0 & 0 & \cdots & \cdots & \cdots & 0 & 0 & b & \cdots & 0 & 0 & 0 & \cdots & 0 \\
\vdots & \vdots & & & & \vdots & \vdots & \vdots & \ddots & \vdots & \vdots & \vdots & \ddots & \vdots \\
\vdots & \vdots & & & & \vdots & 0 & 0 & \cdots & b & 0 & 0 & \cdots & 0 \\
\vdots & \vdots & & \ddots & & \vdots & 0 & 0 & \cdots & 0 & c & 0 & \cdots & 0 \\
\vdots & \vdots & & & & \vdots & 0 & 0 & \cdots & 0 & 0 & c & \cdots & 0 \\
\vdots & \vdots & & & & \vdots & \vdots & \vdots & \ddots & \vdots & \vdots & \vdots & \ddots & \vdots \\
0 & 0 & \cdots & \cdots & \cdots & 0 & 0 & 0 & \cdots & 0 & 0 & 0 & \cdots & c
\end{array}\right]$$

$$= \begin{pmatrix} \boldsymbol{U} & \boldsymbol{0} \\ \boldsymbol{0} & \boldsymbol{V} \end{pmatrix}, \quad \boldsymbol{U} = \begin{pmatrix} n & b\boldsymbol{1}'_{\boldsymbol{k}} \\ b\boldsymbol{1}'_{\boldsymbol{k}} & cJ_k + dI_k \end{pmatrix}, \quad \boldsymbol{V} = \text{대각행렬}(b \cdots b \quad c \cdots c)$$

(11.3-5)

그리고 $\boldsymbol{X}'\boldsymbol{y}$는 다음과 같다.

$$\boldsymbol{X}'\boldsymbol{y} = (\sum y_u \ \sum x_{1u}^2 y_u \ \cdots \ \sum x_{ku}^2 y_u \ \sum x_{1u} y_u \ \cdots \ \sum x_{ku} y_u \ \sum x_{1u} x_{2u} y_u \ \sum x_{1u} x_{3u} y_u \ \cdots \ \sum x_{(k-1)u} x_{ku} y_u) = \begin{pmatrix} \boldsymbol{X}'\boldsymbol{y}^{*} \\ \boldsymbol{X}'\boldsymbol{y}^{**} \end{pmatrix},$$

$$X'y^* = (\sum y_u \ \sum x_{1u}^2 y_u \ \cdots \ \sum x_{ku}^2 y_u)', X'y^{**} = (\sum x_{1u} y_u \cdots \sum x_{ku} y_u$$
$$\sum x_{1u} x_{2u} y_u \sum x_{1u} x_{3u} y_u \cdots \sum x_{(k-1)u} x_{ku} y_u) \tag{11.3-6}$$

따라서 반응표면의 회귀계수 추정량 $\hat{\beta}$는 다음과 같다.

$$\hat{\beta} = \begin{pmatrix} \hat{\beta}^* \\ \hat{\beta}^{**} \end{pmatrix} = \begin{pmatrix} U^{-1} & 0 \\ 0 & V^{-1} \end{pmatrix} \begin{pmatrix} X'y^* \\ X'y^{**} \end{pmatrix} = \begin{pmatrix} U^{-1}X'y^* \\ V^{-1}X'y^{**} \end{pmatrix} \tag{11.3-7}$$

좋은 반응표면설계의 판단기준으로 가장 많이 선택되는 것으로 직교성과 회전성을 들 수 있다. 직교성과 회전성은 무엇을 말하며 이를 만족하기 위한 실험설계의 조건은 무엇인가를 살펴보기로 하자.

11.3.2 직교성의 조건

직교성(orthogonality)이란 추정회귀계수들이 무상관(uncorrelatedness)을 보이는 경우를 말한다. 즉, $Cov(\hat{\beta}_i, \hat{\beta}_j) = 0$. 이 경우 $Var(\hat{y})$는 추정회귀계수 분산들의 가중합으로 표현되며 추정된 회귀계수들의 분산 $Var(\beta_j)$이 최소가 된다. 1차모형의 경우 행렬 $X'X$가 대각행렬일 경우 직교성을 만족한다.

2차모형의 경우, $\hat{\beta} = \begin{pmatrix} \hat{\beta}^* \\ \hat{\beta}^{**} \end{pmatrix}$가 직교성을 만족하기 위한 조건을 살펴보기로 하자. $\hat{\beta} = \begin{pmatrix} \hat{\beta}^* \\ \hat{\beta}^{**} \end{pmatrix}$가 직교한다는 것은 $Cov(\hat{\beta}_{ii}, \hat{\beta}_{ij}) = 0$, $Cov(\hat{\beta}_i, \hat{\beta}_{jj'}) = 0$, $i \neq j$, $j \leq j'$를 의미한다. 이러한 직교성을 만족하기 위해선 행렬 X가 다음 조건을 만족하여야 한다.

$$\left(\sum_u x_{iu}^2\right)^2 = n \sum_u x_{iu}^2 x_{ju}^2 \tag{11.3-8}$$

▶ [참고 2] 직교성을 위한 조건 (p.520)

11.3.3 회전성의 조건

회전성(rotatability)이란 추정된 반응값들의 분산, $Var(\hat{y})$이 실험구역 중심점으로부터 같은 거리에 있을 경우 방향에 관계없이 같은 크기가 같은 성질을 말한다. 중심점(0, 0, 0, ⋯, 0)로부터 실험점 $(x_{10}, x_{20}, \cdots, x_{k0})$까지의 거리를 ρ이라 하자. 그러면 거리 ρ는 다음과 같다.

$$\rho = \sqrt{x_{10}^2 + x_{20}^2 + \cdots + x_{k0}^2} \tag{11.3-9}$$

이제, 이 실험점에서의 반응값을 $\hat{y}_0$ 그리고 분산을 $Var(\hat{y}_0)$라 하자. 이때 원점으로부터 떨어진 거리가 ρ인 실험점은 방향만 다를 뿐 무수히 많이 존재할 수 있다. 그런데, 추정반응값의 분산이 방향이 달라도 원점으로부터 거리가 같은 실험점에 대하여 일정하다고 하자. 즉 $Var(\hat{y}_0) = f(\rho)$로 거리만이 추정반응값의 분산에 영향을 준다면 이 성질을 회전성(rotatability)이라 한다. 이것은 원점으로부터 일정한 거리에 있는 추정반응값의 분산은 방향에는 상관없이 떨어진 거리에만 영향을 받는다는 조건이다. 만일 이 조건이 없으면 반응표면의 예측값에 대한 통계적 추론에 더하여 방향성까지 고려되어야 하므로 반응표면에 대한 해석이 더욱 복잡해진다. 예를 들어 반지름이 1인 원주 상의 두 점 $(1, 0)$과 $(1/\sqrt{2}, 1/\sqrt{2})$는 원점으로부터 같은 거리에 있으므로 두 점에 대한 예측값의 분산은 같다는 것이다. 이러한 회전성을 만족하기 위해선 행렬 $\boldsymbol{X}$가 다음 조건을 만족해야 한다.

$$\sum_u x_{iu}^4 = 3\sum_u x_{iu}^2 x_{ju}^2 \tag{11.3-10}$$

▶ [참고 3] 회전성을 위한 조건 (p.522)

11.4 중심합성설계

2차모형에 대한 대표적인 실험설계로 중심합성설계(central composite design ; CCD)를 소개한다. 이 중심합성설계는 2차모형을 추정하는데 아주 유용하며 요인실험, 축점, 그리고 중심점으로 구성된다. 요인실험이 입방형실험설계(cuboidal experimental design)인데 비하여 구형실험설계(spherical experimental design)에 가깝다. 중심합성설계는 다음과 같은 세 부분으로 구성된다.

1. 2^k-요인실험 혹은 해상도 V이상의 2^k-부분실시법 : n_0

2. 축점 (axial point) : $2k$

3. 중심점(center point) : n_c

$$\left.\begin{matrix} -1 & -1 & -1 \\ -1 & -1 & 1 \\ \vdots & \vdots & \vdots \\ 1 & 1 & 1 \end{matrix}\right\} \ 2^3\text{-요인실험 : } n_0 = 8$$
$$\left.\begin{matrix} 0 & 0 & 0 \\ \vdots & \vdots & \vdots \\ 0 & 0 & 0 \end{matrix}\right\} \ \text{중심점 : } n_c$$
$$\left.\begin{matrix} \alpha & 0 & 0 \\ -\alpha & 0 & 0 \\ 0 & \alpha & 0 \\ 0 & -\alpha & 0 \\ 0 & 0 & \alpha \\ 0 & 0 & -\alpha \end{matrix}\right\} \ \text{축점 : } 2k = 6$$

여기에서 $2k$개의 축점과 적절한 개수의 중심점의 첨가는 직교성과 회전성을 확보하고 실험오차의 추정도 가능하여 모형의 적합결여 검정을 할 수 있다. 구체적으로 축점의 α값을 어떻게 결정하는가를 이 경우를 들어 설명해 보자.

(i) 직교성을 만족하기 위한 α값

식 (11.3-8)을 만족하여야 한다.

그런데 $\sum_u x_{iu}^2 = n_0 + 2\alpha^2$, $\sum_u x_{iu}^2 x_{ju}^2 = n_0$이므로 $\alpha = \left(\frac{\sqrt{nn_0} - n_0}{2}\right)^{\frac{1}{2}}$ 이다.

이 경우는 $n = 23$, $n_0 = 8$, $k = 3$, $n_c = 9$이므로 $\alpha = 1.668$.

(ii) 회전성을 만족하기 위한 α값

식 (11.3-9)을 만족하여야 한다.

그런데 $\sum_u x_{iu}^2 x_{ju}^2 = n_0$, $\sum_u x_{iu}^4 = n_0 + 2\alpha^4$이므로 $\alpha = (n_0)^{\frac{1}{4}}$ 이다.

이 경우는 $n_0 = 8$이므로 $\alpha = 1.682$.

(iii) 직교성과 회전성의 동시만족

직교성과 회전성을 동시에 만족시키기 위해서는 $\left(\frac{\sqrt{nn_0} - n_0}{2}\right)^{\frac{1}{2}} = n_0^{\frac{1}{4}}$ 이어야 하므로 이 식으로부터 $n_c = 4(1 + \sqrt{n_0}) - 2k$를 얻는다. 따라서 중심점의 실

험횟수가 정확히 $n_c = 4(1+\sqrt{n_0})-2k$이면 된다. 2^3-요인 실험의 경우 $n_c = 4(1+\sqrt{8})-2\times 3 \fallingdotseq 9.3$이다. 그러나 9.3개의 실험점을 생각할 수 없으므로 $n_c = 9$ 또는 10을 선택한다. 이러한 이유로 직교성과 회전성을 동시에 만족하는 실험을 구성하기가 대부분 불가능하다. 따라서 다음과 같이 적절한 축점을 선택하여 중심합성설계를 구성한다. 이 경우 회전성을 만족하는 $\alpha = 1.682$를 선택하였다. 한편 각 회귀계수의 추정 결과는 완전직교성을 만족하는 $\alpha = 1.668$의 경우와 비교하여 거의 차이가 없는 것으로 계산결과를 확인할 수 있어 직교성에도 큰 문제가 없는 것으로 판단된다.

(iv) 중심점의 개수

직교성과 회전성을 만족하기 위한 α값이 각각 $\left(\frac{\sqrt{nn_0}-n_0}{2}\right)^{1/2}$, $\alpha = n_0^{1/4}$이므로 이 두 값이 같아지는 n_c를 구해보면 $\left(\frac{\sqrt{nn_0}-n_0}{2}\right)^{1/2} = n_0^{1/4}$로부터 $n_c \simeq 4(1+\sqrt{n_0})-2k$를 구할 수 있다. $k=2$인 경우 $n_c = 8$이다.

$k = 3$인 2^3-요인실험에 대한 중심합성설계는 다음과 같다.

x_1	x_2	x_3	
−1	−1	−1	요인실험: $2^3(n_0 = 8)$
−1	−1	1	
⋮	⋮	⋮	
1	1	1	
−1.682	0	0	축점: $2k = 6$
1.682	0	0	
0	−1.682	0	
0	1.682	0	
0	0	−1.682	
0	0	1.682	
0	0	0	중심점: n_c
0	0	0	
⋮	⋮	⋮	
0	0	0	

예제 11.2

$k=2$인 2^2-요인실험에 대한 중심합성설계를 구해보자.

$$
\begin{array}{cc}
x_1 & x_2 \\
-1 & -1 \\
-1 & 1 \\
1 & -1 \\
1 & 1 \\
-\sqrt{2} & 0 \\
\sqrt{2} & 0 \\
0 & -\sqrt{2} \\
0 & \sqrt{2} \\
0 & 0 \\
0 & 0 \\
\vdots & \vdots \\
0 & 0
\end{array}
\quad
\begin{array}{l}
\left.\right\} \text{요인실험: } 2^2\,(n_0=4) \\
\left.\right\} \text{축점: } 2k=4 \\
\left.\right\} \text{중심점: } n_c=8
\end{array}
$$

이 실험구역을 보면 원점으로부터 실험점의 거리가 $\rho=\sqrt{2}$로 일정한 특징을 가지고 있다. 이러한 설계를 구형중심합성설계(spherical CCD)라 한다. 참고로 실험구역이 구형일 경우 회전성은 언제나 만족하는 성질이 있다. 따라서 회전성을 강조하는 경우 $\alpha=\sqrt{k}$인 구형 중심합성설계를 이용할 수 있으나 실험구역이 기존의 중심합성설계에 비하여 축소되는 특징이 있다.

표 11.4-1 요인수가 k 일 때 CCD설계를 위한 α값과 실험횟수

k	n_0	N	α
2	4	$8+n_c$	$\sqrt{2}$
3	8	$14+n_c$	1.682
4	16	$24+n_c$	2.0
5	32	$42+n_c$	2.378
5(1/2)	16	$26+n_c$	2.0
6	64	$76+n_c$	2.828
6(1/2)	32	$44+n_c$	2.378
7	128	$142+n_c$	2.364
7(1/2)	64	$78+n_c$	2.828

[예제 11.2]의 경우 $\alpha=\sqrt{k}$ 대신 $\alpha=1$로 조정하면 5수준 실험이 아닌 3수준 입방형중심합성설계(3-level face-centered CCD)를 얻을 수 있다. 각 요인의 실험수준이 5수준인 기존의 중심합성설계보다는 실험수준을 3수준으로 조정하여야 할 경우 선택할 수 있는 설계이다. 그러나 이 경우 실험구역이 구형에서 벗어나 입방형으로 변하기 때문에 회전성을 확보하기 어려워지는 문제점이 있다. 이를 극복할 수 있는 방법이 박스-벤겐(Box-Behnken)설계이다. 박스-벤겐설계는 균형불완비블록설계(BIBD)와 2^k-요인실험을 결합한 것이다. 예를 들어 3요인에 대한 박스-벤겐설계를 생각하여보자.

우선 블록의 크기가 2이고 처리가 3인 균형불완비블록설계를 생각한다.

	처리	1	2	3
	1	×	×	
블록	2	×		×
	3		×	×

다음으로 2^2-요인 실험을 생각하여 각 블록에 2^2-요인실험을 배치하고 나머지는 0으로 하면 다음과 같은 박스-벤겐설계를 구할 수 있다.

$k=3$인 박스-벤겐설계는 다음과 같다.

x_1	x_2	x_3
-1	-1	0
-1	1	0
1	-1	0
1	1	0
-1	0	-1
-1	0	1
1	0	-1
1	0	1
0	-1	-1
0	-1	1
0	1	-1
0	1	1

이 박스-벤겐설계는 각 요인의 수준이 3이면서 실험반경, $\rho=\sqrt{2}$인 구형설

계로 회전성을 만족하게 된다. 이러한 이유로 수준수가 3인 실험을 필요로 하는 현장에서는 박스-벤켄설계가 자주 이용된다. 중심합성설계는 모든 요인에 대하여 결국 5수준의 실험을 실시한 경우이다. 일부 실험현장에서 요인에 대한 5수준 실험이 현실적으로 부담스러울 경우 3수준으로 줄여 실험하고자 할 때 박스-벤켄실험이 고려될 수 있다.

11.5 반응표면분석

11.5.1 정준분석

실험구역에 대한 반응표면식 $\hat{y}$를 최대(혹은 최소)로 하는 실험점($x_{10}, x_{20}, ..., x_{k0}$)를 찾는 방법을 살펴보자. 추정된 반응표면식이 다음과 같다.

$$\hat{y} = \hat{\beta}_0 + \sum_i \hat{\beta}_i x_i + \sum_i \hat{\beta}_{ii} x_i^2 + \sum_i \sum_{i<j} \hat{\beta}_{ij} x_i x_j \qquad (11.5\text{-}1)$$

여기에서

$$\boldsymbol{b} = (\hat{\beta}_1 \hat{\beta}_2 \cdots \hat{\beta}_k)', \quad \boldsymbol{B} = \begin{pmatrix} \hat{\beta}_{11} & \frac{1}{2}\hat{\beta}_{12} & \cdots & \frac{1}{2}\hat{\beta}_{1k} \\ & \hat{\beta}_{22} & \cdots & \frac{1}{2}\hat{\beta}_{2k} \\ & & \cdots & \\ & \text{대 칭} & \ddots & \\ & & & \hat{\beta}_{kk} \end{pmatrix}, \quad \boldsymbol{x} = \begin{pmatrix} x_1 \\ x_2 \\ x_3 \\ \vdots \\ \vdots \\ x_k \end{pmatrix}$$

라 놓으면,

$$\hat{y} = \hat{\beta}_0 + \boldsymbol{x}'\boldsymbol{b} + \boldsymbol{x}'\boldsymbol{B}\boldsymbol{x} \qquad (11.5\text{-}2)$$

다음으로, 정상점(stationary point)을 구하기 위하여 다음과 같은 값을 구한다.

$$\frac{\partial \hat{y}}{\partial \boldsymbol{x}} = \boldsymbol{b} + 2\boldsymbol{B}\boldsymbol{x} = 0 \qquad (11.5\text{-}3)$$

위 식을 만족하는 실험점을 $\boldsymbol{x}_0$라 하면 $\boldsymbol{x}_0=(x_{10}\ x_{20}\ \cdots\ x_{k0})'=-\frac{1}{2}\boldsymbol{B}^{-1}\boldsymbol{b}$이다. 이 점을 정상점이라 한다. 이 정상점이 최대(max), 최소(min) 혹은 안장점(saddle point) 중 어느 것인지를 어떻게 판별할 것인가? 이 판단을 위하여 반응표면식에 대한 정준분석을 실시하여 다음과 같은 결론을 얻을 수 있다. 행렬 $\boldsymbol{B}$의 고유근(characteristic root)을 구하여

1. λ_i가 전부 음수이면 $\boldsymbol{x}=\boldsymbol{x}_0$에서 $\hat{y}$=최대
2. λ_i가 전부 양수이면 $\boldsymbol{x}=\boldsymbol{x}_0$에서 $\hat{y}$=최소
3. 그 외의 경우, 예를 들어 $\lambda_1=1$, $\lambda_2=-2$이면 안장점
   안장점은 말의 안장 모습의 형태란 뜻으로 곡면의 한 점 $\boldsymbol{x}=\boldsymbol{x}_0$에 두 곡선의 최대와 최소가 동시에 존재한다는 뜻이다.

▶ [참고 4] 정준분석(canonical analysis) (p.523)

11.5.2 능형체계

정준형에서 고유근의 부호를 기준으로 정상점의 특징을 구분하는 방법은 앞에서 설명하였다. 이와 더불어 고유근의 크기까지 고려하여 $k=2$인 경우 정준형을 해석하여 보자. 설명변수 x_1, x_2에 대한 고유근을 각각 λ_1, λ_2라 하자.

1. 만일 $\lambda_1<\lambda_2<0$이면, 정상점은 최대반응점이며, 정상점을 중심으로 변수 w_2에 비하여 변수 w_1에 대한 반응의 증가폭이 크고 곡면의 경사가 급하다.
2. 만일 $\lambda_1>\lambda_2>0$이면, 정상점은 최소반응점이며, 정상점을 중심으로 변수 w_2에 비하여 변수 w_1에 대한 반응의 감소폭이 크고 곡면의 경사가 급하다.
3. 만일 $\lambda_1>0$, $\lambda_2<0$, $|\lambda_1|>|\lambda_2|$ 이면, 정상점은 안장점이고, 변수 w_2에 대하여 반응은 감소하는 반면 변수 w_1에 대한 반응은 증가한다. 그리고 변수 w_1에 대한 반응의 변화가 더 급하다.

그런데, 식 (11.5-3)에서 얻어진 정상점이 최대값이나 최소값이라면 해석이 매우 간단하나, 안장점이라면 분석이 다소 복잡한 형태를 띠게 된다. 더욱이 하나 이상의 λ_i들이 0에 매우 가깝게 나오는 경우가 흔하다.

$\lambda_i \approx 0$인 경우의 반응표면 체계를 능형체계(ridge system)라 한다. 능형체계에서는 최적점(optimal point)이 무수히 많은 정상능형체계(stationary ridge system)와 능형이 어느 방향으로 계속 증가(혹은 감소)하는 증형능형체계(rising ridge system)가 있다.

증형능형체계는 올라가는 능형(climbing ridge)와 내려가는 능형(falling ridge) 등을 생각할 수 있다. 능형체계의 경우 최적점의 탐색은 정상점을 중심으로 일정한 반경 γ을 잡은 반경 내에서 반응값을 구하여 최적값이 반경 내 어느 방향으로 이동해야 존재할지 추가적 실험을 실시하여 추적하는 과정을 거치게 된다.

그림 11.5-1A 최대의 경우

2차모형 $y = 83.57 + 9.39x_1 + 7.12x_2 - 7.44x_1^2 - 3.71x_2^2 - 5.80x_1x_2$

정준형식 $y = 87.69 - 2.13w_1^2 - 9.02w_2^2$

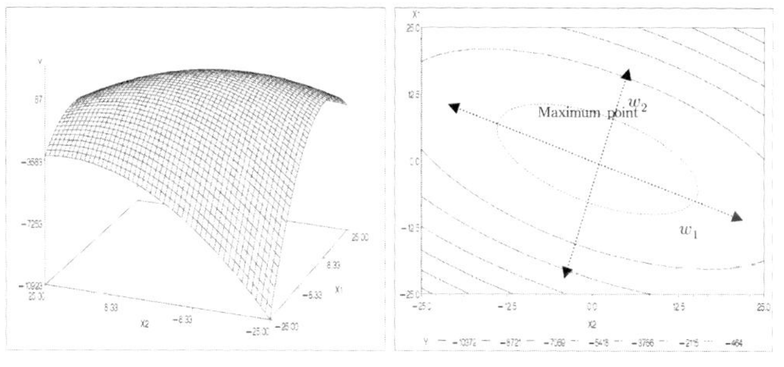

그림 11.5-1B 안장점의 경우

2차모형 $y = 84.29 + 11.06x_1 + 4.05x_2 - 6.46x_1^2 - 0.43x_2^2 - 9.38x_1x_2$

정준형식 $y = 87.69 + 2.13w_1^2 - 9.02w_2^2$

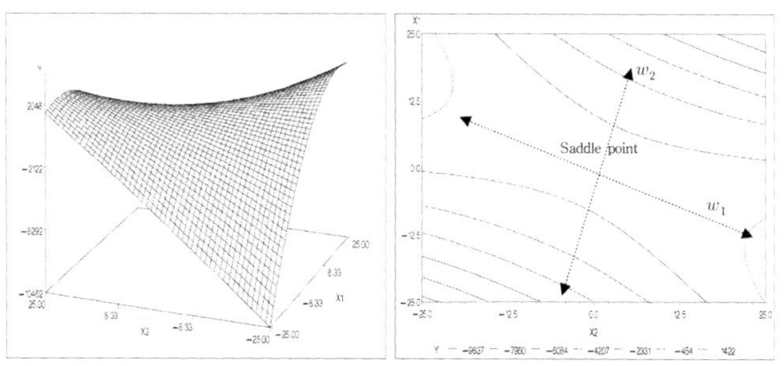

그림 11.5-1C 정상능형체계의 경우

2차모형 $y=83.93+10.23x_1+5.59x_2-6.95x_1^2-2.07x_2^2-7.59x_1x_2$

정준형식 $y=87.69-0.0017w_1^2-9.02w_2^2$

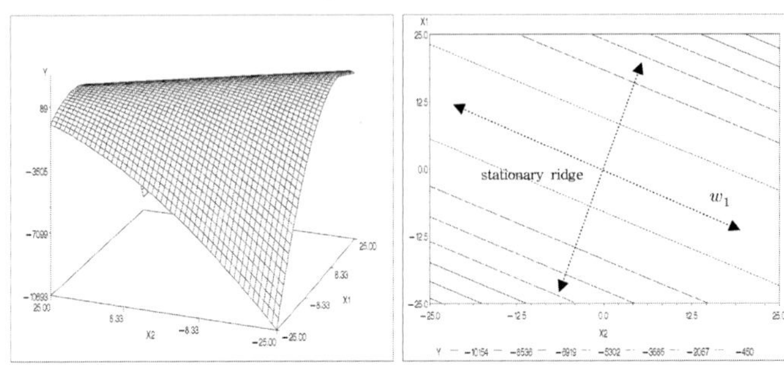

그림 11.5-1D 증형 능형체계의 경우

이차모형 $y=87.36-1.39x_1+0.37x_2-2.15x_1^2-3.12x_2^2-4.88x_1x_2$

정준형식 $y=90.29-0.147w_1^2-5.123w_2^2$

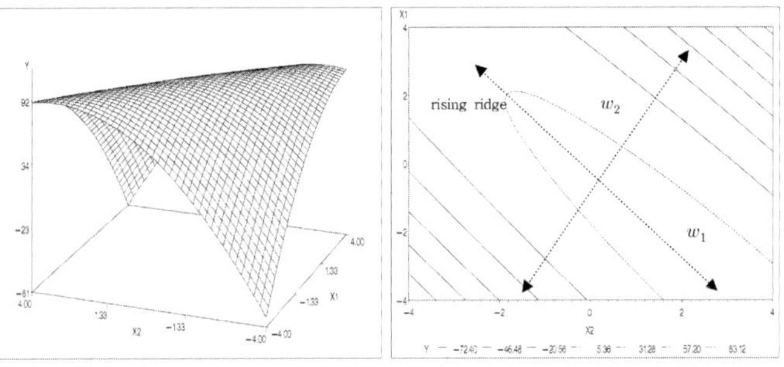

위의 예들은 $k=2$일 때, 여러 통계모형에 대한 정준형과 반응표면 구조 그림이다. [그림 11.5-1B]는 안장점으로 최대와 최소가 존재하지 않는다. 또한, [그림 11.5-1C]와 [그림 11.5-1D]는 능형체계로 정준형의 $\lambda_1 \approx 0$임을 볼 수 있다. 이러한 경우 현재의 실험영역에서는 최적점이 없기 때문에 능형분석을 통해 탐색적 실험영역의 변경이 요구된다.

11.5.3 사례분석

다음과 같은 실험결과에 대한 SAS 분석을 통해 반응표면분석에 대한 전반적 과정을 살펴보기로 하자.

표 11.5-1 중심합성설계를 이용한 실험결과

x_1	x_2	반응값
-1	-1	86.2
-1	1	86.8
1	-1	87.2
1	1	86.4
0	0	91.1
0	0	91.3
0	0	90.8
0	0	90.3
0	0	92.0
$\sqrt{2}$	0	85.0
$-\sqrt{2}$	0	84.7
0	$\sqrt{2}$	83.2
0	$-\sqrt{2}$	82.8

2^2-요인실험에 대한 중심합성설계의 실험결과가 [표 11.5-1]과 같이 주어져 있다고 하자. 중심합성설계에 의해 $n_0=4$, $n_c=5$, $2k=4$의 실험을 실시하였으며 전체 실험횟수는 9개이다. SAS 분석을 실시한 분산분석표는 다음과 같다.

표 11.5-2 분산분석표

변인	자유도	제곱합	F-값
모형:	5	107.98	9.14*
직선	(2)	(0.14)	0.03
교호작용	(1)	(0.49)	0.20
2차	(2)	(107.35)	22.73*
잔차:	7	16.52	
적합결여	(3)	(14.94)	12.61*
순수오차	(4)	(1.58)	

*: 유의함(p-값<0.01)

한편 각 반응표면의 회귀계수에 대한 추정값을 구하여 반응표면식을 구해보면

$$\begin{aligned}\hat{y} &= 91.09 + 0.12x_1 + 0.045x_2 - 0.35x_1x_2 - 2.44x_1^2 - 3.36x_2^2 \\ &= 91.09 + (x_1\ \ x_2)\begin{pmatrix}0.128 \\ 0.045\end{pmatrix} + (x_1\ \ x_2)\begin{pmatrix}-2.444 & -0.175 \\ -0.175 & -3.369\end{pmatrix}\begin{pmatrix}x_1 \\ x_2\end{pmatrix} \\ &= 91.09 + \boldsymbol{x}'\boldsymbol{b} + \boldsymbol{x}'B\boldsymbol{x}\end{aligned}$$

행렬 $\boldsymbol{B}$의 역행렬은

$$\boldsymbol{B}^{-1} = \begin{pmatrix}-0.41069 & 0.02133 \\ 0.02133 & -0.29793\end{pmatrix}$$

따라서 정상점은 $\boldsymbol{x}_0 = -\frac{1}{2}\boldsymbol{B}^{-1}\boldsymbol{b} = \begin{pmatrix}0.026 \\ 0.005\end{pmatrix}$이다. 이때 $\hat{y}_0 = 91.10$이다.

이 정상점이 최대, 최소 혹은 안장점인지를 알아보기 위해 위 식에 대해 정준분석을 실시한다. 행렬 $\boldsymbol{B}$의 고유근을 구하면

$$|\boldsymbol{B} - \lambda\boldsymbol{I}| = \begin{vmatrix}-2.444-\lambda & -0.175 \\ -0.175 & -3.369-\lambda\end{vmatrix} = 0$$

$\lambda_1 = -2.412$와 $\lambda_2 = -3.400$을 얻는다. 반응표면식의 정준형은 다음과 같다.

$$\hat{y} = 91.10 - 2.412w_1^2 - 3.400w_2^2$$

두 고유근이 모두 음수이므로 정상점 $\boldsymbol{x}_0 = (0.026, 0.005)'$가 최대점이라는 것을 알 수 있으며, $\boldsymbol{x}_0$점에서 반응값은 $\hat{y}_0 = 91.1$이다.

예제 11.3 SAS 분석

```
DATA ex11_3;
   INPUT X1 X2 Y @@;
CARDS;
   -1    -1    86.2
   -1     1    86.8
    1    -1    87.2
    1     1    86.4
    0     0    91.1
    0     0    91.3
```

```
      0        0     90.8
      0        0     90.3
      0        0     92.0
  1.414        0     85.0
 -1.414        0     84.7
      0    1.414     83.2
      0   -1.414     82.8
;

PROC RSREG DATA=ex11_3;
   MODEL Y = X1 X2 / NOCODE LACKFIT;
   RIDGE MIN RADIUS = 0 TO 1.0 BY 0.1;
RUN;
```

```
                         The RSREG Procedure

                   Response Surface for Variable Y

               Response Mean                    87.523077
               Root MSE                          1.535746
               R-Square                            0.8674
               Coefficient of Variation            1.7547
```

[반응표면분석의 ANOVA 결과]

Regression	DF	Type I Sum of Squares	R-Square	F Value	Pr > F
Linear	2	0.147855	0.0012	0.03	0.9693
Quadratic	2	107.375612	0.8623	22.76	0.0009
Crossproduct	1	0.490000	0.0039	0.21	0.6623
Total Model	5	108.013467	0.8674	9.16	0.0056

Residual	DF	Sum of Squares	Mean Square	F Value	Pr > F
Lack of Fit	3	14.929610	4.976537	12.60	0.0166
Pure Error	4	1.580000	0.395000		
Total Error	7	16.509610	2.358516		

Parameter	DF	Estimate	Standard Error	t Value	Pr > |t|
Intercept	1	91.099979	0.686806	132.64	<.0001
X1	1	0.128034	0.542971	0.24	0.8203
X2	1	0.045710	0.542971	0.08	0.9353
X1*X1	1	-2.443752	0.582277	-4.20	0.0041
X2*X1	1	-0.350000	0.767873	-0.46	0.6623
X2*X2	1	-3.368770	0.582277	-5.79	0.0007

Factor	DF	Sum of Square	Mean Square	F Value	Pr > F
X1	3	42.163815	14.054605	5.96	0.0243
X2	3	79.451393	26.483798	11.23	0.0046

[정준분석결과]

```
Canonical Analysis of Response Surface

              Factor         Critical Value

              X1             0.025806
              X2             0.005444

Predicted value at stationary point: 91.101756

                                        Eigenvectors
    Eigenvalues                X1                  X2

    -2.411752           0.983689           -0.179877
    -3.400770           0.179877            0.983689

          Stationary point is a maximum.
```

[능형분석]

Estimated Ridge of Minimum Response for Variable Y

Radius	Estimated Response	Standard Error	Factor Values X1	Factor Values X2
0	91.099979	0.686806	0	0
0.100000	91.056599	0.685542	-0.058626	-0.081012
0.200000	90.947367	0.682034	-0.084521	-0.181263
0.300000	90.770371	0.677148	-0.105543	-0.280821
0.400000	90.525433	0.672369	-0.125144	-0.379920
0.500000	90.212512	0.669829	-0.144136	-0.478774
0.600000	89.831592	0.672282	-0.162809	-0.577489
0.700000	89.382666	0.682958	-0.181295	-0.676115
0.800000	88.865731	0.705242	-0.199662	-0.774684
0.900000	88.280785	0.742206	-0.217947	-0.873212
1.000000	87.627827	0.796152	-0.236175	-0.971711

반응표면분석을 위해서 SAS의 RSREG 프로시저를 사용한다. 분석에 사용된 실험점은 CCD 설계로 부호화되어 있다. 그러므로 반드시 RSREG 프로시저에서 NOCODED 옵션을 사용하여야 한다. 그렇지 않으면 SAS는 부호화된 자료를 다시 부호화하여 반응표면분석을 실시하기에 엉뚱한 결과를 유도하게 된다.

적합결여 옵션은 LACKFIT을 사용한다. LACKFIT 옵션을 사용하여 실제 실험점과 추정된 모형과의 관계를 밝힐 수 있다. 이제 [표 11.5-1]의 자료에 대한 구체적인 결과를 살펴보자.

현재 분석에 사용된 2차모형은 $\hat{y}=\hat{\beta}_0+\hat{\beta}_1x_1+\hat{\beta}_2x_2+\hat{\beta}_{11}x_1^2+\hat{\beta}_{22}x_2^2+\hat{\beta}_{12}x_1x_2$이다.

여기서, 선형성분은 x_1, x_2이며, 2차성분은 x_1^2, x_2^2이며, 교차성분은 x_1x_2이다. 즉, 각 성분의 자유도는 해당 성분의 개수를 나타낸다. 그러므로 선형성분의 자유도는 2, 2차성분의 자유도도 2, 그리고 교차성분의 자유도는 1로 나타남을 볼 수 있다. 여기서, 2차성분(곡선의 경향)이 가장 유의함을 볼 수 있다. 따라서 2차성분이 유의하여 2차모형을 고려한 PROC RSREG 프로시저는 최적점을 찾는데 적절한 선택으로 판단된다. 그 결과로 최대값 91.101756에 대응하는 x_1과 x_2의 처리조합을 구할 수 있었다. 한편, 2차모형에 대한 적합결여 검정에서 유의한 결과를 보여 실험자료 전반을 2차모형으로 설명하려는 의도는 다소 문제가 있어 보인다. 이 점을 어떻게 해석할 것인가? 이 실험자료에 대한 2차모형의 선택은 PROC RSREG 프로시저를 사용하는 한 어쩔 수 없는 일이고 이 경우 자료 전반과 2차모형의 적합 정도는 만족스럽지 못하다. 그러나 자료 전반을 설명하는 목적보다는 최대값을 찾는 것이 중요하다면 이 목적은 달성된 것으로 판단된다. 만일 적합결여를 고려하여 2차모형보다 더욱 확대된 2차 이상의 항들이 포함된 모형을 선택하고 싶을 경우 PROC RSREG 프로시저를 사용할 수 없으며 PROC REG 등의 프로시저를 사용해야 한다. 이 경우 PROC RSREG 프로시저에서 편리하게 이용했던 분석결과들은 포기하여야 한다.

정준분석에서 정상점은 $\boldsymbol{x}_0 = (0.0258, 0.0054)'$로 주어진다. 그리고 정상점 $\boldsymbol{x}_0$에 대응되는 반응값은 $\hat{y}_0 = 91.102$이다. 아울러 고유값과 고유벡터를 계산하여 고유값이 둘 다 음수이므로 정상점은 최대값임을 알 수 있다.

끝으로, 이 반응표면 분석은 최대값을 가지는 적절한 2차모형을 유도하였기에 능형분석이 필요없다. 그러나 SAS의 능형분석을 이해하기 위해 최소값을 찾는 방향으로 능형분석 결과를 살펴보자. 능형분석은 중심점으로부터 주어진 반경에서 값을 최소로 하는 방향을 탐색하여 준다. 능형분석에서 Radius 0.0에 대응되는 $(0, 0)$은 중심점(center point)을 의미한다. 그리고 해당 Radius에서 최소 반응을 보이는 수준들은 Factor Values에 주어져있다. 여기서, Radius 1.0 내에서 반응을 최소로 하는 값은 (−0.236, −0.972)이다. 이러한, 능형분석 결과를 사용하여 최소값을 찾고자 했을 때의 실험점에 대한 정보를 얻을 수 있다.

그림 11.5-2 반응도 평면

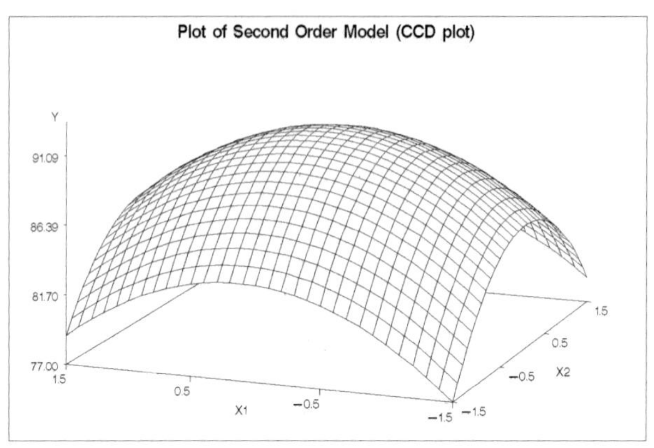

그림 11.5-3 등고선 그림

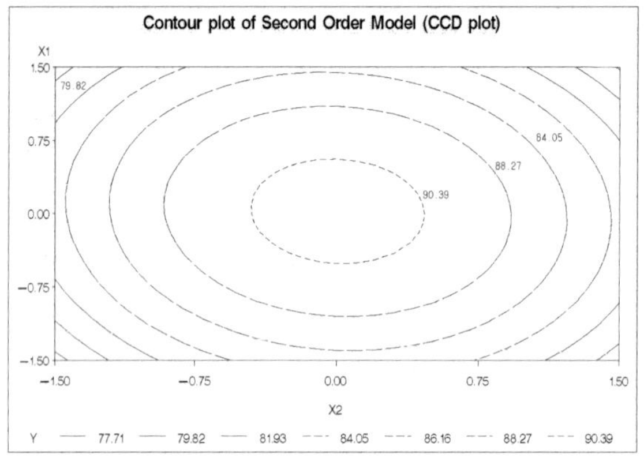

다음은 [그림 11.5-2], [그림 11.5-3]과 같은 반응표면을 얻는 SAS/GRAPH 프로그램이다. 이를 사용하여 추정된 반응표면의 형태를 파악할 수 있다.

```
GOPTIONS reset=global gunit=pct border ftext=swissb htitle=4 htext=3
         colors=(black red blue) ctext=black ctitle=black;
DATA ex11_5A;
```

```
   DO x1 = -1.5 to 1.5 by 0.1 ;
      DO x2 = -1.5 to 1.5 by 0.1 ;
         y = 91.09 + 0.128*x1 + 0.046*x2 - 2.444*x1*x1
             - 0.35*x1*x2 -3.369*x2*x2; OUTPUT;
      END;
   END;
RUN;

TITLE1 'Plot of Second Order Model (CCD plot)';
PROC G3D DATA=ex11_5A;
   PLOT x1*x2=y;
RUN;
TITLE1 'Contour plot of Second Order Model (CCD plot)';
PROC GCONTOUR DATA=ex11_5A;
   PLOT x1*x2=y;
RUN;
```

▶ [참고 5] 다양한 반응표면의 모습들 (p.525)

11.6 블록화 방법

반응표면설계에서 실험점들(experimental runs)을 한 번에 실험하기 어려워 몇 부분으로 나누어(블록화) 실험하는 경우가 흔하다. 이때 블록화하는 방법은 블록효과가 추정하고자 하는 반응표면의 모수의 추정량에 영향을 주지 않아야 한다. 이러한 성질을 블록의 직교성(block orthogonality)이라 한다.

▶ [참고 6] 중심합성설계의 블록화 (p.527)

11.7 다중반응표면의 최적화

다중반응표면설계 (multi-response surface design)에 있어서 독립변수 $x_1, x_2, \cdots, x_k$에 대하여 여러 반응변수들을 고려할 때 이들을 동시에 만족시키는 최적값을 어떻게 선택할 것인가? 이러한 문제를 다중반응표면의 최적화(simultaneous optimization of multi-response surface)라 한다. 실제로 실험현장에서 자주 일어나는 문제이다. 예를 들어보자. 새로운 신약을 개발하는데 약의 제조 원료들의 어떤 수준들의 배합이 치료효과를 최대로 하는 반면 약에 따른 부작용은 최소로 하는지를 알고자 한다고 하자. 이 경우 치료효과를 최대로 하는 성분의 배합(이하 처리조합)과 부작용을 최소로 하는 처리조합은 서로 다를 수 있다. 따라서 치료효과와 부작용이라는 두 반응변수에 대한 적절한 수준의 만족 (desirability)을 얻기 위한 처리조합을 찾는 것은 중요하고도 현실적인 문제이다. 이러한 문제를 해결하는 방법으로 다음과 같은 두 가지 방법을 생각할 수 있다.

첫째로 가장 단순하고 시각적인 방법이다. 하나하나의 반응변수에 대한 최적의 반응표면을 구한 다음 그것들의 등고선겹치기 방법(overlay method)이다. 이 방법은 절차나 방법이 쉽고 단순한 면이 있으나 독립변수 혹은 반응변수가 늘어날수록 현실적으로 최적의 처리조합을 찾기가 불가능하다는 약점을 가지고 있다.

둘째로 모든 반응변수들에 대하여 이른바 만족함수 (desirability function)를 적용하여 여러 반응변수들을 동시에 만족하는 최적다중반응표면을 찾는 방법을 생각할 수 있다. 이에 대한 연구는 해링턴 (Harrington, 1965)의 효용의 개념을 이용한 만족함수를 사용하여 데링거와 스위 (Derringer & Suich, 1980)가 최적다중반응표면을 찾는데 이용함으로써 구체화되었다.

이 외에도 두 반응변수의 경우 한 반응변수의 만족 범위가 주어져 있을 때 이 주어진 범위 내에서 다른 변수의 최적값을 찾는 마이어스와 카터 (Myers & Carter, 1973)의 '두 반응표면접근 (dual response approach) 방법' 그리고 목적값 (target value)과 반응값의 거리가 최소가 되는 처리조합을 찾는 쿠리와 콜론 (Khuri & Conlon, 1981)의 '일반화거리함수 (generalized distance function)를 이용한 최적화방법' 등이 있다. 이 중에서 비교적 이해가 쉬운 등고선겹치기 방법과 데링거-스위 방법을 소개한다.

11.7.1 다중반응표면의 최적화방법

(1) 등고선겹치기(overlay) 방법

여러 반응변수에 대한 개별적인 등고선을 겹쳐보는 방법이다. 실제로 이 방법을 사용할 경우 한 반응변수(이를테면 $\hat{y}_1$)의 등고선을 그려 원하는 등고선의 값을 고려하여 만족하는 독립변수들의 범위를 정한다. 다음으로 다른 반응변수(이를테면 $\hat{y}_2$)의 등고선을 그려 같은 방법으로 독립변수들의 범위를 구하게 된다. 이렇게 구한 독립변수 범위의 공통부분을 찾아 그 부분을 만족하는 독립변수들의 범위를 구하면 결국 이 범위가 여러 반응변수를 동시에 만족시키는 최적조합이 되는 것이다. 예를 들어 독립변수가 2이고 반응값이 2인 경우 다음과 같은 2중 반응표면식을 생각할 수 있다.

$$\hat{y}_m = f_m(x_1,\ x_2),\quad m = 1,2 \tag{11.7-1}$$

이 경우, 등고선겹치기 방법은 한 변수의 만족조건이 주어졌다고 가정하고 그 조건하에서 다른 반응변수의 최대 만족점을 찾는 것으로 반응변수가 적고 독립변수 수가 위의 경우처럼 2인 경우 효과적으로 최적값을 구할 수 있다. 그러나 반응변수가 많을 경우에는 최적값을 찾는 데 어려움이 클 뿐 아니라 독립변수가 여러 종류일 경우에도 등고선 그림을 평면에 나타낼 수 없어 등고선을 그리기가 어렵다.

(2) 만족함수를 이용한 방법

만족함수는 반응값에 대한 만족의 정도를 [0, 1] 사이의 값으로 나타내어 그 적합 정도를 최대로 하는 처리수준을 찾는 방법이다. 이 함수를 이용하면 반응값에 대한 만족의 정도에 따라 반응값이 [0, 1] 사이의 값으로 변환된다. 여기에서 만족함수는 얻고자 하는 반응값의 목적값(target value)의 형태에 따라 여러 형태로 정의되어 있다. 그러나 이 방법들 중 데링거-스위의 변환방법이 널리 이용되고 있다. 그 내용을 보면 다음과 같다.

우선 반응값의 목적값의 형태를 최대값(max), 최소값(min) 그리고 특정목적값(fixed target value)으로 나눈다. 데링거-스위의 변환방법은 세 가지 종류에 따라 만족함수를 다음과 같이 정의하고 있다.

1) 반응값의 목적값이 최대인 경우

$$d = \begin{cases} 0 & , \hat{y} \le A \\ \left(\dfrac{\hat{y}-A}{B-A}\right)^s, & A \le \hat{y} \le B, \quad s\text{는 멱수(power)} \\ 1 & , \hat{y} \ge B \end{cases} \qquad (11.7\text{-}2)$$

이 경우는 반응값 $\hat{y}$이 클수록 좋은 경우로 B점보다 크면 아주 만족하여 $d=1$이고 극단 하한치 A보다 작으면 매우 실망하여 $d=0$을 준다.

또한, 범위 $[A, B]$ 사이에 반응값이 존재할 경우 만족함수는 A와 B의 차이에 대한 $\hat{y}$와 A의 차의 비율의 s제곱으로 정의한다. $\hat{y}$이 B값에 가까워질수록 즉 반응값이 커질수록 1에 가깝고 그 반대의 경우 0에 가까워진다. 또 s는 반응값이 목표값에 미치지 못할 경우 d 값이 감소하는 정도를 조정하는 가중치이다. 이것은 여러 반응변수를 동시에 만족하는 최적점을 찾을 경우 어떤 반응변수를 중요 변수로 고려할 것인가에 대한 선택의 방법으로 사용될 수 있다. [그림 11.7-1]은 가중치에 따른 만족함수값이 어떻게 변하는지 보여준다.

그림 11.7-1 만족함수값(최대값인 경우)

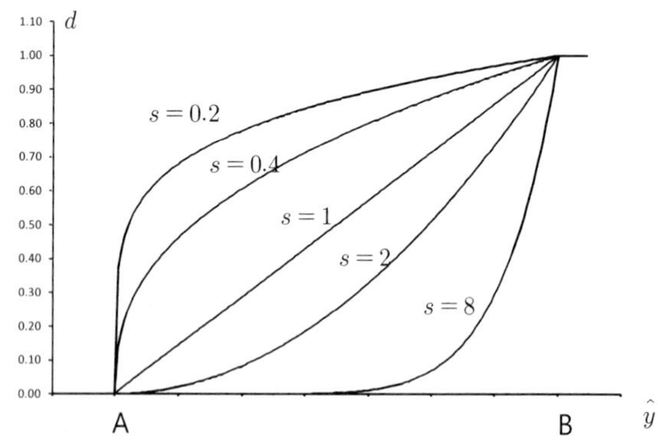

[그림 11.7-1]에서 알 수 있듯이 s값이 작은 경우 반응값이 최적 상태(B 이상)에서 멀리 떨어져 있어도 d값은 커다란 영향을 받지 않으며, 반대로 s값이 큰 경우 최적 상태에서 조금만 벗어나도 급격히 d값이 급격히 작아진다. 따라서 s값이 클수록 반응값의 최적 상태로부터의 이탈에 민감한 반응을 보이고 있음을 알 수 있다.

2) 반응값의 목적값이 특정한 값인 경우

예측치 $\hat{y}$의 값이 목적값에 근접하는 정도를 평가하기 위하여 다음과 같이 만족함수를 정의한다.

$$d = \begin{cases} \left(\dfrac{\hat{y}-A}{C-A}\right)^s, & A \le \hat{y} \le C \\ \left(\dfrac{\hat{y}-B}{C-B}\right)^t, & C \le \hat{y} \le B \\ 0, & \hat{y} \le A \text{ 또는 } \hat{y} \ge B, \end{cases} \qquad (11.7\text{-}3)$$

C는 특정목적값(fixed target value)이고 $A \le C \le B$ 이다

여기에서 $\hat{y}=C$인 경우 $d=1$이고 $\hat{y}$값이 C값에서 멀어지면 각 s와 t에 따라 다음과 같이 d 값이 변화한다.

그림 11.7-2 만족함수값(특정값인 경우)

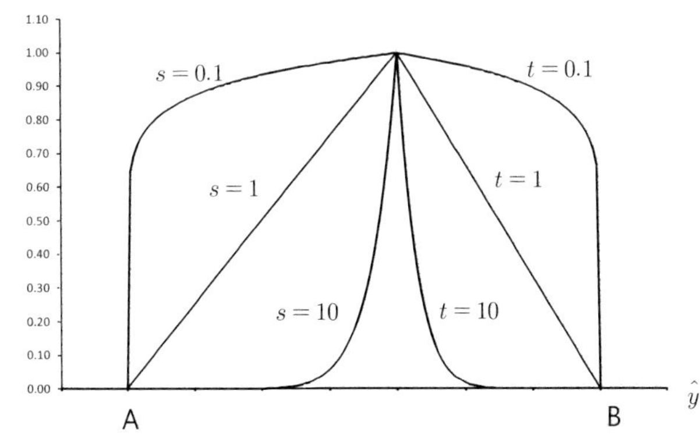

$\hat{y}$의 위치가 $[B, C]$사이인 경우 C에 가까이 갈수록, B와 C의 차이에 대한 $\hat{y}$와 B 차의 비의 t제곱으로 d값이 1에 가까워지며 매우 바람직한 상태가 된다. $\hat{y}$의 위치가 $[A, C]$사이인 경우도 마찬가지로 $\hat{y}$가 C에 가까이 갈수록 d 값은 1에 가까워지게 된다. 이때 s와 t는 앞의 경우와 마찬가지로 가중치이다.

3) 반응값의 목적값이 최소값인 경우

예측치 $\hat{y}$의 값이 작을수록 좋을 경우 만족함수는 $\hat{y}$에 대하여 다음과 같이 정의된다.

$$d = \begin{cases} 1 & , \quad \hat{y} \le A \\ \left(\dfrac{\hat{y} - B}{A - B}\right)^s, & A \le \hat{y} \le B, \quad s\text{는 멱수} \\ 0 & , \quad \hat{y} \ge B \end{cases} \tag{11.7-4}$$

반응값 $\hat{y}$이 A보다 작으면 매우 만족하여 $d = 1$을 주고 이와 반대로 도저히 받아들일 수 없는 값, B보다 크면(즉, $\hat{y} > B$) $d = 0$을 준다. $[A, B]$사이에 반응값이 존재할 경우 만족함수는 $\hat{y}$이 A값에 가까워질수록, 다시 말하여 반응값이 작아질수록 1에 가까워지게 되어 바람직한 상태임을 의미하게 된다.

그림 11.7-3 만족함수값(최소값인 경우)

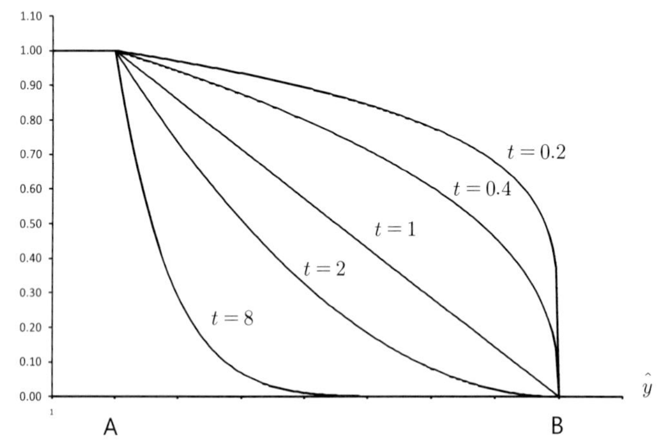

[그림 11.7-3]은 연구자에 의해 주어지는 가중치 s에 따라 목적값이 최소일 경우 d값에 대한 곡선으로 [그림 11.7-2]의 $C \le \hat{y} \le B$일 때의 반응곡선과 비슷함을 알 수 있다. 따라서 여러 반응변수들에 대한 만족함수를 구하여 각각의 반응변수에 대하여 d값을 최대로 하는 반응값과 이를 만들어주는 처리조합을 얻을 수 있다. 그런데 여러 반응변수를 동시에 고려한 최적다중반응값을 만들어 주는 처리조합을 어떻게 구할 것인가?

각각의 반응변수에 대한 최적처리조합을 얻어내기 위하여 각각의 반응값들에 대한 d값의 기하평균(geometric mean)을 최대로 하는 처리조합을 찾기로 한다.

따라서 다음과 같이 D를 정의한다.

$$D = (d_1 \times d_2 \times \cdots \times d_m)^{\frac{1}{m}}, \quad m\text{은 반응변수의 수} \qquad (11.7\text{-}5)$$

기하평균 D는 $[0,\ 1]$ 사이의 값을 가지게 되며 D값이 1에 가까워질수록 모든 반응값들이 전반적으로 최적 상태에 있음을 의미하게 된다. 산술평균이 아닌 기하평균을 사용한 이유는 어느 한 반응값이 바라는 수준에서 크게 벗어날 때$(d=0)$ 기하평균 D가 0이 되어 모든 반응들이 균형적으로 최적 상태에 놓여 있지 않다는 것을 좀 더 극명하게 나타내기 위한 것으로 이해된다.

만족값은 주어진 처리에서 반응값이 얼마만큼 최적 상태에 있는지를 보여주는 것이므로 D값이 커진다는 것은 모든 반응값들이 비교적 만족스럽다는 뜻이다. 이것은 각 최적반응값을 만들어주는 처리수준의 범위가 서로 비슷함을 의미하기도 한다. 따라서 D값을 최대로 해주는 처리조합 $(x_1^0,\ x_2^0,\ \cdots,\ x_k^0)$를 찾으면 된다.

$$(x_1^0,\ x_2^0,\ \cdots,\ x_k^0) = \underset{\{x_1,\, x_2,\, \cdots,\, x_k\}}{Max}\ D, \quad D = f(x_1,\ x_2,\ \cdots,\ x_k) \qquad (11.7\text{-}6)$$

예제 11.4

(Derringer and Suich(1980)의 p.218에서 인용)

다음은 자동차 타이어와 지면과의 접착효과를 개선하기 위한 실험으로 타이어의 마모 정도(y_1), 200% 비율(y_2), 탄력성(y_3), 견고성(y_4)이 수산화규산(x_1), 커플링(x_2), 유황(x_3)의 수준에 어떻게 영향을 받는지 알아보기 위한 실험이다.

표 11.7-1 반응변수와 목적값

반응변수	목적값
타이어의 마모정도(y_1)	$120 < y_1$
200% 비율(y_2)	$1000 < y_2$
탄력성(y_3)	$400 < y_3 < 600$
견고성(y_4)	$60 < y_4 < 75$

표 11.7-2 실험결과 (처리조합, 반응값)

실험수	코드화된 독립변수 (처리수준)			종속변수(반응값)			
	x_1	x_2	x_3	y_1	y_2	y_3	y_4
1	-1	-1	1	102	900	470	67.5
2	1	-1	-1	120	860	410	65.0
3	-1	1	-1	117	800	570	77.5
4	1	1	1	198	2294	240	74.5
5	-1	-1	-1	103	490	640	62.5
6	1	-1	1	132	1289	270	67.0
7	-1	1	1	132	1270	410	78.0
8	1	1	-1	139	1090	380	70.0
9	-1.633	0	0	102	770	590	76.0
10	1.633	0	0	154	1690	260	70.0
11	0	-1.633	0	96	700	520	63.0
12	0	1.633	0	163	1540	380	75.0
13	0	0	-1.633	116	2184	520	65.0
14	0	0	1.633	153	1784	290	71.0
15	0	0	0	133	1300	380	70.0
16	0	0	0	133	1300	380	68.5
17	0	0	0	140	1145	430	68.0
18	0	0	0	142	1090	430	68.0
19	0	0	0	145	1260	390	69.0
20	0	0	0	142	1344	390	70.0

중심합성계획(CCD)에 의해 20개의 실험점($n_f = 8$, $n_c = 6$, $n_o = 6$)이 정해지고 각 실험점에 대한 반응값이 [표 11.7-1]과 같이 얻어졌다.

SAS 프로시저에서 다중반응표면을 처리하는 프로시저가 없기에 별도의 프로그램을 사용하기로 하자. 각 반응변수에 대한 만족함수값과 이들의 기하평균을 이용하여 최적의 다중반응표면을 만족하는 최적처리조합을 구하는 절차인 SAS 프로그램은 다음과 같다.

```
/*모형분석을 위해 데이터를 입력한다.*/
DATA a;
   INPUT independent variables, response variables;
CARDS;
...
;
RUN;

/*independent variables를 실험범위내에서 그리드(grid)시켜 response variables를
출력하는 data set를 만든다.*/

 (예 : 실험범위가 -1.633~1.633이고 0.5씩 그리드할 경우)

DATA b;
   DO x1=-1.633 TO 1.633 BY 0.5;
      DO x2=-1.633 TO 1.633 BY 0.5;
         DO x3=-1.633 TO 1.633 BY 0.5;
            y1=.; y2=.; y3=.; y4=.; OUTPUT;
         END;
      END;
   END;
RUN;

/*위에서 만들어진 data set a와 data set b를 묶어 proc rsreg 명령어를 사용하여
모형을 적합시킨다.*/
DATA c; SET a b;
RUN;

PROC RSREG DATA=c OUT=d;
   MODEL responses=independents/noprint nocode lackfit predict;
RUN;

/*만족함수값을 얻기 위해 data set c에서 얻어진 예측값 data set d를 만족함수로
변환한다.*/
```

```
DATA d; SET d;
/*반응값의 목적값이 최대값(max)인 경우*/
   A=하한값; B=상한값; s=가중치;
   IF          y>B        THEN d=1;
   ELSE IF     A<=y<=B    THEN d=((y-A)/(B-A))**s;
   ELSE IF     y<A        THEN d=0;

/*반응값의 목적값이 특정한 값(fixed target value)인 경우*/
   A=하한값; B=상한값; C=목적값; s=가중치; t=가중치;
   IF            y>B        THEN d=0;
   ELSE IF       y<A        THEN d=0;
   ELSE IF     A<=y<=C      THEN d=((y-A)/(C-A))**s;
   ELSE IF     C<=y<=B      THEN d=((y-B)/(C-B))**t;

/*반응값의 목적값이 최소값(min)인 경우*/
   A=하한값; B=상한값; s=가중치;
   IF            y>B         THEN d=0;
   ELSE IF     A<=y<=B       THEN d=((y-B)/(A-b))**s;
   ELSE IF       y<A         THEN d=1;

/*위의 계산으로 얻어진 desirability 함수값의 가하평균 D를 계산한다.*/
   D=((d1*d2*…*dm)**(1/m); OUTPUT;
RUN;

/*위의 계산된 D값을 크기순으로 정렬한다*/
PROC SORT DATA=d;
   By descending D;
RUN;

/*D 크기순으로 정렬된 independent variables와 response variables를 출력한다.*/
PROC PRINT DATA=d(obs=10);
   VAR independent variables, response variables;
RUN;
```

예제 11.5 [예제 11.4]에 대한 SAS 프로그램

```
DATA a;
   INPUT x1 x2 x3 y1 y2 y3 y4 @@;
   LABLE  y1="마모 정도"
          y2="200% 비율"
          y3="탄력성"
          y1="경고성"
          x1="수산화규산 수준"
          x2="커플링 수준"
          x3="유황의 수준";
CARDS;
    -1      -1      1         102    900   470    67.5
     1      -1     -1         120    860   410    65.0
    -1       1     -1         117    800   570    77.5
     1       1      1         198   2294   240    74.5
    -1      -1     -1         103    490   640    62.5
     1      -1      1         132   1289   270    67.0
    -1       1      1         132   1270   410    78.0
     1       1     -1         139   1090   380    70.0
-1.633       0      0         102    770   590    76.0
 1.633       0      0         154   1690   260    70.0
     0  -1.633      0          96    700   520    63.0
     0   1.633      0         163   1540   380    75.0
     0       0 -1.633         116   2184   520    65.0
     0       0  1.633         153   1784   290    71.0
     0       0      0         133   1300   380    70.0
     0       0      0         133   1300   380    68.5
     0       0      0         140   1145   430    68.0
     0       0      0         142   1090   430    68.0
     0       0      0         145   1260   390    69.0
     0       0      0         142   1344   390    70.0
;
RUN;

DATA b;
   DO x1=-1.633 TO 1.633 BY 0.5;
      DO x2=-1.633 TO 1.633 BY 0.5;
         DO x3=-1.633 TO 1.633 BY 0.5;
            y1=.; y2=.; y3=.; y4=.; OUTPUT;
         END;
      END;
   END;
```

```
RUN;

DATA c; SET a b;
RUN;

PROC RSREG OUT=d;
   MODEL y1 y2 y3 y4=x1-x3 / noprint nocode lackfit predict;
RUN;

DATA d; SET d;
   a1=120;  b1=170;  s1=1;
   a2=1000; b2=1300; s2=1;
   a3=400;  c3=500;  b3=600;  s3=1;  t3=1;
   a4=60;   c4=67.5;  b4=75;   s4=1;  t4=1;

   IF             y1>b1         THEN d1=1;
   ELSE IF     a1<=y1<=b1       THEN d1=((y1-a1)/(b1-a1))**s1;
   ELSE IF        y1<a1         THEN d1=0;

   IF             y2>b2         THEN d2=1;
   ELSE IF     a2<=y2<=b2       THEN d2=((y2-a2)/(b2-a2))**s2;
   ELSE IF        y2<a2         THEN d2=0;

   IF             y3>b3         THEN d3=0;
   ELSE IF        y3<a3         THEN d3=0;
   ELSE IF     a3<=y3<=c3       THEN d3=((y3-a3)/(c3-a3))**s3;
   ELSE IF     c3<=y3<=b3       THEN d3=((y3-b3)/(c3-b3))**t3;

   IF             y4>b4         THEN d4=0;
   ELSE IF        y4<a4         THEN d4=0;
   ELSE IF     a4<=y4<=c4       THEN d4=((y4-a4)/(c4-a4))**s4;
   ELSE IF     c4<=y4<=b4       THEN d4=((y4-b4)/(c4-b4))**t4;

   D=((d1*d2*d3*d4)**(1/4)); OUTPUT;
RUN;

PROC SORT DATA=d;
   By descending D;
RUN;

PROC PRINT DATA=d(obs=10);
   VAR x1 x2 x3 y1 y2 y3 y4 d1 d2 d3 d4 D;
RUN;
```

다음의 [표 11.7-3]부터 [표 11.7-7]까지는 [예제 11.5]의 자료에 대한 분석결과이다.

표 11.7-3 2차모형에 대한 분산분석표 (y_1)

변인	자유도	제곱합	F-값	p-값
모형	9	10949	38.638	0.0000
직선	3	9476.23	100.300	0.0000
2차	3	360.34	3.815	0.0466
교차항	3	1112.38	11.776	0.0013
잔차	10	314.86		
적합결여	5	188.03	1.481	0.3381
순수오차	5	126.83		
R^2 =0.9720				

표 11.7-4 2차모형에 대한 분산분석표 (y_2)

변인	자유도	제곱합	F-값	p-값
모형	9	3109937	3.198	0.0422
직선	3	2028337	6.258	0.0016
2차	3	885068	2.701	0.0998
교차항	3	196532	0.606	0.6254
잔차	10	108393		
적합결여	5	103045	20.633	0.0024
순수오차	5	49941		
R^2 =0.7422				

표 11.7-5 2차모형에 대한 분산분석표 (y_3)

변인	자유도	제곱합	F-값	p-값
모형	9	223952	58.928	0.0000
직선	3	218443	172.4	0.0000
2차	3	4572	3.609	0.0534
교차항	3	937	0.740	
잔차	10	4222.69		
적합결여	5	1422.69	0.508	0.7624
순수오차	5	2800.00		
R^2 =0.9815				

표 11.7-6 2차모형에 대한 분산분석표 (y_4)

변인	자유도	제곱합	F-값	p-값
모형	9	367.18	25.400	0.0000
직선	3	310.94	64.529	0.0000
2차	3	34.49	7.158	0.0075
교차항	3	21.75	4.514	0.0301
잔차	10	16.06		
적합결여	5	11.85	2.817	0.1401
순수오차	5	4.21		
R^2=0.9720				

표 11.7-7 적합된 모형의 회귀계수

계수	반응변수			
	마모 정도 y_1	200% 비율 y_2	탄력성 y_3	견고성 y_4
b_0	139.12	1261.13	400.38	68.90
직선				
b_1	16.49	268.15	-99.67	-1.41
b_2	17.88	246.50	-31.40	4.32
b_3	10.91	139.48	-73.92	1.63
2차				
b_4	-4.01	-83.57	7.93	1.56
b_5	-3.45	-124.81	17.31	0.06
b_6	-1.57	199.18	0.43	-0.32
교차항				
b_7	5.13	69.37	8.75	-1.63
b_8	7.13	94.13	6.25	0.13
b_9	7.88	104.38	1.25	-0.25

[표 11.7-4]에서 적합결여의 경우 p값이 0.0024로 유의하다. 이것은 주어진 데이터가 2차모형에 잘 적합되지 않음을 의미한다. 3차 이상의 항을 첨가한 새로운 모형을 고려할 수 있으나 여기에서는 R^2값이 0.7422로 작지 않음을 고려하여 2차모형에 만족하였다. 이제부터 앞서 소개한 데링거-스위의 만족함수에 의한 다중반응표면의 최적화를 SAS 프로시저를 이용하여 찾아보도록 하자.

11.7.2 가중치의 선택

(1) 가중치를 각각 1로 하였을 경우 ($s = t = 1$)

각 반응변수들의 목적값에 따라 적절한 만족함수를 정의할 수 있다. [표 11.7-4]를 보면 각 반응변수의 목적값이 주어져 있으므로 이를 근거로 각 반응변수에 대한 만족함수를 정의한다. 반응변수 y_1은 $y_1 > 170$에 대하여 모두 $d = 1$을 주고 $y_1 < 120$에 대하여 $d = 0$을 주어 반응값을 정한 후 목적값이 최대인 경우의 변환방법을 통해 d를 계산하며, 반응변수 y_2의 경우에도 $y_2 > 1000$ 이상인 반응값을 원하므로 $y_2 < 1000$에 대하여 $d = 0$을 주고 $y_2 > 1300$에 대하여 $d = 1$을 주어 y_1과 같은 변환방법을 통해 d값을 계산하였다.

y_3의 경우에는 $400 < y_3 < 600$의 범위의 중간값인 500을 특정목적값(fixed target value)으로 하였으며, y_4의 경우 역시 $60 < y_4 < 75$의 범위 안에 있는 값 67.5를 특정목적값으로 하여 목적값이 정해진 경우의 변환과정을 통해 만족함수값을 계산하였다. 이 경우 가중치가 모두 1이므로 반응값에 대한 d는 [그림 11.7-4]부터 [그림 11.7-7]에서 보는 바와 같다.

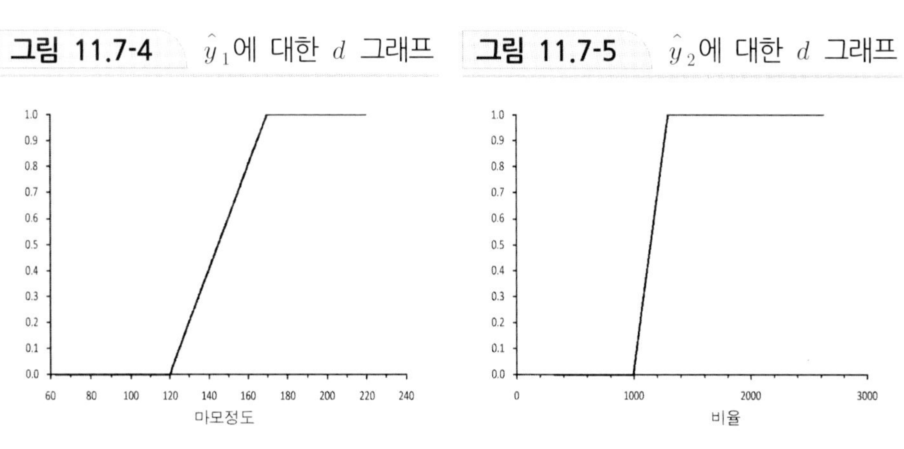

그림 11.7-4 $\hat{y}_1$에 대한 d 그래프

그림 11.7-5 $\hat{y}_2$에 대한 d 그래프

그림 11.7-6 $\hat{y}_3$에 대한 d 그래프

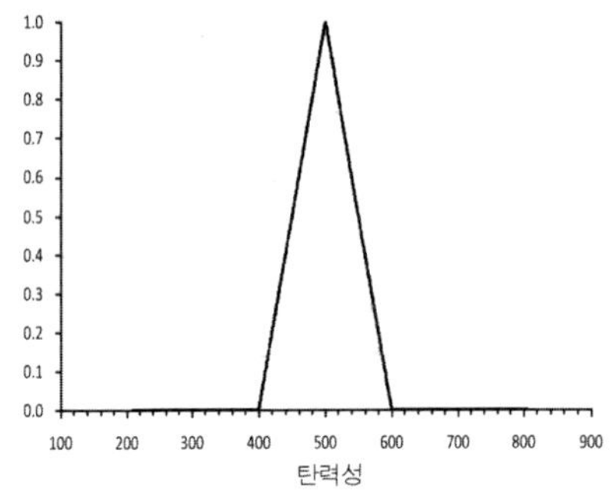

그림 11.7-7 $\hat{y}_4$에 대한 d 그래프

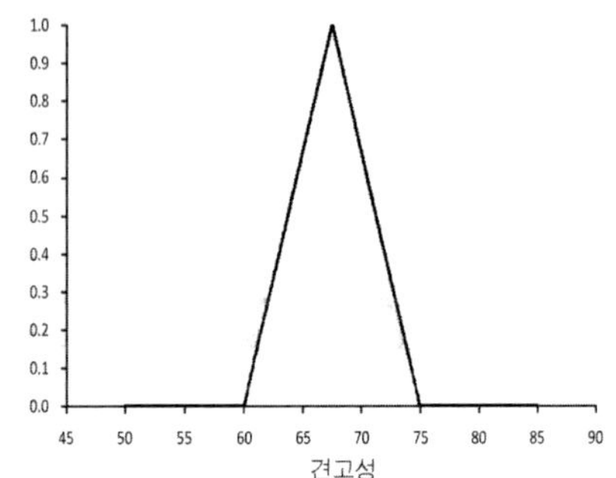

여기에서 $\hat{y}$는 적합된 모형을 $-1.633 \le x_1 \le 1.633$, $-1.633 \le x_2 \le 1.633$, $-1.633 \le x_3 \le 1.633$ 범위에서 x_1, x_2, x_3를 각각 0.5 간격으로 그물점(grid)을 만든 다음 그 그물점에 대한 각각의 반응표면으로부터 얻어낸 예측값이다.

이렇게 얻은 예측반응값과 그 예측반응값에 대한 만족함수값을 구하고 그것들의 기하평균 D의 크기에 따라 순위화한 결과가 [표 11.7-8]에 나타나 있다.

표 11.7-8 D값의 크기에 따라 정렬한 결과(순위 10위 이내)

순위	x_1	x_2	x_3	y_1	y_2	y_3	y_4	d_1	d_2	d_3	d_4	D
1	-0.133	0.367	-1.133	126.126	1362.69	488.890	68.6603	0.12253	1.00000	0.88890	0.84530	0.55084
2	-0.133	0.367	-0.633	133.939	1269.45	451.362	69.7037	0.27878	0.89818	0.51362	0.70617	0.54897
3	0.367	0.367	-1.133	130.808	1446.40	438.050	67.7686	0.21616	1.00000	0.38050	0.96419	0.53067
4	-0.133	-0.133	-0.633	128.235	1198.45	466.013	67.3499	0.16471	0.66151	0.66013	0.97999	0.51526
5	-0.133	0.867	-1.133	128.138	1345.19	482.580	71.1054	0.16276	1.00000	0.82580	0.51928	0.51399
6	0.367	0.867	-1.133	134.101	1446.24	433.928	69.8075	0.28202	1.00000	0.33928	0.69234	0.50733
7	-0.133	0.867	-0.633	137.919	1278.05	445.365	72.0863	0.35839	0.92682	0.45365	0.38849	0.49188
8	0.367	1.367	-1.133	135.670	1383.68	438.460	71.8752	0.31340	1.00000	0.38460	0.41664	0.47339
9	0.367	-0.133	-1.133	125.792	1384.15	450.826	65.7586	0.11584	1.00000	0.50826	0.76781	0.46110
10	-0.133	-0.133	-0.133	133.293	1178.71	428.389	68.2972	0.26586	0.59569	0.28389	0.89371	0.44772

따라서 [표 11.7-8]의 결과에 따라 D값이 가장 클 때의 각 예측반응값과 최적조건 (x_1^0, x_2^0, x_3^0)는 다음과 같다.

$$\begin{pmatrix} x_1^0 = & -0.113 \\ x_2^0 = & 0.367 \\ x_3^0 = & -1.133 \end{pmatrix}, \quad \begin{cases} y_1 = 126.126, & d_1 = 0.1225 \\ y_2 = 1362.69, & d_2 = 1.0000 \\ y_3 = 488.890, & d_3 = 0.8889 \\ y_4 = 68.6603, & d_4 = 0.55084 \end{cases} \quad \underline{D = \mathbf{0.55084}}$$

다음으로 좀 더 세밀한 그물점을 이용하여 D를 최대로 하는 최적조건을 찾기 위하여 위의 (x_1^0, x_2^0, x_3^0) 근처에서 D의 등고선을 그려보자.

그림 11.7-8 D 등고선 $x_3 = -1.133$

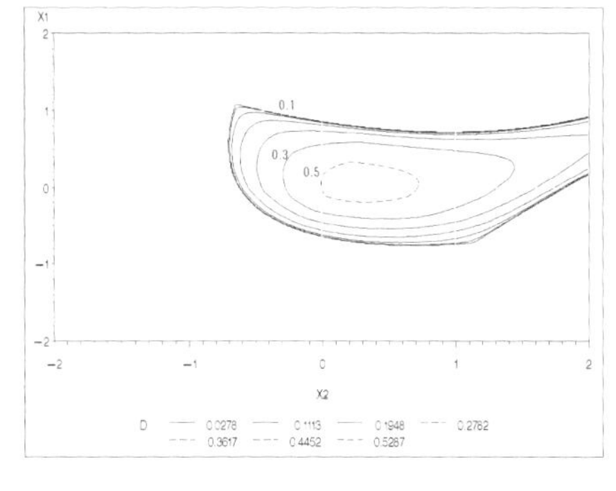

그림 11.7-9 D 등고선 $x_2 = 0.367$

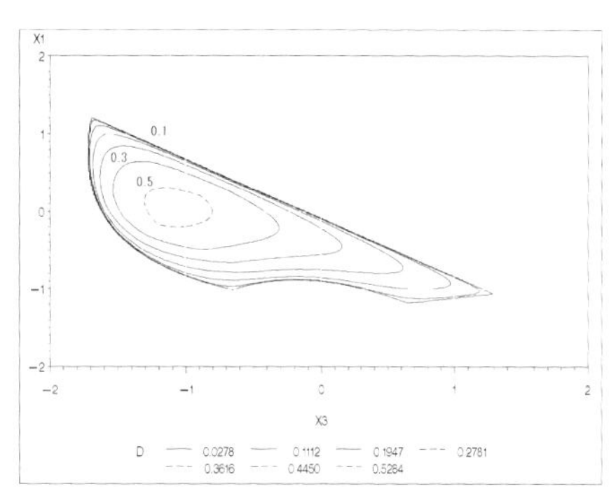

그림 11.7-10 D 등고선 $x_1 = -0.133$

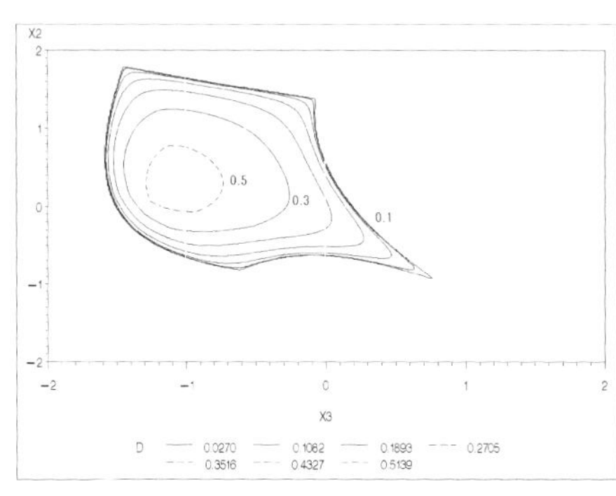

[그림 11.7-8]은 x_3=−1.133에서 x_1, x_2에 대한 등고선 그림, [그림 11.7-9]는 x_2=0.367에서 x_1, x_3에 대한 등고선 그림, 그리고 [그림 11.7-10]은 x_1=−1.133에서 x_2, x_3에 대한 등고선 그림이다. x_1, x_2, x_3 중 하나의 독립변수를 상수로 고정할 때 선택하는 수준은 최적조건에 근접하리라 예상되는 초기 최적조합 수준, x_1=−1.133, x_2=0.367, x_3=−1.133을 선택하였으나, x_3의 경우 x_3=−1.133 대신 x_3=−1.0 근처의 값을 선택한 후 x_1과 x_2의 등고선 그림을 그려도 무난할 것으로 보인다. [그림 11.7-8], [그림 11.7-9], [그림 11.7-10]에서 보듯이 x_1, x_2, x_3수준들이 각각 $-0.5 < x_1 < 0.5$, $-0.5 < x_2 < 0.5$, $-1.5 < x_3 < 0.5$ 범위에서 D값이 크다는 것을 알 수 있다.

표 11.7-9 D값의 크기에 따라 정렬한 결과 (순위 10내)

순위	x_1	x_2	x_3	y_1	y_2	y_3	y_4	d_1	d_2	d_3	d_4	D
1	-0.05000	0.15	-0.90	129.019	1307.11	467.992	67.9564	0.18038	1.00000	0.67992	0.93914	0.58256
2	-0.05000	0.20	-0.85	130.229	1302.73	462.910	68.2954	0.20458	1.00000	0.62910	0.89394	0.58241
3	-0.05000	0.10	-0.90	128.535	1301.21	469.424	67.7244	0.17070	1.00000	0.69424	0.97008	0.58229
4	-0.05000	0.20	-0.90	129.485	1312.38	466.647	68.1887	0.18971	1.00000	0.66647	0.90817	0.58211
5	-0.05000	0.15	-0.85	129.743	1297.20	464.252	68.0638	0.19486	0.99068	0.64252	0.92483	0.58197
6	-0.00000	0.10	-0.85	129.797	1301.01	460.456	67.7445	0.19594	1.00000	0.60456	0.96739	0.58182
7	-0.10000	0.20	-0.90	128.900	1301.89	471.884	68.2928	0.17800	1.00000	0.71884	0.89429	0.58161
8	-0.00000	0.10	-0.90	129.075	1310.94	464.183	67.6363	0.18150	1.00000	0.64183	0.98183	0.58154
9	-0.00000	0.15	-0.90	129.571	1317.01	462.773	67.8642	0.19143	1.00000	0.62773	0.95143	0.58149
10	-0.00000	0.15	-0.85	130.313	1307.34	459.049	67.9719	0.20627	1.00000	0.59049	0.93708	0.58124

따라서 $-0.5 < x_1 < 0.5$, $-0.5 < x_2 < 0.5$, $-1.5 < x_3 < 0.5$ 사이의 그물점 간격(grid 크기=0.5)을 더욱 세분화한 0.05를 선택(grid 크기=0.05)하여 각 그물점에서의 예측반응값을 구한 후 가장 큰 D값을 찾아보자. 각 그물점에서의 D값을 구한 다음 정렬한 결과는 [표 11.7-9]에 제시되어 있다.

[표 11.7-9]에 의하여 최대의 D값은 0.582560이고 이러한 D값을 만들어주는 처리조합과 각 반응변수의 반응값, 그리고 그 반응변수의 d값은 다음과 같다.

$$\begin{pmatrix} x_1 = & -0.05 \\ x_2 = & 0.15 \\ x_3 = & -0.90 \end{pmatrix}, \quad \begin{cases} y_1 = 129.019, & d_1 = 0.18038 \\ y_2 = 1307.11, & d_2 = 1.00000 \\ y_3 = 467.992, & d_3 = 0.67992 \\ y_4 = 67.9564, & d_4 = 0.93914 \end{cases} \qquad \underline{D = \mathbf{0.58256}}$$

이러한 사실들을 종합하면, 초기의 실험점 구간으로부터 최적값이 존재하는 범위를 구해 그 구간 내에서 좀 더 세밀하게 그물점을 나눈 후 모든 그물점에서의 예측반응값 $\hat{y}$들에 대한 D값을 계산한 결과 종전의 D=0.55084보다 향상된 D=0.58256값을 가질 수 있었다. 따라서 새로운 D값에 대한 처리조합이 모든 반응값에 대하여 최적값을 갖게 한다는 것을 알 수 있다.

이렇게 구한 최적의 처리조합은 부호화된 변수(coded variable)이므로 이것을 실제변수(natural variable)로 고쳐보면 수산화규산(x_1) 1.175, 커플링(x_2) 51.5, 유황(x_3) 1.85이다. 이때 각 반응값은 y_1=129.019, y_2=1307.11, y_3=467.992, y_4=67.9546이다.

(2) 가중치를 변화시켰을 경우

주어진 예의 경우 가중치를 모두 1로 두어 만족함수값을 계산하였다. 다음의 [표 11.7-10]에서 [표 11.7-19]는 다양하게 가중치를 변화시킴으로써 얻게 되는 처리의 수준들과 그때의 예측 반응값과 D값을 계산한 결과이다.

이와 같이 가중치를 다양하게 변화시킴으로써 그때의 D값을 계산한 결과 다양한 반응값과 처리조합을 얻을 수 있었다. 가중치를 모두 크게 할 경우 $(s=t=10)$ D값은 0.0045로 0에 가까운 값이다. 이는 가중치에 따른 만족함수의 그래프에서 보는 바와 같이 각각의 최적조건에 d값이 민감하게 반응하므로 모두를 동시에 만족하는 최적조건은 찾기 힘들다는 것을 의미한다.

표 11.7-10 가중치(10, 10, 10, 10) 경우

반응값	최적값		가중치	결과	
	목표값	허용범위		만족도 d	$\hat{y}$
y_1	최대	$120< y_1 <170$	10	0.00	129.02
y_2	최대	$1000< y_2 <1300$	10	1.00	1307.11
y_3	500	$400< y_3 <600$	10	0.02	467.99
y_4	67.5	$60< y_4 <75$	10	0.53	67.96
D = 0.0045			$x_1=-0.05$	$x_2=0.15$	$x_3=-0.90$

표 11.7-11 가중치(1, 1, 10, 10) 경우

반응값	최적값		가중치	결과	
	목표값	허용범위		만족도 d	$\hat{y}$
y_1	최대	$120< y_1 <170$	1	0.45	142.52
y_2	최대	$1000< y_2 <1300$	1	1.00	1303.54
y_3	500	$400< y_3 <600$	10	0.81	412.22
y_4	67.5	$60< y_4 <75$	10	0.94	70.80
D = 0.76604			$x_1=-0.05$	$x_2=0.50$	$x_3=-0.25$

표 11.7-12 가중치(0.1, 0.1, 1, 1) 경우

반응값	최적값		가중치	결과	
	목표값	허용범위		만족도 d	$\hat{y}$
y_1	최대	$120< y_1 <170$	0.1	0.79	124.48
y_2	최대	$1000< y_2 <1300$	0.1	0.99	1278.03
y_3	500	$400< y_3 <600$	1	1.00	500.01
y_4	67.5	$60< y_4 <75$	1	0.98	67.69
D = 0.9337			$x_1=-0.25$	$x_2=0.05$	$x_3=-1.00$

표 11.7-13 가중치(0.1, 1, 0.1, 0.1) 경우

반응값	최적값		가중치	결과	
	목표값	허용범위		만족도 d	$\hat{y}$
y_1	최대	$120 < y_1 < 170$	0.1	0.84	129.02
y_2	최대	$1000 < y_2 < 1300$	1	1.00	1307.11
y_3	500	$400 < y_3 < 600$	0.1	0.96	467.99
y_4	67.5	$60 < y_4 < 75$	0.1	0.99	67.96
D = 0.9474			$x_1 = -0.05$	$x_2 = 0.15$	$x_3 = -0.90$

표 11.7-14 가중치(0.1, 1, 0.1, 1) 경우

반응값	최적값		가중치	결과	
	목표값	허용범위		만족도 d	$\hat{y}$
y_1	최대	$120 < y_1 < 170$	0.1	0.84	128.35
y_2	최대	$1000 < y_2 < 1300$	1	1.00	1321.87
y_3	500	$400 < y_3 < 600$	0.1	0.96	467.91
y_4	67.5	$60 < y_4 < 75$	1	1.00	67.53
D = 0.9461			$x_1 = 0.00$	$x_2 = 0.10$	$x_3 = -0.95$

표 11.7-15 가중치(0.1, 1, 1, 1) 경우

반응값	최적값		가중치	결과	
	목표값	허용범위		만족도 d	$\hat{y}$
y_1	최대	$120 < y_1 < 170$	0.1	0.80	125.05
y_2	최대	$1000 < y_2 < 1300$	1	0.96	1288.78
y_3	500	$400 < y_3 < 600$	1	0.95	494.56
y_4	67.5	$60 < y_4 < 75$	1	0.99	67.16
D = 0.9201			$x_1 = -0.20$	$x_2 = 0.05$	$x_3 = -1.00$

표 11.7-16 가중치(1, 1, 1, 10) 경우

반응값	최적값		가중치	결과	
	목표값	허용범위		만족도 d	$\hat{y}$
y_1	최대	$120 < y_1 < 170$	1	0.16	128.03
y_2	최대	$1000 < y_2 < 1300$	1	0.98	1294.70
y_3	500	$400 < y_3 < 600$	1	0.71	47.94
y_4	67.5	$60 < y_4 < 75$	10	0.99	67.49
D= 0.5771			$x_1 = -0.05$	$x_2 = 0.05$	$x_3 = -0.90$

표 11.7-17 가중치(1, 10, 1, 1) 경우

반응값	최적값		가중치	결과	
	목표값	허용범위		만족도 d	$\hat{y}$
y_1	최대	$120 < y_1 < 170$	1	0.18	139.02
y_2	최대	$1000 < y_2 < 1300$	10	1.00	1307.11
y_3	500	$400 < y_3 < 600$	1	0.68	468.00
y_4	67.5	$60 < y_4 < 75$	1	0.94	67.96
D = 0.5826			$x_1 = -0.05$	$x_2 = 0.15$	$x_3 = -0.90$

표 11.7-18 가중치(10, 1, 1, 1) 경우

반응값	최적값		가중치	결과	
	목표값	허용범위		만족도 d	$\hat{y}$
y_1	최대	$120 < y_1 < 170$	10	0.00	142.52
y_2	최대	$1000 < y_2 < 1300$	1	1.00	1303.54
y_3	500	$400 < y_3 < 600$	1	0.12	412.23
y_4	67.5	$60 < y_4 < 75$	1	0.56	70.80
D = 0.0696			$x_1 = -0.05$	$x_2 = 0.50$	$x_3 = -0.25$

$$\boldsymbol{U}\boldsymbol{U}^{-1} = \begin{pmatrix} n & b\mathbf{1}'_k \\ b\mathbf{1}_k & c\boldsymbol{J}_k + d\boldsymbol{I}_k \end{pmatrix}\begin{pmatrix} p & q\mathbf{1}'_k \\ q\mathbf{1}_k & s\boldsymbol{J}_k + t\boldsymbol{I}_k \end{pmatrix} = \boldsymbol{I}_{k+1}$$

여기에서 위의 식을 만족하는 p, q, s, t를 구하여 보자. 복잡한 계산절차를 거쳐 p, q, s, t 값을 구하면 다음과 같은 결과를 얻을 수 있다.

$$p = d(ck+d)A, \quad q = -bdA, \quad s = (b^2 - nc)A, \quad t = \frac{1}{d}$$
$$A = \frac{1}{d\{(ck+d) - b^2 k\}}$$

한편 위에서 정의한 U^{-1}를 자세히 표현하여 보면 다음과 같다.

$$\boldsymbol{U}^{-1} = \begin{pmatrix} p & q & q & \cdots & q \\ q & s+t & s & \cdots & s \\ q & s & s+t & \cdots & s \\ \vdots & \vdots & \vdots & \ddots & \vdots \\ q & s & s & \cdots & s+t \end{pmatrix}$$

그런데 $Cov(\hat{\boldsymbol{\beta}}^*) = \boldsymbol{U}^{-1}\sigma^2$ 이므로 다음과 같은 사실을 알 수 있다.

$$V(\hat{\beta}_{ii}) = (s+t)\sigma^2$$
$$Cov(\hat{\beta}_{ii}, \hat{\beta}_{jj}) = s\sigma^2, \quad i \neq j$$

따라서 추정된 회귀계수들이 직교성질을 만족하기 위해서는 $s=0$, 즉 $s=(b^2-nc)A=0$이어야 하므로 직교성을 위한 조건은 결국 다음과 같음을 확인할 수 있다.

$$b^2 = nc$$

즉,

$$\left(\sum_u x_{iu}^2\right)^2 = n\sum_u x_{iu}^2 x_{ju}^2$$

따라서 위 조건을 만족하면 회귀계수 $\hat{\beta}$은 직교함을 알 수 있다. 이 조건을 만족하는 실험설계의 경우 2차모형의 반응표면에서 회귀계수들을 독립적으로 추정할 수 있다. 그러므로 직교성은 2차반응표면설계의 중요한 선택기준이 된다.

참고 3 회전성을 위한 조건(p.476)

예를 들어 단순회귀모형의 경우, 독립변수 X의 평균 $\bar{x}$로부터 좌, 우 같은 거리에 있는 x_0에 대응하는 추정반응값의 분산은 좌 혹은 우의 방향에 상관없이 다음과 같다.

$$Var(\hat{y}) = \sigma^2\left[\frac{1}{n} + \frac{(x_0 - \bar{x})^2}{\sum(x_i - \bar{x})^2}\right]$$

두 실험점 E_1, E_2를 생각해보자.

$$E_1 = (x_{10},\ x_{20},\ \cdots,\ x_{ko}),\quad \hat{y}_0$$
$$E_2 = (x_{10}',\ x_{20}',\ \cdots,\ x_{ko}'),\quad \hat{y}_0'$$

만일 원점으로부터 두 실험점 E_1과 E_2에 이르는 거리가 같아,$\rho = x_{10}^2 + \cdots + x_{k0}^2 = x'^2_{10} + \cdots + x'^2_{k0}$이면 $Var(\hat{y}_0) = Var(\hat{y}_0')$임을 뜻한다.

식 (11.3-2)의 모형 $y_u = \beta_0 + \sum_i \beta_{ii} x_{iu}^2 + \sum_i \beta_i x_{iu} + \sum_i \sum_{i<j} \beta_{ij} x_{iu} x_{ju} + e_u$에 대한 $(x_{10}, x_{20}, \cdots, x_{k0})$에서의 예측값과 분산을 생각해보자.

$$\hat{y}_0 = \hat{\beta}_0 + \sum_i \hat{\beta}_{ii} x_{i0}^2 + \sum_i \hat{\beta}_i x_{i0} + \sum_i \sum_{i<j} \hat{\beta}_{ij} x_{i0} x_{j0}$$

$$\begin{aligned} Var(\hat{y}_0) = &\ Var(\hat{\beta}_0) + \sum_i x_{i0}^4\, Var(\hat{\beta}_{ii}) + \sum_i x_{i0}^2\, Var(\hat{\beta}_i) \\ &+ \sum_i \sum_{i<j} x_{i0}^2\, x_{j0}^2\, Var(\hat{\beta}_{ij}) + 2\sum x_{i0}^2\ Cov(\hat{\beta}_0, \hat{\beta}_{ii}) \\ &+ 2\sum_i \sum_{i<j} x_{i0}^2\, x_{j0}^2\, Cov(\hat{\beta}_{ii}, \hat{\beta}_{jj}) \end{aligned}$$

그런데 $\sum_i x_{i0}^4 = (\sum x_{i0}^2)^2 - 2\sum\sum x_{i0}^2 x_{j0}^2$이므로 다음과 같이 쓸 수 있다.

$$\begin{aligned} Var(\hat{y}_0) = &\ Var(\hat{\beta}_0) \\ &+ \sum_i x_{i0}^2 \left\{ Var(\hat{\beta}_i) + \sum_i x_{i0}^2\, Var(\hat{\beta}_{ii}) + 2\,Cov(\hat{\beta}_0, \hat{\beta}_{ii}) \right\} \\ &+ \sum_i \sum_{i<j} x_{i0}^2\, x_{j0}^2 \left\{ Var(\hat{\beta}_{jj}) + 2\,Cov(\hat{\beta}_{ii}, \hat{\beta}_{jj}) - 2\,Var(\hat{\beta}_{ii}) \right\} \end{aligned} \tag{1}$$

여기에서,

$$Var(\hat{\beta}_0) = C_1$$

$$Var(\hat{\beta}_i) + \sum x_{i0}^2 Var(\hat{\beta}_{ii}) + 2Cov(\hat{\beta}_{ii}, \hat{\beta}_{jj}) = C_2$$

$$\sum x_{i0}^2 = f(\rho)$$

$$Var(\hat{\beta}_{jj}) + 2Cov(\hat{\beta}_{ii}, \hat{\beta}_{jj}) - 2Var(\hat{\beta}_{ii}) = K$$

라 정의하면 식 (1)은 다음과 같이 간단히 표현할 수 있다.

$$Var(\hat{y}_0) = C_1 + f(\rho)C_2 + \sum_i \sum_{i<j} x_{i0}^2 x_{j0}^2 K$$

이때 C_1, C_2는 상수이고 위 식의 세 번째 항이 방향에 따라 영향을 받는다. 예를 들어 반지름이 1인 원주상의 두 점 (1, 0)과 $(1/\sqrt{2}, 1/\sqrt{2})$은 원점으로부터 같은 거리이지만 방향이 달라 분산의 크기가 달라진다. 따라서 회전성을 갖기 위해서는 K값이 0이 되어야 함을 알 수 있다. 즉

$$K = Var(\hat{\beta}_{jj}) + 2Cov(\hat{\beta}_{ii}, \hat{\beta}_{jj}) - 2Var(\hat{\beta}_{ii}) = 0$$

그런데 $Var(\hat{\beta}_{jj}) = \sigma^2/c$, $Cov(\hat{\beta}_{ii}, \hat{\beta}_{jj}) = s\sigma^2$, $Var(\hat{\beta}_{ii}) = (s+t)\sigma^2$ 값을 위 식에 대입하면 $(1/c) + 2s - 2(s+t) = 0$의 관계식을 얻는다. 여기에서 $t = 1/d$이므로 결국 회전성을 만족시키기 위한 조건은 다음과 같다.

$$d = 2c$$

즉,

$$\sum_u x_{iu}^4 = 3\sum_u x_{iu}^2 x_{ju}^2$$

참고 4 정준분석 (canonical analysis)(p.482)

$\hat{y} = \hat{\beta}_0 + \boldsymbol{x}'\boldsymbol{b} + \boldsymbol{x}'B\boldsymbol{x}$ 에서 $\frac{\partial \hat{y}}{\partial \boldsymbol{x}} = \boldsymbol{b} + 2B\boldsymbol{x} = 0$으로부터 구한 정상점 $\boldsymbol{x}_0 = -\frac{1}{2}B^{-1}\boldsymbol{b}$의 최대, 최소를 판단하기 위하여 정상점 $\boldsymbol{x}_0$로부터 약간 벗어난 점들에 대한 반응값을 생각해보자.

정상점 $\boldsymbol{x}_0$에서 $\boldsymbol{z}$만큼을 벗어난 $\boldsymbol{x} = \boldsymbol{x}_0 + \boldsymbol{z}$에서의 반응값을 $\hat{y}$이라 하자. 여기

서, z는 임의의 값이다. 그러면 반응값 $\hat{y}$은 다음과 같이 표현될 수 있다.

$$\begin{aligned}\hat{y} &= \hat{\beta}_0 + \boldsymbol{x}'\boldsymbol{b} + \boldsymbol{x}'\boldsymbol{B}\boldsymbol{x} \quad (\text{단 } \boldsymbol{x} = \boldsymbol{x}_0 + \boldsymbol{z}) \\ &= \hat{\beta}_0 + (\boldsymbol{x}_0' + \boldsymbol{z}')\boldsymbol{b} + (\boldsymbol{x}_0' + \boldsymbol{z}')\boldsymbol{B}(\boldsymbol{x}_0 + \boldsymbol{z}) \\ &= \hat{\beta}_0 + \boldsymbol{x}_0'\boldsymbol{b} + \boldsymbol{x}_0'\boldsymbol{B}\boldsymbol{x}_0 + \boldsymbol{z}'\boldsymbol{b} + \boldsymbol{z}'\boldsymbol{B}\boldsymbol{x}_0 + \boldsymbol{x}_0'\boldsymbol{B}\boldsymbol{z} + \boldsymbol{z}'\boldsymbol{B}\boldsymbol{z}\end{aligned}$$

그런데 $\boldsymbol{z}'\boldsymbol{b} + \boldsymbol{z}'\boldsymbol{B}\boldsymbol{x}_0 + \boldsymbol{x}_0'\boldsymbol{B}\boldsymbol{z} = 0$이므로 위의 식은 다음과 같다.

$$\hat{y} = \hat{y}_0 + \boldsymbol{z}'\boldsymbol{B}\boldsymbol{z}, \ \hat{y}_0 = \hat{\beta} + \boldsymbol{x}_0'\boldsymbol{b} + \boldsymbol{x}_0'\boldsymbol{B}\boldsymbol{x}_0 \tag{1}$$

또한 행렬 $\boldsymbol{B}$는 대칭행렬이므로 스펙트럼 분해(spectral decomposition)가 가능하여 다음과 같이 나타낼 수 있다.

$$\boldsymbol{B} = \sum_i \lambda_i \boldsymbol{m}_i \boldsymbol{m}_i' = \boldsymbol{M}\boldsymbol{\Lambda}\boldsymbol{M}' \tag{2}$$

여기에서 λ_i는 고유근, $\boldsymbol{m}_i$는 고유벡터, Λ는 대칭행렬$(\lambda_1\ \lambda_2\ \cdots\ \lambda_k)$, $\boldsymbol{M}$은 고유벡터 행렬이다. 따라서 식 (1)의 식을 다음과 같이 표현할 수 있다.

$$\hat{y} = \hat{y}_0 + \boldsymbol{z}'\boldsymbol{M}\boldsymbol{\Lambda}\boldsymbol{M}'\boldsymbol{z} = \hat{y}_0 + \boldsymbol{w}'\boldsymbol{\Lambda}\boldsymbol{w}, \quad \boldsymbol{w}' = \boldsymbol{z}'\boldsymbol{M} \tag{3}$$

여기에서 $\boldsymbol{w} = (w_1 w_2 \cdots w_k)'$는 고유벡터 행렬 $\boldsymbol{M}$에 $\boldsymbol{z}'$을 곱하였으므로 고유벡터가 변형된 어떤 열벡터임을 알 수 있다. 이러한 사실로부터 $\boldsymbol{x}$점에서의 $\hat{y}$값은 다음과 같이 나타낸다.

$$\begin{aligned}\hat{y} &= \hat{y}_0 + \boldsymbol{w}'\boldsymbol{\Lambda}\boldsymbol{w} = \hat{y}_0 + (w_1\ \ w_2\ \ \cdots\ \ w_k)\begin{pmatrix}\lambda_1 & & 0 \\ & \ddots & \\ 0 & & \lambda_k\end{pmatrix}\begin{pmatrix}w_1 \\ w_2 \\ \vdots \\ w_k\end{pmatrix} \\ &= \hat{y}_0 + \lambda_1 w_1^2 + \cdots + \lambda_k w_k^2\end{aligned} \tag{4}$$

이것을 정준형(canonical form)이라 한다. 이 정준형을 이용하여 정상점 $\boldsymbol{x}_0$에서의 최대, 최소, 안장점의 여부가 다음과 같이 결정된다.

1. 모든 λ_i가 전부 음수이면 $\boldsymbol{x} = \boldsymbol{x}_0$에서 최대이다.
2. 모든 λ_i가 전부 양수이면 $\boldsymbol{x} = \boldsymbol{x}_0$에서 최소이다.
3. 그 외의 경우, 예를 들어 $\lambda_1 = 1$, $\lambda_2 = -2$이면 안장점이다.

안장점이란 곡면의 한 점에 이 점을 지나는 두 곡선의 최대와 최소가 모두 존재할 경우이다. 이 경우 그 모습이 말의 안장모습을 닮은 형태이므로 이 점을 안장점이라 한다.

정준형은 원래의 2차모형에 비하여 해석상 다루기가 매우 편리하다. 즉, 원래 모형은 $x_i x_j$와 같은 교호작용 뿐 아니라 x_i^2과 같은 2차항이 들어 있어 적합된 회귀계수의 의미를 해석하기 어려운 면이 있지만, 정준형에서는 순수 2차항의 계수가 해당 변수의 고유값이므로 정상점의 성질에 대한 판정이 쉽다. 또한, 각 입력변수의 반응에 대한 영향의 크기는 각 고유값의 절대값에 비례하는데 원래 2차모형에는 이런 영향력을 측정하는 척도가 없는 반면 정준형에서는 고유값의 크기로 어느 변수가 반응에 영향력이 큰지 쉽게 알 수 있다. 이렇게 정준형을 사용하여 반응표면을 분석하는 방법을 정준분석(canonical analysis)이라 한다.

그림 3 2차모형의 정준분석

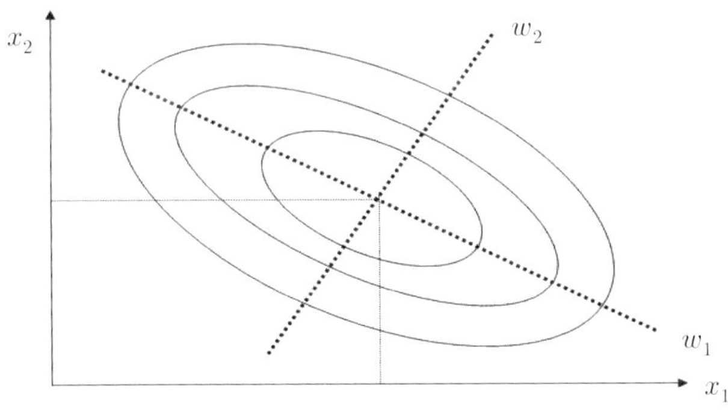

참고 5 다양한 반응표면의 모습들(p.491)

(i) 교호작용이 없는 1차모형(예: Response $= 80 + 2X_1 + 3X_2$)

그림 4 교호작용이 없는 1차모형의 반응표면과 등고선

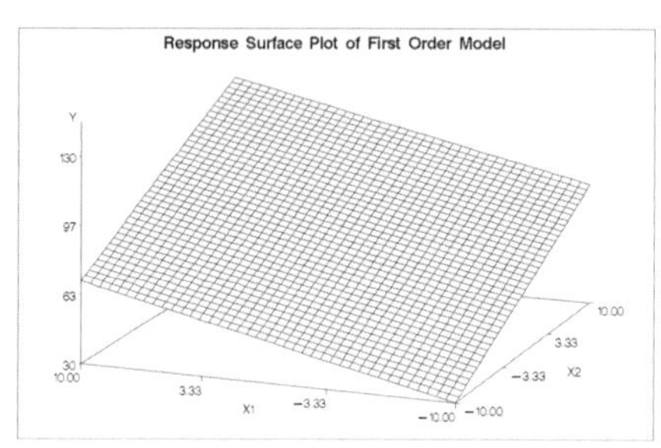

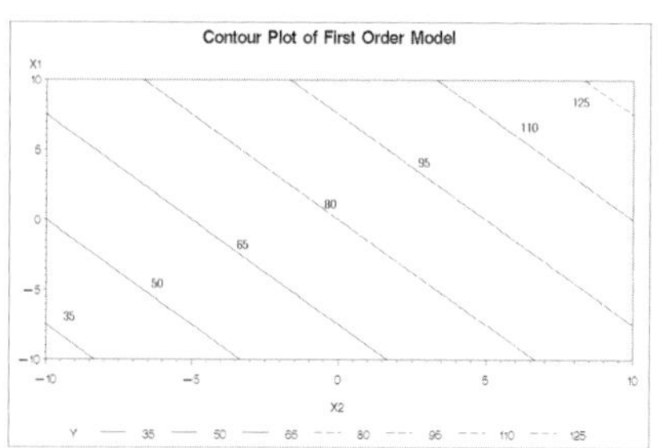

(ii) 교호작용을 가진 1차모형 (예: Response $= 90 + 2X_1 + 3X_2 - X_1X_2$)

그림 5 교호작용이 있는 1차모형의 반응표면과 등고선

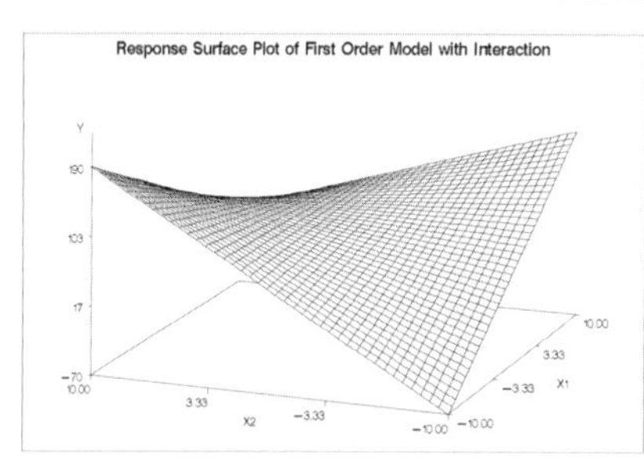

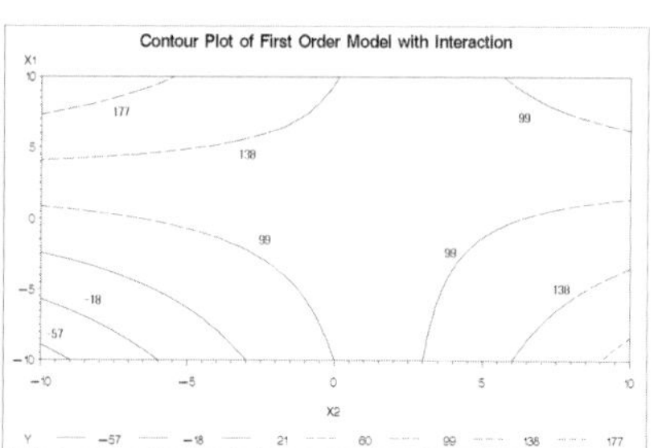

(iii) 2차모형 (예: Response $= 80 + 2X_1 + 3X_2 - 1.5X_1^2 - 2.0X_2^2 - X_1X_2$)

그림 6 2차모형의 반응표면과 등고선

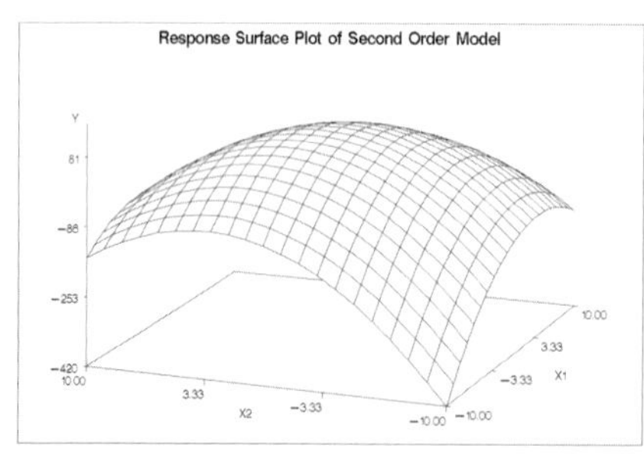

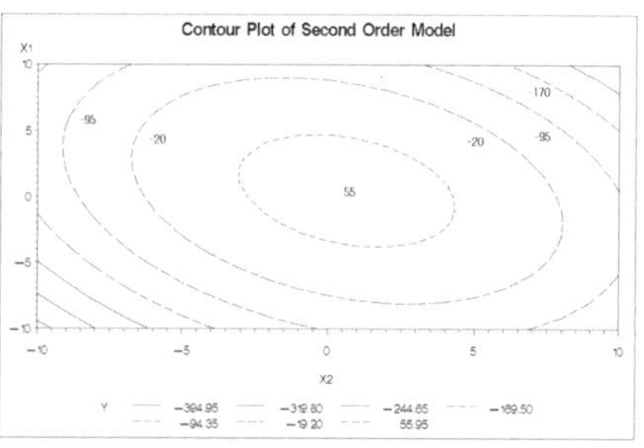

(iv) 안장점을 가진 2차모형 (예: Response $= 80 + 2X_1 + 3X_2 - 1.5X_1^2 + 2.0X_2^2 - X_1 X_2$)

그림 7 안장점이 있는 2차모형의 반응표면과 등고선

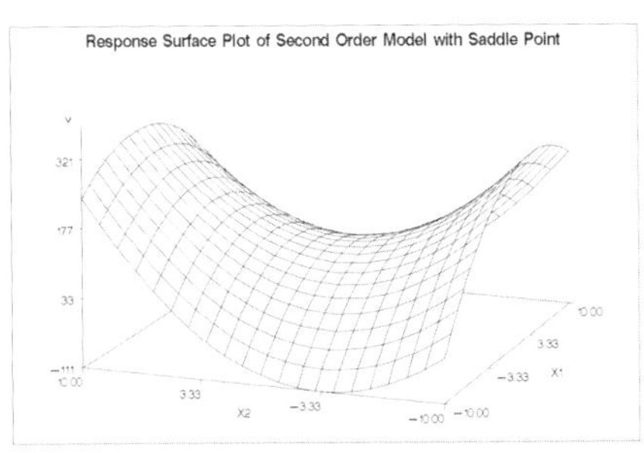

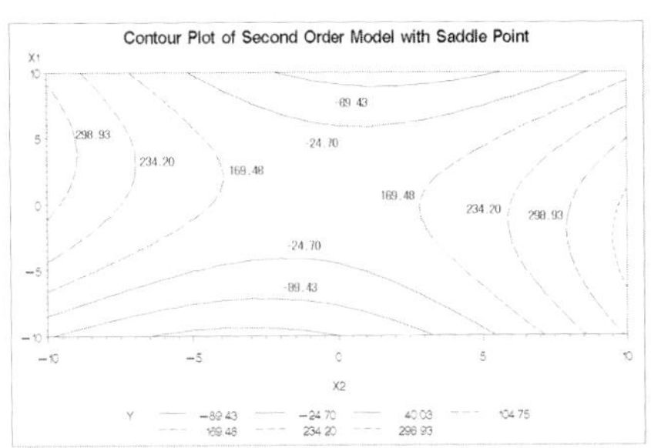

참고 6 중심합성설계의 블록화(p.491)

중심합성설계 (CCD)의 경우 이러한 블록의 직교성을 만족하기 위하여 어떠한 선택이 필요한지를 알아보기로 하자. 2^k 혹은 2^{k-p}(이 경우 흔히 분해가능 V 이상)-요인실험을 몇 개의 블록으로 나누어 실험하였을 경우, 아래의 조건을 만족시켜야 블록의 직교성을 얻을 수 있다.

(i) 모든 블록에서 각 블록 내 실험점의 개수가 n_b개 일 때

$$\sum_{u=1}^{n_b} x_{iu} = \sum_{u=1}^{n_b} x_{iu} x_{ju} = 0, \quad i, j = 0, 1, 2 \cdots k, \;\; i \neq j \tag{1}$$

여기에서 x_{iu}와 x_{ju}는 i번째와 j번째 변수의 u번째 실험점의 수준

(ii) 각 변수에 전체 제곱합에 대한 각 블록 내 제곱합의 비율이 전체 실험횟수에 대한 블록 내 실험횟수의 비율과 같아야 하고 모든 블록에 걸쳐 일정해야 한다. 즉 모든 블록에 대하여 다음과 같아야 한다.

$$\frac{\sum_{u}^{n_b} x_{iu}^2}{\sum_{u}^{N} x_{iu}^2} = \frac{n_b}{N}, \quad i = 1,\ 2,\ \cdots k \tag{2}$$

여기에서 N은 총 실험횟수를 의미하며 왼쪽의 분모는 i번째 변수에 대한 전체 제곱합을, 분자는 한 블록 내 i번째 변수의 제곱합을 의미한다.

예를 들어 2^2-요인실험에 대한 다음과 같은 중심합성설계를 생각해보자.

x_1	x_2		
-1	-1	요인실험: $2^2(n_0=4)$	블록 1
-1	1		
1	-1		
1	1		
0	0	중심점	
0	0		
$-\sqrt{2}$	0	축점	블록 2
$\sqrt{2}$	0		
0	$-\sqrt{2}$		
0	$\sqrt{2}$		
0	0	중심점	
0	0		

이 실험의 경우

$$\sum_u^6 x_{1u} = \sum_u^6 x_{2u} = \sum_u^6 x_{1u}x_{2u} = 0 \ \text{: 블록 1의 경우} \tag{3}$$

$$\sum_u^6 x_{1u} = \sum_u^6 x_{2u} = \sum_u^6 x_{1u}x_{2u} = 0 \ \text{: 블록 2의 경우} \tag{4}$$

이므로 조건 (i)을 만족함을 알 수 있다. 또

$$\sum_u^6 x_{1u}^2 = \sum_u^6 x_{2u}^2 = 4 \ , \quad \sum_u^{12} x_{1u}^2 = \sum_u^{12} x_{2u}^2 = 8 \tag{5}$$

$$\frac{\sum_u^6 x_{1u}^2}{\sum_u^{12} x_{1u}^2} = \frac{\sum_u^6 x_{2u}^2}{\sum_u^{12} x_{2u}^2} = \frac{4}{8} = \frac{6}{12} = \frac{n_b}{N} \tag{6}$$

이므로 조건 (ii)를 만족하여 블록의 직교성을 확인할 수 있다.

이제, 이러한 블록의 직교성을 갖는 반응표면설계를 구성하는 방법을 $k=3$인 경우에 대해 살펴보자. 2^3-요인실험에 대한 다음과 같은 블록화된 중심합성설계를 생각해보자.

$$
\begin{array}{rrrl}
x_1 & x_2 & x_3 & \\
-1 & -1 & -1 & \\
1 & 1 & -1 & \\
1 & -1 & 1 & \text{블록 1} \\
-1 & 1 & 1 & (n_{b_1}) \\
0 & 0 & 0 & \\
\vdots & \vdots & \vdots & \\
0 & 0 & 0 & \\
-1 & -1 & -1 & \\
1 & 1 & -1 & \\
1 & -1 & 1 & \text{블록 2} \\
-1 & 1 & 1 & (n_{b_2}) \\
0 & 0 & 0 & \\
\vdots & \vdots & \vdots & \\
0 & 0 & 0 & \\
-\alpha & 0 & 0 & \\
\alpha & 0 & 0 & \\
0 & -\alpha & 0 & \\
0 & \alpha & 0 & \text{블록 3: 축점 블록} \\
0 & 0 & -\alpha & (n_2) \\
0 & 0 & \alpha & \\
0 & 0 & 0 & \\
\vdots & \vdots & \vdots & \\
0 & 0 & 0 &
\end{array}
$$

블록 1과 블록 2: 요인실험블록(factorial block), n_1 (정의대비 $I=ABC$에 의하여 분류)

요인실험 블록내의 요인실험점과 중심점의 개수를 각각 n_0와 n_c라 하고 축점 블록내의 중심점의 개수를 n_{ac}라고 하자. 이때 요인실험 블록내 블록화(블록 1과 블록 2)는 정의대비 $I=ABC$에 의하여 블록화한 것으로 교호작용 ABC가 블록과 교락된 것임을 알 수 있다. 이때 2차 반응표면설계모형을 다음과 같이 정의하자.

$$y=\beta_0+\sum_i \beta_i x_i+\sum_i \beta_{ii} x_i^2+\sum_i \sum_{i<j} \beta_{ij} x_i x_j+e \tag{7}$$

그런데 이 경우 블록 1과 블록 2는 직교성을 만족하고 있음을 쉽게 알 수 있다. 따라서 블록 1과 블록 2의 블록화는 블록의 효과가 추정량에 영향을 주지 않음을 알 수 있다. 결국 요인실험 블록과 축점 블록의 블록화가 추정량에 영향을 주지 않기 위한 방법을 생각하면 된다.

조건 (ii)에 의하여, 2^k-요인실험의 경우 일반적으로 요인실험블록과 축점 블록의 전체에 대한 제곱합 비율은 다음과 같아야 한다.

$$\frac{\sum_{u}^{n_1} x_{iu}^2}{\sum_{u}^{N} x_{iu}^2} = \frac{n_0 + n_c}{N} \quad (8)$$

$$\frac{\sum_{u}^{n_2} x_{iu}^2}{\sum_{u}^{N} x_{iu}^2} = \frac{2k + n_{ac}}{N} \quad (9)$$

식 (9)를 식 (8)로 나누면 다음과 같다.

$$\frac{\sum_{u}^{n_2} x_{iu}^2}{\sum_{u}^{n_1} x_{iu}^2} = \frac{2k + n_{ac}}{n_0 + n_c} \quad (10)$$

식 (10)의 좌변이 $\frac{2\alpha^2}{n_0}$이므로 다음과 같은 관계식을 얻을 수 있다.

$$\frac{2\alpha^2}{n_0} = \frac{2k + n_{ac}}{n_0 + n_c} \quad (11)$$

따라서 블록의 직교성을 위한 α값은 다음과 같다.

$$\alpha = \left\{ \frac{n_0(2k + n_{ac})}{2(n_0 + n_c)} \right\}^{\frac{1}{2}} \quad (12)$$

한편 회전성을 위한 α값은, $\alpha = n_0^{\frac{1}{4}}$이므로 k와 n_0가 주어졌을 때 이 두 조건을 가장 근접하게 만족시키는 n_c와 n_{ac}를 선택하면 된다. 즉 두 조건으로부터 다음과 같은 관계식을 얻는다.

$$(n_0)^{\frac{1}{2}} = \left\{ \frac{n_0(2k + n_{ac})}{2(n_0 + n_c)} \right\}^{\frac{1}{2}} \quad (13)$$

앞의 예의 경우 $k = 3(n_0 = 8)$ 이므로

$$8^{\frac{1}{2}} = \left\{ \frac{8(6+n_{ac})}{2(8+n_c)} \right\}^{\frac{1}{2}}$$

$$2.83 = \left\{ \frac{8(6+n_{ac})}{2(8+n_c)} \right\}^{\frac{1}{2}}, \quad n_{ac} = 3, \quad n_c = 4$$

를 선택하면

$$\left\{ \frac{8(6+n_{ac})}{2(8+n_c)} \right\}^{\frac{1}{2}} = 3.0$$

이므로 블록의 직교성에 근접하게 만족한 것으로 생각할 수 있다.

결론적으로 $k=3$인 경우 요인실험 블록내의 요인실험점은 8개, 중심점은 4개, 축점블록내의 중심점은 3개를 택하는 것이 블록의 직교성에 근접한 실험이다.

예제 1 블록화에 대한 SAS 분석 예

```
DATA ex11_6;
   INPUT X1 X2 Y BLOCK @@;
CARDS;
    -1      -1      78.8   0
     1      -1      84.5   0
    -1       1      91.2   0
     1       1      77.4   0
     0       0      89.7   0
     0       0      86.8   0
-1.414       0      83.3   1
 1.414       0      81.2   1
     0  -1.414      81.2   1
     0   1.414      79.5   1
     0       0      87.0   1
     0       0      86.0   1
;
RUN;

PROC RSREG DATA=ex11_6;
```

```
    MODEL Y = BLOCK X1 X2 / NOCODE COVAR = 1 LACKFIT;
    RIDGE MAX RADIUS = 0 TO 1.5 BY 0.2;
RUN;
```

Response Surface for Variable Y

Regression	DF	Type I Sum of Squares	R-Square	F Value	Pr > F
Covariates	1	8.670000	0.0408	2.81	0.1544
Linear	2	16.367420	0.0771	2.65	0.1638
Quadratic	2	76.760573	0.3616	12.45	0.0114
Crossproduct	1	95.062500	0.4478	30.83	0.0026
Total Model	6	196.860494	0.9274	10.64	0.0101

Residual	DF	Sum of Squares	Mean Square	F Value	Pr > F
Lack of Fit	3	10.711173	3.570391	1.52	0.4209
Pure Error	2	4.705000	2.352500		
Total Error	5	15.416173	3.083235		

Parameter	DF	Estimate	Standard Error	t Value	Pr > |t|
Intercept	1	88.225531	1.013854	87.02	<.0001
X1	1	-1.383884	0.620856	-2.23	0.0763
X2	1	0.362080	0.620856	0.58	0.5851
X1*X1	1	-2.144005	0.694233	-3.09	0.0272
X2*X1	1	-4.875000	0.877957	-5.55	0.0026
X2*X2	1	-3.094292	0.694233	-4.46	0.0067
BLOCK	1	-1.701055	1.013778	-1.68	0.1542

Canonical Analysis of Response Surface

Factor	Critical Value
X1	-3.727579
X2	2.994874

Predicted value at stationary point: 90.496464

Eigenvalues	Eigenvectors X1	Eigenvectors X2
-0.135770	0.771793	-0.635874
-5.102527	0.635874	0.771793

Stationary point is a maximum.

Estimated Ridge of Maximum Response for Variable Y

Radius	Estimated Response	Standard Error	Factor Values X1	Factor Values X2
0	87.375004	0.877957	0	0
0.200000	87.640176	0.869575	-0.174886	0.097030
0.400000	87.886275	0.849394	-0.335642	0.217588
0.600000	88.120013	0.833361	-0.493036	0.341929
0.800000	88.342359	0.849400	-0.649165	0.467531
1.000000	88.553595	0.931235	-0.804682	0.593706
1.200000	88.753834	1.102230	-0.959858	0.720189
1.400000	88.943129	1.366156	-1.114824	0.846857

위의 실험은 블록의 직교성이 유지되는 실험이다. SAS에서 블록효과를 추가하려면 RSREG 프로시저에 COVAR 옵션을 사용하여야 한다. 여기서 COVAR=1의 의미는 첫 번째 변수 즉 BLOCK 변수를 공변량으로 간주한다는 의미이다. 분석 결과 블록의 제곱합에 대한 p-값이 통계적으로 유의하지는 않았다(p-값=0.1544). 하지만, 모수 추정값을 보면, 블록 0이 블록 1에 비해 1.701 정도 평균반응이 높음을 볼 수 있다.

이제, 적합결여를 통해 실험점과의 관계를 살펴보자. 여기서, 적합결여(Lack of Fit)의 자유도는 3이다. 이는 실험점이 10개인데 추정할 모수는 블록효과가 추가되어 7개이기 때문이다. 또한, 순수오차(Pure Error)의 자유도는 실험점 (0 0 0), (0 0 1)에서 각각 1번씩 실험을 더 하였기에 2가 된다.

정준분석결과 정상점에서 최대값을 가지며 최적값은 (−3.73, 3.00)이다. 그런데, 정상점이 현재 실험한 영역에서 크게 벗어나 있음을 볼 수 있다. 그러므로 실험점 내부에서 적절한 최적점을 찾기 위해 능형분석을 실시하였다. 적절히 반경을 넓혀가면서 현재 실험한 영역 내에서 최적점을 찾을 때 능형분석을 활용할 수 있는데, 능형분석 결과 중심점에서 x_1은 점점 작아지고 x_2는 점점 커질 때 반응값이 점점 커지는 모습을 보이므로 실험이동방향을 2사분면 방향으로 나아가야 함을 볼 수 있다.

1. 다음의 실험결과가 주어져 있다. 1차모형을 구하고 분산분석을 통해 적합도 검정을 하여라. 최대경사법을 이용하여 최대값을 추적하는 과정을 설명하라.

실험결과

x_1	x_2	y
-1	-1	55.8
-1	-1	55.4
1	-1	60.3
1	-1	60.9
-1	1	63.9
-1	1	64.4
1	1	67.9
1	1	68.5
0	0	61.5
0	0	62.0
0	0	61.9
0	0	62.4

2. 다음과 같은 중심합성설계에 의한 실험결과이다. 정준분석을 이용하여 y값이 최소인 x_1과 x_2의 조건을 구하여라. 반응표면식과 등고선을 그려라.

실험결과

x_1	x_2	y
-1	-1	54
-1	1	45
1	-1	32
1	1	47
$-\sqrt{2}$	0	50
$\sqrt{2}$	0	53
0	$-\sqrt{2}$	47
0	$\sqrt{2}$	51
0	0	41
0	0	39
0	0	44
0	0	42
0	0	40

3. 다음과 같은 실험결과가 주어져 있다.

실험결과

블록	x_1	x_2	x_3	y
1	–1	–1	1	40.0
	1	–1	–1	18.6
	–1	1	–1	53.8
	1	1	1	64.2
	0	0	0	53.5
	0	0	0	52.7
2	–1	–1	–1	39.5
	1	–1	1	59.7
	–1	1	1	42.2
	1	1	–1	33.6
	0	0	0	54.1
	0	0	0	51.0
3	$-\sqrt{2}$	0	0	43.0
	$\sqrt{2}$	0	0	43.9
	0	$-\sqrt{2}$	0	47.0
	0	$\sqrt{2}$	0	62.8
	0	0	$-\sqrt{2}$	25.6
	0	0	$\sqrt{2}$	49.7
4	$-\sqrt{2}$	0	0	39.2
	$\sqrt{2}$	0	0	46.3
	0	$-\sqrt{2}$	0	44.9
	0	$\sqrt{2}$	0	58.1
	0	0	$-\sqrt{2}$	27.0
	0	0	$\sqrt{2}$	50.7

1) 2차모형을 구하여라.

2) 정상점을 구하고 이 점에서의 $\hat{y}_0$을 구하라.

3) 정준분석을 하여라.

4) 두 독립변수식을 선택하여 등고선을 구하라.

5) $x_2 = 0$이 최적작업조건으로 주어져 있어 $x_2 = 0$근처에서 $\hat{y}$를 최대로 하는 x_1과 x_2의 수준을 구하라.

6. 화학물질인 프로판을 파이퍼라진이라는 물질로 바꾸는 화학공정의 실험이다. 새로운 물질을 최대로 생산할 수 있는 요인들의 최적수준을 얻고자 한다.

A : 암모니아의 양 (30.6, 173.4) B : 온도(℃) (222, 278)
C : 물의 양(gm) (20, 580) D : 수도의 양(psi) (360, 1340)

실험결과

x_1	x_2	x_3	x_4	y
−1	−1	−1	−1	58.2
1	−1	−1	−1	23.4
−1	1	−1	−1	21.9
1	1	−1	−1	21.8
−1	−1	1	−1	14.3
1	−1	1	−1	6.3
−1	1	1	−1	4.5
1	1	1	−1	21.8
−1	−1	−1	1	46.7
1	−1	−1	1	53.2
−1	1	−1	1	23.7
1	1	−1	1	40.3
−1	−1	1	1	7.5
1	−1	1	1	13.3
−1	1	1	1	49.3
1	1	1	1	20.1
−1.4	0	0	0	31.1
1.4	0	0	0	28.1
0	−1.4	0	0	17.5
0	1.4	0	0	49.7
0	0	−1.4	0	47.9
0	0	1.4	0	34.2
0	0	0	−1.4	31.1
0	0	0	1.4	43.1
0	0	0	0	32.8
0	0	0	0	31.9
0	0	0	0	32.1
0	0	0	0	33.6
0	0	0	0	33.8
0	0	0	0	32.7

1) 2차모형을 구하라.

2) 정준분석을 이용하여 최적점을 구하라.

다구치 실험설계 12

12.1 서론

다구치(Genichi Taguchi)는 근래 일본의 품질관리를 주도한 사람이다. 1980년 자료에 의하면 다구치가 일본 기업의 품질관리를 자문한 사례가 그 당시 시점까지 무려 100만 건을 넘어섰다는 사실로부터 이를 확인할 수 있다. 1980년 다구치가 미국 AT&T의 벨연구소를 방문한 이후 다구치 방법이 소개되어 미국의 품질관리 분야에 종사하는 학자나 엔지니어들에게 널리 보급, 사용되기 시작하였다.

1980년 이전만 해도 전통적인 품질관리방법은 제품생산 후 불량품을 어떻게 골라내느냐 하는 표본조사기법(sampling technique)에 의존하고 있다. 이러한 이유로 관리도(control chart) 혹은 검색방법(inspection plan) 등이 주로 사용되고 있으며 이와 관련된 문제들이 주로 연구되어 왔다.

그러나 다구치는 품질의 개념을 확대하여 품질이란 '제품이 출하된 시점부터 성능특성의 변동과 부작용으로 인하여 사회에 미치는 총 손실을 최소화 하는 것'이라 정의하였다. 따라서 품질이 좋은 제품이란 "모든 부품이 일등급으로 구성된 막연히 좋은 제품"이 아니라 "제품으로 인한 사회적 손실을 최소화할 수 있는 제품"을 가장 좋은 품질의 상태로 취급하였다. 다구치는 이 사회적 손실을 줄이기 위하여 불량품의 발생을 근원적으로 막아야 한다고 생각하였다. 따라서 품질관리는 과거처럼 제품제조 이후 불량품의 선별 방법의 차원이 아니라 불량품의 제조를 근본적으로 줄이는 데 그 목적을 두어야 한다고 주장하였다.

따라서 다구치의 품질관리 특징은 제품의 생산 이후 불량품을 골라내는 품질관리 체계, 이른바 '생산라인 내(on-line control system)'보다는 품질관리 체계를 오히려 제품의 생산 이전의 단계에 두는 이른바 '생산라인 외(off-line system)'에 주력하고 있다.

12.2 다구치 품질관리 철학

다구치의 품질에 대한 철학은 제품 생산비용을 줄이면서 동시에 품질의 향상을 이룰 수 있다는 것이다. 이는 제품설계와 제조공정을 최적화함으로써 가능하고 이를 위하여 공학적 방법과 통계적 방법을 결합한 것이다. 다구치는 이러한 새로운 시도를 품질공학(quality engineering, QE)이라 하였다.

1. 품질관리는 생산의 한 요소이다. 따라서 품질향상을 위한 품질관리 기술은 제품의 한 원료로서 생산 이전부터 다루어져야 한다.
2. 제품이 가져야 하는 목표치 (target value)를 정하고 생산된 제품이 이 목표치로부터 최소의 변이 (deviation)가 되도록 품질관리가 설계되어야 한다.
3. 제품생산에서 제품의 목표치에 영향을 주는 인자 (혹은 요인)들을 두 종류로 분류하여 다룬다. 즉 엔지니어가 생산공정에서 인자의 수준을 조정할 수 있는 제어가능인자 (controllable factor)와 조정이 불가능한 제어불가능인자 (uncontrollable factor)로 분류한다. 따라서 생산설계는 제어불가능인자의 영향을 받지 않는 강건한 (robust) 방법으로 설계가 이루어져야 한다.

12.3 다구치 품질관리 방법

다구치 품질관리는 생산라인내 품질관리(on-line QC)와 생산라인외 품질관리(off-line QC)로 구분하였다. 최소비용으로 품질의 산포를 최소화하고 품질수준을 최고로 유지하기 위하여 손실함수(loss function)을 통하여 관리한다. 생산라인외 품질관리는 제품설계나 공정설계단계의 품질관리로서 시스템설계, 파라미터설계, 허용차설계 등 3단계로 구분하여 실시한다. 이 단계에서 약 70~80% 정도의 품질확보와 생산비용의 최적화가 이루어질 것으로 기대된다. 기타 생산라인내 품질관리는 제조공정의 관리나 제품관리단계이며 약 20~30% 정도의 품질확보와 생산비용의 최적화가 이루어진다. 이를 위하여 관리 시스템(control system)을 설계하여 품질의 안정과 품질의 산포와 생산비용을 최적화 한다.

12.3.1 제품설계

(1) 인자의 선택

제품의 특성치에 영향을 주는 요인으로서 검토된 인자(factor)들을 골라 다음과 같이 분류한다.

1. 제어가능인자 (controllable factor)
2. 제어불가능인자 (uncontrollable factor)

(2) 제품설계의 3단계

1) **제1단계 : 시스템설계**(system design)

엔지니어가 주로 담당하는 설계로서 초보적이고 불안한 단계이다. 제품에 대한 사전지식과 과거의 경험을 토대로 한 초기의 제품기획 단계로서 제품의 원형구성 단계를 의미한다.

2) **제2단계 : 파라미터설계**(parameter design)

통계전문가가 주로 담당하는 설계이다. 우선 제품의 목표치에 영향을 주는 주요 인자 중 제어가능인자를 찾아낸다. 여기에서 파라미터는 이 인자를 의미한다. 다음으로 제어가능인자들의 처리조합을 통한 실험을 통하여 제품의 목표치에 가장 근접하는 최적조건을 찾는다. 이때 이를 위한 통계적 실험은 제품의 품질이 제어불가능인자의 영향을 덜 받는 처리조합을 찾기 위하여 이른바 교차직교배열(crossed orthogonal array)이 주로 이용된다. 이러한 실험설계를 다구치의 강건한 실험설계(robust design)라 한다. 이 단계에서 최적조건을 찾는 통계적 방법으로는 실험계획법이 주로 응용된다.

3) **제3단계 : 허용차설계**(tolerance design)

마지막 총체적인 단계로서 엔지니어와 통계전문가 그리고 경영자가 함께 참여한다. 파라미터 설계에 의하여 최적조건을 찾았으나 제품의 수준이 만족할 만한 것이 아닌 경우 (목표치에 미달하였을 경우) 품질변동에 크게 영향을 주는 원인을 찾아내 품질 변동을 줄일 수 있도록 부품의 교체, 설비 교체 (자동화 등)

와 같은 조치를 취한다. 이 때 품질변동의 원인은 실험계획에 의한 실험결과의 분석으로 얻어진다. 그런데 이 단계에서는 부분적으로 경영자의 결심이 필요하게 된다. 비용이 크게 발생하는 경우는 물론 경우에 따라 경영적인 측면의 결단이 필요하기 때문이다. 따라서 경영자는 제품의 품질과 그 제품의 목표치를 고려하여 만족스러운 허용오차 내에서 최소비용이 드는 방향으로 의사결정이 이루어져야 한다.

(3) 손실함수 (loss function) 개념의 도입

1) 망목특성의 경우 (case of nominal characteristic)

제품의 특성상 특정한 목표치(m)가 있는 경우로 길이(length)나 무게(weight) 등을 들 수 있다. 제품에 대한 목표치가 m일 때 우량과 불량만으로 품질을 구분할 경우 제품의 품질이 우량의 점주로 소비자의 허용구간 내에 있으면 손실함수가 0이고 불량이면 손실함수가 A (어떤 값)로 주어진다. 따라서 제품특성에 대한 관찰치를 y라 하면 다음과 같은 손실함수 (loss function)를 정의할 수 있다.

$$l(y)=\begin{cases}0, & m-\Delta<y<m+\Delta \\ A, & y\le m-\Delta \text{ 혹은 } y\ge m+\Delta\end{cases} \qquad (12.3\text{-}1)$$

그림 12.3-1 불량, 우량에 의한 품질관리의 손실함수

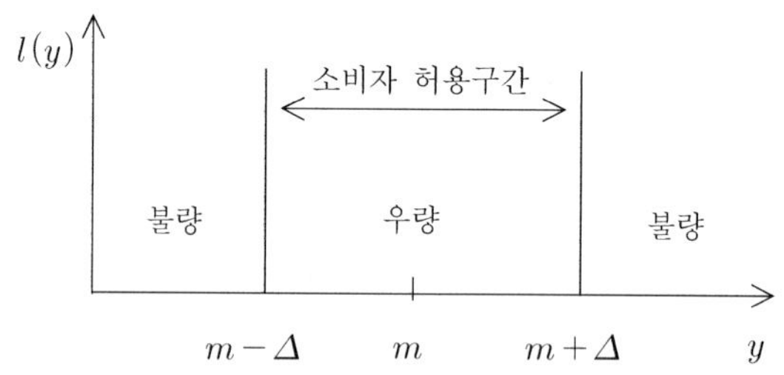

그러나 다구치는 제품의 품질을 우량 아니면 불량으로 구분하는 것을 목표치로부터의 이탈의 정도까지를 고려하여 손실함수를 다음과 같이 정의하였다.

$$l(y) = k(y-m)^2 \tag{12.3-2}$$

그림 12.3-2 다구치의 손실함수

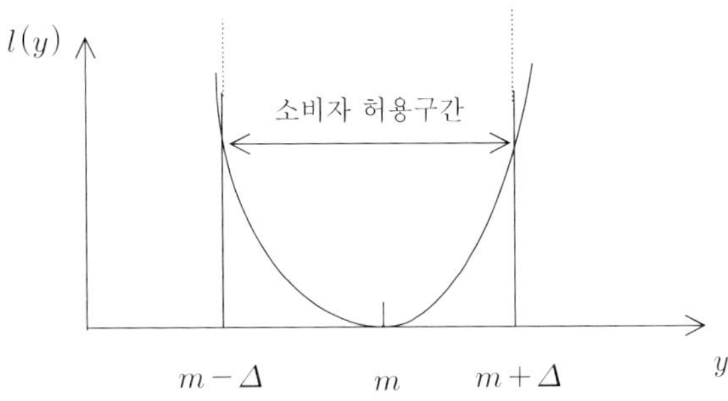

이 손실함수 $l(y)=k(y-m)^2$에 대한 기대값을 기대손실(expected loss)이라 한다. 이것을 $L(y)$라 표기하고 다음과 같이 나타낼 수 있다.

$$L(y) = k\{(\mu-m)^2+\sigma^2)\},\ \ E(y)=\mu,\ \ Var(y)=\sigma^2 \tag{12.3-3}$$

2) **망소특성의 경우**(case of smaller characteristic)

목표치가 $m=0$인 경우로서 손실함수는 $l(y)=ky^2$이다. 이 경우에 해당되는 예로 마모율(ratio of wearing), 진동(vibration), 불량률(ratio of defectives) 등을 들 수 있다.

그림 12.3-3 망소특성의 손실함수

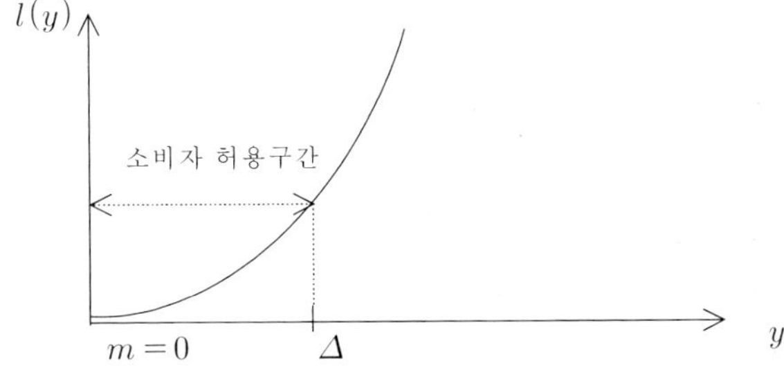

이때 기대손실은 다음과 같다.

$$L(y) = k(\mu^2 + \sigma^2) \tag{12.3-4}$$

3) 망대특성의 경우 (case of larger characteristic)

$m = \infty$인 경우로서 강도 (strength), 수명 (life), 에너지 효율 (efficiency) 등이 여기에 해당된다. $m = \infty$인 경우는 취급하기 곤란하기 때문에 편의상 역수를 취하여 망소특성으로 취급한다. 따라서 손실함수는 $l(y) = k\frac{1}{y^2}$이다.

그림 12.3-4 망대특성의 손실함수

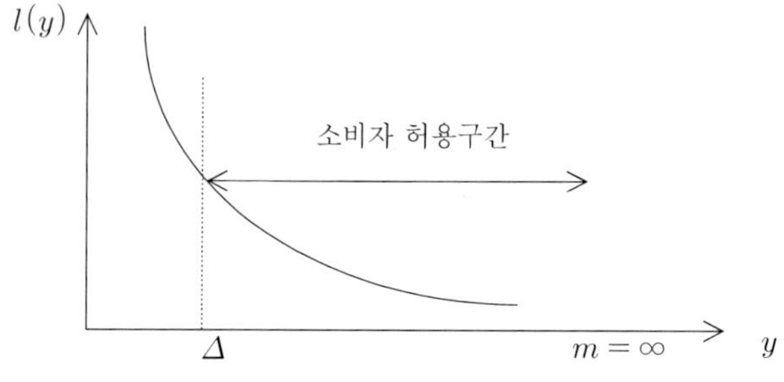

이때 기대손실 역시 다음과 같다.

$$L(y) = k\left(\frac{1}{\mu^2}\right)\left(1 + 3\frac{\sigma^2}{\mu^2}\right) \tag{12.3-5}$$

(4) SN비 개념의 도입

통신공학 분야에서 품질특성을 다룰 때 사용하는 개념이다. 신호입력 (signal input)이 시스템을 통과해서 출력 (output)될 때 이를 방해하는 잡음 (noise)이 출력에 어느 정도 영향을 미쳤는가를 상대적으로 계산하는데 이것을 이른바 신호 대 잡음의 비 (signal to noise ratio ; SN비)라 한다.

그림 12.3-5 SN비 개념

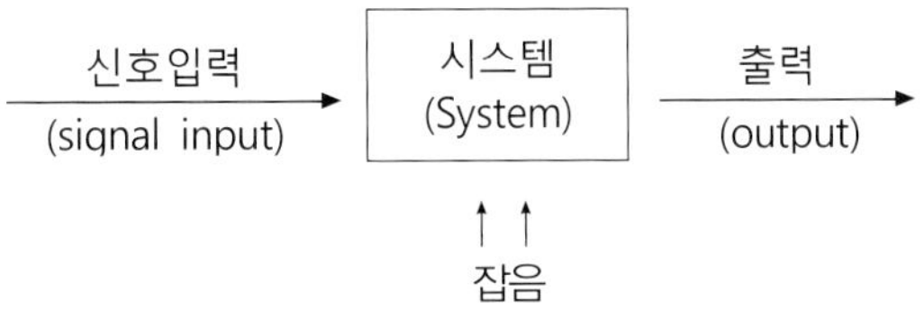

신호입력 (signal input) → 시스템 (System) → 출력 (output)

↑ ↑ 잡음

$$SN\text{ 비} = \frac{\text{신호입력이 출력에 기여한 양}}{\text{잡음이 출력에 나쁘게 기여한 양}}$$

$$= \frac{\text{신호입력의 힘(power of signal)}}{\text{잡음의 힘(power of noise)}} \qquad (12.3\text{–}6)$$

다구치는 이 SN비의 개념을 품질관리를 위한 파라미터 설계에 응용하였다. 그리하여 어떤 제품을 계획하여 생산할 때 신호입력을 제어가능인자, 시스템을 생산공정 그리고 잡음을 제어불가능인자, 그리고 출력을 제품으로 간주하였다.

그림 12.3-6 SN비 개념과 제품 생산공정

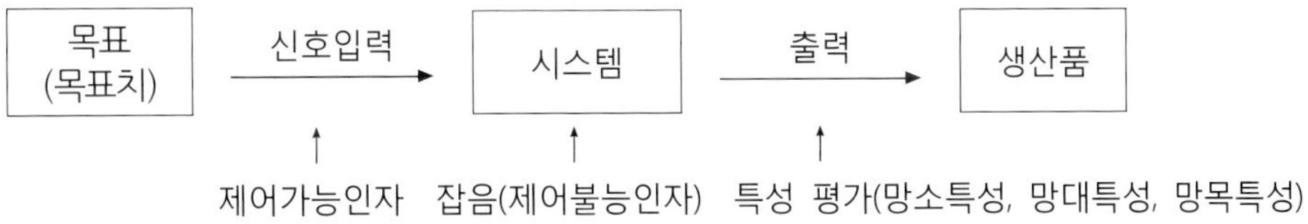

목표 (목표치) → 신호입력 → 시스템 → 출력 → 생산품

↑ 제어가능인자 ↑ 잡음(제어불능인자) ↑ 특성 평가(망소특성, 망대특성, 망목특성)

1) 망목특성의 경우

다구치는 망목특성의 경우 SN 비를 다음과 같이 정의하였다. 이것은 통신공학 분야에서 사용하는 신호의 힘/잡음의 힘을 추정하는 방법을 그대로 사용한 것이다.

$$SN\text{비} = \frac{\mu^2\text{의 추정값}}{\sigma^2\text{의 추정값}} \qquad (12.3\text{–}7)$$

이것을 실제로 구하는 방법을 생각해보자. 제품 n개의 관찰값에 대하여 $\hat{\sigma}^2$은 다음과 같이 추정된다.

$$s^2 = \hat{\sigma}^2 = \sum_i \frac{(y_i - \overline{y})^2}{n-1} \qquad (12.3\text{-}8)$$

다음으로 μ^2에 대한 추정치를 구해보자. $s_n = \frac{(y_1 + y_2 + \cdots + y_n)^2}{n}$이라 놓으면 $E(s_n) = \sigma^2 + n\mu^2$임을 알 수 있다. 따라서 $s_n = n(\overline{y})^2$이고 $\hat{\mu}^2 = \frac{1}{n}(s_n - \hat{\sigma}^2)$이다. 이로부터 SN비는 다음과 같이 구할 수 있다.

$$SN\text{비} = \frac{\hat{\mu}^2}{\hat{\sigma}^2} = \frac{(s_n - \hat{\sigma}^2)/n}{\hat{\sigma}^2} \qquad (12.3\text{-}9)$$

이 SN비를 통신공학에서 사용되는 데시벨 단위로 바꾸기 위하여 log를 취하여 10을 곱한다.

$$SN\text{비(dB)} = 10\log_{10}\frac{(s_n - \hat{\sigma}^2)/n}{\hat{\sigma}^2} = 10\log_{10}\frac{\overline{y}^2 - (\hat{\sigma}^2/n)}{\hat{\sigma}^2} \qquad (12.3\text{-}10)$$

그런데 $n \to \infty$이면 $\hat{\sigma}^2/n \to 0$이므로 n이 적당히 클 때 SN비는 다음과 같다.

$$SN\text{비(dB)} = 10\log_{10}\frac{\overline{y}^2}{\hat{\sigma}^2} = 20\log_{10}\frac{\overline{y}}{\hat{\sigma}} = 20\log_{10}\frac{\overline{y}}{s}\text{(dB)} \qquad (12.3\text{-}11)$$

따라서 SN비가 클수록 좋은 결과를 의미한다. 다시 말해서 SN비가 크다는 것은 제품들의 특성이 목표치 근처에 있어 변이가 작다는 것을 의미한다. 그런데 이것은 SN비를 손실함수에서 유도하지 않고 통신공학에서 사용하는 신호의 힘/잡음의 힘을 추정하는 방법을 그대로 적용한 것이 특징이다. 이러한 이유로 이 SN비가 제품의 특성을 판단하는 데 가장 효과적인 방법인가에 대한 비판이 있는 것이 사실이다. 참고로 식 (12.3-11)에서 $\frac{\overline{y}}{s}$는 자료의 퍼짐의 정도를 나타내는 변이계수(coefficient of variation)의 역수임을 밝혀둔다.

한편 망목특성의 경우 손실함수로부터 SN비를 구할 수 있고 이것은 다구치의 식 (12.3-11)대신 사용될 수 있으나 실제로 품질관리 현장에서는 잘 사용되지 않는다.

$$SN\text{비(dB)}= 10\log_{10}\left\{\frac{1}{n}\sum_i (y_i - m)^2\right\}(\text{dB}) \tag{12.3-12}$$

여기에서는 SN비가 작을수록 좋은 결과를 의미하므로 식 (11.3-11)의 결과와 같이 SN비가 클수록 좋은 결과를 의미하도록 하기 위해서 다음과 같이 고쳐서 사용하여야 한다.

$$SN\text{비(dB)}= -10\log_{10}\left\{\frac{1}{n}\sum_i (y_i - m)^2\right\}(\text{dB}) \tag{12.3-13}$$

2) 망소특성의 경우

이 경우는 손실함수를 이용하여 SN비를 계산한다. 손실함수는 $l(y) = ky^2$이고 손실함수의 기대값인 기대손실은 $L(y) = k^2E(y^2)$이다. n개의 관찰값 $y_1, y_2, \cdots, y_n$에 대한 $E(y^2)$의 추정값은 다음과 같이 계산한다.

$$E(\hat{y}^2) = \frac{1}{n}\sum_i y_i^2 \tag{12.3-14}$$

따라서 SN비는 다음과 같다.

$$SN\text{비} = 10\log_{10}\left\{\frac{1}{n}\sum_i y_i^2\right\}(\text{dB}) \tag{12.3-15}$$

여기에서 SN비가 작을수록 좋은 결과를 의미한다. 그러나 망목특성의 경우처럼 SN비가 클수록 좋은 결과를 의미하도록 하여야 사용하기에 편리하므로 다음과 같이 수정하여 망소특성의 SN비로 사용한다.

$$SN\text{비(dB)}= -10\log_{10}\left\{\frac{1}{n}\sum_i y_i^2\right\}(\text{dB}) \tag{12.3-16}$$

3) 망대특성의 경우

이때는 손실함수를 제품특성 y의 제곱의 역수를 취하여 $l(y) = k(1/y^2)$이라 하여 망소특성의 경우와 같이 취급한다. 이때 기대손실은 $L(y) = kE(1/y^2)$이므로 $E(1/y^2)$의 추정값을 다음과 같이 구한다.

$$E\left(\widehat{\frac{1}{y^2}}\right) = \frac{1}{n}\sum_i \frac{1}{y_i^2} \qquad (12.3\text{-}17)$$

이 경우 역시 log를 취한 다음 -10을 곱하여 SN비를 다음과 같이 정의한다.

$$SN\text{비(dB)} = -10\log_{10}\left(\frac{1}{n}\sum_i \frac{1}{y_i^2}\right)(\text{dB}) \qquad (12.3\text{-}18)$$

따라서 이 경우에도 마찬가지로 SN비가 클수록 좋은 결과를 의미한다.

12.3.2 직교배열표(orthogonal array)와 선점도(linear graph)

표 12.3-1 전통적인 실험설계의 2^3-형 직교배열표

열번호 / 행번호	A (1)	B (2)	C (3)	$A\times B$ (1) + (2)	$A\times C$ (1) + (3)	$B\times C$ (2) + (3)	$A\times B\times C$ (1) + (2) + (3)
1	0	0	0	0	0	0	0
2	0	0	1	0	1	1	1
3	0	1	0	1	0	1	1
4	0	1	1	1	1	0	0
5	1	0	0	1	1	0	1
6	1	0	1	1	0	1	0
7	1	1	0	0	1	1	0
8	1	1	1	0	0	0	1

예를 들어 2^3-요인실험의 경우 전통적인 실험설계에서는 2^3-형 직교배열표를 다음과 같이 구성한다. 여기에서 교호작용의 경우 다구치의 방식처럼 곱셈기호로 표기하기로 하자. 예를 들어 교호작용의 경우 AB 대신 $A\times B$로 표기한다.

이때 A_0수준에서 B와 C의 수준별 실험횟수가 같고, B_0수준에서 A와 C의 수준별 실험횟수가 역시 같음을 알 수 있다. 더 나아가 어떤 인자를 택하여 수준을 고정시키고 다른 인자의 수준별 실험횟수를 살펴보면 실험횟수가 같아 균형(balancing)되었음을 알 수 있다. 이것이 바로 직교의 원리이다.

다음으로 0 → -1, 1 → 1로 바꾸어 표시한 후 두 요인의 벡터의 내적을

구하면 0이 된다. 이것은 두 요인에 대한 대비가 서로 직교하여 제곱합을 독립적으로 구할 수 있음을 의미한다.

한편 다구치는 0 → 1, 1 → 2로 바꾸어 표시하였다. 또 실험횟수가 p인 경우에 직교배열표를 L_p라 표시한다. 여기에서 문자 L은 직교배열이 처음에 라틴방격설계에 사용되었다는 이유로 라틴방격의 첫 글자를 인용한 것이다. 따라서 위의 2^3-형 직교배열표는 다구치의 L_8-형 직교배열표에 해당된다. 다구치는 직교배열을 구성할 때 전통적인 방법과 달리 다음과 같은 방법을 이용하였다.

다구치는 주효과와 교호작용을 구할 때 (0, 1)의 직교배열표를 이용한 [표 12.3-1]의 원리를 이용한 후 0 → 1, 1 → 2로 바꾸어 표시하였다. 직교배열을 구하는 순서와 방법은 앞의 경우와 다른데 그 내용은 열 번호 하단에 표기되어 있으며 열번호는 12.3.3절의 선점도와 관계있는 것으로 [그림 12.3-7]의 선점도 번호와 비교하여 보면 열번호에 해당되는 열이 무슨 요인효과인지 쉽게 알 수 있을 것이다.

표 12.3-2 다구치 방법에 의한 L_8-형(2^3-형) 직교배열표 구성

행번호 \ 열번호	1 A (1)	2 B (2)	3 $A\times B$ (1) + (2)	4 C (3)	5 $A\times C$ (1) + (3)	6 $B\times C$ (2) + (3)	7 $A\times B\times C$ (1) + (2) + (3)
1	1	1	1	1	1	1	1
2	1	1	1	2	2	2	2
3	1	2	2	1	1	2	2
4	1	2	2	2	2	1	1
5	2	1	2	1	2	1	2
6	2	1	2	2	1	2	1
7	2	2	1	1	2	2	1
8	2	2	1	2	1	1	2

다구치는 요인실험의 경우 주효과와 일부 2요인 교호작용 정도에 의미를 두고 3요인 이상의 교호작용은 무시하였다. 따라서 주로 부분실시법에 의한 실험이 자주 사용된다.

다음으로 전통적 실험설계의 직교배열표 구성방법과 다구치의 방법을 비교해보자. 2수준의 요인실험의 경우 다구치의 직교배열표는 $L_p(2^k)$의 형태로 표

현되는데 이것은 2^k-요인실험을 실험횟수 p로 실험한 부분실시법에 대한 직교배열표를 의미한다. 여기에서 p는 2^m(m은 2 이상의 정수)이고 k는 열의 수로 2^m-1이다. 따라서 직교배열표를 이용하면 최대로 k(혹은 2^m-1)개의 요인을 p(혹은 2^m)번의 실험횟수로 실험이 가능하다. 이 경우 모든 주효과는 모든 교호작용이 무시될 때 추정가능하다. 가장 작은 직교배열표는 $m=2$인 경우로 $L_4(2^3)$-형 직교배열표이다. 그 다음으로 작은 것으로는 $m=3$인 $L_8(2^7)$-형 직교배열표, 그리고 $m=4$인 $L_{16}(2^{15})$-형 직교배열표를 생각할 수 있다.

다음은 몇 가지 경우를 통하여 전통적인 실험설계와 다구치의 직교배열표 구성방법의 차이를 비교한 것이다.

1) 2^{3-1}**-요인실험의 경우**

2^{3-1}-요인실험은 2^2-형 직교배열표를 이용하여 다음과 같이 얻어진다.

표 12.3-3 전통적인 방법($2^2 \to 2^{3-1}$)

A	B	$C\ (A\times B)$	$I=ABC$
0	0	0	
0	1	1	
1	0	1	
1	1	0	

한편 2^{3-1}-요인실험에 해당하는 다구치의 $L_4(2^3)$-형 직교배열은 [표 12.3-4]와 같다.

표 12.3-4 다구치 $L_4(2^3)$-형 직교배열표

열번호 / 행번호	1 A (1)	2 B (2)	3 $C(A\times B)$ (1)+(2)
1	1	1	1
2	1	2	2
3	2	1	2
4	2	2	1

따라서 $I = ABC$를 이용한 2^{3-1}-형 직교배열표와 다구치 $L_4(2^3)$-형 직교배열표는 3요인($k=3$)실험을 4회($p=3$) 실시한 것으로 서로 같음을 알 수 있다.

2) 2^{7-4}-요인실험의 경우($I = ABD = ACE = BCDE = BCF = ACDF$
$= ABEF = DEF = ABCG = CDG = BEG = ADEG$
$= AFG = BDFG = CEFG = ABCDEFG$)

이 실험설계는 $R=3$인 것으로 2^3-형 직교배열표를 이용하여 2^{7-4}-형 직교배열표를 구하기 위하여 인자 D, E, F, G 를 정의대비를 이용하여 다음과 같이 구한다.

$$D = A \times B \quad E = A \times C \quad F = B \times C \quad G = A \times B \times C$$

따라서 2^{7-4}-요인실험의 직교배열표는 다음과 같이 구해진다.

표 12.3-5 전통적인 방법($2^3 \rightarrow 2^{7-4}$)

A	B	C	$D(A \times B)$	$E(A \times C)$	$F(B \times C)$	$G(A \times B \times C)$
0	0	0	0	0	0	0
0	0	1	0	1	1	1
0	1	0	1	0	1	1
0	1	1	1	1	0	0
1	0	0	1	1	0	1
1	0	1	1	0	1	0
1	1	0	0	1	1	0
1	1	1	0	0	0	1

한편 다구치는 위의 실험을 위한 $L_8(2^7)$-형 직교배열표를 다음과 같이 구하였다. 다구치의 직교배열은 각각의 교호작용에 구하고자 하는 주효과를 대응시킨 것으로 어떤 교호작용에 주효과를 달리 대응시키면 처리조합이 달라질 수 있다.

표 12.3-6 다구치 $L_8(2^7)$-형 직교배열표 $(R=3)$

열번호 / 행번호	1 A (1)	2 B (2)	3 $D(A\times B)$ (1) + (2)	4 C (3)	5 $E(A\times C)$ (1) + (3)	6 $F(B\times C)$ (2) + (3)	7 $G(A\times B\times C)$ (1) + (2) + (3)
1	1	1	1	1	1	1	1
2	1	1	1	2	2	2	2
3	1	2	2	1	1	2	2
4	1	2	2	2	2	1	1
5	2	1	2	1	2	1	2
6	2	1	2	2	1	2	1
7	2	2	1	1	2	2	1
8	2	2	1	2	1	1	2
기본 표시	a	b	a b	c	a c	b c	a b c

[표 12.3-6]의 경우는 [표 12.3-5]와 같은 처리조합이 되도록 주효과를 대응시킨 결과이다. 즉 7요인실험을 8회 실험한 것으로 교호작용을 전부 무시한 주효과만을 얻기 위한 실험설계이다. [표 12.3-6] 직교배열표의 하단에 있는 기본표시는 요인들의 수준을 1 → -1, 2 → 1로 표기하였을 때 3열의 경우는 1열 ×2열이 된다는 뜻이다. 따라서 주효과와 교호작용의 관계를 쉽게 구별하는 데 도움이 된다.

3) 3^{4-2}-요인실험의 경우($I=AB^2C=X,\ M=BCD=Y$)

2요인 3수준의 요인실험에서 2개의 독립된 정의대비가 X, Y로 주어져 있으므로 정의대비는 다음과 같다.

$$I=X=Y=XY=XY^2=X^2=Y^2=X^2Y^2=X^2Y \tag{12.3-19}$$

이를 이용하여 C, D를 구하면 다음과 같다.

$$C=A^2B=AB^2 \quad D=AB=A^2B^2 \tag{12.3-20}$$

표 12.3-7 전통적 방법($3^2 \rightarrow 3^{4-2}$, $R=3$)

A	B	$C\ (AB^2)$	$D(A \times B)$
0	0	0	0
0	1	2	1
0	2	1	2
1	0	1	1
1	1	0	2
1	2	2	0
2	0	2	2
2	1	1	0
2	2	0	1

한편 다구치는 3수준실험의 경우 보통 AB^2성분대신 A^2B를 이용하여 [표 12.3-8]과 같이 $L_9(3^4)$-형 직교배열표를 구성하였다. 이 역시 4요인실험을 9회 실험한 것이다.

표 12.3-8 다구치 $L_9(3^4)$-형 직교배열표($R=3$)

열번호 \ 행번호	1 A (1)	2 B (2)	3 $C(AB^2)$ 2(1)+(2)	4 $D(A \times B)$ (1)+(2)
1	1	1	1	1
2	1	2	2	2
3	1	3	3	3
4	2	1	3	2
5	2	2	1	3
6	2	3	2	1
7	3	1	2	3
8	3	2	3	1
9	3	3	1	2

12.3.3 선점도를 이용한 직교배열표 구성

우리는 앞에서 요인들의 효과를 분석하기 위한 적절한 직교배열표를 구하는 문제를 다루었다. 그런데 이 직교배열의 어떤 열에 어느 요인을 대응시킬 것인가? 만일 아무렇게나 대응시킨다면 분석결과를 해석하는 데 혼란스러울 뿐 아니라 적절한 직교배열표를 얻는 것이 어렵게 된다.

다구치는 이러한 위험을 효과적으로 제거할 뿐만 아니라 엔지니어들이 사용하기에 쉽도록 하기 위하여 아주 단순한 방법을 고안하였다. 이것이 이른바 선점도(linear graph)이다. 선점도는 요인들의 관계를 그림으로 나타낸 것으로 점(dot)은 주효과를 나타내고 점과 점을 잇는 선분은 교호작용을 나타낸다.

이 선점도를 이용하여 직교배열표를 구성하는 절차와 다구치가 이를 위하여 제시한 표준 선점도(standard linear graph)에 대하여 알아보자. 실제 실험에서는 이 표준선점도를 적당히 변형하여 응용할 수 있다.

선점도를 이용한 직교배열표의 구성절차는 다음과 같다.

1. 구하고자 하는 요인(주효과 및 교호작용)의 종류의 개수를 세어 이것을 자유도(degree of freedom ; df)라 한다. 구하고자 하는 요인들을 직교배열표의 열에 대응시켜야 하므로 이 자유도보다 많은 열을 가지고 있는 최소 규모의 직교배열표를 선택한다. 최소규모라 하지만 통계적 분석을 위한 오차제곱합의 계산을 위하여 다른 이유가 있는 적절한 수준의 직교배열표가 선택되어야 한다. 예를 들어 2^{7-4}-요인실험에서 주효과만을 추정하고 싶을 경우 자유도가 7이므로 최소의 실험횟수를 고려할 때 L_8-형 직교배열표가 선택될 수 있다. 그러나 몇 종류의 교호작용과 오차제곱합을 추정하여 분산분석을 실시하고자 할 때는 L_8-형보다 큰 L_{16}-형 직교배열표를 선택할 수도 있다.

2. 구하고자 하는 주효과와 교호작용을 선점도로 그린다. 이때 점들은 주효과, 선분들은 선분을 잇는 점들의 교호작용을 나타낸다. 예를 들어 주효과 A, B, C와 교호작용 $A\times B$를 구하고자 할 경우 세 점을 찍어 $A, B,$

C를 표기하고 점 A와 B만을 연결한다.

3. 위에서 그린 선점도를 자유도를 고려한 적절한 표준선점도(부록11)와 비교한다. 다음으로 위에서 작성한 선점도를 수용할 수 있는 표준선점도를 선택한다. 예를 들어 df=6인 경우는 열의 수가 6 이상인 최소의 선점도는 $L_8(2^7)$-형 중에서, df=11인 경우는 $L_{16}(2^{15})$-형 중에서 적절한 선점도를 선택할 수 있다.

4. 표준선점도가 선택되면 초기에 그린 선점도를 약간 수정하여 표준선점도에 겹쳐 놓았을 때 표준선점도와 중복 일치되도록 한다. 즉 작성된 선점도는 표준선점도의 일부가 되어야 한다.

5. 이렇게 수정 완성된 선점도의 점과 선분에 해당되는 주효과와 교호작용을 표기한다. 다음으로 점과 선분의 번호에 해당되는 직교배열표의 열번호에 각각의 요인들을 배치한다. 이렇게 배치된 열 이외의 열들은 오차를 계산하는데 이용된다. 어떤 교호작용이 무시될 수 있을 때 그 해당 열에 다른 주효과를 배치할 수 있다.

그림 12.3-7 $L_4(2^3)$-형 선점도

1 3 2

그림 12.3-8 $L_8(2^7)$-형 선점도

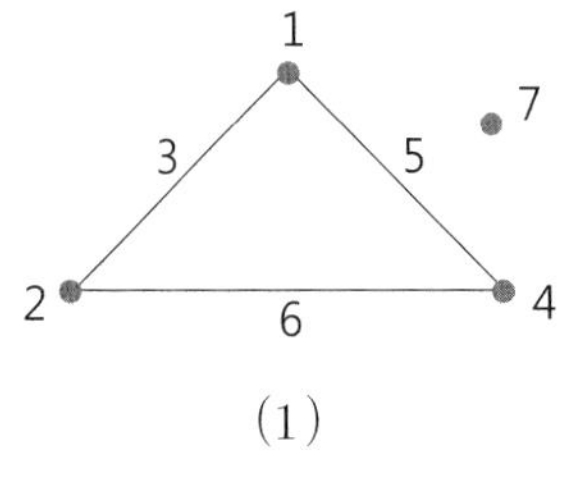

(1)

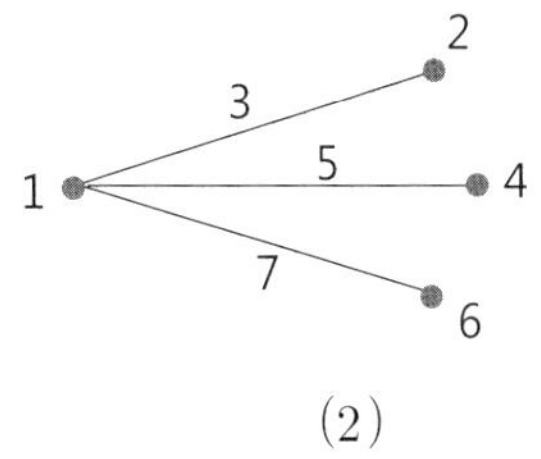

(2)

그림 12.3-9 $L_{16}(2^{15})$-형 선점도

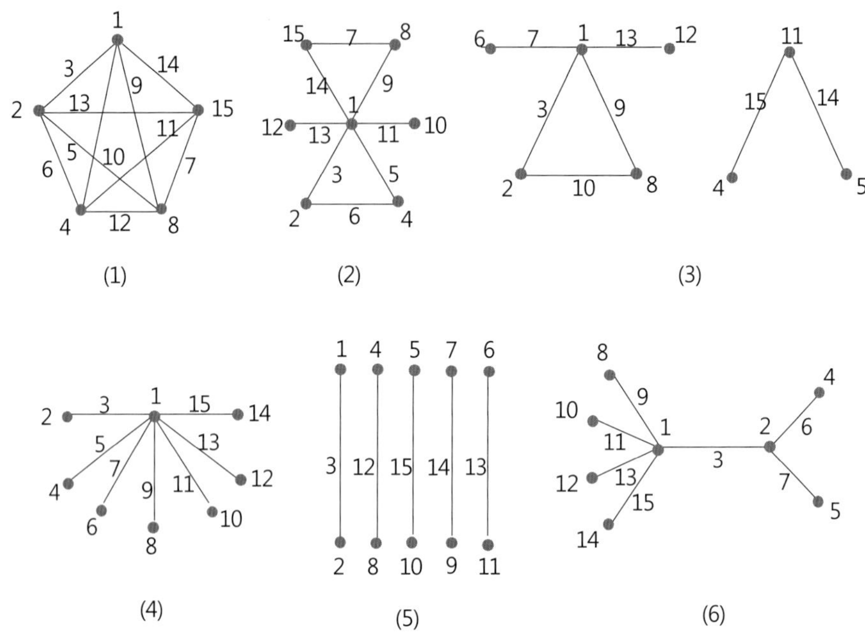

예제 12.1

수준수가 각각 2인 인자 A, B, C가 있다. 이때 주효과만을 구하고 싶은 경우를 생각해보자. 따라서 주효과만을 위한 직교배열로 $L_4(2^3)$-형 선점도를 이용한다.

그림 12.3-10 $L_4(2^3)$-형 선점도

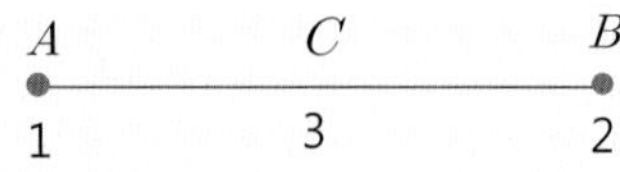

표 12.3-9 $L_4(2^3)$-형 선점도에 의한 직교배열표

1 A (1)	2 B (2)	3 $C(A\times B)$ (1)+(2)	처리조합
1	1	1	a_1 b_1 c_1
1	2	2	a_1 b_2 c_2
2	1	2	a_2 b_1 c_2
2	2	1	a_2 b_2 c_1
a	b	a b	

예제 12.2

수준수가 각각 2인 요인 A, B, C, D, E, F, G, H가 있다. 이때 주효과를 구하려고 한다. 물론 이들의 교호작용은 무시되었다. 따라서 자유도가 7이므로 7이상의 최소의 직교배열표를 찾으면 $L_8(2^7)$-형이다. $L_8(2^7)$-형 선점도(1)를 이용하기로 한다. $L_8(2^7)$-형 선점도(1)의 1, 2, 4에 각각 A, B, C를 배치하고 각각의 선분에 다른 주효과 D, E, F를 배치하여 다음과 같은 직교배열표를 구할 수 있다.

그림 12.3-11 $L_8(2^7)$-형 선점도

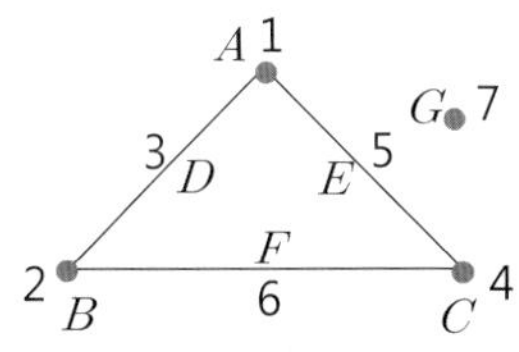

이 예의 경우 $L_8(2^7)$-형 선점도(2)를 이용할 수 있는가를 생각해보자. $L_8(2^7)$-형 선점도(2)를 이용해서는 8의 실험횟수를 통하여 7요인의 주효과를 계산할 수 있는 위와 같은 직교배열표를 얻을 수 없다. 따라서 2^{7-4}-요인실험을 위한 실험설계를 구성하기 위해서는 선점도(1)을 사용하여야 함을 알 수 있다.

표 12.3-10 $L_8(2^7)$-형 선점도에 의한 직교배열표

1	2	3	4	5	6	7	
A	B	$D(A\times B)$	C	$E(A\times C)$	$F(B\times C)$	$G(A\times B\times C)$	처리조합(실험조건)
(1)	(2)	(1)+(2)	(3)	(1)+(3)	(2)+(3)	(1)+(2)+(3)	
1	1	1	1	1	1	1	$a_1\ b_1\ c_1\ d_1\ e_1\ f_1\ g_1$
1	1	1	2	2	2	2	$a_1\ b_1\ c_1\ d_2\ e_2\ f_2\ g_2$
1	2	2	1	1	2	2	$a_1\ b_2\ c_2\ d_1\ e_1\ f_2\ g_2$
1	2	2	2	2	1	1	$a_1\ b_2\ c_2\ d_2\ e_2\ f_1\ g_1$
2	1	2	1	2	1	2	$a_2\ b_1\ c_2\ d_1\ e_2\ f_1\ g_2$
2	1	2	2	1	2	1	$a_2\ b_1\ c_2\ d_2\ e_1\ f_2\ g_1$
2	2	1	1	2	2	1	$a_2\ b_2\ c_1\ d_1\ e_2\ f_2\ g_1$
2	2	1	2	1	1	2	$a_2\ b_2\ c_1\ d_2\ e_1\ f_1\ g_2$
a	b	a	c	a	b	a	
		b		c	c	b	
						c	

예제 12.3

2^7-요인실험에서 주효과 A, B, C, D, E, F, G, H 그리고 교호작용 $B\times C$, $B\times D$, $B\times E$, $C\times D$, $D\times E$, $D\times F$, $E\times F$를 구하는 직교배열표를 최소한의 실험횟수를 사용하여 구하고자 한다. 이 경우는 $\sum df = 15$로, $L_{16}(2^{15})$-형 선점도를 이용할 수 있다.

그림 12.3-12 $L_8(2^7)$-형 선점도 **그림 12.3-13** $L_{16}(2^{15})$-형 선점도(1)

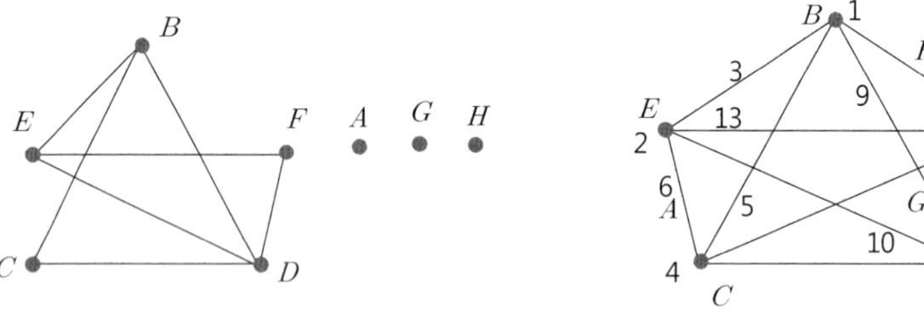

이러한 선점도를 포함할 수 있는 $L_{16}(2^{15})$-형 선점도는 (1)임을 알 수 있으므로 선점도 [그림 12.3-12]를 근거하여 표준선점도 [그림 12.3.-13]에 해당 주요

인과 교호작용을 표기한다. 이 결과를 이용하여 [표 12.3-11]과 같은 직교배열표를 얻을 수 있다.

표 12.3-11 $L_{16}(2^{15})$-형 선점도를 이용한 직교배열표

		(2)+(1)		(4)+(1)	(4)+(2)	(4)+(3)		(8)+(1)	(8)+(2)	(8)+(3)	(8)+(4)	(8)+(5)	(8)+(6)	(8)+(7)
1	2	3	4	5	6	7	8	9	10	11	12	13	14	15
B	E	$B\times E$	C	$B\times C$	A	$D\times F$	D	$B\times D$	$D\times E$	e	$C\times D$	$E\times F$	H	F
1	1	1	1	1	1	1	1	1	1	1	1	1	1	1
1	1	1	1	1	1	1	2	2	2	2	2	2	2	2
1	1	1	2	2	2	2	1	1	1	1	2	2	2	2
1	1	1	2	2	2	2	2	2	2	2	1	1	1	1
1	2	2	1	1	2	2	1	1	2	2	1	1	2	2
1	2	2	1	1	2	2	2	2	1	1	2	2	1	1
1	2	2	2	2	1	1	1	1	2	2	2	2	1	1
1	2	2	2	2	1	1	2	2	1	1	1	1	2	2
2	1	2	1	2	1	2	1	2	1	2	1	2	1	2
2	1	2	1	2	1	2	2	1	2	1	2	1	2	1
2	1	2	2	1	2	1	1	2	1	2	2	1	2	1
2	1	2	2	1	2	1	2	1	2	1	1	2	1	2
2	2	1	1	2	2	1	1	2	2	1	1	2	2	1
2	2	1	1	2	2	1	2	1	1	2	2	1	1	2
2	2	1	2	1	1	2	1	2	2	1	2	1	1	2
2	2	1	2	1	1	2	2	1	1	2	1	2	2	1
b	e	b	c	b	c	b	d	b	d	b	c	b	c	b
		e		c	e	c		d	e	d	d	c	d	c
						e				e		d	e	d
														e

예제 12.4

다음은 표준선점도의 선택에 다라 실험설계가 달라지는 경우이다. 왜냐하면, 구하고자 하는 요인들로 선점도를 그렸을 때 이 선점도를 포함하는 표준선점도가 여러 종류 존재할 수 있기 때문이다. 2^7-요인실험에서 주효과 A, B, C, D, E, F, G, H 그리고 교호작용 $A\times B$, $A\times D$, $A\times C$, $G\times H$를 구하는 직교배열표를 최소한의 실험횟수를 사용하여 구하고자 한다. 이 경우 $\sum df=11$이므로, $L_{16}(2^{15})$-형 선점도를 이용하여야 한다. 우선 선점도를 그려보자.(박성현(1995)의 p.441에서 인용).

그림 12.3-14 선점도

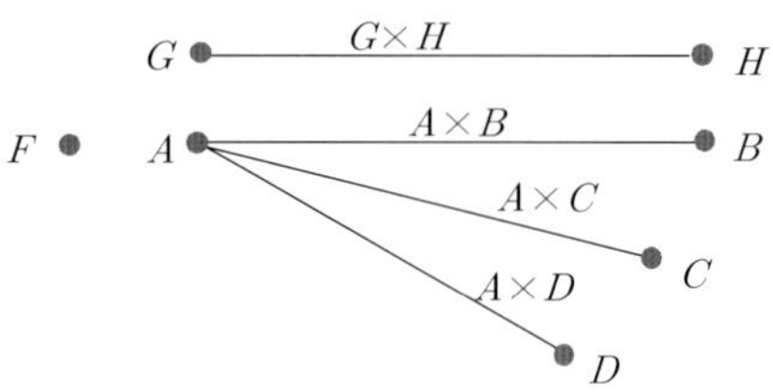

앞의 선점도를 포함하고 있는 $L_{16}(2^{15})$-형 선점도는 [그림 12.3-9]에서 보면 (2), (3), (6)임을 알 수 있고 이 중 하나를 선택하여 직교배열을 구성한다. 여기에서는 (2)를 선택하여 구성하기로 하자.

표 12.3-12 $L_{16}(2^{15})$-형 선점도를 이용한 직교배열표

		(2)+(1)		(4)+(1)	(4)+(2)	(4)+(3)		(8)+(1)	(8)+(2)	(8)+(3)	(8)+(4)	(8)+(5)	(8)+(6)	(8)+(7)
1	2	3	4	5	6	7	8	9	10	11	12	13	14	15
A	D	$A\times D$	C	$A\times C$	e	GH	H	e	B	$A\times B$	F	e	e	G
1	1	1	1	1	1	1	1	1	1	1	1	1	1	1
1	1	1	1	1	1	1	2	2	2	2	2	2	2	2
1	1	1	2	2	2	2	1	1	1	1	2	2	2	2
1	1	1	2	2	2	2	2	2	2	2	1	1	1	1
1	2	2	1	1	2	2	1	1	2	2	1	1	2	2
1	2	2	1	1	2	2	2	2	1	1	2	2	1	1
1	2	2	2	2	1	1	1	1	2	2	2	2	1	1
1	2	2	2	2	1	1	2	2	1	1	1	1	2	2
2	1	2	1	2	1	2	1	2	1	2	1	2	1	2
2	1	2	1	2	1	2	2	1	2	1	2	1	2	1
2	1	2	2	1	2	1	1	2	1	2	2	1	2	1
2	1	2	2	1	2	1	2	1	2	1	1	2	1	2
2	2	1	1	2	2	1	1	2	2	1	1	2	2	1
2	2	1	1	2	2	1	2	1	1	2	2	1	1	2
2	2	1	2	1	1	2	1	2	2	1	2	1	1	2
2	2	1	2	1	1	2	2	1	1	2	1	2	2	1
a	d	a	c	a	c	a	h	a	d	a	c	a	d	a
		d		c	d	c		h	h	d	h	c	c	d
						d				h		h	h	c
														h

그런데 위의 선점도를 포함할 수 있는 표준선점도는 (2), (3), (6)이고 이들을 각각 사용하였을 경우 선점도에 배치되는 요인은 다음과 같다.

그림 12.3-15 선점도

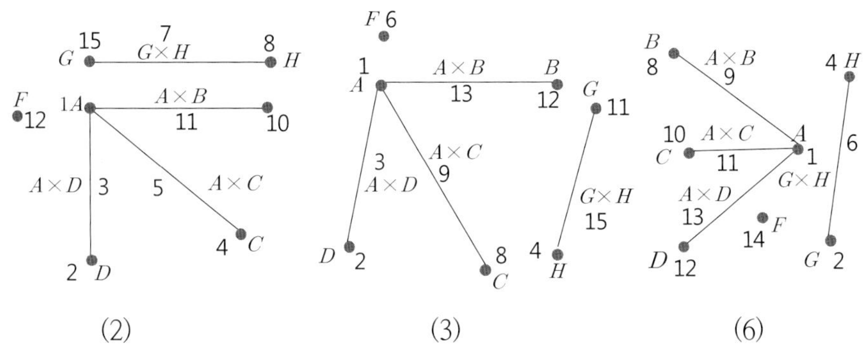

위 선점도를 이용하여 각각 직교배열표를 구성하면 그 결과는 다음과 같다.

표 12.3-13 $L_{16}(2^{15})$-형 직교배열표 구성결과 비교

선점도	열번호														
	1	2	3	4	5	6	7	8	9	10	11	12	13	14	15
(2)	A	D	$A\times D$	C	$A\times C$	e	$G\times H$	H	e	B	$A\times B$	F	e	e	G
(3)	A	D	$A\times D$	H	e	e	e	C	$A\times C$	e	G	B	$A\times B$	e	$G\times H$
(6)	A	G	e	H	e	$G\times H$	e	B	$A\times B$	C	$A\times C$	D	$A\times D$	F	e

여기에서 어떤 선점도를 쓰느냐에 따라 처리조합이 달라짐을 알 수 있다. 따라서 부분실시법의 경우 선점도에 의존한 처리조합의 선택이 최적의 실험설계가 되지 못하는 경우가 있을 수 있다. 이러한 사실은 다구치의 선점도를 이용한 직교배열표의 문제점으로 지적되고 있다.

12.3.4 내측배열(inner array)과 외측배열(outer array)

다구치는 생산공정에서 제품의 특성이 잡음인자에 영향을 받지 않아야 제품의 품질이 그 목표치에 도달할 수 있다고 생각하였다. 그리하여 이러한 제품의 설계를 위한 파라미터설계(parameter design)방법으로 내측배열 (inner array)과 외측배열 (outer array)을 사용하였다. 그 내용을 살펴보기로 하자.

우선 제품의 성능특성치에 영향을 주는 인자를 제어가능인자와 제어불가능인자 (잡음인자)로 나눈다. 다음으로 잡음인자들의 수준을 정하고 그것들의 모든 처리조합을 구한다. 이렇게 구한 잡음인자들의 처리조합들에 대하여 제어가능인자 (설계인자)들의 처리조합에 대한 실험을 반복실시하였다.

이러한 실험방법을 사용하는 목적은 잡음인자의 영향을 받지 않고 제품의 품질을 그 목표치에 가장 근접시킬 수 있는 최적생산조건 (설계인자들의 처리조합)을 찾는 데 있다. 잡음인자나 설계인자의 배치는 각각 직교배열표를 이용한다.

잡음인자에 대한 직교배열을 외측배열이라 하고 설계인자에 대한 직교배열을 내측배열이라 한다. 다음의 예를 살펴보기로 하자.

예제 12.5 망소특성 사례

다음은 슬라이더 펌프의 마모를 최소로 하기 위한 실험으로 5종류의 인자에 대하여 $L_8(2^7)$-형 직교배열에 의한 실험결과이다. 여기에서 주효과 A, B, C, D, E 및 교호작용 $A\times B$, $A\times C$만을 알고자 한다고 하자 (박성현(1990)의 p. 201에서 인용).

표 12.3-14 펌프의 마모에 영향을 주는 주요인자

인자	인자수준	
A(재질)	1	2
B(중량)	1	2
C(표면 마찰도)	1	2
D(청결도)	1	2
E(주변 재질)	1	2

표 12.3-15 실험배치와 SN비

실험 횟수	A 1	B 2	$A\times B$ 3	C 4	$A\times C$ 5	D 6	E 7	반응값(y)								$\bar{y}$	SN비 (+20)
1	1	1	1	1	1	1	1	12	12	10	13	3	3	16	20	11.1	-1.9
2	1	1	1	2	2	2	2	6	10	3	5	3	4	20	18	8.6	-0.6
3	1	2	2	1	1	2	2	9	10	5	4	2	1	3	2	4.5	5.2 최대
4	1	2	2	2	2	1	1	8	8	5	4	3	4	9	9	6.3	3.5
5	2	1	2	1	2	1	2	16	14	8	8	3	2	20	33	13.0	-4.2
6	2	1	2	2	1	2	1	18	26	4	2	3	3	7	10	9.1	-1.7
7	2	2	1	1	2	2	1	14	22	7	5	3	4	19	21	11.9	-3.0
8	2	2	1	2	1	1	2	16	13	5	4	11	4	14	30	12.1	-3.3

SN비 계산은 망소특성의 경우이지만 식 (12.3-16)을 이용하여 클수록 좋은 결과를 의미한다. 첫 번째 실험의 경우 SN비(dB)$=-10\log_{10}\left(\frac{1}{n}\sum_i y_i^2\right)$이므로,

$$SN\text{비(dB)}= -10\log_{10}\left\{\frac{1}{8}\left(12^2+12^2+10^2+\cdots+20^2\right)\right\}=-21.9\,(\text{dB})$$

그러나 이 경우 큰 음수이므로 계산의 편리를 위하여 모든 실험의 SN비에 대하여 20을 더하여 표기하였다.

그렇다면 SN비가 5.2(최대)인 처리조합 $a_1b_2c_1d_2e_2$를 품질을 가장 좋게 해주는 최적 생산조건으로 선택할 것인가? 그렇지 않다. 그 이유는 실험된 8번의 실험중 SN비가 최대인 처리조합 $a_1b_2c_1d_2e_2$이 펌프의 마모를 최소로 하는 최적조건으로 단정하기 어렵고 최적조건이 실험된 8번의 실험점이 아닌, 다른 처리조합일 수 있기 때문이다.

따라서 이 처리조합을 추론하는 절차가 필요하다. 이러한 추론을 거쳐 선택된 최적처리조합은 $a_1b_2c_2d_2e_2$이다. 이 결과는 실험결과 SN비를 최대로 하는 처리조합 $a_1b_2c_1d_2e_2$와 일치하지 않는다. 최적처리조합의 선택 요령은 다음 [예제 12.6] 망대특성의 사례에서 자세히 설명하기로 한다.

예제 12.6 망대특성 사례

자동차 엔진의 연결장치인 나일론 튜브에 연결된 커넥터의 물려 있는 힘을 최대로 하기 위한 설계 및 설치조건을 찾기 위한 실험으로 다음과 같은 4 종류의 설계인자와 3종류의 잡음인자를 생각해보자(Montgomery(1997)의 p. 417에서 인용).

표 12.3-16 설계인자(controllable factors)

설계인자	수 준		
A(마찰도)	1(저)	2(중간)	3(고)
B(커넥터의 두께)	1(얇음)	2(중간)	3(두꺼움)
C(박히는 깊이)	1(얕음)	2(중간)	3(깊음)
D(점성도)	1(저)	2(중간)	3(고)

표 12.3-17 잡음인자(noise factors)

잡음인자	수 준	
E(운전시간)	1(24시간)	2(120시간)
F(주변온도)	1(72 ° F)	2(150 ° F)
G(주변습도)	1(25%)	2(75%)

설계인자와 잡음인자의 직교배열은 다음과 같이 구해진다.

- 설계인자 : 3^4 − 요인실험
- 잡음인자 : 2^3 − 요인실험

표 12.3-18 설계인자를 위한 $L_9(3^4)$-형 직교배열표 : 3_{III}^{4-2}-형 직교배열표

A	B	$C(A \times B)$	$D(A^2B)$
1	1	1	1
1	2	2	2
1	3	3	3
2	1	2	3
2	2	3	1
2	3	1	2
3	1	3	2
3	2	1	3
3	3	2	1

표 12.3-19 잡음인자를 위한 $L_8(2^3)$-형 직교배열표

E	F	$E\times F$	G	$E\times G$	$F\times G$	e
1	1	1	1	1	1	1
1	1	1	2	2	2	2
1	2	2	1	1	2	2
1	2	2	2	2	1	1
2	1	2	1	2	1	2
2	1	2	2	1	2	1
2	2	1	1	2	2	1
2	2	1	2	1	1	2

표 12.3-20 파라미터 설계에 의한 실험결과와 SN비

					외측배열 (L8)									
				E	1	1	1	1	2	2	2	2		
				F	1	1	2	2	1	1	2	2		
				G	1	2	1	2	1	2	1	2		
실험횟수	내측배열 (L_9)				반응값								$\bar{y}$	SN비
	A	B	C	D										
1	1	1	1	1	15.6	9.5	16.9	19.9	19.6	19.6	20.0	19.1	17.5	24.0
2	1	2	2	2	15.0	16.2	19.4	19.2	19.7	19.8	24.2	21.9	19.4	25.5
3	1	3	3	3	16.3	16.7	19.1	15.6	22.6	18.2	23.3	20.4	19.0	25.3
4	2	1	2	3	18.3	17.4	18.9	18.6	21.0	18.9	23.2	24.7	20.1	25.9
5	2	2	3	1	19.7	18.6	19.4	25.1	25.6	21.4	27.5	25.3	22.8	26.9
6	2	3	1	2	16.2	16.3	20.0	19.8	14.7	19.6	22.5	24.7	19.2	25.3
7	3	1	3	2	16.4	19.1	18.4	23.6	16.8	18.6	24.3	21.6	19.8	25.7
8	3	2	1	3	14.2	15.6	15.1	16.8	17.8	19.6	23.2	24.2	18.3	24.8
9	3	3	2	1	16.1	19.9	19.3	17.3	23.1	22.7	22.2	28.6	21.2	26.1

이 실험은 반응값 y를 최대로 하는 처리조합을 찾는 경우이므로 망대특성의 경우에 해당된다. 다구치는 SN비를 최대로 만들어주는 최적실험조건을 찾기 위해 각 인자에 대한 주변효과를 구하여 각 인자에 대한 최적조건을 찾아 이를 결합하는 방법을 사용하고 있다. 따라서 $\bar{y}$ 및 SN비(SN_L)에 대한 인자별 주변효과를 계산하여 그래프를 그려보자. 예를 들어 $\bar{y}$에 대한 인자 A의 주변효과는 다음과 같다.

$$\overline{A}_1 = \frac{17.5 + 19.4 + 19.0}{3} = 18.63,$$

$$\overline{A}_2 = \frac{20.1 + 22.8 + 19.2}{3} = 20.7,$$

$$\overline{A}_3 = \frac{19.8 + 18.3 + 21.2}{3} = 19.77.$$

이러한 방법으로 모든 인자들에 대한 $\bar{y}$ 및 SN비의 주변효과(marginal effect)를 그려보면 [그림 12.3-16]과 [그림 12.3-17]과 같다.

그림 12.3-16 $\bar{y}$에 대한 인자별 주변효과

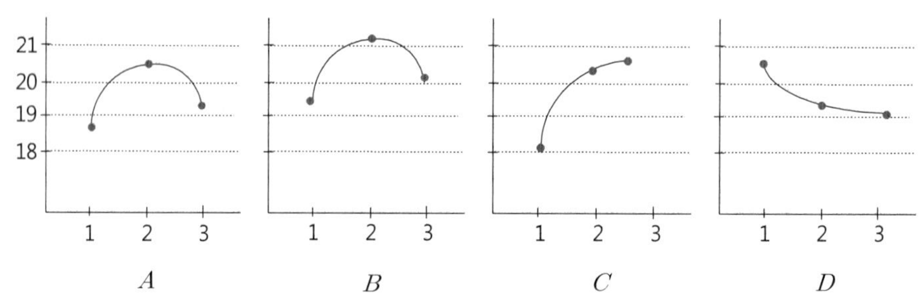

그림 12.3-17 SN비에 대한 인자별 주변효과

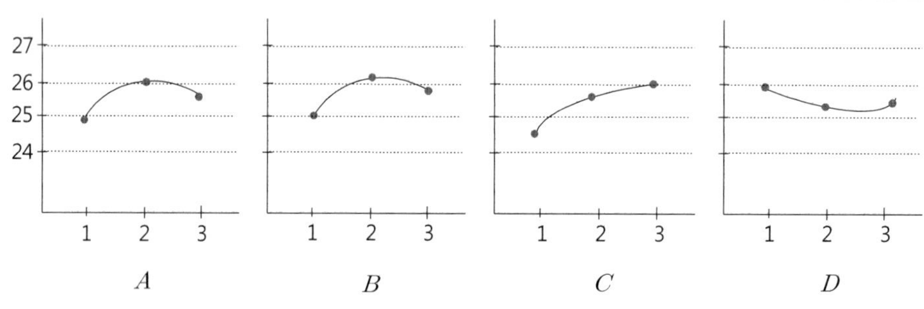

이 결과로부터 $\bar{y}$ 및 SN비를 최대로 하는 인자별 주변효과를 선택하면 최적처리조합, 즉 최적생산조건은 $a_2\, b_2\, c_3\, d_1$이다. 흔히 이 방법을 승자고르기 (pick the winner)방법이라고 한다. 이 경우 $\bar{y}$와 SN비에 대한 승자고르기를 하여 보면 두 경우 모두 최적처리조합이 $a_2 b_2 c_3 d_1$으로 같다. 그러나 보통 다를 때가 많다. 따라서 각 인자들이 $\bar{y}$와 SN비에 미치는 영향을 분석하기 위하여 $\bar{y}$와 SN_L에 대한 인자별 분산분석을 실시한다. 이 분산분석을 통하여 $\bar{y}$와 SN비에 상대적으로 영향을 크게 미치는 인자를 구분한다. SN비에 영향을 크게 미치는 인자는 산포제어인자(dispersion control factor, 산포인자)라 하고 $\bar{y}$에 영향을 크게 미치는 인자를 평균조정인자(mean adjustment factor, 평균인자)라 한다. 만일 어떤 인자가 SN비와 $\bar{y}$에 동시에 영향을 크게 미치는 경우는 우선 산포인자로 취급, 분류한다. 왜냐하면 품질은 산포인자를 통제하는 것이 중요하므로 분류된 산포인자는 SN비를 최대로 하는 수준에 고정하고 다음으로 평균인자를 이용하여 $\bar{y}$가 목표치에 접근하도록 평균인자의 수준을 조정한다.

예를 들어 C의 최적조건이 $\bar{y}$와 SN_L에 대한 주변효과 분석결과가 서로 다르다고 하자. 이때는 인자 C가 $\bar{y}$와 SN비 가운데 어떤 것에 영향을 크게 미치는가를 분산분석표를 구하여 알아본다. 만일 C가 $\bar{y}$에 더 큰 영향을 주는 인자일 경우는 $\bar{y}$를 최대로 하는 C의 조건을 구하면 된다.

마찬가지로 SN_L에 더 큰 영향을 줄 경우는 SN_L을 최대로 하는 C의 조건을 선택한다. 만일 인자 C와 같은 인자가 둘 이상인 경우는 SN비에 영향을 주는 인자들의 최적조건을 구한 후 $\bar{y}$에 영향을 민감하게 주는 인자의 수준을 조절하여 품질이 제품의 목표치에 달성토록 하는 방법이 주로 사용된다.

여기에서 마지막 조절자 역할을 한 $\bar{y}$에 영향을 많이 미치는 평균인자를 흔히 조절인자(tuning factor)이라 한다. 또한 여기에서 주의할 사실은 인자별 주변효과에 의하여 구한 최적조건이 SN_L을 최대로 하는 처리조합과 다를 수 있다는 점이다.

다음 SAS 프로그램은 위의 예에 대해 SN비와 인자의 수준별 평균을 계산하는 프로그램이다.

```
DATA ex12_6;
   INPUT run a b c d y1-y8;
CARDS;
```

```
1 1 1 1 1 15.6  9.5 16.9 19.9 19.6 19.6 20.0 19.1
2 1 2 2 2 15.0 16.2 19.4 19.2 19.7 19.8 24.2 21.9
3 1 3 3 3 16.3 16.7 19.1 15.6 22.6 18.2 23.3 20.4
4 2 1 2 3 18.3 17.4 18.9 18.6 21.0 18.9 23.2 24.7
5 2 2 3 1 19.7 18.6 19.4 25.1 25.6 21.4 27.5 25.3
6 2 3 1 2 16.2 16.3 20.0 19.8 14.7 19.6 22.5 24.7
7 3 1 3 2 16.4 19.1 18.4 23.6 16.8 18.6 24.3 21.6
8 3 2 1 3 14.2 15.6 15.1 16.8 17.8 19.6 23.2 24.2
9 3 3 2 1 16.1 19.9 19.3 17.3 23.1 22.7 22.6 28.6
;

DATA ex12_6a; SET ex12_6;
   y=y1; OUTPUT; y=y2; OUTPUT; y=y3; OUTPUT; y=y4; OUTPUT;
   y=y5; OUTPUT; y=y6; OUTPUT; y=y7; OUTPUT; y=y8; OUTPUT;
RUN;

DATA ex12_6a; SET ex12_6a;
   ysq=y*y; invysq=1/ysq;
RUN;

PROC SORT DATA=ex12_6a;
   BY a b c d;
RUN;

PROC MEANS DATA=ex12_6a noprint;
   BY a b c d;
   VAR y ysq invysq;
   OUTPUT OUT=summary mean=mean sqmean invsmean std=sd sqsd invssd;
RUN;

DATA summary; SET summary;
   snt= 10*log10((mean*mean)/(sd*sd));
   snl=-10*log10(invsmean);
   sns=-10*log10(sqmean);

DATA summary; MERGE ex12_6 summary;
RUN;
```

```
title 'response, mean, and signal-to-noise ratio';
PROC PRINT DATA=summary noobs;
   VAR run a b c d y1-y8 mean snl;
RUN;

PROC GLM DATA=summary noprint;
   CLASS a b c d;
   MODEL mean snl=a b c d;
   LSMEANS a b c d / out=lsm;
RUN;

DATA lsmmean; SET lsm;
   IF _name_ = 'mean';
   LABEL lsmean = 'mean of means';
RUN;

title 'mean of means at each level of each factor';
PROC PRINT DATA = lsmmean label noobs;
   VAR a b c d lsmean;
RUN;
PROC PLOT DATA=lsmmean hpercent=50 vpercent=50;
   PLOT lsmean*(a b c d)='*';
RUN;
DATA lsmsnl; SET lsm;
   IF _name_ = 'snl';
   LABEL lsmean = 'mean of snls';
RUN;

title 'mean of snls at each level of each factor';
PROC PRINT DATA=lsmsnl label noobs;
   VAR a b c d lsmean;
RUN;
PROC PLOT DATA=lsmsnl hpercent=50 vpercent=50;
   PLOT lsmean*(a b c d)='*';
RUN;
```

```
Response, Mean, and Signal-to-Noise Ratio
```

RUN	A	B	C	D	Y1	Y2	Y3	Y4	Y5	Y6	Y7	Y8	MEAN	SNL
1	1	1	1	1	15.6	9.5	16.9	19.9	19.6	19.6	20.0	19.1	17.5250	24.0253
2	1	2	2	2	15.0	16.2	19.4	19.2	19.7	19.8	24.2	21.9	19.4250	25.5005
3	1	3	3	3	16.3	16.7	19.1	15.6	22.6	18.2	23.3	20.4	19.0250	25.3348
4	2	1	2	3	18.3	17.4	18.9	18.6	21.0	18.9	23.2	24.7	20.1250	25.9043
5	2	2	3	1	19.7	18.6	19.4	25.1	25.6	21.4	27.5	25.3	22.8250	26.9075
6	2	3	1	2	16.2	16.3	20.0	19.8	14.7	19.6	22.5	24.7	19.2250	25.3257
7	3	1	3	2	16.4	19.1	18.4	23.6	16.8	18.6	24.3	21.6	19.8500	25.7108
8	3	2	1	3	14.2	15.6	15.1	16.8	17.8	19.6	23.2	24.2	18.3125	24.8277
9	3	3	2	1	16.1	19.9	19.3	17.3	23.1	22.7	22.6	28.6	21.2000	26.1520

MEAN OF MEANS AT EACH LEVEL OF EACH FACTOR

A	B	C	D	MEANS OF MEANS
1	.	.	.	18.6583
2	.	.	.	20.7250
3	.	.	.	19.7875
.	1	.	.	19.1667
.	2	.	.	20.1875
.	3	.	.	19.8167
.	.	1	.	18.3542
.	.	2	.	20.2500
.	.	3	.	20.5667
.	.	.	1	20.5167
.	.	.	2	19.5000
.	.	.	3	19.1542

MEAN OF SNLS AT EACH LEVEL OF EACH FACTOR

A	B	C	D	MEANS OF SNLS
1	.	.	.	24.9535
2	.	.	.	26.0458
3	.	.	.	25.5635
.	1	.	.	25.2135
.	2	.	.	25.7452
.	3	.	.	25.6042
.	.	1	.	24.7263
.	.	2	.	25.8522
.	.	3	.	25.9844
.	.	.	1	25.6950
.	.	.	2	25.5123
.	.	.	3	25.3556

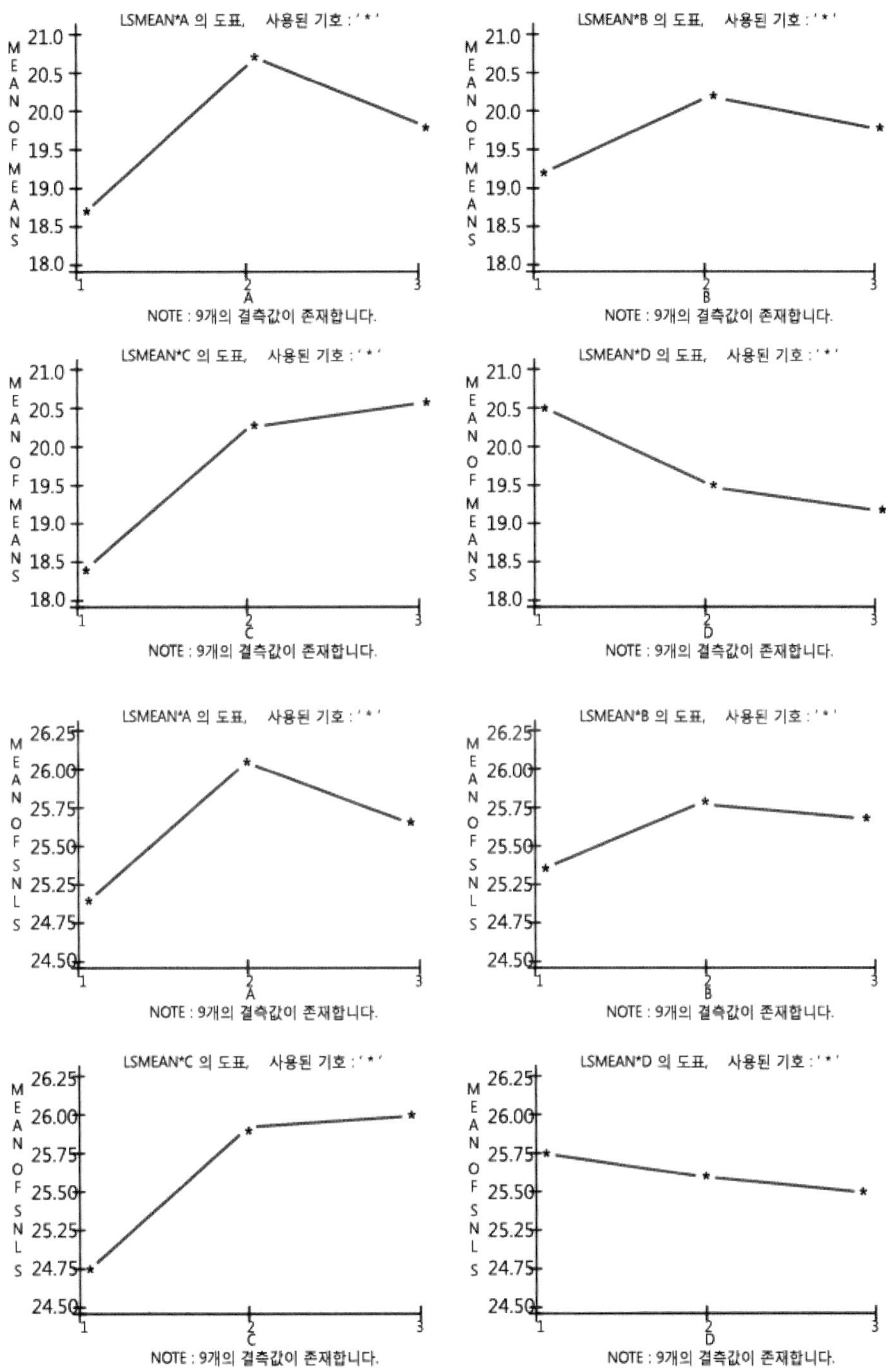
MEAN OF MEANS AT EACH LEVEL OF EACH FACTOR
LSMEAN*A 의 도표, 사용된 기호 : ' * '
MEAN OF MEANS
A
NOTE : 9개의 결측값이 존재합니다.
LSMEAN*B 의 도표, 사용된 기호 : ' * '
B
NOTE : 9개의 결측값이 존재합니다.
LSMEAN*C 의 도표, 사용된 기호 : ' * '
C
NOTE : 9개의 결측값이 존재합니다.
LSMEAN*D 의 도표, 사용된 기호 : ' * '
D
NOTE : 9개의 결측값이 존재합니다.
MEAN OF SNLS

예제 12.7 망목특성 사례

어떤 공장에서 스프링에 압력을 가한 후에 압력을 제거했을 때 순간 스프링이 튀어 오르는 높이가 8cm가 되기를 원하는 스프링을 만들고자 한다. 이때 스프링제조에 사용되는 변수(인자)는 다음과 같다.

A: 용광로의 온도 B: 가열시간 C: 냉각시간 D: 압축시간 E: 오일의 온도

여기서 오일의 온도는 공정이 일단 시작되면 통제할 수 없는 인자로 간주하여 잡음인자로 분류되었다. 그러나 실제 실험에서는 통제될 수 있다고 가정하자. 그리고 잡음인자의 각 수준에서 3번씩 반복실험하여 스프링의 튀어오르는 높이를 측정하였다. (Myer 등(1992)에서 인용)

표 12.3-21 망목특성의 실험결과와 SN비

실험	내측배열(L_8)				E	외측배열 1			외측배열 2				
					반복	1	2	3	1	2	3		
횟수	A	B	C	D		반응값						$\bar{y}$	SN비
1	1	1	1	1	최대	7.78	7.78	7.81	7.50	7.25	7.12	7.54	28.00
2	2	1	1	2		8.15	8.18	7.88	7.88	7.88	7.44	7.90	29.46
3	1	2	1	2		7.50	7.56	7.50	7.50	7.56	7.50	7.52	47.70
4	2	2	1	1		7.59	7.56	7.75	7.63	7.75	7.56	7.64	38.67
5	1	1	2	2		7.54	8.00	7.88	7.32	7.44	7.44	7.60	28.91
6	2	1	2	1		7.69	8.09	8.06	7.56	7.69	7.62	7.79	30.59
7	1	2	2	1		7.56	7.52	7.44	7.18	7.18	7.25	7.36	32.60
8	2	2	2	2		7.56	7.81	7.69	7.81	7.50	7.59	7.66	35.31

표 12.3-22 $\bar{y}$와 SN비에 대한 인자수준별 통계

변인	수준	A	B	C	D	평균
$\bar{y}$	1	7.50	7.71	7.65	7.58	$\bar{\bar{y}}=7.63$
	2	7.75	7.54	7.60	7.67	
SN	1	34.30	29.24	35.96	32.47	$\overline{\text{SN}}=33.91$
	2	33.51	38.57	31.85	35.34	

이 실험은 반응값 y에 대해 목표값을 $8cm$로 하는 처리조합을 찾는 것이므로 망목특성에 해당된다. 그리고 $I=ABCD$인 관계에 있으며, $L_8(2^4)$-형 직교배열표를 이용한다. SN비에 대한 분산분석 결과와 주변효과(기울기 추정) 추정은 [표 12.3-23]과 [표 12.3-24]에 주어져있다.

표 12.3-23 SN비에 대한 분산분석표

변인	자유도	제곱합	평균제곱합	F-값	p-값
A	1	1.26	1.26	0.05	0.84
B	1	174.11	174.11	6.40	0.09
C	1	33.75	33.75	1.24	0.35
D	1	16.57	16.57	0.61	0.49
오차	3	81.63	27.21		
전체	7	307.33			

표 12.3-24 SN비에 대한 각 인자의 주변효과

변인	수준 (2)에서 평균	수준 (1)에서 평균	효과
A	33.51	34.30	-0.79
B	38.57	29.24	9.33
C	31.85	35.96	-4.11
D	35.34	32.47	2.88

위의 결과를 바탕으로 B인자가 SN비에 가장 큰 영향을 끼치는 인자로 분류될 수 있다. B인자는 수준의 변화에 따라 평균과 SN비에 동시에 영향이 클 경우 산포인자로 취급한다. 아울러 인자 B뿐만 아니라 인자 C와 D도 통계적으로 유의하지는 않지만 제곱합이 상대적으로 커서 평균에 비하여 SN비에 영향을 주고 있는 인자로 판단하여 B와 함께 산포인자로 분류한다.

따라서 산포제어인자로 B, C, D를 선택하며 최적수준을 찾으면 그 수준은 $b_2c_1d_2$이다. 다음으로 SN비 보다는 평균에 영향을 미치는 인자 A는 평균인자로 취급하여 A의 수준을 조절하여 $\bar{y}$의 값을 목표치에 도달하도록 하면 된다. 이 경우 A의 수준은 A_2일 때이므로 최적 생산조건은 $a_2b_2c_1d_2$가 된다. 이 조건은 실험점 중에서 선택된 것이 아니라 최적조건을 위한 추정값인 것이다.

12.3.5 누적법(accumulation analysis)

실험자료에서 순서 지어진 범주형 자료(ordered categorical data)를 자주 접하게 된다. 여기에서 순서 지어졌다는 뜻은 분류의 계급이 하–중–상 등과 같이 어떤 정도의 순서에 의하여 분류되었음을 의미한다. 이러한 경우 독립성검정을 위한 피어슨의 χ^2–검정 방법은 적절하지 못한 것으로 평가되고 있다. 이러한 문제를 해결하기 위하여 다구치는 누적법(accumulation analysis, AA)을 창안하여 사용하게 되었다. 이것은 피어슨의 χ^2–검정의 적용이 적절하지 않다고 생각되어 이를 대신하는 방법으로 제안되어 발전시켜온 것이다. 다음 예를 보기로 하자.

예제 12.8

두 종류의 의약품 A와 B의 효과를 검정하기 위하여 각각 80명에게 표준 투약(약 성분이 없는 가짜약, placebo)과 처치 투약(약품 A 혹은 B)을 하여 다음과 같은 가상적인 관측도수를 얻었다고 하자. 이 실험결과는 효과의 정도를 네 가지 순위의 계급 범주로 나누어 관찰하여 기록한 것이다. 순서지어진 계급 범주는 전연 효과가 없다(−), 약간 효과가 있다(+), 효과가 있다(++), 현저하게 효과가 있다(+++)의 4가지이다.(다구치 논문(1974)에서 인용)

표 12.3-25 약품 A, B에 대한 효과 실험

약품 A

	-	+	++	+++	합계
표준	40	24	10	6	80
처치	24	40	10	6	80
차이	-16	16	0	0	160
c_i	64/160	64/160	20/160	12/160	

차이=처치-표준, c_i =(표준+처치)/160

$\chi^2=8.0$, p-값$=0.047$

약품 B

	-	+	++	+++	합계
표준	40	24	10	6	80
처치	24	29	16	11	80
차이	-16	5	6	5	160
c_i	64/160	53/160	26/160	17/160	

차이=처치-표준, c_i=(표준+처치)/160

$\chi^2=7.33$, p-값$=0.06$

위의 피어슨 χ^2-검정 결과를 보면 유의수준 5%하에서 약품 A는 효과가 있는 반면 약품 B는 효과가 없는 것으로 나타나 있다. 그러나 자료의 내용을 잘 살펴보면 약품 A에서는 (+)까지는 표준투약과 처치투약 간 차이가 있으나, (++)와 (+++)에서는 표준투약과 처치투약 간 차이가 없다. 반면, 약품 B의 경우는 두 번째 계급부터는 분명히 처치 효과가 있는 것으로 나타나 보인다. 이와 같은 순서지어진 범주형 자료의 경우 χ^2-검정 결과와 실제 내용이 불일치한 모순에 대하여 다구치는 피어슨의 χ^2-검정은 인자효과를 검정하는 데 적당하지 못하다고 주장하였다. 위의 예에서는 약품 A보다는 약품 B의 효과가 크다는 것이 분명한 것으로 생각된다.

다음에 설명하는 누적법을 사용하면 이와 같은 문제점을 개선할 수 있다. 이 예에서 약품 A, B에 관한 분할표인 [표 12.3-25]를 이용하여 도수를 누적시킨 [표 12.3-26]과 같은 누적표를 만든다. 그 방법은 다음과 같다.

표 12.3-26 누적표

약품 A

A	1	2	3	4
표준	40	64	74	80
처리	24	64	74	80
합계	64	128	148	160
비율	p_1	p_2	p_3	1

약품 B

B	1	2	3	4
표준	40	64	74	80
처리	24	53	69	80
합계	64	117	143	160
비율	p_1	p_2	p_3	1

표 12.3-27 AA-통계량을 이용한 분산분석표(요인 B)

변인	자유도	제곱합(SS)	평균제곱합(MS)	p-값
처리	3	T=12.16	4.05	0.01
오차	474	467.84	0.99	
계	477	480		

우선 순서지어진 4개 계급의 범주에 대해서 (−)열은 계급 1로, (−)열과 (+)열의 대응 도수를 합한 것은 계급 2로, 이 계급 2와 (++)열의 서로 대응하는 도수를 합한 것은 계급 3으로 하기로 하자. 마찬가지로 계급 4의 경우도 구성할 수 있으나 이것은 처리별 도수 합계로 되어 분석 대상에서는 제외된다.

[표 12.3-26] 각 칸의 수치는 기본 관측값 0과 1로 이루어진 것들의 합계라는 것으로 이해하여야 한다. 예를 들어 약품 A의 계급 1에서 표준처리의 40이라는 것은 표준 처리를 받은 80명 중 계급 1에 속하면 1 그렇지 않으면 0으로 한 관측값 80개의 합계가 40이라는 것이다. 이와 같이 생각하여 각 조별로 분산분석을 하고 이것을 각 변인별로 합한다.

그런데 각 계급 내에서의 분산이 계급 간에 걸쳐 서로 같지 않다는 것이 문제이다. 이것을 조정하기 위하여 이항분포에서의 분산 $p_i(1-p_i)$를 이용한다. 이와 같은 분산으로 계급 i에서의 제곱합을 나누어 표준화를 하는 것이다. 즉 i에 대해서 $w_i = 1/[p_i(1-p_i)]$와 같이 정의한 가중치(weight)를 i조의 각 제곱합에 곱하는 것에 의해서 표준화된다. 이와 같이 수정된 계급의 제곱합을 합하여 자유도 3인 처리제곱합 $T = SS_{TR}$을 얻는다.

이것을 누적분석에 의한 통계량이라는 뜻으로 AA-통계량 T라고 한다. 약품 B의 누적표에서 [표 12.3-27]과 같은 분산분석표를 얻는다.

이 검정결과를 보면 유의수준 1% 하에서도 유의성이 나타나 자료의 내용과 잘 부합된다는 것을 알 수 있다. 한편 약품 A의 경우는 $T = 6.6667$이 되어 χ^2-검정 때와는 달리 유의수준 5% 하에서도 유의성이 나타나지 않는다.

앞의 예와 같은 방법은 다음과 같은 다요인(multi-factor) 실험의 경우에도 확대 응용될 수 있다(Taguchi(1974)에서 인용).

예제 12.9

어떤 주조(molding)공정에서 최적 주조 조건을 구하기 위하여 다음과 같은 실험을 실시하였다. 여기에서 고려된 인자와 수준은 다음과 같다.

A = 재료, 2수준(현재의 것과 새로운 것)

B = 주조의 형식, 2수준(현재의 형식과 새로운 형식)

C = 경화의 방법, 2수준(현재의 방법과 새로운 방법)

D = 용해온도, 2수준(현재의 온도와 현재 온도+30℃)

관측 도수는 각 인자의 수준별 조합(처리조합 혹은 실험 조건)별 실험 단위에서 20개씩의 제품을 조사하여 수(no flow-holes), 우(a few flow-holes), 양(several flow-holes), 그리고 가(many flow-holes)로 분류하였다. 이것을 정리한 것이 다음과 같다.

표 12.3-28 주조 실험 계획과 데이터

	A	B	A B	C	E R	D	A D	관측도수			
실험번호	①	②	③	④	⑤	⑥	⑦	수	우	양	가
1	1	1	1	1	1	1	1	15	3	1	1
2	1	1	1	2	2	2	2	14	3	2	1
3	1	2	2	1	1	2	2	16	2	2	0
4	1	2	2	2	2	1	1	19	1	0	0
5	2	1	2	1	2	1	2	17	1	0	2
6	2	1	2	2	1	2	1	17	2	1	0
7	2	2	1	1	2	2	1	10	2	4	4
8	2	2	1	2	1	1	2	16	3	1	0
합계								124	17	11	8

이것을 분석하기 위하여 각 인자별로 관측 도수를 합집(collapsing)한다.

표 12.3-29 누적표 : 인자 A의 경우

요인	수준	수	우	양	가	합계	1	2	3	4
A	1	64	9	5	2	80	64	73	78	80
	2	60	8	6	6	80	60	68	74	80

위의 결과로부터 $T=4.1718$을 얻는다. 이와 같은 분석을 각 인자에 대하여 실시하여 다음과 같은 분산분석표를 얻는다.

표 12.3-30 AA-통계량을 이용한 분산분석표

변인	자유도	제곱합	평균제곱합	F-값
A	3	4.1718	1.3906	1.47
B	3	0.6809	0.2270	0.24
$A \times B$	3	13.9680	4.6560	4.93**
C	3	11.8684	3.9561	4.19**
D	3	8.9482	2.9827	3.16**
$A \times D$	3	1.2072	0.4024	0.43
ER	3	8.2368	2.7456	2.91*
오차	456	430.9188	0.9450	
전체	477	488		

* : 유의함(p-값<0.05), ** : 유의함(p-값<0.01)

연습문제

1. 다음은 배출가스에 포함되어 있는 일산화탄소를 줄이기 위하여 7인자에 대한 직교배열 실험을 실시한 실험결과이다.

실험결과

실험 횟수	인자 A 1	B 2	C 3	D 4	E 5	F 6	G 7	y		
1	1	1	1	1	1	1	1	1.04	1.20	1.54
2	1	1	1	2	2	2	2	1.42	1.76	2.10
3	1	2	2	1	1	2	2	1.01	1.23	1.52
4	1	2	2	2	2	1	1	1.50	1.87	2.25
5	2	1	2	1	2	1	2	1.28	1.34	2.05
6	2	1	2	2	1	2	1	1.14	1.26	1.88
7	2	2	1	1	2	2	1	1.33	1.42	2.10
8	2	2	1	2	1	1	2	1.33	1.52	2.13

1) SN비를 구하고 이 SN비를 이용하여 분산분석을 하여라.

2) 유의한 인자를 찾아라.

3) 주변효과를 이용하여 최적조건을 구하여라.

2. 다음은 에폭시라는 방수천의 찢어지는 임계값을 최대로 하는 작업조건을 구하는 실험이다.

인자 A	:	본드의 양(3수준)
인자 B	:	본드를 섞는 방법(3수준)
인자 C	:	표면철방법(3수준)
인자 D	:	작업자(3수준)

실험결과

실험횟수	인자				y	
	A	B	C	D		
	1	2	3	4		
1	1	1	1	1	68.0	2.27
2	1	2	2	2	24.9	3.43
3	1	3	3	3	2.17	1.57
4	2	1	2	3	1.79	1.33
5	2	2	3	1	1.98	2.57
6	2	3	1	2	2.93	2.73
7	3	1	3	2	1.70	2.12
8	3	2	1	3	4.24	1.91
9	3	3	2	1	1.50	4.05

1) SN비를 구하고 분산분석을 하여라.

2) SN비와 평균에 대한 인자별 주변효과를 구하고, 이를 근거로 최적조건을 구하여라.

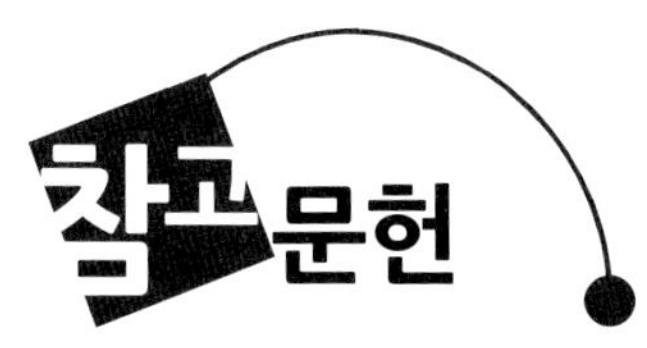

참고문헌

1. 강현철, 한상태, 허명회(2004). 예제로 배우는 SAS 분산분석 입문, 자유아카데미.
2. 김우철, 박병욱, 송문섭, 이영조, 조신섭, 김재주, 박성현, 이상열, 전종우(2004). 일반통계학, 영지문화사.
3. 박성현(2003). 개정판 현대실험계획법, 민영사.
4. 박성현(1995). 현대실험계획법, 민영사.
5. 박성현(1990). 응용실험계획법, 영지문화사.
6. 백운붕(1989). 累積法, 응용통계 4, pp. 1-19.
7. 백운붕(1997). 품질을 좋게 하는 방법, 자유아카데미.
8. 백운붕(1981). 요인실험의 계획과 분석, 고려대학교 출판부.
9. 임성수, 허명회(1998). SAS 실험설계 및 분산분석 입문, 자유아카데미.
10. 이우선, 김영주(1997). Desirability 함수기법에 의한 다중반응표면의 최적화 연구, 고려대 통계연구소 응용통계, 12권, pp. 81-105.
11. 성내경(1997). 실험설계와 분석, 자유아카데미.
12. 정형철(2005). 평균반응과 분산반응을 고려하는 반응표면분석 사례연구, Journal of The Korean Data Analysis Society, 7, pp. 1631-1641.
13. 한국통계학회(1997). 통계학용어집, 자유아카데미
14. Aspin, A.A.(1949). Tables for Use in Comparisons Whose Accuracy Involves Two Variances Separately Estimated, Biometrika, 36, pp. 290-293.
15. Behrens, B.V.(1929). Ein Beitrag zur Fehlerberechnung bei wenige Beobachtungen, Landwirtch. Jb., 68, pp. 807-837.
16. Bose, R.C., Clatworthy, W.H. and Shrikhande, S.S.(1954). Tables of Partially Balanced Designs with Two Associated Classes, North Carolina Agricultural Experiment Stations, Technical Bulletin. No. 107.
17. Bose, R.C. and Nair, K.G.(1939). Partially Balanced Incomplete Block Design, Sankhya, 4, pp. 337-372.
18. Bose, R.C. and Shimamoto, T.(1952). Classification and Analysis of Partially Balanced Incomplete Block Designs with Two Associate Classes, Journal of American Statistical Association, 47, pp. 151-184.
19. Box, G.E.P. and Draper, N.R.(1987). Empirical Model-Building and Response Surface, John Wiley & Sons.
20. Box, G.E.P., Hunter, W.G. and Hunter, J.S.(1978). Statistics for Experimenters, John Wiley & Sons.

21. Cochran, W.G.(1964). Cochran's t-test for Diifference in Means, Biometrics, 20, pp. 191.
22. Conover, W.J.(1980). Practical Nonparametric Statistics, 2nd Ed. John Wiley & Sons.
23. Derringer, D. and Suich, R.(1980). Simultaneous Optimization of Several Response Variables, Journal of Quality Technology, 12, pp. 214-219.
24. Dudewicz, E.J., Ahmed, S.U.(1999). New exact and asymptotically optimal heteroscedastic statistical procedures and tables, II. American Journal of Mathematical and Management Sciences, 19, pp. 157-180.
25. Dudewicz, E.J., Ma, Y., Mai, S.E. and H. Su.(2007). Exact Solutions to the Behrens-Fisher Problem: Asymptotically Optimal and Finite Sample Efficient Choice among. Journal of Statistical Planning and Inference, 137, 1584-1605.
26. Fisher, R.A. and Yates, F.(1957). Statistical Tables, 5th Ed, table VI, Oliverd Boys, Edinburg.
27. Fisher, R.A. and Yates, F.(1963). Statistical Tables for Biological, Agricultural and Medical Research, Oliver and Boyd, Edingburgh.
28. Graybill, F.A. and Weeks, D.L.(1959). Combining Inter-block and Intra-block Information in Balanced Incomplete Blocks, Annals of Mathematical Statistics, 30, pp. 799-805.
29. Graybill, F.A.(1961). An Introduction to Linear Statistical Models, Vol. 1. McGraw-hill, New York.
30. Hamada, M, and Wu, C.F.J.(1990). A Critical Look at Accumulation Analysis and Related Methods, Technometrics, 32, pp. 119-162.
33. Harrington, E.C.(1965). The Desirability Function, Industrial Quality Control, 21, pp. 494-498.
34. Hicks, C.R.(1993). Fundamental Concepts in the Design of Experiments, 4th Ed. Oxford University Press, Inc.
35. James, A.T. and Wilkinson, G.N.(1971). Factorization of the Residual Operator and Canonical Decomposition of Nonorthogonal Factors in the Analysis of Variance, Biometrika, 58, pp. 279-294.
36. Jeong, H.C., Jhun, M. and Kim, D.H.(2005). Bootstrap Tests for Independence in Two-Way Ordinal Contingency Tables, Computational Statistics and Data Analysis, 48, pp. 623-631.
37. John, J.A.(1986). Cyclic Design, Chapman & hall, London.
38. John, P.W.M.(1971). Statistical Design and Analysis of Experiments. Macmillan, New York.
39. Khuri, A.I. and Conlon, M.(1981). Simultaneous Optimization of Multiple Res-

ponses Represented by Polynomial Regression Functions, Technometrics, 23, pp. 363-375.
40. Khuri, A.I. and Cornell, J.A.(1987). Response Surface, Marcal Dekker.
41. MaCullagh, P.(1980). Regression Models for Ordinal Data(with discussion), Journal of Royal Statistical Society, Series B, pp. 109-142.
42. Montgomery, D.C.(1996). Design and Analysis of Experiments, 4th Ed. John Wiley & Sons.
43. Montgomery, D.C.(2013). Design and Analysis of Experiments, 8th Ed. John Wiley & Sons.
44. Myers, R.H. and Montgomery, D.C.(1995). Response Surface Methodology. John Wiley & Sons.
45. Myers, R.H. and Carter, W.H. Jr.(1973). Response Surface Techniques for Dual Response Systems, Technometrics, 15, pp. 301-317.
46. Myers, R.H., Khuri, A.I. and Vining, G.(1992). Response Surface Alternatives to the Taguchi Robust Parameter Design Approach, The American Statistican, 46, pp. 131-139.
47. Nair, V.N.(1986a). Components of cumulative Chi-squared Type Tests for Ordered Alternatives in Contingency Tables, as Statistical Research Report 18, Murrary Hill, NJ : AT&T Bell Laboratories.
48. Nair, V.N.(1986b). Testing in Industrial Experiments with Ordered Categorical Data, Technometrics, 28, pp. 283-311.
49. Nair, V.N.(1987). Chi-squared-Type Tests for Ordered Alternative in Contingency Tables, Journal of American Statistical Association, 82, pp. 283-291.
50. National Bureau of Standards(1957). Fractional Factorial Experiment Designs for Factors at Two Levels, Applied Mathematics Series 48.
51. National Bureau of Standards(1959). Fractional Factorial Experiment Designs for Factors at Three Levels, Applied Mathematics Series 54.
52. National Bureau of Standards(1961). Fractional Factorial Experiment Designs for Factors at Two or Three Levels, Applied Mathematics Series 58.
53. Park, S.H.(1996). Robust Design and Analysis for Quality Engineering, Chapman & Hall.
54. Peace, G.S.(1993). Taguchi Methods : A Hands-On Approach, Addison-Wesley Publishing Company.
55. Pearce, S.C., Calinski, T. and Marshall, T.F. de C.(1974). The Basic Contrasts of an Experimental Design with Special Reference to the Analysis of Data, Biometrika, 61, pp. 449-460.
56. Pearson, E.S. and Hartley, H.O.(1966). Biometrika Tables for Statisticians, Vol. 1.

Cambridge University Press, London.
57. Pearson, E.S. and Hartley, H.O(1972). Biometrika Tables for Statisticians, Vol. 2. Cambridge University Press, London.
58. SAS Online Document(2003). Ver 9.1, SAS Inc.
59. Shapiro, S.S. and Wilk, M.(1965). An Analysis of Variance Test for Normality (Complete Samples), Biometrika, 52, pp. 591–611.
60. Satterthwaite, F.F.(1946). An Approximate Distribution of Estimates of Variance Components, Biometrics Bulletin, 2, pp. 110–114.
61. Taguchi, G.(1974). A new Statistical Analysis for Clinical Data, The Accumulating Analysis, in Contrast with the Chi-square Test, Saishin Igaku(最新醫學), 29, pp. 806–813.
62. Taguchi, G.(1987). System of Experimental Design: Engineering Methods to Optimize Quality and Minimize Costs, White Plains, NY: UNIPUB/Kraus.
63. Yates, F.(1936). Incomplete Randomized Designs, Annals of Eugenics, 7, pp. 121–140.
64. Yates, F.(1940a). Lattice Squares, Journal of Agricultural Sciences, 30, pp. 672–687.
65. Yates, F.(1940b). The Recovery of Inter-Block Information in Balanced Incomplete Block Designs, Annals of Eugenics, 10, pp. 317–325.
66. Vining, G.G. and Myers, R.H.(1990). Combining Taguchi and Response Surfaces Philosophies: A Dual Response Approach, Journal of Quality Technology, 22, pp. 38–45.

부록

부록 1 표준정규분포표

부록 2 t - 분포표

부록 3 χ^2 - 분포표

부록 4 F - 분포표

부록 5 던컨의 다중비교를 위한 $r_a(p,f)$

부록 6 뉴먼-쿨스 방법을 위한 $q_a(a-1,f)$

부록 7 더넷 검정의 임계값 $d_a(a-1,f)$

부록 8 직교다항계수

부록 9 난수표

부록 10 라틴방격

부록 11 2^{k-p}-부분실시의 해상도와 별명관계

부록 12 선점도(linear graph)

부록 1 표준정규분포표 $\Phi(z) = \int_{-\infty}^{z} \frac{1}{\sqrt{2\pi}} e^{-u^2/2} du$

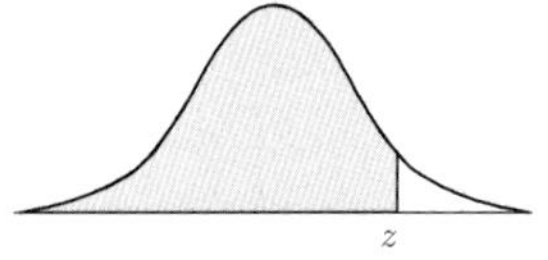

z	.00	.01	.02	.03	.04	z
.0	.50000	.50399	.50798	.51197	.51595	.0
.1	.53983	.54379	.54776	.55172	.55567	.1
.2	.57926	.58317	.58706	.59095	.59483	.2
.3	.61791	.62172	.62551	.62930	.63307	.3
.4	65542	.65910	.66276	.66640	.67003	.4
.5	.69146	.69497	.69847	.70194	.70540	.5
.6	.72575	.72907	.73237	.73565	.73891	.6
.7	.75803	.76115	.76424	.76730	.77035	.7
.8	.78814	.79103	.79389	.79673	.79954	.8
.9	.81594	.81859	.82121	.82381	.82639	.9
1.0	.84134	.84375	.84613	.84849	.85083	1.0
1.1	.86433	.86650	.86864	.87076	.87285	1.1
1.2	.88493	.88686	.88877	.89065	.89251	1.2
1.3	.90320	.90490	.90658	.90824	.90988	1.3
1.4	.91924	.92073	.92219	.92364	.92506	1.4
1.5	.93319	.93448	.93574	.93699	.93822	1.5
1.6	.94520	.94630	.94738	.94845	.94950	1.6
1.7	.95543	.95637	.95728	.95818	.95907	1.7
1.8	.96407	.96485	.96562	.96637	.96711	1.8
1.9	.97128	.97193	.97257	.97320	.97381	1.9
2.0	.97725	.97778	.97831	.97882	.97932	2.0
2.1	.98214	.98257	.98300	.98341	.93882	2.1
2.2	.98610	.98645	.98679	.98713	.98745	2.2
2.3	.98928	.98956	.98983	.99010	.99036	2.3
2.4	.99180	.99202	.99224	.99245	.99266	2.4
2.5	.99379	.99396	.99413	.99430	.99446	2.5
2.6	.99534	.99547	.99560	.99573	.99585	2.6
2.7	.99653	.99664	.99674	.99683	.99693	2.7
2.8	.99744	.99752	.99760	.99767	.99774	2.8
2.9	.99813	.99819	.99825	.99831	.99836	2.9
3.0	.99865	.99869	.99874	.99878	.99882	3.0
3.1	.99903	.99906	.99910	.99913	.99916	3.1
3.2	.99931	.99934	.99936	.99938	.99940	3.2
3.3	.99952	.99953	.99955	.99957	.99958	3.3
3.4	.99966	.99968	.99969	.99970	.99971	3.4
3.5	.99977	.99978	.99978	.99979	.99980	3.5
3.6	.99984	.99985	.99985	.99986	.99986	3.6
3.7	.99989	.99990	.99990	.99990	.99991	3.7
3.8	.99993	.99993	.99993	.99994	.99994	3.8
3.9	.99995	.99995	.99996	.99996	.99996	3.9

표준정규분포표 $\Phi(z) = \int_{-\infty}^{z} \frac{1}{\sqrt{2\pi}} e^{-u^2/2} du$

z	.05	.06	.07	.08	.09	z
.0	.51994	.52392	.52790	.53188	.53586	.0
.1	.55962	.56356	.56749	.57142	.57534	.1
.2	.59871	.60257	.60642	.61026	.61409	.2
.3	.63683	.64058	.64431	.64803	.65173	.3
.4	.67364	.67724	.68082	.68438	.68793	.4
.5	.70884	.71226	.71566	.71904	.72240	.5
.6	.74215	.74537	.74857	.75175	.75490	.6
.7	.77337	.77637	.77935	.78230	.78523	.7
.8	.80234	.80510	.80785	.81057	.81327	.8
.9	.82894	.83147	.83397	.83646	.83891	.9
1.0	.85314	.85543	.85769	.85993	.86214	1.0
1.1	.87493	.87697	.87900	.88100	.88297	1.1
1.2	.89435	.89616	.89796	.89973	.90147	1.2
1.3	.91149	.91308	.91465	.91621	.91773	1.3
1.4	.92647	.92785	.92922	.93056	.93189	1.4
1.5	.93943	.94062	.94179	.94295	.94408	1.5
1.6	.95053	.95154	.95254	.95352	.95448	1.6
1.7	.95994	.96080	.96164	.96246	.96327	1.7
1.8	.96784	.96856	.96926	.96995	.97062	1.8
1.9	.97441	.97500	.97558	.97615	.97670	1.9
2.0	.97982	.98030	.98077	.98124	.98169	2.0
2.1	.98422	.98461	.98500	.98537	.98574	2.1
2.2	.98778	.98809	.98840	.98870	.98899	2.2
2.3	.99061	.99086	.99111	.99134	.99158	2.3
2.4	.99286	.99305	.99324	.99343	.99361	2.4
2.5	.99461	.99477	.99492	.99506	.99520	2.5
2.6	.99598	.99609	.99621	.99632	.99643	2.6
2.7	.99702	.99711	.99720	.99728	.99736	2.7
2.8	.99781	.99788	.99795	.99801	.99807	2.8
2.9	.99841	.99846	.99851	.99856	.99861	2.9
3.0	.99886	.99889	.99893	.99897	.99900	3.0
3.1	.99918	.99921	.99924	.99926	.99929	3.1
3.2	.99942	.99944	.99946	.99948	.99950	3.2
3.3	.99960	.99961	.99962	.99964	.99965	3.3
3.4	.99972	.99973	.99974	.99975	.99976	3.4
3.5	.99981	.99981	.99982	.99983	.99983	3.5
3.6	.99987	.99987	.99988	.99988	.99989	3.6
3.7	.99991	.99992	.99992	.99992	.99992	3.7
3.8	.99994	.99994	.99995	.99995	.99995	3.8
3.9	.99996	.99996	.99996	.99997	.99997	3.9

부록 2　t-분포표$(\alpha = p(t > t_\alpha))$

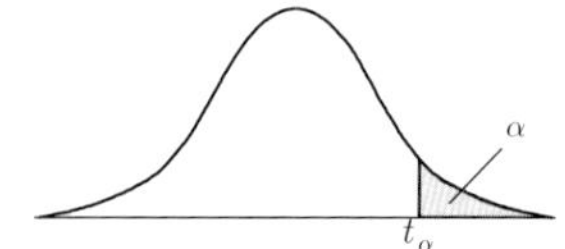

f	.40	.25	.10	.05	.025	.01	.005	.0025	.001	.0005
1	.325	1.000	3.078	6.314	12.706	31.821	63.657	127.32	318.31	636.62
2	.289	.816	1.886	2.920	4.303	6.965	9.925	14.089	23.326	31.598
3	.277	.765	1.638	2.353	3.182	4.541	5.841	7.453	10.213	12.924
4	.271	.741	1.533	2.132	2.776	3.747	4.604	5.598	7.173	8.610
5	.267	.727	1.476	2.015	2.571	3.365	4.032	4.773	5.893	6.869
6	.265	.727	1.440	1.943	2.447	3.143	3.707	4.317	5.208	5.959
7	.263	.711	1.415	1.895	2.365	2.998	3.499	4.019	4.785	5.408
8	.262	.706	1.397	1.860	2.306	2.896	3.355	3.833	4.501	5.041
9	.261	.703	1.383	1.833	2.262	2.821	3.250	3.690	4.297	4.781
10	.260	.700	1.372	1.812	2.228	2.764	3.169	3.581	4.144	4.587
11	.260	.697	1.363	1.796	2.201	2.718	3.106	3.497	4.025	4.437
12	.259	.695	1.356	1.782	2.179	2.681	3.055	3.428	3.930	4.318
13	.259	.694	1.350	1.771	2.160	2.650	3.012	3.372	3.852	4.221
14	.258	.692	1.345	1.761	2.145	2.624	2.977	3.326	3.787	4.140
15	.258	.691	1.341	1.753	2.131	2.602	2.947	3.286	3.733	4.073
16	.258	.690	1.337	1.746	2.120	2.583	2.921	3.252	3.686	4.015
17	.257	.689	1.333	1.74	2.110	2.567	2.898	3.222	3.646	3.965
18	.257	.688	1.330	1.734	2.101	2.552	2.878	3.197	3.610	3.922
19	.257	.688	1.328	1.729	2.093	2.539	2.861	3.174	3.579	3.883
20	.257	.687	1.325	1.725	2.086	2.528	2.845	3.153	3.552	3.850
21	.257	.686	1.323	1.721	2.080	2.518	2.831	3.135	3.527	3.819
22	.256	.686	1.321	1.717	2.074	2.508	2.819	3.119	3.505	3.792
23	.256	.685	1.319	1.714	2.069	2.500	2.807	3.104	3.485	3.767
24	.256	.685	1.318	1.711	2.064	2.492	2.797	3.091	3.467	3.745
25	.256	.684	1.316	1.708	2.060	2.485	2.787	3.078	3.450	3.725
26	.256	.684	1.315	1.706	2.056	2.479	2.779	3.067	3.435	3.707
27	.256	.684	1.314	1.703	2.052	2.473	2.771	3.057	3.421	3.690
28	.256	.683	1.313	1.701	2.048	2.467	2.763	3.047	3.408	3.674
29	.256	.683	1.311	1.699	2.045	2.462	2.756	3.038	3.396	3.659
30	.256	.683	1.310	1.697	2.042	2.457	2.750	3.030	3.385	3.646
40	.255	.681	1.303	1.684	2.021	2.423	2.704	2.971	3.307	3.551
60	.254	.679	1.296	1.671	2.000	2.39	2.660	2.915	3.232	3.460
120	.254	.677	1.289	1.658	1.980	2.358	2.617	2.86	3.160	3.373
∞	.253	.674	1.282	1.645	1.960	2.326	2.576	2.807	3.090	3.291

f=자유도

부록 3　χ^2- 분포도 $(\alpha = p(\chi^2 > \chi^2_\alpha))$

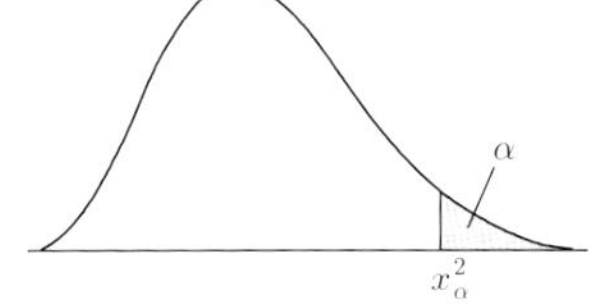

f	.995	.990	.975	.950	.500	.050	.025	.010	.005
1	0.00+	0.00+	0.00+	0.00+	0.45	3.84	5.02	6.64	7.88
2	0.01	0.02	0.05	0.10	1.39	5.99	7.38	9.21	10.60
3	0.07	0.11	0.22	0.35	2.37	7.81	9.35	11.35	12.84
4	0.21	0.30	0.48	0.71	3.36	9.49	11.14	13.28	14.86
5	0.41	0.55	0.83	1.15	4.35	11.07	12.83	15.09	16.75
6	0.68	0.87	1.24	1.64	5.35	12.59	14.45	16.81	18.55
7	0.99	1.24	1.69	2.17	6.35	14.07	16.01	18.48	20.28
8	1.34	1.65	2.18	2.73	7.34	15.51	17.53	20.09	21.96
9	1.73	2.09	2.70	3.33	8.34	16.92	19.02	21.67	23.59
10	2.16	2.56	3.25	3.94	9.34	18.31	20.48	23.21	25.19
11	2.60	3.05	3.82	4.57	10.34	19.68	21.92	24.73	26.76
12	3.07	3.57	4.40	5.23	11.34	21.03	23.34	26.22	28.30
13	3.57	4.11	5.01	5.89	12.34	22.36	24.74	27.69	29.82
14	4.07	4.66	5.63	6.57	13.34	23.68	26.12	29.14	31.32
15	4.60	5.23	6.26	7.26	14.34	25.00	27.49	30.58	32.80
16	4.14	5.81	6.91	7.96	15.34	26.30	28.85	32.00	34.27
17	5.70	6.41	7.56	8.67	16.34	27.59	30.19	33.41	35.72
18	6.26	7.01	8.23	9.39	17.34	28.87	31.53	34.81	37.16
19	6.84	7.63	8.91	10.12	18.34	30.14	32.85	36.19	38.58
20	7.43	8.26	9.59	10.85	19.34	31.41	34.17	37.57	40.00
25	10.52	11.52	13.12	14.61	24.34	37.65	40.65	44.31	46.93
30	13.79	14.95	16.79	18.49	29.34	43.77	46.98	50.89	53.67
40	20.71	22.16	24.43	26.51	39.34	55.76	59.34	63.69	66.77
50	27.99	29.71	32.36	34.76	49.33	67.50	71.42	76.15	79.49
60	35.53	37.49	40.48	43.19	59.33	79.08	83.30	88.38	91.95
70	43.28	45.42	48.75	51.74	69.34	90.53	95.03	100.44	104.22
80	51.17	53.52	57.15	60.39	79.34	101.88	106.63	112.34	116.32
90	59.20	61.74	65.64	69.13	89.34	113.14	118.14	124.13	128.30
100	67.33	70.05	74.22	77.93	99.33	124.34	129.56	135.82	140.17

f=자유도

부록 4-1 F - 분포표($\alpha = P(F > F_\alpha)$)

$F_{0.25}(f_1, f_2)$

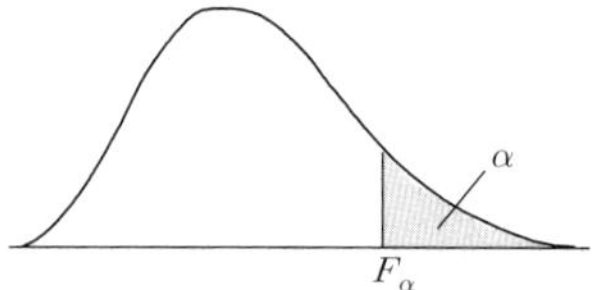

분모의 자유도(f_2) \ 분자의 자유도(f_1)	1	2	3	4	5	6	7	8	9	10	12	15	20	24	30	40	60	120	∞
1	5.83	7.50	8.20	8.58	8.82	8.98	9.10	9.19	9.26	9.32	9.41	9.49	9.58	9.63	9.67	9.71	9.76	9.80	9.85
2	2.57	3.00	3.15	3.23	3.28	3.31	3.34	3.35	3.37	3.38	3.39	3.41	3.43	3.43	3.44	3.45	3.46	3.47	3.48
3	2.02	2.28	2.36	2.39	2.41	2.42	2.43	2.44	2.44	2.44	2.45	2.46	2.46	2.46	2.47	2.47	2.47	2.47	2.47
4	1.81	2.00	2.05	2.06	2.07	2.08	2.08	2.08	2.08	2.08	2.08	2.08	2.08	2.08	2.08	2.08	2.08	2.08	2.08
5	1.69	1.85	1.88	1.89	1.89	1.89	1.89	1.89	1.89	1.89	1.89	1.89	1.88	1.88	1.88	1.88	1.87	1.87	1.87
6	1.62	1.76	1.78	1.79	1.79	1.78	1.78	1.78	1.77	1.77	1.77	1.76	1.76	1.75	1.75	1.75	1.74	1.74	1.74
7	1.57	1.70	1.72	1.72	1.71	1.71	1.70	1.70	1.70	1.69	1.68	1.68	1.67	1.67	1.66	1.66	1.65	1.65	1.65
8	1.54	1.66	1.67	1.66	1.66	1.65	1.64	1.64	1.63	1.63	1.62	1.62	1.61	1.60	1.60	1.59	1.59	1.58	1.58
9	1.51	1.62	1.63	1.63	1.62	1.61	1.60	1.60	1.59	1.59	1.58	1.57	1.56	1.56	1.55	1.54	1.54	1.53	1.53
10	1.49	1.60	1.60	1.59	1.59	1.58	1.57	1.56	1.56	1.55	1.54	1.53	1.52	1.52	1.51	1.51	1.50	1.49	1.48
11	1.47	1.58	1.58	1.57	1.56	1.55	1.54	1.53	1.53	1.52	1.51	1.50	1.49	1.49	1.48	1.17	1.47	1.46	1.45
12	1.46	1.56	1.56	1.55	1.54	1.53	1.52	1.51	1.51	1.50	1.49	1.18	1.47	1.46	1.45	1.15	1.44	1.43	1.42
13	1.15	1.55	1.55	1.53	1.52	1.51	1.50	1.49	1.49	1.48	1.47	1.46	1.45	1.44	1.43	1.42	1.42	1.41	1.40
14	1.44	1.53	1.53	1.52	1.51	1.50	1.49	1.48	1.47	1.46	1.45	1.44	1.43	1.42	1.41	1.41	1.40	1.39	1.38
15	1.43	1.52	1.52	1.51	1.49	1.48	1.47	1.46	1.46	1.45	1.44	1.43	1.41	1.41	1.40	1.39	1.38	1.37	1.36
16	1.42	1.51	1.51	1.50	1.48	1.47	1.46	1.45	1.44	1.44	1.43	1.41	1.40	1.39	1.38	1.37	1.36	1.35	1.34
17	1.42	1.51	1.50	1.49	1.47	1.46	1.45	1.44	1.43	1.43	1.41	1.40	1.39	1.38	1.37	1.36	1.35	1.34	1.33
18	1.41	1.50	1.49	1.49	1.46	1.45	1.44	1.43	1.42	1.42	1.40	1.39	1.38	1.37	1.36	1.35	1.34	1.33	1.32
19	1.41	1.49	1.49	1.47	1.46	1.44	1.43	1.42	1.41	1.41	1.40	1.38	1.37	1.36	1.35	1.34	1.33	1.32	1.30
20	1.40	1.49	1.48	1.47	1.45	1.44	1.43	1.42	1.41	1.40	1.39	1.37	1.36	1.35	1.34	1.33	1.32	1.31	1.29
21	1.40	1.48	1.48	1.46	1.44	1.43	1.42	1.41	1.40	1.39	1.38	1.37	1.35	1.34	1.33	1.32	1.31	1.30	1.28
22	1.40	1.48	1.47	1.45	1.44	1.42	1.41	1.40	1.39	1.39	1.37	1.36	1.34	1.33	1.32	1.31	1.30	1.29	1.28
23	1.39	1.47	1.47	1.45	1.43	1.42	1.41	1.40	1.39	1.38	1.37	1.35	1.34	1.33	1.32	1.31	1.30	1.28	1.27
24	1.39	1.47	1.46	1.44	1.43	1.41	1.40	1.39	1.38	1.38	1.36	1.35	1.33	1.32	1.31	1.30	1.29	1.28	1.26
25	1.39	1.47	1.46	1.44	1.42	1.41	1.40	1.39	1.38	1.37	1.36	1.34	1.33	1.32	1.31	1.29	1.28	1.27	1.25
26	1.38	1.46	1.45	1.44	1.42	1.41	1.39	1.38	1.37	1.37	1.35	1.34	1.32	1.31	1.30	1.29	1.28	1.26	1.25
27	1.38	1.46	1.45	1.43	1.42	1.40	1.39	1.38	1.37	1.36	1.35	1.33	1.32	1.31	1.30	1.28	1.27	1.26	1.24
28	1.38	1.46	1.45	1.43	1.41	1.40	1.39	1.38	1.37	1.36	1.34	1.33	1.31	1.30	1.29	1.28	1.27	1.25	1.24
29	1.38	1.45	1.45	1.43	1.41	1.40	1.38	1.37	1.36	1.35	1.34	1.32	1.31	1.30	1.29	1.27	1.26	1.25	1.23
30	1.38	1.45	1.44	1.42	1.41	1.39	1.38	1.37	1.36	1.35	1.34	1.32	1.30	1.29	1.28	1.27	1.26	1.24	1.23
40	1.36	1.44	1.42	1.40	1.39	1.37	1.36	1.35	1.34	1.33	1.31	1.30	1.28	1.26	1.25	1.24	1.22	1.21	1.19
60	1.35	1.42	1.41	1.38	1.37	1.35	1.33	1.32	1.31	1.30	1.29	1.27	1.25	1.24	1.22	1.21	1.19	1.17	1.15
120	1.34	1.40	1.39	1.37	1.35	1.33	1.31	1.30	1.29	1.28	1.26	1.24	1.22	1.21	1.19	1.18	1.16	1.13	1.10
∞																			

부록 4-2 F - 분포표($\alpha = P(F > F_\alpha)$)

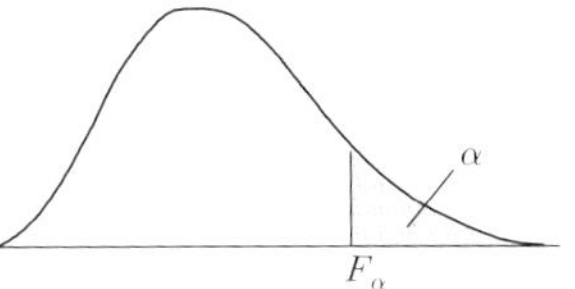

$F_{0.10}(f_1, f_2)$

분모의 자유도(f_2) \ 분자의 자유도(f_1)	1	2	3	4	5	6	7	8	9	10	12	15	20	24	30	40	60	120	∞
1	39.8	49.5	53.5	55.8	57.2	58.2	58.9	59.4	59.8	60.1	60.7	61.2	61.7	62.0	62.2	62.5	62.7	63.0	63.3
2	8.53	9.00	9.16	9.24	9.29	9.33	9.35	9.37	9.38	9.39	9.41	9.42	9.44	9.45	9.46	9.47	9.47	9.48	9.49
3	5.54	5.46	5.39	5.34	5.31	5.28	5.27	5.25	5.24	5.23	5.22	5.20	5.18	5.18	5.17	5.16	5.15	5.14	5.13
4	4.54	4.32	4.19	4.11	4.05	4.01	3.98	3.95	3.94	3.92	3.90	3.87	3.84	3.83	3.82	3.80	3.79	3.78	3.76
5	4.06	3.78	3.62	3.52	3.45	3.40	3.37	3.34	3.32	3.30	3.27	3.24	3.21	3.19	3.17	3.16	3.14	3.12	3.10
6	3.78	3.46	3.29	3.18	3.11	3.05	3.01	2.98	2.96	2.94	2.90	2.87	2.84	2.82	2.80	2.78	2.76	2.74	2.72
7	3.59	3.26	3.07	2.96	2.88	2.83	2.78	2.75	2.72	2.70	2.67	2.63	2.59	2.58	2.56	2.54	2.51	2.49	2.47
8	3.46	3.11	2.92	2.81	2.73	2.67	2.62	2.59	2.56	2.54	2.50	2.46	2.42	2.40	2.38	2.36	2.34	2.32	2.29
9	3.36	3.01	2.81	2.69	2.61	2.55	2.51	2.47	2.44	2.42	2.38	2.34	2.30	2.28	2.25	2.23	2.21	2.18	2.16
10	3.29	2.92	2.73	2.61	2.52	2.46	2.41	2.38	2.35	2.32	2.28	2.24	2.20	2.18	2.16	2.13	2.11	2.08	2.06
11	3.23	2.86	2.66	2.54	2.45	2.39	2.34	2.30	2.27	2.25	2.21	2.17	2.12	2.10	2.08	2.05	2.03	2.00	1.97
12	3.18	2.81	2.61	2.48	2.39	2.33	2.28	2.24	2.21	2.19	2.15	2.10	2.06	2.04	2.01	1.99	1.96	1.93	1.90
13	3.14	2.76	2.56	2.43	2.35	2.28	2.23	2.20	2.16	2.14	2.10	2.05	2.01	1.98	1.96	1.93	1.90	1.88	1.85
14	3.10	2.73	2.52	2.39	2.31	2.24	2.19	2.15	2.12	2.10	2.05	2.01	1.96	1.94	1.91	1.89	1.86	1.83	1.80
15	3.07	2.70	2.49	2.36	2.27	2.21	2.16	2.12	2.09	2.06	2.02	1.97	1.92	1.90	1.87	1.85	1.82	1.79	1.76
16	3.05	2.67	2.46	2.33	2.24	2.18	2.13	2.09	2.06	2.03	1.99	1.94	1.89	1.87	1.84	1.81	1.78	1.75	1.72
17	3.03	2.64	2.44	2.31	2.22	2.15	2.10	2.06	2.03	2.00	1.96	1.91	1.86	1.84	1.81	1.78	1.75	1.72	1.69
18	3.01	2.62	2.42	2.29	2.20	2.13	2.08	2.04	2.00	1.98	1.93	1.89	1.84	1.81	1.78	1.75	1.72	1.69	1.66
19	2.99	2.61	2.40	2.27	2.18	2.11	2.06	2.02	1.98	1.96	1.91	1.86	1.81	1.79	1.76	1.73	1.70	1.67	1.63
20	2.97	2.59	2.38	2.25	2.16	2.09	2.04	2.00	1.96	1.94	1.89	1.84	1.79	1.77	1.74	1.71	1.68	1.64	1.61
21	2.96	2.57	2.36	2.23	2.14	2.08	2.02	1.98	1.95	1.92	1.87	1.83	1.78	1.75	1.72	1.69	1.66	1.62	1.59
22	2.95	2.56	2.35	2.22	2.13	2.06	2.01	1.97	1.93	1.90	1.86	1.81	1.76	1.73	1.70	1.67	1.64	1.60	1.57
23	2.94	2.55	2.34	2.21	2.11	2.05	1.99	1.96	1.92	1.89	1.84	1.80	1.74	1.72	1.69	1.66	1.62	1.59	1.55
24	2.93	2.54	2.33	2.19	2.10	2.04	1.98	1.94	1.91	1.88	1.83	1.78	1.73	1.70	1.67	1.64	1.61	1.57	1.53
25	2.92	2.53	2.32	2.18	2.09	2.02	1.97	1.93	1.89	1.87	1.82	1.77	1.72	1.69	1.66	1.63	1.59	1.56	1.52
26	2.91	2.52	2.31	2.17	2.08	2.01	1.96	1.92	1.88	1.86	1.81	1.76	1.71	1.68	1.65	1.61	1.58	1.54	1.50
27	2.90	2.51	2.30	2.17	2.07	2.00	1.95	1.91	1.87	1.85	1.80	1.75	1.70	1.67	1.64	1.60	1.57	1.53	1.49
28	2.89	2.50	2.29	2.16	2.06	2.00	1.94	1.90	1.87	1.84	1.79	1.74	1.69	1.66	1.63	1.59	1.56	1.52	1.48
29	2.89	2.50	2.28	2.15	2.06	1.99	1.93	1.89	1.86	1.83	1.78	1.73	1.68	1.65	1.62	1.58	1.55	1.51	1.47
30	2.88	2.49	2.28	2.14	2.03	1.98	1.93	1.88	1.85	1.82	1.77	1.72	1.67	1.64	1.61	1.57	1.54	1.50	1.46
40	2.84	2.44	2.23	2.09	2.00	1.93	1.87	1.83	1.79	1.76	1.71	1.66	1.61	1.57	1.54	1.51	1.47	1.42	1.38
60	2.79	2.39	2.18	2.04	1.95	1.87	1.82	1.77	1.74	1.71	1.66	1.60	1.54	1.51	1.48	1.44	1.40	1.35	1.29
120	2.75	2.35	2.13	1.99	1.90	1.82	1.77	1.72	1.68	1.65	1.60	1.55	1.48	1.45	1.41	1.37	1.32	1.26	1.19
∞	2.71	2.30	2.08	1.94	1.85	1.77	1.72	1.67	1.63	1.60	1.55	1.49	1.42	1.38	1.34	1.30	1.24	1.17	1.00

부록 4-3 F - 분포표$(\alpha = P(F > F_\alpha))$

$F_{0.05}(f_1, f_2)$

분모의 자유도(f_2) / 분자의 자유도(f_1)

f_2 \ f_1	1	2	3	4	5	6	7	8	9	10	12	15	20	24	30	40	60	120	∞
1	161.4	199.5	215.7	224.6	230.2	234.0	236.8	238.9	240.5	241.9	243.9	245.9	248.0	249.1	250.1	251.1	252.2	253.3	254.3
2	18.51	19.00	19.16	19.25	19.30	19.33	19.35	19.37	19.38	19.40	19.41	19.43	19.45	19.45	19.46	19.47	19.48	19.49	19.50
3	10.13	9.55	9.28	9.12	9.01	8.94	8.89	8.85	8.81	8.79	8.74	8.70	8.66	8.64	8.62	8.59	8.57	8.55	8.53
4	7.71	6.94	6.59	6.39	6.26	6.16	6.09	6.04	6.00	5.96	5.91	5.86	5.80	5.77	5.75	5.72	5.69	5.66	5.63
5	6.61	5.79	5.41	5.19	5.05	4.95	4.88	4.82	4.77	4.74	4.68	4.62	4.56	4.53	4.50	4.46	4.43	4.40	4.36
6	5.99	5.14	4.76	4.53	4.39	4.28	4.21	4.15	4.10	4.06	4.00	3.94	3.87	3.84	3.81	3.77	3.74	3.70	3.67
7	5.59	4.74	4.35	4.12	3.97	3.87	3.79	3.73	3.68	3.64	3.57	3.51	3.44	3.41	3.38	3.34	3.30	3.27	3.23
8	5.32	4.46	4.07	3.84	3.69	3.58	3.50	3.44	3.39	3.35	3.28	3.22	3.15	3.12	3.08	3.04	3.01	2.97	2.93
9	5.12	4.26	3.86	3.63	3.48	3.37	3.29	3.23	3.18	3.14	3.07	3.01	2.94	2.90	2.86	2.83	2.79	2.75	2.71
10	4.96	4.10	3.71	3.48	3.33	3.22	3.14	3.07	3.02	2.98	2.91	2.85	2.77	2.74	2.70	2.66	2.62	2.58	2.54
11	4.84	3.98	3.59	3.36	3.20	3.09	3.01	2.95	2.90	2.85	2.79	2.72	2.65	2.61	2.57	2.53	2.49	2.45	2.40
12	4.75	3.89	3.49	3.26	3.11	3.00	2.91	2.85	2.80	2.75	2.69	2.62	2.54	2.51	2.47	2.43	2.38	2.34	2.30
13	4.67	3.81	3.41	3.18	3.03	2.92	2.83	2.77	2.71	2.67	2.60	2.53	2.46	2.42	2.38	2.34	2.30	2.25	2.21
14	4.60	3.74	3.34	3.11	2.96	2.85	2.76	2.70	2.65	2.60	2.53	2.46	2.39	2.35	2.31	2.27	2.22	2.18	2.13
15	4.54	3.68	3.29	3.06	2.90	2.79	2.71	2.64	2.59	2.54	2.48	2.40	2.33	2.29	2.25	2.20	2.16	2.11	2.07
16	4.49	3.63	3.24	3.01	2.85	2.74	2.66	2.59	2.54	2.49	2.42	2.35	2.28	2.24	2.19	2.15	2.11	2.06	2.01
17	4.45	3.59	3.20	2.96	2.81	2.70	2.61	2.55	2.49	2.45	2.38	2.31	2.23	2.19	2.15	2.10	2.06	2.01	1.96
18	4.41	3.55	3.16	2.93	2.77	2.66	2.58	2.51	2.46	2.41	2.34	2.27	2.19	2.15	2.11	2.06	2.02	1.97	1.92
19	4.38	3.52	3.13	2.90	2.74	2.63	2.54	2.48	2.42	2.38	2.31	2.23	2.16	2.11	2.07	2.03	1.98	1.93	1.88
20	4.35	3.49	3.10	2.87	2.71	2.80	2.51	2.45	2.39	2.35	2.28	2.20	2.12	2.08	2.04	1.99	1.95	1.90	1.84
21	4.32	3.47	3.07	2.84	2.68	2.57	2.49	0.11	2.37	2.32	2.25	2.18	2.10	2.05	2.01	1.96	1.92	1.87	1.81
22	4.30	3.44	3.05	2.82	2.66	2.55	2.46	2.40	2.34	2.30	2.23	2.15	2.07	2.03	1.98	1.94	1.89	1.84	1.78
23	4.28	3.42	3.03	2.80	2.64	2.53	2.44	2.37	2.32	2.27	2.20	2.13	2.05	2.01	1.96	1.91	1.86	1.81	1.76
24	4.26	3.40	3.01	2.78	2.62	2.51	2.42	2.36	2.30	2.25	2.18	2.11	2.03	1.98	1.94	1.89	1.84	1.79	1.73
25	4.24	3.39	2.99	2.76	2.60	2.49	2.40	2.34	2.28	2.24	2.16	2.09	2.01	1.96	1.92	1.87	1.82	1.77	1.71
26	4.23	3.37	2.98	2.74	2.59	2.47	2.39	2.32	2.27	2.22	2.15	2.07	1.99	1.95	1.90	1.85	1.80	1.75	1.69
27	4.21	3.35	2.96	2.73	2.57	2.46	2.37	2.31	2.25	2.20	2.13	2.06	1.97	1.93	1.88	1.84	1.79	1.73	1.67
28	4.20	3.34	2.95	2.71	2.56	2.45	2.36	2.29	2.24	2.19	2.12	2.04	1.96	1.91	1.87	1.82	1.77	1.71	1.65
29	4.18	3.33	2.93	2.70	2.55	2.43	2.35	2.28	2.22	2.18	2.10	2.03	1.64	1.90	1.85	1.81	1.75	1.70	1.64
30	4.17	3.32	2.92	2.69	2.53	2.42	2.33	2.27	2.21	2.16	2.09	2.01	1.93	1.89	1.84	1.79	1.74	1.68	1.62
40	4.08	3.23	2.84	2.61	2.45	2.34	2.25	2.18	2.12	2.08	2.00	1.92	1.84	1.79	1.74	1.69	1.64	1.58	1.51
60	4.00	3.15	2.76	2.53	2.37	2.25	2.17	2.10	2.04	1.99	1.92	1.84	1.75	1.70	1.65	1.59	1.53	1.47	1.39
120	3.92	3.07	2.68	2.45	2.29	2.17	2.09	2.02	1.96	1.91	1.83	1.75	1.66	1.61	1.55	1.55	1.43	1.35	1.25
∞	3.84	3.00	2.60	2.37	2.21	2.10	2.01	1.94	1.88	1.83	1.75	1.67	1.57	1.52	0.07	1.39	1.32	1.22	1.00

부록 4-4 F - 분포표($\alpha = P(F > F_\alpha)$)

$F_{0.025}(f_1, f_2)$

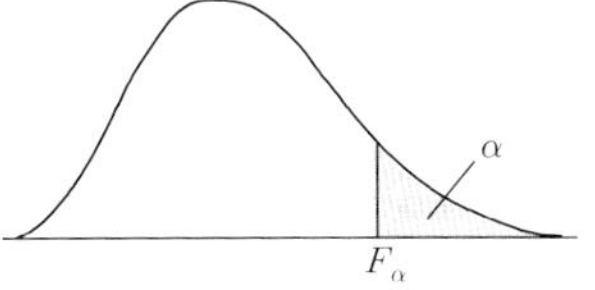

분자의 자유도(f_1)

분모의 자유도 (f_2)	1	2	3	4	5	6	7	8	9	10	12	15	20	24	30	40	60	120	∞
1	647.8	799.5	864.2	899.6	921.8	937.1	948.2	956.7	963.3	968.6	976.7	984.9	993.1	997.2	1001.0	1006.0	1010.0	1014.0	1018.0
2	38.51	39.00	39.17	39.25	39.30	39.33	39.36	39.37	39.39	39.40	39.41	39.43	39.45	39.46	39.46	39.47	39.48	39.49	39.50
3	17.44	16.04	15.44	15.10	14.88	14.73	14.62	14.54	14.47	14.42	14.34	14.25	14.17	14.12	14.08	14.04	13.99	13.95	13.90
4	12.22	10.65	9.98	9.60	9.36	9.20	9.07	8.98	8.90	8.84	8.75	8.66	8.56	8.51	8.46	8.41	8.36	8.31	8.26
5	10.01	8.43	7.76	7.39	7.15	6.98	6.85	6.76	6.68	6.62	6.52	6.43	6.33	6.28	6.23	6.18	6.12	6.07	6.02
6	8.81	7.26	6.60	6.23	5.99	5.82	5.70	5.60	5.52	5.46	5.37	5.27	5.17	5.12	5.07	5.01	4.96	4.90	4.85
7	8.07	6.54	5.89	5.52	5.29	5.12	4.99	4.90	4.82	4.76	4.67	4.57	4.47	4.42	4.36	4.31	4.25	4.20	4.14
8	7.57	6.06	5.42	5.05	4.82	4.65	4.53	4.43	4.36	4.30	4.20	4.10	4.00	3.95	3.89	3.84	3.78	3.73	3.67
9	7.21	5.71	5.08	4.72	4.48	4.32	4.20	4.10	4.03	3.96	3.87	3.77	3.67	3.61	3.56	3.51	3.45	3.39	3.33
10	6.94	5.46	4.83	4.47	4.24	4.07	3.95	3.85	3.78	0.18	3.62	3.52	3.42	3.37	3.31	3.26	3.20	3.14	3.08
11	6.72	5.26	4.63	4.28	4.04	3.88	3.16	3.66	3.59	3.53	3.43	3.33	3.23	3.17	3.12	3.06	3.00	2.94	2.88
12	6.55	5.10	4.47	4.12	3.89	3.73	3.61	3.51	3.44	3.37	3.28	3.18	3.07	3.02	2.96	2.91	2.85	2.79	2.72
13	6.41	4.97	4.35	4.00	3.77	3.60	3.48	3.39	3.31	3.25	3.15	3.05	2.95	2.89	2.84	2.78	2.72	2.66	2.60
14	6.30	4.86	4.24	3.89	3.66	3.50	3.38	3.29	3.21	3.15	3.05	2.95	2.84	2.79	2.73	2.67	2.61	2.55	2.49
15	6.20	4.77	4.15	3.80	3.58	3.41	3.29	3.20	3.12	3.06	2.96	2.86	2.76	2.70	2.64	2.59	2.52	2.46	2.40
16	6.12	4.69	4.08	3.73	3.50	3.34	3.22	3.12	3.05	2.99	2.89	2.79	2.68	2.63	2.57	2.51	2.45	2.38	2.32
17	6.04	4.62	4.01	3.66	3.44	3.28	3.16	3.06	2.98	2.92	2.82	2.72	2.62	2.56	2.50	2.44	2.38	2.32	2.25
18	5.98	4.56	3.95	3.61	3.38	3.22	3.10	3.01	2.93	2.87	2.77	2.67	2.56	2.50	2.44	2.38	2.32	2.26	2.19
19	5.92	4.51	3.90	3.56	3.33	3.17	3.05	2.96	2.88	2.82	2.72	2.62	2.51	2.45	2.39	2.33	2.27	2.20	2.13
20	5.87	4.46	3.86	3.51	3.29	3.13	3.01	2.91	2.84	2.77	2.68	2.57	2.46	2.41	2.35	2.29	2.22	2.16	2.09
21	5.83	4.42	3.82	3.48	3.25	3.09	2.97	2.87	2.80	2.73	2.64	2.53	2.42	2.37	2.31	2.25	2.18	2.11	2.04
22	5.79	4.38	3.78	3.44	3.22	3.05	2.93	2.84	2.76	2.70	2.60	2.50	2.39	2.33	2.27	2.21	2.14	2.08	2.00
23	5.75	4.35	3.75	3.41	3.18	3.02	2.90	2.81	2.73	2.67	2.57	2.47	2.36	2.30	2.24	2.18	2.11	2.04	1.97
24	5.72	4.32	3.72	3.38	3.15	2.99	2.87	2.78	2.70	2.64	0.12	2.44	2.33	2.27	2.21	2.15	2.08	2.01	1.94
25	5.69	4.29	3.69	3.35	3.13	2.97	2.85	2.75	2.68	2.61	2.51	2.41	2.30	2.24	2.18	2.12	2.05	1.98	1.91
26	5.66	4.27	3.67	3.33	3.10	2.94	2.82	2.73	2.65	2.59	2.49	2.39	2.28	2.22	2.16	2.09	2.03	1.95	1.88
27	5.63	4.24	3.65	3.31	3.08	2.92	2.80	2.71	2.63	2.57	2.41	2.36	2.25	2.19	2.13	2.07	2.00	1.93	1.85
28	5.61	4.22	3.63	3.29	3.06	2.90	2.78	2.69	2.61	2.55	2.45	2.34	2.23	2.17	2.11	2.05	1.98	1.91	1.83
29	5.59	4.20	1.61	3.27	3.04	2.88	2.76	2.67	2.59	2.53	2.43	2.32	2.21	2.15	2.09	2.03	1.96	1.89	1.81
30	5.51	4.18	3.59	3.25	3.03	2.87	2.75	2.65	2.57	2.51	2.41	2.31	2.20	2.14	2.07	2.01	1.94	1.87	1.79
40	5.42	4.05	3.46	3.13	2.90	2.74	2.62	2.53	2.45	2.39	2.29	2.18	2.07	2.01	1.94	1.88	1.80	1.72	1.64
60	5.29	3.93	3.34	3.01	2.79	2.63	2.51	2.41	2.33	2.27	2.17	2.06	1.94	1.88	1.82	1.74	1.67	1.58	1.48
120	5.15	3.80	3.23	2.89	2.67	2.52	2.39	2.30	2.22	2.16	2.05	1.94	1.82	1.76	1.69	1.61	1.53	1.43	1.31
∞	5.02	3.69	3.12	2.79	2.57	2.41	2.29	2.19	2.11	2.05	1.94	1.83	1.71	1.64	1.57	1.48	1.39	1.27	1.00

부록 4-5 F - 분포표($\alpha = P(F > F_\alpha)$)

$F_{0.01}(f_1, f_2)$

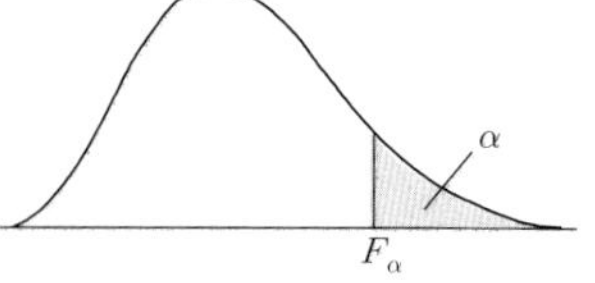

분모의 자유도(f_2) \ 분자의 자유도(f_1)	1	2	3	4	5	6	7	8	9	10	12	15	20	24	30	40	60	120	∞
1	4052	4999.5	5403	5625	5764	5859	5928	5982	6022	6056	6106	6157	6209	6235	6261	6287	6313	6339	6366
2	98.50	99.00	99.17	99.25	99.30	99.33	99.36	99.37	99.39	99.40	99.42	99.43	99.45	99.46	99.47	99.47	99.48	99.49	99.50
3	34.12	30.82	29.46	28.71	28.24	27.91	27.67	27.49	27.35	27.23	27.05	26.87	26.69	26.00	26.50	26.41	26.32	26.22	26.13
4	21.20	18.00	16.69	15.98	15.52	15.21	14.98	14.80	14.66	14.55	14.37	14.20	14.02	13.93	13.84	13.75	13.65	13.56	13.46
5	16.26	13.27	12.06	11.39	10.97	10.67	10.46	10.29	10.16	10.05	9.89	9.72	9.55	9.47	9.38	9.29	9.20	9.11	9.02
6	13.75	10.92	9.78	9.15	8.75	8.47	8.26	8.10	7.98	7.87	7.72	7.56	7.40	7.31	7.23	7.14	7.06	6.97	6.88
7	12.25	9.55	8.45	7.85	7.46	7.19	6.99	6.84	6.72	6.62	6.47	6.31	6.16	6.07	5.99	5.91	5.82	5.74	5.65
8	11.26	8.65	7.59	7.01	6.63	6.37	6.18	6.03	5.91	5.81	5.67	5.52	5.36	5.28	5.20	5.12	5.03	4.95	4.86
9	10.56	8.02	6.99	6.42	6.06	5.80	5.61	5.47	5.35	5.26	5.11	4.96	4.81	4.73	4.65	4.57	4.48	4.40	4.31
10	10.04	7.56	6.55	5.99	5.64	5.39	5.20	5.06	4.94	4.85	4.71	4.56	4.41	4.33	4.25	4.17	4.08	4.00	3.91
11	9.65	7.21	6.22	5.67	5.32	5.07	4.89	4.74	4.63	4.54	4.40	4.25	4.10	4.02	3.94	3.86	3.78	3.69	3.60
12	9.33	6.93	5.95	5.41	5.06	4.82	4.64	4.50	4.39	4.30	4.16	4.01	3.86	3.78	3.70	3.62	3.54	3.45	3.36
13	9.07	6.70	5.74	5.21	4.86	4.62	4.44	4.30	4.19	4.10	3.96	3.82	3.66	3.59	3.51	3.43	3.34	3.25	3.17
14	8.86	6.51	5.56	5.04	4.69	4.46	4.28	4.14	4.03	3.94	3.80	3.66	3.51	3.43	3.35	3.27	3.18	3.09	3.00
15	8.68	6.36	5.42	4.89	4.36	4.32	4.14	4.00	3.89	3.80	3.67	3.52	3.37	3.29	3.21	3.13	3.05	2.96	2.87
16	8.53	6.23	5.29	4.77	4.44	4.20	4.03	3.89	3.78	3.69	3.55	3.41	3.26	3.18	3.10	3.02	2.93	2.84	2.75
17	8.40	6.11	5.18	4.67	4.34	4.10	3.93	3.79	3.68	3.59	3.46	3.31	3.16	3.08	3.00	2.92	2.83	2.75	2.65
18	8.29	6.01	5.09	4.58	4.25	4.01	3.84	3.71	3.60	3.51	3.37	3.23	3.08	3.00	2.92	2.84	2.75	2.66	2.57
19	8.18	5.93	5.01	4.50	4.17	3.94	3.77	3.63	3.52	3.43	3.30	3.15	3.00	2.92	2.84	2.76	2.67	2.58	2.49
20	8.10	5.85	4.94	4.43	4.10	3.87	3.70	3.56	3.46	3.37	3.23	3.09	2.94	2.86	2.78	2.69	2.61	2.52	2.42
21	8.02	5.78	4.87	4.37	4.04	3.81	3.64	3.51	3.40	3.31	3.17	3.03	2.88	2.80	2.72	2.64	2.55	2.46	2.36
22	7.95	5.72	4.82	4.31	3.99	3.76	3.59	3.45	3.35	3.26	3.12	2.98	2.83	2.75	2.67	2.58	2.50	2.40	2.31
23	7.88	5.66	4.76	4.26	3.94	3.71	3.54	3.41	3.30	3.21	3.07	2.93	2.78	2.70	2.62	2.54	2.45	2.35	2.26
24	7.82	5.61	4.72	4.22	3.90	3.67	3.50	3.36	3.26	3.17	3.03	2.89	2.74	2.66	2.58	2.49	2.40	2.31	2.21
25	7.77	5.57	4.68	4.18	3.85	3.63	3.46	3.32	3.22	3.13	2.99	2.85	2.70	2.62	2.54	2.45	2.36	2.27	2.17
26	7.72	5.53	4.64	4.14	3.82	3.59	3.42	3.29	3.18	3.09	2.96	2.81	2.66	2.58	2.50	2.42	2.33	2.23	2.13
27	7.68	5.49	4.60	4.11	3.78	3.56	3.39	3.26	3.15	3.06	2.93	2.78	2.63	2.55	2.47	2.38	2.29	2.20	2.10
28	7.64	5.45	4.57	4.07	3.75	3.53	3.36	3.23	3.12	3.03	2.90	2.75	2.60	2.52	2.44	2.35	2.26	2.17	2.06
29	7.60	5.42	4.54	4.04	3.73	3.50	3.33	3.20	3.09	3.00	2.87	2.73	2.57	2.49	2.41	2.33	2.23	2.14	2.03
30	7.56	5.39	4.51	4.02	3.70	3.47	3.30	3.17	3.07	2.98	2.84	2.70	2.55	2.47	2.39	2.30	2.21	2.11	2.01
40	7.31	5.18	4.31	3.83	3.51	3.29	3.12	2.99	2.89	2.80	2.66	2.52	2.37	2.29	2.20	2.11	2.02	1.92	1.80
60	7.08	4.98	4.13	3.65	3.34	3.12	2.95	2.82	2.72	2.63	2.50	2.35	2.20	2.12	2.03	1.94	1.84	1.73	1.60
120	6.85	4.79	3.95	3.48	3.17	2.96	2.79	2.66	2.56	2.47	2.34	2.19	2.03	1.95	1.86	1.76	1.66	1.53	1.38
∞	6.63	4.61	3.78	3.32	3.02	2.80	2.64	2.51	2.41	2.32	2.18	2.04	1.88	1.79	1.70	1.59	1.47	1.32	1.00

부록 5-1 던컨의 다중비교를 위한 $r_\alpha(p, f)$

$r_{0.01}(p, f)$

f	p 2	3	4	5	6	7	8	9	10	20	50	100
1	90.0	90.0	90.0	90.0	90.0	90.0	90.0	90.0	90.0	90.0	90.0	90.0
2	14.0	14.0	14.0	14.0	14.0	14.0	14.0	14.0	14.0	14.0	14.0	14.0
3	8.26	8.50	8.60	8.70	8.80	8.90	8.90	9.00	9.00	9.30	9.30	9.30
4	6.51	6.80	6.90	7.00	7.10	7.10	7.20	7.20	7.30	7.50	7.50	7.50
5	5.70	5.96	6.11	6.18	6.26	6.33	6.40	6.44	6.50	6.80	6.80	6.80
6	5.24	5.51	5.65	5.73	5.81	5.88	5.95	6.00	6.00	6.30	6.30	6.30
7	4.95	5.22	5.37	5.45	5.53	5.61	5.69	5.73	5.80	6.00	6.00	6.00
8	4.74	5.00	5.14	5.23	5.32	5.40	5.47	5.51	5.50	5.80	5.80	5.80
9	4.60	4.86	4.99	5.08	5.17	5.25	5.32	5.36	5.40	5.70	5.70	5.70
10	4.48	4.73	4.88	4.96	5.06	5.13	5.20	5.24	5.28	5.55	5.55	5.55
11	4.39	4.63	4.77	4.86	4.94	5.01	5.06	5.12	5.15	5.39	5.39	5.39
12	4.32	4.55	4.68	4.76	4.84	4.92	4.96	5.02	5.07	5.26	5.26	5.26
13	4.26	4.48	4.62	4.69	4.74	4.84	4.88	4.94	4.98	5.15	5.15	5.15
14	4.21	4.42	4.55	4.63	4.70	4.78	4.83	4.87	4.91	5.07	5.07	5.07
15	4.17	4.37	4.50	4.58	4.64	4.72	4.77	4.81	4.84	5.00	5.00	5.00
16	4.13	4.34	4.45	4.54	4.60	4.67	4.72	4.76	4.79	4.94	4.94	4.94
17	4.10	4.30	4.41	4.50	4.56	4.63	4.68	4.73	4.75	4.89	4.89	4.89
18	4.07	4.27	4.38	4.46	4.53	4.59	4.64	4.68	4.71	4.85	4.85	4.85
19	4.05	4.24	4.35	4.43	4.50	4.56	4.61	4.64	4.67	4.82	4.82	4.82
20	4.02	4.22	4.33	4.40	4.47	4.53	4.58	4.61	4.65	4.79	4.79	4.79
30	3.89	4.06	4.16	4.22	4.32	4.36	4.41	4.45	4.48	4.65	4.71	4.71
40	3.82	3.99	4.10	4.17	4.24	4.30	4.34	4.37	4.41	4.59	4.69	4.69
60	3.76	3.92	4.03	4.12	4.17	4.23	4.27	4.31	4.34	4.53	4.66	4.66
100	3.71	3.86	3.98	4.06	4.11	4.17	4.21	4.25	4.29	4.48	4.64	4.65
∞	3.64	3.80	3.90	3.98	4.04	4.09	4.14	4.17	4.20	4.41	4.60	4.68

f=자유도

부록 5-2 던컨의 다중비교를 위한 $r_{\alpha}(p, f)$

$r_{0.05}(p, f)$

f	p = 2	3	4	5	6	7	8	9	10	20	50	100
1	18.0	18.0	18.0	18.0	18.0	18.0	18.0	18.0	18.0	18.0	18.0	18.0
2	6.09	6.09	6.09	6.09	6.09	6.09	6.09	6.09	6.09	6.09	6.09	6.09
3	4.50	4.50	4.50	4.50	4.50	4.50	4.50	4.50	4.50	4.50	4.50	4.50
4	3.93	4.01	4.02	4.02	4.02	4.02	4.02	4.02	4.02	4.02	4.02	4.02
5	3.64	3.74	3.79	3.83	3.83	3.83	3.83	3.83	3.83	3.83	3.83	3.83
6	3.46	3.58	3.64	3.68	3.68	3.68	3.68	3.68	3.68	3.68	3.68	3.68
7	3.35	3.47	3.54	3.58	3.60	3.61	3.61	3.61	3.61	3.61	3.61	3.61
8	3.26	3.39	3.47	3.52	3.55	3.56	3.56	3.56	3.56	3.56	3.56	3.56
9	3.20	3.34	3.41	3.47	3.50	3.52	3.52	3.52	3.52	3.52	3.52	3.52
10	3.15	3.30	3.37	3.43	3.46	3.47	3.47	3.47	3.47	3.48	3.48	3.48
11	3.11	3.27	3.35	3.39	3.43	3.44	3.45	3.46	3.46	3.48	3.48	3.48
12	3.08	3.23	3.33	3.36	3.40	3.42	3.44	3.44	3.46	3.48	3.48	3.48
13	3.06	3.21	3.30	3.35	3.38	3.41	3.42	3.44	3.45	3.47	3.47	3.47
14	3.03	3.18	3.27	3.33	3.37	3.39	3.41	3.42	3.44	3.47	3.47	3.47
15	3.01	3.16	3.25	3.31	3.36	3.38	3.40	3.42	3.43	3.47	3.47	3.47
16	3.00	3.15	3.23	3.30	3.34	3.37	3.39	3.41	3.43	3.47	3.47	3.47
17	2.98	3.13	3.22	3.28	3.33	3.36	3.38	3.40	3.42	3.47	3.47	3.47
18	2.97	3.12	3.21	3.27	3.32	3.35	3.37	3.39	3.41	3.47	3.47	3.47
19	2.96	3.11	3.19	3.26	3.31	3.35	3.37	3.39	3.41	3.47	3.47	3.47
20	2.95	3.10	3.18	3.25	3.30	3.34	3.36	3.38	3.40	3.47	3.47	3.47
30	2.89	3.04	3.12	3.20	3.25	3.29	3.32	3.35	3.37	3.47	3.47	3.47
40	2.86	3.01	3.10	3.17	3.22	3.27	3.30	3.33	3.35	3.47	3.47	3.47
60	2.83	2.98	3.08	3.14	3.20	3.24	3.28	3.31	3.33	3.47	3.48	3.48
100	2.80	2.95	3.05	3.12	3.18	3.22	3.26	3.29	3.32	3.47	3.53	3.53
∞	2.77	2.92	3.02	3.09	3.15	3.19	3.23	3.26	3.29	3.47	3.61	3.67

f=자유도

부록 6-1 스튜던트-뉴먼-쿨스(SNK) 방법을 위한 $q_{\alpha}(p, f)$

$q_{0.01}(p, f)$

	p																		
f	2	3	4	5	6	7	8	9	10	11	12	13	14	15	16	17	18	19	20
1	90.0	135	164	186	202	216	227	237	246	253	260	266	272	272	282	286	290	294	298
2	14.00	19.00	22.3	24.7	26.6	28.2	29.5	30.7	31.7	32.6	33.4	34.1	34.8	35.4	36.0	36.5	37.0	37.5	37.9
3	8.26	10.6	12.2	13.3	14.2	15.0	15.6	16.2	16.7	17.1	17.5	17.9	18.2	18.5	18.8	19.1	19.3	19.5	19.8
4	6.51	8.12	9.17	9.96	10.6	11.1	11.5	11.9	12.3	12.6	12.8	13.1	13.3	13.5	13.7	13.9	14.1	14.2	14.4
5	5.70	6.97	7.80	8.42	8.91	9.32	9.67	9.97	10.24	10.48	10.70	10.89	11.08	11.24	11.40	11.55	11.68	11.81	11.93
6	5.24	6.33	7.03	7.56	7.97	8.32	8.61	8.87	9.10	9.30	9.49	9.65	9.81	9.95	10.08	10.21	10.32	10.43	10.54
7	4.95	5.92	6.54	7.01	7.37	7.68	7.94	8.17	8.37	8.55	8.71	8.86	9.00	9.12	9.24	9.35	9.46	9.55	9.65
8	4.74	5.63	6.20	6.63	6.96	7.24	7.47	7.68	7.87	8.03	8.18	8.31	8.44	8.55	8.66	8.76	8.85	8.94	9.03
9	4.60	5.43	5.96	6.35	6.66	6.91	7.13	7.32	7.49	7.65	7.78	7.91	8.03	8.13	8.23	8.32	8.41	8.49	8.57
10	4.48	5.27	5.77	6.14	6.43	6.67	6.87	7.05	7.21	7.36	7.48	7.60	7.71	7.81	7.91	7.99	8.07	8.15	8.22
11	4.39	5.14	5.62	5.97	6.25	6.48	6.67	6.84	6.99	7.13	7.25	7.36	7.46	7.56	7.65	7.73	7.81	7.88	7.95
12	4.32	5.04	5.50	5.84	6.10	6.32	6.51	6.67	6.81	6.94	7.06	7.17	7.26	7.36	7.44	7.52	7.59	7.66	7.73
13	4.26	4.96	5.40	5.73	5.98	6.19	6.37	6.53	6.67	6.79	6.90	7.01	7.10	7.19	7.27	7.34	7.42	7.48	7.55
14	4.21	4.89	5.32	5.63	5.88	6.08	6.26	6.41	6.54	6.66	6.77	6.87	6.96	7.05	7.12	7.20	7.27	7.33	7.39
15	4.17	4.83	5.25	5.56	5.80	5.99	6.16	6.31	6.44	6.55	6.66	6.76	6.84	6.93	7.00	7.07	7.14	7.20	7.26
16	4.13	4.78	5.19	5.49	5.72	5.92	6.08	6.22	6.35	6.46	6.56	6.66	6.74	6.82	6.90	6.97	7.03	7.09	7.15
17	4.10	4.74	5.14	5.43	5.66	5.85	6.01	6.15	6.27	6.38	6.48	6.57	6.66	6.73	6.80	6.87	6.94	7.00	7.05
18	4.07	4.70	5.09	5.38	5.60	5.79	5.94	6.08	6.20	6.31	6.41	6.50	6.58	6.65	6.72	6.79	6.85	6.91	6.96
19	4.05	4.67	5.05	5.33	5.55	5.73	5.89	6.02	6.14	6.25	6.34	6.43	6.51	6.58	6.65	6.72	6.78	6.84	6.89
20	4.02	4.64	5.02	5.29	5.51	5.69	5.84	5.97	6.09	6.19	6.29	6.37	6.45	6.52	6.59	6.65	6.71	6.76	6.82
24	3.96	4.54	4.91	5.17	5.37	5.54	5.69	5.81	5.92	6.02	6.11	6.19	6.26	6.33	6.39	6.45	6.51	6.56	6.61
30	3.89	4.45	4.80	5.05	5.24	5.40	5.54	5.65	5.76	5.85	5.93	6.01	6.08	6.14	6.20	6.26	6.31	6.36	6.41
40	3.82	4.37	4.70	4.93	5.11	5.27	5.39	5.50	5.60	5.69	5.77	5.84	5.90	5.96	6.02	6.07	6.12	6.17	6.21
60	3.76	4.28	4.60	4.82	4.99	5.13	5.25	5.36	5.45	5.53	5.60	5.67	5.73	5.79	5.84	5.89	5.93	5.98	6.02
120	3.70	4.20	4.50	4.71	4.87	5.01	5.12	5.21	5.30	5.38	5.44	5.51	5.56	5.61	5.66	5.71	5.75	5.79	5.83
∞	3.64	4.12	4.40	4.60	4.76	4.88	4.99	5.08	5.16	5.23	5.29	5.35	5.40	5.45	5.49	5.54	5.57	5.61	5.65

f=자유도

부록 6-2 스튜던트-뉴먼-쿨스(SNK) 방법을 위한 $q_{\alpha}(p, f)$

$q_{0.05}(p, f)$

	p																		
f	2	3	4	5	6	7	8	9	10	11	12	13	14	15	16	17	18	19	20
1	18.1	26.7	32.8	37.2	40.5	43.1	45.4	47.3	49.1	50.6	51.9	53.2	54.3	55.4	56.3	57.2	58.0	58.8	59.6
2	6.09	8.28	9.80	10.89	11.73	12.43	13.03	13.54	13.99	14.39	14.75	15.08	15.38	15.65	15.91	16.14	16.36	16.57	16.77
3	4.50	5.88	6.83	7.51	8.04	8.47	8.85	9.18	9.46	9.72	9.95	10.16	10.35	10.52	10.69	10.84	10.98	11.12	11.24
4	3.93	5.00	5.76	6.31	6.73	7.06	7.35	7.60	7.83	8.03	8.21	8.37	8.52	8.67	8.80	8.92	9.03	9.14	9.24
5	3.64	4.60	5.22	5.67	6.03	6.33	6.58	6.80	6.99	7.17	7.32	7.47	7.60	7.72	7.83	7.93	8.03	8.12	0.35
6	3.46	4.34	4.90	5.31	5.63	5.89	6.12	6.32	6.49	6.65	6.79	6.92	7.04	7.14	7.24	7.34	7.43	7.51	7.59
7	3.34	4.16	4.68	5.06	5.35	5.59	5.80	5.99	6.15	6.29	6.42	6.54	6.65	6.75	6.84	6.93	7.01	7.08	7.16
8	3.26	4.04	4.53	4.89	5.17	5.40	5.60	5.77	5.92	6.05	6.18	6.29	6.39	6.48	6.57	6.65	6.73	6.80	6.87
9	3.20	3.95	4.42	4.76	5.02	5.24	5.43	5.60	5.74	5.87	5.98	6.09	6.19	6.28	6.36	6.44	6.51	6.58	6.65
10	3.15	3.88	4.33	4.66	4.91	5.12	5.30	5.46	5.60	5.72	5.83	5.93	6.03	6.12	6.20	6.27	6.34	6.41	6.47
11	3.11	3.82	4.26	4.58	4.82	5.03	5.20	5.35	5.49	5.61	5.71	5.81	5.90	5.98	6.06	6.14	6.20	6.27	6.33
12	3.08	3.77	4.20	4.51	4.75	4.95	5.12	5.27	5.40	5.51	5.61	5.71	5.80	5.88	5.95	6.02	6.09	6.15	6.21
13	3.06	3.73	4.15	4.46	4.69	4.88	5.05	5.19	5.32	5.43	5.53	5.63	5.71	5.79	5.86	5.93	6.00	6.06	6.11
14	3.03	3.70	4.11	4.41	4.64	4.83	4.99	5.13	5.25	5.36	5.46	5.56	5.64	5.72	5.79	5.86	5.92	5.98	6.03
15	3.01	3.67	4.08	4.37	4.59	4.78	4.94	5.08	5.20	5.31	5.40	5.49	5.57	5.65	5.72	5.79	5.85	5.91	5.96
16	3.00	3.65	4.05	4.34	4.56	4.74	4.90	5.03	5.15	5.26	5.35	5.44	5.52	5.59	5.66	5.73	5.79	5.84	5.90
17	2.98	3.62	4.02	4.31	4.52	4.70	4.86	4.99	5.11	5.21	5.31	5.39	5.47	5.55	5.61	5.68	5.74	5.79	5.84
18	2.97	3.61	4.00	4.28	4.49	4.67	4.83	4.96	5.07	5.17	5.27	5.35	5.43	5.50	5.57	5.63	5.69	5.74	5.79
19	2.96	3.59	3.98	4.26	4.47	4.64	4.79	4.92	5.04	5.14	5.23	5.32	5.39	5.46	5.53	5.59	5.65	5.70	5.75
20	2.95	3.58	3.96	4.24	4.45	4.62	4.77	4.90	5.01	5.11	5.20	5.28	5.36	5.43	5.50	5.56	5.61	5.66	5.71
24	2.92	3.53	3.90	4.17	4.37	4.54	4.68	4.81	4.92	5.01	5.10	5.18	5.25	5.32	5.38	5.44	5.50	5.55	5.59
30	2.89	3.48	3.84	4.11	4.30	4.46	4.60	4.72	4.83	4.92	5.00	5.08	5.15	5.21	5.27	5.33	5.38	5.43	5.48
40	2.86	3.44	3.79	4.04	4.23	4.39	4.52	4.63	4.74	4.82	4.90	4.98	5.05	5.11	5.17	5.22	5.27	5.32	5.36
60	2.83	3.40	3.74	3.98	4.16	4.31	4.44	4.55	4.65	4.73	4.81	4.88	4.94	5.00	5.06	5.11	5.15	5.20	5.24
120	2.80	3.36	3.69	3.92	4.10	4.24	4.36	4.47	4.56	4.64	4.71	4.78	4.84	4.90	4.95	5.00	5.04	5.09	5.13
∞	2.77	3.32	3.63	3.86	4.03	4.17	4.29	4.39	4.47	4.55	4.62	4.68	4.74	4.80	4.84	4.98	4.93	4.97	5.01

f=자유도

부록 7-1 더넷 검정의 임계값 $d_{\alpha}(a-1, f)$

$d_{0.05}(a-1, f)$

양측검정

	$a-1=$ 처리수(비교그룹 제외)								
f	1	2	3	4	5	6	7	8	9
5	2.57	3.03	3.29	3.48	3.62	3.73	3.82	3.90	3.97
6	2.45	2.86	3.10	3.26	3.39	3.49	3.57	3.64	3.71
7	2.36	2.75	2.97	3.12	3.24	3.33	3.41	3.47	3.53
8	2.31	2.67	2.88	3.02	3.13	3.22	3.29	3.35	3.41
9	2.26	2.61	2.81	2.95	3.05	3.14	3.20	3.26	3.32
10	2.23	2.57	2.76	2.89	2.99	3.07	3.14	3.19	3.24
11	2.20	2.53	2.72	2.84	2.94	3.02	3.08	3.14	3.19
12	2.18	2.50	2.68	2.81	2.90	2.98	3.04	3.09	3.14
13	2.16	2.48	2.65	2.78	2.87	2.94	3.00	3.06	3.10
14	2.14	2.46	2.63	2.75	2.84	2.91	2.97	3.02	3.07
15	2.13	2.44	2.61	2.73	2.82	2.89	2.95	3.00	3.04
16	2.12	2.42	2.59	2.71	2.80	2.87	2.92	2.97	3.02
17	2.11	2.41	2.58	2.69	2.78	2.85	2.90	2.95	3.00
18	2.10	2.40	2.56	2.68	2.76	2.83	2.89	2.94	2.98
19	2.09	2.39	2.55	2.66	2.75	2.81	2.87	2.92	2.96
20	2.09	2.38	2.54	2.65	2.73	2.80	2.86	2.90	2.95
24	2.06	2.35	2.51	2.61	2.70	2.76	2.81	2.86	2.90
30	2.04	2.32	2.47	2.58	2.66	2.72	2.77	2.82	2.86
40	2.02	2.29	2.44	2.54	2.62	2.68	2.73	2.77	2.81
60	2.00	2.27	2.41	2.51	2.58	2.64	2.69	2.73	2.77
120	1.98	2.24	2.38	2.47	2.55	2.60	2.65	2.69	2.73
∞	1.96	2.21	2.35	2.44	2.51	2.57	2.61	2.65	2.69

f=자유도

부록 7-2 더넷 검정의 임계값 $d_{\alpha}(a-1, f)$

$d_{0.01}(a-1, f)$

양측검정(계속)

	$a-1=$ 처리수(비교그룹 제외)								
f	1	2	3	4	5	6	7	8	9
5	4.03	4.63	4.98	5.22	5.41	5.56	5.69	5.80	5.89
6	3.71	4.21	4.51	4.71	4.87	5.00	5.10	5.20	5.28
7	3.50	3.95	4.21	4.39	4.53	4.64	4.74	4.82	4.89
8	3.36	3.77	4.00	4.17	4.29	4.40	4.48	4.56	4.62
9	3.25	3.63	3.85	4.01	4.12	4.22	4.30	4.37	4.43
10	3.17	3.53	3.74	3.88	3.99	4.08	4.16	4.22	4.28
11	3.11	3.45	3.65	3.79	3.89	3.98	4.05	4.11	4.16
12	3.05	3.39	3.58	3.71	3.81	3.89	3.96	4.02	4.07
13	3.01	3.33	3.52	3.65	3.74	3.82	3.89	3.94	3.99
14	2.98	3.29	3.47	3.59	3.69	3.76	3.83	3.88	3.93
15	2.95	3.25	3.43	3.55	3.64	3.71	3.78	3.83	3.88
16	2.92	3.22	3.39	3.51	3.60	3.67	3.73	3.78	3.83
17	2.90	3.19	3.36	3.47	3.56	3.63	3.69	3.74	3.79
18	2.88	3.17	3.33	3.44	3.53	3.60	3.66	3.71	3.75
19	2.86	3.15	3.31	3.42	3.50	3.57	3.63	3.68	3.72
20	2.85	3.13	3.29	3.40	3.48	3.55	3.60	3.65	3.69
24	2.80	3.07	3.22	3.32	3.40	3.47	3.52	3.57	3.61
30	2.75	3.01	3.15	3.25	3.33	3.39	3.44	3.49	3.52
40	2.70	2.95	3.09	3.19	3.26	3.32	3.37	3.41	3.44
60	2.66	2.90	3.03	3.12	3.19	3.25	3.29	3.33	3.37
120	2.62	2.85	2.97	3.06	3.12	3.18	3.22	3.26	3.29
∞	2.58	2.79	2.92	3.00	3.06	3.11	3.15	3.19	3.22

f=자유도

부록 7-3 더넷 검정의 임계값 $d_{\alpha}(a-1, f)$

$d_{0.05}(a-1, f)$

단측검정

	$a-1$ = 처리수(비교그룹 제외)								
f	1	2	3	4	5	6	7	8	9
5	2.02	2.44	2.68	2.85	2.98	3.08	3.16	3.24	3.30
6	1.94	2.34	2.56	2.71	2.83	2.92	3.00	3.07	3.12
7	1.89	2.27	2.48	2.62	2.73	2.82	2.89	2.95	3.01
8	1.86	2.22	2.42	2.55	2.66	2.74	2.81	2.87	2.92
9	1.83	2.18	2.37	2.50	2.60	2.68	2.75	2.81	2.86
10	1.81	2.15	2.34	2.47	2.56	2.64	2.70	2.76	2.81
11	1.80	2.13	2.31	2.44	2.53	2.60	2.67	2.72	2.77
12	1.78	2.11	2.29	2.41	2.50	2.58	2.64	2.69	2.74
13	1.77	2.09	2.27	2.39	2.48	2.55	2.61	2.66	2.71
14	1.76	2.08	2.25	2.37	2.46	2.53	2.59	2.64	2.69
15	1.75	2.07	2.24	2.36	2.44	2.51	2.57	2.62	2.67
16	1.75	2.06	2.23	2.34	2.43	2.50	2.56	2.61	2.65
17	1.74	2.05	2.22	2.33	2.42	2.49	2.54	2.59	2.64
18	1.73	2.04	2.21	2.32	2.41	2.48	2.53	2.58	2.62
19	1.73	2.03	2.20	2.31	2.40	2.47	2.52	2.57	2.61
20	1.72	2.03	2.19	2.30	2.39	2.46	2.51	2.56	2.60
24	1.71	2.01	2.17	2.28	2.36	2.43	2.48	2.53	2.57
30	1.70	1.99	2.15	2.25	2.33	2.40	2.45	2.50	2.54
40	1.68	1.97	2.13	2.23	2.31	2.37	2.42	2.47	2.51
60	1.67	1.95	2.10	2.21	2.28	2.35	2.39	2.44	2.48
120	1.66	1.93	2.08	2.18	2.26	2.32	2.37	2.41	2.45
∞	1.64	1.92	2.06	2.16	2.23	2.29	2.34	2.38	2.42

f=자유도

부록 7-4 더넷 검정의 임계값 $d_{\alpha}(a-1, f)$

$d_{0.01}(a-1, f)$

단측검정(계속)

	$a-1=$ 처리수(비교그룹 제외)								
f	1	2	3	4	5	6	7	8	9
5	3.37	3.90	4.21	4.43	4.60	4.73	4.85	4.94	5.03
6	3.14	3.61	3.88	4.07	4.21	4.33	4.43	4.51	4.59
7	3.00	3.42	3.66	3.83	3.96	4.07	4.15	4.23	4.30
8	2.90	3.29	3.51	3.67	3.79	3.88	3.96	4.03	4.09
9	2.82	3.19	3.40	3.55	3.66	3.75	3.82	3.89	3.94
10	2.76	3.11	3.31	3.45	3.56	3.64	3.71	3.78	3.83
11	2.72	3.06	3.25	3.38	3.48	3.56	3.63	3.69	3.74
12	2.68	3.01	3.19	3.32	3.42	3.50	3.56	3.62	3.67
13	2.65	2.97	3.15	3.27	3.37	3.44	3.51	3.56	3.61
14	2.62	2.94	3.11	3.23	3.32	3.40	3.46	3.51	3.56
15	2.60	2.91	3.08	3.20	3.29	3.36	3.42	3.47	3.52
16	2.58	2.88	3.05	3.17	3.26	3.33	3.39	3.44	3.48
17	2.57	2.86	3.03	3.14	3.23	3.30	3.36	3.41	3.45
18	2.55	2.84	3.01	3.12	3.21	3.27	3.33	3.38	3.42
19	2.54	2.83	2.99	3.10	3.18	3.25	3.31	3.36	3.40
20	2.53	2.81	2.97	3.08	3.17	3.23	3.29	3.34	3.38
24	2.49	2.77	2.92	3.03	3.11	3.17	3.22	3.27	3.31
30	2.46	2.72	2.87	2.97	3.05	3.11	3.16	3.21	3.24
40	2.42	2.68	2.82	2.92	2.99	3.05	3.10	3.14	3.18
60	2.39	2.64	2.78	2.87	2.94	3.00	3.04	3.08	3.12
120	2.36	2.60	2.73	2.82	2.89	2.94	2.99	3.03	3.06
∞	2.33	2.56	2.68	2.77	2.84	2.89	2.93	2.97	3.00

f=자유도

부록 8 직교다항계수

	$n=3$		$n=4$			$n=5$				$n=6$				
X_i	p_1	p_2	p_1	p_2	p_3	p_1	p_2	p_3	p_4	p_1	p_2	p_3	p_4	p_5
1	−1	1	−3	1	−1	−2	2	−1	1	−5	5	−5	1	−1
2	0	−2	−1	−1	3	−1	−1	2	−4	−3	−1	7	−3	5
3	1	1	1	−1	−3	0	−2	0	6	−1	−4	4	2	−10
4			3	1	1	1	−1	−2	−4	1	−4	−4	2	10
5						2	2	1	1	3	−1	−7	−3	−5
6										5	5	5	1	1
7														
$\sum_{j=1}^{n}\{p_i(X_i)\}^2$	2	6	20	4	20	10	14	10	70	70	84	180	28	252
λ	1	3	2	1	$\frac{10}{3}$	1	1	$\frac{5}{6}$	$\frac{35}{12}$	2	$\frac{3}{2}$	$\frac{5}{3}$	$\frac{7}{12}$	$\frac{21}{10}$

	$n=7$						$n=8$					
X_i	p_1	p_2	p_3	p_4	p_5	p_6	p_1	p_2	p_3	p_4	p_5	p_6
1	−3	5	−1	3	−1	1	−7	7	−7	7	−7	1
2	−2	0	1	−7	4	−6	−5	1	5	−13	23	−5
3	−1	−3	1	1	−5	15	−3	−3	7	−3	−17	9
4	0	−4	0	6	0	−20	−1	−5	3	9	−15	−5
5	1	−3	−1	1	5	15	1	−5	−3	9	15	−5
6	2	0	−1	−7	−4	−6	3	−3	−7	−3	17	9
7	3	5	1	3	1	1	5	1	−5	−13	−23	−5
8							7	7	7	7	7	1
9												
10												
$\sum_{j=1}^{n}\{p_i(X_i)\}$	28	84	6	154	84	924	168	168	264	616	2184	264
λ	1	1	$\frac{1}{6}$	$\frac{7}{12}$	$\frac{7}{20}$	$\frac{77}{60}$	2	1	$\frac{2}{3}$	$\frac{7}{12}$	$\frac{7}{10}$	$\frac{11}{60}$

	$n=9$						$n=10$					
X_i	p_1	p_2	p_3	p_4	p_5	p_6	p_1	p_2	p_3	p_4	p_5	p_6
1	−4	28	−14	14	−4	4	−9	6	−42	18	−6	3
2	−3	7	7	−21	11	−17	−7	2	14	−22	14	−11
3	−2	−8	13	−11	−4	22	−5	−1	35	−17	−1	10
4	−1	−17	9	9	−9	1	−3	−3	31	3	−11	6
5	0	−20	0	18	0	−20	−1	−4	12	18	−6	−8
6	1	−17	−9	9	9	1	1	−4	−12	18	6	−8
7	2	−8	13	−11	4	22	3	−3	−31	3	11	6
8	3	−7	−7	−21	−11	−17	5	−1	−35	−17	1	10
9	4	28	14	14	4	4	7	2	−14	−22	−14	−11
10							9	6	42	18	6	3
$\sum_{j=1}^{n}\{p_i(X_i)\}$	60	2772	990	2002	468	1980	330	132	8580	2860	780	660
λ	1	3	$\frac{5}{6}$	$\frac{7}{12}$	$\frac{3}{20}$	$\frac{11}{60}$	2	$\frac{1}{2}$	$\frac{5}{3}$	$\frac{5}{12}$	$\frac{1}{10}$	$\frac{11}{240}$

10480	15011	01536	02011	87647	91646	69179	14194	62590
22368	46573	25595	85393	30995	89198	27982	53402	93965
24130	48360	22527	97265	76393	64809	15179	24830	49340
42167	93093	06243	61680	07856	16376	39440	53537	71341
37570	39975	81837	16656	06121	91782	60468	81305	49684
77921	06907	11008	42751	27756	53498	18602	70659	90655
99562	72905	56420	69994	98872	31016	71194	18738	44013
96301	91977	05463	07972	18876	20922	94595	56869	69014
89579	14342	63661	10281	17453	18103	57740	84378	25331
85475	36857	53342	53988	53060	59533	38867	62300	08158
28918	69578	88231	33276	70997	79936	56865	05859	90106
63553	40961	48235	03427	49626	69445	18663	72695	52180
09429	93969	52636	92737	88974	33488	36320	17617	30015
10365	61129	87529	85689	48237	52267	67689	93394	01511
07119	97336	71048	08178	77233	13976	47564	81056	97735
51085	12765	51821	51259	77452	16308	60756	92144	49442
02368	21382	52404	60268	89368	19885	55322	44819	01188
01011	54092	33362	94904	31273	04146	18594	29852	71585
52162	53916	46369	58586	23216	14513	83149	98736	23495
07056	97628	33787	09998	42698	06691	76988	13602	51851
48663	91245	85828	14346	09172	30168	90229	04734	59193
54164	58492	22421	74103	47070	25306	76468	26384	58151
32639	32363	05597	24200	13363	38005	94342	28728	35806
29334	27001	87637	87308	58731	00256	45834	15398	46557
02488	33062	28834	07351	19731	92420	60952	61280	50001
81525	72295	04839	96423	24878	82651	66566	14778	79797
29676	20591	68086	26432	46901	20849	89768	81536	86645
00742	57392	39064	66432	84673	40027	32832	61362	98947
05366	04213	25669	26422	44407	44048	37937	63904	45766
91921	26418	64117	94305	26766	25940	39972	22209	71500
00582	04711	87917	77341	42206	35126	74087	99547	81817
00725	69884	62797	56170	86324	88072	76222	36086	84637
69011	65795	95876	55293	18988	27354	26575	08625	40801
25976	57948	29888	88604	67917	48708	18912	82271	65424
09763	83473	73577	12908	30883	18317	28290	35797	05998
91567	42595	27958	30134	04024	86385	29880	99730	55536
17955	56349	90999	49127	20044	59931	06115	20542	18059
46503	18584	18845	49618	02304	51038	20655	58727	28168
92157	89634	94824	78171	84610	82834	09922	25417	44137
14577	62765	35605	81263	39667	47358	56873	56307	67607

부록 10 라틴방격

4×4 라틴방격

A B C D	A B C D	A B C D	A B C D
B A D C	B C D A	B D A C	B A D C
C D B A	C D A B	C A D B	C D A B
D C A B	D A B C	D C B A	D C B A
1	2	3	4

5×5 라틴방격

A B C D E	A B C D E	A B C D E	A B C D E	A B C D E	A B C D E
B A D E C	B A E C D	B A E C D	B A D E C	B A E C D	B A E C D
C E A B D	C D A E B	C D B E A	C E B A D	C E D B A	C E D A B
D C E A B	D E B A C	D E A B C	D C E B A	D C A E B	D C B E A
E D B C A	E C D B A	E C D A B	E D A C B	E D B A C	E D A B C
1	2	3	4	5	6

A B C D E	A B C D E	A B C D E	A B C D E	A B C D E	A B C D E
B A D E C	B A D E C	B C E A D	B C D E A	B C E A D	B C D E A
C D E B A	C D E A B	C D B E A	C E B A D	C D A E B	C E A B D
D E A C B	D E B C A	D E A B C	D A E B C	D E B C A	D A E C B
E C B A D	E C A B D	E A D C B	E D A C B	E A D B C	E D B A C
7	8	9	10	11	12

A B C D E	A B C D E	A B C D E	A B C D E	A B C D E	A B C D E
B C D E A	B C E A D	B C A E D	B C E A D	B C A E D	B C D E A
C E B A D	C D B E A	C E D B A	C A D E B	C D E A B	C A E B D
D A E C B	D E A C B	D A E C B	D E B C A	D E B C A	D E A C B
E D A B C	E A D B C	E D B A C	E D A B C	E A D B C	E D B A C
13	14	15	16	17	18

A B C D E	A B C D E	A B C D E	A B C D E	A B C D E	A B C D E
B C E A D	B C A E D	B C D E A	B C A E D	B D A E C	B D E C A
C A D E B	C E D A B	C A E B D	C D E B A	C E B A D	C A B E D
D E A B C	D A E B C	D E B A C	D E B A C	D C E B A	D E A B C
E D B C A	E D B C A	E D A C B	E A D C B	E A D C B	E C D A B
19	20	21	22	23	24

A B C D E	A B C D E	A B C D E	A B C D E	A B C D E	A B C D E
B D E C A	B D A E C	B D A E C	B D E C A	B D E A C	B D A E C
C A D E B	C E D B A	C E D A B	C A D E B	C A D E B	C E D B A
D E B A C	D C E A B	D C E B A	D E A B C	D E B C A	D A E C B
E C A B D	E A B C D	E A B C D	E C B A D	E C A B D	E C B A D
25	26	27	28	29	30

A B C D E	A B C D E	A B C D E	A B C D E	A B C D E	A B C D E
B D E C A	B D E A C	B D E A C	B D A E C	B D E C A	B D E A C
C E D A B	C E D B A	C A B E D	C E B A D	C E A B D	C E A B D
D A B E C	D C A E B	D E A C B	D A E C B	D A B E C	D C B E A
E C A B D	E A B C D	E C D B A	E C D B A	E C D A B	E A D C B
31	32	33	34	35	36

A B C D E	A B C D E	A B C D E	A B C D E	A B C D E	A B C D E
B E A C D	B E D A C	B E A C D	B E D A C	B E D A C	B E A C D
C D B E A	C A B E D	C D E A B	C A E B D	C A E B D	C D E B A
D A E B C	D C E B A	D A B E C	D C A E B	D C B E A	D A B E C
E C D A B	E D A C B	E C D B A	E D B C A	E D A C B	E C D A B
37	38	39	40	41	42

A B C D E	A B C D E	A B C D E	A B C D E	A B C D E	A B C D E
B E A C D	B E D C A	B E D A C	B E D C A	B E D C A	B E A C D
C D E A B	C A E B D	C D E B A	C D E A B	C A B E D	C D B E A
D C B E A	D C A E B	D C A E B	D A B E C	D C E A B	D C E A B
E A D B C	E D B A C	E A B C D	E C A B D	E D A B C	E A D B C
43	44	45	46	47	48

A B C D E	A B C D E	A B C D E	A B C D E	A B C D E	A B C D E
B E D C A	B E D A C	B C E A D	B C D E A	B D E C A	B D A E C
C D A E B	C D A E B	C E D B A	C D E A B	C E B A D	C A E B D
D A E B C	D C E B A	D A B E C	D E A B C	D C A E B	D E B C A
E C B A D	E A B C D	E D A C B	E A B C D	E A D B C	E C D A B
49	50	51	52	53	54

A	B	C	D	E
B	E	D	A	C
C	D	B	E	A
D	A	E	C	B
E	C	A	B	D

55

A	B	C	D	E
B	E	A	C	D
C	A	D	E	B
D	C	E	B	A
E	D	B	A	C

56

6×6

A	B	C	D	E	F
B	F	D	C	A	E
C	D	E	F	B	A
D	A	F	E	C	B
E	C	A	B	F	D
F	E	B	A	D	C

7×7

A	B	C	D	E	F	G
B	C	D	E	F	G	A
C	D	E	F	G	A	B
D	E	F	G	A	B	C
E	F	G	A	B	C	D
F	G	A	B	C	D	E
G	A	B	C	D	E	F

8×8

A	B	C	D	E	F	G	H
B	C	D	E	F	G	H	A
C	D	E	F	G	H	A	B
D	E	F	G	H	A	B	C
E	F	G	H	A	B	C	D
F	G	H	A	B	C	D	E
G	H	A	B	C	D	E	F
H	A	B	C	D	E	F	G

9×9

A	B	C	D	E	F	G	H	I
B	C	D	E	F	G	H	I	A
C	D	E	F	G	H	I	A	B
D	E	F	G	H	I	A	B	C
E	F	G	H	I	A	B	C	D
F	G	H	I	A	B	C	D	E
G	H	I	A	B	C	D	E	F
H	I	A	B	C	D	E	F	G
I	A	B	C	D	E	F	G	H

10×10

A	B	C	D	E	F	G	H	I	J
B	C	D	E	F	G	H	I	J	A
C	D	E	F	G	H	I	J	A	B
D	E	F	G	H	I	J	A	B	C
E	F	G	H	I	J	A	B	C	D
F	G	H	I	J	A	B	C	D	E
G	H	I	J	A	B	C	D	E	F
H	I	J	A	B	C	D	E	F	G
I	J	A	B	C	D	E	F	G	H
J	A	B	C	D	E	F	G	H	I

11×11

A	B	C	D	E	F	G	H	I	J	K
B	C	D	E	F	G	H	I	J	K	A
C	D	E	F	G	H	I	J	K	A	B
D	E	F	G	H	I	J	K	A	B	C
E	F	G	H	I	J	K	A	B	C	D
F	G	H	I	J	K	A	B	C	D	E
G	H	I	J	K	A	B	C	D	E	F
H	I	J	K	A	B	C	D	E	F	G
I	J	K	A	B	C	D	E	F	G	H
J	K	A	B	C	D	E	F	G	H	I
K	A	B	C	D	E	F	G	H	I	J

12×12

A	B	C	D	E	F	G	H	I	J	K	L
B	C	D	E	F	G	H	I	J	K	L	A
C	D	E	F	G	H	I	J	K	L	A	B
D	E	F	G	H	I	J	K	L	A	B	C
E	F	G	H	I	J	K	L	A	B	C	D
F	G	H	I	J	K	L	A	B	C	D	E
G	H	I	J	K	L	A	B	C	D	E	F
H	I	J	K	L	A	B	C	D	E	F	G
I	J	K	L	A	B	C	D	E	F	G	H
J	K	L	A	B	C	D	E	F	G	H	I
K	L	A	B	C	D	E	F	G	H	I	J
L	A	B	C	D	E	F	G	H	I	J	K

그레코 라틴방격

3×3

A_1	B_3	C_2
B_2	C_1	A_3
C_3	A_2	B_1

4×4

A_1	B_3	C_4	D_2
B_2	A_4	D_3	C_1
C_3	D_1	A_2	B_4
D_4	C_2	B_1	A_3

5×5

A_1	B_3	C_5	D_2	E_4
B_2	C_4	D_1	E_3	A_5
C_3	D_5	E_2	A_4	B_1
D_4	E_1	A_3	B_5	C_2
E_5	A_2	B_4	C_1	D_3

7×7

A_1	B_5	C_2	D_6	E_3	F_7	G_4
B_2	C_6	D_3	E_7	F_4	G_1	A_5
C_3	D_7	E_4	F_1	G_5	A_2	B_6
D_4	E_1	F_5	G_2	A_6	B_3	C_7
E_5	F_2	G_6	A_3	B_7	C_4	D_1
F_6	G_3	A_7	B_4	C_1	D_5	E_2
G_7	A_4	B_1	C_5	D_2	E_6	F_3

8×8

A_1	B_5	C_2	D_3	E_7	F_4	G_8	H_6
B_2	A_8	G_1	F_7	H_3	D_6	C_5	E_4
C_3	G_4	A_7	E_1	D_2	H_5	B_6	F_8
D_4	F_3	E_6	A_5	C_8	B_1	H_7	G_2
E_5	H_1	D_8	C_4	A_6	G_3	F_2	B_7
F_6	D_7	H_4	B_8	G_5	A_2	E_3	C_1
G_7	C_6	B_3	H_2	F_1	E_8	A_4	D_5
H_8	E_2	F_5	G_6	B_4	C_7	D_1	A_3

9×9

A_1	B_3	C_2	D_7	E_9	F_8	G_4	H_6	I_5
B_2	C_1	A_3	E_8	F_7	D_9	H_5	I_4	G_6
C_3	A_2	B_1	F_9	D_8	E_7	I_6	G_5	H_4
D_4	E_6	F_5	G_1	H_3	I_2	A_7	B_9	C_8
E_5	F_4	D_6	H_2	I_1	G_3	B_8	C_7	A_9
F_6	D_5	E_4	I_3	G_2	H_1	C_9	A_8	B_7
G_7	H_9	I_8	A_4	B_6	C_5	D_1	E_3	F_2
H_8	I_7	G_9	B_5	C_4	A_6	E_2	F_1	D_3
I_9	G_8	H_7	C_6	A_5	B_4	F_3	D_2	E_1

11 × 11

A_1	B_7	C_2	D_8	E_3	F_9	G_4	H_{10}	I_5	J_{11}	K_6
B_2	C_8	D_3	E_9	F_4	G_{10}	H_5	I_{11}	J_6	K_1	A_7
C_3	D_9	E_4	F_{10}	G_5	H_{11}	I_6	J_1	K_7	A_2	B_8
D_4	E_{10}	F_5	G_{11}	H_6	I_1	J_7	K_2	A_8	B_3	C_9
E_5	F_{11}	G_6	H_1	I_7	J_2	K_8	A_3	B_9	C_4	D_{10}
F_6	G_1	H_7	I_2	J_8	K_3	A_9	B_4	C_{10}	D_5	E_{11}
G_7	H_2	I_8	J_3	K_9	A_4	B_{10}	C_5	D_{11}	E_6	F_1
H_8	I_3	J_9	K_4	A_{10}	B_5	C_{11}	D_6	E_1	F_7	G_2
I_9	J_4	K_{10}	A_5	B_{11}	C_6	D_1	E_7	F_2	G_8	H_3
J_{10}	K_5	A_{11}	B_6	C_1	D_7	E_2	F_8	G_3	H_9	I_4
K_{11}	A_6	B_1	C_7	D_2	E_8	F_3	G_9	H_4	I_{10}	J_5

12 × 12

A_1	B_{12}	C_6	D_7	I_5	J_4	K_{10}	L_{11}	E_9	F_8	G_2	H_3
B_2	A_{11}	D_5	C_8	J_6	I_3	L_9	K_{12}	F_{10}	E_7	H_1	G_4
C_3	D_{10}	A_8	B_5	K_7	L_2	I_{12}	J_9	G_{11}	H_6	E_4	F_1
D_4	C_9	B_7	A_6	L_8	K_1	J_{11}	I_{10}	H_{12}	G_5	F_3	E_2
E_5	F_4	G_{10}	H_{11}	A_9	B_8	C_2	D_3	I_1	J_{12}	K_6	L_7
F_6	E_3	H_9	G_{12}	B_{10}	A_7	D_1	C_4	J_2	I_{11}	L_5	K_8
G_7	H_2	E_{12}	F_9	C_{11}	D_6	A_4	B_1	K_3	L_{10}	I_8	J_5
H_8	G_1	F_{11}	E_{10}	D_{12}	C_5	B_3	A_2	L_4	K_9	J_7	I_6
I_9	J_8	K_2	L_3	E_1	F_{12}	G_6	H_7	A_5	B_4	C_{10}	D_{11}
J_{10}	I_7	L_1	K_4	F_2	E_{11}	H_5	G_8	B_6	A_3	D_9	C_{12}
K_{11}	L_6	I_4	J_1	G_3	H_{10}	E_8	F_5	C_7	D_2	A_{12}	B_9
L_{12}	K_5	J_3	I_2	H_4	G_9	F_7	E_6	D_8	C_1	B_{11}	A_{10}

부록 11 2^{k-p}–부분실시의 해상도와 별명관계($k \leq 15$, $n \leq 64$)

3요인실험

(a) 2^{3-1};1/2 실시 　　해상도 III

3요인 8 실험횟수

<u>설계 생성 인자</u>

$C = AB$

정의대비 : $I = ABC$

<u>별명관계</u>

$A = BC \quad B = AC \quad C = AB$

4요인실험

(b) 2^{4-1};1/2 실시 　　해상도IV

4요인 8 실험횟수

<u>설계 생성 인자</u>

$D = ABC$

정의대비 : $I = ABCD$

<u>별명관계</u>

$A = BCD \quad B = ACD \quad C = ABD \quad D = ABC$

$AB = CD \quad AC = BD \quad AD = BC$

5요인실험

(c) 2^{5-2};1/4 실시 　　해상도III

5요인 8 실험횟수

<u>설계 생성 인자</u>

$D = AB \quad E = AC$

정의대비 : $I = ABD = ACE = BCDE$

<u>별명관계</u>

$A = BD = CE \quad B = AD = CDE \quad C = AE = BDE \quad D = AB = BCE$

$E = AC = BCD \quad CD = BE = ABC = ADE \quad BC = DE = ACD = ABE$

(d) 2^{5-1};1/2 실시 해상도Ⅴ

5요인 16 실험횟수

<u>설계 생성 인자</u>

$E = ABCD$

정의대비 : $I = ABCDE$

<u>별명관계</u>

$AB = CDE$ $AC = BDE$ $AD = BCE$ $AE = BCD$ $BD = ACE$

$BC = ADE$ $BE = ACD$ $CD = ABE$ $CE = ABD$ $DE = ABC$

2블록(크기 8) : $AB = CDE$

---

6 요인실험

(e) 2^{6-3};1/8 실시 해상도Ⅲ

6요인 8 실험횟수

<u>설계 생성 인자</u>

$D = AB$ $E = AC$ $F = BC$

정의대비 : $I = ABD = ACE = BCDE = BCF = ACDF = ABEF = DEF$

<u>별명관계</u>

$A = BD = CE = CDF = BEF$ $E = AC = DF = BCD = ABF$

$B = AD = CF = CDE = AEF$ $F = BC = DE = ACD = ABE$

$C = AE = BF = BDE = ADF$ $CD = BE = AF = ABC = ADE = BDF = CEF$

$D = AB = EF = BCE = ACF$

(f) 2^{6-2};1/4 실시 해상도Ⅳ

6요인 16 실험횟수

<u>설계 생성 인자</u>

$E = ABC$ $F = BCD$

정의대비 : $I = ABCE = BCDF = ADEF$

<u>별명관계</u>

$A = BCE = DEF$ $B = ACE = CDF$ $C = ABE = BDF$ $D = BCF = AEF$

$E = ABC = ADF$ $F = BCD = ADE$

$AB = CE$ $AC = BE$ $AD = EF$ $AE = BC = DF$ $AF = DE$ $BD = CF$ $BF = CD$

$ABD = CDE = ACF = BEF$ $ACD = BDE = ABF = CEF$

2블록(크기 8) : $ABD = CDE = ACF = BEF$

(g) 2^{6-1};1/2 실시 해상도VI

6요인 32 실험횟수

설계 생성 인자

$F = ABCDE$

정의대비 : $I = ABCDEF$

별명관계

$ABC = DEF$ $ABD = CEF$ $ABE = CDF$ $ABF = CDE$ $ACD = BEF$

$ACE = BDF$ $ACF = BDE$ $ADE = BCF$ $ADF = BCE$ $AEF = BCD$

2블록(크기 16) : $ABC = DEF$

4블록(크기 8) : $AB = CDEF$ $ACD = BEF$ $AEF = BCD$

7요인실험

(h) 2^{7-4};1/16 실시 해상도III

7요인 8 실험횟수

설계 생성 인자

$D = AB$ $E = AC$ $F = BC$ $G = ABC$

정의대비 : $I = ABD = ACE = BCDE = BCF = ACDF = ABEF = DEF = ABCG$
$= CDG = BEG = ADEG = AFG = BDFG = CEFG = ABCDEFG$

별명관계

$A = BD = CE = FG$ $B = AD = CF = EG$ $C = AE = BF = DG$

$D = AB = EF = CG$ $E = AC = DF = BG$ $F = BC = DE = AG$

$G = CD = BE = AF$

(i) 2^{7-3};1/8 실시 해상도IV

7요인 16 실험횟수

설계 생성 인자

$E = ABC$ $F = BCD$ $G = ACD$

정의대비 : $I = ABCE = BCDF = ADEF = ACDG = BDEG = ABFG = CEFG$

별명관계

$A = BCE = DEF = CDG = BFG$ $B = ACE = CDF = DEG = AFG$ $C = ABE = BDF = ADG = EFG$

$D = BCF = AEF = ACG = BEG$ $E = ABC = ADF = BDG = CFG$ $F = BCD = ADE = ABG = CEG$

$G = ACD = BDE = ABF = CEF$

$AB = CE = FG$ $AC = BE = DG$ $AD = EF = CG$ $AE = BC = DF$ $AF = DE = BG$

$AG = CD = BF$ $BD = CF = EG$

$ABD = CDE = ACF = BEF = BCG = AEG = DFG$

2블록(크기 8) : $ABD = CDE = ACF = BEF = BCG = AEG = DFG$

(j) 2^{7-2};1/4 실시 해상도IV

7요인 32 실험횟수

설계 생성 인자

$F = ABCD \quad G = ABDE$

정의대비 : $I = ABCDF = ABDEG = CEFG$

별명관계

$A =$	$AB = CDF = DEG$	$BC = ADF$	$CE = FG$	$ACE = AFG$
$B =$	$AC = BDF$	$BD = ACF = AEG$	$CF = ABD = EG$	$ACG = AEF$
$C = EFG$	$AD = BCF = BEG$	$BE = ADG$	$CG = EF$	$BCE = BFG$
$D =$	$AE = BDG$	$BF = ACD$	$DE = ABG$	$BCG = BEF$
$E = CFG$	$AF = BCD$	$BG = ADE$	$DF = ABC$	$CDE = DFG$
$F = CFG$	$AG = BDE$	$CD = ABF$	$DG = ABE$	$CDG = DEF$
$G = CEF$				

2블록(크기 16) : $ACE = AFG$

4블록(크기 8) : $ACE = AFG \quad BCE = BFG \quad AB = CDF = DEG$

(k) 2^{7-1};1/2 실시 해상도VII

7요인 64 실험횟수

설계 생성 인자

$G = ABCDEF$

정의대비 : $I = ABCDEFG$

별명관계

주효과와 6요인, 2요인 교호작용과 5요인, 3요인 교호작용과 4요인 교호작용과 혼동

2블록(크기 32) : ABC

4블록(크기 16) : $ABC \ CEF \ CDG$

8요인실험

(l) 2^{8-4};1/16 실시 해상도IV

8요인 16 실험횟수

설계 생성 인자

$E = BCD \quad F = ACD \quad G = ABC \quad H = ABD$

정의대비 : $I = BCDE = ACDF = ABEF = ABCG = ADEG = BDFG = CEFG = ABDH$
$= ACEH = BCFH = DEFH = CDGH = BEGH = AFGH = ABCDEFGH$

별명관계

$A = CDF = BEF = BCG = DEG = BDH = CEH = FGH \qquad AB = EF = CG = DH$

$B = CDE = AEF = ACG = DFG = ADH = CFH = EGH$	$AC = DF = BG = EH$
$C = BDE = ADF = ABG = EFG = AEH = BFH = DGH$	$AD = CF = EG = BH$
$D = BCE = ACF = AEG = BFG = ABH = EFH = CGH$	$AE = BF = DG = CH$
$E = BCD = ABF = ADG = CFG = ACH = DFH = BGH$	$AF = CD = BE = GH$
$F = ACD = ABE = BDG = CEG = BCH = DEH = AGH$	$AG = BC = DE = FH$
$G = ABC = ADE = BDF = CEF = CDH = BEH = AFH$	$AH = BD = CE = FG$
$H = ABD = ACE = BCF = DEF = CDG = BEG = AFG$	

2블록(크기 8) : $AB = EF = CG = DH$

(m) 2^{8-3};1/8 실시 해상도IV

8요인 32 실험횟수

<u>설계 생성 인자</u>

$F = ABC \quad G = ABD \quad H = BCDE$

정의대비 : $I = ABCF = ABDG = CDFG = BCDEH = ADEFH = ACEGH = BEFGH$

<u>별명관계</u>

$A = BCF = BDG$	$B = ACF = ADG$	$C = ABF = DFG$	$D = ABG = CFG$
$E =$	$F = ABC = CDG$	$G = ABD = CDF$	$H =$
$AB = CF = DG$	$AC = BF = EGH$	$AD = BG = EFH$	$AE = DFH = CHG$
$AF = BC = DEH$	$AG = BD = CEH$	$AH = DEF = CEG$	$BE = CDH = FGH$
$BH = CDE = EFG$	$CD = FG = BEH$	$CE = BDH = AGH$	$CG = DF = AEH$
$CH = BDE = AEG$	$DE = BCH = AFH$	$DH = BCE = AEF$	$GH = ACE = BEF$
$EF = ADH = BGH$	$EG = ACH = BFH$	$EH = BCD = ADF = ACG = BFG$	
$FH = ADE = BEG$			
$ABE = CEF = DEG$	$ABH = CFH = DGH$	$ACD = BDF = BCG = AFG$	

2블록(크기 16) : $ABE = CEF = DEG$

4블록(크기 8) : $ABE = CEF = DEG \quad ABH = CFH = DGH \quad EH = BCD = ADF = ACG = BFG$

(n) 2^{8-2};1/4 실시 해상도V

8요인 64 실험횟수

<u>설계 생성 인자</u>

$G = ABCD \quad H = ABEF$

정의대비 : $I = ABCDG = ABEFH = CDEFGH$

<u>별명관계</u>

$AB = CDG = EFH$	$BG = ACD$	$EF = ABH$	$ADH =$	$BFG =$
$AC = CDG$	$BH = AEF$	$EG =$	$AEG =$	$BFH =$
$AD = BCG$	$CD = ABG$	$EH = ABF$	$AFG =$	$CDE = FGH$
$AE = BFH$	$CE =$	$FG =$	$AGH =$	$CDF = EGH$
$AF = BEH$	$CF =$	$FH = ABE$	$BCE =$	$CDH = EFG$
$AG = BCD$	$CG = ABD$	$GH =$	$BCF =$	$CEF = DGH$
$AH = BEF$	$CH =$	$ACE =$	$BCH =$	$CEG = DFH$
$BC = ADG$	$DE =$	$ACF =$	$BDE =$	$CEH = DFG$
$BD = ACG$	$DF =$	$ACH =$	$BDF =$	$CFG = DEH$
$BE = AFH$	$DG = ABC$	$ADE =$	$BDH =$	$CFH = DEG$
$BF = AEH$	$DH =$	$ADF =$	$BEG =$	$CGH = DEF$

2블록(크기 32) : $CDE = FGH$

4블록(크기 16) : $CDE = FGH \quad ACF \quad BDH$

9요인실험

(o) 2^{9-5}; 1/32 실시 해상도III

9요인 16 실험횟수

<u>설계 생성 인자</u>

$E = ABC \quad F = BCD \quad G = ACD \quad H = ABD \quad J = ABCD$

정의대비 : $I = ABCE = BCDF = ADEF = ACDG = BDEG = ABFG = CEFG = ABDH$
$= CDEH = ACFH = BEFH = BCGH = AEGH = DFGH = ABCDEFGH$
$= ABCDJ = DEJ = AFJ = BCEFJ = BGJ = ACEGJ = CDFGJ = ABDEFGJ$
$= CHJ = ABEHJ = BDFHJ = ACDEFHJ = ADGHJ = BCDEGHJ$
$= ABCFGHJ = EFGHJ$

<u>별명관계</u>

$A = FJ \quad B = GJ \quad C = HJ \quad D = EJ \quad E = DJ \quad F = AJ \quad G = BJ \quad H = CJ$

$J = DE = AF = BG = CH$

$AB = CE = FG = DH \quad AC = BE = DG = FH \quad AD = EF = CG = BH$

$AE = BC = DF = GH \quad AG = CD = BF = EH \quad AH = BD = CF = EG$

2블록(크기 8) : $AB = CE = FG = DH$

(p) 2^{9-4}; 1/16 실시 해상도IV

9요인 32 실험횟수

<u>설계 생성 인자</u>

$F = BCDE \quad G = ACDE \quad H = ABDE \quad J = ABCE$

정의대비 : $I = BCDEF = ACDEG = ABFG = ABDEH = ACFH = BCGH$

= DEFGH = ABCEJ = ADFJ = BDGJ = CEFGJ = CDHJ
= BEFHJ = AEGHJ = ABCDFGHJ

별명관계

A = BFG = CFH = DFJ	AD = CEG = BEH = FJ	BJ = ACE = DG = EFH
B = AFG = CGH = DGJ	AE = CDG = BDH = BCJ = GHJ	CD = BEF = AEG = HJ
C = AFH = BGH = DHJ	AF = BG = CH = DJ	CE = BDF = ADG = ABJ = FGJ
D = AFJ = BGJ = CHJ	AG = CDE = BF = EHJ	CJ = ABE = EFG = DH
E=	AH = BDE = CF = EGJ	DE = BCF = ACG = ABH = FGH
F = ABG = ACH = ADJ	AJ = BCE = DF = EGH	EF = BCD = DGH = CGJ = BHJ
G = ABF = BCH = BDJ	BC = DEF = GH = AEJ	EG = ACD = DFH = CFJ = AHJ
H = ACF = BCG = CDJ	BD = CEF = AEH = GJ	EH = ABD = DFG = BFJ = AGJ
J = ADF = BDG = CDH	BE = CDF = ADH = ACJ = FHJ	
EJ = ABC = CFG = BFH = AGH		
AB = FG = DEH = CEJ		
AC = DEG = FH = BEJ		
BH = ADE = CG = EFJ		
AEF = BEG = CEH = DEJ		

2블록(크기16) : AEF = BEG = CEH = DEJ
4블록(크기8) : AEF = BEG = CEH = DEJ AB = FG = DEH = CEJ CD = BEF = AEG = HJ

(q) 2^{9-3}; 1/8 실시 　　　　해상도IV
9요인 64 실험횟수

설계 생성 인자

G = ABCD H = ACEF J = CDEF

정의대비 : I = ABCDG = ACEFH = BDEFGH = CDEFJ = ABEFGJ = ADHJ = BCGHJ

별명관계

A = DHJ	AC = BDG = EFH	BF =
B =	AD = BCG = HJ	BG = ACD = CHJ
C =	AE = CFH	BH = CGJ
D = AHJ	AF = CEH	BJ = CGH
E =	AG = BCD	CD = ABG = EFJ
F =	AH = CEF = DJ	CE = AFH = DFJ
G =	AJ = DH	CF = AEH = DEJ
H = ADJ	BC = ADQ = GHJ	CG = ABD = BHJ
J = ADH	BD = ACG	CH = AEF = BGJ
AB = CDG	BE =	CJ = DEF = BGH
DE = CFJ	GJ = BCH	
AFJ = BEG = DFH		

DF = CEJ	ABE = FGJ	AGH = DGJ
DG = ABC	ABF = EGJ	AGJ = BEF = DGH
EF = ACH = CDJ	ABH = BDJ	BCE =
EG =	ABJ = EFG = BDH	BCF =
EH = ACF	ACJ = CDH	BDE = FGH
EJ = CDF	ADE = EHJ	BDF = EGH
FG =	ADF = FHJ	BEH = DFG
FH = ACE	AEG = BFJ	BFH = DEG
FJ = CDE	AEJ = BJG = DEH	CEG =
GH = BCJ	AFG = BEJ	CFG =

2블록(크기 32) : *CFG*

4블록(크기 16) : *CFG* =   *AGJ* = *BEF* = *DGH*   *ADE* = *EHJ*

10요인실험

(r) 2^{10-6}; 1/64 실시 해상도III

10요인 16 실험횟수

설계 생성 인자

E = *ABC*   *F* = *BCD*   *G* = *ACD*   *H* = *ABD*   *J* = *ABCD*   *K* = *AB*

정의대비 : *I* = *ABCE* = *BCDF* = *ADEF* = *ACDG* = *BDEG* = *ABFG* = *CEFG* = *ABDH*
= *CDEH* = *ACFH* = *BEFH* = *BCGH* = *AEGH* = *DF* = *ABCDEFGH*
= *ABCDJ* = *DEJ* = *AFJ* = *BCEFJ* = *BGJ* = *ACEGJ* = *CDFGJ* = *ABDEFGJ*
= *CHJ* = *ABEHJ* = *BDFHJ* = *ACDEFHJ* = *ADGHJ* = *BCDEGHJ* = *ABCFGHJ*
= *EFGHJ* = *ABK* = *CEK* = *ACDFK* = *BDEFK* = *BCDGK* = *ADEGK* = *FGK*
= *ABCEFGK* = *DHK* = *ABCDEHK* = *BCFHK* = *AEFHK* = *ACGHK* = *BEGHK*
= *ABDFGHK* = *CDEFGHK* = *CDJK* = *ABDEJK* = *BFJK* = *ACEFJK* = *AGJK*
= *BCEGJK* = *ABCDFGJK* = *DEFGJK* = *ABCHJK* = *EHJK* = *ADFHJK*
= *BCDEFHJK* = *BDGHJK* = *ACDEGHJK* = *CFGHJK* = *ABEFGHJK*

별명관계

A = *FJ* = *BK*   *B* = *GJ* = *AK*   *C* = *HJ* = *EK*   *D* = *EJ* = *HK*   *E* = *DJ* = *CK*
F = *AJ* = *GK*   *G* = *BH* = *FK*   *H* = *CJ* = *DK*   *J* = *DE* = *AF* = *BG* = *CH*
K = *AB* = *CE* = *FG* = *DH*
AC = *BE* = *DG* = *FH*   *AD* = *EF* = *CG* = *BH*   *AE* = *BC* = *DF* = *GH*
AG = *CD* = *BF* = *FH* = *JK*   *AH* = *BD* = *CF* = *EG*

2블록(크기 8) : *AG* = *CD* = *BF* = *EH* = *JK*

(s) 2^{10-5}; 1/32 실시 해상도IV

10요인 32 실험횟수

설계 생성 인자

$F = ABCD \quad G = ABCE \quad H = ABDE \quad J = ACDE \quad K = BCDE$

정의대비 : $I = ABCDF = AECEG = DEFG = ABDEH = CEFH = CDGH = ABFGH$
$= ACDEJ = BEFJ = BDGJ = ACFGJ = BCHJ = ADFHJ = AEGHJ$
$= BCDEFGHJ = BCDEK = AEFK = ADGK = BCFGK = ACHK$
$= BDFHK = BEGHK = ACDEFGHK = ABJK = CDFJK = CEGJK$
$= ABDEFGJK = DEHJK = AABCEFHJK = ABCDGHJK = FGHJK$

별명관계

$A = EFK = DGK = CHK = BJK$
$B = EFJ = DGJ = CHJ = AJK$
$C = EFH = DGH = BHJ = AHK$
$D = EFG = CGH = BGJ = AGK$
$E = DFG = CFH = BFJ = AFK$
$F = DEG = CEH = BEJ = AEK$
$G = DEF = CDH = BDJ = ADK$
$H = CEF = CDG = BCJ = ACK$
$J = BEF = BDG = BCH = ABK$
$K = AEF = ADG = ACH = ABJ$
$AB = CDF = CEG = DEH = FGH = JK$
$AC = BDF = BEG = DEJ = FGJ = HK$
$AD = BCF = BEH = CEJ = FHJ = GK$
$AE = BCG = BDH = CDJ = GHJ = FK$
$AF = BCD = BGH = CGJ = DHJ = EK$
$AG = BCE = BFH = CFJ = EHJ = DK$
$AH = BDE = BFG = DFJ = EGJ = CK$
$AJ = CDE = CFG = DFH = EGH = BK$
$AK = EF = DG = CH = BJ$
$BC = ADF = AEG = HJ = DEK = FGK$
$BD = ACF = AEH = GJ = CEK = FHK$
$BE = ACG = ADH = FJ = CDK = GHK$
$BF = ACD = AGH = EJ = CGK = DHK$
$BG = ACE = AFH = DJ = CFK = EHK$
$BH = ADE = AFG = CJ = DFK = EGK$
$CD = ABF = GH = AEJ = BEK = FJK$
$CE = ABG = FH = ADJ = BDK = GJK$
$CF = ABD = EH = AGJ = BGK = DJK$
$CG = ABE = DH = AFJ = BFK = EJK$
$DE = FG = ABH = ACJ = BCK = HJK$
$DF = ABC = EG = AHJ = BHK = CJK$

2블록(크기 16) : $AK = EF = DG = CH = BJ$
4블록(크기 8) : $AB = CDF = CEG = DEH = FGH = JK$
$AK = EF = DG = CH = BJ \quad AJ = CDE = CFG = DFH = EGH = BK$

(t) 2^{10-4}; 1/16 실시 해상도IV

10요인 64 실험횟수

설계 생성 인자

$G = BCDF \quad H = ACDF \quad J = ABDE \quad K = ABCE$

정의대비 : $I = BCDFG = ACDFH = ABGH = ABDEJ = ACEFGJ = BCEFHJ = DEGHJ$
$= ABCEK = ADEFGK = BDEFHK = CEGHK = CDJK = BFGJK = AFHJK$
$= ABCDGHJK$

별명관계

A = BGH　B = AGH　C = DJK　D = CJK　E =　F =　G = ABH
H = ABG　J = CDK　K = CDJ
AB = GH = DEJ = CEK　AC = DFH = BEK　AD = CFH = BEJ
AE = BDJ = BCK　AF = CDH = HJK　AG = BH　AH = CDF = BG = FJK
AJ = BDE = FHK　AK = BCE = FHJ　BC = DFG = AEK　BD = CFG = AEJ
BE = ADJ = ACK　BF = CDG = GCK　BJ = ADE = FGK　CD = BFG = AFH = JK
CE = ABK = GHK　CF = BDG = ADH　CG = BDF = EHK　CH = ADF = EGK
CJ = DK　CK = ABE = EGH = DJ　DE = ABJ = GHJ　DG = BCF = EHJ
DF = BCG = ACH　BK = ACE = FGJ　DH = ACF = EGJ
EF =　EG = DHJ = CHK　EH = DGJ = CGK　EJ= ABD = DGH
EK = ABC = CGH　FG = BCD = BJK　FH = ACD = AJK　FJ = BGK = AHK
FK = BGJ = AHJ　GJ = DEH = BFK　GK = CEH = BFJ　HJ = DEG = AFK
HK = CEG = AFJ　ABF = FGH　ACG = BCH = EFJ　ACJ = EFG = ADK
ADG = BDH = EFK　AEF = CG J = DGK　AEG = BEH = CFJ = DFK
AFG = BFH = CEJ = DEK　AEH = BEG　AGJ = CEF = BHJ　AGK = DEF = BHK
BCJ = EFH = BDK　BEF = CHJ = DHK　CDE = EJK　CFK = DFJ

2블록(크기 16) : AGJ = CEF = BHJ
4블록(크기 8) : AGJ = CEF = BHJ　AGK = DEF = BHK　CD = BFG = AFH = JK

11요인실험

(u) 2^{11-7}; 1/128 실시　　　해상도III
11요인 16 실험횟수

설계 생성 인자

E = ABC　F = BCD　G = ACD　H = ABD　J = ABCD　K = AB　L = AC

정의대비 : I = ABCE = BCDF = ADEF = ACDG = BDEG = ABFG = CEFG = ABDH
= CDEH = ACFH = BEFH = BCGH = AEGH = DFGH = ABCDEFGH = ABCDJ
= DEJ = AFJ = BCEFJ = BGJ = ACEGJ = CDFGJ = ABDEFGJ = CHJ = ABEHJ
= BDFHJ = ACDEFHJ = ADGHJ = BCDEGHJ = ABCFGHJ = EFGHJ = ABK = CEK
= ACDFK = BDEFK = BCDGK = ADEGK = FGK = ABCEFGK = DHK = ABCDEHK
= BCFHK = AEFHK = ACGHK = BEGHK = ABDFGHK = CDEFGHK = CDJK
= ABDEJK = BFJK = ACEFJK = AGJK = BCEGJK = ABCDFGJK = DEFGJK
= ABCHJK = EHJK = ADFHJK = BCDEFHJK = BDGHJK = ACDEGHJK
= CFGHJK = ABEFGHJK = ACL = BEL = ABDFL = CDEFL = DGL = ABCDEGL
= BCFGL = AEFGL = BCDHL = ADEHL = FHL = ABCEFHL = ABGHL = CEGHL
= ACDFGHL = BDEFGHL = BDJL = ACDEJL = CFJL = ABEFJL = ABCGJL

= EGJL = ADFGJL = BCDEFGJL = AHJL = BCEHJL = ABCDFHJL = DEFHJL
= CDGHJL = ABDEGHJL = BFGHJL = ACEFGHJL = BCKL = AEKL = DFKL
= ABCDEFKL = ABDGKL = CDEGKL = ACFGKL = BEFGKL = ACDHKL
= BDEHKL = ABFHKL = CEFHKL = GHKL = ABCEGHRL = BCDFGHRL
= ADEFGHKL = ADJKL = BCDEJKL = ABCFJKL = EFJKL = CGJKL = ABEGJKL
= BDFGJKL = ACDEFGJKL = BHJKL = ACEHJKL = CDFHJKL = ABDEFHJKL
= ABCDGHJKL = DEGHJKL = AFGHJKL = BCEFGHJKL

별명관계

A = FJ = BK = CL B = GJ = AK = EL C = HJ = EK = AL D = EJ = HK = GL
E = DJ = CK = BL F = AJ = GK = HL G = BJ = FK = DL H = CJ = DK = FL
J = DE = AF = BG = CH K = AB = CE = FG = DH L = AC = BE = DG = FH
AD = EF = CG = BH AE = BC = DF = GH = KL AG = CD = BF = EH = JK
AH = BD = CF = EG = JL

2블록(크기 8) : AE = BC = DF = GH = KL

(v) 2^{11-6}; 1/64 실시 해상도IV
11요인 32 실험횟수

설계 생성 인자

F = ABC G = BCD H = CDE J = ACD K = ADE L = BDE

정의대비 : I = ABCF = BCDG = ADFG = CDEH = ABDEFH = BEGH = ACEFGH
= ACDJ = BDFJ = ABGJ = CFGJ = AEHJ = BCEFHJ = ABCDEGHJ = DEFGHJ
= ADEK = BCDEFK = ABCEGK = EFGK = ACHK = BFHK = ABDGHK = CDFGHK
= CEJK = ABEFJK = BDEGJK = ACDEFGJK = DHJK = ABCDFHJK = BCGH1K
= AFGHJK = BDEL = ACDEFL = CEGL = ABEFGL = BCHL = AFHL = DGHL
= ABCDFGHL = ABCEJL = EFJL = ADEGJL = BCDEFGJL = ABDHJL
= CDFHJL = ACGHJL = BFGHJL = ABKL = CFKL = ACDGKL = BDFGKL
= ABCDEHKL = DEFHKL = AEGHKL = BCEFGHKL = BCDJKL = ADRJKL
= GJKL = ABCFGJKL = BEHJKL = ACEFHJKL = CDEGHJKL = ABDEFGHJKL

별명관계

A = BCF = DFG = CDJ = BGJ = EHJ = DEK = CHK = FHL = BKL
B = ACF = CDG = EGH = DFJ = AGJ = FHK = DEL = CHL = AKL
C = ABF = BDG = DEH = ADJ = FGJ = AHK = EJK = EGL = BHL = FKL
D = BCG = AFG = CEH = ACJ = BFJ = AEK = HJK = BEL = GHL
E = CDH = BGH = AHJ = ADK = FGK = CJK = BDL = CGL = FJL
F = ABC = ADG = BDJ = CGJ = EGK = BHK = AHL = EJL = CKL
G = BCD = ADF = BEH = ABJ = CFJ = EFK = CEL = DHL = JKL
H = CDE = BEG = AEJ = ACK = BFK = DJK = BCL = AFL = DGL

$J = ACD = BDF = ABG = CFG = AEH = CEK = DHK = EFL = GKL$
$K = ADE = EFG = ACH = BFH = CEJ = DHJ = ABL = CFL = GJL$
$L = BDE = CEG = BCH = AFH = DGH = EFJ = ABK = CFK = GJK$
$AB = CF = GJ = KL \quad AG = DF = BJ \quad BD = CG = FJ = EL \quad BE = GH = DL$
$AC = BF = DJ = HK \quad AH = EJ = CK = FL \quad AJ = CD = BG = EH$
$AD = FG = CJ = EK \quad AF = BC = DG = HL \quad AK = DE = CH = BL$
$AE = HJ = DK \quad AL = FH = BK \quad BH = EG = CL = FK$
$CE = DH = JK = GL \quad EF = GK = JL$
$ABD = CDF = ACG = BFG = EFH = BGJ = AFJ = DGJ = BEK = GHK = AEL = HJL = DKL$
$ABE = CEF = DFH = AGH = EGJ = BHJ = BDK = CGK = FJK = ADL = FGL = CJL = EKL$
$ABH = DEF = AEG = CFH = BEJ = GHJ = BCK = AFK = DGK = ACL = BFL = DJL = HKL$
$ACE = BEF = ADH = FGH = DEJ = CHJ = CDK = BGK = EHK = AJK = DEL = AGL = BJL$
$AEF = BCE = DEG = BDH = CGH = FHJ = DFK = AGK = BJK = CDL = BGL = EHL = AJL$

2블록(크기 16) : $AB = CF = GJ = KL$
4블록(크기 8) : $AB = CF = GJ = KL \quad AD = FG = CJ = EK \quad BD = CG = FJ = EL$

12요인실험

(w) 2^{12-8}; 1/256 실시 해상도III
12요인 16 실험횟수

<u>설계 생성 인자</u>

$E = ABC \quad F = ABD \quad G = ACD \quad H = BCD \quad J = ABCD \quad K = AB \quad L = AC \quad M = AD$

<u>별명관계</u>

$A = HJ = BK = CL = DM \quad B = GJ = AK = EL = FM \quad C = FJ = EK = AL = GM$
$D = EJ = FK = GL = AM \quad E = DJ = CK = BL = HM \quad F = CJ = DK = HL = BM$
$G = BJ = HK = DL = CM \quad H = AJ = GK = FL = EM \quad J = DE = CF = BG = AH$
$K = AB = CE = DF = GH \quad L = AC = BE = DG = FH \quad M = AD = BF = CG = EH$
$AE = BC = FG = DH = RL = JM \quad AF = BD = EG = CH = JL = KM$
$AG = EF = CD = BH = JK = LM$

2블록(크기 8) : $AE = BC = FG = DH = KL = JM$

13요인실험

(x) 2^{13-9}; 1/512 실시 해상도III

13요인 16 실험횟수

설계 생성 인자

$E = ABC \quad F = ABD \quad G = ACD \quad H = BCD \quad J = ABCD \quad K = AB \quad L = AC \quad M = AD \quad N = BC$

별명관계

$A = HJ = BK = CL = DM = EN \quad B = CJ = AK = EL = FM = CN$

$C = FJ = EK = AL = GM = BN \quad D = EJ = FK = GL = AM = HN$

$E = DJ = CK = BL = HM = AN \quad F = CJ = DK = HL = BM = GN$

$G = BJ = HK = DL = CM = FN \quad H = AJ = GK = FL = EM = DN$

$J = DE = CF = BG = AH = MN \quad K = AB = CE = DF = CH = LN$

$L = AC = BE = DG = FH = KN \quad M = AD = BF = CG = EH = JN$

$N = BC = AE = FG = DH = RL = JM$

$AF = BD = EG = CH = JL = KM \quad AG = EF = CD = BH = JK = LM$

2블록(크기 8): $AF = BD = EG = CH = JL = KM$

14요인실험

(y) 2^{14-10}; 1/1024 실시 해상도III

14요인 16 실험횟수

설계 생성 인자

$E = ABC \quad F = ABD \quad G = ACD \quad H = BCD \quad J = ABCD \quad K = AB \quad L = AC$

$M = AD \quad N = BC \quad O = BD$

별명관계

$A = HJ = BK = CL = DM = EN = FO \quad B = GJ = AK = EL = FM = CN = DO$

$C = FJ = EK = AL = GM = BN = HO \quad D = EJ = FK = GL = AM = HN = BO$

$E = DJ = CK = BL = HM = AN = GO \quad F = CJ = DK = HL = BM = GN = AO$

$G = BJ = HK = DL = CM = FN = EO \quad H = AJ = GK = FL = EM = DN = CO$

$J = DE = CF = BG = AH = MN = LO \quad K = AB = CE = DF = GH = LN = MO$

$L = AC = BE = DG = FH = KN = JO \quad M = AD = BF = CG = EH = JN = KO$

$N = BC = AE = FG = DH = KL = JM \quad O = BD = AF = EG = CH = JL = KM$

$AG = EF = CD = BH = JK = LM = NO$

2블록(크기 8): $AG = EF = CD = BH = JK = LM = NO$

15요인실험

(z) 2^{15-11}; 1/2048 실시 해상도III

15요인 16 실험횟수

<u>설계 생성 인자</u>

$E = ABC \quad F = ABD \quad G = ACD \quad H = BCD \quad J = ABCD \quad K = AB \quad L = AC \quad M = AD$

$N = BC \quad O = BD \quad P = CD$

<u>별명관계</u>

$A = HJ = BK = CL = DM = EN = FO = GP$

$B = GL = AK = EL = FM = CN = DO = HP$

$C = FJ = EK = AL = GM = BN = HO = DP$

$D = EJ = FK = GL = AM = HN = BO = CP$

$E = DJ = CK = BL = HM = AN = GO = FP$

$F = CJ = DK = HL = BM = GN = AO = EP$

$G = BJ = HK = DL = CM = FN = EO = AP$

$H = AJ = GK = FL = EM = DN = CO = BP$

$J = DE = CF = BG = AH = MN = LO = KP$

$K = AB = CE = DF = GH = LN = MO = JP$

$L = AC = BE = DG = FH = KN = JO = MP$

$M = AD = BF = CG = EH = JN = KO = LP$

$N = BC = AE = FG = DH = KL = JM = OP$

$O = BD = AF = EG = CH = JL = KM = NP$

$P = CD = EF = AG = BH = JK = LM = NO$

부록 12 선점도(linear graph)

선점도 $L_4(2^2)$

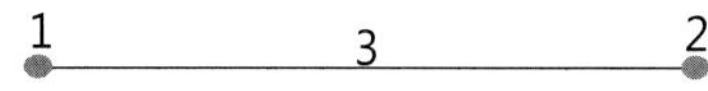

선점도 $L_8(2^7)$

Ⅰ

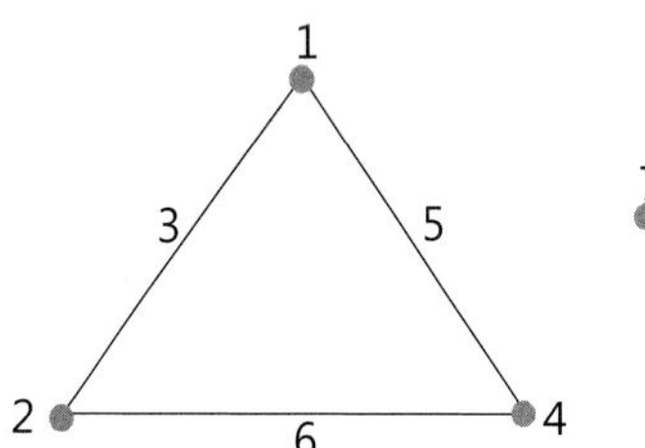

Ⅱ

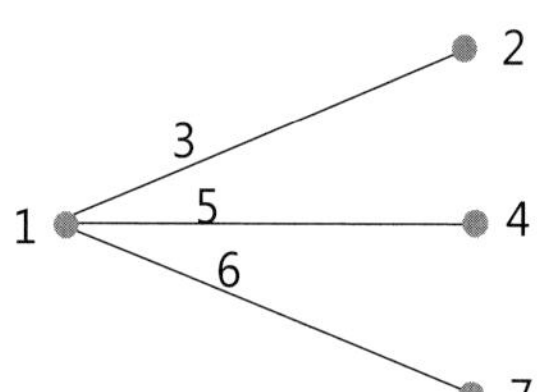

선점도 $L_{16}(2^{15})$

Ⅰ

①

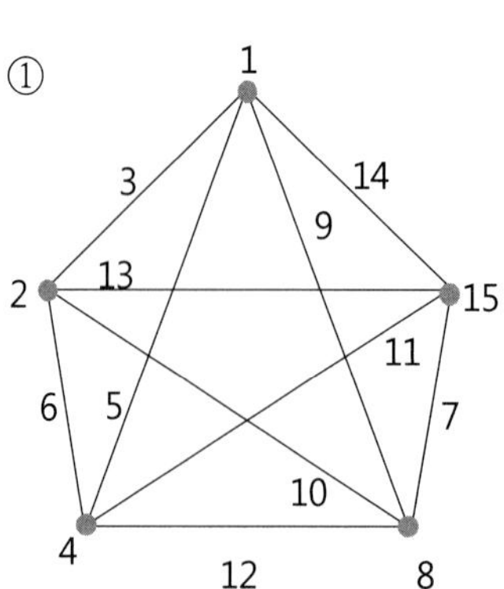

Ⅱ

①

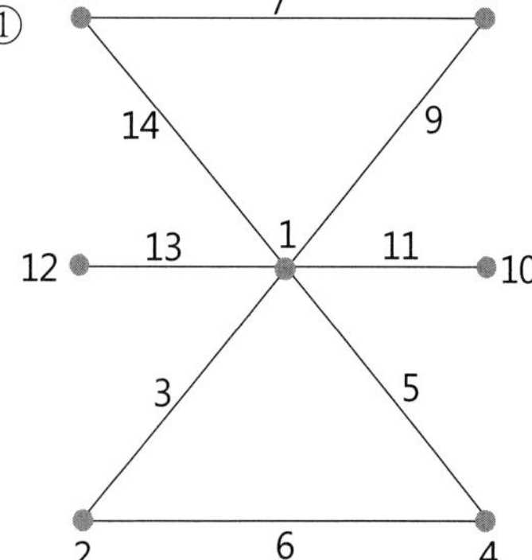

$L_{16}(2^{15})$ 계속

②

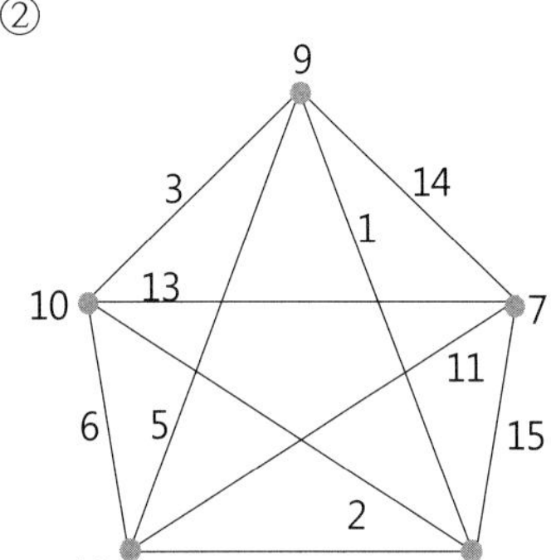

②

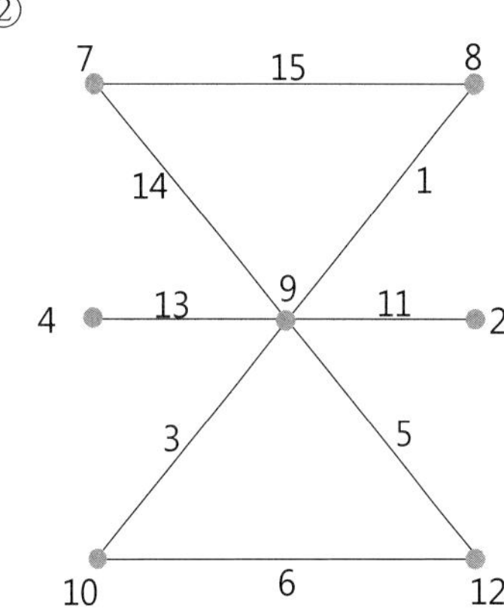

③

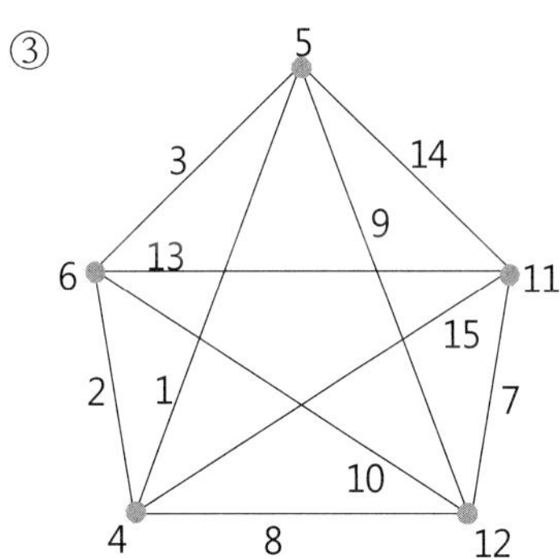

③

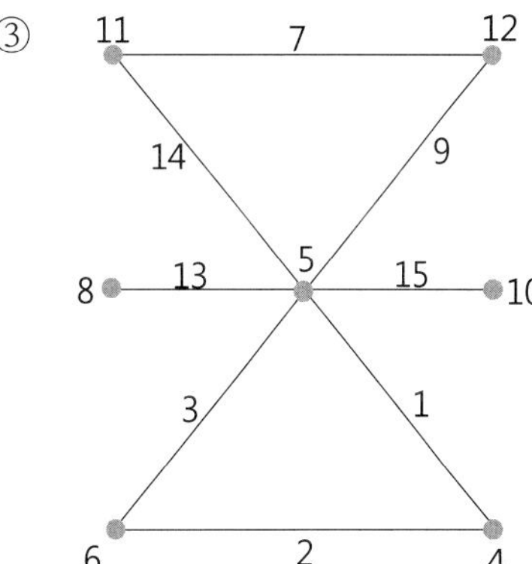

Ⅲ ①

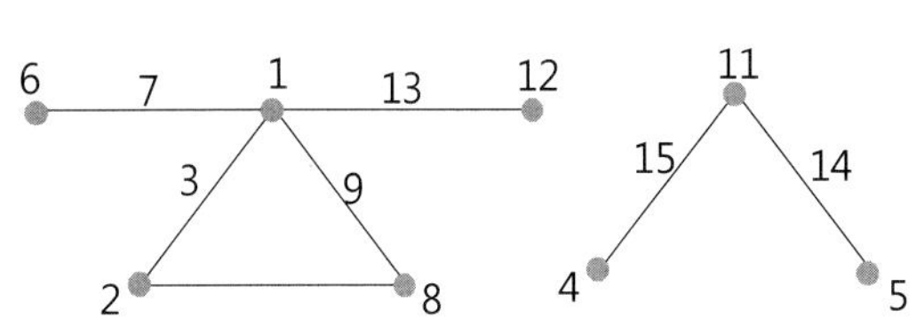

Ⅳ ①

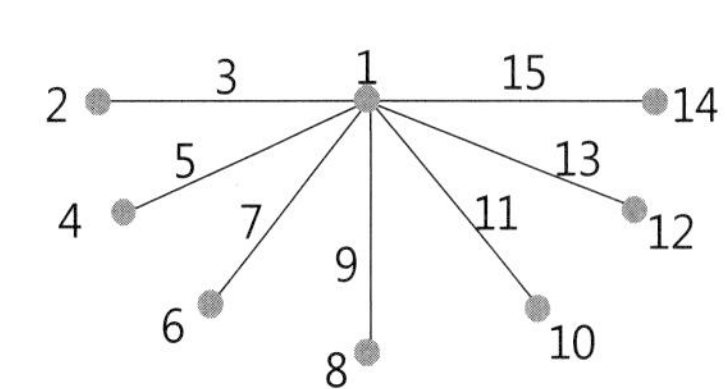

$L_{16}(2^{15})$ 계속

②

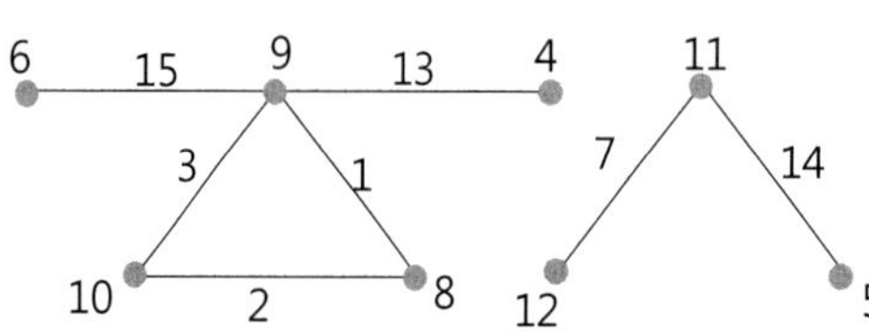

②

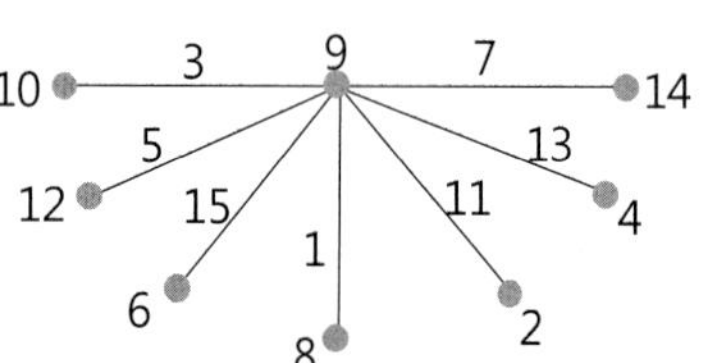

③

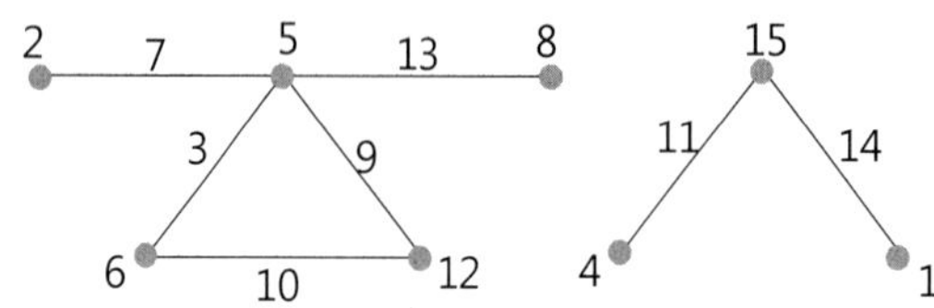

③

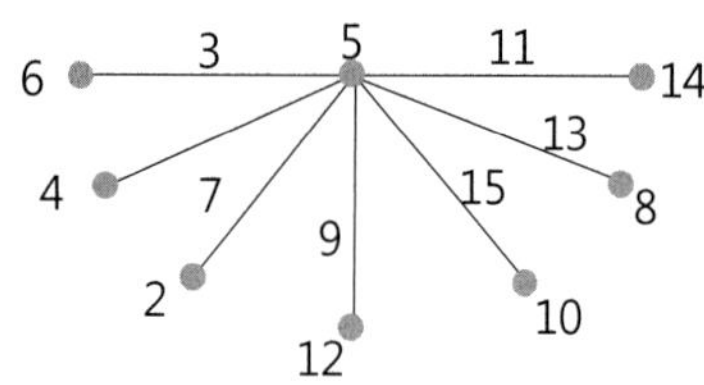

Ⅴ

①

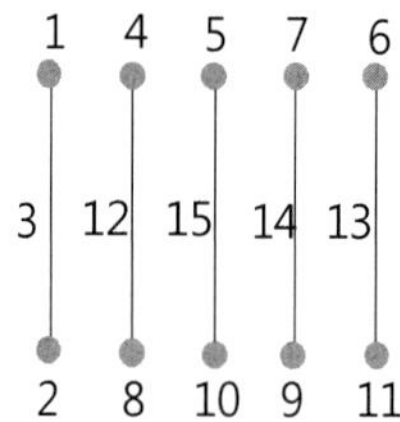

Ⅵ

①

$L_{16}(2^{15})$ 계속

②

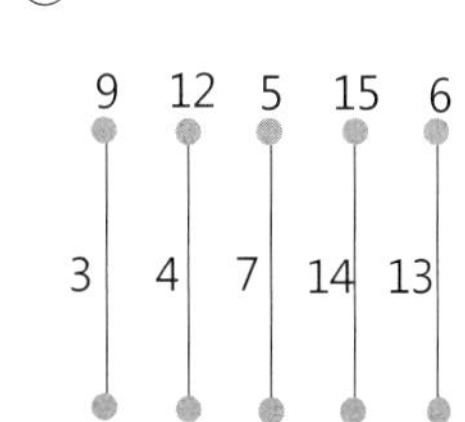

②

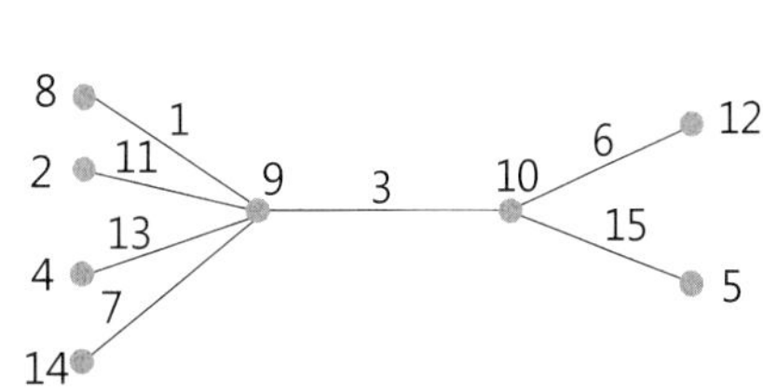

③

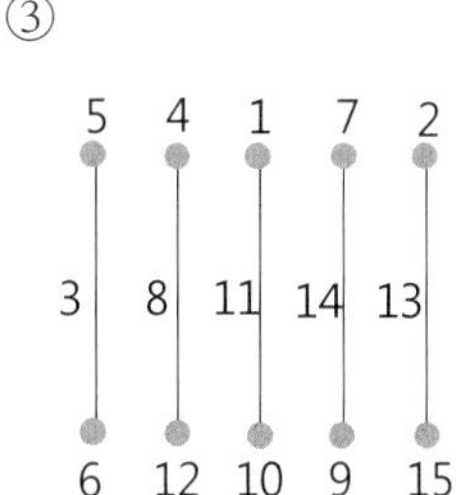

③

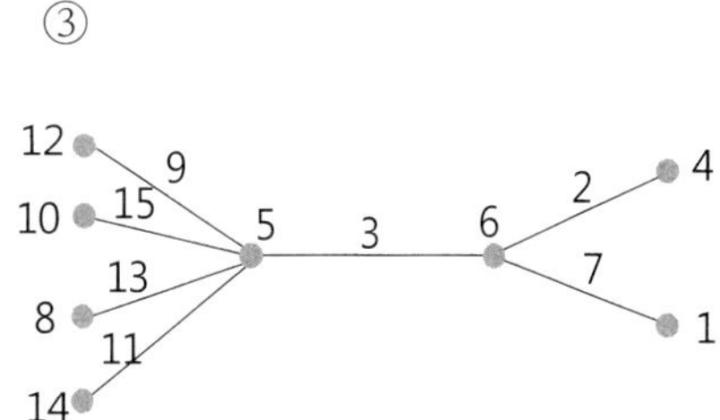

$L_{32}(2^{31})$

Ⅰ

①

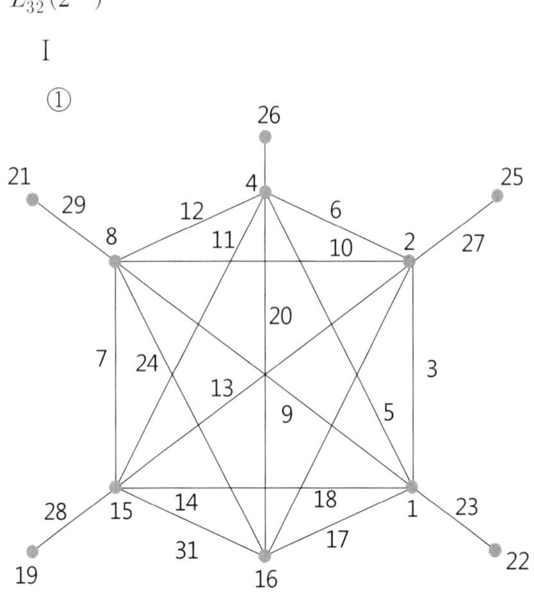

Ⅱ

①

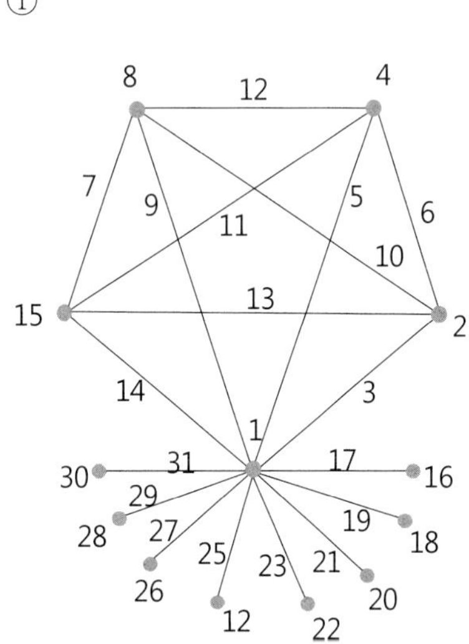

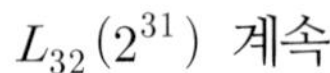
$L_{32}(2^{31})$ 계속

②

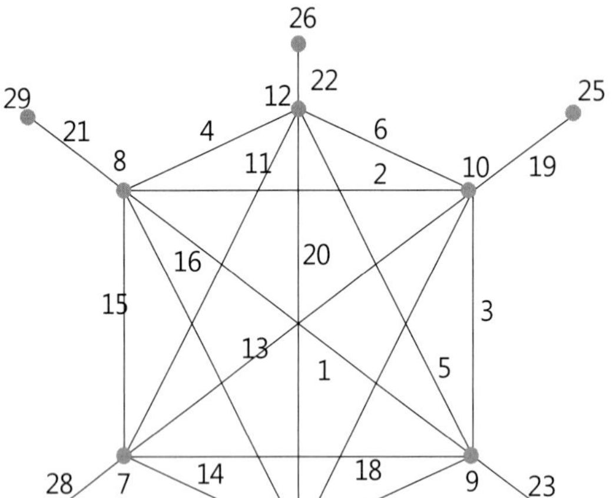

②

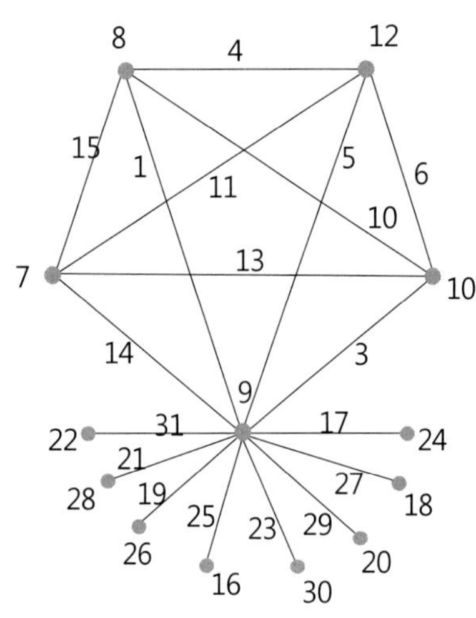

Ⅲ

①

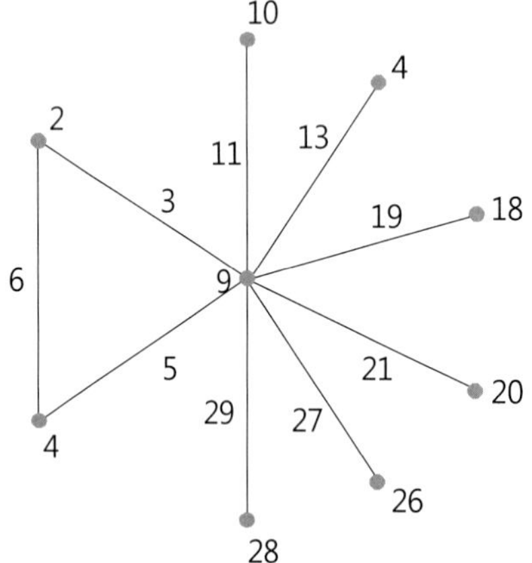

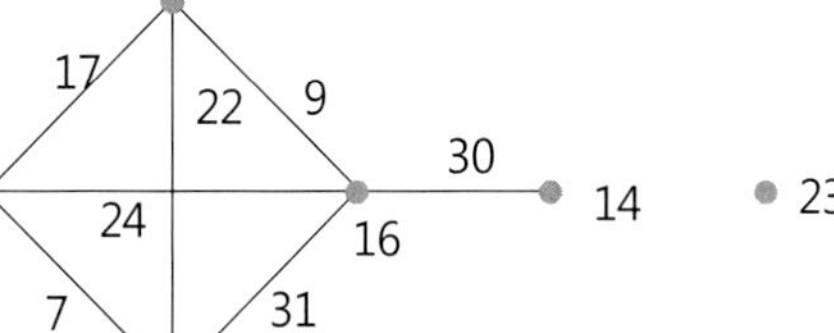

$L_{32}(2^{31})$ 계속

Ⅳ

①

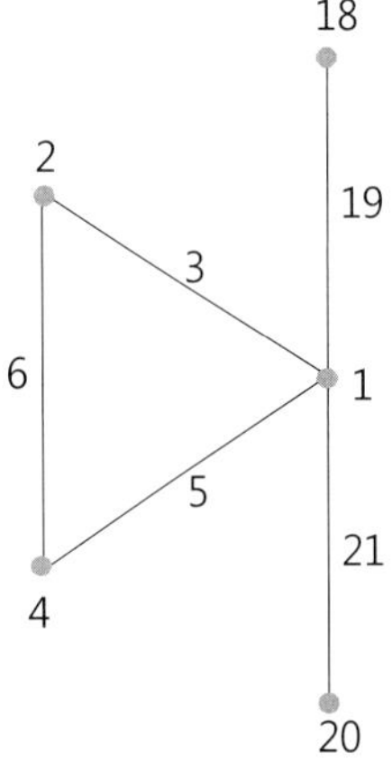

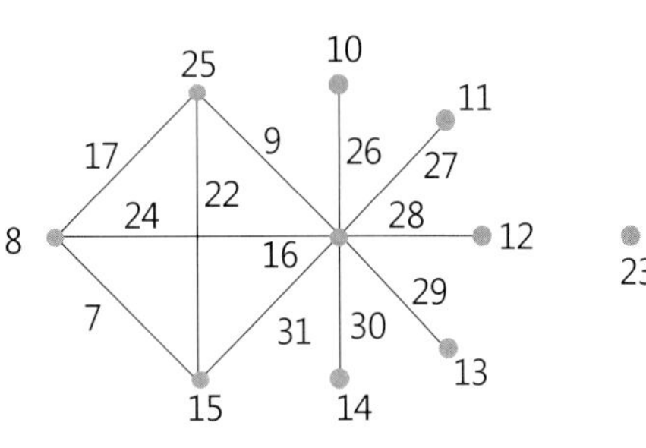

②

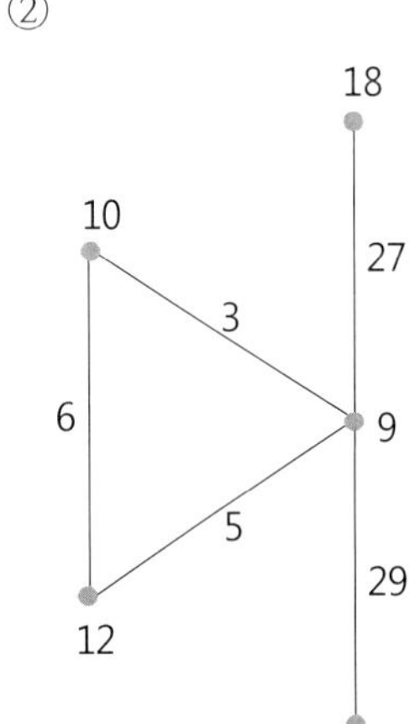

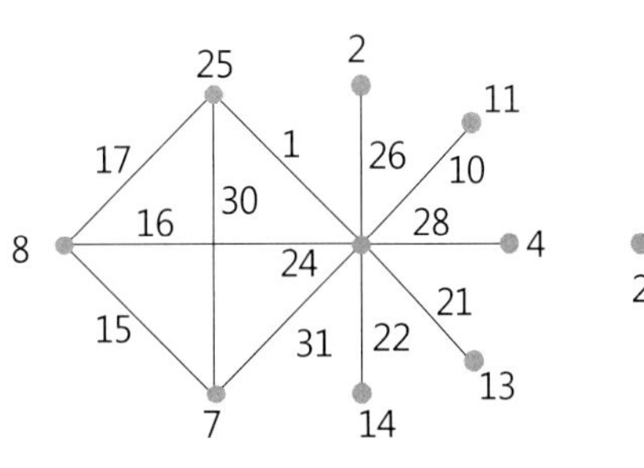

$L_{32}(2^{31})$ 계속

V

①

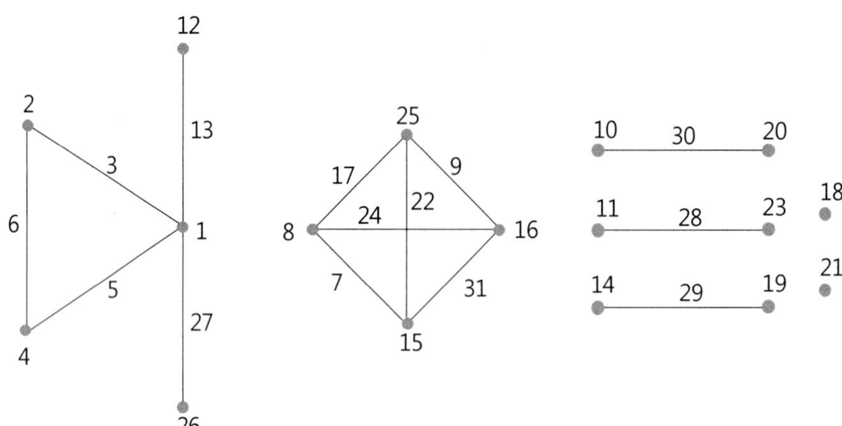

②

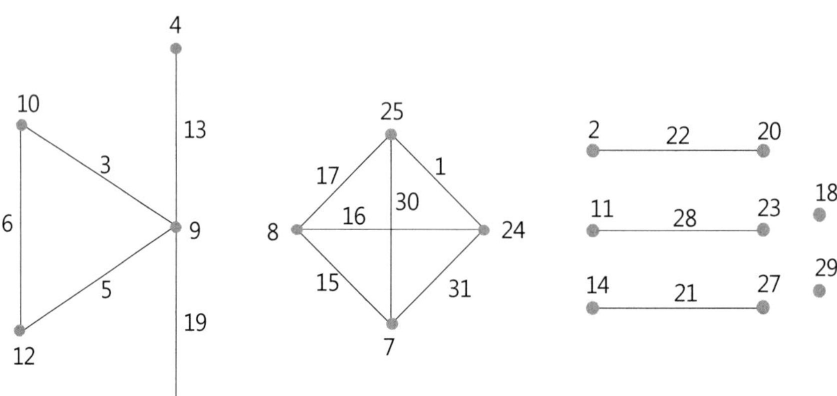

선점도 $L_{27}(3^{13})$

Ⅰ

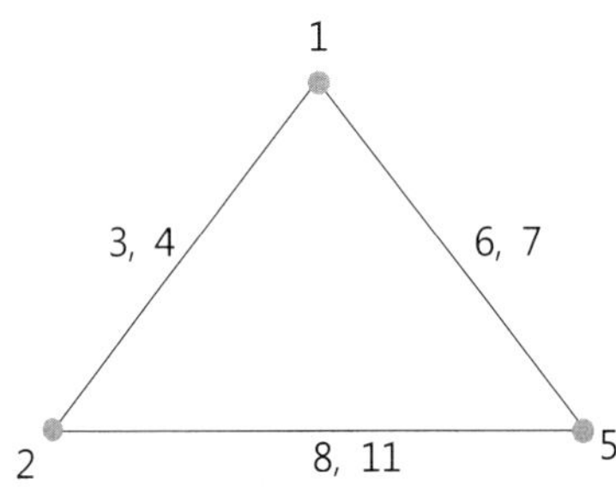

Ⅱ

①

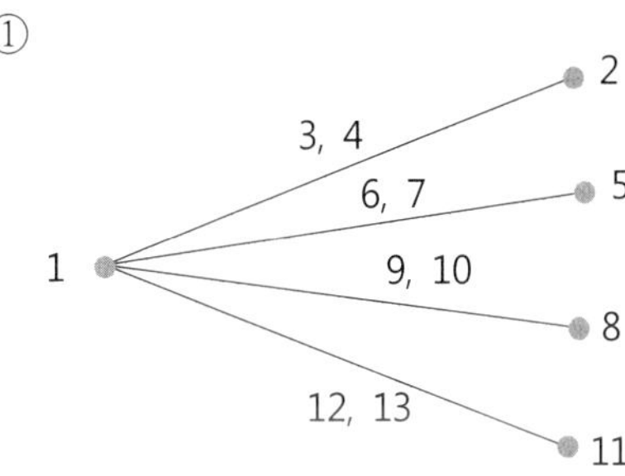

②

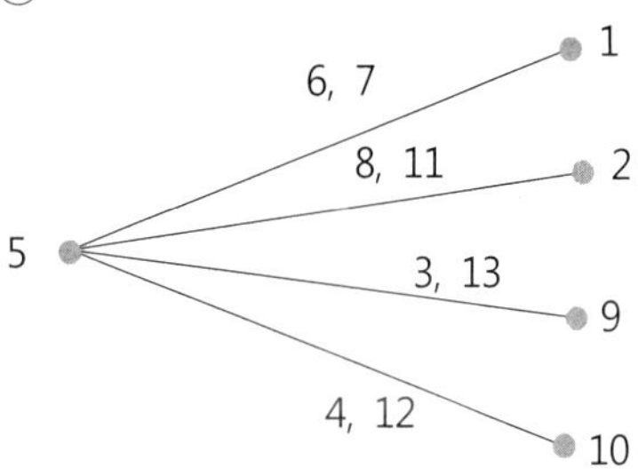

선점도 $L_{81}(3^{40})$

Ⅰ

①

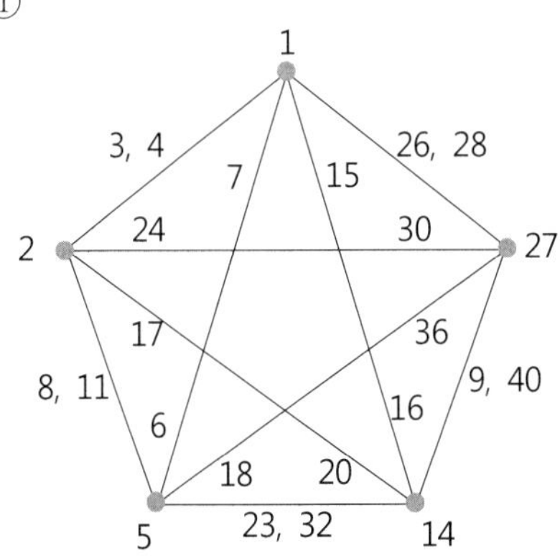

$L_{81}(3^{40})$ 계속

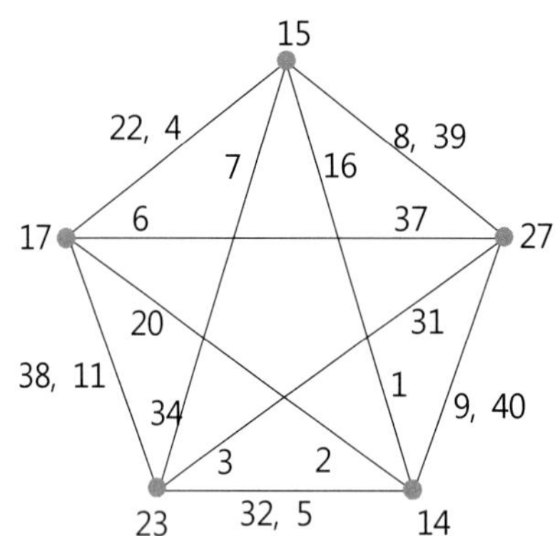

28 30 36 19 21

18 25 29 13 33

24 35 12 26 10

Ⅱ

①

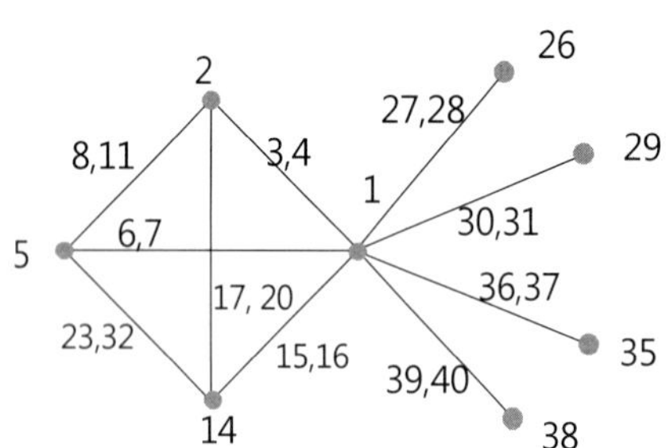

9 10 12

13 18 19

21 22 24

25 33 34

②

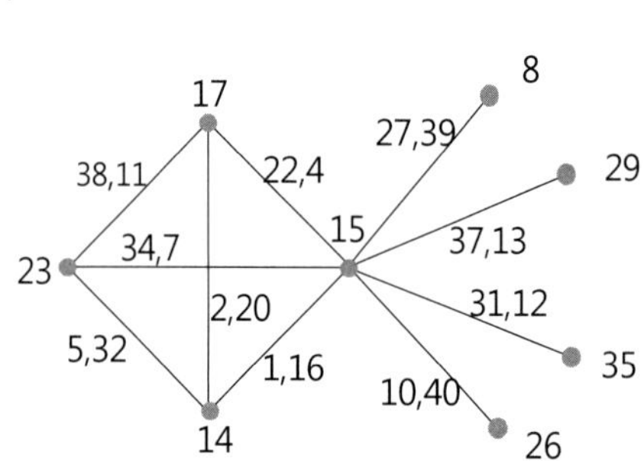

9 28 30

36 3 19

21 18 6

25 33 24

$L_{81}(3^{40})$ 계속

Ⅲ

①

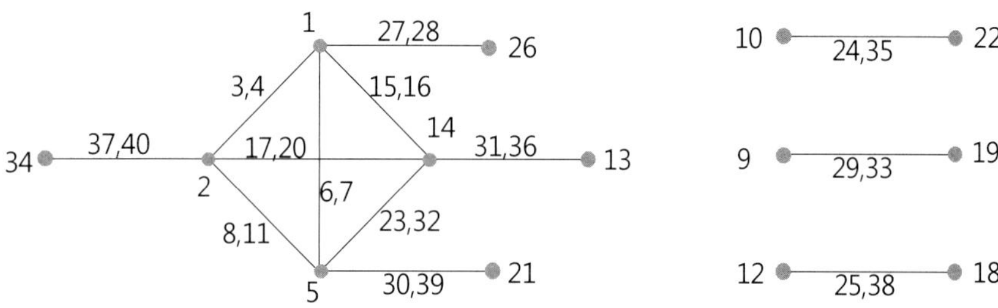

②

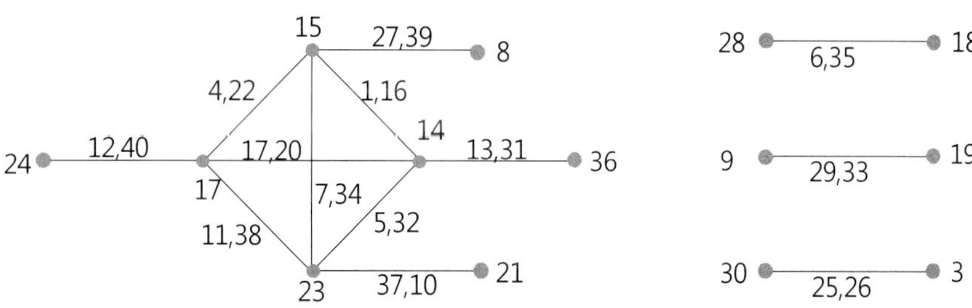

찾아보기

P

R

S

T

U

W

Z

ㄱ

ㅂ

ㅅ

ㅇ

ㅊ

ㅋ

ㅌ

ㅍ

ㅎ

저자약력

이우선 현 성신여자대학교 통계학과 교수
고려대학교 통계학과 졸, 고려대학교 대학원 이학박사
북 일리노이대학 박사 후 과정, UC Sandiego 연구교수
실험설계, 품질공학, 다구치품질설계
wslee@sungshin.ac.kr

정형철 현 수원대학교 통계정보학과 교수
고려대학교 통계학과 졸, 고려대학교 대학원 통계학박사
선형모형, 실험설계, 범주형자료분석
jhc@suwon.ac.kr

박만식 현 성신여자대학교 통계학과 교수
고려대학교 통계학과 졸, North Carolina 주립대학교 대학원 통계학박사
선형모형, 공간통계, 범주형자료분석
mansikpark@sungshin.ac.kr

개정판
최신 실험설계와 분석

펴 낸 날	2014년 9월 1일 초판
	2016년 8월 15일 개정판
지 은 이	이우선, 정형철, 박만식
펴 낸 이	김동현
펴 낸 곳	민영사
주　　소	서울시 성동구 독서당로 39길 43 (1층)
전　　화	(02) 711-1224~5
팩　　스	(02) 711-1226
등　　록	2014년 1월 1일 제2014-000001호
메　　일	myspub@hanmail.net
홈페이지	www.minyoungsa.com

ISBN 979-11-86378-12-0 93410　　정 가 30,000원